U0262731

国际
科学技术前沿
报告 *2021*

张志强　主编

科学出版社
北京

内 容 简 介

  本书从基础交叉前沿、空间光电、信息、材料、能源、生物、人口健康、农业、海洋、资源与生态环境等主要科技领域以及科技基础设施和数据计算平台等科技研发平台中，选择原子分子物理学与光学物理、微小卫星技术、量子传感与测量技术、冶金智能化制造关键技术、下一代电化学储能技术、脑机接口技术、基因治疗技术、生物育种技术、北极研究、可持续发展研究、光学天文望远镜以及百亿亿次计算技术等 12 个科技创新前沿领域、前沿学科、热点问题或技术领域，逐一对其进行国际研究发展态势的全面系统分析，剖析这些前沿领域和热点学科或科学问题的国际总体进展状况、研究动态与发展趋势、国际竞争发展态势，并对我国开展这些相关前沿领域和热点问题研究提出对策建议，为我国这些领域的科技创新发展的科技布局、研究决策等提供重要的咨询依据，为有关科研机构开展这些科技领域的研究部署提供国际相关领域科技发展的重要参考背景。

  本书中所阐述的科技前沿领域或热点问题，选题新颖，具有前瞻性，资料数据翔实，分析全面透彻，采取了科技战略情报研究人员与领域战略研究专家合作的研究模式，有关研究与发展的对策建议可操作性强，适合政府科技管理部门和科研机构的科研管理、科技战略研究和相关科技领域研究的专业人员等阅读。

图书在版编目（CIP）数据

国际科学技术前沿报告. 2021 / 张志强主编. —北京：科学出版社，2022.12

  ISBN 978-7-03-073979-7

  Ⅰ. ①国⋯　Ⅱ. ①张⋯　Ⅲ. ①科技发展－研究报告－世界－2021

Ⅳ. ①N11

  中国版本图书馆 CIP 数据核字（2022）第 221117 号

责任编辑：侯俊琳　唐　傲　陈晶晶 / 责任校对：韩　杨
责任印制：徐晓晨 / 封面设计：黄华斌

科 学 出 版 社 出版

北京东黄城根北街 16 号
邮政编码：100717
http://www.sciencep.com

北京虎彩文化传播有限公司 印刷

科学出版社发行　各地新华书店经销

*

2022 年 12 月第 一 版　开本：787×1092　1/16
2022 年 12 月第一次印刷　印张：28 1/2　插页：6
字数：675 000

定价：198.00 元
（如有印装质量问题，我社负责调换）

《国际科学技术前沿报告 2021》研究组

组　长　张志强

成　员（按照报告作者顺序排列）

刘小平　吕凤先　贾夏利　郭世杰　董　璐　魏　韧

李泽霞　徐　婧　唐　川　杨况骏瑜　王立娜　姜　山

黄　健　万　勇　孙　备　刘腾飞　汤　匀　岳　芳

陈　伟　郑　颖　吴晓燕　宋　琪　陈　方　丁陈君

杨若南　苏　燕　施慧琳　许　丽　王　玥　徐　萍

迟培娟　李东巧　杨艳萍　郎宇翔　吴　宁　王金平

薛明媚　牛艺博　吴秀平　王立伟　郑军卫　宋晓谕

李恒吉　李宜展　李华东　张　娟

秘　书　刘　昊

前　言

中国科学院文献情报系统是国家级科技前沿信息与科技决策咨询服务的骨干引领机构，以服务于国家科技发展决策、科学研究创新、区域及产业创新发展的科技战略决策知识需求为己任，全面建立起科技发展全领域、多层次、专业化、集成化、协同化、及时性的支持科技发展决策、科技发展规划、科技战略研究、科技创新与产业化发展应用的科技战略情报研究与决策咨询专业知识服务体系，全面监测国际科技领域发展态势与趋势，系统分析判断科技领域前沿热点方向与突破趋向，深度关注国际重大科技领域规划布局和研发计划，全面分析国际科技战略与科技政策最新变革与调整动态，重点评价国际重要科技领域与科技发达国家科技发展竞争态势，建立起系统的国际科技发展态势与趋势监测分析与科技战略研究的决策咨询专业知识服务机制，系统性长期性开展基础前沿交叉、信息、人口健康、生物与农业、材料、能源、空间光电、生态环境资源与海洋等主要科技领域及科技基础设施和数据与计算平台的科技发展战略、科技规划、科技评价、科技政策等方面的科技战略情报分析与智库知识咨询服务。

中国科学院文献情报系统自 2006 年系统整体性改革以来，根据国家及中国科学院科技研发创新的战略布局，发挥其系统性整体化优势，按照"统筹规划、系统布局、协同服务、整体集成"的发展原则，构建"领域分工负责、长期研究积累、深度专业分析、支撑科技决策"的战略情报研究服务体系，面向国家和中国科学院科技创新的宏观科技战略决策、面向中国科学院科技创新领域和前沿方向的科技创新发展决策，开展深层次专业化战略情报研究与咨询服务：中国科学院文献情报中心负责基础前沿交叉、空间光电、现代农业、科技基础设施等领域的战略情报研究；中国科学院成都文献情报中心负责信息、生物、数据与计算平台等领域的战略情报研究；中国科学院武汉文献情报中心负责先进能源、材料制造等领域的战略情报研究；中国科学院西北生态环境资源研究院文献情报中心负责生态环境资源、海洋等领域的战略情报研究；中国科学院上海营养与健康研究所生命科学信息中心负责人口健康等领域的战略情报研究。基于上述统筹规划，形成了覆盖主要科技创新领域的学科领域科技战略情报研究团队体系。科技决策问题与需求导向、科技前沿与重大问题聚焦、科技领域专业化战略分析、科技战略与政策咨询研究、研究与咨询服务体系建设的发展机制和措施，促进了这些主要科技领域战略情报研究与决策咨询的专业化知识服务中心、专业化科技智库的快速建设成长和发展。

从 2006 年起，我们部署这些主要科技领域的战略情报研究团队，围绕各自分工关注的科技创新领域的科技发展态势，结合国家和中国科学院科技创新的决策需求，每年选择相应科技创新领域的前沿科技问题或热点科技方向，开展国际科技发展态势的系统性战略分析研究，汇编形成年度《国际科学技术前沿报告》，呈交国家相关科技管理部门以及中国科学院有关部门和研究所，以供科技发展的相关决策参考。从 2010 年开始，完成的各年度的《国际科学技术前沿报告》公开出版发行，供广大科研人员和科技管理人员参考。《国际科学技术前沿报告》的逻辑框架特色鲜明，不同于现有的其他相关的类似科技前沿发展报告，其中收录的专题领域科技发展态势分析报告，从相应领域的科技战略与规划计划、研究前沿热点与进展、发展态势与趋势、发展启示与对策建议等方面予以系统分析，定性与定量相结合、战略与政策相结合、国际与国内相结合、启示与建议相结合。在研究模式上，更是采取了情报分析人员与科技领域战略专家相结合的研究方式，针对性地咨询相关领域的战略专家。年度的《国际科学技术前沿报告》汇集在一起，就形成了观察这些主要科技领域重大科技问题与前沿方向发展的小型百科全书，可以系统性、历史性地观察主要科技领域的重大发展变化情况。因此，《国际科学技术前沿报告》的研究与编制是一项系统性、战略性、基础性工作，对主要科技领域的最新发展战略研究、科技前沿分析、科技发展决策等具有重要参考咨询价值。

2021 年我们继续部署这些学科领域战略情报研究团队，选择相应科技创新领域的前沿学科、热点问题或重点技术领域，开展国际发展态势深入分析研究，完成这些研究领域的分析研究报告 12 份。中国科学院文献情报中心完成《原子分子物理学与光学物理国际发展态势分析》、《微小卫星技术国际发展态势分析》、《全球生物育种技术发展态势分析》和《光学天文望远镜国际发展态势分析》；中国科学院成都文献情报中心完成《量子传感与测量领域国际发展态势分析》、《脑机接口研究国际发展态势分析》和《百亿亿次计算技术国际发展态势分析》；中国科学院武汉文献情报中心完成《冶金智能化制造关键技术国际发展态势分析》和《下一代电化学储能技术国际发展态势分析》；中国科学院西北生态环境资源研究院文献情报中心完成《北极研究国际发展态势分析》和《可持续发展研究国际发展态势》；中国科学院上海营养与健康研究所生命科学信息中心完成《基因治疗国际发展态势分析》等。本书将这 12 份前沿学科、热点问题或技术领域的国际发展态势分析研究报告汇编为《国际科学技术前沿报告 2021》正式出版，以供科技创新决策部门和科研管理部门、相关领域的科研人员和科技战略研究人员参考。

面向国家坚持创新在现代化建设全局中的核心地位、建设世界科技强国、实现高水平科技自立自强、建设具有全球影响力的国际科技创新中心和国家综合性科学中心、强化国家战略科技力量、深化科技体制机制改革、加快中国特色新型智库建设、全面推进科技咨询服务业发展的新形势，以及新科技革命与产业变革加速演进、国际科技竞争日益加剧、大数据信息环境颠覆性调整变化等的新挑战，围绕有效支撑和服务国家和中国科学院的科技战略研究、科技发展规划和科技战略决策的新需求，适应新科技革命与产业变革、数字信息环境和数据密集型科研新范式的新趋势，中国科学院文献情报系统的科技战略研究与决策咨询工作，必须坚持面向世界科技前沿、面向经济主战场、面向国家重大需求、面向人民生命健康，着力推动建设科技战略情报研究的新型决策知识服务发展模式，着力推动开展专业型、计算型、战略型、政策型和方法型"五型融合"的科技战略情报分析和科技战略决策咨询研究，实时持续监测和系统分析国际最新科技进展和态势、主要国家和国际组织关注的重要科技问题和相关科技新思想，系统开展科技热点和前沿进展、科技发展战略与规划、科技政策与科技评价等方面的研究和分析，及时把握科技发展新趋势、新方向、新变革和新突破，及时揭示国际科技政策、科技治理发展的新动态与新举措，为重大决策咨询研究、学科战略研究、科技领域战略研究、科技治理与政策研究等提供战略情报分析和决策咨询服务，围绕高水平专业科技智库建设和发展的大，在中国科学院国家高端科技智库的建设和发展中发挥不可替代的作用。

中国科学院文献情报系统的战略情报研究服务工作，一直得到中国科学院领导和院有关部门的指导和支持，得到中国科学院院属有关研究所科技战略专家的指导和帮助，以及国家有关科技部委领导和专家的大力支持和指导，得到相关科技领域的专家学者的指导和帮助，在此特别表示诚挚感谢！衷心希望我们的工作能够继续得到中国科学院和国家有关部门领导和战略研究专家的大力指导、支持和帮助。

张志强

《国际科学技术前沿报告 2021》研究组

2021 年 8 月 10 日

目　　录

1　原子分子物理学与光学物理国际发展态势分析

刘小平　吕凤先　贾夏利

（中国科学院文献情报中心）

摘　要　原子分子物理学与光学物理（Atomic，Molecular，and Optical Physics，AMO）阐明了物理学的基本规律，在原子和分子的层次上研究物质的组成及演变发展，理解光与物质的相互作用。因而，AMO 对科学的发展具有重要意义，将催生出改变人类社会的新技术。本文将从光工具、少体系统和多体系统的现象、量子信息科学技术的基础、在时域和频域利用量子动力学、宇宙的前沿研究和基本性质方面，对政策部署、项目部署、论文产出情况、重要进展进行研究。美国、欧盟、英国、日本和中国均以 AMO 作为发展量子信息科学研究的重要基础，并给予政策和项目支持。定量分析结果表明，近十年间（2011～2020 年），全球 AMO 学科的 SCI 发文量呈现缓慢上升的趋势，SCI 论文排名前 10 位的国家为中国、美国、德国、印度、英国、日本、法国、俄罗斯、意大利、韩国。高被引论文数量排名前 5 位的国家分别是美国、中国、德国、英国、澳大利亚。高被引论文排名前 10 位的发文机构中美国有 5 家，中国有 2 家，德国、沙特阿拉伯、澳大利亚各有 1 家。近年来，我国在 AMO 领域的发展主要受到由科学技术部和国家自然科学基金委员会资助的重要计划的引领，并在高强度激光、软 X 射线自由电子激光、量子光子源、单光子探测器、基于超冷原子的量子模拟、空间冷原子钟等领域取得重要进展。针对我国发展现状，为推动 AMO 学科的发展，建议我国基于现有优势领域进行重点布局，推动学科交叉发展。发展离子阱量子计算、提升光学时钟的精度/稳定性、基于纠缠态进行高精度测量等方向，推动产出国际领先的研究成果，培养更多具有高学术影响力的学科带头人。重视其他学科的基础研究需求和应用需求对 AMO 发展的潜在推动作用，注重提出关键科学问题。

关键词　原子分子物理学与光学物理　发展态势　重大项目　研发重点与热点

1.1　引言

AMO 阐明了物理学的基本规律，在原子和分子的层次上研究物质的组成及演变发展，理解光与物质的相互作用（佘永柏，1988），包含了原子分子物理学和光学的内容，二者紧密结合。就研究的对象而言，原子分子物理学与光学往往是相互交叉渗透，难以明确区分的。在研究原子和分子的时候，会研究原子和分子的光学性质。而光学的研究内容则包含了光作为一种物质存在的形式和运动的基本形态的研究，以及光与物质相互作用的诸多领域的研究等内容。原子分子物理学与光学的紧密联系还体现在量子化概念的提出上：人们把光作为一种物质进行研究，从对光的特殊形态的研究中提出了量子化的概念（叶佩弦，1989）。

原子分子物理学领域研究的产出成果具有高影响力。自 1985 年来，诺贝尔物理学奖中，除了凝聚态物理、高能物理之外，原子分子物理学领域也产出了较多的诺贝尔奖。

AMO 对科学的发展具有重要意义。AMO 是桥梁，可以连接物理学的其他学科。AMO 所建立起来的实验方法及理论，经常为核物理、等离子体物理、大气物理、凝聚态物理等所采用。AMO 是基础，基于 AMO 产生的各种数据（包括精确测定的自然界的各种基本常数）是整个自然界的知识基础之一。AMO 还在基础科学和应用技术之间建立起广泛而深入的联系，有望催生出改变人类社会的新技术。

在 AMO 子领域的划分方面，本文将采用美国国家科学院对 AMO 的主题划分方式——光工具、少体系统和多体系统的新现象、量子信息科学技术的基础、在时域和频域利用量子动力学、宇宙的前沿研究和基本性质（National Academies of Sciences，Engineering，and Medicine，2020），对政策部署、项目部署、论文产出情况、重要进展进行研究。基于这一分类，本章第 2 部分识别各国/组织的重要资助机构的项目部署重点领域；第 3 部分分析各国/组织近十年论文产出情况、重要进展（SCI 论文数据属于 Web of Science 数据库中的"物理学，原子能、分子能和化学"和光学两个类别[①]）；第 4 部分分析各子领域的研究趋势；第 5 部分分析我国在各子领域的优势研究成果；第 6 部分将我国的发展情况与重要发展国家/组织进行对比，提出我国发展该学科的具体政策建议。

1.2 美国、欧盟、英国、日本、中国的布局重点

1.2.1 美国的布局重点及支持举措

本节将根据美国国家科学院 2020 年的评估报告提取其识别的 AMO 前沿。该报告是美国国家科学院自 1994 年起发布的 AMO 领域系列报告的第六份报告，其余五份报告是，1994 年的《原子、分子和光学科学：对未来的投资》，2002 年的补充报告《AMO 科学促进未来》，2007 年的《控制量子世界：原子、分子科学》，2013 年的《光学和光子学：我们国家的基本技术》和 2018 年的《强激光超快激光的机遇：实现最亮的光》（National Academies of Sciences，Engineering，and Medicine，2018）。

---

① wc=Physics，Atomic，Molecular & Chemical or wc=optics.

1.2.1.1 光工具

产生具有精确控制性质的光作为探测和控制物质的新工具。该研究聚焦于以下几点。①产生具有极佳特性的激光，激光强度（亮度）、持续时间、频率（颜色）和相干性（一体性）是重要的特性。②操纵光的特性，频谱调制——调制出可以与量子系统相互作用的波形（如克尔梳的逐行脉冲整形）。③开发用于不同应用的"平台"。例如，色心——晶体学缺陷，尤其是在宽带隙晶体材料中的色心，已成为光-质耦合、量子信息处理和量子传感的平台；在硅芯片上使用数千个单片集成光学组件来定义和控制光的流动的光子平台。④利用光的基本属性来生成用于计量和传感的新工具。

未来，对光工具领域的研究需要解决的主要问题包含以下几个方面。

（1）高强度激光光源技术的目标

实现 10^{22} 瓦/厘米 ^{2}、10 拍瓦（pettawatt，PW）和更高的激光强度、能量。重点研发方向包含：①半导体激光泵浦技术；②掺镱的固体激光器；③使用大口径激光材料冷却技术提升高峰值功率系统的脉冲频率；④提升光纤-几何固体激光器（fiber-geometry solid-state lasers）的峰值功率；⑤通过波束和/或脉冲组合方案扩展基于光纤激光器光源的连续波的功率和峰值功率；⑥研发光参量啁啾脉冲放大器，以降低达到拍瓦峰值功率所需的脉冲能量；⑦研发啁啾脉冲放大器脉冲压缩方案，以取代或加强目前的拍瓦类系统中使用的光栅技术。X 射线自由电子激光器等新型光源或可扩展到更高平均功率和峰值功率的光源，该建议于2018 年由美国国家科学院提出，2021 年，美国参议院在一项建议的法案中支持建立拍瓦级激光和高平均功率激光技术（Congress，2021）。

（2）实现超低损耗平台，主要研究集成光学、光机械系统、阿秒光源、固体中色心的光学控制

集成光学：非线性光学可以在不同的频率生成和控制光，探索非线性光学应用于集成光学时超低损耗的原因和减少损耗的方法，探索与集成光学平台集成的新型二维材料。新型光力学系统（Optical Mechanics，OM）研究：OM 是指在光（作为光子）和机械运动（通常为声子）之间进行转导的系统。OM 系统中光子和声子之间的相互作用（简称 OM 相互作用）已被用于探究基本的科学问题，例如，测量精度的最终限制是什么？经典行为与量子行为之间的界限在哪里？要在量子状态下实现 OM 相互作用的全部潜力，最大的障碍就是机械振荡器的热噪声，未来振荡器的较低的热噪声将允许量子波动完全控制机械振荡器的运动（甚至在室温下也是如此）。阿秒光源：阿秒光源为研究人员及时跟踪物质中的电子运动提供了工具，未来十年，基于气相高次谐波（High Harmonic Generation，HHG）和 X 射线自由电子激光（XFELs）的阿秒 X 射线用户设施将为许多领域的研究人员提供研究电子的动力学的平台。

1.2.1.2　少体系统和多体系统的新现象

（1）从少体到多体系统

含有四个原子的通用态的研究。2006 年，奥地利研究人员首次观察到了通用三原子 Efimov 态，即原子两两相互排斥，但是，当引入第三个原子时，就有足够的吸引力将三个原子结合为一个稳定的系统。目前，研究人员正在寻找含有多于四个原子的通用态。对具有奇异现象的少体系统进行观察：原子中的电子被激发到里德堡态，电子概率分布呈现三叶虫化石或者蝴蝶形状；由两个里德堡原子通过超长程相互作用结合而成的大二聚体；两个或者两个以上基态原子与一个里德堡原子结合。

（2）原子简并量子气体

①单一散射极限量子气体的研究。对两组分简并费米气体的研究取得重要进展，原子间相互作用处于统一极限的玻色气体的少体和多体动力学将是下一个研究重点。②由强磁性原子组成的量子气体的研究。强磁性原子组成的超冷量子气体平台中，每个磁原子有外部（运动）和内部（自旋）自由度，原子之间存在普通的短距离"接触"的相互作用和磁偶极–偶极相互作用。未来研究方向：开壳层重原子［如铒（Er）或镝（Dy）］之间的相互作用、更多的磁性原子组成的量子气体中的相互作用、表现出宏观量子相的大体积磁性原子量子气体与稠密量子流体（如超流体氦）之间的联系。③基于超冷原子研究极端相互作用或者接近有序态相变时的极化子物理学。极化子是一个准粒子，当杂质原子耦合到介质，并与介质的虚拟量子激发纠缠时出现。未来研究方向：在极端相互作用条件下，或接近有序态的相变时，基于超冷原子系统研究极化子。

（3）强相关量子多体系统的模拟量子模拟

①基于光学晶格中的超冷原子或者分子的哈伯德（Hubbard）模型。光学晶格中的超冷原子和分子构建的 Hubbard 模型是模拟量子模拟器的范例。未来重要的研究方向：基于量子气体显微镜或者机器学习等方法进行二维 Hubbard 模型完整相图的测量；以受控方式在初始状态的 Hubbard 模型中添加附加项（如场外相互作用、合成规范场、更改晶格几何形状等）对多种现象进行量子模拟。②基于冷原子实验探索强相互作用情况下的拓扑现象。基于冷原子实验探索拓扑现象的研究可在非相互作用（或弱相互作用）区域进行，当增强原子间的相互作用，达到拓扑物质的强关联区域时，冷原子气体会发生加热现象、变得不稳定。因此，当前的主要挑战是应用人工规范场这一技术生成具有强相互作用的拓扑能带结构时，消除加热过程和稳定强相互作用的原子气体。③强相互作用量子系统的非平衡动力学研究。在通用的交互多体环境中是否以及如何出现局域化和非遍历性，即多体局域化（many-body localization，MBL）问题，是一个重要的研究方向。MBL 等非平衡量子现象的理论和实验挑战：新的理论方法预测量子多体系统的定性行为，特别是遍历和 MBL 物相之间的转变和更高维度上的行为；在实验中，需要更好地将量子系统与环境隔离开来，以便更清楚地区分短时和长时动力学，并明确识别 MBL，扩大系统尺寸，以便在没有理论预

测的情况下，通过有限尺寸缩放试验来验证结果，基于实验回答关于在更高维度和存在界面的遍历区域的 MBL 的稳定性问题。

基于上述重点研究方向，美国国家科学院提出加强对冷原子和分子的控制研究，启动计划支持高度相关的平衡阶段和非平衡多体系统研究的政策建议。

1.2.1.3 量子信息科学与技术的基础

AMO 应用于量子计算、量子模拟、量子通信、量子网络、传感和计量等多个量子信息科学与技术子领域。量子信息处理器本质上是一个远离平衡的量子多体系统，需要极其精确地控制其初始状态和随后的时间演化动力，并且可以测量其最终量子状态。这些物理平台包含离子阱、中性原子、超导电路、电子自旋、原子核的自旋、光子等。实现可扩展量子信息处理器需要解决将量子位与环境隔离开和实现控制可编程的强相互作用与多体系统的单次读取之间的矛盾。

理解、探索和使用纠缠。对于由两个量子位组成的系统，通过纠缠熵可以正确地量化纠缠。在数十个离子阱、原子、超导量子位的实验中，实现了较强的纠缠，具有数百万个原子的实验也检测到了一些较弱的纠缠。未来研究方向：多个量子位的量子态的度量；将更多量子位更强地纠缠在一起，如创造 N 个量子位或 N00N 光子态。

基于离子阱的通用量子计算。在实验上，已经建立了 53 个量子比特的系统，栅极保真度提高到了 99.9%，工作速度提高到了微秒量级。未来研究方向：在单个芯片上扩展数千个量子位。

AMO 应用于量子模拟、量子通信、量子计量等。①可编程量子模拟。在实验方面，增加相干时间和粒子数量以及扩展可用控件集，提高可编程量子模拟器（PQS）平台的质量；在理论方面，量化 PQS 平台的计算能力，探索应用于下一代量子模拟器和量子计算机的 PQS 模块化构建块，开发 PQS 产生的量子态的新应用。②量子电动力学。使用一组微波腔模拟玻色子的分数量子霍尔效应，创建、控制和测量声音的单个量子。③晶格规范理论的模拟量子模拟。以容错方式将数字量子计算和模拟扩展到大量量子，应用量子信息科学技术解决预测化学反应、描述过渡金属配合物的激发电子态、过渡态和基态的等问题。④长距离（≥1000 千米）高效量子通信。开发高保真度和高效率的混合量子系统（基于离子阱、中性原子、颜色缺陷中心、量子点、稀土离子、超导器件）。⑤纠缠态应用于量子计量，利用压缩自旋态（squeezed spin states）进一步改进最先进的光学原子钟等基于干涉的量子测量，在从超冷原子到固态类原子的系统中使用强关联态来实现新的传感功能和应用。

1.2.1.4 在时域和频域利用量子动力学

（1）基于阿秒科学的相干电子动力学

基于 HHG、桌面极端紫外线（XUV），或者基于软 X 射线辐射源的阿秒脉冲都可以拍摄电子运动，包括光电效应，发生在原子、分子和固体中的衰变，电荷迁移等超快过程。在光电效应的理论研究领域，目前仅能对小型原子系统进行多重相关的电子动力学的完全量子力学计算，未来，将对凝聚态材料表面和体相电子的结构和动力学进行大规模计算，以研究材料光电效应的发射时间和与激光的相互作用。将使用泵浦探针的方法来测定高度相关的系统中金属的阿秒光电发射时间，以及半导体中导带电子的阿秒寿命。还将使用 X 射线自由电子激光器（XFEL）发射的软和硬 X 射线的强阿秒脉冲，启动高度局域化分布的价电子或内层电子的电子动力学（如电荷迁移等过程）研究。

（2）制作分子电影

过去十年，超快计量学的进展使三个不同类型的实验（硬 X 射线衍射、软 X 射线吸收光谱法、超快电子衍射）可以直接在时域中探测光生物学反应。超快 XUV 和 X 射线源，无论是 XFEL 源，还是基于 HHG 的 XUV 桌面源的发展彻底改变了 AMO 科学探测超快动力学的能力。

单个生物分子成像面临挑战与机遇。单粒子成像，既是制作分子电影的要素，又更普遍地用于结构生物学和材料科学中。XFEL 高能脉冲推动了单粒子成像的发展，然而单个生物分子的成像有许多技术和计算上的挑战。首先，单个分子的散射非常弱，即使使用强 X 射线源，也必须使用衍射技术来分析许多不同的单个分子（通常是不同方向的分子）的散射图案，并将它们相合成得到三维信息。其次，强烈的 X 射线会导致分子爆炸，因而必须在爆炸之前成像。研究人员已实现空间分辨率低于 10 纳米的病毒成像。未来，将发展具有更高空间分辨率的单分子成像。

光不仅可以用来启动和探测动态过程，而且可以用来控制过程的展开。在最优控制方法中，早期实验通过激光脉冲的精确成形来控制量子系统中的电离、离解或发射，控制化学反应路径。在当前和未来的研究中，基于机器学习和大数据分析将使过程控制中的激光和环境参数的控制范围更大，结果更可靠和可复现。

超快 X 射线推动材料相变研究。超快 X 射线光源提供了更短的脉冲、更广泛的光子能量和更高的亮度，通常能够在空间和时间上实现更好的动态分辨率。光泵浦和 X 射线探针将使广泛的新物质相研究成为可能，重要进展包括光诱导超导性，通过激发光源的偏振控制拓扑相位。未来，可能会通过 XFEL 源的硬 X 射线脉冲衍射实验验证利用飞秒激光诱导材料在拓扑绝缘体和导电半金属之间切换的理论预测。

（3）复杂反应动力学和碰撞物理学

原子或者小分子碰撞的研究。为了深入理解和准确预测量子力学过程，特别是在低碰撞能量或低温度下，仍然需要发展时域和频域动力学以定量地研究 4 个或 4 个以上的原子或小分子的碰撞。

光学频率梳。光学频率梳具有广阔的光谱覆盖范围和高光谱分辨率，使科学家在一个实验平台上实现高灵敏度、精确频率控制、宽光谱覆盖和高分辨率测量原子和分子成为可能。光学频率梳在实时化学动力学、大分子复杂结构领域取得了重要进展。未来，频率梳的光谱覆盖范围将扩展到极紫外光谱端。

（4）极端光源（具有极高强度的光源）的极端物理

红外/光学和 X 射线谱段的高强度光源为极端条件下物质研究提供了条件，具有多种应用潜力，XFELs 提供的高强 X 射线为 X 射线非线性光学提供了机会。物质如何与强烈的 X 光场，特别是与更广泛的极端光场相互作用需要深入研究。将来，还有可能通过准直的千兆瓦激光束与超相对论电子的碰撞实现施温格极限（10^{29} 瓦/厘米^{2}以上）。

1.2.1.5 宇宙的前沿研究和基本性质

对宇宙基本性质的研究围绕标准模型展开，然而，在标准模型物质之外存在新粒子及相关场，标准模型不能解释观察到的物质和反物质的不平衡，重力与三个基本力无法统一起来，标准模型有待进一步研究。AMO 为新物理的发现提供了一条极具竞争力和成本效益的途径：一方面，可以基于原子干涉测量、原子和分子电偶极矩等筛选暗物质候选粒子、解释物质和反物质的不平衡；另一方面，大多数 AMO 实验都是台式的，比传统的高能研究要便宜得多。

暗物质探测。迄今，探测暗物质的实验工作主要集中在质量在 10～1000 千兆电子伏的弱相互作用的大质量粒子（weakly interacting massive particles，WIMPs）上，并且需要在地下深处的实验室中安装探测器。超轻质量轴子、类轴子、产生暗物质簇的更复杂暗区有待深入探索。研究人员需要充分利用精密 AMO 实验（时钟、干涉仪、磁力计和其他 AMO 工具），直接检测暗物质或相应的新力（重力和三个基本力之外的力）的信号。

精密测量技术。引力波非常弱，只有以相对论速度运动的致密质量才会辐射出具有可观强度的引力波，宇宙中一些最剧烈的碰撞——附近宇宙中中子星和黑洞的合并——在地球上也只能引起最轻微的时空波动。引力波的波长范围跨越了 20 个数量级的波长，地面探测器 LIGO 对 10 赫兹到 10^4 赫兹之间的引力波敏感，这些引力波通常是由较轻的致密物体（质量是太阳的若干倍）辐射出来的。更重的物体，如星系中心的超大质量黑洞，将以更低的频率（10^{-2} 赫兹到 0.1 赫兹）辐射引力波。由于地球上的振动太大，宇宙探测器无法在这些较低的频率下观察到引力波，而空间引力波探测器将探索这些较低频率下的引力波，其中包含超稳定激光器、原子钟、量子噪声受限的光学测量等 AMO 精密测量技术。基于 AMO 的原子干涉测量法将引力波可探测的频率范围扩展至 0.3 赫兹到 10 赫兹。

更精确的原子钟，新型时钟——高电荷态离子（highly charged ions，HCI）钟和核钟。目前，原子钟达到了 10^{-18} 精度，将时钟性能提高到 10^{-21} 精度时，可以探测到相距仅 10 微米的时钟原子上的引力红移，对于相对论大地测量学和测试弯曲时空中的量子力学意义重大。未来研究方向：推动超稳定激光器、多原子量子态的精确控制，利用原子之间的相互作用来创建和操纵粒子间的关联和纠缠实现时间、频率和空间的精确测量，基于 HCI 钟和核钟测量基本常数的变化和搜索暗物质。

许多精密传感器的性能受到量子力学规定的基本噪声特性的限制，如果将适当的量子关联态用于传感器，原则上会显著改善传感器的性能，但创造出能够产生最高性能水平的关联态（海森堡极限）是极其具有挑战性的。预计这一研究在未来十年将会有实质性的进展。

进入太空/微重力环境也是 AMO 实现更精密测量的重要途径之一。美国国家航空航天局（NASA）已在国际空间站建立了冷原子实验室，将原子冷却至接近绝对零度或者保持原子几乎不动状态下的温度，原子在空间站会受到微小的引力。在这样的环境中，原子不会下落且所有的原子都具有相同的量子态。2018 年，NASA 冷原子实验室实现了超冷原子云，即玻色-爱因斯坦凝聚态。2020 年，冷原子实验室将原子干涉仪作为其重力测量的精密设备。

1.2.1.6　NSF 在 AMO 领域资助项目的主题与支持途径分析

2008～2018 年，NSF、NIST、DOE、DARPA 等是资助 AMO 研究的重要资助机构，NSF 年均资助金额约为 2200 万美元，约占美国年均资助金额 1.8 亿美元的 12%。NSF 将 AMO 的实验研究和理论研究分开来进行资助。除此之外，还在等离子体物理计划、NSF/DOE 基础等离子体科学与工程伙伴关系、材料研究部凝聚态物理计划以及电子和光子材料计划、工程部电子、光子学和磁性器件项目、化学部的化学结构、动力学和机制计划、量子信息科学计划等项目和计划中对 AMO 相关的研究予以支持（NSF，2020）。

使用 VOSviewer 对 NSF 2011～2020 年在 AMO 领域资助的项目进行主题分析，以识别 NSF 所确定的重要研究领域。基于 VOSviewer 提取关键词，并参考美国国家科学院对 AMO 重要领域的划分方法对重要主题进行分类后，通过研究发现，比较重要的两个研究方向是光工具中脉冲（激光脉冲）的研究以及基于 AMO 的宇宙前沿和基本性质研究（图 1-1）。这一结果和美国国家科学院对 AMO 学科发展建议中的光工具和基于 AMO 的标准模型部分的研究建议相互呼应。

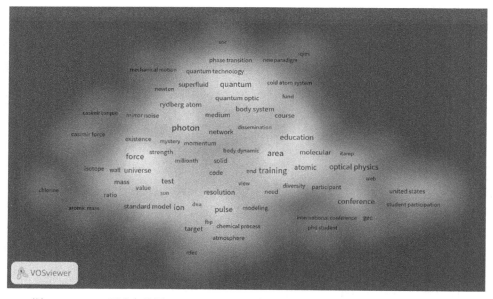

图 1-1　AMO 领域中美国 NSF 2011～2020 年资助项目的主题分析（文后附彩图）

1.2.2　欧盟的布局重点及支持举措

2019 年，Photonics 21 将《欧洲的光时代——光子学将如何推动增长和创新 2021～2027 年战略路线图》提交给欧盟委员会（Photonics 21，2019）。从路线图提出的挑战可以看到，光子学的发展受到数字基础设施和制造业发展的需求驱动。激光的发展方向聚焦于提升能量、灵敏度、相干性，同时也注重扩展波长范围。在数字基础设施领域，各时间段的研究挑战有以下几项。①2021 年，发展由人工智能推动的光学网络，例如，开发互操作光网络节点、配置光网络技术，以及开发光网络测量分析设备。②2025～2026 年，在量子信息通信领域，研发芯片级量子随机数生成器、量子密钥分发器、可插拔量子光学器件、量子中继器等。③2027 年，在光学计算领域研发高速光子神经网络、光学计算功能、神经形态光子学。在制造业领域，2021～2027 年激光研发面临的挑战主要有：高能量、敏捷的超短脉冲激光，多波长高性能半导体激光器（连续激光和脉冲激光），相干 X 射线激光，高能量中波红外（波长>1 微米）激光，多光束激光器，高能量高强度激光材料、镀膜和组成元件，应用于增材制造的合金和材料，应用于电子器件的光子学专用材料，应用于加工领域的激光高性能材料。

2018 年，欧洲量子旗舰计划首批项目资助了若干 AMO 领域的研究（表 1-1）（European Commission，2018）。在量子计量和传感领域，量子钟朝着提高精确度和降低成本的方向发展，原子钟、陀螺仪和磁力计朝着提高精确度和小型化的方向发展，推动基础研究的成果转化和应用。同时，也关注研发应用于科学研究领域的测量磁场、电场、温度、压力等参数的高精度传感器。量子模拟器领域朝着增加原子或者离子的数量的可编程模拟器的方向发展。

表 1-1 欧洲量子旗舰计划首批项目资助的若干 AMO 研究

序号	领域	项目简称	研究内容	资助金额/万欧元
1	量子计算	离子阱先进量子计算（AQTION）	实现可扩展、基于离子阱的欧洲量子计算机：具有 50 个全连接量子比特，在量子处理器之间使用光子互联，在子量子处理器之间实现离子互联（Quantum Flagship，2022a）	959
2	量子计量和传感	集成量子钟（iqClock）	研发锶光学时钟，并在实际使用中对其进行基准测试（Quantum Flagship，2022b）	1009
3	量子计量和传感	用于传感和计量的微型原子蒸气室量子器件（macQsimal）	开发新型原子蒸气室，以最佳方式利用单粒子相干，并有可能利用多粒子量子相干来获得更高的灵敏度，实现灵敏的、小型化的磁场、时间、旋转角度、电磁辐射和气体浓度传感器（Quantum Flagship，2022c）	1021
4	量子计量和传感	通过钻石量子传感推进科学技术发展（ASTERIQS）	使用具有氮空位（NV）中心等缺陷的人造超纯金刚石，开发精确的传感器，测量磁场、电场、温度或物质结构等（Quantum Flagship，2022d）	975
5	量子模拟	可编程原子大规模量子模拟（PASQuanS）	开发下一代量子仿真平台，将量子比特平台扩展到超过 1000 个原子或离子，并完全可编程（Quantum Flagship，2022e）	926

注：依据欧洲量子旗舰计划首批项目资助的若干 AMO 研究内容整理

欧盟还通过欧洲研究理事会（ERC）对 AMO 基础前沿研究进行支持，AMO 至少包含了 ERC 资助体系物理科学工程物质基本构成（Fundamental Constituents of Matter）分支中的原子、分子物理学和超冷原子和分子两个子分支，光学、非线性光学和纳米光学、量子光学和量子信息、激光、超短激光和激光物理学中也有部分项目与 AMO 相关。在 AMO 领域，德国是获得 ERC 资助项目最多的国家。ERC 对德国的主要资助项目见表 1-2。重点布局了高性能（太瓦量级的脉冲峰值功率以及大于 10 千瓦的平均功率）激光器、基于非微扰流动方程研究多体物理、单光子激发单原子、对电子进行高梯度加速和全光场控制、基于潘宁阱测量磁矩和原子质量的研究。

表 1-2　ERC 对德国的主要资助项目　　　　　　　（单位：万欧元）

序号	时间	领域	项目名称	研究内容	资助金额/万欧元
1	2011~2016	光工具	Multidimensional laser frequency comb spectroscopy of molecules	基于飞秒光纤激光器和非线性转换的最先进频率梳光源，探索新型紧凑、可靠、高性能频率梳傅里叶多外差光谱仪	238.94
2	2015~2020	光工具	Multi-dimensional interferometric amplification of ultrashort laser pulses	实现 10 千赫兹重复频率条件下脉冲能量>1焦、平均功率>10 千瓦、电光转化效率>10%、脉冲持续时间< 200fs、脉冲峰值功率> 5 太瓦（1 太瓦=10^{12} 瓦）的激光	237.375
3	2019~2024	光工具	High-Flux Synchrotron Alternatives Driven by Powerful Long-Wavelength Fiber Lasers	提升超快激光器的性能；对高功率 2 微米光源进行频率转换，实现中红外、太赫兹和软 X 射线波长区域的高光子通量	249.0912
4	2011~2016	少体系统和多体系统	Long-range interacting quantum systems and devices	研究低温和高温下相互作用的里德堡原子构成的介观体系	240.72
5	2012~2017	少体系统和多体系统	Functional Renormalization - from quantum gravity and dark energy to ultracold atoms and condensed matter	泛函重整化 —— 将非微扰流动方程（non-perturbative flow equations）发展成一种理解多体物理的精确工具	195.54
6	2012~2017	基于 AMO 的量子模拟	Discrete Quantum Simulator	建立基于超冷中性原子群的二维离散量子模拟器，其中，原子的数量和位置，以及它们的内部（量子位）和振动状态都达到了量子极限，通过自旋相关输运和原子的受控冷碰撞实现动力学，研究单粒子和多体系统的动力学特性	257.5573
7	2010~2015	时域和频域的量子动力学	4D Imaging: Towards 4D Imaging of Fundamental Processes on the Atomic and Sub-Atomic Scale	基于最先进的显微镜和衍射成像技术，以及最新的具有飞秒和阿秒时间分辨率的光谱学，开发四维成像技术，拍摄原子和电子的运动，实现皮米空间分辨率和阿秒时间分辨率	250
8	2014~2019	时域和频域的量子动力学	Free space photon atom coupling - the art of focusing	光与自由空间中单个原子的相互作用。项目的核心是一个深度衍射-限制抛物面镜，它可以在整个 4π 立体角无像差地聚焦矢量偶极子波	149.9703
9	2018~2023	时域和频域的量子动力学	At the crossroad of molecular physics	发展新的量子光学技术，包括在单个内部量子态中制备单分子离子、新型光谱激光系统等	250
10	2020~2025	时域和频域的量子动力学	AccelOnChip	在光子晶片上建立一个微型粒子加速器，能够实现高梯度加速和全光场电子控制。目标：①在光子芯片上建立 5 兆电子伏加速器；②用阿秒甚至飞秒电子脉冲进行超快衍射；③在芯片上产生从红外到 X 射线的不同波长的光子；④在多个相互作用区域耦合量子相干电子波包和光；⑤进行放射生物学实验	249.8507
11	2016~2021	基于 AMO 的标准模型	Experimental Searches for Oscillating and Transient Effects from the Dark Sector	使用核磁共振技术来探测由类轴子暗物质等引起的自旋进动，并使用地理上分离的磁强计来识别瞬态效应	247.4875
12	2011~2016	基于 AMO 的量子精密测量	Precision Measurements of Fundamental Constants	提升精细结构常数α、电子或质子等基本粒子的质量和磁矩等常数的测量精度。在专门构造的潘宁阱中以更高的精度测量粒子的本征频率	215.88

序号	时间	领域	项目名称	研究内容	资助金额/万欧元
13	2017~2022	基于AMO的量子精密测量	High Resolution Extreme Ultraviolet Laser Spectroscopy	基于高分辨率极紫外（60.8 纳米）激光光谱学观测氦离子	196.8125
14	2019~2024	基于AMO的量子精密测量	Revealing Fundamental Interactions and Their Symmetries at the Highest Precision and the Lowest Energies	通过基于潘宁阱的单离子实验，磁矩和原子质量测量，测试对称性和相互作用，为标准模型预测设定新的限制	250

注：依据 ERC 在 AMO 领域资助德国的重点项目内容整理

1.2.3 英国的研究布局重点及支持举措

1.2.3.1 英国光子学发展建议中的重点研究方向

2018 年，英国物理学会发布的报告《光子学的兴起》指出，解决精密制造的挑战，需要开发光钟、原子钟、光学计量、高精度光谱学、新一代便携式频率梳（如晶体光纤频率梳）等。

2020 年 9 月，英国光子学领导小组发布了《2030 年及以后光子学研究的愿景》（Photonics Leadership Group, 2020），展望在未来十年甚至更长的时间内，光子学领域可能出现的情况、即将出现的颠覆性技术。提出在光学和物理现象等领域的重点方向有以下几点。①光源：阿秒科学方向的超短时间脉冲整形；超过 100 拍瓦的超高功率脉冲激光器；超高功率脉冲激光器结构小型化。②调控光与物质的相互作用：用于光整形的汇聚光束三维调控；基于功能拓扑器件与光子作用可控的特点，设计室温工作拓扑器件的材料；利用光的空间和时间分辨率控制物质；对纳米级的粒子进行控制；利用光与物质的相互作用在分子尺度上进行控制和组装。③基于中红外波段对污染物特征的识别功能研发中红外波段的量子限制检测（quantum limited detection）超高灵敏度传感器。④在射频、微波、太赫兹和光学波段之间建立超低噪声的新接口；宏观尺度量子现象。⑤利用光编辑和控制化学反应；基于光的燃料合成与能量储存。

1.2.3.2 英国对 X 射线自由电子激光器的发展规划

2020 年 7 月，英国科学与技术设施理事会发布了《XFEL 的科学案例》报告，指出英国将综合加速器和 X 射线科学的研发基础，将英国 XFEL 设计成世界领先的设施。整合方式包括但不限：①将具有高重复频率的软 X 射线与硬 X 射线组合；②同时同地接入 X 射线、最先进的辐射源［如太赫兹（THz）、超快激光和高次谐波（HHG）］、相对论电子和其他带电粒子束；③直接使用高质量的相对论电子束（UKRI，2020）。

1.2.3.3 英国 EPSRC、UKRI 和欧盟 ERC 为发展英国 AMO 部署的主要项目

英国工程和物理科学研究委员会（EPSRC）的资助分散部署在几个研究领域中，包括但不限于：光与物质的相互作用以及光学现象（EPSRC，2020a）、冷原子和分子（EPSRC，2020b）、光通信（Optical Communications）、量子光学和信息（Quantum Optics and Information）、光子学材料（Photonic Materials）、等离子体和激光（Plasma and Lasers）等，欧盟 ERC 还对英国在该领域的基础研究给予了较多的支持，重点项目汇总见表 1-3。

表 1-3　英国 AMO 领域获资助的重点项目

序号	时间	领域	项目名称	研究内容	金额
1	2012～2017	光工具	TORCH	构建一个用于大面积、高达几十平方米的区域高精度飞行时间系统 TORCH 探测器。根据切伦科夫原理，通过对 1 厘米厚的石英辐射器中发射的光子成像，进行飞行时间测量。光子通过全内反射传播到石英平面的边缘，然后聚焦到探测器外围的微通道板光子探测器阵列上。在 10 米的飞行距离内，每个粒子的时间分辨率为 15 皮秒，这将允许在具有挑战性的中等动量区域（高达 20GeV/c）进行粒子识别	2 696 243 欧元
2	2015～2021	光工具	Hybrid Polaritionics	结合基于半导体的极化子和基于有机分子和聚合物的极化子的优点，研发在室温下运行的设备：极化子激光器、太赫兹光源、超高效发光二极管等（EPSRC，2015a）	5 123 946 英镑
3	2017～2022	光工具	Hyper Terahertz-High Precision terahertz spectroscopy and microscopy	研制具有赫兹线宽和亚波长空间分辨率的用于精确太赫兹频谱测量、显微测量和相干控制的综合太赫兹仪器（EPSRC，2017a）	6 517 861 英镑
4	2018～2024	光工具，量子动力学	FLEET	理论分析表明，存在着另一种非同寻常的波，它们以光速传播，但只以飞行圆环体的电磁能量的短爆发形式出现，这是一种新型光脉冲。本项目将实验研究和理解飞行圆环体的基本特性，以及它们在光学频率下与物质的相互作用	2 570 198 欧元
5	2019～2022	多体系统	Coherent Many-Body Quantum States of Matter	研究多粒子系统的相干效应。①量子多体动力学：研究量子力学如何在微观尺度上影响材料系统的时间演化；②探索远离基态的量子行为，研究呈现稳定和/或相干高能态（附加能量以稳定的方式局限于一个区域）的系统的性质；③确定量子相干现象的拓扑平台/材料（EPSRC，2018）	1 528 219 英镑
6	2017～2022	量子动力学，多体系统	QSUM	将分子冷却到非常低的温度，促进对复杂量子系统的理解。对于孤立分子，将发展单个分子的控制以及其与单个光子的耦合；对于相互作用的分子构成的小型阵列，将控制简单几何结构中的相互作用和纠缠；对于二维和三维晶格，将研究强相互作用多粒子系统的复杂行为（EPSRC，2016a）	6 731 104 英镑
7	2010～2015	量子动力学	QUOWSS	研究在波长尺度或低于波长尺度的光学结构中的光量子和物质之间的相互作用	250 万欧元
8	2012～2017	量子动力学	ASTEX	基于 HHG 光谱法和阿秒吸收泵针光谱法，以阿秒时间和纳米空间分辨率研究分子和凝聚相物质的动力学	234 439 欧元

续表

序号	时间	领域	项目名称	研究内容	金额
9	2020~2025	量子动力学	Molecular Photonic readboards	使用有机材料制造器件是电子工业研发热点之一,但是存在光被分子半导体吸收时产生激子,能量只能在材料中移动很短距离的问题。在传统的面包板中,螺纹支架将光学元件相对固定,光在组件之间以直线传播。该研究将构造新型面包板,新的光学元件是光和物质相互作用的有机络合物(其最小的组成部分是单一的生色团,通过被称为天线复合体的最小构造块在空间中固定排列,多达1000个生色团构成一个阵列,有机络合物包含若干个这样的阵列)。新的螺纹支架是固体表面上的反应性化学基团。利用强光-物质耦合现象来实现完全不同类型的能量转移,通过对天线结构编程来控制能量的传递,实现能量在整个结构中瞬间离开局部区域,比在传统有机半导体中可能发生的距离远多个数量级(EPSRC,2020c)	7 255 283 英镑
10	2017~2022	量子动力学	Resonant and shaped photonics for understanding the physical and biomedical world	深入研究光(光作为测量工具的极限是什么?如何在多个长度尺度上成像,从单个细胞到多个细胞组织,以便全面绘制大脑中所有的神经元连接?能否将共振与光的波动、动量性质结合来测量与单个神经元细胞的自然运动和受激运动有关的力,甚至是与经典量子界面现象有关的极小的力?),以高灵敏度和精确度控制光与物质相互作用(EPSRC,2017b)	5 023 462 英镑
11	2015~2021	量子动力学	MURI-MIR	中红外波长激光—强场相互作用的实验和理论研究(EPSRC,2015b)	3 487 285 英镑
12	2014~2021	量子动力学	NotCH	使用光控制分子和原子的运动,揭示医疗、信息技术和能源生产核心设备的物理现象:锂离子进出电池的方式,原子晶格的变形过程,利用光移动较大的碳基分子中的金原子,控制金原子的颜色吸收和分子感知(EPSRC,2014)	4 644 894 英镑
13	2014~2019	基于AMO的量子信息	MOQUACINO	开发真正可扩展的方法构建线性和非线性光子网络,构建一个20节点、20比特、20粒子的容损光子网络	1 738 404 欧元
14	2020~2025	基于AMO的量子信息	PEDESTAL	基于锡空位中心和铅空位中心创建多自旋和多光子纠缠态,演示分布式三自旋纠缠,实现高保真、高带宽多节点量子网络的实验演示	2 478 734 欧元
15	2017~2022	基于AMO的量子信息	Designing Qut-of-Equilibrium Many-Body Quantum Systems	如何在存在噪声和退相干的情况下利用日益复杂的器件,本质上是一个非平衡多体量子物理的问题。基于在光学势中使用超冷原子气体的量子模拟器,探索、理解和设计与未来量子技术相关的非平衡量子动力学(EPSRC,2016b)	5 834 555 英镑
16	2013~2018	基于AMO的标准模型	eEDM	通过使用激光把YbF分子冷却到微开尔文温度,然后使其像喷泉一样自由下落,来检测违反电荷和宇称对称性的基本粒子相互作用	2 409 629 欧元

注:依据EPSRC和ERC(ERC,2022)在AMO领域资助的重点项目内容整理

2021年初,英国研究与创新署(UKRI)宣布了资助总额3100万英镑的7个项目(UKRI,2021),其中大部分为AMO领域的研究(表1-4)。

总的来说,英国EPSRC、UKRI和欧盟ERC在英国重点布局的AMO研究有:①光工具。新型光脉冲、极化子激光器、太赫兹光源和仪器;②多体系统。复杂量子系统、强相

互作用的多粒子系统、非平衡多体量子物理；③量子动力学。在波长尺度或低于波长尺度的光学结构中的光量子和物质之间的相互作用，高灵敏度和精确度控制光与物质，与未来量子技术相关的非平衡量子动力学。④基于 AMO 的量子信息科学技术。容损光子网络；空位中心创建多自旋和多光子纠缠态，演示分布式三自旋纠缠，实现高保真、高带宽多节点量子网络。⑤基于 AMO 的标准模型、精密测量。光钟、原子钟、高精度光谱学、便携式频率梳等；探测违反电荷-宇称对称性的基本粒子相互作用、暗物质、引力波源、最小长度、时空量子效应、量子级上的新效应，测量绝对中微子质量。EPSRC 对于国家需求导向驱动的基础研究，给予了较大力度的支持，例如，支持解决电子工业中有机半导体材料光传输距离短的问题，重视医疗、信息技术和能源生产核心设备背后物理现象的研究等。

表 1-4 UKRI 资助的 AMO 研究项目

序号	领域	研究内容	资助金额/万英镑
1	基于 AMO 的量子信息科学	测量基本常数稳定性的时钟网络，利用原子钟、分子钟和离子钟探索是否存在量子级（即最小级）上的新效应	370
2	基于 AMO 的标准模型和暗物质的研究	使用压缩光和单光子检测等量子技术，开发新型干涉仪，测量最小长度波动，寻找暗物质和时空的量子效应	400
3	基于 AMO 的标准模型和暗物质的研究	开发超低噪声量子电子传感器，寻找轴子	480
4	基于 AMO 的标准模型和暗物质的研究	测量绝对中微子质量	380
5	基于 AMO 的标准模型和暗物质的研究	基于原子间量子干涉，探测超轻暗物质	720
6	基于 AMO 的精确测量	基于原子间量子干涉，探测引力波源	

注：依据 UKRI 资助的 AMO 项目内容整理

1.2.4 日本的布局重点及支持举措

日本在 AMO 学科重点布局的领域有光工具（包括片上激光器、小型化高能激光器、高重复频率超短脉冲激光光源和高强度脉冲激光光源）、基于 AMO 的量子信息科学（如基于冷原子和分子体系的量子信息系统）、基于 AMO 的精密测量（如量子惯性传感器和光学晶格钟）等。

（1）光工具

①片上激光器。2010 年 3 月，日本启动了为期四年的大型国家项目"光电融合系统技术"（Photonics-Electronics Convergence System Technology，PECST），其总预算为 45 亿日元，是世界领先科技创新研发（Funding Program for World-Leading Innovative R&D on Science and Technology，FIRST）资助计划中 30 个项目之一，旨在展示一个用于芯片间互连的光电子学融合系统，开发硅/锗激光器和硅上量子点激光器等（Arakawa，2011）。②小型化高能激光器。2016 年 4 月，日本内阁府与科学技术振兴机构（Japanese Science and Technologies Agency，JST）联合推出"通过颠覆性技术项目推动范式变革计划"（Impulsing

Paradigm Change through Disruptive Technologies Program，ImPACT），提出将 X 射线自由电子激光超小型化，以在产业和医疗等领域得到广泛且有效的应用（搜狐，2016）。③高重复频率超短脉冲激光光源和高强度脉冲激光光源。2018 年 3 月，日本文部科学省在发布的量子飞跃旗舰计划（Q-LEAP）中提出了基于冷原子和分子体系的量子信息处理三大重要研究方向。Q-LEAP 主要包括下一代激光技术等技术领域，每个技术领域都包含 2 个旗舰项目，旗舰项目每年可获得 3 亿～4 亿日元的资助（中国科学院科技战略咨询研究院，2018）。

（2）基于 AMO 的量子信息科学

2018 年，日本文部科学省在 Q-LEAP 中提出资助冷原子、分子体系研究，研发通用型量子计算机。2020 年 1 月，日本统合创新战略推进会议发布的《量子技术创新战略（最终报告）》中，将基于冷原子的量子模拟、基于阿秒激光的量子传感作为量子测量/传感的重要技术问题（中国科学院科技战略咨询研究院，2020）。

（3）基于 AMO 的精密测量

量子惯性传感器、光学晶格钟、固态量子传感器（金刚石氮空位中心等）、量子纠缠光学传感器还被《量子技术创新战略（最终报告）》列为发展量子传感器的重要技术问题。2020 财年起，日本计划在五年内建立 5 个或更多的"量子技术创新中心（国际中心）"的候选名单中即包含量子惯性传感器和光学晶格钟研究中心（中国科学院科技战略咨询研究院，2020）。

1.2.5　中国的研究布局重点及支持举措

在原子分子物理领域，20 世纪 30～60 年代，中国在原子碰撞研究、分子碰撞激发、多原子分子的结构与振动光谱、对过渡金属能带结构等的计算等领域取得了世界领先的成果。20 世纪 60 年代，中国将原子与分子理论项目列入了理论物理规划。20 世纪 70 年代，中国制定了原子与分子物理发展规划。固体物理、力学、等离子体物理、天体物理等相关联的学科，与新型激光器、受控热核聚变、新材料设计等尖端科学技术的研发需求推动了原子分子物理的发展。1963 年，钱学森先生在中国物理学年会上提出，通过研究高温气体、高压气体和高压固体中的原子分子物理问题，推动尖端科学技术中的力学问题研究。依据这一建议展开的研究推动了中国物理力学的发展（苟清泉，1989）。20 世纪 70 年代，中国国家自然科学基金委员会（National Natural Science Foundation of China，NSFC）对中国原子分子物理学科的发展战略进行研究，为 NSFC 在"七五""八五""九五"期间的项目部署提供了依据。现阶段，量子信息科学与技术的发展成为中国 AMO 发展的主要推动力量。

中国对自由电子激光大装置进行了布局。2007 年至今，中国科学技术部和 NSFC 在 AMO 领域资助的重大研究计划主要有 4 项，其中，科学技术部 1 项，NSFC 3 项。这些资助涵盖了 AMO 学科的光工具、少体系统和多体系统、时域和频域的量子动力学、基于 AMO 的精密测量领域。

（1）光工具

中国先后对拉曼型自由电子激光器（FEL）、波荡器自发辐射、谐振腔型技术路线和放大器型技术路线的自由电子激光进行了布局。受到光子科学对光源装置的需求牵引，中国又新增建设了一批基于高增益放大器原理的 FEL 光源装置：2014 年，启动了软 X 射线自由电子激光项目，2018 年启动了中国首台硬 X 射线 FEL 装置。NSFC 从 2017 年起资助新型光场调控物理及应用重大研究计划，新型光场部分的研究旨在通过光场与物质相互作用的物理过程的精密控制，获得具有特定多维度（偏振、位相、频率、振幅、脉宽及模场）时空结构的新型光场（国家自然科学基金委员会，2017）。科学技术部也资助了特殊空间结构光场和光量子态（2017 年）和新型超快光场的相干调控（2018 年）项目（表 1-5）。

（2）少体系统和多体系统

科学技术部 2016 年资助多体量子效应模拟方面的项目，2017 年资助"基于光晶格超冷量子气体的量子模拟"项目，2018 年资助"异核量子简并混合气体多体效应研究"项目（表 1-5）。

（3）时域和频域的量子动力学

NSFC 于 2007～2018 年资助的"单量子态的探（检）测及相互作用"重大研究计划，旨在通过单量子态系统的制备和精密的探测，消除多量子态的混合以及环境涨落的影响，认识微观量子的现象和规律。单量子态的主要研究对象包括单个电子态、单个原子态、单个分子的振动态/转动态、单个光子态、超导宏观量子效应、原子的玻色—爱因斯坦凝聚态等。对单量子态的探测需要对单粒子的量子态和宏观量子态等进行高精度探测。而单量子态具有信号很弱、存在时间短并且高度局域化的特征，因此，对单量子态的探测需要达到飞秒的分辨率、原子尺度的空间分辨率以及亚毫电子伏的能量分辨率。对单量子态的制备需要有极低温、超高真空、强磁场等极端实验条件和精密的材料制备以及实验控制对量子态进行纯化（姜向伟等，2019）。

（4）基于 AMO 的量子信息科学

科学技术部在 2016～2019 年资助了基于光晶格、超冷量子气体的量子模拟，基于分子、原子、离子的磁性材料和存储器件，量子光源，单光子探测器等为研究主题的项目（表 1-5）。

（5）基于 AMO 的精密测量

NSFC 在 2013 年开始资助"精密测量物理"重大研究计划（华中科技大学，2013），旨在针对特定的精密测量物理研究对象，以原子分子、光子（光子和原子的自旋压缩或者纠缠态之间的量子关联、原子频率标准、原子精密操控、分子冷却等）为主线，构建高稳定度的精密测量新体系，探索精密测量物理的新概念与新原理，发展更高精度的测量方法与技术，提高基本物理学常数的测量精度，在更高精度上检验基本物理定律的适用范围（国家自然科学基金委员会，2013）。科学技术部在 2016 年资助了高精度原子光钟，还在 2016

年和 2017 年资助了以量子关联精密测量为主要研究内容的 3 个项目（表 1-5）。

表 1-5　科学技术部量子调控与量子信息重点专项 2016～2019 年资助的 AMO 项目

序号	领域	年份	研究内容	具体描述
1	光工具	2017	特殊空间结构光场和光量子态	特殊空间结构光场和光量子态的产生，与微结构相互作用导致的新效应及其调控，以及远超衍射极限的远场聚焦、光自旋-轨道耦合、非线性效应等
2	光工具	2018	新型超快光场的相干调控	光子与微纳结构量子态的耦合效应，及新型超快光场的相干调控
3	少体系统和多体系统	2018	异核量子简并混合气体多体效应研究	在异核量子简并混合气体中制备并研究双超流、超固体等新奇量子物态及模拟极化子、近藤效应等多体效应
4	基于 AMO 的量子信息科学	2016	新型磁性材料、磁结构和自旋电子学	阐明单原子、单分子自旋效应，构筑高密度、低能耗磁存储器件
5	基于 AMO 的量子信息科学	2017	基于光晶格超冷量子气体的量子模拟	在超冷原子、极性分子气体中利用光晶格技术实验研究多体强关联系统的奇异量子相和相变临界行为（科学技术部，2017）
6	基于 AMO 的量子信息科学	2017	高性能单光子探测（SPD）技术	针对远距离城际量子密钥分发和城域高速量子密钥分发等不同应用的需求，发展具有自主知识产权的 InGaAs/InP 雪崩二极管、超导纳米线单光子探测器（SNSPD）、相变边缘传感器（Transition-edge sensor，TES）、参量上转换等高性能 SPD 器件及其相关技术（科学技术部，2017）
7	基于 AMO 的量子信息科学	2017	功能集成光子芯片	光子态的按需产生及调控，以及功能集成的光子芯片的研制（科学技术部，2017）
8	基于 AMO 的量子信息科学	2018	分子体系磁性量子材料及器件	分子和离子体系磁性量子材料及器件的可控制备，量子态和性能调控
9	基于 AMO 的量子信息科学	2019	光学量子计算	发展具有高效率和高品质的量子光源（科学技术部，2019）
10	时域和频域的量子动力学	2016	受限和外场下小量子体系	对受限体系特别是单原子/单分子、单电子、单光子、单自旋和单激发态等单量子态的检测和操控，轻元素原子核量子态的检测与操控，小量子体系对局域场等外场的响应及量子态的调控
11	时域和频域的量子动力学	2018	基于金刚石色心的量子相干控制及应用	实现单分子磁共振谱学，达到空间分辨率优于 1 纳米、灵敏度优于 1 皮特斯拉·赫兹$^{-1/2}$，实现低维量子材料的原子尺度磁共振成像，分辨率达到 1 个玻尔磁子
12	时域和频域的量子动力学	2019	原子分子瞬态量子过程的精密测量	建立宽谱段超快光场技术及阿秒时间分辨测量技术，发展光子、电子和离子的多维关联谱学新方法，开展对原子分子飞秒、阿秒瞬态过程和量子多体过程的精密测量，揭示原子分子多体关联动力学的规律和调控机理
13	量子精密测量	2016	超越标准量子极限的量子关联精密测量	基于囚禁原子与离子的超越标准量子极限的新型原子频标、单量子与多量子关联高灵敏测量与应用
14	量子精密测量	2016	基于原子与光子相干性的量子精密测量	光子和原子耦合新机理，光子和原子关联量子干涉技术
15	量子精密测量	2017	高精度原子光钟	基于囚禁离子和冷原子的高精度原子光钟、光钟比对及应用
16	量子精密测量	2017	基于少体量子关联态的精密测量	可控少体量子关联态的制备、表征及在突破标准量子极限精密测量中的应用

注：依据科学技术部量子调控与量子信息重点专项 2016～2019 年资助的 AMO 项目内容整理

　　综合而言，在光工具方面，中国重点布局了新兴和超快光场的研究；在时域和频域的量子动力学方面，中国重点布局了原子尺度磁共振成像、原子分子的瞬态过程的精密测量；

在 AMO 的量子信息科学方面，中国重点布局了基于光晶格超冷量子气体的量子模拟；在光子的量子计算方面，对光子芯片、基于单原子、单分子自旋效应的存储器件、量子光源、单光子探测器进行了部署。

中国布局的"单量子态的探测及相互作用"重大研究计划重点关注五个方向：①单量子态的构筑；②精密探测的新原理、新方法；③量子态间的耦合及与环境的相互作用；④聚集体/凝聚态中的量子态与量子效应；⑤量子态相互作用的建模与数值计算。该重大研究计划体现了我国循序渐进的布局特点，注重推动基础研究成果的集成。项目部署分成两个阶段，前期（2009～2011 年）为启动和重点布局阶段，后期（2012～2015 年）为集成优化阶段。在集成优化阶段，2012 年主要对五个方向的项目进行分别资助，也有集成项目；2014年和 2015 年过渡到都是集成项目，集成项目的研究主题涵盖了单原子、单分子的探测，单分子、亚分子尺度、原子系统的量子态，单光子的产生和探测，拓扑绝缘体的量子现象，拓扑量子态，超导宏观量子态。

1.3　定量分析

本文运用文献计量学的方法对原子分子光学领域近 10 年（2011～2020 年）的数据进行了分析。本文采用的数据源是 Web of Science 的核心合集数据库（Science Citation Index Expanded，SCIE），构建检索策略[①]以获取 AMO 领域的期刊论文、综述、会议论文。因该领域由多个学科交叉组成，且 Web of Science 数据库以期刊所属的学科类别来划分文章的学科类别，所以此检索策略得到的结果未包含 Science 和 Nature 等综合类期刊中的文章。通过数据分析工具 DDA（Derwent Data Analyzer）、Excel、VOSviewer 等对该领域论文的研究主体、热点研究方向等进行分析：首先，通过文献计量分析的方式分析各国/组织在 2011～2020 年论文产出的基本发展情况，包括世界论文产出的年度变化趋势，论文产出排名前十位的国家；其次，对高被引论文的重要产出国家和机构进行分析。

1.3.1　AMO 整体分析

1.3.1.1　论文产出趋势

2011～2020 年，世界 AMO 研究的 SCI 论文共计 410 189 篇，2020 年（44 653 篇）的发文量是 2011 年（35 961 篇）的 1.2 倍，十年间的年平均发文量为 41 018.9 篇，并且最近十年间的发文量呈现缓慢上升的趋势（图 1-2）。总体来看，AMO 领域的发展十分活跃，研究成果的产出量较大且较为稳定。

1.3.1.2　论文国家/地区分布

2011～2020 年，AMO 领域 SCI 论文排名前 10 位的国家为：中国、美国、德国、印度、

---

① wc=Physics，Atomic，Molecular & Chemical or wc=optics；检索时间：2021 年 03 月。

英国、日本、法国、俄罗斯、意大利、韩国。这 10 个国家的 SCI 论文数量占世界 AMO 的 SCI 论文总量的 90.9%。其中，中国的发文量占 28.5%，在该领域的研究中占有绝对优势；美国占 19.5%，居第二位，中国和美国以较大的数量优势领先于其他国家（图 1-3）。

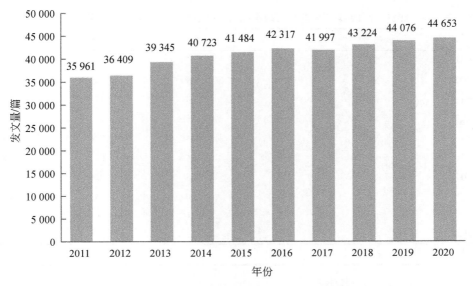

图 1-2 2011~2020 年 AMO 研究 SCI 论文数量变化趋势

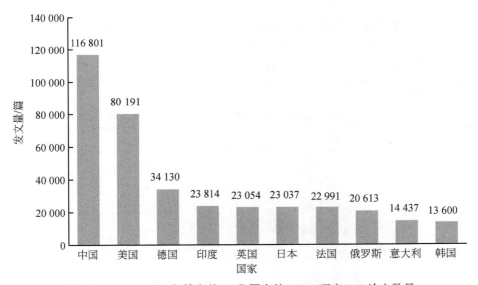

图 1-3 2011~2020 年排名前 10 位国家的 AMO 研究 SCI 论文数量

1.3.2 AMO 高被引论文分析

1.3.2.1 国家分析

2011~2020 年，AMO 领域的高被引论文有 2159 篇。高被引论文数量排名前 5 位的国家分别是美国、中国、德国、英国、澳大利亚。如表 1-6 所示，以上 5 个国家的高被引论文数量占据该主题下全部高被引论文数量的 95.23%。其中，中美两国的高被引论文数量占 68.41%，且各自的高被引论文数量远高于其他 3 个国家的高被引论文数量。

表 1-6   2011～2020 年排名前 5 位国家的 AMO 研究 SCI 高被引论文数量   （单位：篇）

年份	美国	中国	德国	英国	澳大利亚
2011	85	22	25	12	6
2012	99	38	29	16	12
2013	114	45	34	17	10
2014	89	50	25	21	13
2015	96	60	34	27	16
2016	90	71	24	32	13
2017	86	59	28	21	14
2018	87	77	20	14	10
2019	67	102	21	16	19
2020	62	78	21	16	13
合计	875	602	261	192	126

1.3.2.2   机构分析

表 1-7 列出了全球发表 AMO 领域高被引论文排名前 10 位的机构，分别是中国科学院、马克斯·普朗克学会、斯坦福大学、麻省理工学院、加州大学伯克利分校、加州理工学院、哈佛大学、阿卜杜勒阿齐兹国王大学、深圳大学、澳大利亚国立大学。其中，美国有 5 家，中国有 2 家，德国、沙特阿拉伯、澳大利亚各有 1 家。

表 1-7   2011～2020 年 AMO 领域 SCI 高被引论文机构分析

排序	机构	论文数量/篇	国家
1	中国科学院	99	中国
2	马克斯·普朗克学会	71	德国
3	斯坦福大学	68	美国
4	麻省理工学院	58	美国
5	加州大学伯克利分校	52	美国
6	加州理工学院	48	美国
7	哈佛大学	46	美国
8	阿卜杜勒阿齐兹国王大学	45	沙特阿拉伯
9	深圳大学	43	中国
10	澳大利亚国立大学	42	澳大利亚

在 AMO 领域 SCI 高被引论文数量排名前 10 位的研究机构的合作情况如图 1-4 所示。

合作网络图中节点之间连线的粗细代表不同机构之间合作产出的论文数量，连线越粗表示合作产出的论文数量越多。在高被引论文数量排名前 10 位的机构中，来自德国的马克斯·普朗克学会与来自中国、美国、澳大利亚的 7 个机构开展了合作，合作发文量最多，为 24 篇。来自美国的 5 家机构，斯坦福大学、麻省理工学院、加州大学伯克利分校、加州理工学院、哈佛大学之间合作密切，而且国际合作的范围也较广。中国科学院与美国、德国的研究机构均有合作关系，但数量上并不多，中国科学院的合作对象主要是同样来自中国的深圳大学。相比之下，中国机构与国际学术机构的合作较少。未来，中国机构可以在国际合作方面努力，加强与该领域国际重要研究机构的联系以提升国际影响力。

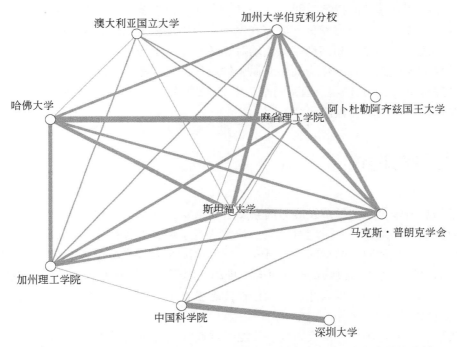

图 1-4　2011～2020 年 AMO 领域 SCI 高被引论文数量排名前 10 位机构的合作情况

1.4　中国重要领域发展现状

结合科学技术部和 NSFC 资助的 AMO 项目取得的重要进展，以及中国在 AMO 领域发表在《自然-光子学》杂志上的论文，发现中国在 AMO 领域的进展主要集中在以下几个方面。①2017 年，中国在国际上率先实现了低重复频率、超高峰值功率（10 拍瓦）、超强激光输出（刘军等，2020）。2021 年，软 X 射线自由电子激光用户装置先后在 5.6 纳米、3.5 纳米、2.4 纳米和 2.0 纳米波长，实现自由电子激光放大出光，还实现 2.4 纳米单发激光脉冲的相干衍射成像（新华网，2021）。光子源的产生和探测方面为实现高亮度、高纠缠保真度和高不可区分性的"三高"量子光子源以及基于 9 根相互交错纳米线结构的高速超导纳米线单光子探测器。②多体系统。基于两个连续的量子相变,将 900 多个原子纠缠在玻色-爱因斯坦凝聚态中。③时域和频域的量子动力学。用激光场诱导的时空映射(将电子脉冲的时间分布转化成空间分布)来研究阿秒分辨率等离子体表面电荷超快动力学(中国科学院上海光学精密机械研究所,2020)。④基于 AMO 的量子信息科学技术。实现 4×4 新型魔幻光强偶极阵列捕获中性原子构成量子寄存器(中国科学院,2018)。基于超冷原子体系对量子电动力学方程施温格模型进行模拟,开拓了依托冷原子体系研究外尔(Weyl)物理新奇现象的新方向(合肥微尺度物质科学国家研究中心,2020)。⑤精密测量。将分子结构成像的空间分辨率提高到亚纳米,对单个蛋白质分子进行磁共振探测,在分子碰撞的化学反应中检测到单独的持续时间在 0.1~1 皮秒的反应共振(也称为散射共振)。[①]

2018 年,中国天宫二号空间实验室在空间微重力环境下利用激光把铷原子温度降低到接近绝对零度,利用激光和高精度微波场对制备的冷原子进行操纵和探测,将提取出的铷原子高稳定的能级跃迁频率作为高精度原子钟信号,在国际上首次实现冷原子钟的在轨稳定运行(赵建福等,2021)。中国空间站已于 2022 年发射"问天"和"梦天"两个实验舱,支持包含超冷原子物理在内的研究。

1.5　总结与建议

量子信息科技是事关经济发展与国家安全的重要领域,AMO 对于发展量子信息科学技术具有重要的战略意义,各国均对 AMO 研究进行了项目部署和总体设计。其中,美国重视发展科学、工程和应用驱动的基础研究,利用超快 X 射线光源设施推动多个学科发展,增加通过 AMO 推动其他领域发展的机会,推动不同资助部门开展 AMO 资助和前沿研究,促进开放合作,开发多样性人才。我国已经部署了若干重大研究计划,未来仍有必要继续加快推动 AMO 学科的发展。

基于现有优势领域进行重点布局,并加强重点领域的交叉研究。我国软 X 射线自由电子激光器已实现 X 射线自由电子激光装置的全线调试贯通、生物成像实验站通光等重要进展,虽然起步略晚于美国、德国和日本等国家,但仍为我国高能量光源和基于这一光源开展微观层面物质研究的科学领域提供了重要的发展机遇。AMO 对生物学领域的分子结构研究和化学反应过程研究具有重要的意义,基于我国在单分子亚纳米空间分辨率成像的重要进展,推动 AMO 与生物和化学等学科深度交叉融合,重点布局单分子成像研究,基于 AMO 的精密测量的空间、时间和能量分辨率研究。基于我国在单光子量子光源、单光子探测器、光场对中性原子的调控等研究的进展,进一步推动 AMO 与量子信息科学的融合发展。一方面基于 AMO 的基础研究推动基于光子的量子计算、基于超冷原子的量子模拟等优势研究方向的集成,推动量子信息科学技术的发展;另一方面通过量子信息科学的发展带动 AMO 学科的发展,推动 AMO 与凝聚态物理等学科的交叉融合。在离子阱量子计算方向,美国取得重要基础研究进展,在成果转化方面具有国际影响力,我国仍需在该领域加强基

---

① 在分子之间的反应性碰撞过程中,原子核会被暂时捕获,从而形成亚稳量子态,通常持续 10^{-13} 到 10^{-12} 秒,然后衰变为反应物或产物。这些短暂的状态称为反应共振。

础研究和成果转化,争取形成基于光子、离子阱、超等的多个具有国际竞争力的量子计算发展路径。我国在空间冷原子钟领域取得重要进展,但是在进一步提升光学时钟的精度/稳定性等方向仍有待提升。此外,基于纠缠态进行高精度测量是新兴发展方向,各国均有布局,我国有望在该方向取得国际影响力。

重视其他学科的基础研究需求和应用需求对 AMO 发展的潜在推动作用,注重对关键科学问题的征集。科学问题是开辟新的研究领域的指南针,而好的科学问题则在推动学科发展并培养下一代优秀人才方面发挥重要作用。鼓励凝聚态物理、量子信息科学等相关学科领域的学科带头人关注所研究领域的与 AMO 相关的科学问题,鼓励数字基础设施、制造业等行业领域的技术和研究人员关注由应用驱动的 AMO 基础研究问题,加强重要科学问题的交流。

传承艰苦奋斗科研精神,解决新挑战。20 世纪 30～60 年代,我国物质匮乏,科研经费缺乏,老一辈科学家发扬艰苦奋斗的精神克服物质困难做出了若干具有国际影响力的成果。现阶段,我国在科研经费较为充足的情况下,面临来自以美国为主的发达国家的科技封锁和限制国际交流等挑战,这一新形势要求我们发扬和继承老一辈科学家的艰苦奋斗精神,致力于提出真正的基础研究问题,解决"卡脖子"技术难题等挑战。

致谢　中国科学院物理研究所的刘伍明与魏志义研究员对本章内容提出了宝贵的意见与建议,在此谨致谢忱!

参 考 文 献

国家自然科学基金委员会. 2013. 关于发布精密测量物理重大研究计划项目指南的通告. https://www.nsfc. gov.cn/publish/portal0/ tab442/info61722.htm［2022-03-20］.

国家自然科学基金委员会. 2017. 关于发布新型光场调控物理及应用重大研究计划 2017 年度项目指南的通告. http://www. nsfc.gov.cn/publish/portal0/tab442/info68473.htm［2020-07-15］.

合肥微尺度物质科学国家研究中心. 2020. 中国科大在 71 个格点的超冷原子量子模拟器中成功求解施温格方程. http://www.hfnl.ustc.edu.cn/detail?id=17432［2022-06-18］.

华中科技大学. 2013. "精密测量物理"重大研究计划启动. http://kfy.hust.edu.cn/info/1061/2285.htm ［2020-07-15］.

苟清泉. 1989. 我国原子与分子物理的发展. 物理,(10):593-599.

姜向伟,倪培根,董国轩,等. 2019. "单量子态的探测及相互作用"重大研究计划结题综述. 中国科学基金,(5):467-474.

科学技术部. 2017. "量子调控与量子信息"重点专项. 2017 年度项目申报指南.https://service.most.gov.cn/u/ cms/static/202011/16090623wb3r.pdf［2022-06-18］.

科学技术部. 2019. "量子调控与量子信息"重点专项 2019 年度项目申报指南(征求意见稿).https://service. most.gov.cn/u/cms/static/201808/201642158lvg.pdf［2022-06-18］.

刘军,曾志男,梁晓燕,等. 2020. 超快超强激光及其科学应用发展趋势研究. 中国工程科学,22(3):42-48.

佘永柏. 1988. 原子、分子物理学及光学发展展望. 科技导报,(5):59-63.

搜狐. 2016. 日本颠覆性技术创新计划研究要点. https://www.sohu.com/a/119940474_465915［2020-07-15］.

新华网.2021. 我国首台 X 射线自由电子激光装置首次获得飞秒尺度的 X 光照片. http://www.xinhuanet.com/politics/2021-06/26/c_1127601082.htm［2022-06-18］.

叶佩弦. 1989. 当代的光物理学与原子分子物理学. 现代物理知识,（1）:9-10.

赵建福, 王双峰, 刘强, 等. 2021. 中国微重力科学研究回顾与展望. 空间科学学报, 41（1）:34-45.

中国科学院. 2018. 武汉物数所在基于中性原子的量子信息处理基础研究中取得进展. https://www.cas.cn/syky/201812/t20181218_4674114.shtml［2022-06-24］.

中国科学院科技战略咨询研究院. 2018. 日本文部省发布量子飞跃旗舰计划. http://www.casisd.cn/zkcg/ydkb/kjqykb/2018/201806/201806/t20180612_5025170.html［2020-07-15］.

中国科学院科技战略咨询研究院. 2020. 日本发布《量子技术创新战略（最终报告）》. http://www.casisd.cn/zkcg/ydkb/kjqykb/2020/202003/202006/t20200616_5607408.html［2020-07-15］.

中国科学院上海光学精密机械研究所. 2020. 上海光机所在激光直接度量阿秒电子动力学研究方面取得重要进展 http://www.siom.cas.cn/xwzx/ttxw/ 202012/t202012 07_5810943.html［2022-06-24］.

Arakawa Y. 2011. Photonics-electronics convergence system technology （PECST） as one of the thirty FIRST projects in Japan［C］//16th Opto-Electronics and Communications Conference. IEEE，886.

Congress.gov. 2021. Department of Energy Science for the Future Act of 2022 . https://www.congress.gov/117/crpt/hrpt72/CRPT-117hrpt72.pdf ［2022-03-18］.

EPSRC. 2014. Nano-Optics to Controlled Nano-Chemistry Programme Grant（NOtCH）. https://gow.epsrc.ukri.org/NGBOViewGrant.aspx?GrantRef=EP/L027151/1［2020-07-15］.

EPSRC. 2015a. Hybrid Polaritonics. https://gow.epsrc.ukri.org/NGBOViewGrant.aspx?GrantRef=EP/M025330/11［2020-07-15］.

EPSRC. 2015b. MURI–MIR. https://gow.epsrc.ukri.org/NGBOViewGrant.aspx?GrantRef=EP/N018680/11［2020-07-15］.

EPSRC. 2016a. QSUM:Quantum Science with Ultracold Molecules. https://gow.epsrc.ukri.org/NGBOView Grant.aspx? GrantRef=EP/P01058X/1［2021-03-19］.

EPSRC. 2016b. Designing Out-of-Equilibrium Many-Body Quantum Systems. https://gow.epsrc.ukri.org/NGBO View Grant.aspx? GrantRef=EP/P009565/1［2020-07-15］.

EPSRC. 2017a. HyperTerahertz - High precision terahertz spectroscopy and microscopy. https://gow.epsrc.ukri.org/NGBOViewGrant.aspx?GrantRef=EP/P021859/1［2020-07-15］.

EPSRC. 2017b. Resonant and shaped photonics for understanding the physical and biomedical world. https://gow.epsrc.ukri.org/NGBOViewGrant.aspx?GrantRef=EP/P030017/1［2020-07-15］.

EPSRC. 2018. Coherent Many-Body Quantum States of Matter. https://gow.epsrc.ukri.org/NGBO ViewGrant.aspx? GrantRef=EP/S020527/1［2020-07-15］.

EPSRC. 2020a. Light matter interaction and optical phenomena. https://epsrc.ukri.org/research/ourportfolio/researchareas/lightmatter/［2020-07-15］.

EPSRC. 2020b. Cold atoms and molecules. https://epsrc.ukri.org/research/ourportfolio/researchareas/coldatoms/［2020-07-15］.

EPSRC. 2020c. Molecular Photonic Breadboards. https://gow.epsrc.ukri.org/NGBOView Grant.aspx? GrantRef=EP/T012455/1［2020-07-15］.

ERC. 2022. ERC funded projects. https://erc.europa.eu/projects-figures/erc-funded- projects/results?items_per_page=20&f%5B0%5D=funding_scheme%3AAdvanced%20Grant%20%28AdG%29&f%5B1%5D=tid%253A parents_all%3A63&f%5B2%5D=country%3AUnited%20Kingdom［2022-03-18］.

European Commission. 2018. Quantum Technologies Flagship Kicks off with First 20 Projects. http://europa. eu/rapid/press-release_IP-18-6205_en.htm［2020-07-15］.

National Academies of Sciences，Engineering，and Medicine. 2018. Opportunities in Intense Ultrafast Lasers:Reaching for the Brightest Light. https://doi.org/10.17226/24939［2020-07-15］.

National Academies of Sciences，Engineering，and Medicine . 2020. Manipulating Quantum Systems:An Assessment of Atomic，Molecular，and Optical Physics in the United States. https://www.nap. edu/catalog/ 25613/manipulating-quantum-systems-an-assessment-of-atomic-molecular-and-optical［2020-10-29］.

NSF. 2020. Programs:Division of Physics（PHY）. https://www.nsf.gov/funding/programs.jsp?org=PHY［2020-7-15］.

Optics. 2006. UK photonics strategy seeks commercial success. https://optics.org/article/25347［2020-07-15］.

Photonics 21. 2019. Europe's age of light! How photonics will power growth and innovation. https://www. photonics 21.org/download/news/2019/Europes-age-of-light-Photonics-Roadmap-C1.pdf?m=1552465949&［2022-03-18］.

Photonics Leadership Group. 2020. Future horizons for photonics research 2030 and beyond. https://photonicsuk. org/wp-content/uploads/2020/09/Future-Horizons-for-Photonics-Research_PLG_2020_b.pdf［2022-03-18］.

Quantum Flagship. 2022a. AQTION-Advanced quantum computing with trapped ions. https://qt.eu/about-quantum-flagship/projects/aqtion/［2022-03-18］.

Quantum Flagship. 2022b. iqClock-Integrated Quantum Clock. https://qt.eu/about-quantum-flagship/projects/ iqclock/［2022-03-18］.

Quantum Flagship. 2022c. macQsimal - Miniature Atomic vapor-Cells Quantum devices for Sensing and Metrology Applications. https://qt.eu/about-quantum-flagship/projects/macqsimal/［2022-03-18］.

Quantum Flagship. 2022d. ASTERIQS-Advancing Science and TEchnology thRough dIamond Quantum Sensing. https://qt.eu/about-quantum-flagship/projects/asteriqs/［2022-03-18］.

Quantum Flagship. 2022e. PASQuanS-Programmable Atomic Large-Scale Quantum Simulation. https://qt. eu/about-quantum-flagship/projects/pasquans/［2022-03-18］.

UKRI. 2020. UK XFEL Science Case. https://www.clf.stfc.ac.uk/Pages/UK%20XFEL%20Science% 20Case% 20Executive%20Summary%20Sept%202020.pdf［2020-07-15］.

UKRI. 2021. Quantum projects launched to solve the universe's mysteries. https://www.ukri. org/news/quantum-projects-launched-to-solve-the-universes-mysteries/［2022-03-18］.

2 微小卫星技术国际发展态势分析

郭世杰　董　璐　魏　韧　李泽霞

（中国科学院文献情报中心）

摘　要　微小卫星是质量在几百千克以下、具有独特的研究开发模式的新型航天器。从 1957 年人类进入太空时代以来，微小卫星经历了两次大量发射的热潮，美国、欧洲、日本等国家和地区均发布了支持微小卫星发展的重要政策、战略，未来 10 年预计会有数以万计的微小卫星进入近地轨道，这给全球带来了许多问题和挑战，包括空间碎片问题、对天文观测的干扰问题、对通信频率的挤占问题、对大气层的污染问题等。从与微小卫星研究相关的论文和专利成果看，近年来与微小卫星相关的研究成果增长迅速，美国、中国、英国、德国、意大利、日本、法国、俄罗斯等是国际微小卫星研究规模领先的国家。从关键技术看，微小卫星在组网构成合成孔径望远镜、姿态和轨道控制、数据处理和通信等方面具有区别于大型航天器的独特技术要求，也提供了新颖独特的技术能力。为了利用微小卫星带来的机遇，规避和预防其带来的负面影响，我国应当关注微小卫星研发的关键技术，借鉴微小卫星研究的独特的管理文化、生产方式和冒险精神，倡导制定负责任的国际太空行为准则。

关键词　微小卫星　立方体卫星　空间政策　空间碎片

2.1　引言

自从 1957 年 10 月 4 日苏联发射首颗人造地球卫星，推动人类文明进入太空时代以来，卫星的重量就一直是航天发射的关键技术指标。曾几何时，这一指标被看作是不同国家航天实力的标志之一，因为更大和更重的卫星意味着运载火箭需要更强的推进能力，同时意味着卫星平台上能够搭载数量更多、性能更强的有效载荷。此外，由于运载火箭技术和弹道导弹技术的通用性，卫星重量也很容易让人联想到导弹弹头的爆炸当量，这在冷战时期（同时也是美国和苏联开展太空竞赛的时代）具有另一番独特的威慑内涵。苏联的首颗卫星"斯普特尼克 1 号"（Спутник-1）的质量为 83.6 千克（Gunter，2021）；美国于 1958 年发射的首颗卫星"探索者 1 号"（Explorer-1）的质量很小，仅有 14 千克；日本于 1970 年初发射的首颗卫星"大隅号"质量为 9.4 千克；中国于 1970 年发射的"东方红一号"卫星质量则达到 173 千克，超过此前苏联、美国、法国、日本 4 个国家各自发射的首颗卫星质量的总和。

随着航天发射质量的上限不断被世界各国突破，人类所制造和控制运行的太空设施规模也不断扩张。1961 年 4 月 12 日，苏联航天员尤里·阿列克谢耶维奇·加加林（Юрий Алексеевич Гагарин）乘坐"东方 1 号"（Vostok 1）飞船实现了世界首次载人航天飞行，该任务的发射质量达 4.72 吨（Space Facts，2020）。1969 年 7 月 16 日，美国发射的"阿波罗 11 号"（Apollo 11）飞船实现了人类首次登陆月球，该飞船的指挥和服务舱质量为 28.8 吨，月球登陆舱质量为 15.1 吨。1998 年 11 月，由 16 个国家联合建造的国际空间站（International Space Station）开始发射首个核心舱段，经过近 20 次发射和在轨对接组装，至 2010 年完全建成后，国际空间站在轨运行的总质量达到 42.0 吨，成为迄今规模最大的人造太空设施。

人类在太空活动的规模不断突破"大"的上限的同时，单个航天器的质量却开始向"小"的极限发展，出现了"立方体卫星"（CubeSat）、"微卫星"（Microsatellite）、"纳卫星"（Nanosatellite）、"皮卫星"（Picosatellite）、"飞卫星"（Femtosatellite）甚至"芯片卫星"（ChipSat）等新概念。这些小型卫星出现的原因与近年来大量商业航天公司和民用机构开始涉足卫星开发制造产业有关，但更根本的原因在于微电子技术突飞猛进的发展使得大型航天设施的小型化、微型化成为可能——毕竟如今一部质量仅为几百克的常见民用智能手机，其处理数据的速度都比 20 世纪 70 年代美国航天飞机上搭载的、现今仍在使用"存储管理单元"（MMU）的计算机快得多（Tomayko，1988）。不仅如此，与由政府部门或国防机构主导的大型卫星的任务相比，小型卫星更多地使用了廉价的商用器件，具有低成本、多用途、技术迭代更新快速等特点。近年来，在国际上形成了以追求冒险、颠覆创新著称的"小卫星文化"，对追求"委托可靠、万无一失"的传统航天机构造成了冲击。2015 年，由美国太空探索技术（SpaceX）公司提出的建造包含数万颗近地轨道小卫星的"星链"（Starlink）通信星座（Foust，2016），更是对全球近地空间环境、天文观测、卫星通信技术的未来发展等造成了重大影响。

在包括微小卫星技术在内的新型航天技术的发展日新月异的今天，为了更好地掌握各航天大国的布局重点、世界领先航天机构的最新动向、国际相关的科学研究和技术开发热点趋势，本章将先对与微小卫星相关的国际政策、战略规划、大型计划、关键科学和技术问题等进行综述介绍，然后利用文献计量和关键词共现聚类等手段对国际相关研究的宏观态势进行分析，以帮助我国相关管理者、决策者和科研工作者建立关于微小卫星技术的最新宏观认知图景，为我国实现建设航天强国的目标提供支撑。

2.1.1 微小卫星的定义

关于"微小卫星"的定义目前世界上并无公认的标准。美国国家航空航天局于 2015 年根据卫星质量对各种微小卫星进行了分类，如表 2-1 所示（NASA，2015）。

此外，NASA 还同时给出了"立方体卫星"的定义：立方体卫星是一类使用标准尺寸和形状的纳卫星，其最小标准尺寸为 10 厘米×10 厘米×10 厘米，称为"1 个单位"（简称

1U），通过扩展可组成更大尺寸的卫星，如 1.5U、2U 甚至 12U 等。

表 2-1　2015 年 NASA 对微小卫星按照质量进行的分类

类别	英文名称	质量/千克
小卫星	Minisatellite	100～180
微卫星	Microsatellite	10～100
纳卫星	Nanosatellite	1～10
皮卫星	Picosatellite	0.01～1
飞卫星	Femtosatellite	0.001～0.01

国际标准化组织（ISO）于 2012 年发布的一份标准"航天系统——小型附加航天器（SASC）与运载火箭的接口控制（ISO 26869：2012）"则从发射特点出发，给出了"小型辅助航天器"（small auxiliary spacecraft）的定义：小型辅助航天器是利用剩余发射能力与主航天器一起携带的小型有效载荷，其目的是充分利用运载火箭的额外能力（ISO，2012）。

除上述定义外，国际科学理事会（ISC）下属的国际空间研究委员会（COSPAR）则认为，与微小卫星的技术指标特征相比，其带来的创新性研究开发的模式更具判定意义。2017年初，在 COSPAR 的支持下，由来自中国、美国、欧洲、日本、俄罗斯、印度等多个国家和地区的近 20 名国际知名空间科学家和工程师组成了"小卫星国际研究小组"，开展了为期 2 年的研究，并于 2019 年发布《国际空间科学小卫星发展路线图》（Millan et al.，2019）。该路线图规定，"小卫星"的质量上限为"几百千克"，并强调"研制和发射这些卫星的过程"比"卫星质量"更适合作为判定一颗卫星是否属于"小卫星"的依据。

本章基本遵从 COSPAR 对微小卫星的界定，即将"卫星质量在几百千克以下"作为判定微小卫星的标准。此外，本章有时会用"微小型航天器"的说法代替"微小卫星"，因为从概念上看，人造卫星属于航天器的一种，当一些微小型航天器被用于深空探测任务时，如果其发射轨迹并没有完成围绕地球或火星等其他行星运转一周，就不能被称为"卫星"。大多数情况下，本章对这两个概念不进行严格区分。

2.1.2　微小卫星发射数量的历史、现状和未来趋势

如前所述，尽管微小卫星在近年来迎来了一波繁荣发展的热潮，但实际上人类在太空时代早期发射的大部分卫星都属于质量在几百千克以内的微小卫星。《国际空间科学小卫星发展路线图》中提供了 1957～2017 年来近 60 年的时间内世界各国发射的质量小于 200 千克的卫星数量统计情况，可以看出，微小卫星的发射热潮大致可分为两个时期（图 2-1）。

2.1.2.1　第一次发射热潮（1957～1972 年）

自苏联发射首颗人造地球卫星后，美国和苏联开始太空竞赛，发射了大量小型卫星。在此期间，人类历史上第一颗通信卫星、第一颗气象卫星、第一颗极地轨道卫星、第一颗返回式侦察卫星等相继发射，卫星的应用领域不断拓展，航天发射技术也日臻成熟。1972年，随着美国"阿波罗计划"（Apollo program）的成功结束，美苏两国转而将大量航天资

源用于研制和发射大型近地轨道载人航天设施,苏联于 1971 年发射了"礼炮 1 号"(Салют-1)空间站,美国则从 1972 年起开始研制航天飞机,并于 1973 年发射"天空实验室"(Skylab)空间站。微小卫星的发射数量从此逐渐进入"稳中有降"的阶段。

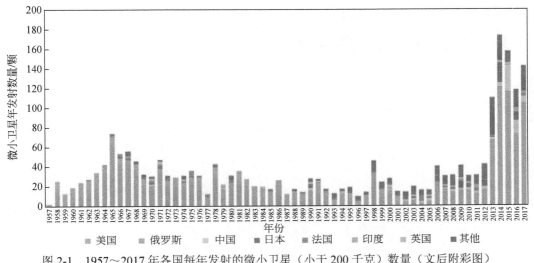

图 2-1　1957~2017 年各国每年发射的微小卫星(小于 200 千克)数量(文后附彩图)

2.1.2.2　第二次发射热潮(2014 年至现在)

1999 年,美国加州理工大学和斯坦福大学联合制定了关于立方体卫星(按质量划分属于纳卫星)的标准,旨在帮助大学生设计、制造和测试在近地轨道运行的小型卫星(CubeSat,2021)。后来该标准应用于全球数百个组织,但在 2014 年之前,大部分立方体卫星是由学术界发射的。2014 年,由企业发射的立方体卫星数量首次超过 50%,从此之后,用于商业目的的微小卫星的数量占比一直超过用于学术研究的数量(图 2-2)(Nanosats Database,2021)。

2014 年发射的大部分微小卫星来自美国行星实验室(Planet Labs)公司。该公司是由前 NASA 科学家于 2010 年成立的,旨在建立廉价、快捷、适用性强的遥感卫星数据获取系统。2014 年 1 月、6 月和 7 月,该公司先后发射了 3 批名为"鸽子"(Dove)的立方体卫星,分别组成了 3 个对地遥感小卫星星座,名为"鸟群-1"(Flock-1)、"鸟群-1b"(Flock-1b)和"鸟群-1c"(Flock-1c),每个星座包含 28 颗"鸽子"卫星。这些"鸽子"卫星是作为次级载荷,通过"搭便车"的方式被发射到国际空间站的,然后又从国际空间站释放入轨。

2017 年,微小卫星的发射出现了一个高峰,原因是印度、俄罗斯、美国均发射了一大批微小卫星。其中,印度于 2017 年 2 月 15 日一次性发射了 104 颗卫星,是截至 2021 年 6 月人类单次发射卫星数量最多的一次航天发射。这 104 颗卫星中有 88 颗是 Planet Labs 公司的"鸽子"卫星(科罗廖夫,2020)。俄罗斯则在 2017 年 7 月 14 日一次性发射了 73 颗卫星,其中包括 48 颗"鸽子"卫星。美国于 2017 年 4 月 18 日发射了 28 颗小卫星,它们属于欧盟"50 颗立方体卫星组成的用于开展低热层探测和再入返回研究的国际卫星网络"项目(QB50),该项目的目标是通过 50 颗分布在不同轨道的小卫星,研究低层大气(90~320 千米)内主要成分和参数的时空变化(吴鹏,2017)(图 2-3)。

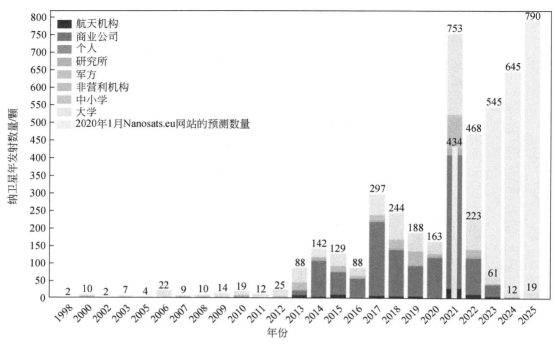

图 2-2　1998～2025 年（预测）发射纳卫星的机构类别分布

2019 年后，发射微小卫星数量最多的是美国 SpaceX 公司。该公司于 2018 年 2 月发射了 2 颗 "星链" 原型卫星后，于 2019 年 5 月一次性部署了 60 颗 "星链" 卫星，随后接连开展发射活动，截至 2021 年 4 月 7 日，美国 SpaceX 公司共发射了 24 批、累计 1443 颗 "星链" 卫星（Equalocean，2021）。

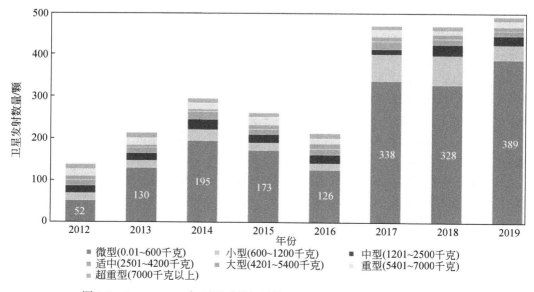

图 2-3　2012～2019 年不同质量级别的卫星的发射数量（文后附彩图）

2.1.2.3 当前微小卫星分布情况（2020 年）

针对当前世界微小卫星的分布情况，美国布莱斯空间和技术（Bryce Space and Technology）行业资讯公司于 2020 年发布报告《小卫星数量统计 2020》（Bryce Space and Technology，2020），对 2012～2019 年世界各国发射的全部卫星类别（包括微小卫星）进行了统计。结果显示，在统计期内，全世界有超过 1700 个 600 千克以下的微小卫星被发射，且其中 52%属于商业小卫星（图 2-4）。

在发射微小卫星的国家中，发射数量靠前的几个国家分别为美国、印度、俄罗斯、中国、日本，其中美国发射的微小卫星数量约占全球的 45%（图 2-4）。而从微小卫星的用途看，"遥感""技术开发""通信"依次是微小卫星应用最多的领域，远远超过"科学研究"的用途（图 2-5）。

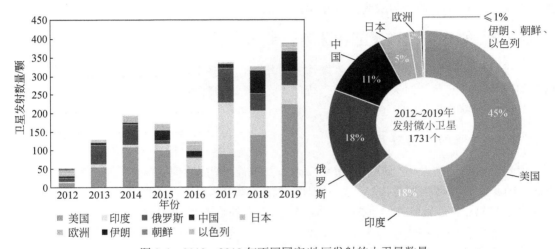

图 2-4　2012～2019 年不同国家/地区发射的小卫星数量

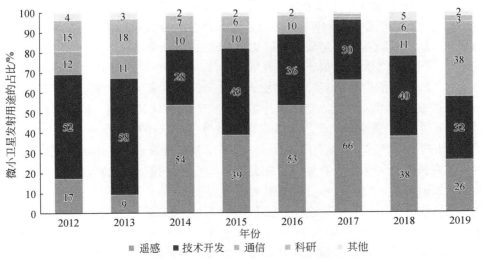

图 2-5　2012～2019 年发射的小卫星用途分布情况（文后附彩图）

2.1.2.4 未来：2021～2030 年展望

2021 年 4 月 8 日，欧洲咨询公司（Euroconsult）发布了第 7 版《小卫星市场展望》报告（Satnews，2021），预测未来 10 年（2021～2030 年）全球重量 500 千克以下的微小卫星发射数量将进一步增长。报告提出：21 世纪 20 年代将是属于微小卫星的 10 年，微小卫星组成巨型星座的时代已真正到来。根据这份报告，2021～2030 年全球预计将累计发射 13 912颗微小卫星，平均每年发射 1391 颗，平均每颗卫星发射质量 180 千克，其中商用微小卫星数量最多，达 10 865 颗。按地区排名，北美、亚洲和欧洲 2021～2030 年微小卫星发射数量位列前 3 名，分别为 9939 颗（约占 71%）、2707 颗（约占 19%）和 787 颗（约占 6%）；按应用领域排名，"通信"、"地球观测"和"科技"用微小卫星发射数量位列前 3 名，分别为 8497 颗（约占 61%）、1812 颗（约占 13%）和 1688 颗（约占 12%）。在将要发射的所有微小卫星中，有 84%预计将成为卫星星座的一部分。

2.1.3 微小卫星数量的快速增长带来的问题和挑战

由于最近几年微小卫星的数量"爆炸式"增长，许多重要问题得到世界各国关注，包括空间碎片增长问题，对天文观测的干扰问题，对轨道资源和通信频谱资源的挤占，以及对大气层的污染等。

2.1.3.1 增加空间碎片的问题

大量微小卫星被发射到近地轨道后，由于并未像一些大型卫星一样设计负责任的退役程序，因此在其寿命到期后很长一段时间内仍然会留在轨道上，成为"太空垃圾"，或空间碎片。根据欧洲空间局（ESA）2021 年 5 月 27 日发布的《空间环境报告 2021》（ESA，2021），人类航天发射规模正在快速增大，空间碎片的总量正在不断增加，而微小卫星在这一过程中扮演了重要角色。

首先，从各种衡量标准（总个数、总质量、总体积等）来看，地球附近太空中物体的总量都在快速累积。截至 2020 年 1 月 1 日，地球轨道上的物体（包括正在运行中的卫星以及寿命到期后的卫星载荷和火箭残骸等）总数超过 27 000 个，总质量超过 9000 吨。其次，近年来发射的航天任务大部分属于微小卫星，还有许多由小卫星组成的"星座"，特别是近地轨道上的"商业通信卫星星座"，虽然给人类社会经济带来了巨大利益，但对太空的长期可持续发展构成了挑战。最后，空间碎片可因航天器的爆炸、碰撞、解体等产生，且因碎片的累积会产生正反馈循环（碎片越多，通过碰撞生成新碎片的概率就越大）。在过去的20 年间，平均每年发生 12.5 次空间碎片生成事件。模拟计算表明，由于太空中现有的物体总量短时间内难以显著消减，物体间可能会进一步互相碰撞，因此即便从现在起完全停止人类的航天发射活动，空间碎片总量也可能进一步上升。

个别突发事件（如反卫星试验等）会使空间碎片总量在短时间内急剧增加，如 2009 年俄罗斯的"宇宙 2251"（Космос-2251）卫星和美国铱星公司的"铱星 33"（Iridium 33）卫星之间的碰撞事件等。该报告通过计算认为，如果世界各国依然保持当前的发射规模，且不采取更多措施防止航天器产生更多空间碎片，未来几个世纪内发生航天器灾难性碰撞事故的概率将呈指数上升趋势。

因此，该报告呼吁世界各国就消减空间碎片、避免太空碰撞采取更加负责任的行动。具体而言，可从以下几个方面遏制空间碎片急剧增多的趋势。①对所有到期航天器采取"钝化处理"措施（包括释放多余燃料、使火箭残骸受控返回大气层等）。目前绝大多数地球同步轨道卫星已遵守这一准则，但近地轨道上的卫星仍有一半以上在其寿命结束后未被采取任何负责任的处理手段。②开发卫星的"避碰"系统，使卫星可通过自动转向来避免同空间碎片的碰撞。③改进航天任务设计规范，避免不同批次的航天器因为相同的设计缺陷而不断产生空间碎片。

2.1.3.2 对天文观测图像的干扰问题

2020 年 8 月 26 日，*Nature* 网站报道指出，由微小卫星构成的巨型星座对光学天文观测造成了严重的影响（Witze，2020a）。从天文望远镜的角度来看，微小卫星反射的日光表现为明亮的条纹，对天文观测图像造成了明显的干扰，这影响了基础物理学、宇宙学、系外行星、近地天体等领域的研究。图 2-6 是由美国国家科学基金会（NSF）管理的国家光学红外天文研究实验室（NOIRLab）拍摄的天文图像，其中有至少 19 道条纹是由于受美国 SpaceX 公司的"星链"卫星干扰产生的。

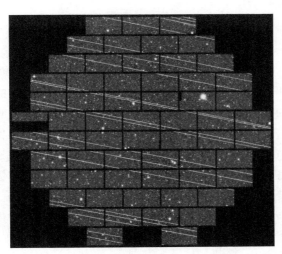

图 2-6　美国 SpaceX 公司的"星链"卫星在天文观测图像上产生的干扰条纹

为了避免条纹产生，如果操作望远镜的科学家精确地知道每颗卫星出现的位置和时间，就可以转动望远镜，指向天空中没有卫星的部分。如果轨道上只有 1000 颗卫星，这是可行的，但如果有数万颗卫星，这就不可行了，因为会占用望远镜过多的时间去调动程序。

广域巡天观测是受影响最大的领域，首当其冲的是美国将在智利建设的"大型综合巡天望远镜"（LSST）。LSST 口径达 8.4 米，计划从 2022 年开始，在 10 年内完成对整个可见天空的巡天观测，以构建宇宙随时间变化的图像。据估计，未来的由多个微小卫星构成的协调网络（称为"微小卫星星座"）将对 30%到 40%的 LSST 曝光时间造成条纹影响，特别是在日落和日出前后产生的影响最为严重。对于需要在黄昏时进行的观测任务（如搜索一些近地小行星）而言，这是一个特别突出的问题。而在短暂的夏日夜晚，整夜都可以看到微小卫星的踪迹。

　　Nature 网站报道指出，未来几年预计会有数以万计的微小卫星被发射，除了美国 SpaceX 公司计划发射的 1.2 万颗星链卫星外，还有英国一网（OneWeb）公司提出的由 4.8 万颗微小卫星组成的星座（后来 OneWeb 公司破产），以及美国亚马逊（Amazon）公司计划发射的由 3236 颗微小卫星组成的星座（已获得美国政府批准）等。尽管国际天文学家已开始与商业卫星公司进行接触，但是美国 NSF 天文学部主任拉尔夫·高梅（Ralph Gaume）指出，目前尚欠缺对卫星亮度进行限制的法律法规。

　　为了减少对天文观测的影响，美国 SpaceX 公司在 2020 年 1 月发射的 60 颗"星链"卫星中，将其中 1 颗部分涂成了黑色，来测试会不会减少对天文观测的干扰（Witze，2020b）。但几乎可以肯定的是，大多数天文望远镜依然能够看到这种卫星。

　　从天文学家的角度看，可以选择两种暂时应对的方法：①将观测时间安排在卫星经过头顶的时间之外；②使用图像清除软件来清除污染条纹。但是，这两种方法要么需要卫星运营商提供非常精确的卫星位置时间信息，要么会造成观测数据被条纹覆盖部分被剥离的永久损失，因此都有局限性。

2.1.3.3　对通信频率的挤占问题

　　2020 年 10 月 9 日，*Science* 网站报道了美国 SpaceX 公司"星链"卫星对射电天文观测频段挤占的问题（Clery，2020）。国际天文界目前计划建造的世界最大综合孔径射电望远镜——"平方公里阵列射电望远镜"（SKA）旨在通过在全球建设 3000～4000 个大型射电天文天线阵列，形成 1 平方千米的信息采集区，监测天空中从未有过的细节，从而帮助人类填补对于宇宙基本认知的空白。为了实现这一宏伟目标，建造其中的中高频反射面天线的南非沙漠地区甚至禁止使用手机。但是，由于美国 SpaceX 公司"星链"计划用来传输互联网信号的频段占据了 10.7 至 12.7 吉赫的无线电频谱（5b 频段），这一努力可能付之东流。

　　5b 频段是 SKA 南非阵列的 7 个频段之一，水分子、最简单的氨基酸（甘氨酸）的分子能级间跃迁产生的谱线正属于这个频段。但是，"星链"卫星的信号传输会严重干扰 5b 频段的其他用途，根据计算，如果把直接影响与信号泄漏的影响计算在内，当"星链"发射的卫星达到 6400 颗时，望远镜下行频带的灵敏度将损失 70%。如果卫星数量达到 10 万颗，5b 频段将完全无法使用。

　　射电天文学家希望卫星在飞越射电观测站时，能够关掉发射机，转移到其他波段，或是把它们的天线指向别处。美国国家射电天文观测台（National Radio Astronomy Observatory）的主任托尼·比斯利（Tony Beasley）表示，他们一直在和美国 SpaceX 公司讨论这些选择，在接下来的一两年里，将尝试在技术上进行协调和测试。但还有一部分天文学家认为不能仅仅指望企业的善意，他们正在寻求联合国外层空间事务厅（UNOOSA）、联合国国际电信联盟（ITU）的介入。他们提出了两项建议：①未来所有近地轨道卫星的设计应避免向射电望远镜和无线电静默区发射波束；②近地轨道卫星应做好旁路信号泄漏的控制措施。这些建议将在联合国的一系列小组委员会上进行讨论。

2.1.3.4 对大气层造成污染的问题

2021 年 6 月 7 日，太空网报道称，由于天然流星体的成分与微小卫星完全不同，因此微小卫星寿命到期后重新返回大气层时燃烧所产生的化学物质引发的大气过程是不受控制、尚未充分了解的，可能如同氟利昂一样，破坏地球臭氧层（Pultarova，2021）。

根据加拿大不列颠哥伦比亚大学天文与天体物理学副教授亚伦·博利（Aaron Boley）的研究，第一代"星链"完成部署后，预期每天约有 2.2 吨的废弃卫星再入地球大气层，这些卫星的主要成分是铝，而氧化铝会反射某些波长的光，如果向大气中排放足够多的氧化铝，就会产生散射并最终改变地球的反照率。某些地球工程实验就是提出向大气层中排放增加地球反照率的物质，来减缓全球变暖的影响，但是因风险太大而被人们排斥。他指出，平均每天有 60 吨的流星体物质进入地球大气层，但它们的成分主要是岩石。而具体多少阈值的氧化铝会对大气造成显著影响，目前还没有人知道。因此，人类正在没有任何监督和监管的情况下进行这项地球工程实验。

不仅如此，氧化铝会对臭氧造成消耗，因为许多固体燃料火箭发射时会产生氧化铝，这在臭氧层中会产生临时性的小洞。根据德国奥登堡大学天体物理学家格哈德·德罗尔沙根（Gerhard Drolshagen）的研究，再入返回的卫星通常在 50～90 千米的高度蒸发，这刚好是富含臭氧的平流层位置。

2.2 各国关于微小卫星的重要战略和政策、研发计划

尽管微小卫星的大量发射带来了诸多问题，但是各国政府和国际组织对微小卫星的发展十分重视，提出了许多重要政策和计划。

2.2.1 美国

2.2.1.1 2016 年《驾驭小卫星革命》倡议

2016 年 10 月 21 日，美国政府网站发布题为"借助小卫星革命推动空间创新和创业"的新闻，并发布《驾驭小卫星革命》倡议（The White House，2016），提出：在过去几年中，商业公司、政府机构、大学研究人员和国家实验室已经证明了微小卫星和微小卫星星座在重要的商业、民用和国家安全方面的应用能力。传统的大型卫星可重达数万千克，且与一辆校车一样大，为通信、遥感和科学研究提供了支撑，但它们通常每颗耗资数亿美元，而且需要数年时间才能建成并发射。由于建造、发射、运行和保障大型卫星需要大量投资，因此在过去半个世纪的大部分时间里，只有政府和大型公司拥有能力运行自己的卫星。

而最近出现的微小卫星已经颠覆了这种现状。电子和通信技术的进步使智能手机成为可能，并将重要的计算能力置于每个人的手掌中，这使科学家和工程师能够设计微小卫星和微小卫星星座，以提供新颖多样的功能，有时候仅需花费传统卫星系统的一小部分成本和时间。科学家和工程师可以更快地在太空测试他们的系统，有助于他们更快地设计出新

的、更好的系统，缩短了创新周期，最终将摩尔定律带入太空。

出于这些原因，美国白宫科技政策办公室（OSTP）推出了《驾驭小卫星革命》倡议，通过与 NASA、美国国防部、美国商务部以及其他部门的合作，促进并支持政府和私人将微小卫星用于遥感、通信、科学研究和空间探索等活动。

（1）NASA 将提供 3000 万美元用于采购微小卫星，其中用于从非官方微小卫星星座获取和采购数据的经费高达 2500 万美元，其余 500 万美元将用于促进小型航天器星座技术的开发。NASA 还承诺对其空间任务进行全面审查，以确定何种微小卫星技术可以更有效地满足特定的科学和探索需求。除此之外，NASA 还在 2017 年成立了全新的小型航天器系统虚拟研究所。

（2）美国国家地理空间情报局（NGA）已经与普莱德科技股份有限公司（PLANET Technology Corporation，简称 PLANET）签署了一份价值 2000 万美元的合同。PLANET 正在建设一个近地轨道成像微小卫星座，通过该合同，NGA 每 15 天就可以获取至少 85% 的地球陆地图像，这些图像数据信息将被广泛用于环境监测、变化监测，以及回答相关情报问题。

（3）NGA 正在与美国总务管理局（GSA）合作开发一个高效、单点系统，以便获取和采购商业观测图像、数据、分析能力和服务。该行动将可信赖的商业资源和产品与情报用户的需求联系在一起，将适当的能力用于解决特定的情报问题。这一举措还将允许其他美国政府用户通过该流程订购和共享数据。

（4）美国商务部正在提升空间商务办公室的作用，协调关于空间产品的许可、出口管制、开放数据等问题，并将与其他联邦机构合作，帮助他们充分利用正在由私营部门开发的新能力（包括微小卫星、微小卫星星座、微小卫星专用发射以及数据分析等）。

（5）2016 年 9 月，美国国家海洋和大气管理局（NOAA）向微小卫星星座运营商地球光学（GeoOptics）公司和尖塔全球（Spire Global）公司授予了第一个商业天气数据试点计划合同，以提供基于天基系统的无线电掩星数据，向 NOAA 的天气预报和预警服务展示商业公司的数据质量和价值。

（6）美国情报高级研究计划局（IARPA）正在发布卫星数据集，作为两个有奖活动的一部分，以在卫星图像分析方面取得突破。其中，"多视图立体 3D 成像挑战"邀请研究人员和企业基于多视图卫星图像生成准确的 3D 图像；而"世界功能地图挑战"将寻求识别建筑功能和土地利用的解决方案。

此外，OSTP 还将与其他联邦机构合作，以确定促进微小卫星技术开发和利用的其他措施。

2.2.1.2　2016 年《利用立方体卫星开展科学研究》

美国国家科学、工程与医学院（National Academies of Sciences，Engineering，and Medicine）于 2016 年 5 月 27 日发布《利用立方体卫星开展科学研究》报告（NAS，2016），指出立方体卫星已成为太空领域的颠覆性技术，具有较低的开发成本、快速响应发射等优势，在商用、国土和国家安全等领域发挥越来越重要的作用。

该报告特别指出，受限于立方体卫星的体积和功率，它们在任务目标单一、任务持续时间较短、任务经费较少、需要进行多点观测的任务中更具优势。具体而言，在空间科学的各子领域，立方体卫星所能应用的案例和相关使能技术如表 2-2 所示。

表 2-2　立方体卫星使能技术及其在空间科学各分支研究领域的潜在应用

领域	使能技术	应用案例
太阳物理和空间物理	推进	星座部署和维护；编队飞行
	亚角秒姿态控制	高分辨率太阳成像
	通信	近地轨道以外的任务
	小型场和等离子体传感器	高层大气等离子体的原位测量
空间地球科学和应用	推进	高时间分辨率观测星座；轨道维护
	传感器	稳定、可重复性和校准数据集
	通信	高数据速率
行星科学	推进	进入行星轨道
	通信	到地球的直接通信
	耐辐射电子器件	强化在磁层中的生存能力；长期飞行
	可展开结构	提高火星轨道以外的发电能力
天文和天体物理	推进	干涉测量星座；分布式孔径
	亚角秒姿态控制	高分辨率成像
	通信	高数据速率
	可展开机构	增加孔径；热量控制
	传感器	紫外成像和 X 射线成像
空间生命科学	热量控制	稳定的载荷环境

该报告提出，为了更好地利用立方体卫星开展科学研究，NSF、NASA 等机构应当采取以下措施。

（1）提供经费支持。NSF 应为已有的立方体卫星计划提供稳定、持续的经费支持，继续聚焦于高优先级科学项目研究和下一代科学家/技术人员培养。NSF 还应特别考虑加强对除太阳物理、空间物理外的其他领域立方体卫星任务的经费支持。

（2）改革管理体制。NASA 应建立专门的管理机构，以统一协调和管理其分布在各个任务部的多个立方体卫星科学/技术研究计划和任务，进而与立方体卫星科学研究人员进行更有效的沟通和对接，来保证集成、测试和发射活动更为连贯，并为立方体卫星技术研究人员和供应商提供信息和经验交流平台。该管理机构应采用简化的管理模式，以灵活应对多样的科学研究要求和技术进步。

（3）开发各类研究计划。NASA 应综合考虑每个科学目标和相应科学分支研究的成本、风险以及预期的科学回报，开发和维持多种类型、多样性的立方体卫星计划。计划的多样性对于立方体卫星针对新出现的需求和技术做出快速响应非常重要。

（4）培养领域专家。NASA 应通过开展立方体卫星科学任务来培育未来的首席科学家，即培养年轻学生和处于职业生涯早期的研究人员的领导力，以及对科学、工程项目的管理能力。NASA 应接受与这一过程相关的风险。

（5）研发卫星星座。由 10～100 个立方体卫星组成的星座，有望在空间天气、地球天气/气候、天体物理、行星科学等领域发挥关键作用。

（6）投资重点领域。建议 NASA 及相关机构通过充分竞争，重点投资对立方体科学任务有重大影响的高带宽通信、精确姿态控制、推进技术以及仪器小型化技术 4 个领域的研发项目。

（7）关注商业机构的发展。NASA 应协调自身研发活动与商业机构研发活动之间的关系，明确 NASA 自身的优势以及如何通过与商业机构的伙伴关系而获益。

（8）制定相关政策。NASA 和 NSF 应当协调其他相关联邦政府机构，共同对立方体卫星的相关政策进行审查，以最大限度地发挥立方体卫星作为重要科学研究工具的潜力，包括立方体卫星机动、跟踪以及任务完成后脱离轨道的相关准则和规定；对日益增长的立方体卫星研究群体进行轨道碎片和频谱许可监管教育；继续保持立方体卫星低成本发射能力。

（9）避免立方体卫星过早成为焦点。过早地对立方体卫星研究工作采取自上而下的管理模式将减慢风险较大的计划的开展速度，因此也会限制潜在的技术突破。为了减少低成本任务的管理负担，立方体卫星领域的专家应该在相关政策的制定、审核以及研究提案的评审过程中充分发挥作用。

（10）保持低成本是立方体卫星开发的基石。从长远看来，低成本任务带来的挑战往往会带动技术创新。

2.2.1.3 2019 年《NASA 小型航天器战略计划》

2019 年 8 月，NASA 发布《NASA 小型航天器战略计划》（NASA，2019），该文件由 NASA 科学任务部、空间技术任务部、载人探索与操作任务部联合完成。

该文件指出，NASA 已认识到小型航天器在提高能力和实现 NASA 目标方面的潜力。事实上，十多年来 NASA 一直在支持小型航天器的任务开发，小型航天器的技术能力已迅速提高，并取得了切实的成果。然而，有必要改善各部门之间的协调，以制定更强调整体性的总体战略。NASA 小型航天器协调小组通过审查战略目标，确定了小型航天器的以下几个交叉主题。

（1）主题 1：高度优先的科学创新。采用小型航天器作为 NASA "探索者"（Explorer）计划的一部分，结合新技术和发射能力，以实现独特的科学观测。发展能够从分布式航天器系统进行多点测量的能力和服务；就任务制定、技术和发射服务对更广泛的科学界进行教育和推广。

（2）主题 2：支持载人探索。积极与工业界合作，开发价格可承受的小型航天器，为月球和火星任务提供支持能力和服务；确保在月球空间探索方面，载人任务和小型航天器科学和探索活动相协调、互利和互补。

（3）主题 3：颠覆性技术创新。合作开发新兴的商用小型航天器和系统，以降低 NASA 任务的风险。与工业界和学术界合作，积极调整新兴技术能力，以满足 NASA 独特的小型航天器需求。通过小型航天器任务和飞行演示，促进创新、敏捷的开发实践，并在 NASA 整个机构内接受更高的风险。

（4）主题 4：定期进入太空。协调 NASA 小型航天器进入太空的机会。在保留 NASA

核心能力的同时，探索增加进入太空的新方法。确定并解决政策监管障碍，以简化 NASA 的合作伙伴进入太空的流程。

2.2.2 欧洲

2.2.2.1 2019 年《ESA 技术战略》报告

ESA 对其空间任务按照大型（L 级）、中型（M 级）、小型（S 级）进行分类管理，其中 S 级任务主要是微小卫星任务。2019 年 11 月 27～28 日，ESA 在西班牙举行"Space19"部长级会议，并在会议前发布了《ESA 技术战略》报告（ESA，2019）。该报告着眼于让欧洲航天工业在日益激烈的国际竞争中保持优势的战略目标，提出了四大技术目标，以进一步夯实并提升欧洲在太空领域的竞争力：将卫星建造速度提高 30%、将航天器建造成本降低一个数量级、将技术研发和应用速度提高 30%、清除太空垃圾。这四大目标均与微小卫星的应用有关。

该报告称，现在制造商平均要花 2～3 年的时间才能制造出一个商用地球同步通信卫星，ESA 希望到 2023 年将卫星建造时间缩短 30%。为实现这一目标，ESA 计划开发将工作流程数字化并改善标准化的技术，也计划创建新工作流程，将地面技术纳入航天器制造领域。ESA 还指出，能否实现这一目标在很大程度上取决于成功引入大规模数字工程技术和高级分析技术，包括人工智能等。

ESA 表示希望将航天器中商业现货（COTS）的使用量增加一倍。他们认为，应用商业现货可利用其他行业的批量生产优势，从而降低太空探索任务的成本，并提高航天器的性能。除了加速研发新型太空技术外，ESA 还将致力于实现更成熟、品质更高的太空商用组件，系统性地增加搭载 ESA 航天器发射的立方体卫星/微小卫星的数量。ESA 也希望利用 NASA 的技术成熟度（TRL）指数，到 2024 年将接近成熟的 TRL8 级和 TRL9 级技术的演示次数增加 4 倍。并希望将 TRL4～TRL5 级技术升级到 TRL7～TRL8 级的时间缩短一半。

该报告还要求恢复此前主动清除碎片的尝试，特别是到 2024 年研制出主动清除碎片的技术。太空机器人、太空碎片测量，以及先进的制导、导航和控制，都将需要这一技术。ESA 的其他太空可持续发展目标还包括：到 2020 年确保其所有任务对环境无害，并且不会在轨道上产生大于 1 毫米的碎片。

2.2.2.2 ESA 近期将实施的立方体卫星任务

2020 年 1 月 14 日，ESA 公布了未来几年计划开展的立方体卫星任务（ESA，2020），包括以下几个任务。

（1）"戈姆 5 号"（GomX-5）卫星。2015 年，ESA 在国际空间站上部署了 ESA 的第一个立方体卫星任务"戈姆 3 号"（GomX-3），其中"GomX"代表该任务的合作方 GomSpace 公司。GomX-5 计划于 2022 年发射（但截至 2022 年 11 月，仍未发射），其将展示下一代星座相关技术，其中包括电力推进技术和高速星间链路技术。

（2）"赫拉"（Hera）任务。Hera 是 ESA 参与"小行星撞击和偏移评估"（AIDA）的国际合作项目，其由 2 个 6 单元的立方体卫星探测器组成，计划于 2024 年发射。在该合作项目中，美国 NASA 将向"狄律摩斯"（Didymos）双星小行星发射撞击器，而 Hera 任务是在小行星附近实际观察撞击效果，研究近地天体防御技术。

（3）"月球探索立方体卫星"（LUCE）任务。LUCE 是用于探测月球的立方体卫星，将搭载在发射月球任务的火箭上，然后被释放到绕月轨道上。

（4）"光谱立方"（SpectroCube）任务。SpectroCube 卫星计划在太空开展天体生物学和天体化学的实验，其主要科学目标是评估太空环境对生命构成组件的生物和化学影响。

（5）"小型-小行星远程地球物理观察者"（M-ARGO）任务。M-ARGO 是 ESA 正在开发的深空探测立方体卫星，用于对小行星开展地球物理学研究，计划于 2024 年或 2025 年发射。该任务将测试使用小型化技术降低太空探索成本的潜力。

2.2.3　日本等其他国家

2.2.3.1　2018 年《宇宙基本计划》

日本 2018 的《宇宙基本计划》主要是明确至 2034 年的日本航天项目进度，其中重点项目是"准天顶卫星系统"（QZSS）、侦察卫星"情报收集卫星"、X 波段防卫通信卫星、太空态势感知系统等。

在卫星导航方面，日本加速推进"准天顶"导航卫星系统，在 2018 年初步形成 4 星运行体制的基础上，计划到 2023 年实现 7 星运行体制，从而摆脱对 GPS 的依赖；在卫星通信方面，日本于 2018 年 4 月发射了第二颗军用通信卫星"X 波段防卫通信卫星"，作为地球静止轨道通信卫星，日本计划一共发射 3 颗"X 波段防卫通信卫星"，以为日本陆海空自卫队间提供高速、大容量的直接通信（王鹏，2019）。

2.2.3.2　2020 年《空间政策基本计划纲要》

2020 年 6 月 29 日日本媒体报道，日本政府召开了宇宙开发战略本部会议，修订了《宇宙基本计划》，旨在确定日本今后 10 年的空间政策基本方针。6 月 30 日，日本内阁府办公室发布了《空间政策基本计划纲要》（简称《空间计划纲要》）（Cabinet Office，2020），对此次修订情况进行了简介，包括背景与现状、政策目标、基本原则、实施举措等。

此次修订的《空间计划纲要》新增了与美国联合研发低轨小卫星的内容，并提出将加入美国新导弹防御构想的卫星星座计划。该计划的目标是将 1000 余颗小卫星（每颗卫星的成本约为 500 万美元）送入 300～1000 千米的近地轨道，其中 200 颗将配备用于导弹防御的热探测红外传感器（Manners，2020）。根据研发要求，这种小卫星质量约 100 千克，分辨率高于 0.4 米，无须执行长期任务，需要时可迅速发射升空。整个计划将耗资 90 亿美元，并将在 21 世纪 20 年代完成。

《空间计划纲要》指出此次修订是基于对日本空间政策相关现状的最新认识，这些最新变化包括外层空间对国家安全的重要性日益提高，美国和法国已建立太空部队；社会对空间系统的依赖性不断提高，空间系统将在灾害管理和国家恢复能力、解决包括气候变化在内的全球问题以及实现可持续发展目标方面发挥更大的作用；对可持续的威胁和稳定利用外层空间的风险加大，如空间碎片和反卫星武器的发展等，需要更多国家采取积极主动的措施，包括建立信任、制定相关国际规则等；外层空间向多极化发展，除了美国、俄罗斯之外，中国和印度的空间活动也在迅速增多，其他国家也积极参与空间活动；私营机构的空间活动明显增加，出现了新的商业模式，低成本发射服务和微小卫星星座等技术改变了游戏规则，日本的新兴企业很活跃，但现有的空间设备产业落后于美国和欧洲；空间活动领域有所扩展，日本应当积极开展亚轨道飞行和空间碎片清除服务等新的空间业务，并参与美国"阿尔忒弥斯月球探索计划"（Artemis）。

《空间计划纲要》提出，为确保空间安全，日本需要开发用于定位、通信、信息收集和海洋感知的空间系统，具体除了建设日本导航卫星系统和"波段防御卫星通信网络"外，还包括开发信息收集卫星、响应式小型卫星系统，以及基于小型卫星星座的预警功能等。在加强航天活动综合基础（工业、科学和技术）方面，需要开发与卫星有关的创新基础技术，包括量子密钥分配、空间光通信、太赫兹技术、卫星星座技术等；开发空间碎片减缓和消减技术；研究空间太阳能发电系统；改进空间环境监测和空间天气预报能力等。

2.2.4 韩国通信星座计划

2021 年 3 月 29 日，韩国韩华集团（Hanwha Group）宣布将在 2030 年前建成由 2000 颗卫星组成的低轨通信星座，用于城市货运无人机和民用飞机通信。为此，韩华集团将在 2023 年之前投资 5000 亿韩元开发低轨通信卫星、超薄电扫天线和卫星控制系统（Jewett, 2021）。

韩华集团成立于 1952 年，是韩国的十大企业之一，业务涵盖制造业、建筑业、金融业、服务和休闲等行业。其旗下的韩华系统公司的业务包括开发航空航天、监视侦查、指挥控制及通信、海洋及地面系统领域的高端系统，以满足韩国国家军队的需求。2020 年 6 月，韩华集团所属韩华系统公司收购了英国破产的相控阵天线的解决方案企业——矢量（Phasor）公司，进入了卫星天线业务领域。2020 年 12 月，韩华系统公司与美国卫星通信公司凯米塔（Kymeta）建立了战略合作伙伴关系。根据计划，韩华系统公司将投资 1900 亿韩元用于发展通信技术和卫星发射；1200 亿韩元用于获得卫星通信服务所需的技术资产；1100 亿韩元用于制造设施建设；800 亿韩元用于卫星通信技术研发。虽然该公司将依靠外国运载火箭将其卫星送入轨道，但卫星、天线和支持系统的开发将主要依靠内部资源。

2.2.5 国际组织（COSPAR）路线图

COSPAR 于 2019 年发布的《国际空间科学小卫星发展路线图》提供了国际空间科学界关于微小卫星的诸多共识和发现，如下。

（1）微小卫星的发射现状。微小卫星尤其是立方体卫星已成为许多小国家进军太空的窗口。立方体卫星的出现显著增加了航天发射的频率，其发射频率的快速增长可以归结为 3 个原因：标准化的实施增加了搭载发射机会；采用商用现货降低了成本；在私人航天领域的应用获得了爆发式增长。但是，国际空间科学界还未能充分利用技术进步和商业航天日益增长的活动，以降低传统微小卫星的成本和缩短研发时间。发射机会不足的问题也仍然存在。

（2）利用微小卫星开展空间科学研究。未来对进一步实现编队飞行、星间通信、数据压缩和巨型星座部署技术的需求将会继续增强。国际空间科学界将从大量的微小卫星任务获取的数据中受益，前提是这些数据都遵循免费、完整和开放的数据政策来服务于科学研究。微小卫星为罕见的行星际任务提供了机会，如可以用于着陆器或"牺牲性"的卫星等。在詹姆斯•韦布空间望远镜（JWST）之后，单孔径大型空间望远镜无法再继续发展，为了取得进一步的进展，需要一种如同分布式孔径小型望远镜的新方法。

（3）对微小卫星研究的资助。政府应该支持私营部门不太可能支持的特定领域。这些领域包括卫星机动和推进装置、星座和自主运行、热控、深空系统和飞行电子设备以及空间碎片减缓和控制等技术。目前存在的一个关键问题是对共享资源和基础设施技术的支持不足，如数据库管理、可靠性测试设备和发射等。政府还应该更积极地参与需要整个科学共同体协调的活动，如标准化研究等。

（4）对微小卫星的管控和限制。科学研究的合作正受到与国际交流和合作相关的法律和规章的遏制，为了遵守这些法律和规章而有了额外负担。随着空间航天器数量（尤其是近地轨道）的增长，对微小卫星运营方的限制可能会越来越多，这些限制法规可能与卫星跟踪、轨道机动性和轨道碎片减缓等有关。

（5）利用商业微小卫星的发展。商用现货的采用为科学微小卫星的建设和运行提供了一种完全不同的方式，并且增加了任务的弹性。采用大规模生产技术可以创造出快速、创新和廉价的新航天系统。越来越多的商业小卫星星座可能通过商业数据销售、代管有效载荷、搭载发射等方式为科学研究提供新的机会。然而，这也带来了当前开放数据政策受到威胁的风险。

（6）追求冒险的微小卫星文化。让微小卫星蓬勃发展的文化是一种允许实验、冒险和失败的文化。传统的空间机构倾向于强调低风险和高可靠性的空间系统，这种机构要培育小卫星活动就需要进行艰难的文化变革。为了确保实现这种变革，可以效仿工业界甚至政府机构内部的成功的模型。

基于上述发现，《国际空间科学小卫星发展路线图》提出了以下 5 项建议。

（1）对科学界的建议。整个科学界应该认同微小卫星的价值并寻找机会利用微小卫星在工业界的新发展形势，空间科学的各个领域都可能从更小尺寸、更低成本和更快迭代周期的微小卫星发展中获益，尤其是小国家的空间科学界会受益于对微小卫星的投资。

（2）对航天工业界的建议。卫星开发企业应该主动寻求与科学家、高校和大型政府机构的合作机会。具体而言，合作机会可能涵盖数据共享协议、出售商业航天器上可以搭载科学载荷的空间等。目前，开放数据对于实现科学目标而言有非常高的价值。商业公司应该对科学使用的免费、完整和开放的数据协议持开放态度，这种合作关系也有助于相关人力资源发展。

（3）对航天机构的建议。大型航天机构应该根据微小卫星项目的体量制定合适的步骤和程序。各国航天机构应该探索新方式为科学、应用和技术验证这三类微小卫星提供发展机遇和充足的发射窗口。此外，各国航天机构应该充分利用商业数据和商业航天设施来进行科学研究，并遵循数据开放政策。最后，各国航天机构应该携手制定长期微小卫星发展路线图，以明确未来优先发展的国际合作微小卫星任务。

（4）对政策制定者的建议。为了确保空间科学微小卫星任务的成功，科学界需要政策制定者的如下支持：确保频谱的充分可用，采取轨道碎片减缓和整治方案，以及提供经济上可负担的发射机会和其他基础设施服务；确保制定的出口管制指南易于理解和解释，并做好国家安全和科学利益之间的平衡；针对微小卫星频谱获取、轨道机动性、可跟踪性和寿终报废处置等方面的国家和国际法规开展教育和指导。

（5）对 COSPAR 的建议。国际团队可以共同为类似于欧盟 QB50 这样的模块化国际微小卫星星座任务确立科学目标和规则，而 COSPAR 在这个过程中应起到促进作用。通过举办类似 1957～1958 年"国际地球物理年"（IGY）这样的活动，可以让参与者就微小卫星发展的基本规则达成一致，而各国航天机构或相关机构代表应该从一开始就参与进来。建议资金来源于各成员国，甚至可以来自私人实体或基金会。COSPAR 并不提供资助，而是扮演居中协调角色。COSPAR 应该定义这些国际团队在提出任务建议时必须遵守的准则。通过国际合作来研制微小卫星星座对于所有任务参与方来说都是有价值的，并且总体价值高于各国"单打独斗"产生的价值之和。COSPAR 的任务是促进国际合作，以开放的姿态为搭建"社区公民科学"创造典范。

2.3 小卫星的关键技术及相关进展

2020 年 10 月，NASA 发布文件《小型航天器技术现状》（NASA，2020），系统梳理了小型航天器（包括微小卫星）的相关技术体系。根据该文件，小型航天器的技术主要包括电源系统，热控系统，通信系统，星务处理系统，结构、材料与机械系统，集成、发射和部署系统，推进系统等，如图 2-7 所示。

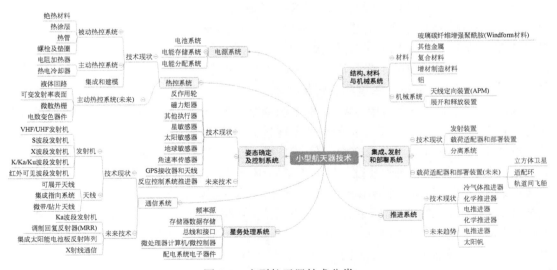

图 2-7　小型航天器技术分类

图 2-7 中，许多技术不仅是微小卫星需要的，而且对于大型航天器来说也必不可少。

但是，与大型航天器相比，微小卫星具有许多独特的技术要求或技术能力，包括微小卫星组网和合成孔径望远镜技术、微小卫星姿态和轨道控制技术、微小卫星发射技术、微型天线技术、微小卫星星上数据处理技术、用于深空探测的微小卫星能源和轨道控制技术、微小卫星通信技术。

2.3.1　微小卫星组网和合成孔径望远镜技术

天体物理领域的很多基本科学目标都要求对宇宙中最微弱的天体进行观测，并生成具有足够高空间分辨率的恒星和行星图像来解析其盘状结构，因此探测任务要求较大收集面积和/或较大有效孔径。作为最大的真实孔径光学空间望远镜，NASA 的 JWST 耗资约 90 亿美元，其镜片可以折叠后装进现有最大的火箭整流罩中。如果孔径需要再增加一倍的话，下一代望远镜就需要采取不同的设计方法了：用带有分段镜面的小卫星在太空中自动组装成更大结构，或自由编队共同工作。

COSPAR 的《国际空间科学小卫星发展路线图》指出，小型原子钟、望远镜之间的光通信和精密干涉定位技术可用于建造重 200 千克、1 米孔径的分布式望远镜阵列。使用脉冲光链路可以实现亚纳秒时钟同步。收集面积取决于阵列中望远镜的数量：一个 10 米合成孔径的空间望远镜星座，需要大约 100 个装有 1 米孔径望远镜的航天器；而一个 30 米合成孔径的空间望远镜需要大约 1000 颗卫星。如果采用大批量制造，每颗小卫星比较合理的目标成本价格约为 50 万美元。因此，10 米和 30 米的分布式阵列空间望远镜的成本分别约为 5000 万美元和 5 亿美元。卫星设计和开发计划成本大约为 1 亿美元，而卫星的发射成本和制造成本基本相当，因此，可以合理地预估 10 米分布式阵列空间望远镜和 30 米分布式阵列望远镜的总成本分别为 2 亿美元和 11 亿美元。因此，即使最终的总成本是预估结果的 3 倍以上，也会比 JWST 的成本要低得多。

一个 100 米的望远镜系统的空间分辨率大约是中心可视 5×10^{-9} 弧度或者 1 毫角秒。举例来说，在 1000 千米的近地轨道上，它可以分辨出地球表面 5 毫米的特征，可分辨出月球表面 2 米的特征，以及 100 倍地月距离上的一颗小行星上 19 米的特征。它可以分辨距离 10 光年远的恒星上 5×10^{5} 千米的特征，还可以分辨太阳系附近恒星上的黑子，并用日震学技术来确定恒星内部温度、密度和自转频率等。

国际空间科学界非常希望 JWST 能不负众望，产出突破性观测结果。但同样很清楚的是，在后 JWST 时代，下一步的突破要通过分布式系统来实现，但目前在技术上分布式系统似乎还遥不可及。在太空中，使干涉测量成为可能的第一步是小型射电望远镜，然后从红外波段发展到光学波段。目前美国和英国已经开始测试这一技术概念。"可重构的自主装配空间望远镜"（AAReST）是一项国际合作卫星任务，美国加州理工学院、喷气推进实验室（JPL）、英国萨里大学和印度空间科学与技术研究院（IIST）等 4 家机构正进行任务概念研究，旨在研制一个光学望远镜，其"主镜"由安装在分布式立方体卫星上的直径为 10 厘米的圆形镜面组成。通过 2 颗 3U 的立方体卫星（子星）与 1 颗 9U 的纳星（母星）进行自主分离和重组，AAReST 任务旨在来验证空间望远镜的自主装配和组合技术。

2.3.2 微小卫星姿态和轨道控制技术

最近小型化反作用轮技术的发展实现了在低功耗情况下提高了微小卫星的姿态控制效果，并为电推进系统提供了轨道控制。因此，即便是 1U 的立方体卫星，也能实现提高仪器指向精度和提升编队能力。但是，到目前为止，大多数立方体卫星的推进系统都是冷气推进系统或者热气推进系统，部分原因是这些系统的成本和复杂性较低。

2.3.2.1 3D 打印微卫星离子流推进器

2021 年 1 月 30 日，美国媒体报道，麻省理工学院研究人员创造首个 3D 打印微卫星离子流推进器，可以作为微型卫星的低成本、极其有效的推进源（Ham，2021）。他们结合 3D 打印和氧化锌纳米线的水热生长的方法，制造的纳卫星推进器首次实现了从用于产生推进力的离子液体中产生纯离子，这种推进器以电流体动力方式运行，产生加速的带电粒子的精细喷雾以产生推进力。

纯离子推进器比其他推进器更有效，因为单位流量推进剂产生的推力更大。该装置提供的推力非常精细，可以用几十微牛顿的尺度来测量。在无摩擦的轨道环境中，立方体卫星或类似的小卫星可以利用这些微小的推力来进行加速或精细控制机动。电喷雾设计还可以应用于太空之外的诸多领域。

2.3.2.2 利用长导线使微小卫星维持轨道高度的方法

2021 年 1 月 8 日，美国密歇根大学透露其正在探索一种新的将小型卫星送入轨道的推进方法：通过使用 10 米至 30 米长的导线连接两个小型卫星，利用太阳能电池板提供的电力驱动任一个方向的电流，并通过地球电离层使电路闭合，从而利用地球磁场的力将卫星推向更高的轨道，以抵消大气的阻力。当导线在磁场中传导电流时，磁场可以对导线施加洛伦兹力（MirageNews，2021）。

经过多年的研究，该项目已研制出一个 1 米长的可展开刚性吊杆，用于连接 2 个微型卫星。这个实验系统将被用于测量在不同条件下可以从电离层吸收多少电流。未来，卫星之间的导线将更长，以证明这种形式的电磁推进可以使卫星保持在轨道上。

2.3.2.3 激光+光帆推进微小卫星技术

目前，巨大的星际空间距离加上人类有限的生命是阻碍星际任务的因素。要使未来的星际任务成为可能，就必须提高航天器的速度。速度的提高要么来源于初始加速度的增大，要么需要增加加速度的作用时间。太阳帆（solar sails）的概念是将太阳辐射压力作为卫星的推进动力。这样，卫星就不需要携带推进剂箱，从而降低了系统质量和系统复杂度。然而，由于太阳辐射压力很低，必须提供较大的帆板面积和较长加速时间。JAXA 于 2010 年发射的"伊卡洛斯"（IKAROS）金星探测任务就验证了太阳帆技术。

激光帆（laser sail）则是与太阳帆类似的概念，它的推进光子是在地球上产生的。2016 年 4 月 13 日，俄罗斯著名技术投资人尤里·米尔纳（Yuri Milner）宣布计划投资 1 亿美元为一项旨在向太阳系外发射多艘微型飞船的科学计划提供初始研究资金，该计划可能帮助验证高速星际旅行的概念（Tollefson，2016）。这项计划名为"突破摄星"（Breakthrough Starshot，简称 Starshot），目标是通过从地球发射高功率激光束照射在装有光帆的微型飞船上，使它们以 20%的光速抵达距地球最近的恒星系统——4.37 光年外的半人马座阿尔法星系（Alpha Centauri）。大小与手机相近的微型飞船可使用传统火箭将其发射到空间，携带用于研究行星和小行星等天体的传感器，在飞行途中利用微型激光通信设备把观测数据传回地球。NASA 的"新地平线"（New Horizons）号抵达冥王星花了 9 年时间，而 Starshot 计划的愿景是使这些微型飞船在 3 天内经过冥王星并飞出太阳系。要实现此目标，Starshot 计划的规模和成本将与欧洲"大型强子对撞机"（LHC）计划相当。*science* 网站于 2016 年 4 月 12 日报道分析了 Starshot 计划的 3 项技术挑战（Clery，2016），具体如下。

（1）微加工（microfabrication）技术。Yuri Milner 称，目前这项技术由手机工业驱动，未来的微型飞船芯片将集成摄像机、推进器、能源供应系统（放射性同位素）、定位系统、通信装置，2016 年可制造出的质量最轻的此类芯片约 370 毫克，到 2030 年可以降低到 220 毫克。Yuri Milner 还称，届时微型飞船可以以一部苹果手机的成本大批量生产。

（2）纳米技术。微型飞船的光帆材料的厚度只能限制在几百个原子的直径内，这样才能形成长约数米的帆，同时保证质量不超过几克。

（3）激光技术。Yuri Milner 团队构想的激光阵列长约 1 千米，包括几百到几千个激光器，从电网获得电能，可产生一束 100 千兆瓦的合成激光束，用于每天加速微型飞船几分钟。尽管目前还未制造出功率如此强劲的激光，但是团队认为如果遵循摩尔定律，在未来几十年内所需的技术就会成熟。该激光阵列每次加速需储存几百千兆瓦小时的能量，因此需要借助电池或其他储能技术，如飞轮（flywheel）等。粒子加速器和可控核聚变反应器采用类似的技术。此外，这些激光还需要利用先进自适应光学来补偿地球大气扰动的影响，确保激光束保持在目标上。图 2-8 展示了不同能量的激光可加速航天器获得的最终速度。

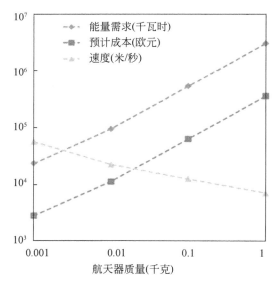

图 2-8　利用激光帆推进航天器时质量与激光阵列能量需求、成本和航天器最终速度之间的关系

除 Yuri Milner 宣布对 Starshot 计划提供初始资金 1 亿美元外，出席 Starshot 计划发布会的支持者还包括脸书（Facebook）创始人马克·扎克伯格（Mark Zuckerberg）、英国著名理论物理学家史蒂芬·霍金（Stephen Hawking）、普林斯顿大学著名物理学家弗里曼·戴森（Freeman Dyson）、NASA 艾姆斯研究中心（ARC）前主任皮特·沃登（Pete Worden）等。Pete Worden 将领导 Starshot 项目的开发，他认为利用激光驱动航天器光帆是一个世纪以来出现的首个新型推进形式，尽管高功率激光束穿过大气层可能需要政策批准，但获得此类批准仍是可行的。

哈佛大学（Harvard University）理论物理学家阿维·洛布（Avi Loeb）同样支持 Starshot 计划，他认为该计划尽管看起很有野心，但从基础物理的角度看没有任何致命障碍。在物理上飞抵遥远星系对其实施探测，与从遥远的距离对它们进行观测截然不同。当微型飞船飞抵目标星系时，由于以光速的 20% 飞行，预期飞船将在 1 个小时内穿越 Alpha Centauri 星系。根据狭义相对论，飞船的视野将发生改变，会看到扭曲的恒星和行星图像。

但是反对者认为，Starshot 计划的科学回报并不充足。乔治·华盛顿大学空间政策研究所主任斯科特·佩斯（Scott Pace）评价说，应当科学地把 Starshot 计划同新一代空间望远镜计划进行比较，如果仅从科学的目的出发，并且拥有一小部分资金可以用的话，他本人会把这些钱投资在系外行星望远镜上。

2.3.3 微小卫星发射技术

2020 年 12 月 3 日，*Science* 网站报道，美国的航天初创公司——时代（Aevum）公司正在开发一种利用"无人机+火箭"的方法将卫星送入轨道的技术（Sarah Scoles，2020）。

该公司近期公布了名为"RAVN-X"的无人机样机，其长度大约与两辆校车相近，可以从常规飞机跑道起飞，在大气层中攀升，并释放附在身上的小型火箭。火箭被释放后将继续向太空飞行，可携带重达 100~500 千克的卫星。该系统是能够自主运行的，不需要其他昂贵的基础设施。

该公司已和美国太空部队签订了价值 10 亿美元的合同。公司创始人表示，这一系统将有助于快速将微小卫星送入定制轨道。美国太空与导弹系统中心小型发射和目标部门（Space and Missile Systems Center's Small Launch and Targets Division）负责人瑞恩·罗斯（Ryan Rose）中校说："拥有能够提供快速响应发射能力的强大的美国工业，是确保美国太空部队能够应对未来威胁的关键。"

虽然 RAVN-X 并不是第一个面向"小卫星"的空射火箭，但布莱斯太空技术（Bryce Space and Technology）公司的高级分析师菲尔·史密斯（Phil Smith）评论认为，这种能够发射火箭的无人驾驶飞机是独一无二的。不过，他还指出，RAVN-X 正面向一个拥挤的市场，有 100 多个同类小型运载火箭正在研制中。未来这种空射火箭能否获得成功，很大程度上取决于 Aevum 公司能否通过重复使用无人机系统来降低成本。

2.3.4 微型天线技术

现代电信系统依靠卫星在全球范围内快速可靠地传递信号，通信卫星利用高频无线电波传输数据，天线充当双向接口，将发射器提供的电流转换成无线电波，与接收器配对时则相反。因此，天线是卫星的关键部件。然而，尽管现代卫星设计和性能不断进步，天线技术仍然是 6G 等下一代通信技术的限制因素，对体积和质量微小的卫星而言尤为如此。

制造一个小到足以在发射和飞行期间存储在微小卫星里面的通信天线往往比较昂贵且在技术上十分具有挑战性。2021 年 2 月 11 日，韩国釜山国立大学报道，该校金相吉（Sangkil Kim）博士等利用折纸几何学、机械动力学和天线阵列原理的理论知识，成功设计了用于小型卫星的折纸天线技术。这种天线可以用于立方体卫星，具有小巧、轻便、可重构的特点（Pusan National University，2021）。他们的设计受到折纸艺术的启发，获得了天线折叠的最佳几何结构，并使用了一种廉价材料来制造天线主体，使用特殊的接头将方形天线板折叠成立方体。折叠后的天线尺寸仅为 32.5 立方毫米，重量仅为 5 克，非常适合安装在立方体卫星中。他们还根据卫星的"星间通信"和"星地通信"两种需求，设置了不同的天线部署模式，天线的体积、辐射模式和极化方向可以根据所需的工作模式进行重新配置。

2.3.5 微小卫星星上数据处理技术

到目前为止，空间科学小卫星，尤其是立方体卫星任务的数据返回受限于地面站的可用性（受限于任务成本）。随着空间科学和商业两用大型星座任务的发展，卫星通信可能会变得更加困难。包含数以百计或千计卫星的星座任务，尤其是具有成像能力的地球科学星座任务，将产生大量数据，这些数据如何在不占用宝贵的星地通信链路的前提下，在太空中得到自主有效处理，将是一大技术挑战。

星上数据处理可以尽量减少传输到地面的数据量。对未来的空间科学任务来说，先进的数据处理技术（如人工智能）可能是必要的。商业星座和卫星运控系统也可能需要接近实时可用的数据分发系统，这样的系统会为空间科学任务创造新的机遇。

2.3.6 用于深空探测的微小卫星能源和轨道控制技术

当前，将微小卫星用于深空探测任务还面临着独特的挑战。

在卫星能源方面，因为距离太阳太远，使用太阳能发电需要大型电池阵列，否则就需要使用替代能源。核热能发电机已经被应用在深空航天器上，但是因为小型化很困难，现在还无法用于微小卫星。这样造成的现状是，微小卫星一般只能使用容量非常有限的电池存储能源，使得卫星运控必须十分小心，不能浪费这些有限的能源。微型电推进系统的能力已经在微小卫星上获得了验证，但是对于深空探测任务，必须增加总冲量，并辅之以更大的燃料储存能力。像太阳帆这样的创新技术可能会提供解决方案。

在轨道控制方面，对于微小型深空探测航天器来说，轨道动力学和导航尤其具有挑战性，因为这些小型航天器的轨道控制能力有限，但需要到达与大型航天器类似的目的地。和大型航天器相比，微小型航天器的任务设计一样重要、一样复杂，有时甚至更加重要，因为微小型航天器更加依赖于专家的人力投入和先进的设计工具。因此，用于深空探测的微小型航天器的任务设计大多由航天机构而非商业机构完成。

2.3.7 微小卫星通信技术

与传统的卫星微波通信相比，卫星激光通信具有通信速率高、抗干扰能力强、保密性好等优点。因此，激光通信已经成为小卫星通信的重要发展方向之一。在通信链路容量方面，光学链路技术的新进展使得晴空条件下链路容量可以超过 100 兆比特/秒，此外，超小型 X 波段收发器也已具备应用条件。美国 SpaceX 公司的"星链"计划已经提出建立激光通信能力的目标。当前小卫星通信的关键技术主要包括轻小型及低功耗设计技术、链路的快速建立与稳定维持技术、小卫星平台振动抑制技术和批量化生产与自动化测试技术等（杨成武等，2021）。

2.4 文献计量和态势分析

针对微小卫星的研究和开发情况，以相关检索词（微小卫星、皮卫星、纳卫星、立方体卫星、立方体卫星、微卫星）构建英文检索策略，并排除生物、健康等领域，然后分别在科学网（ISI Web of Science，WoS）科学论文数据库和德温特专利索引数据库（Derwent Innovations Index，DII）中进行检索[①]，得到数据后开展分析，结果如下。

2.4.1 从论文看微小卫星领域研究的现状和趋势

在 WoS 中共检索到 3034 篇论文，检索时间为 2021 年 3 月 19 日。

2.4.1.1 论文数量的年代变化趋势

从检索结果看，1957～1990 年微小卫星领域发文量较少，年发文量少于 5 篇；1991～2012 年，随着微小卫星技术的发展和商业航天概念的成熟，微小卫星在全球卫星应用中呈现快速增长趋势，因而其发文量也呈现稳定增长趋势；2013 年至今，其发文量增长趋势逐渐加快，年发文量突破 100 篇，2020 年发文量达 331 篇（图 2-9）。

2.4.1.2 论文数量的国家/地区分布

全球共有 80 余个国家/地区开展了微小卫星研究领域的基础研究，其中排名前 10 位的

---

① 检索式为：Ts=（ "Small satellite*" or "miniaturized satellite*" or "minisatellite" or "Microsatellite*" or "NanoSatellite*" or "Picosatellite*" or "Femtosatellite*" or "microsat" or "Nanosat" or "smallsat" or "CubeSat" or "PicoSAT" or "femtosat" or "Starlink")NotWC=（ "GENETICS HEREDITY" or "BIOCHEMISTRY MOLECULAR BIOLOGY" or "PLANT SCIENCES" or "ECOLOGY" or "AGRONOMY" or "PATHOLOGY" or "MARINE FRESHWATER BIOLOGY" or "FISHERIES" or "GASTRO ENTEROLOGYHEPATOLOGY" or "ONCOLOGY" or "CLINICAL NEUROLOGY" or "ZOOLOGY" or "AGRICULTURE DAIRY ANIMAL SCIENCE" or "HORTICULTURE" or "BIOTECHNOLOGY APPLIED MICROBIOLOGY" or "FOOD SCIENCE TECHNOLOGY" or "ENTOMOLOGY" or "PARASITOLOGY" or "INFECTIOUS DISEASES" or "VETERINARY SCIENCES" or "MEDICINE GENERAL INTERNAL" or "FORESTRY" or "IMMUNOLOGY" or "ENDOCRINOLOGY METABOLISM" or "AGRICU LTUREMULTIDISCIPLINARY" or "MEDICINE RESEARCH EXPERIMENTAL" or "SURGERY" or "ORNITHOLOGY" or "MULTIDISCIPLINARY SCIENCES" or "GEOSCIENCES MULTIDISCIPLINARY" or "EVOLUTIONARY BIOLOGY" or "BIOLOGY" or "MICROBIOLOGY" or "HEMATOLOGY" or "DERMATOLOGY" or "UROLOGY NEPHROLOGY" or "MEDICINE LEGAL" or "OBSTETRICS GYNECOLOGY" or "PUBLIC ENVIRONMENTAL OCCUPATIONAL HEALTH" or "RHEUMATOLOGY" or "MYCOLOGY" or "CELL BIOLOGY" or "PHARMACOLOGY PHARMACY" or "ARCHITECTURE" or "VIROLOGY" or "OPHTHALMOLOGY" or "CRITICAL CARE MEDICINE" or "CHEMISTRY ANALYTICAL" or "BIOCH EMICAL RESEARCH METHODS" or "MATERIALS SCIENCE MULTIDISCIPLINARY" or "NEUROSCIENCES" or "PERIPHERAL VASCULAR DISEASE" or "BIODIVERSITY CONSERVATION" or "RESPIRATORY SYSTEM" or "CARDIAC CARDIOVASCULAR SYSTEMS" or "PEDIATRICS" or "PSYCHIATRY" ）。

国家依次是美国、中国、英国、德国、意大利、日本、法国、俄罗斯、加拿大和荷兰，上述 10 个国家在微小卫星研究领域的基础研究发文量占总量的 74.39%。其中，美国在该主题的研究中占有明显优势，其发文量占全部论文的 28.25%；中国发文量为 368 篇，占该领域全部论文的 12.13%。从微小卫星研究领域主要国家的自主研究与国际合作论文数据中可以看出，美国、中国、英国、意大利、日本和俄罗斯等 6 个国家的自主研究份额高于国际合作份额，在微小卫星领域的自主研发实力相对较强。从篇均被引频次指标可以看出，各国自主研究成果的学术影响力均低于同期国际合作成果，说明国际合作可有效提升学术研究成果的显示度（表 2-3）。

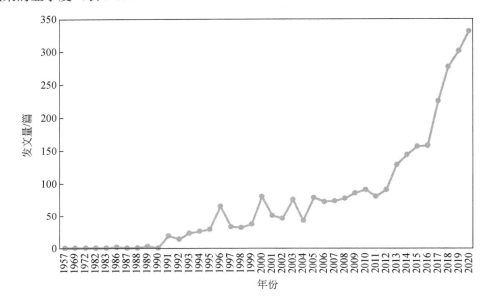

图 2-9　微小卫星研究领域基础研究年代分布

表 2-3　微小卫星研究领域主要国家的自主研究与国际合作论文数据

国家	论文总数/篇	自主研究			国际合作		
		论文数量/篇	份额/%	篇均被引频次/次	论文数量/篇	份额/%	篇均被引频次/次
美国	857	578	67.44	16.39	279	32.56	24.29
中国	368	249	67.66	6.02	119	32.34	13.71
英国	298	151	50.67	9.61	147	49.33	22.33
德国	255	87	34.12	16.08	168	65.88	25.37
意大利	247	152	61.54	12.04	95	38.46	12.73
日本	195	104	53.33	7.78	91	46.67	13.52
法国	183	65	35.52	13.12	118	64.48	18.76
俄罗斯	157	94	59.87	5.39	63	40.13	18.24
加拿大	143	66	46.15	11.15	77	53.85	24.96
荷兰	100	29	29.00	13.38	71	71.00	17.58

从微小卫星研究领域基础研究发文量排名前 10 位国家的合作关系图（图 2-10）中可以看出，该领域发文量排名前 10 位国家均与其他 9 个国家在该领域开展了相关合作，其中美国与英国、德国、中国和加拿大的合作强度相对较高。

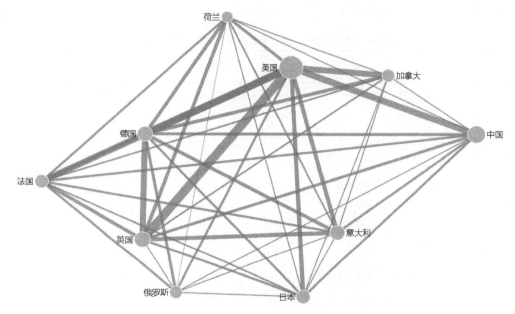

图 2-10　微小卫星研究领域基础研究发文量排名前 10 位国家合作关系图

注：线的粗细代表合作强度，合作强度越高，线越粗。后同

2.4.1.3　论文数量的机构分布

全球共有 2400 余家机构在微小卫星研究领域发表了相关文章，发文量超过 50 篇的机构共有 7 个；发文量为 5～50 篇的机构有 268 个；发文量 5 篇以下的机构为 2155 个，约占机构总数的 88.68%，这是因为在小卫星研究领域开展相关研究需要有大量经费支持并且有持续的科研力量投入，且研究成果的产出需要一定的时间周期。

微小卫星研究领域基础研究发文量高于 25 篇的机构有 21 个，其中美国有 10 家机构，中国有 3 家，日本有 2 家，英国、俄罗斯、荷兰、意大利、法国和加拿大各有 1 家，说明美国在该领域的研究优势较为明显。发文量排名前 5 位的机构分别是美国国家航空航天局、加州理工学院、中国科学院、萨里大学、科罗拉多大学。其中，美国国家航空航天局的 SCI 发文量为 139 篇，加州理工学院的 SCI 发文量为 101 篇，两机构在该领域优势较为明显。从篇均被引频次来看，在 21 个机构中，美国国家大气研究中心篇均被引频次最高，其次为九州工业大学、亚利桑那大学、密歇根大学（表 2-4）。

微小卫星研究领域基础研究发文量排名前 21 位机构除九州工业大学外其余机构间均与其他多个机构在该领域合作发文。其中，美国国家航空航天局与加州理工学院、科罗拉多大学、麻省理工学院、约翰斯·霍普金斯大学间的合作较为紧密。中国科学院与上述其他机构合作发文篇数相对较少，仅有 10 篇，占其发文总量的 12.82%，其中与美国国家大气研究中心合作发文 5 篇，与麻省理工学院合作发文 2 篇。北京航空航天大学与美国国家航空航天局、加州理工学院、科罗拉多大学合作发文 1 篇。哈尔滨工业大学与麻省理工学院合作发文 2 篇，与康奈尔大学合作发文 1 篇。

表 2-4 微小卫星研究领域基础研究发文机构分布情况

排序	机构	国家	论文量/篇	篇均被引频次/次
1	美国国家航空航天局	美国	139	16.24
2	加州理工学院	美国	101	23.37
3	中国科学院	中国	78	12.99
4	萨里大学	英国	73	15.22
5	科罗拉多大学	美国	71	15.94
6	俄罗斯科学院	俄罗斯	66	7.38
7	麻省理工学院	美国	52	21.37
8	东京大学	日本	48	9.02
9	约翰斯·霍普金斯大学	美国	46	15.24
10	密歇根大学	美国	43	24.77
11	代尔夫特理工大学	荷兰	41	18.93
12	罗马大学	意大利	37	9.97
13	北京航空航天大学	中国	36	6.92
14	法国国家科学研究中心	法国	35	15.94
15	康奈尔大学	美国	28	3.64
16	哈尔滨工业大学	中国	28	8.64
17	九州工业大学	日本	28	35.46
18	多伦多大学	加拿大	28	20.00
19	南安普敦大学	美国	27	12.48
20	美国国家大气研究中心	美国	26	61.46
21	亚利桑那大学	美国	26	24.92

2.4.1.4 发文作者分布

全球共有 11 000 余名研究学者在微小卫星研究领域发表了相关文章，该领域基础研究发文量排名前 10 位的发文作者（表 2-5）主要分布在意大利和美国的研究机构中。美国萨里卫星科技公司创始人马丁·斯威汀（Martin Sweeting）爵士和俄罗斯科学院克尔德什应用数学研究所研究人员米哈伊尔·尤里耶维奇·奥夫钦尼科夫（Михаил Юрьевич Овчинников）发文量均超过了 20 篇。前者的研究主要集中在小卫星推进系统、姿态控制等相关研究，后者的研究主要集中在纳卫星和微卫星的姿态控制及其相关研究（图 2-11）。

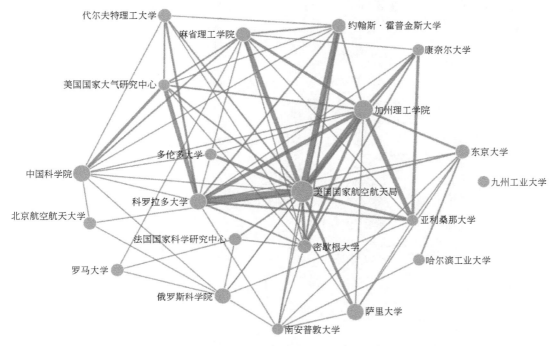

图 2-11　微小卫星研究领域基础研究排名前 21 位发文机构合作关系图

表 2-5　微小卫星研究领域基础研究发文量排名前 10 位发文作者分布　　（单位：篇）

序号	作者	所属机构	国家	发文量/篇
1	Martin Sweeting	萨里卫星科技公司	美国	29
2	Михаил Юрьевич Овчинников	俄罗斯科学院克尔德什应用数学研究所	俄罗斯	25
3	Cho M	九州工业大学	日本	20
4	Santoni F	罗马大学	意大利	20
5	Gill E	代尔夫特理工大学	荷兰	19
6	Wickert J	柏林工业大学 亥姆霍兹-波茨坦中心-德国地学研究中心	德国	19
7	Kuschnig R	格拉茨工业大学	奥地利	17
8	Grassi M	的里雅斯特大学	意大利	14
9	Piergentili F	罗马大学	意大利	14
10	Thomas P C	康奈尔大学	美国	14

2.4.1.5　高频关键词分析

根据检索出的微小卫星研究论文数据，采用汤森路透公司的 Thomson data analyzer

（TDA）软件，提取出所有论文的关键词字段，并对高频关键词（频率不低于 15 次）进行统计后，得到本领域高频关键词分布如图 2-12 所示。图中节点的大小代表关键词出现的频率高低。

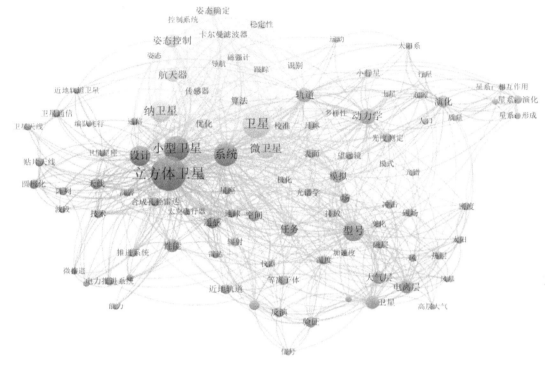

图 2-12　微小卫星研究领域高频关键词分布（文后附彩图）

从关键词聚类中可以看出，微小卫星研究论文大体可以分为 5 个领域：①大气环境监测卫星及相关研究，涉及反演、大气层、电离层、磁层、热层、磁场等；②微小卫星轨道动力学及星系演化相关研究，涉及轨道、动力学、广度测定、模拟、光谱学等；③卫星姿态控制相关研究，涉及控制系统、姿态确定、磁强计、传感器等；④微小卫星通信、卫星星座、卫星天线等相关研究；⑤微小卫星推进系统及相关研究，涉及微推进系统、电力推进系统等。其中，立方体卫星、小型卫星、辐射、纳卫星、微卫星是出现较多，且与其他关键词联系最为密切的几个热点词汇。

2.4.1.6　高被引论文分析

ESI 高被引论文（Highly Cited Papers）是 ESI 数据库的 22 个学科里近 10 年来被引次数最高的文献，排序列表基于按照年代该论文被引用次数的高低排在前 1% 的论文而给出。微小卫星研究领域基础研究检索结果中有 9 篇 ESI 高被引论文，研究主要集中在小卫星飞秒激光三维微纳加工技术、小卫星空间推进系统、微小卫星姿态控制、立方体卫星推进系统、立方体卫星时空增强方法等方面（表 2-6）。

表 2-6　微小卫星研究领域基础研究 ESI 高被引论文（2021 年 3 月结果）

发表年份	微小卫星类型或相关技术	通讯作者及机构	论文题目	被引频次/次
2014	立方体卫星	Espalin D（美国得克萨斯大学埃尔帕索分校）	3D Printing multifunctionality: structures with electronics	272
2011	PARASOL 微卫星	Dubovik O（法国里尔第一大学）	Statistically optimized inversion algorithm for enhanced retrieval of aerosol properties from spectral multi-angle polarimetric satellite observations	266
2014	飞秒激光三维微纳加工技术	Sugioka K（日本理化学研究所）	Femtosecond laser three-dimensional micro-and nanofabrication	182
2017	立方体卫星推进系统	Lemmer K（美国西密歇根大学）	Propulsion for CubeSats	109
2017	立方体卫星	Poghosyan A（俄罗斯斯科尔科沃创新中心）	CubeSat evolution: Analyzing CubeSat capabilities for conducting science missions	104
2018	小型卫星空间推进系统	Levchenko I，Bazaka K（澳大利亚昆士兰科技大学）	Space micropropulsion systems for Cubesats and small satellites: From proximate targets to furthermost frontiers	93
2018	微小卫星姿态控制	Hu Q L（中国北京航空航天大学）	Adaptive Fault-Tolerant Attitude Tracking Control of Spacecraft with Prescribed Performance	84
2018	立方体卫星时空增强方法	Houborg R（美国南达科他州立大学）	A Cubesat enabled Spatio-Temporal Enhancement Method （CESTEM） utilizing Planet，Landsat and MODIS data	61
2020	Planet Labs CubeSat 星座	Milliner C（美国加州理工学院）	Using Daily Observations from Planet Labs Satellite Imagery to Separate the Surface Deformation between the 4 July M-w 6.4 Foreshock and 5 July M-w 7.1 Mainshock during the 2019 Ridgecrest Earthquake Sequence	13

2.4.1.7　期刊分析

微小卫星领域发表的论文涉及期刊 570 余种，发文量高于 24 篇的 21 种期刊中有以下几个期刊发文量高于 100 篇:《航空学报》(*Acta Astronautica*)、《航天器与火箭杂志》(*Journal of Spacecraft and Rockets*)、《地球物理学研究杂志：空间物理学》(*Journal of Geophysical Research-Space Physics*)（表 2-7）。

表 2-7　微小卫星研究领域基础研究期刊发文量排名前 21 位（2021 年 3 月结果）

序号	期刊名称	ISSN 号	影响因子[2019]	发文数量/篇
1	*Acta Astronautica*	0094-5765	2.833	558
2	*Journal of Spacecraft and Rockets*	0022-4650	1.36	118
3	*Journal of Geophysical Research-Space Physics*	2169-9380	2.799	108

序号	期刊名称	ISSN 号	影响因子 [2019]	发文数量/篇
4	*Icarus*	0019-1035	3.516	63
5	*Journal of Guidance Control and Dynamics*	0731-5090	2.692	56
6	*Ieee Transactions on Aerospace and Electronic Systems*	0018-9251	3.672	43
7	*Aerospace*	2226-4310	#N/A	36
8	*Astrophysical Journal*	0004-637X	5.746	36
9	*Aerospace Science and Technology*	1270-9638	4.499	35
10	*International Journal of Aerospace Engineering*	1687-5966	1.23	35
11	*Monthly Notices of The Royal Astronomical Society*	0035-8711	5.357	34
12	*Astronomy & Astrophysics*	1432-0746	5.636	33
13	*Ieee Access*	2169-3536	3.745	30
14	*International Journal of Remote Sensing*	0143-1161	2.976	30
15	*Journal of Propulsion and Power*	0748-4658	1.94	30
16	*Ieee Aerospace and Electronic Systems Magazine*	0885-8985	1.539	29
17	*Proceedings of The Institution of Mechanical Engineers Part G-Journal of Aerospace Engineering*	0954-4100	1.244	28
18	*Ieee Transactions on Geoscience and Remote Sensing*	0196-2892	5.855	27
19	*Astronomical Journal*	0004-6256	5.84	26
20	*Ieee Transactions on Plasma Science*	0093-3813	1.309	25
21	*Journal of Aerospace Engineering*	0893-1321	1.761	25

2.4.2　从专利看微小卫星领域研究的现状和趋势

为检索出与"微小卫星"相关的技术专利，利用领域相关检索词构建检索策略，在 DII 数据库中检索并依据学科研究方向对结果进行精炼，共检索到 1260 项专利（检索时间为 2021 年 3 月 19 日）。

2.4.2.1　专利数量的年代变化趋势

从专利检索结果看，小卫星技术领域的专利申请最早出现在 1975 年，英国国防部申请了小卫星天线的相关专利（专利公开号：US4126865-A）。1975～2009 年，全球在微小卫星领域的专利申请量相对较少，呈现平稳增长趋势，年专利申请量不超过 40 项。2010 年至今，专利申请量不断增长。近 2 年专利申请数据受公开时滞影响，数量有所下降（图 2-13）。

2.4.2.2　专利数量的国家/地区分布

全球有 30 余个国家/地区在微小卫星领域进行了专利部署，专利申请量超过 20 项的国家包括中国、美国、俄罗斯、日本、法国、韩国和德国。其中，中国的专利申请量为 768 项，美国的专利申请量为 290 项，远超其他国家。从专利技术市场分布来看，主要的专利技术国均在除本国外的多个国家/地区进行了专利布局。中国和日本同时也是微小卫星领域专利技术的主要市场。中国仅有 2.47% 的专利进行了海外布局，远低于美国的 34.14%，可以看出中国的研究机构在该领域的国际专利布局意识有待提高（表 2-8）。

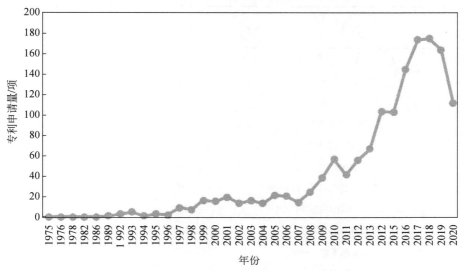

图 2-13　微小卫星研究领域全球专利年代分布

表 2-8　微小卫星研究领域专利技术市场分布

技术来源国家	专利申请量/项	技术市场国家/组织									海外专利申请数量/项	海外专利申请占比/%
		中国/项	美国/项	WO/项	EP/项	日本/项	俄罗斯/项	德国/项	法国/项	奥地利/项		
中国	768	766	11	18	11	8	3	3	6	—	19	2.47
美国	290	12	283	74	57	26	6	6	7	1	99	34.14
俄罗斯	44	1	1	3	1	1	43	—	1	—	3	6.82
日本	36	1	4	6	3	35	2	—	1	—	6	16.67
法国	29	2	8	10	16	2	1	10	1	28	21	72.41
韩国	29	4	9	7	7	6	2	—	29	—	9	31.03
德国	26	4	8	7	10	2	2	26	1	2	13	50.00

注：表中的"WO"代表专利合作条约（PCT）专利，"EP"代表欧洲专利局专利

2.4.2.3　专利数量的机构分布

全球有 700 余家机构在微小卫星研究领域申请了相关专利，专利申请量排名前 20 位的机构中中国有 15 家，美国有 4 家，法国有 1 家。专利申请量排名前 5 位的机构是航天东方红卫星有限公司、西北工业大学、上海卫星工程研究所、美国国家航空航天局和哈尔滨工业大学。从近 3 年专利活跃度来看，美国国家航空航天局和法国国家空间研究中心（CNES）近 3 年专利申请量占其专利总量不超过 15%；深圳航天东方红卫星有限公司、长光卫星技术有限公司、南京理工大学、上海航天控制技术研究所和清华大学近 3 年则较之于其他机

构相对活跃。可以看出中国机构近年来在微小卫星领域的研究相对较多（表2-9）。

表 2-9　微小卫星研究领域专利机构分布情况

排序	专利权人	国家	专利量/项	近3年专利量占其总量比/%
1	航天东方红卫星有限公司	中国	84	30.95
2	西北工业大学	中国	50	46.00
3	上海卫星工程研究所	中国	42	35.71
4	美国国家航空航天局	美国	40	15.00
5	哈尔滨工业大学	中国	33	33.33
6	浙江大学	中国	33	30.30
7	上海微小卫星工程中心	中国	28	35.71
8	深圳航天东方红卫星有限公司	中国	27	55.56
9	北京航空航天大学	中国	27	25.93
10	长光卫星技术有限公司	中国	20	70.00
11	南京理工大学	中国	16	68.75
12	雷神公司	美国	14	50.00
13	中国人民解放军国防科技大学	中国	13	38.46
14	上海航天控制技术研究所	中国	12	58.33
15	长春光学精密机械与物理研究所	中国	11	27.27
16	清华大学	中国	11	54.55
17	波音公司	美国	10	20.00
18	南京航空航天大学	中国	10	20.00
19	美国海军	美国	10	30.00
20	法国国家空间研究中心	法国	9	11.11

2.4.2.4　专利技术领域分布

微小卫星研究领域相关技术专利申请量排名前 20 位的技术如表 2-10 所示，研究领域主要集中在：①控制装置，如用于姿态控制（即摇摆、俯仰角或偏航角的控制）；②推进系统的布置或配置，如太阳能电池板、等离子体推进系统等；③天线，如射频天线、折叠天线等；④通信系统及装置等。

2.4.2.5　高被引专利分析

从微小卫星研究领域同族专利（DPCI）被引频次看，前 10 项专利的专利权人有 7 项来自美国，有 2 项来自英国，有 1 项来自法国，可以看出美国在微小卫星相关技术领域优势明显。前 10 项高倍引专利研究主要涉及以下方面（表 2-10）。

表 2-10　微小卫星研究领域相关专利的技术分类排名前 20 位

序号	国际专利分类（小组）	解释	专利数量/项
1	B64G-001/10	人造卫星；人造卫星的系统，星际的飞行器	164
2	H04B-007/185	空间站或机载站	129
3	B64G-001/64	用于连接或脱开宇宙航行的飞行器或其部件，例如对接装置	112
4	B64G-001/22	宇宙航行飞行器的部件或专门适用于装入或装到宇宙航行运载工具上的设备	83
5	B64G-001/24	制导或控制装置，例如用于姿态控制的	83
6	B64G-001/40	推进系统的布置或配置	64
7	B64G-001/44	利用辐射的，如可展开的太阳能电池组	64
8	B64G-001/00	宇宙航行的飞行器	45
9	H01Q-001/28	适合于飞机、导弹、卫星或气球上或其内使用的	45
10	B64G-001/66	其他类目不包括的设备或仪器的布置或配置	44
11	F03H-001/00	利用等离子体产生反推力	42
12	B64G-001/28	利用惯性或陀螺效应的	33
13	G05D-001/08	姿态的控制，即摇摆、俯仰角或偏航角的控制	33
14	B64G-001/36	利用传感器的，例如太阳传感器、水平传感器	27
15	B64G-001/42	动力供给系统的布置或配置	23
16	H01Q-001/12	支持物；安装装置	21
17	B64G-001/26	利用射流的	19
18	H01Q-001/08	折叠天线或其附件的装置	19
19	G01C-021/24	专用于宇宙航行的导航	18
20	H04W-084/06	机载或卫星网络	18

（1）推进系统

2002 年，美国新目标（New Objective）公司申请了关于电喷雾过程控制系统的相关专利（专利公开号：WO200295362-A2），该系统可用于制备小型卫星的胶体离子推进器。该专利被美国多家公司引用，被引用次数为 123 次。

2002 年，美国霍尼韦尔公司（Honeywell）申请了用于小卫星推进的微推进器相关专利（专利公开号：US6378292-B1），该专利被引用了 43 次。

（2）天线

1978 年，英国国防部申请了关于小卫星跟踪天线的相关专利（专利公开号：US4126865-A），该专利被引用 60 次。

2001 年，美国 APTI 公司申请了用于小卫星通信系统的分形环形天线相关专利。（专利公开号：US6300914-B1），该专利被引用 47 次。

2014 年，英国商业、创新和技能部（BIS）申请了可用于小型卫星通信的天线系统相关专利（专利公开号：WO2014096868-A1），该专利被引用 115 次。

（3）姿态控制/惯性导航系统

2003 年，法国泰雷兹公司（Thales）申请了利用卡尔曼滤波校正组合位置测量值用于优化卫星定位系统的相关专利（专利公开号：FR2830320-A1），该专利被引用 41 次。

2009 年，美国 Miltec 公司申请了关于小卫星角运动的惯性测量装置相关专利（专利公开号：US7587277-B1），该专利被引用 52 次。

（4）网络连接设备

1998 年，美国 Compaq Computer 申请的可用于小卫星网络的计算机网络连接设备相关专利（专利公开号：US5737525-A），该专利被引用了 46 次。

（5）信号接收传输系统

1995 年，美国创新数码公司（Creative Digital）申请了关于小卫星传输信号色散跟踪和漂移校正系统的相关专利（专利公开号：US5390348-A），该专利被引用 45 次。

（6）小卫星太阳能电池板

2002 年，美国 Aerospace 公司申请了可用于微卫星、纳卫星太阳能电池板的记忆合金插销铰链相关专利（专利公开号：US2002194702-A1），该专利被引用 44 次（表 2-11）。

表 2-11　微小卫星研究领域高被引专利（2021 年 3 月查询结果）

公开日期	专利公开号	专利权人	国家	专利名称	DPCI 被引频次/次
2002 年 11 月 28 日	WO200295362-A2	New Objective Inc	美国	Control system for electrospray processes, uses opto-electronic feedback to control stability of process, with sub-system to monitor dynamic or static morphology of fluid exiting electrospray nozzle	123
2014 年 1 月 26 日	WO2014096868-A1	UK Secretary of State for Business, Innovation and Skills	英国	Antenna system used in e.g. satellite communications, wireless communication systems has small director array （SDA） disposed in paths along which driven component is operable to receive or emit radiation, to increase gain	115
1978 年 11 月 21 日	US4126865-A	UK Secretary of State for Defence	英国	Satellite tracking dish antenna-has crank and tie-rod arrangement for rocking antenna, driven by clock motor mounted on polar axis member	60
2009 年 9 月 8 日	US7587277-B1	Miltec Corp	美国	Direction or linear and angular motion measuring media for use in e.g. unmanned air vehicle, has set of instructions for taking running averages for magnetic field, and outputting averages to serve as reference frame	52

续表

公开日期	专利公开号	专利权人	国家	专利名称	DPCI被引频次/次
2001年10月9日	US6300914-B1	APTI Inc	美国	Fractal loop antenna for wireless communication systems, includes fractal elements of different dimensional size, folded in same plane to form sawtooth pattern	47
1998年4月7日	US5737525-A	Compaq Computer Corp	美国	Computer network connection apparatus e.g. for Ethernet (RTM)-has port coupled to several LAN controller chips and to Ethernet (RTM) processor which serves to set up, manage and monitor receive buffer which stores packets received by all LAN controller chips	46
1995年2月14日	US5390348-A	Creative Digital Inc	美国	Tracking and drift correction system for dispersion of satellite transmission signals-includes carrier tuners receiving transmitted signal, each deriving IF carrier signal representing respective carrier frequency	45
2002年12月26日	US2002194702-A1	Aerospace Corp	美国	Memory shape alloy latch hinges for solar panels, has two configurations to arrange panels in deployed position and in stowed position	44
2002年4月30日	US6378292-B1	Honeywell International Inc	美国	Microthruster for satellite propulsion, has explosive igniter disposed within first cavity, and propellant disposed in second cavity separated from the first cavity by diaphragm	43
2003年4月4日	FR2830320-A1	Thales SA	法国	Hybrid, satellite and inertial, navigation system for aircraft uses Kalman filtering to correct hybrid position measurements and improve the accuracy of positioning even when a satellite fails or is faulty	41

2.5　总结与建议

根据上述分析，微小卫星因具有诸多特点和优势，近年来得到了爆炸式发展，引起了国际航天机构、学术界和商业机构的广泛关注，同时也给近地轨道空间环境、地球大气、天文观测等带来了一系列负面影响。

2.5.1　微小卫星相对于传统大型航天器具有一些独特优势

微小卫星的优势可以总结为以下几点。

2.5.1.1　研制周期短，技术更新快

许多大型航天任务具有漫长的研发周期。例如，COSPAR 的《国际空间科学小卫星发展路线图》指出，NASA 的"帕克太阳探测器"（Parker Solar Probe）是 2002 年美国国家科学、工程与医学院发布的十年调查系列报告中推荐的太阳和日球层任务，而在进入推荐名单之前，相关项目计划和论证已经进行了若干年。ESA 的"太阳轨道器"（Solar Orbiter）

任务论证开始于 1994 年。但是，NASA 和 ESA 的这两项太阳探测任务分别直到 2018 年 8 月和 2020 年 2 月才成功发射。因此，这两个项目都经历了至少 20 年的积极开发和研制，这个周期是美国从决定要登月到实现载人登月任务周期长度的 2 倍。

一项空间任务的能力取决于计算机集成电路和存储器的性能。几十年来，集成电路的集成度和性能每 18 个月就翻一番。因此，如果任务周期过长，一些大型空间任务在发射时在技术上就已经落后了，而在卫星研制阶段产生的技术进步甚至会让一些卫星任务的科学目标过时。

微小卫星由于利用了商用货架产品，并且可以通过"搭便车"的方法作为次级载荷跟随大型卫星一起发射，因此任务成本低、研制周期短，许多开发微小卫星的机构特别是商业机构对任务的管理也更加灵活。这些原因导致微小卫星能够更方便地利用最新技术进展，快速更新迭代，很适合用于新技术验证等大型卫星无法胜任的用途。

2.5.1.2 更适合组成星座，进行多点探测或合成孔径观测

通过微小卫星星座任务，微小卫星的应用价值会得到进一步放大。星座任务不仅能够提供多点观测，而且能够增加容错能力，因为即便单个网络节点上的一颗微小卫星出现了故障，对整个网络的影响也很小。这一特点对于卫星在军事上的应用来说也很重要。美国空军于 2013 年前后提出了"弹性和分散太空体系"概念（刘韬，2014），即为了突破现有卫星体系架构在成本、研发周期、技术更新、抗毁能力等方面存在的局限性，需要将当前高度集成的、以大型太空系统为主的发展模式，分散成若干功能更单一、规模更小、成本更低的卫星系统。这可以通过 5 个方面来实现：系统分解，即由多个以无线方式相互作用的模块提供单一系统的功能；功能分散，即将一颗卫星上的多个载荷或多项任务分散到多颗更小的卫星上；有效载荷分散，即将一些有效载荷搭载在多种类型的卫星上；多轨道分散；多域分散，即将太空能力分散于海、陆、空、天、网多域，相互冗余和备份。

在空间科学研究方面，如果通过微小卫星集群探测太阳系中的一个独特目标天体，且每个微小卫星执行不同的观测任务、由不同的机构研制，这样获得的回报可能超过任何一个单独实施的任务。对于空间天文观测来说，微小卫星集群优势更加明显，因为受限于火箭整流罩的体积，未来很难将比 JWST 望远镜更大的太空望远镜送入太空，所以利用多颗微小卫星组成合成孔径望远镜是一项亟待发展的实用观测手段。

2.5.1.3 研制门槛更低，推动"大航天时代"到来

在微小卫星出现之前，航天事业一般只是大型政府机构才能参与的"精英行业"。而现在，除了传统的航天强国、大国之外，许多小国、发展中国家也拥有了自己的微小卫星；除了传统的航天机构之外，许多高校、企业甚至中学也成功研制并发射了微小卫星。随着社会各界越来越多地参与到航天研制和发射活动中，类似历史上"大航海时代"的"大航天时代"似乎已经要来临。

例如，日本发起了"全球多国联合鸟卫星项目"（Joint Global Multi-Nations Birds Satellite Project）（BIRDS，2021），参与国包括加纳、蒙古、尼日利亚和孟加拉等国。在这个为期两年的项目中，各国学生们可以设计、开发和运行 5 套相同的 1U 立方体卫星。通过该项

目，日本已经成功帮助尼泊尔、蒙古、加纳拥有了本国第一颗卫星，日本也因此获得了政治收益。

在中学教育方面，以色列中等教育系统发起了"戴胜"（Duchifat）立方体卫星计划，由以色列 12～18 岁的学生参与，他们早在 7 年级就开始学习基础科学课程。在 9 年级时，学习成绩优异并表现出更强动力的学生会继续学习以立方体卫星设计为重点的第 3 年高级课程，并成为学校"卫星和空间实验室"的成员。每个学生团队由一名航空航天工业相关学科的经验丰富的工程师领导，并负责卫星的一个子系统。该团队的任务通常相当具体且明确：即使学生缺乏正规的工程教育，也能成功地完成任务。系统工程、集成和测试问题也由学生负责，但这些问题在后期阶段（通常是 12 年级）才会出现，那时学生会更有经验，也会成长为更年轻学生的导师和领导者。Duchifat 计划研制的 2 颗立方体卫星已成功进入太空：Duchifat 1 卫星于 2014 年 6 月发射；Duchifat 2 卫星又名"戴胜鸟"（Hoopoe），作为欧盟 QB50 项目的一部分于 2017 年 5 月发射。Duchifat 系列的其他 10 颗立方体卫星将被用于生态应用和空间气象监测。

此外，印度与以色列合作提出了"印度/以色列 75 颗星"（INDIA/ISRAEL@75）计划，旨在到 2023 年开发、建造并向太空发射 75 颗卫星。这些卫星将由 75 所以色列和印度的高中和大学建造，形成一个覆盖地球表面的星座。这些相对简单的立方体卫星（大小在 1U 和 3U 之间）将由两国学校和大学设立的地面站控制和指挥。在这个新颖的生态系统（学术界-工业界-教育界-政府）中，教学人员将主要以数学、物理和计算机科学的教师以及研究人员为基础，但也将包括来自以色列和印度航空航天业相关学科的经验丰富的工程师和专家。教学人员将指导各种年龄和水平的学生（从高中生到博士生）。

2.5.2　微小卫星发展存在诸多困难和负面影响

微小卫星的发展虽然降低了航天活动的进入门槛，但是仍具有许多独特的困难和挑战，同时也带来了前所未有的新问题，包括以下几点。

2.5.2.1　发射机会有限

在过去，微小卫星通常是通过以下 3 种主要方式之一发射：在发射主要载荷（如运往国际空间站的卫星或货物飞船）的火箭上通过"搭便车"的方法发射；用传统的火箭通过"撒土豆"的方式进行"集群发射"（cluster launch），如 2017 年印度发射的 104 颗卫星中绝大多数是微小卫星；购买专用小型运载火箭发射。迄今为止，大多数微小卫星的发射都是采用第一种"搭便车"的发射方式，这是因为大型火箭提供的"搭便车"式发射是性价比最高的。例如，美国 SpaceX 公司的"猎鹰 9 号"（Falcon 9）火箭用 6200 万美元的成本可发射 22 800 千克的载荷，即每千克发射价格为 2720 美元，这比专用的小型火箭"飞马座 XL"（Pegasus XL）发射 1 千克的成本低近 50 倍。

然而，用"搭便车"发射的方式无法提供许多微小卫星任务所需的灵活性，比如卫星运行轨道和轨道倾角的选择，甚至包括搭载卫星是否具有推进能力等，而这些因素是开展良好空间科学研究的重要决定因素。此外，专用的小型火箭造价高昂，且技术风险比较大。目前全球有 50 多家公司正在开发专用的小型火箭来发射微小卫星，但是火箭技术开发是众所周知的高风险事业，许多新的火箭企业可能最后会失败。因此，发射机会仍然是限制微小卫星发展的瓶颈。

2.5.2.2 频谱资源有限

用于向地球传输数据的无线电频谱以及可用于深空探测的特定频谱对于任何空间活动都是至关重要的，并且是一种稀缺资源，在激光通信成熟之前都将是这样。此前，频谱资源在各国国内和国际层面得到了良好的协调和管理，任何空间物体，包括微小卫星，未经授权发射任何类型的无线电信号都是非法的。国际电联成员国批准的《无线电规则》（*Radio Regulations*）概述了如何使用无线电频谱，各成员国均在这一国际框架内管理本国无线电频谱的使用。

传统的大型科学卫星在所有拥有空间计划的国家都有专用频谱。虽然在频谱分配问题上微小卫星与较大的卫星没有本质不同，但微小卫星的开发和发射速度超过了目前频谱分配与管理的协调能力。例如在美国，联邦通信委员会（FCC）在给卫星颁发频率使用权限许可证时往往是一事一议，在许可证的授予方面一直缺乏一致性和稳定性，即便是同样设计的两个小卫星，也可能一个获得许可，另一个不获得。对于国际合作项目而言，因为需要协调多个国家的频谱系统，所以这一挑战更加严峻。根据预测，小卫星数量的大幅度增长将对超高频、S 频段、X 频段等其他空间频段的分配协调工作造成越来越大的压力。

2.5.2.3 造成空间碎片、大气污染、干扰科学研究等问题

如本章在前言中所述，微小卫星引起的许多严重问题正越来越受到人们的关注。未来随着微小卫星数量的增加，对微小卫星运营方的限制措施可能会越来越多，因为直到现在，绝大多数立方体卫星都通常不安装推进装置，在没有主动发射信号时无法被跟踪，也没有机动能力。这就导致其寿命到期后一定会长时间停留在近地轨道上，而且难以清除。

为了解决微小卫星爆炸式增长带来的诸多问题，需要平衡一个国家内部商业卫星公司、科学研究机构、政府机构之间的利益冲突，还要平衡不同国家之间对太空资源的挤占冲突，而后者比前者还要困难。未来，微小卫星导致的空间碎片等问题可能成为一个新的全球性重大问题，类似于全球变暖、核扩散等，需要国际社会共同努力解决。

2.5.3 面向我国微小卫星发展的启示

我国是航天大国，面对国际微小卫星发展态势，应当抓住机遇、发挥优势、有所作为，不断推进我国航天强国建设事业，并可以通过应对共同空间问题为契机推进人类命运共同体建设。

2.5.3.1 我国具有推进国际微小卫星发展的优势基础

当前，许多发展中国家和小国家都对发射本国的微小卫星具有强烈的需求。但是，世界上拥有独立发射运载火箭、实现太空运输能力的国家数量仍然很少，能够实现载人航天发射的国家更是只有中、美、俄三国。因此，无论是进入太空、利用太空还是探测深空，新兴航天国家都必须借助航天大国和强国的航天技术能力、航天器管理运行经验、航天发

射和测控基础设施等，这为我国发展国际航天合作提供了机遇。我国"天问一号"火星探测器、"祝融"号火星车、"嫦娥"系列探月任务等不断取得巨大成功，在国际上展现了我国良好的航天技术能力。

我国可以学习日本等国家帮助发展中国家研制微小卫星的项目经验，通过合作研制开发微小卫星、为他国微小卫星提供发射和部署基础设施平台等，推动共建"一带一路"国家的航天事业发展。

2.5.3.2　我国应倡导制定负责任的国际太空行为准则和标准

为解决微小卫星造成的空间碎片等问题，我国可以牵头倡导制定新的国际空间行为准则和标准（如倡导新发射的卫星应当设置在其报废后自主消减空间碎片的措施等）；面向空间碎片消减、载人火星探测、近地天体防御等需要全人类合作解决的问题，我国可以依托联合国等国际组织框架进行讨论，加深中国同世界各国特别是欧洲空间局成员国的互信和合作基础。

我国还应加大对相关技术手段的研发，例如，通过低成本手段使立方体卫星具有可机动性、可跟踪性、避免射频干扰、及时离轨能力等；开发能够跟踪监测和主动清除空间碎片的技术；进一步发展能够解决无线电频谱占用问题的激光通信技术；等等。

2.5.3.3　我国应借鉴微小卫星的管理文化、生产模式和冒险精神

传统政府和科学界的文化对微小卫星的发展有些"格格不入"。随着大量商业公司介入微小卫星领域，在国际上形成了追求冒险、允许失败的"微小卫星文化"。新出现的许多微小卫星部件制造商以"降低成本"为目标，专注于卫星配件的大批量生产，而随着"星链"计划等巨型星座的出现，这一趋势正在加速，因为只有实现卫星平台和部件的"商品化""平价化"，才能实现航天生产的"规模化"，进而实现航天活动的"平民化"，推动人类进入太空经济繁荣发展的新时代。美国 SpaceX 公司成功研制出可重复使用的火箭，并大胆地将其应用于国际空间站补给等任务，在国际上树立了降低航天成本、推动航天技术创新发展的典范。

作为对比，传统的航天机构在卫星任务开发和管理上，对低风险和高可靠性的追求可谓达到了极致，这是因为传统的大型卫星造价昂贵、研制周期漫长，一旦出现问题将使许多人多年的心血付之东流；在载人航天领域更需要强调"零风险"。长期以来，我国航天机构一直秉承周恩来总理提出的十六字教导：严肃认真、周到细致、稳妥可靠、万无一失。[①]正是这样的文化和精神，支撑我国获得了一个又一个举世瞩目的航天成就。但是面对国际微小卫星发展的新趋势，我国应考虑在保持优良传统的同时，加强对航天任务的分类管理，提高对颠覆性创新航天任务的风险容忍程度；善于利用微小卫星"发射—学习—再发射"的开发模式测试新的技术概念，在这种开发模式下甚至可以以牺牲任务安全性为代价。

欧美一些研究机构专门从事颠覆性、高风险的研究，例如美国几个先进研究项目机构，包括美国国防部先进研究项目局（DARPA）、美国情报高级研究计划局（IARPA）、美国能

---

① 周恩来纪念网. 国防科技战线上的同志都牢记周总理的十六字教导. 朱光亚. zhouenlai.people.cn/n1/2018/0418/c409117-29934744. html

源部高级能源研究计划署（ARPA-E）等，它们的领导层只优先考虑高风险的、不一定有明确定义的计划和项目，以维护该研究机构的高风险文化。英国工程和物理科学研究委员会（Engineering and Physical Sciences Research Council）也提出了名为"创意工厂"（IDEAS Factory）的框架，旨在"刺激高度创新、更容忍风险的研究活动，这些活动在正常情况下是难以想象的"。我国在微小卫星的研制方面，可以指定或成立 1 个新的研究机构，专门借鉴欧美这些机构的管理框架，以更好地推动我国航天领域的颠覆性创新。

致谢 中国科学院空间应用工程与技术中心的张伟研究员等专家对本章提出了宝贵的意见与建议，在此谨致谢忱！

参 考 文 献

科罗廖夫. 2020. 印度一箭射百颗卫星到底有多厉害：仿佛向太空扔了一麻袋土豆. https://k.sina.com. cn/article_1403915120_53ae0b7001900sr3i.html?sudaref=cn.bing.com&display=0&retcode=0［2021-06-26］.

刘韬. 2014. 美国向"弹性和分散"军事空间体系转型探析. 科技导报，32（21）:76-83.

王鹏. 2019. 日本加快太空军事化进程. http://zqb.cyol.com/html/2019-02/21/nw.D110000zgqnb_20190221_ 4-11.htm ［2021-06-26］.

吴鹏. 2017. 2025 年小卫星将占卫星发射半壁江山. http://www.cma.gov.cn/kppd/kppdrt/201709/t20170920_ 449801.html ［2021-06-26］.

杨成武，谌明，刘向南，等. 2021. 小卫星激光通信终端技术现状与发展趋势.遥测遥控，42（3）:1-7.

BIRDS. 2021. Joint Global Multi Nation Birds 1. https://birds1.birds-project.com/［2021-06-26］.

Bryce Space and Technology. 2020. Smallsats by the Numbers 2020. https://brycetech.com/reports/report-documents/Bryce_Smallsats_2020.pdf［2021-06-26］.

Cabinet Office. 2020. Implementation Plan of the Basic Plan on Space Policy. https://www8.cao.go.jp/space/ english/basicplan/basicplan.html［2021-06-26］.

Clery D. 2016. Russian billionaire unveils big plan to build tiny interstellar spacecraft. http://www.sciencemag. org/news/2016/04/russian-billionaire-unveils-big-plan-build-tiny-interstellar-spacecraft［2021-06-26］.

Clery D. 2020. Starlink already threatens optical astronomy. Now，radio astronomers are worried. https://www. sciencemag.org/news/2020/10/starlink-already-threatens-optical-astronomy-now-radio-astronomers-are-worried ［2021-06-26］.

CubeSat. 2021. The CubeSat Program. https://www.cubesat.org/about［2021-06-26］.

Equalocean. 2021. SpaceX launched the 24th batch of satellite chain satellites，covering the world only four or five times. https://equalocean.com/briefing/20210408230038262［2021-06-26］.

ESA. 2019. ESA's Technology Strategy for Space19+.https://www.esa. int/Enabling_ Support/Space_ Engineering_ Technology/ESA_s_Technology_Strategy_for_Space19［2021-06-26］.

ESA. 2020. CubeSats. https://www.esa.int/Enabling_Support/Preparing_for_the_Future/Discovery_and_Preparation/ CubeSats［2021-06-26］.

ESA. 2021. ESA's Space Environment Report 2021. https://www.esa.int/Safety_Security/Space_Debris/ESA_s_

Space_Environment_Report_2021［2021-06-26］.

Foust J. 2016. Shotwell says SpaceX "homing in" on cause of Falcon 9 pad explosion. https://spacenews. com/shotwell-says-spacex-homing-in-on-cause-of-falcon-9-pad-explosion/［2021-06-26］.

Gunter. 2021. Sputnik 1 (PS-1 #1). https://space.skyrocket.de/doc_sdat/sputnik-1.htm［2021-06-26］.

Ham B. 2021. 3D-Printed Nanosatellite Thruster Emits Pure Ions for Propulsion. https://scitechdaily.com/3d-printed-nanosatellite-thruster-emits-pure-ions-for-propulsion/［2021-06-26］.

ISO. 2012. ISO 26869:2012 (en) Space systems—Small-auxiliary-spacecraft（SASC）-to-launch-vehicle interface control document. https://www.iso.org/obp/ui/#iso:std:iso:26869:ed-1:v1:en［2021-06-26］.

Jewett R. 2021. Hanwha Systems Plans 2,000-Satellite LEO Constellation for Mobility Applications. https://www.satellitetoday.com/mobility/2021/03/31/hanwha-systems-plans-2000-satellite-leo-constellation-for-mobility-applications/［2021-06-26］.

Manners D. 2020. US and Japan to launch 1000 missile defence satellites. https://www.electronicsweekly.com/news/business/us-japan-launch-1000-missile-defence-satellites-2020-08/［2021-06-26］.

Millan R M，Steiger R，Ariel M，et al. 2019. Small satellites for space science:A COSPAR scientific roadmap. https://www.sciencedirect.com/science/article/pii/S0273117719305411［2021-06-26］.

MirageNews. 2021. Pioneering a way to keep very small satellites in orbit. https://www.miragenews.com/pioneering-a-way-to-keep-very-small-satellites-in-orbit/［2021-06-26］.

Nanosats Database. 2021. Launches by institutions. https://www.nanosats.eu/img/fig/Nanosats_years_organisations_2021-04-04.png［2021-06-26］.

NAS. 2016. Achieving Science with CubeSats—Thinking Inside the Box. http://www.nap.edu/23503 ［2021-06-26］.

NASA. 2015. What are SmallSats and CubeSats?. https://www.nasa.gov/content/what-are-smallsats-and-cubesats ［2021-06-26］.

NASA. 2019. NASA Small Spacecraft Strategic Plan. https://www.nasa.gov/sites/default/files/atoms/files/smallsatstrategicplan-190805.pdf［2021-06-26］.

NASA. 2020. State-of-the-Art of Small Spacecraft Technology. https://www.nasa.gov/smallsat-institute/sst-soa ［2021-06-26］.

Pultarova T. 2021. Air pollution from reentering megaconstellation satellites could cause ozone hole 2.0. https://www.space.com/starlink-satellite-reentry-ozone-depletion-atmosphere［2021-06-26］.

Pusan National University. 2021. Innovative Origami-Inspired Antenna Technology for Use in Small Satellites. https://scitechdaily.com/innovative-origami-inspired-antenna-technology-for-use-in-small-satellites/［2021- 06-26］.

Sarah Scoles. 2020. Rocket-launching drone ready to take satellites into orbit. https://www.sciencemag.org/news/2020/12/rocket-launching-drone-ready-take-satellites-orbit［2021-06-26］.

Satnews. 2021. Euroconsult:Smallsat Market Report Updated. https://news.satnews.com/2021/04/07/euroconsult-report-covid-19-smallsat-market-updated/［2021-06-26］.

Space Facts. 2020. Human Spaceflights. http://www.spacefacts.de/mission/english/vostok-1.htm［2021-06-26］.

The White House. 2016. Harnessing the Small Satellite Revolution to Promote Innovation and Entrepreneurship in Space. https://obamawhitehouse.archives.gov/the-press-office/2016/10/21/harnessing-small-satellite-revolution-promoteinnovation-and［2021-06-26］.

Tollefson J. 2016. Billionaire backs plan to send pint-sized starships beyond the Solar System. http://www. nature. com/news/billionaire-backs-plan-to-send-pint-sized-starships-beyond-the-solar-system-1.19750［2021-06-26］.

Tomayko J E. 1988. Computers in Spaceflight:The NASA Experience. https://www.history.nasa.gov/computers/ Ch4-3.html［2021-06-26］.

Witze A. 2020a. How satellite 'megaconstellations' will photobomb astronomy images. https://www.nature.com/ articles/d41586-020-02480-5［2021-06-26］.

Witze A. 2020b. SpaceX tests black satellite to reduce 'megaconstellation' threat to astronomy. https://www. nature.com/articles/d41586-020-00041-4［2021-06-26］.

3　量子传感与测量领域国际发展态势分析

徐　婧　唐　川　杨况骏瑜　王立娜

（中国科学院成都文献情报中心）

摘　要　作为新兴的研究领域，量子传感与测量是量子信息技术的重要组成部分。量子传感与测量可突破经典物理极限并实现超高精度测量，还能抵抗一些特定噪声的干扰。而利用当前成熟的量子态操控技术，可以进一步提高测量的灵敏度。因此，电子、光子、声子等量子体系就是一把高灵敏度的量子"尺子"——量子传感器，利用其特性可以制成量子超分辨率显微镜、量子磁力计、量子陀螺仪等，并应用于基础科研、空间探测、材料分析、惯性制导、地质勘测、灾害预防等诸多领域，具有广阔的发展和应用前景。

工业革命以来，欧美国家发展并引领着计量基准和信息时代应用最广泛的电磁测量技术，我国电测量仪器市场中大部分的高端仪器仍然依赖进口，绝大部分国产电测量仪器性能指标落后于进口仪器。高精度的计量基准和电磁测量技术已成为我国自主创新"卡脖子"中的"卡脖子"。目前，高精度的微观测量（量子传感与测量）正处于前沿突破期，是我国摆脱高精度测量技术受制于人的前所未有之机遇。

近年来，量子传感与测量的国际竞争日趋激烈，主要科技强国推出了一系列创新举措。2018 年，美国通过立法制定了一项为期 10 年的"国家量子行动计划"，将量子传感与测量的变革性技术作为三大支撑领域（量子通信、量子计算、量子传感与测量）之一。同时，美国白宫举办了峰会，政府和科技企业巨头悉数出席，美国能源部和国家科学基金会合计拨款 2.49 亿美元，以此撬动企业资金。欧盟和英国分别早在2015 年和 2016 年就将量子传感与测量技术作为重点支持方向。我国也较早将量子科技纳入重要战略规划。在中国科学院、国家自然科学基金委员会、科学技术部等单位的前期支持下，我国科学家在量子传感与测量领域的原理方法以及前瞻性科学应用方面的研究实现了系统性的重要进展，为我国量子精密测量产业奠定了科技优势。

为了把握量子传感与测量领域的国际发展态势、了解相关机构的研发动态、明确其关键技术与挑战，本章采用定性定量的情报研究方法，分析了量子传感与测量领域的战略规划、项目布局、研发进展等问题，为我国在相关领域的工作提供有益参考。

关键词　量子传感　量子测量　战略规划　发展现状与趋势　研发重点与热点

3.1 引言

人类社会的发展进程从某种意义上来说就是测量技术不断进步的过程。近年来，人们发现利用量子力学的基本属性，如量子相干、量子纠缠、量子统计等，可以实现更高精度的测量。基于量子力学特性，实现对物理量的高精度测量称为量子传感与测量。量子测量与传统测量技术有明显区别，它是通过调控与观测量子级别的微观粒子系统来对物理量进行测量的，其主要测量方案可以分为：一是运用量子体系的分离能级结构来测量物理量；二是使用量子相干性，即波状空间或时间叠加状态来测量物理量；三是使用纠缠态等量子体系中独有的物理现象来提高测量的灵敏度或精度，突破经典理论的极限（中国信息通信研究院，2018）。

工业革命以来，欧美国家发展并引领着信息时代的计量基准和应用最广泛的电磁测量技术，我国电测量仪器市场中 90%以上的高端仪器依赖进口（截至 2017 年），绝大部分国产电测量仪器性能指标落后于进口仪器。高精度的计量基准和电磁测量技术已成为我国自主创新"卡脖子"中的"卡脖子"。2017 年，美国商务部将"专门设计（或改造）以用于实现或使用量子密码"的商品明确列入出口管制清单；美国商务部于 2018 年 11 月开始管制 14 项涉及国家安全和前沿科技的技术的出口，其中包括量子密码、量子计算及量子传感。其他一些北约国家也开始将相关关键设备和器件列入对我国禁运范围。2019 年起，代表精密测量最高水平的 7 个基本物理量的计量基准全部实现常数定义，标志着正式迈入量子时代。高精度的量子传感与测量正处于前沿突破期，此时正是我国摆脱高精度测量技术受制于人的前所未有之机遇。

近年来，量子传感与测量的国际竞争日趋激烈，主要科技强国推出了一系列创新举措。美国于 2018 年 6 月推出《国家量子计划法案》，计划在十年内投入 12.75 亿美元，以全力推动量子科学的发展，将科研力量集中于三个方向：用于生物医学、导航的超精密量子传感器，能有效防止黑客侵入的量子通信，以及量子计算机（U.S. Senate Committee on Commerce，Science，&Transportation，2018）。欧洲很早就意识到了量子信息技术的潜力，欧盟委员会于 2016 年推出"量子技术旗舰计划"，将在未来 10 年投资 10 亿欧元，支持包括量子传感在内的五大领域，并在科学研究、产业推广、技术转化、人才培养等方面给予重要支撑。

在中国科学院、国家自然科学基金委员会、科学技术部等单位的前期支持下，通过国家自然科学基金、国家高技术研究发展计划、国家重点基础研究发展计划、国家重点研发计划和中国科学院战略性先导科技专项等多项科技项目，我国科学家在量子传感与测量领域实现了系统性的重要进展，奠定了国际领先的科技优势。自 2016 年起，我国进一步设立国家重点研发计划"量子调控与量子信息"重点专项，其中就包括了支持量子传感与测量领域的研究。"地球观测与导航"重点专项部署了"高精度原子自旋陀螺仪技术""空间量子成像技术""高精度原子磁强计""芯片原子钟"等项目，为量子传感与测量技术的研究与发展提供了重要支持。2021 年设立的"智能传感器"重点专项也将量子传感与测量作为了重要内容。目前，我国在量子传感与测量部分领域的高性能指标样机研制方面已基本赶上或达到国际先进水平，但在量子传感与测量的应用与产业化上尚处于起步阶段，落后于欧美国家。

3.2 战略规划与发展路线

近年来，世界各国高度重视量子信息技术的发展，通过出台政策文件、成立研究机构、加大研发投资等方式加大对量子信息技术的研发支持，以促进量子信息技术的产业应用，试图在未来构建量子生态系统，而量子传感与测量是其中的重要组成部分。

3.2.1 美国

美国一直以来高度重视量子信息技术的相关研究，将量子传感与测量等量子信息技术作为引领未来军事革命的颠覆性、战略性技术。早在 2002 年，美国国防部高级研究计划局（DARPA）就制定了《量子信息科学与技术发展规划》；2016 年，美国国家科学与技术委员会（NSTC）发布了《推进量子信息科学：国家的挑战与机遇》报告，讨论了美国量子信息科学未来的发展路径，随后美国能源部（DOE）发布了《与基础科学、量子信息科学和计算交汇的量子传感器》报告，着重就量子传感与测量进行了补充（U.S. Department of Energy，Office of Science，2016）。在全球量子信息技术加快发展的背景下，美国进一步加大投入，于 2018 年 6 月推出《国家量子计划法案》，计划在十年内投入 12.75 亿美元，全力推动量子科学的发展，将科研力量集中于三个方向：用于生物医学、导航的超精密量子传感器，能有效防止黑客侵入的量子通信，以及量子计算机（U.S. Senate Committee on Commerce，Science，&Transportation，2018）。2018 年 9 月，美国 NSTC 发布了《量子信息科学国家战略概述》，其中提出"量子测量有望为军事任务提供先进的传感器，需要发展新的测量科学和量子基准，以改善导航和授时技术"（National Science & Technology Council，2018）。2019 年 12 月，美国国防部国防科学委员会（DSB）发布了《量子技术的应用》报告的摘要，认为量子传感系统、计算及通信系统的应用将为美国国防部开创量子使能技术的新时代（Department of Defense Defense Science Board，2019）。2020 年 2 月，美国白宫发布的《美国量子网络战略远景》报告中提出要发展处理小尺寸和大规模量子处理器之间远程纠缠的新算法和应用，包括量子误差修正、量子云计算协议和新的量子传感模式（The White House National Quantum Coordination Office，2020）。2020 年 7 月和 8 月，美国国家科学基金会（NSF）和 DOE 相继宣布建设新的量子信息研究中心。其中，由 NSF 量子飞跃挑战研究所投建，并由科罗拉多大学牵头的新研究所将专注于在多种精密测量中设计、构建和应用量子传感技术。由 DOE 投建的下一代量子科学与工程中心（Q-NEXT）和超导量子材料和系统中心（SQMS）将主要致力于量子传感技术的研发。

3.2.1.1 《国家量子计划法案》

2018 年 6 月 28 日，美国众议院科学委员会通过《国家量子计划法案》，提出由总统发起的未来 10 年的 "国家量子行动计划"，以加速和协调公私量子科学研究，制定相关标准和培养优秀人才，使美国具备能与中国和欧洲相竞争的领先优势（U.S. Senate Committee on Commerce，Science，&Transportation，2018）。根据该法案，美国将制定量子科技长期发展战略，实施为期 10 年的 "国家量子行动计划"。

该法案提出的具体举措包括以下几点。①设定这项 10 年计划的目标、优先事项和指标，以加速美国在量子信息科学和技术应用方面的发展；②投资支持美国联邦的基础量子信息科学和技术的研发、验证和其他活动；③投资支持相关活动，以拓展量子信息科学和技术的人才通道；④针对美国联邦量子信息科学和技术的研发、验证和其他相关活动提供跨部门的协调支持；⑤与行业和学术界合作，利用知识与资源；⑥有效利用现有的联邦投资，以实现计划目标。此行动计划分两期（每期 5 年）执行，政府在未来 5 年内将斥资 12.75 亿美元开展量子信息科技研究，其中美国国家标准与技术研究院（NIST）获资 4 亿美元，NSF 获资 2.5 亿美元，DOE 获资 6.25 亿美元。"国家量子行动计划" 将聚焦三大支柱领域：量子传感、光子量子通信网络及量子计算机。

具体来说，在量子传感领域，将开发量子增强型传感器。灵敏度达到基本量子噪声水平的先进电子和光子传感器将被开发和部署。并且在一些特定情况下，传感器的噪声水平可以低于本底噪声，也可以实现空间的分布式传感。例如，通过重力的探测来实现对地表下材料成分（洞穴、矿产、地下基础设施）的遥感和成像，在生物医学成像中近端磁场的感测，在全球定位系统（GPS）缺失环境中的绝对导航，以及用于导航和通信的便携式原子钟网络。

3.2.1.2　《量子技术的应用》报告

2019 年 12 月，美国国防部 DSB 发布《量子技术的应用》报告，概述了量子传感、量子计算以及量子通信与纠缠分发领域的主要发现。报告认为量子传感系统、计算及通信系统的应用将为美国国防部开创量子使能技术的新时代（Department of Defense Defense Science Board，2019）。

其中，量子传感相关发现主要包括以下 10 项。①目前，许多量子传感器的实验演示性能超过了实地仪器的性能，有望给工程、研发带来巨大的投资回报机会，如时钟、加速度计和磁力计等；在惯性测量应用方面，量子加速度计比当前战略级的解决方案更具显著优势；干涉型光纤陀螺仪可能比冷原子陀螺仪具有更优性能。②各个平台独特应用的量子传感器具有不同的尺寸、重量与功率考量，缺乏将性能与任务规范或新能力联合到一起的严格分析；③如果想要将量子传感器推向成熟，还需要投资相关组件和使能技术。④量子雷达不会提升美国国防部的能力。⑤量子成像可能在某些情况下提供增强成像，但相关研究仍处于起步阶段。⑥量子电位计可用于微型天线，在国防领域具有重要的应用潜力。⑦基于原子干涉测量法的重力仪和重力梯度仪可以实现机载隧道探测、核材料探测、重力辅助导航等功能。⑧现有的重力传感器所能达到的灵敏度和适用性还不能满足国防部应用所需的动态平台。⑨目前已有的几种原子干涉方法已经被证明其灵敏度和便携性可以满足国防部应用。⑩原子干涉仪系统的挑战在于降低尺寸、重量、功率、成本方面（SWAP-C），以及将实验室中被证明是最先进的性能转移到现场合格的系统中。

3.2.1.3 美国量子前沿报告

2020 年 10 月，美国白宫发布《关于研究界对国家量子信息科学战略建议的量子前沿报告》，梳理总结了包含当前量子信息科学基本问题的八大前沿领域（The White House National Quantum Coordination Office，2020），其中"利用量子信息技术进行精密测量"是八大前沿领域之一。该报告指出，这一前沿领域的发展可以提高测量的精度和准确度，开发新的测量模式，改进测量技术实地部署的方法，并开拓精密测量的新应用。

（1）部署量子技术，提高准确度和精度

量子技术已经被用于精确定位、导航和授时（PNT），但通常在实际运用中有尺寸、重量、功率、成本方面（SWAP-C）的限制，且带宽和可靠性也很重要。研发界强调在满足整体封装要求的同时，需探索实现优异性能，这是将测量科学与量子工程相结合的一个关键方向。在实验室中可以实现毫米级精度的定位和亚纳秒级的时间传递。但是，将这两项实验室技术过渡到实用量子技术（包括设计制造可实际部署的坚固部件）仍然是一个挑战。

（2）构建原位量子传感及体内量子传感的新模式和应用

虽然量子传感的优势很大，但部分应用仍需找到有说服力的用例来证明这种技术的合理性，而不是简单地在标准方法中增加通量或系统大小。精密测量待探索的方面包括高能物理探测器、化学实验室应用的光谱学、将尖端空间分辨率与光谱化学位移敏感性相结合的核磁共振技术、测绘和制图、水文和矿物勘探、带有量子增强技术望远镜的天文学，以及各种生物科学应用，如脑电图（EEG）和脑磁图（MEG）、光合作用、细胞动力学和趋磁性的研究。

研究人员还发现，在一些情况下，基于量子相干和量子叠加的测量精度及准确度达到了前所未有的水平。为进一步推动该前沿领域，下一步的重要工作是利用纠缠和具有非经典关联的多体量子态展示量子计量的明显优势。在这一方面，利用压缩真空态的高级激光干涉重力波观测仪（LIGO）是一大进展。探索这一前沿领域将有助于提升纠缠、压缩等量子性能，为其他科学领域带来有价值的应用。

（3）利用量子纠缠和量子计算机改进测量

研究界认为将量子纠缠和量子计算机的概念扩展到传感器阵列和其他联网量子系统（如纠缠时钟网络）是量子计量学的前沿机遇。原则上，利用量子前处理和后处理的最佳纠缠和测量使计量学有了新的方向。其中一个方向就是探索利用量子电路或小规模量子处理器制备的多体量子态来实现计量，这将是利用先进量子信息科学技术来拓展精密测量的未来方向之一。

该前沿领域将促进在新的环境和科学领域部署量子传感器。这些设备有望通过新的底层传感机制来实现，并突破精度和准确度的极限。量子技术可能大幅提升战场的 PNT 的准确度等级及时间传递能力。

3.2.1.4 NSF 的量子传感研究

NSF 是美国量子信息研究的重要机构之一。早在 2016 年，NSF 就公布了"十大创意研究"（10 Big Ideas）（National Science Foundation，2016），"实现量子飞跃"为其中一项长期研究。量子飞跃计划旨在利用量子力学来观察、操纵和控制原子和亚原子尺度上的粒子和能量行为，以开发下一代技术。2018 年 11 月，NSF 发布"实现量子飞越：针对量子系统变革进展的量子创意孵化器"项目指南，旨在探索极具创新力和颠覆性的方法，开发和应用量子科学、量子计算及量子工程，实现量子传感、量子通信、量子模拟和量子计算系统的突破。2019 年 4 月，NSF 启动第一轮量子飞跃挑战研究所计划，支持大学或合格的非营利性的研究机构使用多学科方法，在量子信息科学和工程学的关键领域实现技术突破。2020 年 7 月，NSF 又宣布在量子飞跃计划下成立三家新的量子飞跃挑战研究所。这些机构将收到 7500 万美元的资助，用于加速量子信息科学的研发，巩固美国在量子信息产业的领导地位。

NSF 在量子信息领域的主要研究内容包括：①用于安全的远程通信的量子网络；②量子计算机软件堆栈；③量子仿真算法、架构和平台；④量子传感。而作为量子飞跃计划的重要组成部分，量子飞跃挑战研究所也资助了多家量子传感领域的研究中心（National Science Foundation，2019）。

（1）NSF 量子传感的主要研究内容

NSF 旨在开发基于量子系统的测量和传感技术，包括对基本常数的精确测量和环境变量的监测。利用量子相干、叠加和干涉原理，通过纠缠光子、原子钟、原子干涉仪、核磁共振（NMR）光谱仪和金刚石色心等手段实现精确测量。不过目前，对完善系统架构、制造稳定的设备、设计最佳输入状态、开创量子传感器的新应用，都颇具挑战。关于新型传感器的研发，如拓扑绝缘体、超导跃迁边缘传感器、量子磁学、量子成像、腔量子电动力学（QED）和混合量子系统等。可利用纠缠光子和量子激发来设计化学、生物和生化传感器。研究上述部分课题可以促进传感器技术和测量科学的革新性进展。量子传感器发展过程中发现的基本原理和技术原理也可能影响量子信息科学与工程的其他应用，包括通信、计算和模拟。

（2）科罗拉多大学 Q-SEnSE

2020 年 7 月，NSF 和白宫科学技术政策办公室（OSTP）联合宣布，首期投入 7500 万美元建设三个新的量子计算中心，其中由科罗拉多大学牵头的研究机构：纠缠科学和工程学的量子系统（Q-SEnSE）将开展量子传感器的研发（National Science Foundation1，2020）。该研究机构于 2020 年 9 月正式获得为期 5 年的资助，迄今的资助金额为 770 万美元。

Q-SEnSE 将专注于构建具有真正量子优势的可扩展、可编程的量子传感系统。同时，该研究机构将探索多个平台，致力于将新技术转化为针对实际应用的可移植系统，并建设国家量子基础设施，促进技术成熟，推动研究与产业的交叉融合。为支持量子信息科学在信息处理、模拟和传感方面的进展，研究所将在三大挑战下开展广泛的研究课题，共同推进量子技术的基础科学、技术集成和实际应用（University of Colorado Boulder，2021）。

挑战 1：具有量子优势的超精准传感和测量。利用量子的优势解决传感问题，聚焦于基础科学和以原子、离子、分子和超导电路为基础的使能技术。利用多体量子态保护量子相干性，提高测量精度和准确度，从而在传感应用中普遍实现真正的量子优势。该挑战包括解决基础物理学中的多个难题，例如，展示量子在传感和测量方面的优势，利用量子系统的独特优势大幅增强和扩大对难以捉摸的暗物质的搜索，以及利用理论和实验之间的密切联系来研究量子计算机模拟器。

挑战 2：量子信息科学的工程原理。设计互连的集成量子系统，开发可现场部署的传感器和系统。这类系统必须实现稳定的先进测量和转化能力，并且可实现现场部署。该挑战的重点是将量子技术的进步，包括"挑战 1"的进步，与工程"设计和建造"专业知识联系起来，以便集成和生产出实用的功能系统，可实现现场测试和可靠部署，如用于量子定位和导航传感器的分布式网络、超精准原子钟。

挑战 3：量子传感应用的国家基础设施。构建用于传感的国家量子基础设施。为最大限度地发挥跨项目协同作用、鼓励行业采用标准化技术，将在锶的特定原子种类上建立一个通用平台，用于量子传感、模拟和计算。

（3）NSF 量子传感资助项目

2016 年 1 月 1 日以来，美国 NSF 资助的名称中含有"量子传感"相关关键词的项目共计 94 项（检索日期为 2021 年 4 月 20 日），资助总额度高达约 6801 万美元，最高资助额度为 1281 万美元（2020 年资助）。其中，2016 年仅有一项项目，金额为 54.35 万美元；2021年 1 月至 4 月的项目数就已经高达 8 个，项目总额达 572.72 万美元，平均每个项目获资 71.59万美元。资助的量子传感项目数量与资助额度年度变化趋势如图 3-1 所示。可见，2017～2020 年美国 NSF 资助的量子传感项目的资助额度呈现出增长态势，2019 年项目数量和资助额度快速上升。相比 2018 年，2019 年的资助项目数量增长了 3.25 倍，项目资助额度增长了 5.38 倍，这与美国 2018 年陆续推出的量子技术发展战略和行动计划密不可分。

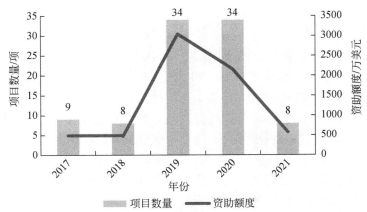

图 3-1　2017～2021 年美国 NSF 资助的量子传感项目数量与资助额度变化趋势

表 3-1 简要介绍了一些 NSF2020 年 3 月至 9 月宣布的量子传感与测量项目的获资助单

位、获资助金额、项目起止时间、项目主要内容等信息。

表 3-1　NSF 量子传感与测量项目（2020 年 3 月至 9 月）

项目名称	获资助单位	获资助金额/万美元	项目起止时间	项目主要内容
带有金刚石量子传感器的皮升核磁共振波谱（National Science Foundation2，2020）	美国新墨西哥大学	62	2020 年 3 月至 2025 年 2 月	本项目着力开发一种名为"量子传感器"的新型测量工具，用于鉴定空间分辨率与单细胞分析兼容的样品的分子组成。项目将采用金刚石氮空位（NV）色心开发量子传感器，并用其来检测化学和生物样品自然产生的振荡磁场，确定大小与单细胞相当的样品中的分子类型和数量
复杂噪声环境的量子计量学（National Science Foundation3，2020）	美国达特茅斯学院	42	2020 年 9 月至 2023 年 8 月	本项目将探索下述相关研究方向：①通过考虑更广泛的初始传感器状态、测量和非集体耦合，及捕获离子装置中力传感的应用，完全量子化时空相互影响的量子噪声的影响；②评估噪声优化的方案设计以及动态噪声控制在获得计量学优势方面的可能性；③确定非高斯噪声统计对量子估计方案的影响程度，更广泛地量化实际噪声源可能引入的估计偏差
用于纠缠增强力和惯性传感的量子互连光力学传感器（National Science Foundation4，2020）	美国亚利桑那大学	100	2020 年 9 月至 2021 年 5 月	本项目将构建与多种传感器以光接口互连的量子传感架构，形成具有量子（纠缠）特性的网络。研究团队将构建首个纠缠互连型光力学原子力显微镜和惯性传感器阵列，然后扩大阵列，实现对现有技术的跨数量级突破。此类量子传感器将有益于原子力显微镜、惯性导航、太空通信、医疗成像等多种应用。项目将展示如何利用纠缠互连提高传感器的灵敏度、准确度，现实世界里的稳定性、惯性，以及射频等性质
耦合到中央量子比特的嘈杂二能级系统的局部动力学和控制（National Science Foundation5，2020）	美国波士顿大学	27.9	2020 年 8 月至 2023 年 7 月	本项目将用纳米级分辨率研究顺磁二能级系统的基本动力学性质，并开发该系综量子态的工程制造方法，以延长量子比特的相干时间。本项目的目标是使量子传感器和量子热机以接近最大的灵敏度和效率运行，提高超导量子设备等其他有前景的量子架构的性能

3.2.1.5　国防部量子传感研究

（1）国防部高级研究计划局（DARPA）

几十年来，DARPA 在量子研究的投入为下一代军事能力打下了基础，如无 GPS 定位环境中的 PNT、量子计算、量子通信等。20 世纪 90 年代，该局开始拨款，以支持对操纵和测量电子自旋的量子特性的研究。这些工作促进了自旋电子学的发展，该领域成为数字存储技术关键性进步的源泉。这一基础研究以及后来的一系列量子科学项目为新一代量子传感技术开辟了道路，包括超精准授时、用于精确定位和运动传感的惯性测量以及磁场和电场传感。例如，"芯片级原子钟"项目（Chip-Scale Atomic Clock，CSAC，2001～2009 年）创建了一个小型化、低功耗的时间和频率参考单元，与传统的原子钟相比，该项目的原子钟尺寸缩小了 100 倍，能耗降低了 50 倍，并催生了商用"芯片级原子钟"技术的发展（DARPA，2021）。

DARPA 在对原子钟技术和以量子为中心的研发工作中产生了深远的影响。例如，"量子辅助传感与读取"项目（Quantum-Assisted Sensing and Readout，QuASAR，2010～2018年）旨在为量子设备奠定概念和技术基础，从而使其可以在国防部的诸多领域中被广泛应用，特别是在生物成像、惯性导航和全球定位系统领域。2013年，该项目所构建的原子钟比当时世界上最先进的原子钟的时间测量精度高了10倍。从那时起，该局资助的原子钟项目不断打破世界纪录。

当前，DARPA在量子技术领域的主要工作旨在将世界上最精准的原子钟进行转化，使其成为可用于艰苦环境中的军事作战设备。以该局前期的"芯片级原子钟"项目为基础，始于2016年的"高稳原子钟"项目（Atomic Clock with Enhanced Stability，ACES）旨在开发由电池供电的芯片级原子钟，与现有技术相比其关键性能参数提高1000倍。项目包含的基础研究，旨在探索可以实质性影响未来原子钟架构的标准新组件技术和替代物理方法。与ACES项目相联系，该局的"原子-光子集成"项目（Atomic-Photonic Integration，A-PhI）鼓励将发明光子集成电路作为一种策略，以减小"量子辅助传感与读取"项目中开发的光学原子钟的尺寸，并在不牺牲性能的情况下缩小光学陀螺。这类研究的进展将减少PNT对GPS的依赖，并带来革新性的能力。

DARPA对时钟技术的研究已经深入量子领域。在该局的"集合"项目（All Together Now，ATN，2016～2020年）中，研究人员致力于开发不同于长波长微波时钟的光学频率时钟。该项目的目标是开发光学原子钟，使其稳定性和精确度是现在授时技术的1000倍。当前在GPS卫星上的微波原子钟可以提供10纳秒（十亿分之一秒）的授时精度，而光学原子钟可以提供10皮秒（万亿分之一秒）的授时精度。授时精度的提高让设备需要的更新次数更少，从而实现更稳定的GPS技术。最近，该项目演示的全光学原子钟的性能优于当前的所有原子钟，美国NIST据此已经开始了编制新光学时间标准的工作。

DARPA的另一个基础研究项目"受驱动的非平衡量子系统"（Driven and Nonequilibrium Quantum Systems，DRINQS）聚焦在"嘈杂"的非实验室环境中延长原子钟和其他量子系统保持其量子特性时间的新方法，其目标是使量子信息处理的基本要素量子比特在室温下仍然有用，无须依赖昂贵的低温实验室设备。该研究致力于为未来在室温运行的量子传感和计算打下基础。在另一个量子方向，该局最近推出的项目"用于地球自然原生地形生物成像的原子磁强计"（Atomic Magnetometer for Biological Imaging In Earth's Native Terrain，AMBIIENT）正在研发新的技术，此技术可能实现有史以来最敏感的磁强计，并推动脑机接口的发展，如控制假肢、精确诊断脑震荡。

（2）美国空军研究实验室

美国空军研究实验室（AFRL）一直致力于量子信息科学的研究，围绕四个主要技术领域展开：量子计时、量子传感、量子通信和网络，以及量子计算。AFRL的"战略性原子导航设备与系统"项目（Strategic Atomic Navigation Devices and Systems，SANDS）就是支持对可提高美国国防部PNT作战能力的量子授时和传感组件的研究。随着空军通信带宽以及在对抗性环境中提高授时性能的需求的日益增加，授时技术逐步向分布式协同电子战，情报、监视和侦察（ISR），以及跨分布式平台和网络的动态作战发展。SANDS项目为需要高度同步的卫星（如GPS）设计开发了符合太空要求的原子频率标准系统。在量子传感方面，传感器广泛用于空军的任务中，如雷达天线、陀螺仪、加速度计、成像仪、测距仪、空速指示器、罗盘、重力计等（Air Force Research Laboratory，2021）。

2020 年 12 月，AFRL 宣布提供 17 笔经费用于加速对量子信息科学的创新研究，重点征集了通信、计算、传感、定时 4 个重点领域的提案，向来自全球的 17 个研究团队发放为期一年、金额 7.5 万美元的研究经费，以帮助美国军方推进量子定位传感器、光学原子钟和量子计算解决方案等课题（Edwards Air Force Base，2020）（表 3-2）。

表 3-2　美国空军研究实验室加速量子信息科学的创新研究

承担单位	国别	负责人	项目内容
匹兹堡大学	美国	Gurudev Dutt	面向 GPS 拒止环境中导航的内存增强型量子传感
澳大利亚国立大学	澳大利亚	John Close	面向 GPS 拒止环境中导航的量子传感器
墨尔本大学	澳大利亚	David Simpson	用于国防的亚皮特斯拉灵敏度量子金刚石磁强计研究
伊利诺伊大学厄巴纳-香槟分校	美国	Paul G. Kwiat	通过量子增强型干涉法进行阿秒测量
芝加哥大学	美国	Fred Chong	核心集量子计算：利用小型量子计算机处理大型数据集
蒙纳士大学	澳大利亚	Kavan Modi	减轻量子机器中的相关噪声
昆士兰大学	澳大利亚	Andrew G. White	面向光量子计算机的高效快速光子集成电路
得克萨斯大学奥斯汀分校、纽约大学	美国	Shyan Shankar	用于量子比特读出的超导场效应晶体管（FET）微波放大器
加州大学圣塔芭芭拉分校	美国	Paolo Pintus	硅光子学中用于量子计算的超低功率磁光设备
苏黎世联邦理工学院	瑞士	Tobias J. Kippenberg	不同量子比特技术间相干转换的概念与发展
悉尼大学	澳大利亚	John Bartholomew	混合光微波量子网络的纠缠光子对源
哈佛大学	美国	Marko Loncar	支持通信和网络的量子使能技术
加州大学伯克利分校	美国	Alp Sipahigil	超导量子网络的量子存储器
雪城大学	美国	Britton Plourde	超导超材料环形谐振器
苏黎世联邦理工学院	瑞士	Nicolas Grandjean	用于下一代晶格钟的集成蓝光激光器和光学频率梳
威斯康星大学麦迪逊分校	美国	Shimon Kolkowitz	降低光学晶格钟的尺寸、重量及功率要求，同时提高精密里德堡光谱的准确度
亚利桑那大学	美国	R. Jason Jones	双光子铷原子钟

3.2.1.6　美国 DOE 量子传感研究

（1）美国 DOE 投入 6.25 亿美元建设量子信息科学研究中心

2020 年 8 月，美国 DOE 在 5 年中投入了 6.25 亿美元，由其下属的国家实验室牵头建设 5 家量子信息科学研究中心：Q-NEXT、量子优势协同设计中心（C2QA）、SQMS、量子系统加速器（QSA）和量子科学中心（QSC）。每个中心都将有一个跨科学和跨工程领域的合作研究团队，并利用美国 DOE 科学办公室统筹的所有研究资源，整合来自各技术领域的要素（Green Car Congress，2020）。

1）Q-NEXT

在美国 DOE 下属国家实验室牵头建设的 5 家量子信息科学研究中心中，Q-NEXT 由美国阿贡国家实验室领导，建设周期 5 年，耗资 1.15 亿美元。Q-NEXT 专注于研究量子网络，计划建立量子标准，激励量子技术商业化应用（Department of Physics，2020）。Q-NEXT 重点关注 3 项核心量子技术：使用量子中继器进行长距离量子信息传输的通信技术，为信息传输建立"不可破解的"网络；通过物理学、材料科学和生命科学领域的变革性应用实现具有前所未有的灵敏度的传感器；处理和利用面向量子模拟器和未来全栈通用量子计算机的"测试平台"，并将其应用于量子模拟、密码分析和物流优化中。

2）SQMS

在美国 DOE 下属国家实验室牵头建设的 5 家量子信息科学研究中心中，SQMS 由费米国家加速器实验室领导，主要负责构建和部署用于计算和传感的高级量子系统。美国 DOE 计划在 5 年内为该中心提供总计 1.15 亿美元的资金，其中 2020 财年拨款 1500 万美元，而跨年经费则由国会适时拨款。该中心的合作伙伴也将向其提供 800 万美元的匹配资金（Department of Energy，2020）。

SQMS 的目标是在超导技术的基础上建立部署超一流的量子计算机。该中心还将开发新的量子传感器，为发现暗物质和其他难以理解的亚原子粒子的本质提供可能。该中心与国家实验室、学术和行业界的机构等 20 个合作伙伴开展专门的多学科合作，其关注的问题包括：确定纳米级量子比特的质量限制、多量子比特量子计算机的制造与功能扩展、探索量子计算机和传感器支持的新应用等。

该中心的研究重心是解决量子信息科学中最紧迫的问题之一：研究量子计算机的基本元素——量子比特能够维持信息的时间长度，即量子相干性。理解和降低限制量子器件性能的退相干源，对开发设计下一代量子计算机和传感器至关重要。

费米国家加速器实验室在超导腔组件中实现了世界领先的相干时间，从而推进了该中心在计算和传感方面目标的实现。这些超导腔专为费米国家加速器实验室的粒子物理实验中所用的粒子加速器而开发，其应用已扩展到量子领域。为了进一步提高相干性，该中心的合作者将发起规模空前的材料学调查研究，深入了解超导腔体和量子比特的基本限制机制，致力于掌握超导体和其他材料在纳米级和微波体系中的量子特性。西北大学、艾姆斯实验室、费米国家加速器实验室、Rigetti 计算公司、美国 NIST、意大利国家核物理研究所和几所大学正针对退相干源研究展开合作，致力于提供世界一流的材料科学和超导专业技术。该中心的合作伙伴 Rigetti 计算公司将提供构建该中心量子计算机所需的一流量子比特制造和全栈量子计算能力。SQMS 为了提高其量子算法、编程和仿真方面的能力，还将与该中心首席科学家领导的美国国家航空航天局艾姆斯研究中心（NASA Ames Research Center）量子组合作。

3.2.2　欧洲

欧洲很早就意识到量子信息处理和通信技术的潜力。2016 年以来，欧盟委员会陆续发布《量子宣言》、"量子技术旗舰计划"。"量子技术旗舰计划"将在未来十年投资 10 亿欧元，以支持包括量子传感在内的五大领域，以及在科学研究、产业推广、技术转化、人才培养等方面给予重要支撑。2018 年，"量子技术旗舰计划"正式启动首批 20 个研究项目。2019 年7 月，欧盟有十个国家签署欧洲量子通信基础设施（EuroQCI）声明，探讨未来十年在欧洲范围内将量子技术和系统整合到传统通信基础设施之中的方法，以保护智能能源网络、空中交通管制、银行和医疗保健设施等加密通信系统免受网络安全的威胁。2020 年 3 月，欧洲为了应对混合战的威胁，欧洲应对混合威胁卓越中心（HybridCoE）官网发布了题为"量子科学：混合战中的颠覆性创新"的文章，阐述了量子技术在未来混合战中发挥的作用，以及国防和国家安全领域可能会采用新兴量子技术（包括量子钟、量子导航仪、量子重力传感器和量子成像等）（Hybrid CoE，2020）；2020 年 5 月，欧盟"量子技术旗舰计划"官网发布《战略研究议程（SRA）》报告。该报告表示，未来三年将推动建设欧洲范围的量子通信网络，完善和扩展现有数字基础设施，为未来的"量子互联网"远景奠定基础。

英国已将量子技术提升到国家战略的高度，早在 2014 年就开始实施国家量子技术计划，2015 年发布的《国家量子技术发展战略》和《英国量子技术路线图》确立了未来 20 年英国量子科技发展的愿景和目标，其核心是打造一个长期可持续增长的量子科技产业。英国的国家量子技术计划在第一阶段（2014～2019 年）优先发展了量子传感、量子精密测量和量子增强成像技术，同时也支持量子通信和量子计算的发展。在从 2019 年底开始的第二阶段中，将更加强调量子技术的商业化，重点是新建若干由行业驱动、服务技术转化的"创新中心"，以针对特定市场开发相关商业产品。政府将投资 3500 万英镑新建一家国家量子计算中心，并投资 8000 万英镑继续支持现有的 4 个量子技术中心网络。2019 年 6 月，政府通过新增的产业战略挑战基金（ISCF）的渠道投资 1.53 亿英镑推进量子技术的商业化，而此前政府已通过 ISCF 为 4 个量子器件原型研发先导项目投入了 2000 万英镑。

德国于 2018 年推出联邦政府框架计划"量子技术：从基础到市场"，计划在 2018～2022 年内投入 6.5 亿欧元，重点研究量子卫星、量子计算和用于高性能、高安全数据网络的量子测量技术等（BMBF，2018）。2020 年 6 月，德国启动了一项总投资额高达 1300 亿欧元的经济复苏计划，其中将提供 20 亿欧元加强量子计算、量子通信、量子传感和量子密码学等领域的研究。2021 年 1 月 11 日，德国联邦政府发起的"慕尼黑量子谷"（Munich Quantum Valley）启动，重点发展量子计算机技术、安全通信方法和量子技术的基础研究，项目总预算资金约 20 亿欧元（Wiesmayer，2021）。

2021 年 1 月，法国宣布启动法国量子技术国家战略，并计划在 5 年内投资 18 亿欧元促进量子计算、量子通信和量子传感的研究。具体而言，4.3 亿欧元将用于通用量子计算机的研究，3.5 亿欧元将用于量子仿真系统的开发，3.2 亿欧元将用于量子通信系统的开发，2.5 亿欧元将用于量子传感器的开发，1.5 亿欧元将用于后量子密码学的研究，另有 3 亿欧元将用于光子、低温技术等相关量子技术的研发（Anne-Françoise Pelé，2021）。

3.2.2.1　欧盟量子技术旗舰计划

2016 年 4 月，欧盟宣布将投入 10 亿欧元开展量子技术旗舰计划，力争在第二次量子革命中抢占先机，并为此成立了一个由 12 位学术界专家和 12 位业界专家组成的独立的高级督导委员会（HLSC），以负责制定量子技术旗舰计划的战略研究议程、实施模式和治理模式。该委员会相继于 2017 年 2 月和 9 月发布中期报告和最终研究报告，就战略研究议程、实施模式和治理模式提出了具体建议（European Commission，2017a，2017b）。2018 年 10 月，欧盟理事会正式启动总经费高达 10 亿欧元的量子技术旗舰计划，主要开展量子通信、量子计算、量子模拟、量子传感和计量、基础科学五大研究领域的研究，旨在在欧洲建设一个量子网络，通过量子通信网络连接起所有的量子计算机、模拟器与传感器。

（1）战略研究议程

量子技术旗舰计划将围绕通信、计算、模拟、传感/计量四个任务驱动型的研究和创新领域开展，并将基础科学研究作为基础，且每个领域均需关注工程与控制、软件与理论、教育与培训三个方面。战略研究议程针对量子技术旗舰计划长达十年的生命周期设置了远大而切实的目标，并针对初始的三年爬坡阶段细化了相关目标，如表 3-3 所示。

表 3-3　量子技术旗舰计划战略研究议程设置的各阶段目标

领域	3 年（短期）目标	6 年（中期）目标	10 年（长期）目标
量子通信	开发并认证量子随机数发生器（QRNG）和量子密钥分发（QKD）设备与系统，开发高速、高技术成熟度（TRL）、低部署成本的新型网络协议与应用，开发量子中继器、量子存储器和长距离通信适用的系统与协议	开发出用于城际网络的低成本、可扩展的设备与系统，同时面向连接各种设备和系统的量子网络提供可扩展解决方案的原型	开发自治型、长距离（＞1000 千米）、基于量子纠缠的网络，即"量子互联网"，同时开发能利用量子通信新特性的协议
量子计算	开发并展示容错路线，以制造具备超过 50 个量子比特的量子处理器	开发出的量子处理器具备量子纠错功能或鲁棒量子比特，且优于物理量子比特	能实现量子加速且超越经典计算机的量子算法将投入运行
量子模拟	开发出在规模上具备公认量子优势的实验设备，拥有超过 50 颗处理器或 500 个晶格的单独耦合量子系统	在解决量子磁性等复杂科学问题方面具备量子优势，并演示量子优化（如通过量子退火）	开发出原型量子模拟器，解决超级计算机力不能及的问题，包括量子化学、新材料设计、优化问题等
量子传感/计量	开发出采用单量子比特相干且分辨率和稳定性优于传统对手的量子传感器、成像系统与量子标准，并在实验室中演示	开发出集成量子传感器、成像系统与计量标准原型，并将首批商业化产品推向市场，同时在实验室中演示用于传感的纠缠增强技术	从原型过渡至商业设备

其中，对量子计量与传感的研究致力于达到并超越经典传感的极限，超越标准量子极限（SQL）的传感已在实验室中实现。目前产业界正在研发不必非要超越 SQL 的量子传感，其目标是实现利用相干量子系统的第一代量子传感器和计量设备的完全商业化部署。基于纠缠量子系统的第二代量子传感器将在量子技术旗舰计划结束时予以演示。传感器的开发将使用不同平台，包括但不限于光子、热原子与冷原子传感器，捕获离子传感器，单自旋或固态自旋集合，固态电子与超导磁通量子，光机械与光电机械传感器，以及混合系统。

（2）量子技术旗舰计划启动首批 20 个科研项目

2018 年 10 月至 2021 年 9 月为量子技术旗舰计划初始阶段（ramp-up phase），通过"地平线 2020 计划"拨出 1.32 亿欧元，为 20 个项目提供支持（European Commission，2018a），

如表 3-4 所示。2021 年以后，预期将再资助 130 个项目，以覆盖从基础研究到产业化的整条量子价值链，并将研究人员与量子技术产业汇集到一起。

表 3-4　首批获得资助的 20 个项目

领域	项目名称	项目内容	牵头国家	经费/百万欧元
量子计算	开放式超导量子计算机（OpenSuperQ）	帮助欧洲公民使用最终的量子机器并通过引导的方式学习量子计算机编程	德国	10.334
	离子阱量子计算机（AQTION）	开发一台基于离子阱技术的可扩展的欧洲量子计算机	奥地利	9.587
量子测量	金刚石动态量子多维成像（MetaboliQs）	利用室温金刚石量子动力学实现安全的多模式心脏成像，以改善心血管疾病的诊断	德国	6.667
	集成量子钟（iqClock）	利用量子技术促进超高精度和可负担的光学时钟发展	荷兰	10.092
	微型原子气室量子测量（macQsimal）	开发新型的原子蒸汽的量子传感器用于自动驾驶、医学成像等诸多领域	瑞士	10.209
	金刚石色心量子测量（ASTERIQS）	开发基于金刚石的高精度传感器，以定量测量磁场、电场、温度或压力等物理量	法国	9.747
量子模拟	可编程原子大规模量子模拟平台（PASQuanS）	开发远超现有先进技术和经典计算的下一代量子模拟平台	德国	9.257
	量子级联激光器频率梳量子模拟和纠缠工程（Qombs）	创建一个基于超冷原子的量子模拟器平台	意大利	9.335
量子通信	实用化量子通信（UNIQORN）	旨在从制造到应用变革量子生态系统	奥地利	9.979
	量子随机数生成器（QRANGE）	推进 QRNG 的技术发展，实现 QRNG 的广泛商业化应用	瑞士	3.187
	量子互联网联盟（QIA）	创建一个量子互联网，能在地球上任意两地实现量子通信应用	荷兰	10.406
	连续变量量子通信（CiViQ）	开发可与现代加密技术结合的量子增强型物理层安全服务，实现空前的应用与服务	西班牙	9.974
基础科学	微波驱动离子阱量子计算（MicroQC）	创建一台可扩展的量子计算机，在处理某些计算任务上优于最好的经典计算机	保加利亚	2.363
	可扩展的二维量子集成电路材料与器件（2D SIPC）	探索基于 2D 材料的新的量子器件概念，这些材料能增强量子特性并带来新功能	西班牙	2.976
	光子的量子模拟（PhoQUS）	理解光量子流体并开发量子模拟用的新平台	法国	2.999
	量子微波通信与传感（QMiCS）	创建量子架构以执行量子通信协议	德国	2.999
	可扩展二维量子集成光子学（S2QUIP）	开发量子集成的光子电路，按需为终端用户提供量子信息载体，以便通过量子通信渠道与其他用户共享	瑞典	2.999
	可扩展稀土离子量子计算节点（SQUARE）	创建一个面向量子计算、量子网络和量子通信的新平台，加强欧洲高科技产业发展	德国	2.990
	亚泊松分布光子枪的相干扩散光子学（PhoG）	基于具有工程损耗的集成波导网络，提供紧凑、通用、确定的量子光源，并开发其在计量和其他量子技术任务中的应用	英国	2.761
协调与支撑行动	量子技术旗舰计划协调与支撑行动（QFlag）	以量子支撑行动的工作为基础，支持量子技术旗舰计划的治理并监督其进程，协调利益相关方，创造条件来促进创新、教育与培训	德国	3.478

（3）量子传感和测量项目

1）ASTERIQS 项目

ASTERIQS 为合作研究项目，投入 975 万欧元，资金由"地平线 2020"研究与创新框架计划下的欧盟委员会未来技术与新兴技术旗舰研究计划量子技术项目提供（ASTERIQS, 2021）。

ASTERIQS 项目于 2018 年 10 月正式启动，为期 3 年，旨在开发由金刚石 NV 色心制成的精密传感器，用于衡量磁场、电场、温度或压力等量值，研究单分子结构或自旋电子学器件。具体包括开发轻质高效的电池，推动电动汽车的广泛普及，加速取代燃油车；了解单分子级别的化学结构和动力学，为药物开发和医学进步开辟全新的可能；对凝聚态物质的复杂结构进行实验表征。该项目将为欧洲公民提供更小巧、更节能的电子设备。

为实现此宏伟目标，ASTERIQS 项目要开发 TRL 达到第 4～5 级的全新应用；开发磁场测量以外的 NV 色心新应用；利用 NV 色心探索缺乏测量工具的科学领域；为上述应用开发必要的工具，实现最优灵敏度。

2）MetaboliQs 项目

心血管疾病是世界范围内最常见的死亡原因之一。因此，有必要开发个性化的医疗解决方案来提高治愈患者的概率。为此，需要在分子水平上理解和观察心脏组织的代谢过程。目前的方法尚无法在高分辨率下做到这一点，而且它们还依赖于放射性物质（MetaboliQs, 2018）。

MetaboliQs 项目研究如何在室温下利用金刚石量子动力学来实现安全的多模心脏成像，有助于更好地诊断心血管疾病。除量子通信外，量子传感器可以说是首批量子技术应用场景的基础。MetaboilQs 项目开发了一种新的金刚石偏振器，它能够在室温下工作，并且效率是传统偏振器的 160 倍，所提供的偏振速度比以前快 40 倍且价格更便宜。借助这些方法，可利用量子技术满足人类的需求。该项目从 2018 年 10 月开始至 2021 年 9 月结束，总预算为 6 667 801.25 欧元，项目管理方为德国弗劳恩霍夫应用固体物理研究所（IAF）。项目合作伙伴包括：德国 NVision 公司、德国慕尼黑工业大学、瑞士联邦理工学院、德国布鲁克公司、英国元素六公司、以色列耶路撒冷希伯来大学。

3）iqClock 项目

iqClock 项目的主要目标是开启极具竞争力的欧洲光钟行业，促进并加快量子钟开发。这类时钟利用了量子技术，可达到超精密度，而且在科学、技术和社会领域得到广泛应用。该项目旨在开发大多数应用都需要的、易便携、简单易用且价格适中的光钟。该项目从 2018 年 10 月启动至 2021 年 9 月结束，预算资金约为 1000 万欧元。项目部署了四大任务，每项任务都会推动光钟技术沿 TRL 的标准的进步（European Commission, 2018b）。

任务 1：集成光晶格钟。建造一台紧凑型便携式的锶原子光晶格钟，预期稳定性可达到 1 亿年产生 1 秒误差。

任务 2：千赫线宽超辐射时钟。项目将证明腔增强的原子-光子耦合的确有利于构建更加紧凑、坚固的时钟。

任务 3：兆赫线宽超辐射频率标准。任务通过按兆赫线宽时钟跃迁持续运行，充分发挥超辐射时钟的潜力。项目计划将阿姆斯特丹合作研究组最新的技术突破与托伦哥白尼大学研究组目前的研发成果相结合，以克服长期在发射方面遇到的障碍。超辐射兆赫线时钟将成为可与当前光晶格钟媲美的频率标准。

任务 4：超辐射激光器的基础。探讨超辐射激光器的基础，即耦合到腔体的原子系综的行为。

4）macQsimal 项目

macQsimal 项目获得总资助 1000 多万欧元，从 2018 年 10 月 1 日开始至 2021 年 9 月 30 日结束，协调者为瑞士电子与微技术中心（CSEM）。该项目汇聚了世界领先的研究组、注册培训机构和公司，涵盖了从基础科学到工业部署的整个知识链，旨在以突破性的研究成果牢固树立欧洲在量子传感器行业的领导地位（European Commission，2018c）。

macQsimal 项目将开发具有出色灵敏度的量子传感器，以测量五个关键物理观测值：磁场、时间、旋度、电磁辐射和气体浓度。在 macQsimal 项目中，所有这些传感器的 TRL 都将达到第 3～6 级，胜过其各自市场上的其他解决方案。

这些多样化传感器的共同核心技术是以集成微机电系统（MEMS）的形式实现的原子气室。基于原子气室的先进传感器不仅可以充分利用单粒子相干性，还有可能利用多粒子量子相干性进一步提高灵敏度。通过这些 MEMS 形式的原子气室，可以实现微型集成传感器的大批量、高可靠性和低成本生产，这是其得到广泛应用的关键所在。

（4）量子传感和测量项目进展

2020 年 10 月，欧盟发布了量子技术旗舰计划中期报告——《量子技术旗舰计划：迄今进展及量子技术的未来》，其中量子传感和测量的 4 个项目已取得了一定的进展（Thomas Skordas and Jürgen Mlynek，2020）。具体包括：①在基于金刚石 NV 色心的量子传感器开发方面取得进展，可用于室温设备，如汽车工业和医疗仪器（ASTERIQS 项目）；②基于 5 种不同类型传感器的微电子机械系统技术以及创新的集成和封装技术，在量子计量和传感方面取得了进展（macQsimal 项目）；③开发出超浅金刚石 NV 色心的均匀层，具有优秀的相干时间和传感/极化效率，使得成像灵敏度提高（7 倍）（MetaboliQs 项目）；④在下一代集成型/紧凑型光学量子钟方面取得了进展，比目前商用的标准微波原子钟稳定 100 倍（IqClock 项目）（European Commission，2020）。

3.2.2.2 英国《国家量子技术发展战略》

2015 年 3 月 23 日，英国技术战略委员会（TSB）发布《国家量子技术发展战略》，目的是建立一个政府、产业界和学术界合作的量子技术集群，使英国在该领域和相应产业占据世界领先地位、占领未来市场。

该战略提出了未来 30 年量子技术商业化应用的初步路线图：①5 年内：为全球 1400 家量子技术研究机构提供实验设备；制造英国自己的原子钟。②10 年内：实现低成本的气体检测；研发非破坏性的生物显微镜。③5～10 年：实现抗干扰 GPS 精度级水下导航；扩展环境监测与地震预测等空间应用；为民用工程探测地下设施及废弃物。④5～20 年：实现对心脏和大脑功能的医疗诊断。⑤10～15 年：实现无 GPS 的军用车辆导航；实现更好、更安全的地下采矿导航；研发量子密码保护的 ATM 机。⑥10～20 年：研发个人和专业的导航设备，包括汽车和手机；改进军用光学及热成像技术；研发处理高价值问题的大型量子计算系统。⑦20～30 年：研发处理复杂问题的个人量子计算系统；研发高性能、低功耗的量子化协处理器。

2018 年 6 月，英国 TSB 提出了第二阶段工作计划，强调要以行业为主导，加快量子技术的商业化。其主要任务包括以下几点。①重点是新建若干由行业驱动并定位于支持转化的"创新中心"，提供产业所需的制造、测试和验证等共享设施，汇聚研究与创新人员、企业、熟练劳动力，成为协作与供应链整合的中心。创新中心将以竞争性遴选的方式产生，不会以现有的 4 个量子技术中心网络为基础，地点可能在格拉斯哥、布里斯托或伦敦等地。②继续支持现有的 4 个量子技术中心网络等技术基础研究。③继续支持人才培训和技能发展等。

3.2.2.3 英国研究与创新署项目

2021 年 1 月，英国研究与创新署（UKRI）宣布立项 7 个项目，资助 3120 万英镑，利用尖端量子技术，开发灵敏的量子传感器，进行早期宇宙、黑洞和暗物质等基础物理学研究（UK Research and Innovation，2021），7 个项目具体情况如下。

（1）新物理学的量子干涉仪（400 万英镑）

由英国卡迪夫大学 Hartmut Grote 教授领导，伯明翰大学、格拉斯哥大学、斯特拉思克莱德大学和华威大学参与。

项目旨在开发新型干涉仪（能够通过光的干涉来测量最小的长度波动的设备），寻找暗物质和时空的量子效应。为实现前所未有的灵敏度，将使用压缩光和单光子检测等量子技术。暗物质的性质尚不为人所知，如果能找到时空量化或新颖的引力理论特征，将促使人们长期以来寻求的量子物理学与引力理论的统一。

（2）用于基础物理学的量子模拟器（430 万英镑）

由英国诺丁汉大学 Silke Weinfurtner 教授领导，伦敦大学国王学院、伦敦大学皇家霍洛威学院、伦敦大学学院、剑桥大学、纽卡斯尔大学和圣安德鲁大学参与。

该项目旨在开发能够洞悉非常早期的宇宙和黑洞的物理学量子模拟器。目标包括模拟量子黑洞的各个方面，并测试支持宇宙起源思想的量子真空理论。

（3）QUEST-DMC（340 万英镑）

用于暗物质和宇宙学的量子增强超流体技术。由伦敦大学皇家霍洛威学院 Andrew Casey 博士领导，兰卡斯特大学、牛津大学和萨塞克斯大学参加。

该项目旨在解决宇宙学中的两个基本问题：暗物质的本质是什么？早期宇宙是如何演化的？通过融合宇宙学、超低温和量子技术的前沿技术，该项目将开发超灵敏量子传感器，用于寻找新质量范围内的暗物质候选物，并研究和模拟早期宇宙事件的相变。

（4）用于隐藏领域的量子传感器（480 万英镑）

由谢菲尔德大学 Ed Daw 教授领导，剑桥大学、利物浦大学、牛津大学、兰开斯特大学、国家物理实验室、伦敦大学皇家霍洛威学院、伦敦大学学院等参与。

该项目旨在为寻找轴子、低质量的"隐藏"粒子做贡献。其团队将研究超低噪声量子电子学，以支持对未知粒子的搜索。

（5）AION——英国原子干涉仪天文台和网络（720 万英镑）

由伦敦帝国理工学院 Oliver Buchmueller 教授领导，伯明翰大学、剑桥大学、利物浦大学、牛津大学、伦敦大学国王学院、卢瑟福·阿普尔顿实验室参与。

该项目将开发基于原子间量子干扰的技术来检测超轻暗物质和引力波源。该团队将设计一个 10 米原子干涉仪（拟在牛津建造），为将来在英国进行的大规模实验铺平道路。

（6）QSNET——用于测量基本常数稳定性的时钟网络（370 万英镑）

由英国伯明翰大学 Giovanni Barontini 博士领导，伦敦帝国理工学院、国家物理实验室、萨塞克斯大学参加。

该项目旨在利用高精确度的原子钟、分子钟和离子钟（有史以来最精确的仪器）来探索在人类未知的量子级（即最小级）上发生的新效应。为了达到最高的精确度，时钟将链接到网络中。如果观察到超灵敏时钟"滴答作响"的变化，它将为新物理提供第一个直接和定量的证据，这将有助于我们揭示宇宙中 95% 的未知能量的性质。

（7）使用量子技术确定绝对中微子质量（380 万英镑）

由伦敦大学学院 Ruben Saakyan 教授领导，国家物理实验室、剑桥大学、斯旺西大学和华威大学参与。

该项目旨在利用量子技术的最新突破来解决粒子物理学中最重要的挑战之一—— 确定中微子的绝对质量。研究人员旨在开发能够精确测量中微子质量的开创性新光谱技术。

3.2.3　其他国家

除了美国和欧洲国家以外，其他国家也在积极布局量子信息领域。日本作为现代科技发展的重要国家，对量子信息技术十分关注。日本政府在 2016 年 1 月通过的《第五期科学技术基本计划》中把量子技术认定为创造新价值的核心优势基础技术。2016 年 3 月起，日本文部科学省基础前沿研究会下属的量子科技委员会开始调研和探讨量子技术的推进措施；同一时期，日本科学技术振兴机构（JST）将"实现对量子状态的高度控制，开拓新的物理特性和信息科学前沿"作为 2016 年度研究创造推进事业的战略目标之一。2017 年 2 月 13 日，日本文部科学省基础前沿研究会下属的量子科技委员会发表了《关于量子科学技术的最新推动方向》的中期报告，提出了日本未来在该领域应重点发展量子信息处理和通信；量子测量、传感器和影像技术；最尖端光电和激光技术三大方向。2018 年 3 月 30 日，日本文部科学省发布了"量子飞跃旗舰计划"（Q-LEAP），旨在资助本国在光量子科学的研究活动，通过量子科学技术解决重要的经济和社会问题。2020 年 1 月，日本发布的《量子技术创新战略（最终报告）》提出了四大技术领域（統合イノベーション戦略推進会議，2020）。量子传感与测量重点技术问题包括固态量子传感器（金刚石 NV 色心等）、量子惯性传感器和光学晶格钟、量子纠缠光学传感器；基本技术问题包括量子自旋电子传感器、重力传感器、阿秒激光等。

2020 年 2 月，印度提出将在 5 年内投入 11.2 亿美元推动量子技术发展，主要投资领域包括量子计算、量子通信和量子密码学（Padma，2020）。

2020 年 5 月，澳大利亚联邦科学与工业研究组织（CSIRO）制定并发布了量子技术路线图——《增长的澳大利亚量子技术产业：争取 40 澳元的产业发展机遇》，该路线图确定了要支持量子生态系统的行动。根据 CSIRO 的数据分析，量子传感与测量领域将在 2040 年为澳大利亚创造 3000 个工作岗位，以及 9 亿澳元的经济价值。

3.2.3.1　日本的 Q-LEAP

2018 年 3 月 30 日，日本文部科学省发布 Q-LEAP，旨在资助本国在光量子科学的研究活动，通过量子科学技术解决重要的经济和社会问题。Q-LEAP 主要包括 3 个技术领域：量子信息处理、量子测量与传感、下一代激光技术，每个技术领域都有旗舰项目和基础研究项目。旗舰项目每年将获得 3 亿～4 亿日元的资助，基础研究项目每年将获得 2000 万～3000 万日元的资助。2021 年 3 月，JST 公布了三大技术领域的项目资助情况（日本文部科学省，2021a）。其中，在量子传感与测量研究领域，旨在面向未来传感器市场小型化、廉价化的要求，研发先进的固体量子传感器和量子传感器技术，并广泛应用于磁场、电场、温度、光等的测量活动，此领域共资助 2 项旗舰项目和 7 项基础研究项目（日本文部科学省，2021b）。

（1）旗舰项目

1）通过对固态量子传感器的先进控制技术研发创新的传感器系统

该项目的研究机构为东京工业大学，合作研究机构为京都大学、东京大学、产业技术综合研究所、量子科学技术研究开发机构电装（DENSO）公司、日立制作所、矢崎公司等。

项目将建立了"固态量子传感器合作创造基地"，对固态量子传感器进行从应用到物理的综合研究和开发。目标是利用金刚石 NV 色心开发量子测量和传感设备的原型，并在社会上投入使用。

该项目研究目标是，开发具有高灵敏度和高空间分辨率的脑磁图测量原型系统；开发基于电能的电流和温度监测原型系统。

该项目计划之一是在第 4 年到第 5 年，实现灵敏度 5 皮特斯拉，并能够进行神经组织和小动物的脑磁图测量；在第 10 年，实现灵敏度 10 飞特斯拉，并能够进行人类脑磁图测量。计划之二是在第 4 年到第 5 年，基于电能的电流和温度的监测系统实现在电池和电源设备内安装量子传感器，并同时测量电流和温度；在第 10 年，开发用于动态测量电流和温度的小型原型系统。

2）量子生命技术的创造与医学和生命科学的创新

该项目的研究机构为量子科学技术研究开发机构（QST），合作研究机构为东京大学、大阪大学、神户大学、京都大学、大阳日酸株式会社、Toray Research Center Inc 等。

该项目将通过革新量子技术在医学与生命科学领域的使用，引领世界的量子生命技术。研究生物纳米量子传感器、超灵敏磁共振（MRI）/核磁共振（NMR）以及对基于量子理论的生命现象的阐明和模仿；开发可用于医学和生命科学研究的测量技术原型。

该项目研究目标是，开发具有宽广视野、高分辨率和可进行多项目同时测量的生物纳米量子传感器系统；开发基于超极化和量子编码等量子技术的超灵敏 MRI/NMR 系统，以及新型长寿命、低毒性的超极化探测分子；通过开发生物体内量子相干性的高精度测量技术，以及有关生物体光合作用和磁感受量子效应的光谱分析技术，来阐明目前未知的生物功能的量子论机理。

该项目计划在 5 年后实现测量每个目标器官的温度和 pH 值等 3 个项目。实现室温下超极化丙酮酸代谢成像并开发室温下超极化仪器；利用超短脉冲激光器等观察光合蛋白的量子相干性。计划在 10 年后实现对小动物的体内温度和 pH 值等三个参数的同时测量和成像；实现大型动物的室温超极化代谢成像，为新诊断性长效传感器分子的临床试验做准备；利用开发出的测量系统，如短脉冲激光等，研究人工光合受体蛋白质的功能。

（2）基础研究项目

1）利用高灵敏度重力梯度仪进行地震预警的方法（东京大学）

该项目将建设一个高灵敏度的重力梯度仪，以检测大规模地震时断层破裂时的重力场变化，并向社会提供早期预警。

2）创建光子计数识别量子点纳米光子学（日本东北大学）

该项目将开发具有确定的光子状态和高量子干涉性的量子光源，以及具有极高精度和量子效率的光子计数检测器，并利用光子的量子特性，推进量子测量的发展。

3）开发能够双重挤压量子噪声的量子原子磁力计（学习院大学）

该项目将在玻色-爱因斯坦凝聚态磁力计中，使原子自旋量子噪声和光量子噪声同时进行挤压，以达到磁场灵敏度超过常规极限的目的。

4）开发多维量子纠缠光谱技术，以阐明作为复杂分子系统的光合作用功能（电气通信大学）

该项目将为提取两个光子在时频间-周波数频域的量子纠缠信息，提出和证明二维量子光谱学原理，并阐明了对光合作用等起作用的复杂分子系统的物理功能。

5）使用量子纠缠光子对的量子测量装置的研究（京都大学）

该项目将利用频率相关的量子纠缠光子对，开发一种量子测量装置，尤其是开发一种利用量子纠缠光子的红外量子吸收光谱装置，并利用可见光检测器实现高灵敏度红外吸收光谱测量。

6）面向量子传感高灵敏度的复合缺陷材料学（物质·材料研究机构）

该项目将研究用于量子传感的金刚石单晶制造方法，研究高浓度、高质量复杂缺陷的形成理论，并制造出具有高磁灵敏度的金刚石 NV 中心。

7）开发新一代高性能量子惯性传感器（电气通信大学）

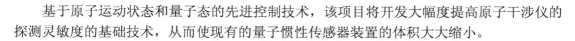

基于原子运动状态和量子态的先进控制技术，该项目将开发大幅度提高原子干涉仪的探测灵敏度的基础技术，从而使现有的量子惯性传感器装置的体积大大缩小。

3.2.3.2 日本《量子技术创新战略（最终报告）》

2020 年 1 月 21 日，日本统合创新战略推进会议发布的《量子技术创新战略（最终报告）》指出，从 10～20 年的中长期规划来看，"量子技术创新战略"将被确定为一项新的国家战略（統合イノベーション戦略推進会議，2020）。

该报告明确了日本开展量子技术创新的三大基本原则：①实施量子技术创新战略，将量子技术与现有传统技术融为一体、综合推进，将量子技术创新战略与人工智能战略、生物技术战略相互融合、共同推进；②提出以量子技术为基础的三大社会愿景：实现生产革命，实现健康、长寿社会，确保国家和国民安全、安心；③提出实现量子技术创新的 5 个战略：技术发展战略、国际战略、产业与创新战略、知识产权与国际标准化战略、人才战略。

（1）主要技术领域

该战略将把 4 个技术领域设为"主要技术领域"，作为量子技术的基本技术领域。其目标是为每个优先技术问题制定"技术路线图"，并在技术路线图的基础上促进和部署各类战略计划。这 4 个技术领域分别为：量子计算机与量子模拟、量子传感与测量、量子通信/密码学、量子材料。

其中，量子传感与测量的重点技术问题包括固态量子传感器（金刚石 NV 色心等）、量子惯性传感器和光学晶格钟、量子纠缠光学传感器；基本技术问题包括量子自旋电子传感器、重力传感器、阿秒激光等。

（2）量子融合创新领域

"量子融合创新领域"被明确定义为与量子技术及相关技术集成和合作的新技术领域，其目标是将"量子融合创新领域"作为日本工业和创新未来发展的重中之重，为每个部门制定"融合领域路线图"，并在此基础上加强和促进各类战略举措。

量子融合创新领域相关技术包括：①量子人工智能技术，即有监督/无监督学习等量子经典混合计算、算法/系统架构开发（包括利用量子启发技术）；②量子生物技术，即生物纳米量子传感器、量子纠缠光学成像、超极化/超小型 MRI 等超极化核磁共振技术；③量子安全技术，即量子安全云、光学/量子网络加密。

3.2.3.3 澳大利亚量子技术路线图

2020 年 5 月，澳大利亚 CSIRO 制定并发布了量子技术路线图——《增长的澳大利亚量子技术产业：争取 40 澳元的产业发展机遇》，该路线图确定了支持量子生态系统的行动。该行动将通过澳大利亚新兴高科技产业的发展，将澳大利亚的智力资本转化为经济价值。澳大利亚经济界估计，到 2040 年该国量子技术行业年收入将超过 40 亿澳元并新增 1.6 万个工作岗位，分布在量子计算（25 亿澳元、1 万个工作岗位）、量子通信（8 亿澳元、3000

个工作岗位）、量子传感与测量（9 亿澳元、3000 个工作岗位）等关键产业（CSIRO，2020）。

（1）愿景

使澳大利亚的量子技术研发在全球竞争中保持优势，并使量子技术产业可持续发展；产生和拥有可巩固量子技术商业化应用的知识产权；应用量子技术提高生产力，并使卫生与医药、国防、自然资源的发现与监测、金融服务业等现有产业拥有新能力。

（2）量子传感与测量领域

根据 CSIRO 的数据分析，量子传感与测量领域将在 2040 年为澳大利亚创造 3000 个工作岗位，9 亿澳元的经济价值。量子技术路线图指出，量子传感可以用在以下领域。

1）军用及民用精确导航：量子增强技术（如加速度计、磁强计和时钟），可以在无 GPS 的环境中（如地下或水下）实现精确的 PNT。例如，英国研究人员提出，量子加速度计可以将潜艇内部导航系统的漂移降低 1000.33 倍。

2）用于地下环境传感的量子重力测量：量子重力仪利用冷原子来实现更高的灵敏度、稳定性和准确度，并可以实现更快、更便宜的测量。潜在的应用包括绘制地下水、探测地下泄漏以及地震预警（NASA，2018）。

澳大利亚在量子传感与测量领域实力强劲。同时，澳大利亚自主研发的部分量子传感与测量技术已在本国实现商业化，例如，CSIRO 探测地下深部矿床的便携式磁传感器 LANDTEM 系统、用于通信和量子计算等超精准授时应用的低温蓝宝石振荡器技术。在这些方面，澳大利亚已经有了若干成功案例。

3）用于重力波观测的增强型量子传感器：激光干涉引力波观测台（LIGO）等千米级激光干涉仪可以探测黑洞、中子星碰撞等引发的引力波（Abott et al.，2016）。2019 年，LIGO 安装了光学参量振荡器（Optical Parametric Oscillator），使得 LIGO 的探测范围增加了 15%。该设备以澳大利亚国立大学（ANU）提出的避免量子噪声的技术原型为基础（Chua et al.，2011；Blewett R，2021）。

4）发现新矿床的量子磁强计传感器：支持矿产勘探的量子精准传感器的发展为澳大利亚带来了宝贵的机会。CSIRO 的 LANDTEM 系统利用超导量子干涉装置穿过覆盖层探测矿石，探测深度比传统磁强计更深。这些系统已经商用了近十年，获利数十亿美元。

5）展示量子技术的国防应用：量子技术是澳大利亚国防科技集团（Defence Science and Technology Group）下一代技术基金（Next Generation Technologies Fund）的优先领域。澳大利亚国防创新网络（Defence Innovation Network）正资助跨机构合作的国防量子设备原型项目，并将用于磁强计应用的金刚石 NV 色心和用于安全量子通信的单光子发射器明确为优先技术。

3.2.4　中国

中国较早就将量子技术纳入了重要战略规划。《国家重大科技基础设施建设中长期规划（2012—2030 年）》（2013 年）首次部署了量子通信网络试验系统。《国家创新驱动发展战略纲要》（2016 年）和《中华人民共和国国民经济和社会发展第十三个五年规划纲要》（2016 年）

均把量子信息技术作为重点培养的颠覆性技术之一，同时提出围绕量子通信部署重大科技项目和工程。2020 年 10 月 16 日，中国共产党中央委员会政治局就量子科技研究和应用前景举行第二十四次集体学习，习近平总书记强调要加强量子科技发展战略谋划和系统布局。同月，《中共中央关于制定国民经济和社会发展第十四个五年规划和 2035 年远景目标的建议》提出要瞄准量子信息等前沿领域，实施一批具有前瞻性、战略性的国家重大科技项目。至此，中国实现了由重点发展量子通信向加强量子科技整体发展的转换。

2016 年开始设立的"量子调控与量子信息"重点专项，将量子调控与量子信息技术纳入了国家发展战略，并明确提出要在核心技术、材料、器件等方面突破瓶颈，实现量子相干和量子纠缠的长时间保持和高精度操控，并应用于量子传感与测量等领域。"地球观测与导航"重点专项部署了"高精度原子自旋陀螺仪技术""空间量子成像技术""高精度原子磁强计""芯片原子钟"等项目，也对量子传感与测量的研究与发展提供了重要支持。2021年设立的"智能传感器"重点专项也将量子传感与测量作为重要内容。国家自然科学基金委员会数学物理科学部于 2014 年开始实施"精密测量物理"重大研究计划，其中一项重要的研究内容就是量子传感与测量。

3.2.4.1 "量子调控与量子信息"重点专项

2016 年开始设立"量子调控与量子信息"重点专项，其总体目标是，瞄准中国未来信息技术和社会发展的重大需求，围绕量子调控与量子信息领域的重大科学问题和瓶颈技术难题，培养和造就一批具有国际竞争力和影响力的研究团队，开展基础性、战略性和前瞻性探索研究和关键技术攻关，产生一批原创性的具有重要意义和重要国际影响的研究成果，并在若干方面将研究成果转化为可预期的具有市场价值的产品，为构筑具有中国自主知识产权的量子调控与量子信息技术的科学基础，以及推动中国量子信息技术的实用化做出重要贡献，为中国在未来的国际战略竞争中抢占核心技术的制高点打下坚实的基础（科学技术部，2016a，2016b，2017a，2018，2019）。

其中，量子传感与测量的主要内容包括以下几个方面。

（1）基于原子与光子相干性的量子精密测量

研究内容：光子-原子耦合新机理，光子-原子关联量子干涉技术。

（2）超越标准量子极限的量子关联精密测量

研究内容：基于囚禁原子与离子的超越标准量子极限的新型原子频标，单量子与多量子关联高灵敏测量与应用。

（3）高精度原子光钟

研究内容：基于囚禁离子和冷原子的高精度原子光钟、光钟比对及应用。

（4）基于少体量子关联态的精密测量

研究内容：可控少体量子关联态的制备、表征及在突破标准量子极限精密测量中的应用。

（5）基于金刚石色心的量子相干控制及应用

研究内容：基于金刚石色心自旋的量子调控及其在量子计算与量子精密测量中的应用。

（6）原子分子瞬态量子过程的精密测量

研究内容：研发超宽频段超快光场技术及阿秒时间分辨测量技术，发展光子、电子和离子的多维关联谱学新方法，开展原子分子飞秒、阿秒瞬态过程和量子多体过程的精密测量，揭示原子分子多体关联动力学规律和调控机理。

3.2.4.2 "地球观测与导航"重点专项

2016 年开始设立"地球观测与导航"重点专项，其总体目标是，面向国家经济转型升级与生态文明建设、"一带一路"倡议实施与新型城镇化发展规划实施、地球科学研究等重大需求，以应对全球变化与区域响应等严峻挑战，瞄准地球观测与导航技术国际发展前沿，显著提升地球观测与导航综合信息的应用水平与技术支撑能力，重点突破信息精准获取、定量遥感应用等关键技术和复杂系统集成共性技术，开展地球观测与导航前瞻性技术及理论、共性关键技术、应用示范等技术研究，为构建综合精准、自主可控的地球观测与导航信息应用技术系统奠定基础（科学技术部，2015，2016c，2017b，2020）。

其中，量子传感与测量的主要内容包括以下方面。

（1）空间量子成像技术

研究内容：面向同时兼顾高空间分辨率、夜间弱光成像和全天时对地观测能力的各类区域性监测任务的需求，开展基于激光、太阳光、自发辐射等光量子探测技术的空间量子成像技术研究。

（2）高精度原子自旋陀螺仪技术

研究内容：针对海洋资源勘探对水下探测器长航时高精度导航技术的需求，开展高精度原子自旋陀螺的理论与方法研究及关键技术攻关，研制原理样机；同时，探索面向便携式自主导航的金刚石色心原子陀螺的理论与方法，研制原理验证样机。

（3）高精度原子磁强计

研究内容：针对中国导航系统对高精度地磁测量的亟须，开展对高精度原子磁强计的理论与方法研究及关键技术攻关，研制三轴矢量高精度原子磁强计原理样机，从而实现中国高精度导航技术的跨越式发展。

（4）芯片原子钟技术

针对中我国导航系统对小型化高精度授时器件的亟须，开展对芯片原子钟的理论与方法研究及管件技术攻关，研制芯片原子钟原理样机，以提高中国高精度导航技术的跨越式发展。

3.2.4.3 "智能传感器"重点专项

2021 年开始设立"智能传感器"重点专项，其总体目标是，以战略性新兴产业、国家重大基础设施和重大工程、生命健康保障等重大需求为牵引，系统布局智能传感基础及前沿技术、传感器敏感元件关键技术、面向行业的智能传感器及系统和传感器研发支撑平台；一体化贯通智能传感器的设计、制造、封装测试和应用示范环节；到 2025 年明显改善传感器创新研制的支撑能力，显著增强产业链关键环节的技术能力，实现若干重点行业和领域的核心传感器基本自主可控，专项传感器产业可持续规模化发展（科学技术部，2021a）。

其中，量子传感与测量的主要内容包括以下几个方面。

（1）高精度力学量的量子传感技术研究

研究内容：面向高精度、小体积力学量的量子传感应用需求，探索高精度力学量的量子传感新机制；研究微观尺度下量子调控及增强机理；研究量子传感结构跨尺度可控制造方法；研究噪声抑制及传感信号高效提取方法；研制高精度、小体积力学量子传感器样机，开展试用验证。

（2）深地探测极高灵敏度电磁传感器技术及深部探矿示范

研究内容：针对当前金属矿资源勘察中传感器探测深度、分辨率不足以及勘探准确度低等问题，研究高精度、高线性度宽频磁场/电磁传感器等新型传感器材料和工艺；研究高精度、高分辨率的电场、磁场和电磁场传感器设计制造技术与测试标定方法；研究新型传感器的抗干扰技术；研制核心部件国产化的高精度电场、磁场和电磁场传感器系列产品，开展找矿示范应用。

3.2.4.4 "精密测量物理"重大研究计划

国家自然科学基金委员会数学物理科学部于 2014 年开始实施"精密测量物理"重大研究计划，执行期限为 2014～2022 年，资助直接经费 2 亿元。该研究计划的核心科学问题包括突破标准量子极限的测量原理、方法与技术；突破现有原子频标精度水平的新原理与方法；突破原子精密操控和分子冷却的新机理与技术。

该研究计划旨在针对特定的精密测量物理研究对象，以原子、分子、光子为主线，构建高稳定度精密测量新体系，探索精密测量物理新概念与新原理，发展更高精度的测量方法与技术，提高基本物理学常数的测量精度，在更高精度上检验基本物理定律的适用范围。

该研究计划的总体科学目标：进一步提升中国在精密测量领域的研究能力，促进精密测量物理领域的发展，增强精密测量物理学科整体上在国际上的影响力，其中某些方面达到国际领先水平，扩大基本物理常数测量和基本物理量测定的国际话语权在导航定位、守时授时、资源勘探、国防安全等国家需求方面提供关键概念、方法、技术基础。在精密测量领域，为国家发展的需求造就一支高水平的研究队伍。

该研究计划的具体科学目标：改进现有实验体系，提升测量精度；构建原子分子冷却新体系，提出原子分子冷却以及用于精密测量的新原理与新方法；实现突破标准量子极限的测量，噪声压缩达到国际领先水平；时频测量不确定度达到水平，时频比对传递精度优于；更多物理常数测量值进入国际数据委员会（CODATA）；等效原理和牛顿反平方定律等物理定律检验取得国际领先的结果等；在实验测量研究的基础上，获取新发现、新认识、新机理，提出新概念、新观点等。

3.3 量子传感与测量领域主要技术研究与应用现状

精密测量作为信息获取的源头，已经经历机电式、光学式两代发展。随着量子光学、原子物理学等领域的飞速发展，以及原子激光冷却（1997 年）、玻色爱因斯坦凝聚（2001 年）、量子光频梳（2005 年）和单量子系统（单光子、电子）操控（2012 年）等几次诺贝尔物理学奖的推动，精密测量已经进入量子时代。量子传感与测量的基本原理是利用磁、光与原子的相互作用，实现对各种物理量超高精度的测量，可大幅超越经典测量手段。2019 年起，代表精密测量最高水平的 7 个基本物理量的计量基准已经全部实现量子化（北京航空航天大学精密仪器与量子传感研究院，2020a）。量子传感与测量领域涵盖电磁场、重力应力、方向旋转、温度压力等物理量，应用范围涉及基础科研、空间探测、材料分析、惯性制导、地质勘测、灾害预防等诸多领域（中国信息通信研究院，2018）。通过对不同种类量子系统中独特的量子特性进行控制与检测，可以实现量子时间测量、量子重力测量、量子磁场测量、量子惯性测量和量子成像五大领域的传感与测量。目前量子传感与测量领域的世界纪录大多由欧美国家保持。

在量子传感与测量领域，不同类型的测量技术与传感器件的发展程度和应用前景存在一定差异。原子钟、核磁共振陀螺和单光子探测与干涉测量等量子测量方案，因其基于已有技术平滑升级演进，所以发展更加成熟，实用化前景更为明确。量子纠缠测量、量子关联成像和超流体干涉测量等新兴方向，在研究与应用方面面临更大挑战，实用化发展需要更长时间（中国信息通信研究院，2018）。英国国家量子技术传感器和计量学领域中心计划在 2030 年内完成量子传感和测量领域相关设备的研发生产，使其从实验室原型迈向小型、可靠、可部署的实用设备，如图 3-2、图 3-3 所示（Bongs，2016）。

3.3.1 量子时间测量

通过量子传感与测量手段可以实现对时间的精密测量。时间精密测量是现代生活中一项非常重要的使能技术，涉及行业有电信网络、金融市场、雷达系统、卫星导航以及油气勘探等。目前，大多数这样的系统都采用基于卫星的时间同步技术，这些系统容易受到破坏和干扰，且可能会导致巨大的不可预见的后果。新一代高精度、小规模和低成本时钟有望成为一种更好的替换技术。目前的军用飞机通常需要每天多次同步时钟，而面向太空的更精确的时钟本身也是一个机遇。

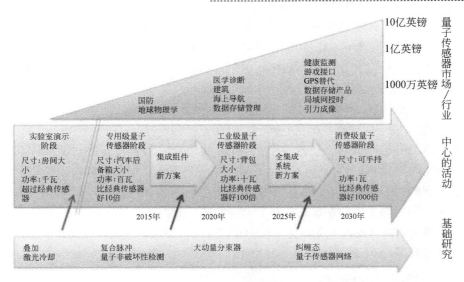

图 3-2 量子传感器开发路线图

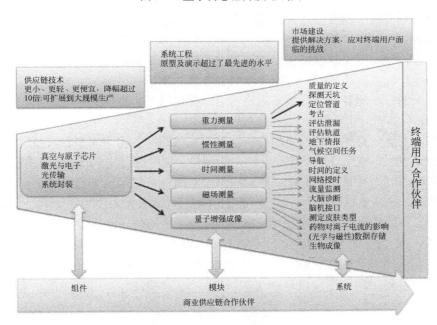

图 3-3 量子传感器开发的三个阶段

当前最精确的实验室计时器是基于原子或离子中的光学频率转换的光学时钟。2018 年美国 NIST 报道 Yb 原子光晶格钟不确定度达 $1.4e^{-18}$ 量级，2019 年 Al+ 光时钟不确定度为 $9.4e^{-19}$ 量级，是光钟精度的世界纪录。2019 年，美国 NIST 报道芯片级原子钟，其蒸汽室体积仅为 10 毫米×10 毫米×3 毫米，功耗约为 275 兆瓦，不确定度达到 $1e^{-13}$ 量级。2018 年，欧盟量子旗舰计划项目 macQsimal 项目将原子蒸汽室作为微型原子钟的基础，且证明了利用这种技术有可能达到相对较低的成本。同样，欧盟量子旗舰计划项目 iqClock 项目正在开发用于紧凑型光学量子时钟的技术，目的是开发一种新的超辐射激光器，以使这种类型的时钟在实验室外更加稳固和易于部署。2019 年美国加州理工大学的研究团队提出一种单原子读数的原子阵列时钟，其能够兼顾离子钟和光晶格钟的优势，精度可达 $10e^{-15}$ 量级。2018 年中国科学院武汉物理与数学研究所 40Ca+光钟不确定度达 $1e^{-17}$ 量级，仅与国际先进成果相差 1～2 个数量级。2020 年中国科学技术大学（简称中科大）"墨子号"星地量子安全时间传递达 30ps 精度。2020 年美国 NIST 报道了光钟输出可成功转换到微波波段，并保证其不确定度优于 $10e^{-18}$ 量级。

冷原子系统有望成为新一代紧凑型光学时钟的基础。冷原子钟运用激光冷却技术将原子团冷却至绝对零度附近，抑制原子热运动，利用泵浦激光进行选态，提高相干时间，利用原子能级间的相干叠加进一步提升时间测量精度。未来则可进一步研究利用纠缠构建量子时钟网络，利用原子间的纠缠特性进一步降低不确定度，从而突破经典极限。不过目前该技术成本较高，体积较大。高精度、小型化和低成本是量子时间精密测量发展的趋势（中国信息通信研究院，2018）。

3.3.2　量子重力测量

地球重力场反映了物质分布及其随时间和空间的变化。高精度重力加速度测量可以广泛应用于地球物理、资源勘探、地震研究、重力勘察和惯性导航等领域。量子技术的加入有望提高重力传感器的灵敏度，从而显著提升现有的地下和穿墙扫描技术的穿透能力和有效分辨率，并实现成本的降低。这项技术的突破意味着找到了解决土木工程、公用设施和运输基础设施例行监测等成本高昂问题的方法，并可以进一步扩大重力测量在自然资源勘探中的应用。

量子重力测量研究的突破分为超高精度和小型化两个方向。大型超高精度喷泉式冷原子重力仪有望应用于验证爱因斯坦广义相对论理论、探测引力波、研究暗物质和暗能量等，成为基础科研的有力工具。小型化下抛式冷原子重力仪有望应用于可移动平台，如航空重力仪、潜艇重力仪甚至卫星重力仪，但目前工程化小型原子重力仪的研发还处于起步阶段，设备可靠性和环境适应性等方面还需要进一步提升（中国信息通信研究院，2018）。

2018 年，美国加州大学报道了一种可移动原子干涉重力仪，其结构简单，方便运输与组装，同时精度可达到 37 微伽①。2020 年，浙江工业大学研制的小型化可移动原子干涉重力仪在车载倾斜路况下测量精度达 30 微伽，且船载条件下可以实现测量精度小于 1 毫伽。

3.3.3　量子磁场测量

精密微弱磁场的测量是现代精密测量科学中的一个非常重要的方向，其不仅对基础物理对称性研究有非常重要的意义，同时在军事、生物医学、古地磁学、外空间探索以及工业无损检测等领域都有广泛的应用。

高灵敏度量子磁力仪主要有光泵磁力仪、SERF 原子磁力仪以及相干布居囚禁（CPT）磁力计等。其中，SERF 原子磁力仪具有亚 fT 量级的测量精度，是未来超高精度磁场测

---

① 1 伽=1 厘米/秒²。

量的发展方向，而 CPT 磁力计兼具测量精度和小型化优势，已经开始进入芯片级传感器的研究。

2002 年美国普林斯顿大学在世界上首次实现无自旋交换弛豫（SERF）态，基于 SERF 原子自旋效应的磁场和惯性测量，可以将测量灵敏度大幅提升，超越传统方法 4 个量级以上，使得磁场测量进入 aT（10^{-15}特斯拉）时代。2007 年美国 NIST 实现小型化光泵磁力仪，精度达到 5 皮特斯拉，体积为 25 立方毫米。2013 年，奥地利空间研究中心和格拉茨技术大学合作研制了基于 CPT 原理的耦合暗态磁力仪。2016 年，北京航天控制仪器研究所完成小型 CPT 原子磁力仪产品的研制。2016 年北京航空航天大学实现了 0.68 飞特斯拉精度的 SERF 磁力计。2017 年兰州空间技术物理研究所实现了一种新型的激光泵原子磁力仪，精度达到 1 皮特斯拉（北京航空航天大学精密仪器与量子传感研究院，2020b）。2019 年美国麻省理工学院开发硅芯片金刚石色心量子传感器，实现了自旋量子位测量系统和 CMOS 技术的结合。2019 年中科大实现了基于金刚石色心的 50 纳米空间分辨率高精度多功能量子传感。2020 年北京航空航天大学等团队合作开发原子自旋 SERF 超高灵敏磁场测量平台，精度达到 0.089 飞特斯拉，指标高于国外公开报道。2020 年航天 33 所研制小型化 SERF 磁强计，精度约为 10 飞特斯拉，完成了 8 通道脑磁探测（中国信息通信研究院，2018）。

3.3.4　量子惯性测量

惯性传感器主要是检测和测量加速度、倾斜、冲击、振动、旋转和多自由度（DoF）运动，是解决导航、定向和运动载体控制的重要部件。惯性传感器包括加速度计（或加速度传感计）和角速度传感器（陀螺）以及它们的单、双、三轴组合惯性测量单元（IMU）。航姿参考系统（AHRS）包括磁传感器的姿态参考系统。角速度传感器是决定惯性导航系统性能的核心器件，广泛应用于飞行器和舰船制导以及自动驾驶等领域。目前的 GPS 技术精度仅限于几米，而且并非在所有环境下都可用（如隧道、水下），同时也可能受到干扰。量子传感与测量技术有望将精确度提高到厘米级别，并能消除干扰的威胁，在自动驾驶、无人机、潜艇、导弹等领域有广阔的前景（中国信息通信研究院，2018）。

其中，核磁共振陀螺发展最为成熟，已经进入芯片化产品研发阶段，而原子干涉、超流体干涉和金刚石色心陀螺目前还处于原理验证和技术试验阶段，距离实用化较远。2012 年美国加州大学伯克利分校首次提出金刚石色心的陀螺方案。北京航空航天大学和中国航天科工集团第三研究院 33 所从 2011 年起开始研究核磁共振陀螺，2013 年研发出样机，2016 年实现芯片级陀螺研制。ColdQuanta 公司的优势之一就是采用冷原子技术开发原子干涉陀螺，将其与时钟一起视为 GPS 导航系统的重要替代方案。2018 年，美国加州大学欧文分校提出可以批量生产微型核磁共振陀螺仪元件的方法。

3.3.5　量子成像

量子成像是利用量子纠缠现象发展起来的一种新型成像技术。量子成像比常规的激光全息成像更方便，但是量子成像需要的成像时间较长，一般要几秒钟时间，不适用于快速成像的场合。而且就目前的技术而言，产生大量的纠缠光子对还有困难，不过随着量子传感与测量技术的发展，这些问题都有望解决，因此量子成像将成为成像领域中的一个重要分支。传统成像技术要在红外波段获得高分辨率图像很难，但使用量子成像却能很容易获得成像效果良好的图像，所以量子成像技术将以其高清晰的图像在航空探测、军事侦察、远红外成像等领域发挥重要作用（葛家龙，2014）。

量子雷达是量子成像的一种，其本质是将光量子作为光频电磁波微观粒子，从而对目标进行探测，利用它不同于常规雷达电磁波的物理特性，提升对目标的探测性能，同时提高雷达的抗干扰和抗欺骗能力。量子雷达比传统雷达的目标能见度更高，且量子旁瓣为射频隐身目标的探测提供了一种新方法。量子雷达具有优越的电子对抗性能，非常适合军事应用，因此受到各国军方的高度重视。

2012 年，美国研发了一种抗干扰能力超强的量子雷达，能对目标成像探测，有效发现隐形飞机。2018 年 4 月，加拿大沃特卢大学研发出可穿透强背景噪声的量子雷达技术，能将包括隐形飞机和导弹在内的目标以极高的精度识别出来。2018 年 9 月，英国约克大学宣布开发出量子雷达样机。2018 年 11 月，俄罗斯无线电技术与信息系统联合企业对采用量子无线电技术的试验雷达进行测试，成功完成了探测与跟踪空中目标的任务。2018 年 11 月，中国电子科技集团有限公司自主研发出量子雷达样机，突破同类雷达的探测极限，是当时国际上第一部实现远程探测的量子雷达（远望智库，2020）。2020 年，奥地利科学技术学院实验证明微波波段的量子照明，能照亮距离为 1 米的室温物体，与经典雷达相比信噪比提高了 3 倍。2020 年，中国电子科技集团公司第十四研究所与南京大学联合研发的超导阵列单光子探测器雷达系统进行外场测试，实现了对数百公里外移动和固定小目标的实时跟踪探测（中国信息通信研究院，2018）。

3.4 量子传感与测量领域主要技术专利分析

3.4.1 量子传感与测量领域整体研发形势

为了进一步揭示量子传感与测量领域的研究动态，本部分以科睿唯安公司 Web of Science 平台的核心合集数据库为文献数据来源，Incopat 专利数据库为专利文献数据来源，分析全球量子传感与测量领域的研发形势。文献类型为"论文（Article）"，检索时间范围为 2011~2020 年，专利检索公开时间为 2011~2020 年，检索日期为 2021 年 4 月 30 日。

2011~2020 年，全球共发表量子传感与测量的相关论文 12 675 篇。从图 3-4 来看，2011~2020 年，全球量子传感与测量发文量总体保持增长趋势。

2011~2020 年，全球共发表量子传感与测量的相关专利 94 159 件。从图 3-5 来看，2011~2020 年，全球量子传感与测量专利总体保持增长趋势。

从专利来看，以量子陀螺仪、量子磁强计、量子重力仪、量子雷达和原子钟等为代表的新型量子测量传感设备，受到各国政府和研究机构重视。

其中，金刚石 NV 色心能够提供高度稳定的纳米尺度原子阱，其优势在于在室温大气环境下优越的相干性质，因而可以实现高灵敏的磁量子传感器，在磁性探测与成像方面兼具高灵敏度高分辨率的综合优势。此外，金刚石 NV 色心还可用于磁场、加速度、角速度、温度、压力的精密测量。因此，以下将重点关注金刚石（钻石）传感与测量技术的专利情况。

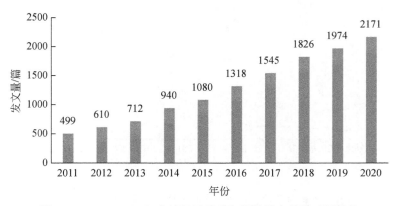

图 3-4　2011～2020 年全球量子传感与测量发文量的时间趋势

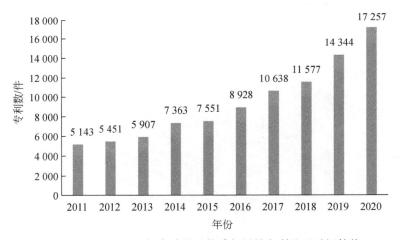

图 3-5　2011～2020 年全球量子传感与测量专利公开时间趋势

3.4.2　金刚石（钻石）传感与测量技术全球专利分析

通过对金刚石（钻石）传感与测量技术的全球专利申请情况进行统计分析，发现相关国际专利申请始于 2008 年，在 2013 年之前，专利数量一直较少；自 2014 年起，本领域的专利申请大体上呈现显著增长形势，表明金刚石（钻石）传感与测量技术的全球研发热度仍然在持续增长（图 3-6）。由于专利从申请到公开最长有 18 个月的迟滞，截至本次数据检索，2019 年、2020 年部分专利尚未公开。

图 3-7 为金刚石（钻石）传感与测量技术全球专利技术生命周期图。金刚石（钻石）传感与测量技术领域的专利申请数量整体上呈现增长趋势，虽然研究和开发主要集中在少数几个公司，但专利申请人数量仍在增长，表明进入本领域的研发主体在增多，因此处于技术的萌芽期或发展初期。

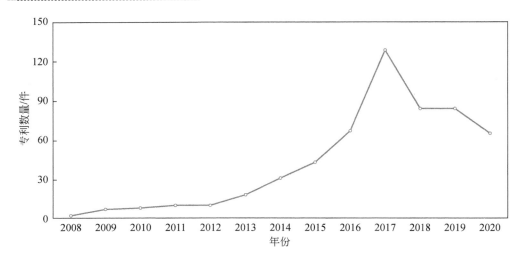

图 3-6　金刚石（钻石）传感与测量技术全球专利申请时间趋势

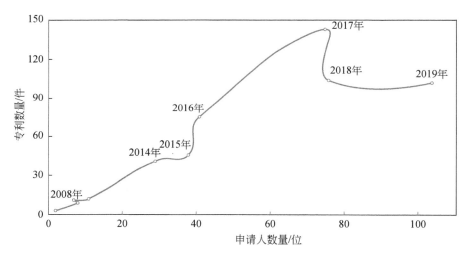

图 3-7　金刚石（钻石）传感与测量技术全球专利技术生命周期

　　以专利申请人国别统计全部专利家族的专利申请情况，全球共有来自 20 个国家的申请人在此领域专利布局，主要的申请人分布在美国、中国、德国、日本、俄罗斯、英国、以色列等（图 3-8）。

　　进一步以专利公开国别/组织进行分析，美国（289 件专利布局）和中国（224 件专利布局）是专利布局最多的两个国家，其次是世界知识产权组织（208 件）、欧洲专利局（84 件）、日本（64 件）、英国（47 件）、德国（39 件）和俄罗斯（22 件）（图 3-9）。各国主要的国际专利布局方式是以专利合作条约（PCT）方式向世界知识产权组织提出专利申请。

　　在 2018 年之前，美国每年的专利申请数量（除 2011 年外）均高于中国，但自 2018 年至今，中国每年的专利申请数量已超过美国，显示了中国在此领域开始显现出市场主体地位；自 2016 年起，以 PCT 途径进行海外专利布局的申请数量也显著增长，显示了金刚石（钻石）传感与测量技术具有较强的全球化布局特点（图 3-10）。

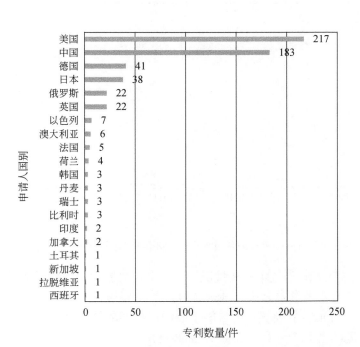

图 3-8　金刚石（钻石）传感与测量技术全球专利布局地域排名（以申请人国别统计）

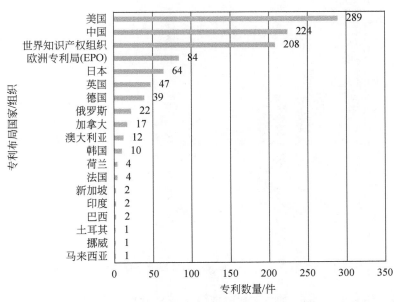

图 3-9　金刚石（钻石）传感与测量技术全球专利布局地域排名（以专利公开国别/组织统计）

图 3-10 金刚石（钻石）传感与测量技术全球主要国家/组织专利申请趋势（文后附彩图）

图 3-11 为该领域的专利技术布局情况，从图上可以看出，测量磁变量的装置是申请数量最多的技术，在整个专利家族中，涉及该技术的专利约占 47%，是研发产出最密集的技术方向。此外，利用光学手段或利用自旋手段测试材料的技术是申请数量较多的第二和第三技术方向，分别约占整个专利家族的 17% 和 11%。

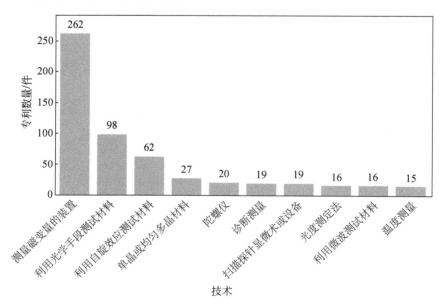

图 3-11 金刚石（钻石）传感与测量技术全球研发密集度分析

进一步对上述主要技术的历年专利申请情况进行分析，结果如图 3-12 所示，可以看出，测量磁变量的装置与利用金刚石的自旋效应测试材料的技术是最早有专利申请的两个技术方向；在 2016～2018 年，与测量磁变量的装置相关的专利申请量显著增长，表明金刚石（钻石）传感与测量技术领域的专利申请在近 5 年间主要集中在测量磁变量的装置方向；陀螺仪、光度测定法、温度测量等是近 5 年新兴的技术领域。

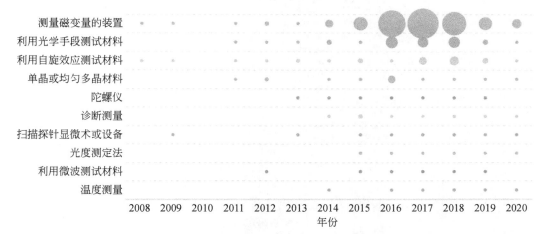

图 3-12　金刚石（钻石）传感与测量技术全球主要技术的历年专利申请情况

图 3-13 为全球主要专利申请国家/组织的主要技术内容分布情况，主要国家/组织的专利技术以测量磁变量的装置为主，其中美国在该领域占据领先地位，其次是中国。

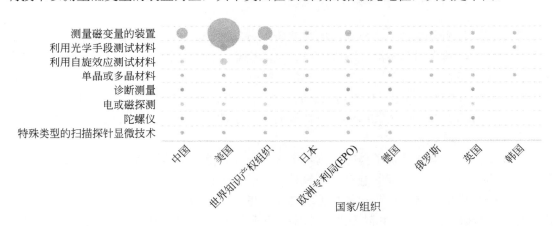

图 3-13　金刚石（钻石）传感与测量技术全球主要专利申请国家/组织技术构成

图 3-14 为全球专利申请数量最多的前 15 位申请人、其专利申请数量及专利申请类型。全球在金刚石（钻石）传感与测量技术领域拥有专利数量最多的是美国的洛克希德·马丁公司（简称洛克希德），共有 97 件专利申请，且全部为发明专利申请。中国的中北大学和中科大的专利数量分别位居第 2 位（34 件）和第 3 位（33 件），其中，中北大学有 3 件新型专利，中科大有 6 件新型专利。主要专利申请人中，申请人主要来自美国和中国，申请人类型以高校为主。在公司申请人中，申请数量在 10 件以上的企业主要来自美国（洛克希德）和德国（博世集团）。

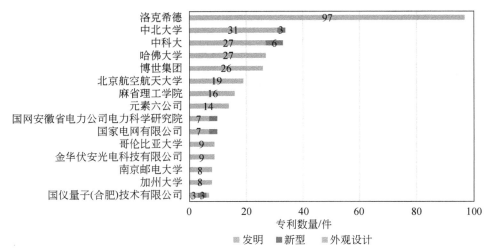

图 3-14　金刚石（钻石）传感与测量技术全球主要专利申请人、其专利申请数量及专利申请
类型（文后附彩图）

3.5　总结与建议

　　量子传感与测量是量子信息领域的重要研究方向之一，也是有望最先实现应用和产业化的方向之一，其应用范围涉及基础科研、空间探测、材料分析、惯性制导、地质勘测和灾害预防等诸多领域，具有广阔的发展前景。根据 BCC Research 于 2019 年发布的市场报告显示，到 2024 年全球量子传感与测量的市场规模将达到 2.99 亿美元，年复合增长率在 13.2%左右（BCC Research，2019）。与此同时，量子测量为我国未来高端仪器的发展带来了前所未有的机遇。

　　近年来，各国争相将量子传感与测量纳入国家发展战略。美国近年来一直致力于量子传感与测量领域的产学研深度融合，高等院校、研究机构在该领域中取得了大量原创性和突破性的研究成果，诸多企业在某些领域实现了量子传感与测量产品的小型化、集成化和商品化，产学研相互促进、共同发展。我国在量子传感与测量领域的起步与美国相比较晚，但总体来说稳步发展。中国科学院、中科大、北京航空航天大学和中国航天科工集团有限公司等科研机构在量子陀螺、重力仪、磁力计等领域开展了大量研究，研究成果和原理样机的关键指标参数与国际先进水平的差距正在逐步缩小。但同时我们也应该看到，我国在有些领域与欧美国家报道的技术水平相差很大。与欧美国家相比，国内研究机构和行业企业之间的合作交流有限，成果转化困难。基于此，本报告提出以下建议，为我国在相关领域的工作提供参考。

　　（1）以国家实验室为引领，明确重点研发方向，加快核心技术协同攻关。量子传感与测量领域目前正处于前沿突破期，是不可多得的使我国摆脱高精度测量技术受制于人的时机。建议进一步加对大量子传感与测量领域基础科研的支持力度；相关的国家实验室牵头研判量子传感与测量的未来发展趋势，明确重点研发方向；联合相关单位，加快核心技术的协同攻关,并及早布局关键空白技术领域,全面推动量子传感与测量的原始创新和产业化进程。

(2)建立合作平台与机制,加强产学研用合作,推进产业化发展。量子传感与测量领域的研究和应用涉及面广,不同技术方向的发展程度和应用前景各不相同,加之我国目前的量子科技研究仍以学术机构为主,企业参与较少,产学研合作交流十分有限。建议从国家层面建立合作平台与机制,加强产学研间的沟通交流,对应用发展方案和产业推动路径等问题进行研究部署,加速科研成果转化,推进量子传感与测量领域产业化发展;同时建议联合各行业,包括传统工业领域的各方力量,在若干重要行业建立以产业发展为主导的创新联盟,为产学研用各方提供沟通渠道,培育新兴产业化方向。

(3)重视人才培养和对基础研究的长期支持。围绕量子科技前沿方向加强相关学科和课程体系建设,加速培养量子科技领域的专业人才和后备力量,同步加强相关领域的工艺、工程、软件和测试等人才培养,为量子传感与测量领域提供有效支撑,为应用转化奠定基础;借助创建国家实验室的良机,吸引和汇聚国内外量子科技领域的优秀人才,加强高层次学术交流;针对基础理论研究加大长期可持续的经费投入,建立高效的运行管理模式,改进不合理的绩效考核和人才评价机制,激励科研人员潜心于基础研究,以创造出一系列原创性的重大科研成果。

致谢 中国科学技术大学教授韩永健、电子科技大学研究员邓光伟对本章提出了宝贵的意见与建议,谨致谢忱!

参 考 文 献

北京航空航天大学精密仪器与量子传感研究院. 2020a. 量子精密测量与传感. http://piqs.buaa.edu.cn/info/1045/1150.htm[2020-08-14].

北京航空航天大学精密仪器与量子传感研究院. 2020b. 量子精密测量与传感. http://piqs.buaa.edu.cn/info/1075/1286.htm[2020-08-22].

葛家龙. 2014. 量子成像和量子雷达在遥感探测中的发展评述. 中国电子科学研究院学报,(1):1-9.

科学技术部. 2015. "地球观测与导航"重点专项2016年度项目申报指南. https://max.book118.com/html/2016/0919/55100692.shtm[2021-05-10].

科学技术部. 2016a. "量子调控与量子信息"重点专项指南解读. http://www.most.gov.cn/ztzl/shzyczkjjhglgg/zdyfzxjd/201602/t20160218_124154.html[2021-05-10].

科学技术部. 2016b. "量子调控与量子信息"重点专项2017年度项目申报指南. http://www.gov.cn/xinwen/2016-10/11/5117251/files/9466f710b972426386489511b7f727f9.pdf[2021-05-10].

国科学技术部. 2016c. "地球观测与导航"重点专项2017年度项目申报指南. https://www.sohu.com/a/197498633_672824[2021-05-10].

科学技术部. 2017a. "量子调控与量子信息"重点专项2018年度项目申报指南. https://service.most.gov.cn/u/cms/static/201710/16145619lcqf.pdf[2021-05-10].

科学技术部. 2017b. "地球观测与导航"重点专项2018年度项目申报指南. https://service.most.gov.cn/u/cms/

static/201710/16152237hhs0.pdf［2021-05-10］.

科学技术部. 2018. "量子调控与量子信息"重点专项 2019 年度项目申报指南. http://kyy.njust.edu. cn/_upload/
article/files/93/a0/e17b9dab43ffa90ad76035d1c821/f76b32bc-ecb8-4842-8b9f-5ad88979feec.pdf［2021- 05-10］.

科学技术部. 2019. "量子调控与量子信息"重点专项 2020 年度项目申报指南. https://service.most.gov. cn/u/
cms/static/201909/24150950111y.pdf［2021-05-10］.

科学技术部. 2020. "地球观测与导航"重点专项 2020 年度项目申报指南. https://service.most.gov.cn/u/cms/
static/202003/23192055mgl8.pdf［2021-05-10］.

科学技术部. 2021a. "智能传感器"重点专项 2021 年度项目申报指南. https://service.most.gov.cn/u/cms/static/
202105/%E2%80%9C%E6%99%BA%E8%83%BD%E4%BC%A0%E6%84%9F%E5%99%A8%E2%80%9D
%E9%87%8D%E7%82%B9%E4%B8%93%E9%A1%B92021%E5%B9%B4%E5%BA%A6%E9%A1%B9%
E7%9B%AE%E7%94%B3%E6%8A%A5%E6%8C%87%E5%8D%97_20210514095349.pdf［2021-05-10］.

科学技术部. 2021b. "地球观测与导航"重点专项 2021 年度项目申报指南. https://service.most.gov.cn/u/ cms/
static/202105/%E2%80%9C%E5%9C%B0%E7%90%83%E8%A7%82%E6%B5%8B%E4%B8%8E%E5%A
F%BC%E8%88%AA%E2%80%9D%E9%87%8D%E7%82%B9%E4%B8%93%E9%A1%B92021%E5%B9
%B4%E5%BA%A6%E9%A1%B9%E7%9B%AE%E7%94%B3%E6%8A%A5%E6%8C%87%E5%8D%97_
20210514095832.pdf［2021-05-10］.

远望智库. 2020. 世界主要国家量子信息技术发展及应用问题研究. http://www.kunlunce.com/llyj/fl1/2020-
10-20/147535.html［2020-10-20］.

中国信息通信研究院. 2018. 量子信息技术发展与应用研究报告（2018 年）. http://www.caict.ac.cn/kxyj/qwfb/
bps/201812/t20181218_190861.htm［2021-05-10］.

日本文部科学省. 2021a. 光・量子飛躍フラッグシッププログラム（Q-LEAP）の公募について. https://www.
mext.go.jp/b_menu/boshu/detail/1418420_00008.htm［2021-03-30］.

日本文部科学省. 2021b. 「量子計測・センシング」の採択課題. https://www.jst.go. jp/stpp/q-leap/sensing/
pdf/measurement.pdf［2021-05-10］.

統合イノベーション戦略推進会議. 2020. 量子技術イノベーション戦略（最終報告）. https://www8.cao.go.
jp/cstp/siryo/haihui048/siryo4-2.pdf［2020-01-21］.

Abott B P, Abbott R, Abbott T D, et al. 2016. Observation of Gravitational Waves from a Binary Black Hole Merger.
Phys. Rev. Lett. 116(6): 061102.

Air Force Research Laboratory. 2021. Strategic Atomic Navigation Devices and Systems (SANDS). https:// afresearchlab.
com/technology/space-vehicles/strategic-atomic-navigation-devices-and-systems-sands/［2021-05-10］.

Anne-Françoise Pelé. 2021. French President Details €1.8b Quantum Plan.https://www.eetimes.eu/french-president-
details-e1-8b-quantum-plan/［2021-05-10］.

ASTERIQS. 2021. Advancing Science and TEchnology thRough dIamond Quantum Sensing. https:// www. asteriqs.
eu/［2021-05-10］.

BCC Research. 2019. Quantum sensors market to grow 13% annually through 2024，boosted by R&D & IoT.
https://www.epdtonthenet.net/article/173711/Quantum-sensors-market-to-grow-13--annually-through-2024--bo
osted-by-R-D-IoT.aspx［2021-05-10］.

Blewett R2021. UNCOVER: unlocking Australia's hidden mineral potential. https://www.ga.gov.au/ news-events/news/

latest-news/uncover-unlocking-australias-hidden-mineral-potential［2021-05-10］.

BMBF. 2018. Quantum technologies –from basic research to market A Federal Government Framework Programme. https://www.quantentechnologien.de/fileadmin/public/Redaktion/Dokumente/PDF/Publikationen/Federal-Government-Framework-Programme-Quantum-technologies-2018-bf-C1.pdf［2021-05-10］.

Bongs K，Boyer V，Cruise M A，et al. 2016. The UK National Quantum Technologies Hub in sensors and metrology (Keynote Paper). Quantum Optics.

Chua S S Y，Stefszky M S，Mow-Lowry C M，et al. 2011. Backscatter tolerant squeezed light source for advanced gravitational-wave detectors. Optics Letters，36（23）: 4680-4682.

CSIRO. 2020. Growing Australia's Quantum Technology Industry: Positioning Australia for a four billion-dollar opportunity. https://www.csiro.au/~/media/ Do-Business/Files/Futures/Quantum/20-00095_SER-FUT_REPORT_ QuantumTechnologyRoadmap_ExeSum.html?la=en&hash=1252A61D583E0FFA2CBB6024BA19C142E04C 2DD8［2021-05-10］.

DARPA. 2021. Quantum Sensing and Computing. https://www.darpa.mil/attachments/Quantum Sensing Layout2. pdf［2021-05-10］.

Department of Defense Defense Science Board. 2019. Application of Quantum Technologyies. https://www. globalsecurity. org/military/library/report/2019/quantum-technologies_execsum_dsb_20191023.pdf ［2021-05-10］.

Department of Energy. 2020. White House Office of Technology Policy，National Science Foundation and Department of Energy Announce Over $1 Billion in Awards for Artificial Intelligence and Quantum Information Science Research Institutes. https://www.energy.gov/articles/white-house-office-technology-policy-national-science-foundation-and-department-energy［2021-05-10］.

Department of Physics. 2020. Q-Next Collaboration Awarded National Quantum Initiative Funding. https://www. physics.wisc.edu/2020/08/26/q-next-collaboration-awarded-national-quantum-initiative-funding/［2021-05-10］.

Edwards Air Force Base. 2020. AFOSR awards 17 quantum research grants. https://www.af.mil/News/ Article-Display/Article/2457754/afosr-awards-17-quantum-research-grants/［2021-05-10］.

European Commission. 2017a. Intermediate Report from the Quantum Flagship High-Level expert group. https:// ec.europa.eu/digital-single-market/en/news/intermediate-report-quantum-flagship-high-level-expert-group ［2021-05-10］.

European Commission. 2017b. Quantum Flagship High-Level expert group publishes the final report. https://ec. europa.eu/digital-single-market/en/news/quantum-flagship-high-level-expert-group-publishes-final-report ［2021-05-10］.

European Commission. 2018a. Quantum Technologies Flagship kicks off with first 20 projects. http://europa.eu/rapid/ press-release_IP-18-6205_en.htm［2021-05-10］.

European Commission. 2018b. iqClock. https://ec.europa.eu/digital-single-market/en/content/iqclock-time- telling-ultra-precision［2021-05-10］.

European Commission. 2020. The Quantum Technologies Flagship: the story so far，and the quantum future ahead. https://ec.europa.eu/digital-single-market/en/blogposts/quantum-technologies-flagship-story-so-far-and-quantum-future-ahead［2021-05-10］.

European Commission.MacQsimalS. 2018c. Miniature Atomic vapor-Cells Quantum devices for Sensing and

Metrology Applications. https://cordis.europa.eu/project/id/820393 [2021-05-10].

Green Car Congress. 2020. Department of Energy Announces $625 Million for New Quantum Centers . https://www. energy. gov/articles/department-energy-announces-625-million-new-quantum-centers. [2021-05-10].

Hybrid CoE. 2020. Quantum Sciences – A disruptive Innovation in Hybrid Warfare. https://www.hybridcoe. fi/wp-content/uploads/2020/07/Working-Paper-7_2020.pdf [2021-05-10].

MetaboliQs. 2018. Quantum technology for human needs. https://www.metaboliqs.eu/ [2018-10-21].

NASA. 2018. NASA-industry team creates and demonstrates first quantum sensor for satellite gravimetry. https://www.nasa.gov/feature/goddard/2018/nasa-industry-team-creates-and-demonstrates-first-quantum-sensor-for-sa tellite-gravimetry [2021-05-10].

National Science & Technology Council. 2018. National Strategic Overview for Quantum Information Science. https://www.quantum.gov/wp-content/uploads/2020/10/2018_NSTC_National_Strategic_Overview_QIS.pdf [2021-05-10].

National Science Foundation. 2016. NSF's 10 Big Ideas. https://www.nsf.gov/news/special_reports/big_ideas/ [2021-05-10].

National Science Foundation. 2019. Quantum Leap Challenge Institutes(QLCI). https://beta.nsf.gov/funding/opportunities/quantum-leap-challenge-institutes-qlci [2021-05-10].

National Science Foundation. 2020a. NSF Quantum Leap Challenge Institute for Enhanced Sensing and Distribution Using Correlated Quantum States. https://www.nsf.gov/awardsearch/showAward?AWD_ID=2016244 [2020-07-20].

National Science Foundation. 2020b. CAREER: Picoliter Nuclear Magnetic Resonance Spectroscopy with Diamond Quantum Sensors. https://www.nsf.gov/awardsearch/showAward?AWD_ID=1945148 & Historical Awards=false [2020-03-12].

National Science Foundation. 2020c. Quantum Metrology in Complex Noise Environments. https://www.nsf. gov/awardsearch/showAward?AWD_ID=2013974&HistoricalAwards=false [2020-08-05].

National Science Foundation. 2020d. NSF Convergence Accelerator-Track C:Quantum-Interconnected Optomechanical Transducers for Entanglement-Enhanced Force and Inertial Sensing. https://www.nsf.gov/awardsearch/show Award?AWD_ID= 2040575 & Historical Awards=false [2020-09-08].

National Science Foundation. 2020e. Local Dynamics and Control of Noisy Two-Level Systems Coupled to a Central Qubit. https://www.nsf.gov/awardsearch/showAward?AWD_ID=2014094&HistoricalAwards=false [2020-07-28].

Padma. 2020. India bets big on quantum technology. https://www.nature.com/articles/d41586-020-00288-x [2020-02-03].

Skordas T, Mlynek J. 2020. The Quantum Technologies Flagship: the story so far, and the quantum future ahead. https://digital-strategy.ec.europa.eu/en/news/quantum-technologies-flagship-story-so-far-and-quantum-future-ahead [2020-10-16].

The White House National Quantum Coordination Office. 2020. Quantum Frontiers Report on Community Input to the Nation's Strategy for Quantum Information Science. https://www.quantum.gov/wp-content/uploads/2020/10/QuantumFrontiers.pdf [2021-05-10].

U.S. Department of Energy，Office of Science. 2016. Quantum Sensors at the Intersections of Fundamental Science，Quantum Information Science & Computing. https://science.osti.gov/-/media/hep/pdf/Reports/DOE_Quantum_Sensors_Report.pdf?la=en&hash=B2378FA2253DF340A218D6B37C44293403389C59 ［2021-05-10］.

U.S. Senate Committee on Commerce，Science，&Transportation. 2018. Congressional Science Committee Leaders Introduce Bill to Advance Quantum Science. https://www.commerce.senate.gov/2018/6/ congressional-science-committee-leaders-introduce-bills-to-advance-quantum-science ［2021-05-10］.

UK Research and Innovation. 2021. Quantum projects launched to solve the universe's mysteries. https://www.ukri.org/news/quantum-projects-launched-to-solve-the-universes-mysteries/ ［2021-01-13］.

University of Colorado Boulder. 2021. One Institute，Three Grand Challenges. https://www.colorado.edu/ research/qsense/ one-institute-three-grand-challenges ［2021-05-10］.

Van Camp M，de Viron O，Watlet A，et al. 2017. Geophysics from terrestrial time-variable gravity measurements. Reviews of Geophysics，55（4）：938-992.

Wiesmayer P. 2021. Munich Quantum Valley to accelerate quantum research. https://innovationorigins.com/the-munich-quantum-valley-set-to-accelerate-quantum-research/ ［2021-01-12］.

4 冶金智能化制造关键技术国际发展态势分析

姜 山[1] 黄 健[1] 万 勇[1] 孙 备[2] 刘腾飞[3]

（1.中国科学院武汉文献情报中心；2.中南大学；3.东北大学）

摘 要 以冶金为代表的原材料的生产是典型的流程工业制造。目前，中国已经成为世界上原材料生产品种最多、规模最大的原材料工业制造大国，但也同时面临着危险系数高、能耗高、资源消耗大、产品附加值低、环境污染大等问题。如何实现对产品质量、产量、成本和消耗等综合生产指标的优化控制，实现生产全流程安全可靠运行，从而生产出高性能、高附加值的产品，使企业利润最大化，是冶金等流程工业面临的紧迫问题。传统流程工业从机械化向自动化、数字化、智能化发展，已经成为一个必然趋势。人工智能、物联网、工业互联网、机器人等智能技术与流程工业的结合，能够有效保证产业链供应链的安全、稳定、高端、高效，通过全球产业链供应链与企业生产过程的深度融合，实现价值链的最大化，推动产业迈向价值链中高端。本章对国内外冶金智能化制造关键技术的现状与发展趋势展开研究，并从研究论文和专利角度进行了计量分析，揭示了冶金智能化的研究与发展现状。近年来，冶金智能化领域的基础研究呈现持续稳定发展的态势，我国相关研究主题范围多于其他国家，但在篇均被引方面稍显逊色。在专利方面，大量冶金智能化制造关键技术掌握在日本钢铁企业手中，我国技术集中度偏低，只是在硬件设备及其控制技术等方面有较多布局。

关键词 冶金 安全 理论技术 智能制造 发展态势

4.1 引言

　　冶金工业是生产原材料的基础工业部门，为工业、农业、交通运输、基本建设和国防等部门提供材料，在国民经济发展中有着重要的地位和作用。冶金工业产品生产与加工的主要流程，包括煤炭使用、液态金属、钢铁冶炼、焦化制氧等内容。在产品加工、生产作业过程中，容易出现燃烧、爆炸等危险性突发事件，一些岗位还存在金属粉尘、有毒有害烟气、高温、噪声等危害，这些都对冶金企业职工的身心健康带来了很大的影响。传统冶金企业安全生产的管理主要围绕生产人员、生产操作流程进行，对安全生产中涉及的人力、物力进行考核与监管，以防范企业员工安全意识缺失、重大安全事故发生等情况的出现。

当前世界经济正处于深度调整时期，在传统工业技术发展趋于平缓、信息技术迅猛发展的时代，以信息技术和工业技术深度融合为基本特征的新一轮技术和产业变革正在孕育，将有力地推动现代工业迈向智能制造时代。现代通信与智能测控技术的发展为冶金行业的安全管理引入了新的内涵和外延。一方面，信息技术深度改造了冶金行业传统的安全管理，如企业资源计划（ERP）、制造执行系统（MES）、过程控制系统（PCS）彻底改变了冶金企业的安全管理模式，又如虚拟现实、增强现实以及混合现实等技术彻底颠覆了冶金行业传统的安全教育；另一方面，现代冶金前沿工艺原理与信息通信技术及智能测控系统的深度融合，催生了以传感器、边缘计算、第五代移动通信技术（简称5G）、大数据以及人工智能为基础的冶金过程智能化，实现了以网络化、数字化为基础的冶金过程安全管理智能化的转型升级。

4.2　中国冶金行业智能化发展现状

中国冶金工业发展到现阶段，正处于转型升级的关键时期，其发展内涵已经从传统的大规模重复建设转到以绿色、智能为主题的高质量发展轨道上来了。只有通过冶金行业的智能化发展，来推动生产变革、组织变革、管理变革，才能真正把人从危险、重复、低端的劳动中解放出来，从根本上提高生产效率，确保本质安全。

总体来看，国内冶金行业在自动化、信息化方面取得了长足进步，为智能化发展打下良好基础。以钢铁行业为例，国内钢铁行业自动化程度以及设备水平取得了长足的进步，不断朝着集成化、综合化、大型化的方向发展。越复杂的工艺其自动化程度越高，如高炉系统甚至达到100%，连铸、轧钢也接近99%。在信息化建设方面，冶金行业提出了以"产销一体、管控衔接、'三流'（物流、资金流、信息流）同步"为核心的冶金信息化建设原则，以中国宝武钢铁集团有限公司、鞍山钢铁集团有限公司为代表的产销一体化系统建设取得了巨大的成功，通过信息化建设，冶金企业的成材率、吨钢综合能耗、交货周期、制造成本、交货承诺、用户异议率等指标取得了巨大改善，经济效益显著。以信息化带动工业化，以工业化促进信息化，使钢铁行业在新型工业化道路上阔步前行，2018年，钢铁行业"两化"（信息化和工业化）融合指数达到51.2%，关键工序数控化率达到68.7%，应用电子商务的企业比例超过50%。其中大型钢铁集团企业两化融合指数为56.2%，高于行业平均水平5个百分点。

冶金行业智能化发展仍处于起步阶段。按照智能制造能力成熟度1~5级分析，中国钢铁企业智能制造能力成熟度在1.8~3.5级，企业间差别很大，中国宝武钢铁集团有限公司等先进钢铁企业的智能制造水平发展较高，但还有大量中小企业存在冶金装备自动化程度较低，缺少对生产数据的挖掘利用，设备运行与生产工艺、产品质量不适应，信息检测和故障诊断系统采用率较低且多处于离线监测状态等问题。目前中国宝武钢铁集团有限公司等龙头企业正在逐步完善基础自动化、生产过程控制、制造执行、企业管理、决策支持等五级信息化系统建设，以促进工业互联网、云计算、大数据等数字化、网络化、智能化技术在钢铁企业的产品研发设计、计划排程、生产制造、质量监控、设备运维、能源管控、采购营销、物流配送、客户营销、成本核算、财务管理、人力资源、安全环保、企业经营等全流程和全产业链的综合集成应用，以 5G、大数据、人工智能、工业机器人等为代表的新技术为冶金工业智能化发展赋能。在工业和信息化部的支持下，钢铁行业已经打造了 9 家智能试点示范，确定了多个制造业与互联网融合发展的试点项目，构建了融合智能化信息化平台、智能方法和产品、大数据和云计算、物联网和自动化、数字化设计"五位一体"的智能化核心技术和能力体系，打通了大数据智能化与冶金产业融合的通道，形成了一系列智能制造解决方案，打造了多个智能制造标杆项目（李新创，2019）。

冶金行业智能化发展的创新能力不足。目前，国内冶金行业智能化发展多以"国有企业+高等院校/科研院所"和"国有企业+信息自动化子公司"的项目模式为主，成熟的冶金行业智能化发展的商业模式和案例较少，缺乏类似西门子公司、通用电气公司的大型、专业的冶金智能装备及解决方案提供商，且存在应用研发项目多、基础研究项目少、企业间共性技术研发合作不足、关键共性技术创新平台及联合攻关体制机制缺位等问题，再加上进口冶金设备存在科技黑箱等多种因素，导致信息物理系统开发、数据科学研究、管理集成方面的创新能力仍然较弱，产品生产工艺设计与智能管理决策支持系统、综合集成业务系统向产业链前端延伸的行业解决方案无法实际应用，仍处于不断迭代成熟过程之中。国内冶金企业还存在管理人员队伍年龄结构和知识结构老化、体制机制僵化等一系列问题，导致其管理创新的意愿和能力不强，对智能化发展形成阻碍。

智能化发展的保障和支撑不足。一是基础设施薄弱，冶金工业互联网创新发展不足，对网络安全建设重视度不够，工业信息安全监测预警能力匮乏；二是智能制造的标准、软件、信息安全基础薄弱，数据集成、互联共享等关键技术标准和应用标准供给不足；三是行业应用的推动力不足，缺乏冶金行业智能制造公共服务平台，为冶金企业特别是中小企业提供管理咨询、知识共享、供应链协同等服务；四是缺乏智能制造人才实训基地，以培养懂制造、懂信息技术、懂管理的专业化人才队伍。

4.3 冶金行业智能化主要基础理论与技术

4.3.1 面向智能安全管控的冶金过程数据建模理论

冶金工业的发展正面临资源、能源与环境的严重制约，而冶金过程建模是实现冶金生产节能、降耗、减排的关键技术之一（张淑宁等，2010；阳春华等，2008；贾润达等，2009；胡广浩等，2011；史海波，2006；刘金鑫和柴天佑，2008；王海龙，2012）。冶金过程数据建模理论以模型基元为构件，通过与机理建模、数据建模、知识建模方法上的有机结合，以及与过程检测数据、工艺机理和经验知识信息上的智能融合（陈念贻等，2002），实现多种模型的智能集合。冶金过程机理复杂，存在多种物理与化学反应，涉及复杂的物质和能量之间的转换和传递（安美超，2012），难以建立精确模型；反应装置内部的复杂性、封闭性和不确定性导致了过程参数和生产目标的非线性关系难以描述和估计（杜玉晓等，2004；张凯举，2004；刘胜，2006）。为了提高冶金生产效率，降低能耗，减少环境污染，因而建立面向智能安全管控的冶金过程数据模型理论具有重要意义。

近年来，在面向智能安全管控的冶金过程数据建模理论方面取得了很多成果。从对工业数据的认知出发，首先分析过程工业数据的"大容量性、多样性、处理实时性、价值性、真实性"，通过综述现有的数据建模方法，结合过程工业数据特有性质来论述现有建模方法应用于数据建模时的局限，其次探讨了过程数据建模有待研究的问题（刘强和秦泗钊，2016）。基于冶金过程的特点，首先探讨了冶金过程的机理建模、连续搅拌釜式反应器模型和智能集成建模的理论与方法，提出了智能集成建模的描述方法，归纳了模型的集成形式，给出了在工业应用上的几类智能集成模型；其次探讨了冶金过程建模与优化所面临的新挑战（桂卫华，2013）。

随着现代化进程的稳步推进，中国的冶金技术不断进步，其安全问题也越加受到重视，可以说冶金行业的安全问题在某种程度上阻碍了冶金工业的发展，如何提高冶金工程中的安全性是目前重点关注的问题。有学者围绕冶金过程，针对现存的安全方面的问题进行分析并给出了相应的解决措施（赵波，2020）。对上述问题，建立精细、可靠的过程模型是实现冶金绿色生产的前提。冶金过程伴随着多相多物理场相互耦合的复杂传能传质过程，既需要解决微观/介观尺度下的分布参数场模型问题，以揭示冶金反应过程中物质转化行为的本质，也需要解决宏观意义的过程模型评估和更新问题，从而满足运行优化对模型可靠性的要求。当前存在的主要问题有以下两点。

（1）在现代冶金反应体系中的多相多场交互作用下的分布场建模较难

现代冶金反应体系中多相多场交互作用、生产过程所凸显出的非均一、非线性、非稳态以及非平衡等显著特点，表征了传递过程的主要参数（如速度、温度、浓度等）在冶金反应器中具有分布特性和非均匀性，传统的一维和简约的二维、三维数学模型都难以描述其内部的冶金反应动力学与传递过程的特征。

（2）对模型可靠性和在线校正方法的有效性评价较难

由于冶金过程的不确定性、时滞关联和慢时变特性，模型的可靠性评价是一个重要课题。在多指标、多参数、多模型和工况不确定的条件下，模型评价规则应具有关联性、有序性和灵活性的特征，因而需要研究结构化甚至具有柔性结构的评价规则体系来判定模型是否准确反映了工艺指标的状态和变化趋势，并根据量化置信指标来决定是否需要进行校正及校正程度。同时，需要研究根据在线生产数据对模型进行自学习校正的系统化方法，包括利用不确定性处理方法进行模型稳态检验，以判断样本的有效性及能否用于模型的校正等。

4.3.2 冶金过程危险源分类与事故溯源理论

通过冶金过程中危险源的知识体系和知识图谱技术，为冶金生产过程提供安全监视和预警手段，实现冶金过程中安全事故预警与追溯等功能，构建数字化、智能化的冶金企业安全管理模式。

（1）冶金过程中危险源的知识体系

冶金过程中危险源众多且相互耦合，生产环境恶劣，现场作业人员的操作水平和安全意识不一，导致冶金过程中的安全管控问题复杂。主要包括以下几点。

1）生产环境恶劣复杂：由于中国金属矿多为伴生矿，矿物组分复杂，在常规环境下无法实现有价金属的富集和伴生金属的去除。因此，部分生产环节需要在高温、高压、强酸、强碱、通电的反应条件下进行；另外，生产环境中危险源共存，存在危险源相互传递引发安全事故的可能。

2）危害物质多：首先，部分金属本身存在毒性，例如，铍是航天、航空、核工业的重要原料，被称为"超级金属""空间金属"，但铍是一类致癌物；其次，冶金生产过程需要添加一些有毒催化剂，例如，为实现深度净化，锌冶炼净化过程需要用到的砷盐添加剂是一种有毒物质；最后，冶金过程会产生有毒物质，包括气体、粉尘、废液、废渣等，威胁环境安全。

3）技术指标安全范围窄：中国金属矿物成分波动大，但生产工艺指标要求严格，前一道工序的工艺技术指标超过安全限值将威胁后一道工序的生产安全。

4）作业装备存在安全隐患：大规模工业生产需要使用大型重载荷装备，有部分作业装备露天或在高空操作，存在发生意外事故、造成机械伤害等安全风险。

因此，针对冶金生产安全的上述特点，需要构建冶金生产过程中危险源的知识体系，包括危险源的分类标记、防护措施与作业规范、传递路径，为建立面向安全的冶金生产过程数字孪生系统奠定基础。

（2）基于知识图谱的冶金过程安全事故的推演与溯源

冶金生产流程长，且生产过程中"人-机-物"共存，危险源传递途径动态不确定，安全管控问题具有多个层次，需要建立对各类危险源的定性和定量描述，在冶金过程数字孪生系统中对各类危险源的状态进行感知和直观监视；建立冶金生产安全知识图谱，通过推理和演化对生产安全事故进行预测，为企业安全管理部门提供预警信息和潜在的安全事故的演化过程模拟；通过数据挖掘搜索并展示安全事故的原因、传递路径和责任判定结果，为企业安全管理部门对事故成因的分析和定责提供依据。

中国生产安全管理部门和冶金行业十分重视企业的生产安全，2017 年国家安全生产监督管理总局制定了《冶金企业和有色金属企业安全生产规定》（2018 年 3 月 1 日起施行），对企业的安全生产保障、监督管理和法律责任等方面进行了规定，在安全管理方面取得了显著成果，安全事故数量和经济损失逐年下降。然而，由于冶金企业生产安全监控问题本身的复杂性，仍存在危险源分类粒度较粗、安全管理模式信息化和智能化水平不足等问题，通过细化冶金生产过程中危险源的知识体系，构建知识图谱将为冶金生产安全的精细化、数字化和可视化管理提供新的模式。

4.3.3 面向稳定安全生产的冶金全流程优化运行理论

冶金企业生产流程长，单元工序通过能质耦合相互关联，各工序工艺指标的安全范围窄，前一道工序工艺技术指标超过安全限值将威胁后一道工序的生产安全，同时增加企业生产成本，甚至导致停工停产。因此，冶金过程中的各工序工艺指标的优化设定与稳定控制是企业安全稳定生产的重要组成部分。中国冶金企业矿源复杂，矿物成分波动大，导致工况波动大，为避免各工序工艺技术指标超出安全范围，需要实现稳定优化控制。冶金过程智能优化决策是融合人工智能、控制理论和冶金工程等学科知识，建立冶金过程中各工序工艺指标的优化设定与稳定控制框架，实现动态生产环境下各工序工艺技术指标的协同优化和操作参数的自主设定，避免因工序工艺技术指标超过安全限制导致的安全事故。

从冶金过程工艺特点和智能制造需求角度分析，冶金过程智能优化决策包括全流程/关联工序动态协同优化、单元工序/反应器自主控制，以及面向智能制造的冶金过程动态特性描述体系。具体包括以下几方面。

（1）全流程/关联工序动态协同优化

动态协同优化是全流程经济稳定运行的关键。冶金生产流程长，各单元工序相互关联，对各个工序的"局部"优化不等于对生产全流程的"全局"优化，需要对全流程/关联工序的关联关系建立形式化描述，挖掘工序之间的不同耦合模式，构建面向全流程/关联工序的协同优化的框架和理论；另外，针对中国冶金企业矿源复杂、矿物成分多变的实际情况，需要基于机器学习方法和冶金工程知识挖掘矿物成分、各工序工艺技术指标、金属产品质量、生产成本之间的关联模式，感知矿物成分变化，动态协同调整各工序工艺技术指标设定值，实现在动态资源条件下生产全流程的协同优化。

（2）单元工序/反应器自主控制

"智能下移""扁平化管理"是智能制造的特征。针对单元工序/反应器，一方面，需要研究正常工况下保证各工序工艺参数稳定控制的操作参数优化设定方法；另一方面，需要研究异常工况下的故障诊断和自愈控制，以便自动识别故障工况，调整控制回路设置和控制量，将故障工况迁移到正常工况，实现多工况条件下单元工序/反应器操作参数的自主设定。

（3）面向智能制造的冶金过程动态特性描述体系

建立和智能制造相适应的动态特性描述体系是协同优化和自主控制的基础。面向智能制造的冶金过程动态特性描述体系除了需要具备完整准确描述不同工况下冶金过程动态特性的能力，还应具备数字化和可视化的功能。因此，需要融合控制理论中的状态空间描述体系和机器学习中的数据空间描述体系，来分析冶金过程动态特征具有多重复杂性的根本原因，构建冶金过程动态特性描述体系，在描述体系框架下研究机理数据融合的模型化方法，实现冶金过程动态特性的完整准确描述。

冶金过程智能决策不仅可以实现将工艺指标控制在安全范围内，也是实现稳定优化运行的关键。现有的智能优化控制系统虽然可在正常以及部分异常工况下运行，但由于冶金生产过程工况的多样性，完全取代中控室操作人员，实现智能自主控制仍需要大量深入的研究。

4.3.4 冶金行业多源异构数据融合与分布式态势感知理论

实时的安全态势评估有助于提高安全决策的水平，而安全态势评估的模型和分析是以信息感知与融合为基础的。分布式感知是利用大量的传感器进行数据收集，并对获得的信息进行及时的、多分辨率的、多样性的分析。由于在传感器网络中，尤其是在恶劣的工业环境中，传感器经常因为各种原因发生故障，从而使测量数据不准确，因此需要将数据在融合中心进行综合分析。

面对传感器故障使得数据测量不准确，以及网络承载能力和通信带宽有限导致的时间延迟和数据丢包等问题，主要采取融合算法来解决，目前国内外对于融合算法的研究主要分为集中式和分布式两种（Ma and Sun，2011；Chiuso and Schenato，2011）。由于集中式融合具有容错能力较差、在工程上难以实现等缺点，分布式融合在实际应用中更具优势。有学者（Chen et al.，2014）在未考虑模型不确定的前提下，提出了具有传感器失效、局部最优估计传输时延和丢包下的分布式 Kalman 融合估计方法。另外，针对传感器损耗、网络拥堵等原因导致的传感器增益退化问题，有学者给出了一种在传感器增益退化下，具有随机延迟和丢包的离散不确定线性时变随机系统的分布式融合估计器（赵国荣等，2016）。在信息感知和融合的基础上，进行安全态势评估。随着工业机器人的不断普及，人与机器人在共融环境下的安全评估成为学界的研究热点之一（Lacevic and Rocco，2010；Tan et al.，2009；Zanchettin et al.，2016）。在运动装备安全方面，虚拟势场是模拟危险状况的一个典型技术（Kittiampon and Sneckenberger，1985；Yamada et al.，1997；Avanzini et al.，2014；Luca and Flacco，2012；Khatib，1985）。为了减少因操作人员的疲劳而导致的事故，对操作人员的疲劳监控和预警也是十分重要的一个研究方向（Rahman et al.，2018）。用于安全控制的势场法和李雅普诺夫函数有着本质联系，避障控制、防撞控制等也是非线性控制的热点研究方向之一（Ngo et al.，2005；Wang et al.，2017；Wieland and Allgöwer，2007）。

4.3.5 冶金行业人机共融环境下的主动安全控制

冶金行业主动安全控制是以提高防止在开采、精选、烧结金属矿石并对其进行冶炼、加工成金属材料过程中事故发生的能力为主要目标的控制技术。人为因素仍是安全事故的主要致因，人员操作的安全性还主要依赖于规章制度的约束和劳动自律性。充分利用智能化手段对危险行为进行主动控制是提升高危行业安全生产水平的重要途径。在安全态势评估的基础上，将设备安全控制、人员行为矫正与生产运营相结合，实现人员/设备主动安全控制，预防人的不安全行为和装备的不安全因素，以提升安全生产水平。

为了保证生产安全、降低对工作人员生命的威胁、减少企业的经济损失，冶金企业须加强对安全管理的重视，采取有效的措施降低安全事故发生的可能性。这已经逐渐得到业界重视，并结合最新的传感器技术对生产安全进行监控并实现安全信息的可视化

(Hayward, 1986; Pobil et al., 1992; Flacco et al., 2012; Cirillo et al., 2016; Nag et al., 2017; Cheng and Teizer, 2012)。有学者研究了对操作人员的疲劳状态进行监控和告警以减少因疲劳工作而导致的事故（Arai et al., 2010; Kulić and Croft, 2007）。人与机器人在共融环境下的安全评估也得到了研究（Lacevic and Rocco, 2010）。在运动装备安全方面，虚拟势场被用来模拟危险状况。装备防碰撞问题也得到了初步研究。而且，现有主动安全控制技术也已在一些电子企业中应用。

尽管国内外已经开展了一些有价值的探索性研究和实践，但总体而言，不论国内还是国外，主动安全智能化控制的相关研究都处于探索阶段，缺乏面向冶金行业的研究与应用实践。面对高温高压作业线长，设备和作业种类多，起重作业和运输作业频繁的冶金生产过程，现有方法的不足之处主要体现在以下几点。

（1）未充分考虑实时作业环境

现有人员方面，主动安全控制方法主要依据安全生产条例在操作人员错误操作等情况上给予事前警告，但未能充分考虑冶金人员所面临的实时动态的作业环境。

（2）装备限制及外部环境对执行机构的干扰

面对冶金生产中装备移动空间狭窄、装备移动速度过快，以及大型装备制动不及时等现象，现有强约束条件下的避障和防碰撞方法难以应用。并且执行机构自身也存在不确定性，且易受外部环境的干扰，导致现有控制法失效，从而引发事故。

（3）智能化不足

现有针对固定装备安全控制的方法主要是智能化不足，无法实时获取设备各方面数据，且未能依据获取的大数据实时进行推理和判断设备存在的潜在问题。

4.3.6 基于数字孪生的冶金生产过程安全态势仿真与可视化技术

冶金工业过程存在复杂度高、关联性强、生产流程长等特点，是一个多变量、系统强耦合、大滞后的过程系统。由于设备发生故障、生产装置老化、人员操作错误、原料特性以及外部环境变化等，工业过程变量会偏离目标值，进而引发一系列的安全隐患，严重时会导致火灾、爆炸、泄漏，甚至会造成人员伤亡、重大经济损失以及严重的环境污染（孙红亮和杜增路，2018；赵波，2020；杭有峰等，2019；胡广浩等，2011；孙备等，2017）。基于风险分析的安全隐患（危险源）建模技术是防止工业生产中事故发生的重要手段。其主要方法包括：①基于专家主观经验并结合冶金过程机理的定性风险评估法，如从 20 世纪 30 年代沿用至今的安全查表法；②基于风险指数的半定量的风险评估方法，如风险矩阵分析法；③基于工业过程系统的故障概率数据及其相关后果的定量风险分析与预测方法，如典型的故障树与事故树分析法。

在当今复杂的冶金工业生产过程中，信息交互量庞大，数字化的生产过程导致"人-机-环"三者深度耦合。因此，愈发复杂的工业信息交互导致传统的安全隐患建模技术并不适用于当今的现代化生产过程，人们亟须一种安全隐患建模技术，既基于冶金过程机理模型（以冶金过程的内部机制、物质流的传递机理建立起来的精确数学模型），又基于传感器在冶金过程中实时采集的各项数据，以此来分析现代化流程工业中的生产风险与隐患，并预防在复杂的人机共融环境下的人机信息交互导致的生产事故（宋志斌，2019；Efthimiou et al.，2017；Kumar et al.，2020a）。近年来，一些学者致力于利用智能算法实现对工业生产过程的安全隐患动态建模与仿真。例如，将贝叶斯网络引入工业生产过程的风险评估与安全隐患建模（Kumar et al.，2020b；Lv et al.，2014；Bobbio et al.，2001），以及通过偏差分析引入分布式控制系统，计算机控制系统故障的概率，对低概率、严重后果事件的相关安全隐患进行更准确的预测（Khakzad，2011），或者建立基于加权模糊 petri 网对安全风险进行建模（Pariyani et al.，2011）。

然而，目前大多数的安全隐患建模技术依然过多地依赖于工业过程的机理模型与专家经验，而冶金工业过程中很多环节的机理极为复杂，难以建模。同时，专家经验对于冶金过程安全隐患预测的实时性较差，这使得有必要开展一种机理与数据相结合的冶金过程安全隐患建模与仿真技术，并在此基础上实现安全态势可视化。中国在安全态势仿真与可视化技术方面，面临着如下两点问题。

（1）针对已形成的安全隐患

针对冶金生产全流程，当前的安全态势建模与仿真尚未以系统的观点研究安全隐患（危险源）的形成过程，难以对已形成的安全隐患精准、快速地识别和处理，也难以对不可避免的事故进行精确的溯源分析。

（2）针对实时情况的分析与事故预防

没有充分地利用当前的数据可视化技术、工业互联网技术从运行的冶金装备、机电设备、自动化生产线和现场工作人员当中收集实时的安全信息，然后利用大数据分析技术从海量数据当中提取可利用的知识，并结合冶金过程的机理进行建模与仿真，从而更好地对事故实现精准的控制和预防。

4.3.7　基于工业互联网的冶金生产过程危险源智能检测技术

冶金生产过程中的危险源包括烟尘、噪声、高温辐射、铁水和熔渣喷溅与爆炸、高炉煤气中毒、高炉煤气燃烧爆炸、煤粉爆炸、机具及车辆伤害、高处作业危险等。中国冶金行业的迅速发展促使新工艺、新材料和新设备的不断涌现，同时也导致了一系列重大危险源的形成以及安全事故的发生。危险源的检测、监控等技术已经成为中我国当前工业自动化领域和安全科学领域的研究热点，并开展了一系列工作：基于地理信息系统开发了重大危险源企业安全管理与政府安全监管信息系统（吴宗之等，2005）；设计了尾矿库风险分级与在线危险源检测（康荣学等，2007）；实现了重大危险源管理系统的信息查询、统计分析、事实分级等功能（陈万金等，2003）；开展了重大危险源动态监控系统设计，实现了危险源在线管理和动态模拟评估（许金，2014）；等等。

当前，冶金工业生产中危险源的检测、安全隐患的识别存在以下三个方面问题：①仍然依赖人工经验，导致效率低、易疏漏，而人员操作的安全性主要依赖于管理者的规章制度约束和操作者的劳动自律性，受人员素质和身体、精神状态的影响；②生产线上各个传感器获得的数据大多被孤立处理，各节点之间的信息缺乏交互，导致许多危险源在形成过程中没有被识别，最终导致事故发生；③对于采集到的危险源信息缺乏有效的、智能的数据挖掘方法。

工业互联网技术的出现为冶金生产过程中危险源数据的采集与分析提供了有力的工具。工业互联网将具有感知、监控能力的各类采集、控制传感器或控制器，以及移动通信、智能分析等技术不断融入冶金生产过程的各个环节，从而大幅提高制造效率，以及生产安全。

因此，有必要开展一种基于工业互联网的冶金生产过程危险源智能检测技术。具体而言：①边缘计算和传感器网络信息融合将有助于实现危险源的智能感知，即基于工业互联网的分布式传感器技术可以提高数据获取的丰富性，并且能够实时地将感知数据有效传回，多种感知技术相互应用，彼此相互支撑。②利用边缘计算实时或更快地将所感知到的信息进行数据处理和分析，让数据处理更靠近源，而不是外部数据中心或者云，缩短延迟时间。当传输数据与数据库中的敏感数据自发碰撞产生交集时，自动触发报警。

相比传统的人工监测或事后数据分析，智能检测技术将丰富的数据传回有效支撑了数据平台，从单一检测提升为立体检测。随着部署节点的增多，基于工业互联网的智能感知范围越来越大，对于冶金生产全流程实现基本无死角检测，相比传统的逐级上报，工业互联网技术实现了智能化的实时感知、数据传输、自动识别和自动监控等功能。

4.3.8　冶金安全作业的人机协同与分层控制技术

安全生产是中国生产制造业不容动摇的基石（宋品芳和吴超，2020），中国大型冶金行业总体安全状态良好。但是中小型企业和民营企业的安全管理较为混乱，设备工艺落后，本质安全条件差，职工素质低，盲目无序生产现象时有发生。这在一定程度上加剧了安全生产隐患（李峰，2018；李忠财和张大秋，2018）。在工业互联网以及大数据背景下，工业过程的人机协同代表着其将专家知识、人工智能知识服务与工业互联网设备形成了一个闭环。首先专家把知识赋能给机器，机器将其转换成智能化生产流程并提升产品质量，通过产品反馈出个性化的需求，后续提升专家的效率并加强工业过程的安全性。如何通过人机协同的层级控制思想与方法在保证生产施工安全进行的前提下提高产能与效率，是一直以来的研究热点与难题（毛庆伟，2019；屈金坡和林建广，2018；中国电子技术标准化研究院等，2019）。

对于外部安全问题而言，在大部分安全监督部门的认知中，冶金行业相比于开采、矿业、化工等行业，安全性较高，事故发生率较低。在这种认知下，弱化了行业管理，同时并存的问题有设施老旧化、小高炉设备安全度低，再加上企业用人时习惯性雇佣无相关知识的农民工进行工业生产，导致冶金行业的风险大大提升。对于冶金作业内部安全问题来说，冶金作业流程需进行监控管理与计划决策（Buede，1994；Sachon and Pate-Cornell，2004）、运行指标（如产品质量、能耗物耗、排放）、控制系统的性能与状态、人员安全与行为、环境与关键设备状态等。现有的监控系统（如数据采集与监视控制系统，简称 SCADA）主要是数据采集与监测，集中在控制系统层，对执行器、传感器故障或设备状态异常而引起的变量超限进行监控,由于忽略了数据的相关关系与因果关系(刘海滨和李春贺,2019;Kumar et al.,2008;Sauser et al.,2007),导致监控结果不可靠且不能全面监控多层面的决策与控制(Wu et al.,2015)。对于管理与计划决策、运行指标、控制系统性能与过程运行状态、环境与关键设备状态、人员尚缺乏有效的监控。特别是,关键指标不可测、监控不及时,无法实时远程移动可视化监控;决策监控主要是对企业资源计划系统(ERP)和制造执行管理系统(MES)执行结果的监控,溯源困难;无法诊断决策和控制回路设定值不当导致的异常运行工况,当原料及用户需求、系统运行环境等外部条件变化时也无法自优化运行。

基于对以上问题的分析,有必要针对性地开展人工专家知识与智能设备设施相结合的冶金安全保障技术,由此提出的基于人机协同的分层控制方法是解决此类问题的一类重要手段,主要问题包括以下两个方面。

(1)基于工艺优化的人机协同分层控制问题

常规冶金流程由上千台设备和数千根管道组成,工序(车间)之间物料和能量大多通过管道传送,具有工艺复杂、流程长、工序间相互关联等特点,传统的二维设计存在材料统计偏差大、建设施工易发生碰撞等特点,已不能满足工厂精益化生产的需求。通过设计层级控制框架,集成应用智能PID、协同设计、标准化编码、工程数据库等先进设计手段,对制造过程进行人机协同的仿真、评估和优化,将专家经验知识与先进的可视化智能制造过程、仿真和文档管理,通过碰撞检查等手段进行融合分析,提前发现专业内外的配合问题,使各个车间、各个阶段的差错大大减少,为冶金企业的安全运行维护提供技术支撑。

(2)基于智能冶金流程安全的人机协同分层控制问题

将人机协同与层级控制思想引入冶金流程,核心在于连续生产和最大限度地提高生产效率并保证过程的安全性与稳定性。传统控制系统一般包括仪器仪表系统、分布式控制系统(DCS)、逻辑可编程控制器系统(PLC)、安全仪表系统(SIS)、SCADA系统、执行调节系统等,以保证装置的稳定连续运行及紧急联锁程序处理。通过将生产执行者、制造管理者、工艺生产过程相结合,在保证底层控制的稳定性和实时性的同时,在原有静态模型基础上开展动态模型的探索,以达到更精确的控制与更高的安全性。如何实现更多工序、装置、控制回路、人工过程之间的安全过程控制与动态优化,达到整体最优,也是很多人机协同分层控制技术未来的方向。

4.3.9　冶金行业高危作业岗位的无人化机器人技术

冶金企业存在很多高危作业岗位,这些岗位生产环境恶劣、危险且有很多重复繁重的作业,需要发展无人化机器人技术,开发高危岗位作业机器人来替代人工操作。例如,在熔铸过程中,浇铸、扒渣等工序作业需要工人长期近距离接触高温锌液,锌蒸汽经呼吸道和皮肤进入人体,造成锌中毒职业病;在熔铸生产线上,锌模以工艺要求的速度传送,要保证扒渣效率,劳动强度大。高危岗位作业机器人可以将人的动作和经验进行固化,感知作业对象状态,判断当前所需进行的操作,通过控制机械装置实现精准作业,是从物理上实现人与危险隔离的关键技术。以扒渣过程为例，除渣不彻底会影响产品质量，过铲会造成锌液浪费，人在扒渣的过程中利用眼、手协同识别氧化渣的形貌，感知浮渣和金属溶液的界面，再去调整扒渣操作。在恶劣的生产环境下，高效精准作业的高危岗位作业机器人通过学习人工作业经验，将人工作业过程中的感知、分析和操作知识嵌入机器人，实现以机器换人，其主要技术内容包括以下几点。

（1）融合实时视觉信息的作业对象感知与分析

感知作业对象状态是机器人作业的基础。高危岗位作业对象通常是冶金生产过程的中间产品，如扒渣工序的作业对象是带有氧化锌浮渣的高温锌液，需要通过机器视觉等技术来感知作业对象的形态和位置信息，如基于视觉的氧化渣形态感知、基于力反馈的氧化渣操作敏捷感知、基于视觉的铸锭不规则毛刺形状实时感知等。

（2）视觉伺服的机器人实时精准操作

精准操作是使机器人达到作业目标的关键。冶金过程生产连续进行，高危作业岗位机器人和作业对象的相对位置，以及作业复杂度动态变化，对操作的精准性和实时性要求高。因此，需要研究视觉伺服的机器人实时精准操作方法，如基于在线学习的精准扒渣动作控制、基于力位混合的自适应毛刺切削控制、实时运动碰撞检测与精准避障控制等。

（3）机器人结构优化与防护技术

由于高危作业岗位生产环境恶劣，机器人虽然可以替代人进行作业，但是恶劣的生产环境同样会对机器人的使用寿命造成影响。因此，需要研究机器人结构优化与防护技术，使得机器人的结构适应高危作业环境，提高机器人的耐用性，如面向特定作业场景的机器人设计与优化技术、面向高温环境的电控系统设计、隔热防腐蚀技术、恶劣工况下人机安全防护方法、机器人状态监测与自动清洁技术、机器人故障诊断与健康预测技术等。

中国部分大型冶金企业的部分高危岗位已装备了作业机器人，但由于冶金过程高危岗位作业机器人仍面临着技术壁垒较高、维护工作量大、投资成本高等问题，还需从提高技术成熟度、可复用性和降低设计制造成本等方面开展大量的研发工作。

4.3.10 冶金生产设备安全运行控制技术

冶金过程生产环境恶劣、设备运行环境复杂，如大型重载荷装备由于惯性大、运行环境恶劣，难以高效稳定运行，操作不当甚至会出现安全事故。因此，借助大型重载荷装备运行控制技术等实现智能安全生产具有重大的现实意义。

大型重载荷装备的智能运行控制是减少安全事故、提高作业效率的关键。以电解行车为例，电解行车主要完成电解极板的装卸工作，行车作业的效率直接影响了锌片的产出速度，由于行车载荷大、惯性大，行车运行的精准控制困难，另外，电解车间现场存在大量酸雾水蒸气，行车行驶的轨道湿滑磨损，甚至可能导致车体整体坠落等安全事故。因此，需要从速度规划、精准定位、运行纠偏和摆幅限制等角度研究大型重载荷装备运行控制技术。

（1）速度规划

速度规划的任务，是在动作规划的轨迹上，考虑下游执行限制和行为决策结果，在每个轨迹点上，加入速度和加速度信息。在大型重载荷装备惯性大以及作业环境恶劣的情况下，比如紧急制动、轨道湿滑磨损，相比单纯的轨迹规划，速度规划考虑了设备的运动学特性，能够更好地实现设备的安全运行控制，保证以安全可靠的运行方式来进行生产活动。因此，研究大型重载荷装备的速度规划保证了冶金生产过程安全有效地进行。

（2）精准定位

在冶金企业安全生产的要求下，为了达成安全精准高效的目标，降低人工成本、提高安全系数、提升工作效率，大型重载荷装备在运行过程中的精准定位十分重要。通过划分区域，建立坐标系，多轴定位等关键技术方法的实现，大型重载荷装备能够准确识别目标所在位置和吊运状态。因此，大型重载荷装备的精确定位有助于减少安全事故的发生、提高工作效率。

（3）运行纠偏

运行纠偏的目的是纠正冶金生产设备在运行时产生的偏差。造成偏差产生的原因有许多，不同设备出现运行偏差的原因各不相同。像行车、天车这一类设备就常因为啃轨现象使得车轮在转动过程中出现无法预测的偏差，导致设备偏离设定的位置，不仅加剧了轨道磨损、增加了机构运行负荷，严重时可能会损坏电机，甚至引起断轴等重大事故。因此需要研究针对不同冶金生产设备特点的运行纠偏技术，以提高设备的运行精度，促进安全生产。

（4）摆幅限制

摆幅限制的作用是减少行车等运载设备在运载重物时吊索的摆动幅度。首先，摆幅越大，吊物就越容易脱钩，尤其是在冶金行业中，吊物经常是高温、高压、高腐蚀的危险物品或者是重达十数吨的重物，一旦脱钩将对冶金生产过程造成极大的危害。其次，吊物的大幅摆动还会增加行车脱轨的风险，一旦行车脱轨后和吊物一同坠落，损坏了生产设备的同时还威胁了工作人员的人身安全。因此，有必要研究冶金生产设备的摆幅限制技术，为安全生产提供保障。

通过对速度规划、精准定位、运行纠偏和摆幅限制等技术的研究，形成系统的大型重载荷装备运行控制技术，以达到减少安全事故、提高作业效率的目标。

中国冶金企业大型重载荷装备长期依赖国外进口，缺乏自主的装备制造技术和控制技术。近十多年来，通过技术改造和自主创新，中国自主研发了一批高水平的大型重载荷装备，并在冶金企业得到应用。但目前，冶金企业大型重载荷装备仍存在恶劣工况下控制精度不高、维护工作量大等问题，仍需要扩大技术的适用工况，提升技术的完备性。

4.3.11 面向环境安全的冶金废水成分在线检测技术

冶金过程有害物多,生产环境恶劣,如重金属废水是水污染的主要源头,但重金属废水检测通常采用定时化验的方式,且化验过程烦琐耗时,无法实时感知重金属废水成分信息。因此,冶金料液和废水成分实时快速检测是污染源头防治和安全生产的重要保障。

从冶金过程有害物和故障检测的需求角度分析,冶金过程智能检测技术主要包括基于谱信号分析的冶金料液成分在线检测技术等。中国有色矿产资源中,共伴生矿多、单一矿少,共伴生矿床占已探明矿种储量的 80%。冶金料液和工业废水呈现高温高浓稠、多重金属共存的特点,不仅包含主金属(基体),还包含多种杂质金属,且金属离子含量差别大,低浓度离子的检测信号被高浓度离子的检测信号掩蔽,痕量离子检测困难;有色金属矿多金属离子共存,电化学特性相近离子的检测信号存在重叠等。针对杂质离子的检测谱信号极易被基体成分掩蔽,微量组分灵敏度低,测试体系显色剂、缓冲剂、增敏剂等试剂选择难,各种试剂之间存在竞争反应等问题,需要研究测试体系优化设计的方法,包括试剂的种类和用量;针对多金属离子性质相近、谱信号相互掩蔽、重叠严重、特征冗余、各金属离子浓度信息难以解析的问题,需要研究多元重叠谱信号的分离与解析方法,包括谱波模型高效计算和重叠峰分离技术;针对冶金料液高温高浓稠、过饱和、易结晶等特点,需要研究复杂料液自动取样制样的方法。

近年来,随着企业智能化需求的提高,中国部分冶金企业使用了自行研发的智能检测装置,但仍有众多冶金企业的检测装置依赖国外进口,缺乏自主的检测装置制造技术。就目前而言,面对中国冶金行业生产环境恶劣,过程工况复杂的情形,仍需要提高技术的适应性,同时提升装置的实用性。

4.4 冶金智能化制造关键技术论文分析

本部分基于科睿唯安 Web of Science 数据库,通过关键词组合与 Web of Science 学科分类构建冶金行业智能化领域检索策略,检索范围为科学引文索引扩展(SCI-EXPANDED)以及科学技术会议录索引(CPCI-S)会议论文,时间跨度为 1900~2020 年,共检索得到论文 5042 篇。以下从冶金智能化相关技术论文的发表年度变化态势、技术关键词聚类、技术主要国家、重点机构等方面进行分析。

4.4.1 冶金智能化相关技术论文发表总体发展态势

图 4-1 显示了近 30 年来冶金智能化相关技术论文发表年度变化态势。图中数据表明,除 1994 年、2004 年等个别年份外,冶金智能化技术的论文发表数量基本呈现逐年稳步递增态势,1991~2019 年,年均增长率约为 13%。

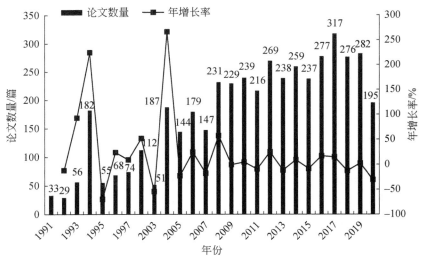

图 4-1　冶金智能化相关技术论文发表年度变化态势

4.4.2　冶金智能化相关技术论文技术领域分布

图 4-2 是采用 VOSviewer 分析软件，基于论文之间的关键词共现关系，对不同时间段内冶金智能化相关文献出现的高频作者关键词进行的主题聚类，图中显示了关键词的词频强度（节点半径越大，关键词出现频率越高），以及关键词之间的共现关系（节点间连线及色彩区域，连线越粗节点间关联越强，同色节点关联度越高）。由此可以参考判断冶金智能化领域论文的主要/热点研究主题。

根据对图 4-2 及相关论文的解读，冶金智能化的相关研究主要集中在智能控制技术，连铸、热轧等过程优化与建模，钢产品缺陷的自动化检测，智能化生产调度，高炉系统的建模与监测，高炉碳效率优化，冶金过程的故障诊断，冶金工业机器人等领域。

在智能控制技术领域，optimal control（最优控制）、fuzzy control（模糊控制）、adaptive control（自适应控制），以及 predictive control（预测控制）和 model predictive control（模型预测控制）是被提及最多的控制技术。如何对 rolling mill（轧机）等设备的 robust control（鲁棒性控制），以及对钢板的 flatness control（平整度控制）和 thickness control（厚度控制）则是主要的研究对象。

在连铸过程建模与优化领域，许多研究集中在基于 image processing（图像处理）的 continuous casting（连铸板）坯测控和自动切割，基于 machine vision（机器视觉）或算法的连铸坯 quality prediction（质量预测）和在线检测［如对 fatigue（裂纹）与 defect（缺陷）的预测等］，基于算法的连铸结晶器漏钢检测，连铸作业的智能化调度，连铸过程的钢液温度预测，二次冷却智能优化控制，保护渣性能预测，等等。

在 blast furnace（高炉）系统的建模与监测方面，大量研究集中在对高炉炉况的特征提取，高炉料面、风口或高炉内煤气流的 image processing（图像处理），高炉炼铁复杂过程的建模与 prediction（预测），高炉铁水温度预测，高炉煤气发生量预测，高炉炼铁的碳效率评估与优化，等等。

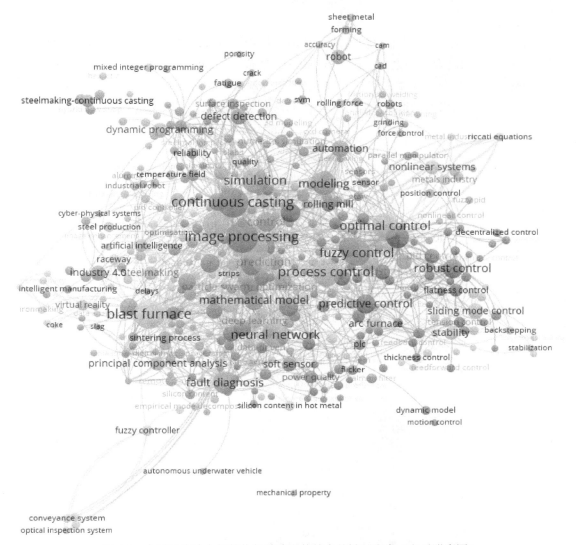

图 4-2 全时段内冶金智能化相关论文的技术关键词聚类（文后附彩图）

在冶金过程的故障诊断方面，运用主成分分析、支持向量机、neural network（神经网络）、专家系统、particle swarm optimization（粒子群优化）等方法对冶金过程，特别是高炉等复杂系统进行 fault diagnosis（故障诊断）是一类重要的研究方向。

冶金工业 robot（机器人）也是冶金行业智能化的研究方向之一，极板转运机器人、forming（金属成形）机器人、welding（焊接）机器人等相关研究较多。

图 4-3 显示了近 30 年来，不同时间段内冶金智能化相关论文的技术关键词聚类变化情况。

1991~2004 年，冶金智能化的相关研究主题主要与智能化过程控制相关，如 adaptive control（自适应控制）、predictive control（预测控制）、robust control（鲁棒性控制）等。此外，system identification（系统辨识）、parameter estimation（参数估计）是该领域研究较多的内容。image processing（图像处理技术）、simulation（建模与仿真）也是这一时间段内的重要研究方向。

2005~2010 年，冶金智能化相关研究开始与 blast furnace（高炉）和 continuous casting（连铸）过程密切结合，与之相关的 simulation（模拟）、modeling（建模）、control（控制）与 optimization（优化）技术主题开始大量出现。fuzzy control（模糊控制）技术是这一时期中研究较多的智能化控制技术。冶金 robot（机器人）技术也在这一时期成为研究热点之一。

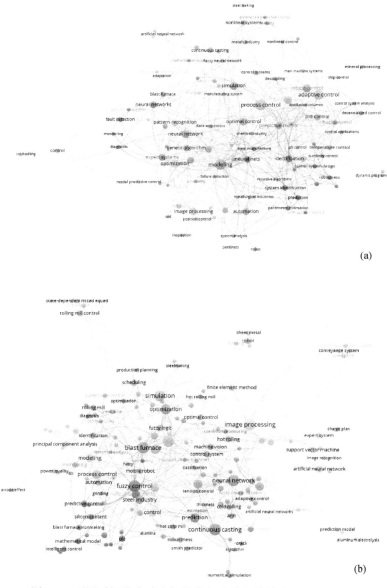

图 4-3　不同时间段内冶金智能化相关论文的技术关键词聚类

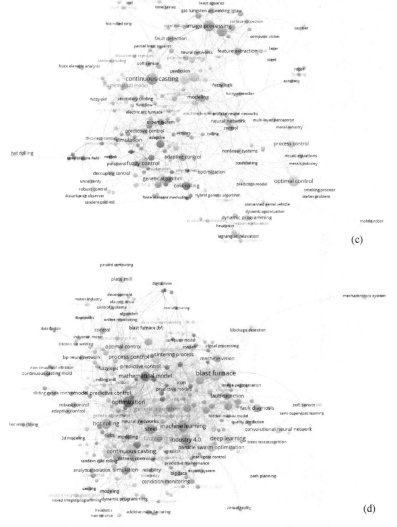

图 4-3　不同时间段内冶金智能化相关论文的技术关键词聚类（续图）

2011~2015 年，包括 machine vision（机器视觉）在内的 image processing（图像处理）技术开始更加受到研究人员的关注，相关技术在冶金过程和装备的 feature extraction（特征提取）、process monitoring（监测）和 fault detection（缺陷诊断）中得到应用。此外，optimal control（最优控制）技术在连铸、轧制等过程中的应用开始增多。

2016~2020 年，更多智能化技术与概念开始与冶金行业结合并成为研究热点，machine learning（机器学习）、deep learning（深度学习）、industry 4.0（工业 4.0）、digital twin（粒子群优化）、data fusion（数据融合）等先进智能技术受到大量关注。

4.4.3　世界各国冶金智能化相关技术论文分布态势

图 4-4 显示了在冶金智能化相关技术研究领域中，发表论文数量排名前 10 位的国家情

况。如图 4-4 所示，中国位于冶金智能化相关技术研究领域论文发表数量第 1 位，总数为 1979 篇，遥遥领先于其他国家；美国排名第 2 位，总数达到 401 篇；日本以 269 篇排名第 3 位；德国以 207 篇排名第 4 位。韩国、加拿大、俄罗斯、英国、印度和伊朗等国家的论文发表数量均不足 200 篇。

图 4-5 从论文数量、论文篇均被引，以及论文的 H 指数（用于表征高被引论文的数量）方面对排名前 10 位国家的论文发表情况进行了对比。图中气泡大小代表论文数量，气泡越大代表该国从事该领域相关研究越多；横坐标代表论文篇均被引频次，数值越大代表该国研究论文的平均影响力越高；纵坐标代表 H 指数，数值越高代表该高水平论文数量越多。

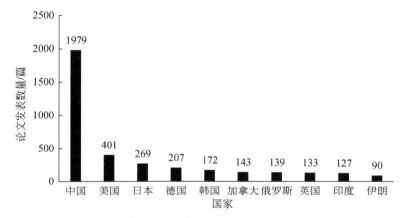

图 4-4　世界主要国家冶金智能化相关论文数量

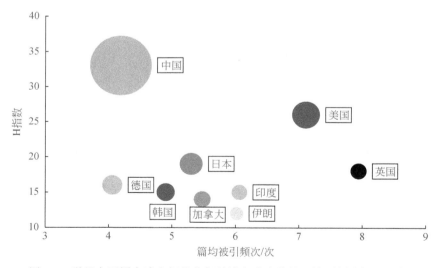

图 4-5　世界主要国家冶金智能化相关论文发表数量、被引频次与 H 指数

如图 4-5 所示，中国在研究强度方面均处于世界领先地位，并且与其他国家存在较大的领先差距。尽管中国在论文数量上位于世界第一，但篇均被引频次仅为 4.2 次，英国和美国在该领域的篇均被引频次最高，分别达到了 7.9 次和 7.1 次，印度、伊朗和日本等亚洲

国家的篇均被引频次也较高。由此反映出，中国冶金智能化领域的论文在平均影响力方面与其他国家还存在差距。也由于论文总量较高，中国拥有最多数量的该领域的高水平论文。

图 4-6 显示了近 10 年以来冶金智能化领域世界主要国家论文发表数量随时间的变化情况。如图所示，中国在该领域的论文数量年均增长幅度达到 10%，2003 年中国相关论文发表数量超过美国，并在随后的几年，中国的论文发表数量基本保持在世界第一的水平，每年发表的论文数量超过 60 篇。美国和日本的论文发表数量基本相当，约为 20 篇/年，与中国存在较大差距；德国、韩国、加拿大等其他国家的论文发表数量则较少。2008 年以后，世界各主要国家在冶金智能化领域的论文发表数量均呈上升趋势，2008~2020 年，美国、日本、德国、韩国发表论文的年均增长幅度在 11% 以下，俄罗斯和印度的增长速度也较快，分别都达到 10%，但这两个国家论文发表数量基数较小，至今相关论文发表数量仍与中国、美国、日本等领先国家存在较大差距。

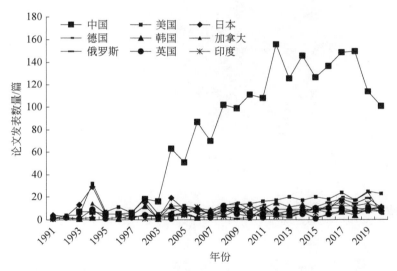

图 4-6 世界主要国家冶金智能化相关论文数量时间变化态势

图 4-7 展现了中国、美国、日本、德国和韩国五国在冶金智能化领域论文的主题聚类情况。

中国在冶金智能化领域的论文数量远超其他国家，论文涉及的主题范围也较广，其中 fuzzy control（模糊控制）、optimal control（最优控制）、sliding mode control（滑模控制），以及对高炉、连铸、轧制等过程的 mathematical model（智能化建模）和控制，fault diagnosis（缺陷诊断）等是重点研究内容。

美国在冶金智能化领域的研究范围相比中国而言偏窄。美国的主要研究内容包括冶金过程的智能化控制技术、轧机智能控制，以及利用 dynamic programming（动态规划）等技术进行高炉智能建模等。此外，美国在 weld pool（焊接熔池）的图像处理技术，以及钨极惰性气体保护焊（GTAW）的智能控制等方面有较多成果。

日本在冶金智能化领域的研究主要集中在过程的 process control（智能控制技术）、image processing（图像处理技术）、高炉炉况建模与表征，以及 iron ore sintering process（铁矿石烧结）的 carbon efficiency（碳效率优化）等方面。

德国在冶金智能化领域的研究主要集中在冶金工业 robot（机器人）、连铸过程的 fault detection（缺陷诊断）、image processing（图像处理技术）、冷轧过程的 optimal control（最优控制）、热轧状态监测与 analytical models（分析建模）等方面。

韩国在冶金智能化领域的研究主要集中在冶金过程的 fuzzy control（模糊控制），轧机智能控制，基于 machine vision（机器视觉）、image processing（图像处理）等的缺陷与 defect detection（质量检测）等方面。

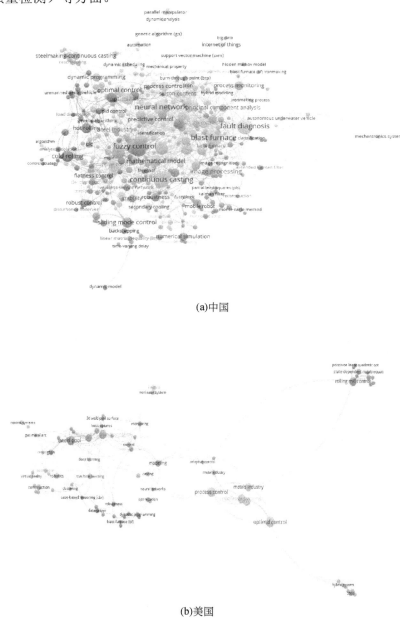

(a)中国

(b)美国

图 4-7　中国、美国、日本、德国、韩国冶金智能化相关论文关键词聚类

(c)日本

(d)德国

(e)韩国

图 4-7　中国、美国、日本、德国、韩国冶金智能化相关论文关键词聚类（续图）

4.4.4 冶金智能化相关技术论文机构分析

图 4-8 显示了在冶金智能化领域，全球论文发表数量最多的排名前 10 位机构。其中东北大学以 306 篇排在第 1 位，其次是中南大学（178 篇）、北京科技大学（134 篇）、中国宝武钢铁集团有限公司（89 篇）、燕山大学（81 篇）、大连理工大学（74 篇）、浙江大学（74 篇）、日本新日铁住金株式会社（69 篇）、上海交通大学（60 篇）、中国科学院（49 篇）。

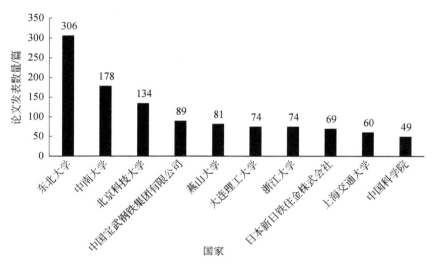

图 4-8 全球冶金智能化相关论文发表排名前 10 位机构

图 4-9 从论文发表最多的机构的论文数量、篇均被引频次以及 H 指数方面对比了各机构在冶金智能化领域的研究实力。东北大学论文发表数量居于全球第 1，但在论文的篇均被引频次上距离浙江大学、日本新日铁住金株式会社等其他机构还存在一定差距，仅为 5.5 次左右，不过其代表高被引论文数量的 H 指数为 19，仍处于领先地位。浙江大学在该领域论文的篇均被频次引达到 9.3 次，远超过其他研究机构，具有较高的研究影响力；日本新日铁住金株式会社的篇均被引频次也高达 8.0 次，居于第 2 位；篇均被引频次居第 3 位的是上海交通大学，大连理工大学的篇均被引频次处于 7~8 次。北京科技大学、中国宝武钢铁集团有限公司和中国科学院的篇均被引频次和 H 指数在排名前 10 位的机构中均偏低，说明其论文影响力还有待提升。

图 4-10 显示了冶金智能化领域排名前 10 位机构随时间变化的论文发表变化情况。2005年，各研究机构和高校的论文发表数量基本相近。但从 2008 年开始，东北大学相关论文发表数量出现较大提升，并在接下来时间内基本保持领先。中南大学虽然每年论文发表数量起伏较大，但是其每年论文发表数量一直名列前茅。中国宝武钢铁集团有限公司从 2006 年开始也有较多的论文发表，但在 2008~2014 年，论文发表数量逐渐下降。北京科技大学、燕山大学的论文发表数量从 2007 年开始有较大幅度的提升，并且在随后几年中也保持了相当数量的论文发表。

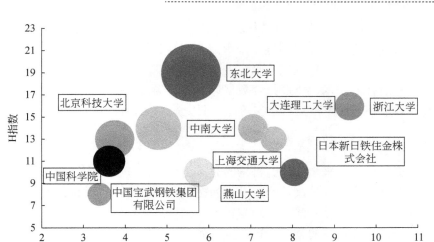

图 4-9 全球冶金智能化排名前 10 位机构相关论文发表数量（气泡大小）、篇均被引频次（横坐标）与 H 指数（纵坐标）

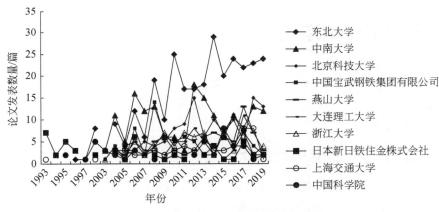

图 4-10 全球冶金智能化排名前 10 位机构论文发表时间变化态势

4.4.5 基于论文解析的基础理论发展现状小结

（1）冶金智能化领域的基础研究持续稳定发展

从冶金智能化领域发表的 SCI 论文来看，各年发表论文数量存在一定波动，但变化幅度较小，特别是近 10 年来，论文增长率在-15%至 25%区间变化，长期而言基本保持增长态势。这也说明冶金行业作为发展成熟度较高的传统生产行业，面向该行业的智能化研究并未如人工智能、机器人等新兴产业一样呈现爆发式增长态势，而是属于渐进式发展，需要在较长时期内逐步探索智能技术与传统冶金技术的融合，深化研究内容，扩大应用范畴。

（2）中国冶金智能化研究强度领跑全球

从世界各国在冶金智能化领域的 SCI 论文发表数量来看，中国自 2004 年起开始领跑全球，自 2008 年起，中国每年在该领域发表的论文数量已超过 100 篇，而美国、日本等国每年论文发表数量仅约为 20 篇，说明近年来中国在冶金智能化领域的研究强度远高于其他国家。同时，中国在冶金智能化领域的研究主题范围较广，对高炉、连铸、轧制等冶金过程建模，各类型先进控制技术，以及结合数据计算的缺陷诊断技术等均有大量研究。不过，中国论文在篇均被引方面略落后于英美等国，研究影响力仍待进一步提升。

（3）冶金智能化领域的研究热点

综合论文聚类和近年来主要研究机构的高被引论文，分析得到近年来冶金智能化领域的研究热点：炼铁、连铸、轧制等冶金过程的建模、预测与控制优化；冶金过程的在线监控与故障诊断，如连铸结晶器漏钢检测与预警、钢材热处理温度的在线监测与控制、工作辊的磨损预测等；冶金过程的智能优化决策，如高炉煤气系统的建模、预测与调度；高炉的内部炉况预测与检测；产品预测分析与控制，如轧制钢板厚度预测与控制、铁水的温度测量和质量预测、钢材表面缺陷检测；无线传感网络优化、无线控制系统稳定性控制、数据传输优化等。

4.5　冶金智能化制造关键技术专利分析

本部分基于科睿唯安 Derwent Innovation 数据库，通过关键词与国际专利分类号组合构建检索策略，至 2021 年 2 月 4 日，共检索得到冶金行业智能化相关德温特世界专利索引（DWPI）同族专利 17 604 项。

4.5.1　冶金行业智能化相关技术专利申请总体发展态势

图 4-11 显示了近 30 年来，冶金行业智能化相关技术专利申请数量的变化态势。1991 年，该领域相关技术专利申请数量略微超过 200 项，至 2019 年，相关技术专利申请数量已达到 1200 项。相关技术专利的申请爆发始于 2007 年，其主要增长动力来自中国科研机构大量

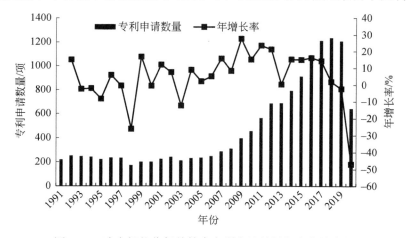

图 4-11　冶金智能化相关技术专利申请数量年度变化态势

的专利申请。不过最近 3 年来，相关技术专利申请的增长趋势有所放缓。

4.5.2　冶金智能化相关技术专利技术领域分布

图 4-12 显示了冶金智能化相关技术专利技术领域分布。冶金智能化相关技术专利 50%
以上集中在 B（作业；运输），其次是 C（化学；冶金）、G（物理）、F（机械工程；照明；
加热；武器；爆破）和 E（固定建筑物）。其中，在 B（作业；运输）中，B21（无切削的
金属机械加工）和 B22（铸造）占比最多，以 B21B（金属的轧制）和 B22D（金属铸造）
最为突出。而在 C（化学；冶金）中，C21（铁的冶金）中的 C21D（改变黑色金属的物理
结构）占比最多。

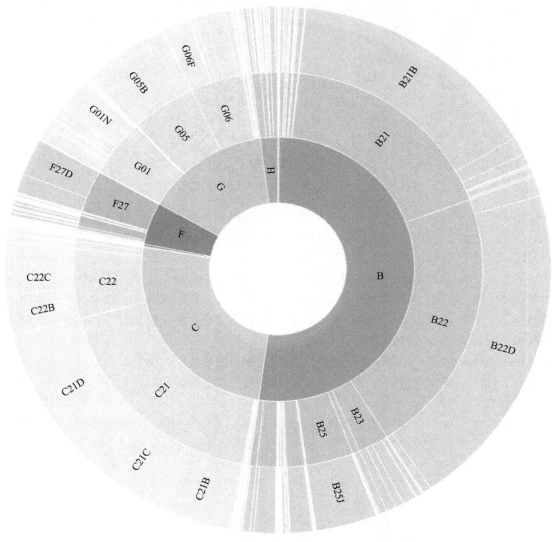

图 4-12　冶金智能化相关技术专利技术领域分布（文后附彩图）

图 4-13 是利用 Thomson Innovation 对冶金智能化领域相关专利进行关键词聚类绘制的专利地图。根据专利地图及对相关专利文本的解读，冶金智能化相关的专利技术主要聚集在以下领域：roll mill（轧机系统）及相关设备，铸造自动化系统，高炉的自动化控制与监测，气体检测和控制方法与装置，热处理装置与技术，冶金控制/通信相关电子设备、冶金过程的数据收集与处理，图像探测方法与设备，等等。

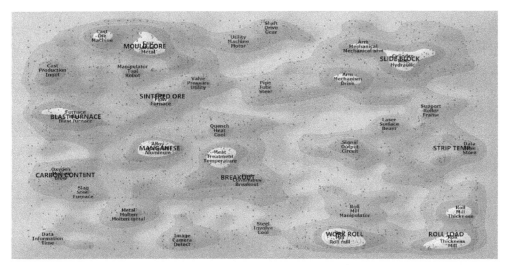

图 4-13 冶金智能化相关技术专利地图（文后附彩图）

在冶金智能化领域，轧机与铸造系统的智能化相关专利所占比例最高。在轧机系统方面，典型专利包括自动化轧机设备，轧制速度、压力、偏心率预测，thickness（轧机板厚）控制系统与方法，轧机推床及其控制，等等。

在 cast、mold、metal（铸造系统）方面，大量装置与自动化装备、manipulator（机械臂）、robot（机器人）及其零部件相关，如钢包升降装置、进料装置、卸料装置、钢水罐水口拆除装置、加渣机器人、排渣机器人、铸件夹取机械手、浇注机械臂等。此外，自动化压铸技术及系统也有较多专利。

blast furnace（高炉系统）的智能化专利涉及领域比较宽泛，例如，高炉的状态预测、检测与控制，高炉维修拆装机器人，高炉进料分配控制，高炉布料优化，高炉及炉料的状态仿真建模，等等。

signal、output、circuit（冶金智能化的电子设备）相关专利中，主要包括冶金设备的各种伺服控制系统、无线信号处理系统、信号发生装置、冶金过程监测装置等。

data，base，store（数据采集与处理）则包括冶金过程的工况计算及调整程序，运行状况的预测、监控与校正，异常状态诊断，数据管理系统与方法，冶金过程模拟与仿真，等等。

在 image、camera、detect（图像处理）方面，主要包括利用摄像装置、机器视觉等设备与方法，进行钢板/钢坯等产品检测，高炉燃烧状态与温度场检测，沸腾状态判断，设备故障诊断，焊接状况检测，物体识别，等等。

4.5.3 世界各国冶金智能化相关技术专利分布态势

图 4-14 显示了目前世界主要国家在冶金智能化相关技术领域申请的专利占比。中国、日本、韩国、美国、德国是冶金智能化相关技术专利的主要申请国家，占全部专利的 88%。在全部 17 398 项专利中，中国以 8052 项专利申请占总量的 46.3%，在数量上占据绝对领先地位；其次是日本，以 4945 项专利申请占 28.4%；再次分别是韩国、美国和德国，分别以 1032、728 和 559 项专利申请占 5.9%、4.2% 和 3.2%。

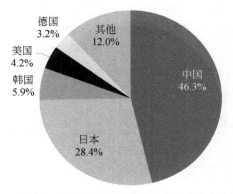

图 4-14　世界主要国家冶金智能化相关技术专利申请比例

图 4-15 显示了中国、日本、韩国、美国、德国五个国家自 1991 年以来在冶金智能化领域中专利申请数量的变化态势。可以看到，中国在 21 世纪初的专利申请数量较少，2004 年前后相关专利申请开始逐渐活跃，至 2007 年，相关技术专利申请已超过美国成为世界第一，并在此后继续保持较高的增长态势，至 2019 年，中国在该领域的专利申请数量已经远远超出其他国家。

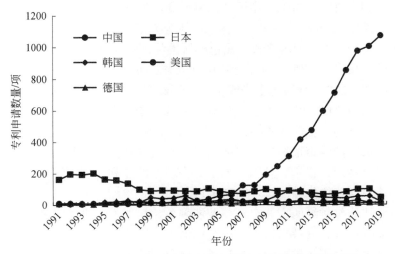

图 4-15　世界主要国家冶金智能化相关技术专利申请数量变化

日本在冶金智能化领域是早期领先国家。日本早期也在该领域申请了相对较多的专利，但从 1998 年至今，日本在该领域的专利申请数量没有明显增长。韩国在该领域早期与中国类似，较少有专利申请，但在 1998 年前后，韩国在该领域的专利申请数量有较大增长并且每年都有一定数量的专利数量申请，2012 年曾经短暂超过日本，成为当年专利申请数量仅次于中国的第二大专利申请国，不过韩国的整体专利申请数量仍然与中日两国存在较大差距。

从世界主要国家在该领域的国际专利布局来看，中国在世界知识产权组织申请的专利合作条约（PCT）专利仅 46 件，在海外申请的专利总数只有 212 件，占比约为 2%。美国共申请了 220 件 PCT 专利，在欧洲专利局申请了 297 件专利，在日本和中国也申请了 150 件以上的专利，其海外专利比例高达 68%。日本的海外专利申请占比达到了 26%，韩国也达到了 15%（表 4-1）。可见，在冶金智能化相关的国际专利申请方面，中国与日本、美国、德国、韩国等发达国家还存在较大差距，尽管中国国际专利的绝对数量不低，但在比例上而言，绝大多数专利仍然局限在国内，缺乏国际影响力。

表 4-1　世界主要国家冶金智能化相关技术专利国际专利申请布局　　　　（单位：项）

专利申请国	专利数	DWPI 同族专利	中国专利局	美国专利局	日本专利局	韩国专利厅	世界知识产权组织	欧洲专利局
中国	10 293	8 052	10 081	58	19	20	46	18
日本	7 890	4 945	378	384	5 788	213	169	284
韩国	1 823	1 032	55	60	41	1 535	45	50
美国	2 678	728	160	849	191	72	220	297
德国	2 036	559	126	183	110	61	154	333

从各国的技术布局来看（图 4-16），中国、日本、韩国、美国、德国五个国家在 B22D（金属铸造）冶金智能化相关技术领域都有较多布局，日本、韩国、美国、德国四个国家在该领域的相关专利占 20%~30%，中国的比例最高，约 35% 的相关专利与金属铸造有关。B21B（金属的轧制）是日本、韩国、德国三个国家重点布局的技术方向，美国、中国在该领域的布局相对较少。中美两国在改变黑色金属的物理结构领域，如 C21D（通过脱碳、回火或其他处理使金属具有韧性）等有较多专利布局，而日本和韩国在该领域的布局相对较少。此外，中国在 C22B（金属的生产或精炼）领域有相对较多的专利布局；韩国在 C21B（铁或钢的冶炼）和 C21C（生铁的加工处理）领域的专利布局较多；美国在 C22C（合金）领域有相对更多的布局；德国在 G05B（一般的控制或调节系统）和 F27D（一种以上的炉通用的炉、窑、烘烤炉或蒸馏炉的零部件或附件）领域有相对更多的布局。

通过对中国、美国、日本、韩国、德国五个国家的专利内容关键词聚类，可从一定程度上反映出各国冶金智能化相关技术的侧重点。

中国在冶金智能化领域的大量专利与智能装备、机器人、机械臂装备及其控制技术相关。例如，捞渣机器人、夹持机器人、铸造机器人、压铸机器人、码垛机器人，以及铸造设备、轧机、淬火装置等多种冶金设备的智能化控制技术等。与冶金自动化设备相关的零部件，如轴、齿轮、电机等也有大量专利分布。

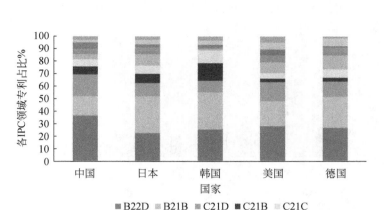

图 4-16　中国、日本、韩国、美国、德国五国冶金智能化专利技术 IPC 分类对比

除机械与控制类技术外，中国在冶金过程的数据处理与分析、冶金工业过程，特别是轧机和高炉的工作状态预测与控制，以及冶金行业的可编程逻辑控制系统领域也有一定的专利布局。

日本在冶金智能化领域有较多专利布局在高炉炼铁环节的智能化领域，如高炉的装料分布控制、高炉内部炉况检测与预测、高炉系统数据的处理方法、基于计算的高炉运行操作等。日本在轧钢环节的连续加热炉智能控制、热轧钢温度预测与控制、利用智能化技术控制轧机的各类参数，以及轧机板厚控制也有较多布局。

在利用摄像设备和图像处理技术进行物体识别、温度测量、设备状况检测、产品质量检测、粉末冶金注射成型的数据处理及设备控制、铸造机器人、工业机械手等领域，日本也申请了大量专利。

韩国在冶金智能化领域有较多专利集中在连铸装备技术方面，如铸坯的质量预测与控制、连铸设备的稳定性控制等。在轧钢方面，韩国专利权人申请了大量专利运用神经网络等智能技术对轧制力、带钢温度、带材位置与偏差、带材卷绕状态等进行预测和控制。在高炉炼钢方面，韩国在高炉的内部状态模拟和预测、远程监控、无线传感、高炉修复等方面进行了一定布局。

此外，韩国在利用摄像装置与图像处理技术进行带钢温度测量、边缘检测、形状检测、缺陷检测、轧制过程控制，加热装置和温度控制系统等方面也有一定数量的专利布局。

美国在冶金智能化领域的技术布局相对中日等国较少，其专利较为集中的领域是利用智能技术与装备协助进行金属的精密铸造。其他专利聚集较多的领域包括远程监视和控制系统与方法、冶金炉的吹氧控制、轧机轧制力预测与控制、冶金机器人等。

德国在冶金智能化领域的专利布局有较多与机器人、机械手相关。

4.5.4　冶金智能化相关技术专利主要专利权人分析

图 4-17 显示了冶金智能化相关技术专利申请数量最多的十大专利权人，依次是日本新日铁住金株式会社、日本 JFE 钢铁公司、韩国浦项制铁集团公司、中国宝武钢铁集团有限

公司、日本神户制钢所、中冶南方工程技术有限公司、韩国现代钢铁公司、日本日立制作所、鞍山钢铁集团有限公司、东北大学。

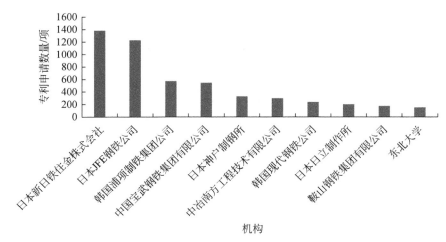

图 4-17　冶金智能化相关技术专利排名前 10 位专利权人

　　图 4-18 从时间变化角度展示了冶金智能化相关技术排名前 10 位的专利权人近 30 年专利申请的变化态势。可见，中国科研机构与高校的专利申请在 2004 年前后开始有大幅度增长，并于 2013 年超过在该领域有较长时间积累的日本新日铁住金株式会社、日本 JFE 钢铁公司和韩国浦项制铁集团公司等机构。日本新日铁住金株式会社尽管有较多专利积累，但多数申请自 21 世纪初，尽管近年来申请的相关专利数量有小幅度增长，但不及中国机构。日本 JFE 钢铁公司专利申请一直较为稳定。韩国浦项制铁集团公司在 21 世纪初曾在专利申请数量上位列第一，但 2003 年以后专利申请数量就趋于平稳。

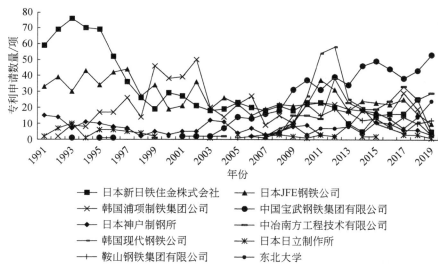

图 4-18　冶金智能化相关技术排名前 10 位专利权人专利申请数量变化

　　表 4-2 显示了冶金智能化领域主要专利权人基于文本分类的专利聚类情况。

表 4-2 冶金智能化相关技术排名前 10 位专利权人主要技术领域分布

专利权人	主题词聚类
日本新日铁住金株式会社	辊、板、支架（159），轧辊、轧机、工件（126），冷却、钢板、加热（124），高炉（123），铸件、模具、分接头（108），张力、轧（82），转炉、吹风、污水（78），计划、生产、订单（60），熔融、水平、金属（58），图像、照相机、灯光（57），气体、烧结、排气（53），质量、数据、制造（50），板、切割、宽度（46），管、管、卷（45），耐火材料、喷嘴、孔（44），机器人、成员、泥浆（42），质量、磁性、夹杂物（27），撬块、钢坯、标记（22）
日本 JFE 钢铁公司	轧制、负载、站立（130），铸造、模具（113），高炉（101），冷却、温度、板（85），形状、卷、弯曲（84），冠、轧、轮廓（77），吹、转换器、氧气（76），带材、宽度、张力（75），铁、熔渣（70），热、炉、材料（67），平板、压力、宽度（51），图像、相机、光线（46），产品、制造、计划（39），钢管（36），钢板、薄板、钢（35），型号、数据、单位（34），手臂、喷嘴、支撑（26），钢棒、薄板（25），烧结、矿石、托盘（22），滚动（18）
韩国浦项制铁集团公司	辊、厚度、宽度（64），薄钢板、薄钢板、钢（46），高炉、高炉、高炉（44），熔融、熔融钢、精炼（43），连续铸坯（41），图像、边缘、投射（35），冷却、温度、线圈（35），孔、耐火材料、水龙头（29），活套张力带（28），形状、裁剪、卷（27），温度、热量、温度（22），水口堵塞（20），振动、线材、棒材（20），炉料、矿石、焦炭（20），负载、滚动、滚动负载（18），熔渣、钢包（17），气体回收炉（17），外倾角、横滚、折弯机（15），压力、熔化炉气化炉、顶部（12），电弧电极（10）
中国宝武钢铁集团有限公司	辊、粗糙度（58），通信信号模块（44），高炉、高炉、熔炉（42），冷却、水、管道（41），加热炉温度（41），连续铸坯（39），长钢包（35），熔氩精炼（31），炉渣、臂、钢渣（30），图像、退火、张力（25），钢卷（25），厚度、带材、轧辊（24），滚筒、印刷、轴承（24），和（22），油、探头、结晶器（20），剪切粗糙宽度（18），煤、注入、天然气（16）
日本神户制钢所	高炉温度（73），辊、厚度、载荷（63），温度、冷却、钢板（36），铸造、烧结、表面（24），宽度、带、支架（23），钢包、熔融、温度（20），切削质量、合金（16），吹渣、喷枪（16），显示、板坯、加热炉（13），空白图像（13），顺序、属性、动作（12），驱动、杆、阀（9），槽钢结构（8）
中冶南方工程技术有限公司	推杆、滚子、杆（50），形状、卷、厚度（44），冷却水（37），燃气、管道、热力（33），炉渣、转炉、结晶器（27），连铸坯（26），高炉、数据（17），枪、锻造、探针（17），材料、车辆、磁盘（15），层、烧结、网络（12），电源、真空、开关（11），充电、顶部、曲线（10）
韩国现代钢铁公司	高炉（34），轧辊、温度、材料（26），铸造裂纹吊钩（23），热轧薄板卷（22），熔渣温度（22），烧结煤矿石（17），水口、阻塞、高度（16），熔融、液位（13），层、厚度、凝固（12），转炉、温度、铁水（10），气体、真空、氢气（10），振动、摩擦力（8），外倾角、砧座、监控器（5），钢包炉、钢丝（5），冷却加速阀（5）
日本日立制作所	张力、厚度、单位（27），形状、顶部、弯曲（26），辊、负载、支架（25），冷却水温度（22），系统、控制系统、装置（22），加热炉温度（17），铸件、模具、缺陷（14），剖面、规则、植物（12），数据、示教、检查（12），操纵器、气缸、导轨（6），弹性、阀座、轴承（4），工业喷涂机器人（3）
鞍山钢铁集团有限公司	含量、炉（33），轧辊、轧机（32），操纵器、轴、框架（21），连续温度铸件（19），罐体、油箱（15），服务器、plc、转换器（15），压力阀（11），管道（9），钢锭（7）
东北大学	带钢、厚度、辊（28），凝固、铸造、沉淀（22），熔融、高炉（20），钢板、温度（13），加热炉、压力炉（12），熔融结晶器液位（10），电极、单元（9），断层、浸出、金（8），网络、顺序、铸造（7），阶段、脱碳、熔炼（3）

日本新日铁住金株式会社在冶金智能化领域的专利重点主题包括基于数据计算的轧制钢板的形状控制；轧机的运行状态预测与控制，如工作辊磨损预测、轧辊变形计算、工作辊位移侧测量、轧制过程内部裂纹预测等；钢板温度预测、加热炉加热控制、淬火冷却控制；高炉的状态预测与控制，如损伤诊断、炉温校正、炉内压力调整、炉内矿渣状况预测、耐火材料损耗预测等；铸造过程控制，如根据温度检测防止铸件裂纹、连铸过程中的漏钢预测等；转炉状态监测与控制，如炉渣检测、吹炼温度控制、吹氧控制等；熔融金属的液位控制；基于图像处理的检测技术，如产品形状控制、工作辊状态测量、高炉

出铁口熔渣流量检测；制造过程的状态预测、产品质量预测、操作与质量关系分析；冶金工业机器人，如刮渣机器人、附着物清除机械手、铸件后处理机器人、自动焊接机器人、去毛刺机器人等。

日本 JFE 钢铁公司在冶金智能化领域的专利重点主题包括基于数据计算预测和控制轧机的轧制载荷乃至轧制钢板厚度；预测和控制铸造过程的各种状态和故障，如漏钢预报、水口堵塞预测、板坯缺陷检测、铸钢表面裂纹估算等；高炉的状态预测与控制，如高炉温度预测、基于传感测量的高炉鼓风控制、高炉异物检测、高炉布料控制、高炉炉况监控等；钢板温度分布测量与预测；钢板轧制的厚度与形状控制；转炉吹氧控制；熔融金属的温度预测与控制；连续热处理炉的热控制技术；基于图像处理的检测技术，如高炉异常检测、连铸机温度检测、热轧产品检测、转炉吹气喷嘴监控等；产品缺陷预测；基于数据计算的冶金装置状态判断与运行控制等。

韩国浦项制铁集团公司在冶金智能化领域的专利重点主题包括轧制过程状态预测与控制；热轧钢板的参数预测，如温度、形变、应力等；高炉内部温度预测、高炉布料控制、高炉风口控制、高炉运行状况评估与控制等；钢水精炼控制、钢水碳浓度预测、钢水液位控制；连铸过程的状态监测与控制，如钢坯质量预测、结晶器液位与浇注速度控制等；基于图像的监测技术，如轧机表面缺陷处理、热坯板表面裂纹检测、异常操作监控、钢水泄漏监测、炉渣泄漏监测、带钢偏差测量等；带钢温度控制；钢包水口堵塞的检测与预测等。

中国宝武钢铁集团有限公司在冶金智能化领域的专利重点主题包括轧机的智能化控制方法，如凸度补偿自学习控制方法、带钢热轧稳定性控制方法、热轧板凸度在线闭环控制方法等；冶金过程的控制与监控系统及其内部模块，如集成监控系统、监测预警系统，以及相应的振动采集模块、速度采集模块、通信模块、报警模块，可编程逻辑控制器及其数据收集模块、计算模块等；高炉状态预测与控制系统，如炉温预测与控制、热风炉运行状态评估、智能送风装置、上料分布控制、温度监控系统、气体分布控制、气压控制装置等；钢材的冷却模拟与控制；加热炉的智能化控制；连铸过程的智能化控制、异常预警以及钢坯缺陷预警；钢包操作相关自动化设备，如自动撇渣装置、快速更换机械手、水口拆卸更换装置、渣料卸载检测、钢包视觉定位装置等；钢水的温度估算和预测；钢渣、炉渣处理机器人，如钢渣清洗机械臂、炉渣输运无人控制系统、钢渣自动测温机器人等；基于图像的检测、预警技术，如钢板形状的在线测量、工作辊表面自动检测、冶金行业的自动驾驶、带钢位置的自动校正等。

日本神户制钢所在冶金智能化领域的专利重点主题包括高炉温度预测与控制；轧机负载、轧板厚度的预测与控制；钢板温度预测与控制；烧结机的温度分布预测以及控制技术，烧结时间预测；轧制钢板的宽度与形状控制；高炉及钢包中铁水、钢水等熔融金属的温度测量与预测；炉渣检测方法等。

中冶南方工程技术有限公司在冶金智能化领域的专利主要集中在自动化、智能化机械装置，如液压动力机械手、钢包内衬耐材解体用机械手、轧机换辊机械手、自动铸坯堆放装置等；基于神经网络、模糊控制等智能技术的带钢轧制形状控制，轧机轧制力预设，等等；轧机、高炉等水冷系统的模拟以及优化控制；冶金过程中烟、粉、气等的控制，如高炉喷煤粉控制、烟气除尘爆炸风险预测、转炉吹氧控制等;铁水渣、炉渣等的检测与自动化处理;连铸机自动化控制系统、钢坯检测装置等。

韩国现代钢铁公司在冶金智能化领域的专利主要集中在高炉炉况预测,如炉膛热量预测、高炉管道行程预测、燃烧工况模拟等;轧机控制技术,轧制钢板的尺寸检测与控制;钢坯缺陷预测与控制;钢水温度测量与预测;钢包水口堵塞程度预测;等等。

日本日立制作所在冶金智能化领域的专利主要集中在轧机控制技术,轧机钢板厚度、宽度等形状控制;热轧系统的冷却控制;加热炉温度控制;铸件与模具的缺陷检测;等等。

鞍山钢铁集团有限公司在冶金智能化领域的专利主要集中在:冶炼钢水中元素含量预测,如碳、磷、硫等预测;高炉运行状态评估与控制;轧机控制系统;冶金自动化装备,如钢包水口机械手、轧机推床、竖炉维修用自动定位机械臂走桥装置、横移机械手、转炉副枪插碳头机械手等;连铸系统的检测与控制,如连铸铸流跟踪和质量事件标记、连铸结晶器漏钢预测、中间包事故预警装置、连铸运动参数检测等;铁水罐、钢包等高危设备与区域遥控系统;冶金工业用可编程逻辑控制系统;等等。

东北大学在冶金智能化领域的专利主要集中在轧机控制,轧制钢板的形状控制;钢水凝固过程计算与预测;高炉铁水、钢包钢水等熔融金属的温度、质量测量、建模与预测;钢板温度监测与控制;加热炉的智能控制;等等。

4.5.5 基于专利解析的关键技术发展现状小结

（1）中国冶金智能化制造关键技术发展迅速，专利数量领跑全球

从专利数量角度来看，中国、日本、韩国、美国、德国在冶金智能化制造关键技术领域占全球主导地位，其中，中国在该领域的专利数量已占全球相关专利总量的40%以上，其研究活跃程度远远超过其他国家。在2006年以前，冶金智能化制造关键技术的主导国家是日本，但在2006年后中国在该领域的发展快速超过包括日本在内的其他国家，并在近年来持续保持大幅增长态势。然而，中国以外的其他国家近年来在冶金智能化制造关键技术领域的发展较为稳定，并未出现类似中国的大幅度增长态势。

（2）中国冶金智能化硬件设备及其控制技术占比较高

与其他国家相比，中国冶金智能化制造关键技术领域专利数量较多，技术布局也较广泛，在多个技术领域均有专利布局。不过总体来看，中国的大量关键技术与冶金领域的智能化装备有关，如机器人、机械臂、智能化制造设备、轧机、淬火装置等，在与冶金自动化相关的零部件方面也有大量布局。相对而言，冶金强国日本在智能化领域的专利布局更侧重于冶金过程的智能化控制、数据仿真与预测、智能化感知与测量等领域，如高炉装料的分布控制、炉况检测预测、轧钢温度预测、轧机板厚控制、图像处理等领域，在冶金工业机器人等硬件领域的布局相对较少。

（3）冶金智能化制造关键技术大量被日本钢企掌握，中国技术集中度偏低

尽管中国在冶金智能化专利申请数量上远超其他国家，但从专利权人角度来看，中国

冶金企业与日本钢铁巨头仍存在较大差距。掌握冶金智能化专利最多的是日本新日铁住金株式会社和日本 JFE 钢铁公司这两家日本钢铁巨头，得益于长期的技术优势积累，这两家日企掌握的专利数量超过了第 3～10 位专利权人的专利数量总和。中国在冶金智能化领域拥有大量专利，但技术分散在大量企业、高校和研究机构手中，集中度偏低，中国宝武钢铁集团有限公司是该领域专利申请数量最多的企业，但其数量仍不及日本新日铁住金株式会社的一半。不过，从近年来的发展趋势来看，中国宝武钢铁集团有限公司、中冶南方工程技术有限公司等国内领先企业在冶金智能化领域进行了大量研究布局，发展速度已超过日本钢铁巨头，未来存在超车的可能。

（4）冶金智能化制造关键技术重点方向

从近年来主要专利权人的专利布局来看，冶金智能化制造关键技术重点方向集中在冶金过程的运行状态建模和预测，特别是轧机、铸造、高炉等的状态预测，如轧机载荷预测、轧辊磨损、变形与位移、内部裂纹预测，高炉损伤诊断，钢包水口堵塞预测，铸造结晶器漏钢预警，烧结机的温度分布预测，等等；冶金过程的状态监测感知，如基于图像分析、机器视觉的钢材形状检测、高炉出铁口熔渣流量检测、冶金各环节的温度检测、设备与钢材的缺陷检测等；冶金过程的智能化控制，如高炉温度、上料分布、气压控制，加热炉的热处理智能控制，轧机的智能化精确控制；冶金过程多模块的集成化控制与监控系统；冶金工业机器人技术，如刮渣机器人、附着物清除机器人、焊接机器人等。

4.6　总结与建议

我国冶金行业在政策与市场的双重驱动下，其智能化发展取得了明显成效，智能传感、风险预警、智能协同控制与优化、特种机器人等关键技术与装备取得积极进展，过程控制、制造执行和管理信息系统全面普及，关键工艺流程数控化率大幅提高，大幅降低了冶金行业事故率，为人民生命、财产安全提供了保证。但目前冶金智能化发展仍面临着统筹管理机制不健全、基础前沿研究不足、智能化技术解决方案不成熟、重大智能冶金装备产业应用较少、冶金智能化发展试点示范支持力度不足、冶金安全生产标准化建设滞后以及复合型安全技术人才培育体系不健全等一系列问题，严重制约了我国面向安全的冶金行业智能化发展进程，亟待一系列政策组合拳来破除发展难题。

（1）强化统筹监督管理机制

加强统筹规划，设立冶金等传统产业智能化发展领导小组，全面进行决策部署、顶层设计，并协调解决在冶金智能化发展过程中遇到的重大事项和重大问题。领导小组下设冶金智能化产业发展领导办公室，具体牵头各相关部门推进落实建设方案中确定的协调服务、监督指导、试点示范等工作，落实冶金智能化产业发展规划，形成高效的工作方案和个性化定制的专项政策；开展一系列推进产业发展的策划活动，形成集聚发展的智能制造产业园区。建立健全监督考核机制，探索实施目标责任考核机制，定期检查和督导建设规划、方案的落实情况，并将考核结果纳入政府对各部门的目标考核体系。

（2）组织国家战略科技力量探索科学前沿问题

依托国家实验室、综合性国家科学中心等国家战略科技力量，针对智能自治发育、智能协同涌现、智能交互演进等高危行业智能化发展面临的三大重要科学前沿问题展开探索研究，为行业安全生产重大需求提供理论基础，为揭示相关科学机理、推动原始创新提供原动力。围绕类人主动感知、自主行为知识发育、共融安全交互、协同感知与认知、自适应协同控制、群智协同涌现、群组系统结构功能分析、群组动态博弈与交互演进、群组系统混杂控制等研究内涵部署前沿探索项目。

（3）以重大专项为抓手，推动冶金智能化发展

由政府或行业协会牵头，联合全产业链相关企业和科研院所研究制定"十四五"冶金行业智能化改造路线图，厘清"国家目标—战略任务—关键技术—发展重点"之间的关系，确定技术发展优先序、实现时间和发展路径等。针对制约我国流程制造业智能化的理论及标准体系和关键技术瓶颈，围绕"人-机-物"三元共融安全体系、云边端一体化的计算与存储技术、动态风险智能感知与监控预警技术、人机共存环境下的主动安全控制技术等关键技术设立流程制造业智能化国家科技重大专项、重点研发计划和科技创新类项目，将其列入"十四五"国家科技攻关项目计划，力求稳定增加研发资源投入，优化投入结构，大幅提高基础研究投入占比。

（4）促进冶金智能化首台（套）重大技术装备示范应用

建议政府加大力度促进冶金智能化首台（套）重大技术装备示范应用，鼓励高危作业"机器换人"的特种机器人、自主智能无人系统等实现重大技术突破，鼓励拥有知识产权、尚未取得市场业绩的冶金智能化装备产品的示范应用，包括前三台（套）或批（次）成套设备、整机设备及核心部件、控制系统、基础材料、软件系统等。

依托大型科技企业集团、重点研发机构，面向智能化、绿色化、服务化发展方向，设立冶金智能化重大技术装备创新研究院。以国家重点实验室、工程研究中心、技术创新中心等国家科技创新基地为基础，形成冶金智能化重大技术装备关键共性技术研发平台，聚集相关领域优势资源，增强研发创新能力。

（5）推进冶金智能化发展试点示范工作

全面落实冶金智能化发展产业政策体系，大力发展冶金智能化产业示范基地。充分结合物联网、大数据、人工智能等技术，依托国家重点研发计划，以风险预警与信息共享服务关键技术研究及示范为总体目标，研究基于大数据的信息集成与共享关键技术，以及建设基于动态风险云图的风险评价与预警平台、互联网公共信息资源服务平台、全生命周期风险预警与管控平台等。

积极支持产业发展基础较好、转型升级思路清晰、保障措施有力的重点企业，按照冶金行业智能化发展重点任务和重点措施等内容，鼓励企业开展智能制造、"机器换人"、

自动化（智能化）成套装备改造试点、技术装备升级、企业全供应链全生产流程优化、新技术新装备研制生产与应用、产品升级换代、工业强基、绿色制造、服务型制造、"增品种、提品质、创品牌"等各种内容的投资改造试点示范工作，树立一批智能制造示范企业和车间。

（6）推进冶金安全生产标准化建设

推进冶金安全生产标准化建设，实现全流程管控。明确企业安全生产基本条件，以安全隐患排查和安全预防控制体系为主线，通过系统化管理手段实现"人-机-环-管"各环节的闭环管理，防控系统性安全风险；加快冶金全流程安全培训平台与实操培训基地建设，为各级人员安全意识与本质安全能力提升提供支撑，最终实现冶金生产、储存、运输、经营、使用、废弃处置全生命周期全链条的本质安全系统化管控。

通过智能制造标准体系建设，发挥标准在推进冶金企业智能制造发展中的基础性和引导性作用。鼓励通信设备、装备制造、软件开发、工业自动化、系统集成等领域企业和科研院所联合参与标准制定，制定可以与市场标准协同发展、协调配套的新型标准体系，对冶金企业生产经营中产品设计、制造、物流、管理、服务等全生命周期的大数据应用进行标准规划，从技术、安全和管理等多个侧面梳理智能制造应用标准体系，抓紧确定一批冶金产业链急需的智能制造标准。

（7）打造复合型安全技术人才培育体系

首先，在有条件的高校增设流程工业安全管理专业，使其为冶金行业输送的毕业生不仅具备冶金物理化学、冶金原理、冶金传输原理、冶金反应工程等冶金行业知识，而且具备计算机信息处理相关知识，完成与之相适应的教学实践，例如，增加计算机统计软件应用训练、概率论与数理统计课程，增加上机操作计算的内容和学时，培养基本的数据分析能力。

其次，针对冶金行业管理人员提供安全管理培训。建议：①制定相关安全培训规定，严格安全管理人员准入制度；②逐步建立智能化冶金安全生产任务培训体系，确保安全生产任务培训的有效实施；③建立安全生产培训基地，保持有效、可持续的安全生产任务培训；④增加安全培训投入，可以从政府、企业、社会保险、安全生产专项资金等方面筹集资金；⑤理论联系实际，创新教学方法，利用 AR、VR 等方式激发学员学习兴趣，使学员更好地掌握教学内容；⑥建立适合安全人员安全培训考核的指标体系，该体系应涵盖安全理论、安全技术、案例分析和实际操作，以实现对学员的全面、系统和科学的评估。

最后，为冶金行业操作人员提供职业技能培训。冶金行业智能化发展将改变传统生产过程中对操作者的要求，对其专业性、能动性、灵活性、协作性等通用技能提出更高的要求。应规范化职业技能培训体系，针对金属冶炼生产新材料新技术；新工艺新设备维护、安全检验、安全作业基本知识；所从事工种的安全职责、操作技能及强制性标准；预防事故和职业危害的措施及应注意的安全事项；为事故事件状态下的自救互救、急救方法、疏散和现场应急处置提供系统全面的职业技能培训。

致谢 北京理工大学方浩教授、曾宪琳副教授等专家对本章提出了宝贵的意见与建议，在此谨致谢忱！

参 考 文 献

安美超. 2012. 湿法冶金置换过程的建模与优化控制. 沈阳：东北大学.

陈念贻，陆文聪，陆治荣. 2002. 优化建模技术和机器学习理论的新发展. 计算机与应用化学，19（6）：677-682.

陈万金，钱剑安，王明贤. 2003. 基于 GIS 工业危险源和隐患控制及应急调控技术的应用研究. 中国安全科学学报，13（4）：25-28.

杜玉晓，吴敏，岑丽辉，等. 2004. 铅锌烧结过程的集成建模方法及智能优化算法. 小型微型计算机系统，25（8）：1458-1463.

桂卫华，阳春华，陈晓方，等. 2013. 有色冶金过程建模与优化的若干问题及挑战. 自动化学报，39（3）：197-207.

杭有峰，邹井全，方敏. 2019. 冶金动态安全评价及预测技术研究. 山西冶金，42（5）：60-61.

胡广浩，毛志忠，周俊武，等. 2011. 湿法冶金浸出过程建模与仿真研究. 系统仿真学报，23（6）：1220-1224.

贾润达，毛志忠，常玉清. 2009. 湿法冶金萃取组分含量混合建模方法的研究. 仪器仪表学报，30（2）：267-271.

康荣学，桑海泉，刘骥，等. 2007. 重大危险源在线监测数据的实时处理与分析技术研究. 中国安全生产科学技术，3（5）：35-38.

李峰. 2018. 安全生产双重预防机制建设工作探讨. 中国安全生产，13（4）：38-40.

李新创. 2019. 钢铁智能制造正处于起步阶段，钢铁企业要充分利用新一代信息技术. https://www.sohu.com/a/322864895_99913579［2019-06-25］.

李忠财，张大秋. 2018. "双重"预防机制建设中值得学习借鉴的山东经验. 吉林劳动保护，（4）：42-44.

刘海滨，李春贺. 2019. 智慧矿山职业健康安全监管信息系统研究. 煤炭科学技术，47（3）：87-92.

刘金鑫，柴天佑. 2008. 冶金生产强磁选过程优化设定控制方法及实现. 系统仿真学报，20（22）：6242-6247.

刘强，秦泗钊. 2016. 过程工业大数据建模研究展望. 自动化学报，42（2）：161-171.

刘胜. 2006. 石化企业集成建模与优化研究. 沈阳：中国科学院沈阳自动化研究所.

毛庆伟. 2019. 安全生产双重预防机制建设工作探讨. 工程技术研究，4（12）：118-119.

屈金坡，林建广. 2018. 河钢集团矿业公司安全保障体系的构建与实施. 现代矿业，34（2）：179-181.

史海波，彭威，宋宏，等. 2005. 冶金冷轧生产过程多级优化管理与控制系统. 中国科学院沈阳自动化研究所.

宋品芳，吴超. 2020. 安全信息认知（SIC）模型在冶金行业典型事故中的运用研究. 科技促进发展，16（6）：651-658.

宋志斌. 2019. 冶金企业智能生产线建设研究. 世界有色金属，（7）：291-292.

孙备，张斌，阳春华，等. 2017. 有色冶金净化过程建模与优化控制问题探讨. 自动化学报，43（6）：880-892.

孙红亮，杜增路. 2018. 冶金安全生产事故频发的根源及对策措施. 中国金属通报，（6）：106-107.

王海龙. 2012. 湿法冶金全流程建模与优化. 沈阳：东北大学.

吴宗之，魏利君，于立见，等. 2005. 重大危险源安全监管信息系统的开发研究. 中国安全工程学报，15

（11）：39-43.

许金. 2014. 重大危险源动态监管系统的设计与实现. 工矿自动化，40（7）：90-93.

阳春华，王晓丽，陶杰，等. 2008. 铜闪速熔炼配料过程建模与智能优化方法研究. 系统仿真学报，20（8）：2152-2155.

张凯举. 2004. 钢铁冶金加热过程建模与综合优化控制方法的研究. 大连：大连理工大学.

张淑宁，王福利，尤富强，等. 2010. 湿法冶金草酸钴粒度分布混合建模方法. 东北大学学报（自然科学版），31（1）：8-11.

赵波. 2020. 冶金工业冶金安全问题与对策. 中国高新科技，13：83-84.

赵国荣，韩旭，万兵，等. 2016. 具有传感器增益退化、随机时延和丢包的分布式融合估计器. 自动化学报，42（7）：1053-1064.

中国电子技术标准化研究院，深圳华制智能制造技术有限公司，东北大学. 2019. 流程型智能制造白皮书.

Arai T，Kato R，Fujita M. 2010. Assessment of operator stress induced by robot collaboration in assembly. CIRP Annals. 59（1）：5-8.

Avanzini G B，Ceriani N M，Zanchettin A M，et al. 2014. Safety control of industrial robots based on a distributed distance sensor. IEEE Transactions on Control Systems Technology，22（6）：2127-2140.

Bobbio A，Portinale L，Minichino M，et al. 2001. Improving the analysis of dependable systems by mapping fault trees into Bayesian networks. Reliability Engineering & System Safety，71（3）：249-260.

Buede D M. 1994. Engineering design using decision analysis. IEEE International Conference on Systems，Man and Cybernetics，2：1868-1873.

Chen B，Zhang W，Yu L. 2014. Distributed fusion estimation with missing measurements，random transmission delays and packet dropouts. IEEE Transactions on Automatic Control，59（7）：1961-1967.

Cheng T，Teizer J. 2012. Real-time resource location data collection and visualization technology for construction safety and activity monitoring applications. Automation in Construction，34：3-15.

Chiuso A，Schenato L. 2011. Information fusion strategies and performance bounds in packet-drop networks. Automatica，47（7）：1304-1316.

Cirillo A，Ficuciello F，Natale C，et al. 2016. A conformable force/tactile skin for physical human-robot interaction. EEE Robotics and Automation Letters，1（1）：41-48.

Efthimiou G C，Andronopoulos S，Tavares R，et al. 2017. CFD-RANS prediction of the dispersion of a hazardous airborne material released during a real accident in an industrial environment. Journal of Loss Prevention in the Process Industries，46：23-36.

Flacco F，Kröger T，De Luca A，et al. 2012. A depth space approach to human-robot collision avoidance. IEEE International Conference on Robotics and Automation，338-345.

Hayward V. 1986. Fast collision detection scheme by recursive decomposition of a manipulator workspace. IEEE International Conference on Robotics and Automation，1044-1049.

Khakzad N，Khan F，Amyotte P. 2011. Safety analysis in process facilities：Comparison of fault tree and Bayesian network approaches. Reliability Engineering and System Safety，96（8）：925-932.

Khatib O. 1985. Real-time obstacle avoidance for manipulators and mobile robots. IEEE International Conference on Robotics and Automation，500-505.

Kittiampon K，Sneckenberger J E. 1985. A safety control system for a robotic workstation. 1985 American Control Conference，1463-1465.

Kulić D，Croft E. 2007. Pre-collision safety strategies for human-robot interaction. Autonomous Robots，22（2）：149-164.

Kumar K M，Gopal P V，Kishore K K，et al. 2020b. Study of metallurgical and mechanical properties in submerged arc welding with different composition of fluxes-a review. Materials Today：Proceedings，22：2300-2305.

Kumar N，Bharti A，Saxena K K，et al. 2020a. A re-analysis of effect of various process parameters on the mechanical properties of Mg based MMCs fabricated by powder metallurgy technique. Materials Today：Proceedings，26：1953-1959.

Kumar U D，Nowicki D，Ramírez-Márquez J E，et al. 2008. On the optimal selection of process alternatives in a Six Sigma implementation. International Journal of Production Economics，111：456-467.

Lacevic B，Rocco P. 2010. Kinetostatic danger field-a novel safety assessment for human-robot interaction. IEEE/RSJ International Conference on Intelligent Robots and Systems，2169-2174.

Luca A D，Flacco F. 2012. Integrated control for pHRI：Collision avoidance，detection，reaction and collaboration. 2012 4th IEEE RAS & EMBS International Conference on Biomedical Robotics & Biomechatronics，288-295.

Lv C，Zhang Z，Ren X，et al. 2014. Predicting the frequency of abnormal events in chemical process with Bayesian theory and vine copula. Journal of Loss Prevention in the Process Industries，32：192-200.

Ma J，Sun S. 2011. Information fusion estimators for systems with multiple sensors with different packet dropout rates. Information Fusion，12（3）：213-222.

Nag A，Mukhopadhyay S C，Kosel J. 2017. Wearable flexible sensors：a review. IEEE Sensors Journal，17（13）：3949-3960.

Ngo K B，Mahony R，Jiang Z P. 2005. Integrator backstepping using barrier functions for systems with multiple state constraints. Proceedings of the 44th IEEE Conference on Decision and Control，8306-8312.

Pariyani A，Seider W D，Oktem U G，et al. 2011. Dynamic risk analysis using alarm databases to improve process safety and product quality：Part II—Bayesian analysis. AIChE Journal，58（3）：826-841.

Pobil A P D，Serna M A，Llovet J. 1992. A new representation for collision avoidance and detection. IEEE International Conference on Robotics and Automation，1：246-251.

Rahman M M，Bobadilla L，Mostafavi A，et al. 2018. An automated methodology for worker path generation and safety assessment in construction projects. IEEE Transactions on Automation Science and Engineering，15（2）：479-491.

Sachon M，Pate-Cornell M E. 2004. Managing technology development for safety-critical systems. IEEE Transactions on Engineering Management，51（4）：451-461.

Sauser B，Ramírez-Márquez J E，Henry D，et al. 2007. Methods for estimating system readiness levels. The School of Systems and Enterprises White Paper. Hoboken NJ：Stevens Institute of Technology.

Tan J T C，Duan F，Zhang Y，et al. 2009. Human-robot collaboration in cellular manufacturing：Design and development. 2009 IEEE/RSJ International Conference on Intelligent Robots and Systems，29-34.

Wang L，Ames A D，Egerstedt M. 2017. Safety barrier certificates for collisions-free multirobot systems. IEEE Transactions on Robotics，33（3）：661-674.

Wieland P，Allgöwer F. 2007. Constructive safety using control Barrier functions. IFAC Proceedings Volumes，40（12）：462-467.

Wu Z，Wu Y，Chai T，et al.2015. Data-driven abnormal condition identification and self-healing control system for fused magnesium furnace. IEEE Transactions on Industrial Electronics，62（3）：1703-1715.

Yamada Y，Hirasawa Y，Huang S，et al. 1997. Human-robot contact in the safeguarding space. IEEE/ASME Transactions on Mechatronics，2（4）：230-236.

Zanchettin A M，Ceriani N M，Rocco P，et al. 2016. Safety in human-robot collaborative manufacturing environments：metrics and control. IEEE Transactions on Automation Sciences and Engineering，13（2）：882-893.

5 下一代电化学储能技术国际发展态势分析

汤 匀 岳 芳 陈 伟

（中国科学院武汉文献情报中心）

摘 要 在全球碳中和大背景下，国际能源格局从由化石能源的绝对主导朝着低碳多能融合发生转变，储能技术作为推动可再生能源从替代能源走向主体能源的关键技术越来越受到业界高度关注。相较于以蓄水储能为代表的物理储能技术，电化学储能技术因具有不受地理环境限制、可直接存储和释放电能的优势，日益受到新兴市场和科研领域的广泛重视。全球主要国家都极为重视发展电化学储能技术，并结合自身需求特点，各自制定适合自身的电化学储能技术发展战略布局，开展了技术研发和项目试点，积累了电池材料研发、性能提高、安全保障以及多应用领域探索等多方面的经验。本章分析了美国、欧盟、德国、日本等主要国家和组织的电化学储能技术战略布局、项目部署和重点示范项目的情况。同时，从全固态电池、金属-空气电池、钠离子电池、多价离子电池等方面，分析了下一代电化学储能技术的关键前沿技术发展现状与趋势，其中我国钠离子电池目前不论是在材料体系和电池综合性能等技术研发方面，还是在产业化推进速度、示范应用、标准制定及专利布局等方面均处于国际前列，已具备了先发优势。此外，本章还利用科学计量方法定量分析了在下一代电化学储能技术中全固态锂电池的论文发表情况和专利成果情况。从论文发表情况可以看出中国、日本和美国是论文发表量最多的国家，其中，中国以超过1000篇相关论文，远高于排名第二位和第三位的日本和美国，约占全球在该领域总论文发表量的三分之一。中国科学院以241篇相关文献成为全球全固态锂电池技术领域发文量排名第一的研究机构，说明中国在全固态锂电池技术领域的基础研究热度最为激烈，应用潜力较大。从专利成果统计结果来看，全固态锂电池专利申请量整体上随时间的推移呈显著增长趋势，并从2015年开始井喷式发展，其技术主题主要集中在二次电池的开发与制造、电极的开发、导电材料的研发、一次电池的开发与制造、制造导电材料专用设备的研发等方面。日本在全固态锂电池技术领域的研发较早，公开专利数量最多，主要申请机构类型以企业为主，并重视对专利技术在全球范围的保护，日本在该技术领域处于遥遥领先的地位。中国虽然起步较晚，但是近几年的专利申请量呈明显的上升趋势，是该技术领域专利申请量第二大国家，并在2019年超过日本，成为全固态锂电池领域全球第一大专利申请国。

随着我国承诺2030碳达峰、2060碳中和目标，到2030年我国非化石能源占一次能源消费比重将达到 25% 左右。根据目前明确要求的风电、光伏配备储能比例测算，预计到 2025 年，如果按风/光电装机配套电化学储能占比 10%，储能系统功率为新能源容量的 15%，储能时长 3.5 小时，那么新能源发电侧电化学储能累计装机需求将达到 52.97 吉瓦时。因此，我国政府对电化学储能技术的开发日益重视，先后出台了一系列支持政策，启动重大研发项目开展技术研究，并部署了一批电化学储能示范工程。然而，我国虽然在电化学储能技术上努力追赶欧、美、日、韩等技术发达国家和地区，但在对储能电池机理的研究、技术突破以及关键材料制造上距离技术发达国家仍有一定差距，多种类型电化学储能技术的示范应用才刚刚起步。因此，需进一步从顶层设计、制度政策、技术研发、应用部署、国际交流等多方面采取措施，争取尽快实现下一代新型电化学储能技术的大范围应用，促进能源生产消费开放共享和灵活交易、实现多能协同，构建"清洁低碳、安全高效"的现代能源产业体系。

关键词 电化学储能技术 下一代电池技术 全固态锂电池 金属-空气电池 钠离子电池 多价离子电池

5.1 引言

随着全世界各国陆续宣布碳中和目标，作为清洁能源的代表，太阳能、风能等可再生能源的发展取得了显著进步。但随之而来的是，如太阳能、风能等清洁能源在很大程度上受到地域及自然条件的限制，同时在时间上具有间歇性，在空间上具有分布不均的特点，如果将其产生的电能直接并网，必然会对电网产生强烈的冲击。因此，储能系统的建立，成为能源革命的关键支撑技术。储能技术可分为物理储能技术和电化学储能技术。其中，以抽水蓄能（PHS）为代表的物理储能技术相对成熟，在全球已投入运营的储能项目的装机占比超过 93%，但电化学储能技术与物理储能技术相比，因其具有不受地理环境限制、电能可直接存储和释放的特点，在可扩展性、灵活性等方面更具优势，引起新兴市场和科研领域的广泛关注。

经过多年的探索，目前电化学储能技术的主要代表技术及其发展现状如图 5-1 所示，图中各技术的颜色代表了其技术成熟度。铅酸电池和液态锂离子电池均已进入商业应用的成熟阶段，而半固态锂离子电池、全固态锂离子电池、锂聚合物电池、半固态金属锂电池、全固态金属锂电池、钠离子电池尚处于原理样机开发阶段。随着近年来技术不断突破和成本不断下降，电化学储能技术逐渐成为电力系统中最重要且最受关注的储能技术。

在 1991 年由日本索尼公司将锂离子电池商业化之后，以锂离子电池为代表的电化学储能技术凭借其性能优势迅速在消费类电子产品、电动工具、电动汽车、国防等领域得到应用。但随着电气化运输、电网等大型应用的发展，现已商业化的锂离子电池已经不能完全满足能量存储所要求的性能、成本和其他扩展目标了。进一步降低成本和/或增加能量密度的需求以及对自然资源的日益关注，加速了对"下一代电池"技术的研究，该技术被视为储能技术向中大型应用领域发展的机会。因此，大力发展高安全、低成本、长寿命、高能量密度的下一代电化学储能技术是解决全球对能源日益上涨的需求和向中大型应用领域发展的可靠途径。

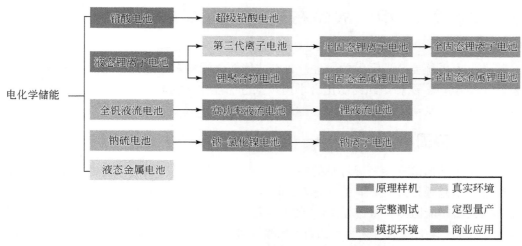

图 5-1 电化学储能技术及其发展现状（文后附彩图）

根据欧盟 2020 年 12 月颁布的电池技术分类，电化学储能技术正逐步从锂离子电池（第 4 代以前）朝向下一代电池技术（第 4 代之后）发展，主要包括固态锂电池、钠离子电池、钾离子电池、锌离子电池、全固态电池、多价离子电池和金属-空气电池等技术领域，并有望于 2025 年以后实现市场化应用（表 5-1）。

表 5-1 欧盟电池技术分类

电池迭代	电极材料	电池类型	预计市场应用/年份
第 4 代以前	• 正极：磷酸铁锂（LFP）、镍钴铝（NC）A、$LiNi_{1/3}Mn_{1/3}Co_{1/3}O_2$（NMC111）、NCM523、NCM622、NCM811、富锂 NMC（HE-NCM）材料、高压尖晶石（HVS）等 • 负极：100%石墨、石墨（石墨烯）+含硅（5%～10%）材料	锂离子电池	当前～2025
第 4a 代	• 正极：NMC • 负极：硅/石墨 • 固态电解质	固态锂离子电池	2025
第 4b 代	• 正极：NMC • 负极：锂金属 • 固态电解质	固态锂金属电池	＞2025
第 4c 代	• 正极：HE-NMC、HVS • 负极：锂金属 • 固态电解质	先进固态电池	2030
第 5 代	• 锂空气/金属空气 • 化学转换材料（锂硫复合物） • 基于其他离子体系（钠、镁、铝）	新兴电池技术：金属-空气电池、基于化学转换的电池、基于离子嵌入的新兴化学电池	＞2025

资料来源：European Commission（2020a）

5.2 主要国家/组织战略布局

随着电力系统灵活性需求的增强，分布式能源逐渐增多，电化学储能技术也日益得到重视，世界各主要国家/组织纷纷出台举措以推进储能技术的研发，不断改进锂离子电池的性能，并探索开发新型储能电池。

5.2.1 美国

美国是全球储能产业发展较早的国家，也是目前拥有储能项目最多的国家，并拥有全球近半数的示范项目。2021 年 3 月美国储能协会（ESA）和伍德·麦肯兹（Wood Mackenzie）发布的《美国储能监测》报告显示，2020 年美国新增储能规模达到 1464 兆瓦，较 2019 年增长了 179%，其中，电网侧储能在美国发展迅速，在 2020 年第四季度部署的 651 兆瓦储能系统中，电网侧储能贡献了 529 兆瓦，住宅储能占第四季度总储能的 14%，为 90.1 兆瓦，剩余 31.9 兆瓦为非住宅用户储能，具体数据如图 5-2 所示。

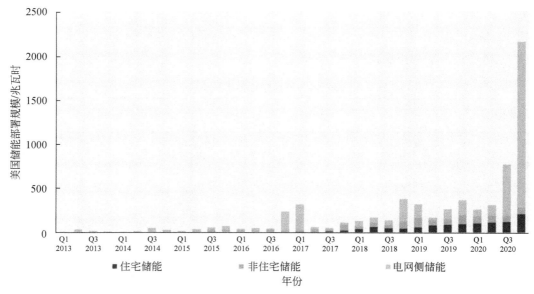

图 5-2　2013～2020 年每季度美国储能装机容量变化

注：图中 Q1 指第一季度，Q3 指第三季度

资料来源：Wood Mackenzie（2021）

5.2.1.1 战略规划

美国很早就认识到储能技术对于确保电网安全性和可靠性的重要作用，因此极为重视对储能技术的开发，较早出台了储能技术的研发规划和战略部署路线。2011 年，美国能源部（DOE）电力传输与能源可靠性办公室提出了未来五年的储能技术开发路线图，重点针

对液流电池、钠基电池、离子电池、先进铅酸电池、压缩空气储能（CAES）和飞轮储能开展研发示范工作。并于 2012 年专门成立了新一代电池的研发组织"储能联合研究中心（JCESR）"。2014 年底，DOE 发布了《储能安全性战略规划》，提出了安全可靠地部署电网储能技术的高层次路线图，强调从开发安全性验证技术、制定事故防范方法、完善安全性规范标准与法规三个方面确保储能技术的安全部署。2016 年 7 月，奥巴马政府宣布发起"电池 500"计划，用五年时间打造高能量密度和高循环寿命的高性能电池。2020 年 1 月，DOE宣布投入 1.58 亿美元启动"储能大挑战"计划，并在 2020 年 12 月，DOE 正式发布了美国首个综合性储能战略《储能大挑战路线图》，提出将在储能技术开发、储能制造和供应链、储能技术转化、政策与评估、劳动力开发五大重点领域开展行动，重点关注解决三大挑战，如图 5-3 所示，即①国内创新，DOE 如何才能使美国在储能研发方面处于世界领先地位，并保留通过 DOE 在美国投资而开发的知识产权？②国内制造，DOE 如何通过降低对国外材料和组件来源的依赖来降低制造储能技术的成本和能源影响并加强国内供应链？③全球部署，DOE 如何与利益相关方合作，开发满足美国国内使用需求的技术，并使美国不仅能够使技术成功地在国内市场上部署，还可以使技术出口成功？以实现到 2030 年美国国内的储能技术及设备的开发制造能力将能够满足美国市场所有需求，无须依靠国外来源，并在全球储能领域建立领导地位。

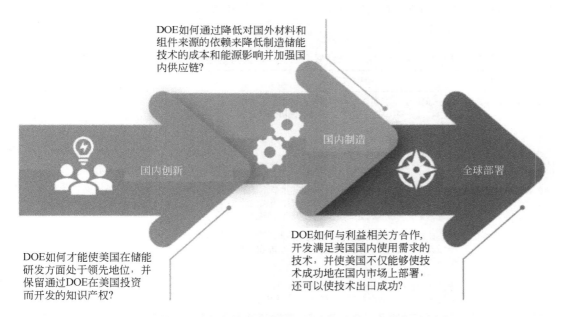

图 5-3　美国《储能大挑战路线图》重点解决的三大挑战示意图

资料来源：DOE（2020）

5.2.1.2　项目研发

DOE 通过电力传输与能源可靠性办公室的"储能计划"持续对储能技术进行研发，包括传统及先进电池、超级电容器、飞轮储能、电力电子设备、控制系统以及优化储能的软件工具等技术领域。2018 年 12 月，DOE 宣布将在未来五年内为 JCESR 第二期投入 1.2 亿美元，以推进电池科学和技术研究开发。到 2019 年，DOE 在"储能计划"下共开展了 16 个项目，涉及铅酸电池、锂离子电池、钠离子电池、全钒液流电池、飞轮储能、等温压缩空气储能、储能数据库构建等技术。在 2020 财年预算中，DOE 电力传输与能源可靠性办公室计划投入 4850 万美元支持储能项目。

此外，DOE 通过其下属的先进能源研究计划署（ARPA-E）对储能技术给予支持，2009～2019 年共在 13 个研发计划下开展了 95 个储能相关的项目。作为 DOE 最重要的储能技术研究中心之一，JCESR 汇集了多个学科和十几个领先实验室及高校的顶级专家，以解决储能领域的一系列重大科学挑战。在成立的前 5 年中，JCESR 取得了一系列的研究成果，包括开发了一种用于液流电池的新型隔膜；在用 Mg^{2+} 代替 Li^+ 的电池科学基础方面取得了实质性进展；开发了计算工具，并利用该工具筛选出了超过 24 000 种潜在的电解质和电极化合物，用于新的电池概念和化学品。此外，该中心还产出了 380 多篇经过同行评审的论文，申请了 100 多项发明专利，成立了 3 家初创公司。2018～2022 年，JCESR 将基于对材料原子和分子级别理论的认知，采用"自下而上"的模式开发用于不同电池的新型材料。其目标是设计和开发超出当前锂离子电池容量的多价化学电池，并研究用于电网规模储能的液流电池新概念。JCESR 将在 5 个方向进行重点研究以实现这些目标，包括液态溶剂化科学、固体溶剂化科学、流动性氧化还原科学、动态界面的电荷转移、材料复杂性科学（表 5-2）。

表 5-2　2018～2022 年 DOE 储能联合研究中心支持的电化学储能相关重点研究方向

技术领域	研究目的	主要内容
液态溶剂化科学	基于 JCESR 之前五年在电解质基因组中引入并开发的有机分子模拟，以及界面处溶剂化和去溶剂化现象的原位表征	静置状态溶剂化壳的平衡结构； 液体溶剂化对电荷界面和充电状态等扰动的动态响应
固体溶剂化科学	开发所有固体电解质的溶剂笼机理	柔性溶剂笼，如隔膜和聚合物电解质； 硬质脆性溶剂笼，如玻璃和水晶
流动性氧化还原科学	自下而上构建新型氧化还原剂，将构造的新型原子和分子结合起来，实现更高的工作电压、更高的移动性、更长的寿命、更高的安全性和更低的成本	变革性新型氧化还原电对设计； 引入智能响应和再生特性
动态界面的电荷转移	结合计算机模拟和界面结构原位表征技术，预测和合成具有电极保护、离子选择性传导率和高稳定性的新界面	了解相邻电极和电解质组成的自发界面的演变过程； 研究界面定向生长以达到特定性能标准
材料复杂性科学	通过计算机模拟缺陷晶体和长程无序玻璃体，并在表征中研究如何控制材料缺陷浓度及无序程度	解决电池材料缺陷和无序问题以实现目标性能； 指导合成以实现目标缺陷浓度和无序程度

资料来源：DOE（2018）

5.2.1.3　产业发展

美国在 2009 年发布《可再生与绿色能源储能技术法案》，在 2010 年通过《可再生与绿色能源存储技术法案 2010》，以推动美国储能产业的发展，包括对储能系统的投资税收减免、电网规模储能的投资税收优惠等。另外，美国对储能在电力市场实行间接支持政策，如"按效果付费"等。2018 年，美国发布 841 法令要求配电网运营商允许储能为电力批发市场提供辅助服务。2019 年，美国批准了《促进电网储能法案》，以促进储能与家庭和企业太阳能发电系统的配套部署。美国加利福尼亚州长期实行自发电激励计划（SGIP）以鼓励用户侧分布式发电，从 2011 年起就将储能纳入支持范围给予补贴。2018 年 8 月，加利福尼亚州议会通过 SB700 法案将该计划延长至 2026 年，以激励更多分布式储能建设项目。2020 年，美国加利福尼亚州接连开通运营了两个全球规模最大的电池储能系统，即 LS Power 公司开通了 250MW/250MWh 的 Gateway 电池储能项目，Vistra 公司随后不久开通运营了 300 MW/1200 MWh 的莫斯兰汀电池储能项目。在加利福尼亚州政策的带动下，美国纽约州、佛罗里达州、亚利桑那州、夏威夷州等州都出台了储能补贴政策。

投资税收减免（ITC）是美国为了鼓励绿色能源投资而出台的税收减免政策，光伏项目可按照投资额的 30%抵扣应纳税。2016 年，美国 ESA 向美国参议院提交了 ITC 法案，明确先进储能技术都可以申请投资税收减免，并可以以独立的方式或者以并入微网和可再生能源发电系统等形式运行。美国的 ITC 自 2020 年开始下降，税抵退坡。2016～2019 年，ITC 仍维持在系统成本的 30%；2020 年，ITC 开始下降至系统成本的 26%；2021 年，税收抵免进一步降至系统成本的 22%；2022 年以后，新的商业太阳能系统的所有者可以从其税收中扣除系统成本的 10%，住宅 ITC 将取消。这在一定程度上说明 2022 年后，光伏配套储能系统成本有望降低至可接受水平，实现无 ITC 平价应用。

5.2.2 欧盟

欧盟极为重视对电池储能技术的研发，将其视为实现工业、交通、建筑等行业电气化，促进向碳中和社会发展的重要因素，希望通过开发高性能电池来抢占未来电气化社会竞争的制高点，争夺全球电池研发和生产的主导权。

5.2.2.1 战略规划

2010 年，欧盟成立欧洲能源研究联盟（EERA），统筹实施了 17 项联合计划以开展低碳能源技术研究，储能技术就是其中之一，确定电化学储能、化学储能、储热、机械储能、超导磁储能和储能技术经济 6 个重点技术领域。2015 年 9 月，欧盟委员会升级"战略能源技术计划"（SET-Plan），提出开展十大研究创新优先行动以加速欧洲能源系统转型，第七项行动即为开发用于交通和固定式储能电池。2017 年 11 月，欧盟发布了 SET-Plan 电池实施计划，提出电池研究创新的重点领域：电池材料/化学/设计和回收、制造技术、电池应用和集成。欧洲储能协会（EASE）和 EERA 在 2017 年 10 月联合发布新版《欧洲储能技术发展路线图》，提出了未来 10 年欧洲储能技术开发的 3 个阶段重点工作。

欧盟委员会通过推动组建欧洲电池产业联盟、欧洲技术与创新平台"电池欧洲"（Batteries Europe）和"电池 2030+"联合研究计划，推进不同技术成熟度的研究和开发工作，这些相互衔接互补的机制构建起了欧洲电池研究与创新生态系统，如图 5-4 所示。2017 年，欧盟成立"欧洲电池联盟"（EBA），汇集包括政府和产学研各界力量，来打造欧洲具有全球竞争力的电池价值链。2018 年，发布《电池战略行动计划》，宣布将设立一个规模为 10 亿欧元的新型电池技术旗舰研究计划，从保障原材料供应、构建完整生态系统、强化产业领导力、培训高技能劳动力、打造可持续产业链、强化政策和监管等 6 个方面开展行动，在欧盟建立有竞争力、创新和可持续的电池产业。基于此计划，2019 年 2 月，欧盟宣布创建欧洲电池技术与创新平台 Batteries Europe，以确定电池研究优先领域、制定长期愿景、阐述战略研究议程与发展路线。2020 年 3 月，欧盟"电池 2030+"计划工作组发布的电池研发路线图，提出未来 10 年欧盟电池技术研发重点将围绕材料开发、相界面研究、先进传感器、自修复功能 4 个主要领域，开发智能、安全、可持续且具有成本竞争力的超高性能电池，使欧洲电池技术在交通动力储能、固定式储能领域以及机器人、航空航天、医疗设备、物联网等未来新兴领域保持长期领先地位。2020 年 7 月，Batteries Europe 发布《欧洲电池行业短期研发创新优先事项》报告，针对欧洲电池创新价值链提出了短期（2021～2023 年）的 7 大优先创新研发事项，包括电池原料可持续加工和安全供应保障、开发新材料以增强储能电池的性能、将欧洲打造成全球电池制造业的领导者、研究交通动力电池储能技术、支持固定式储能和电动汽车用储能设施部署、研究用于固定式储能的退役电动汽车电池的建模和标准化、研究电池回收、培育新兴电池技术等领域。通过加速技术研发创新来推动完善电池产业布局，以构建一个具有全球竞争力的欧洲电池产业，助力欧洲气候中性经济体目标的实现。2020 年 12 月，Batteries Europe 发布了其第一个《电池战略研究议程》，明确了到 2030 年从电池应用、电池制造与材料、原材料循环经济、欧洲电池竞争优势 4 个方面提出未来 10 年的研究主题及应达到的关键绩效指标，旨在推进电池价值链相关研究和创新行动的实施，加速建立具有全球竞争力的欧洲电池产业。

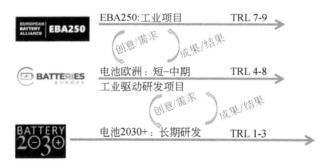

图 5-4　欧洲电池研究与创新生态系统——欧洲电池产业联盟、欧洲技术与创新平台和电池 2030+ 之间的衔接互补

资料来源：European Commission（2020 b）

5.2.2.2　项目研发

2018 年 6 月，欧盟在"地平线 2020"计划的基础上制定了"地平线欧洲"框架计划，明确支持"可再生能源存储技术和有竞争力的电池产业链"，为其投入 150 亿欧元的研发经费。同年 7 月，更新了"地平线 2020"（2018～2020 年）计划中能源和交通运输的项目资助计划，即新增了一个主题名为"建立一个低碳、弹性的未来气候：下一代电池"的跨领域研究活动，旨在整合"地平线 2020"（2018～2020 年）分散资助的与下一代电池有关的研究创新工作，以推动欧盟国家电池技术创新突破，开发更具价格竞争力、更高性能和更长寿命的电池技术。新增资助计划将提供 1.14 亿欧元用于支持 7 个主题的电池研究课题，

主要包括高性能、高安全性的车用固态电池技术；非车用电池技术；氧化还原液流电池仿真建模研究；适用于固定式储能的先进氧化还原液流电池；先进锂离子电池的研究与创新；锂离子电池材料及输运过程建模；锂离子电池生产试点网络。

5.2.2.3 产业发展

欧盟委员会预测，到 2025 年欧洲电池市场规模将达到 2500 亿欧元，但其在电池产业布局中已落后于中国、美国、日本、韩国等竞争对手，因此迫切需要全面提升从对电池概念的研究到产业化应用的能力，争夺全球电池研发和生产的主导权。此外，欧盟委员会为支持欧洲电池的研发，于 2019 年 12 月和 2021 年 1 月分别发布了两项与电池相关的"欧洲共同利益重要项目"（IPCEI）。2019 年宣布通过的 IPCEI 提案，由比利时、芬兰、法国、德国、意大利、波兰和瑞典 7 个国家到 2031 年前共同投入 32 亿欧元公共资金，并将撬动 50 亿欧元的私人投资，以推进电池全价值链的研发创新，建立一个强大的泛欧电池生态系统。该项目将实施至 2031 年，有 17 个直接参与者（大多为企业，包括中小型企业）和 70 多个外部合作伙伴，该项目支持开发高度创新和可持续的锂离子电池技术（液态电解质和固态电池），比现有技术更具耐用性、充电时间更短、更安全和环保，以实现整个电池价值链的创新，包括原材料开采和加工、先进化学材料生产、电池单元和模块设计、与智能系统的集成、废旧电池回收和再利用。此外，该项目还将改善电池价值链中所有环节的环境可持续性。2021 年 1 月，欧盟委员会批准的第二个与电池相关的 IPCEI 项目，是除最初欧盟电池 IPCEI 项目的 7 个欧盟成员国之外，奥地利、克罗地亚、希腊、斯洛伐克和西班牙也参与了的近 120 亿欧元的新项目。该项目由 12 个国家共同投入 29 亿欧元，并利用 90 亿欧元的私人投资。欧盟成员国将为至少 42 家中小企业的 46 个电池制造项目提供资助，将在电池制造的 4 个核心阶段（原材料开采、电池芯设计、电池组系统和回收供应链）投资创建新的解决方案，整个项目将持续到 2028 年。迄今为止，欧盟委员会已拨出 60 亿欧元，通过两个 IPCEI 来提高欧洲电池制造的能力。

此外，欧洲计划设立 22 个大型电池工厂，目前部分项目已经开工，到 2025 年，欧洲电池产能将从 2020 年的 49 吉瓦时提高到 460 吉瓦时，足以满足年产 800 万辆电动汽车的需求，其中一半产能位于德国。从大型企业产业布局来看，截至 2021 年已有多家汽车企业及电池企业宣布了在欧洲建设动力电池工厂的新动向：大众集团旗下西班牙汽车品牌西雅特董事长表示，该公司希望在其巴塞罗那工厂附近建设电池组装厂，从而支持其从 2025 年开始生产电动汽车的计划；日本松下宣布，将把两座生产消费电池的欧洲工厂出售给德国资产管理机构 Aurelius 集团，并转向更具发展前景的电动车电池领域；比亚迪股份有限公司旗下弗迪电池发布的一份内部招聘信息显示，弗迪电池新工厂筹建处（欧洲组）目前正在筹建海外第一个电池工厂，该工厂主要负责锂离子动力电池的生产、包装以及储运等；大众集团宣布，其正着力于确保 2025 年以后的电池供应，预期到 2030 年大众汽车公司将在欧洲建立 6 座总产能达到 240 吉瓦时/年的超级电池厂，电池生产计划的前两座工厂将位于瑞典，其中与瑞典锂电池开发和制造商 Northvolt 公司合作、专注于生产高端电池的谢莱夫特奥（Skellefte）工厂有望在 2023 年投入商用，后续产能将扩张至 40 吉瓦时/年；瑞典锂电池开发和制造商 Northvolt 公司宣布，已经收购美国初创企业 Cuberg 公司，此次收购旨在获得可提升其电池续航能力的技术；宁德时代新能源科技股份有限公司位于德国图林根州的首个海外工厂已于 2019 年正式动工，生产线包括电芯及模组产品，预计三年左右可实现 14 吉瓦时的电池产能；而 LG 化学公司早在 2018 年已在波兰建立动力电池工厂，并在 2020 年从欧洲投资银行获得了 4.8 亿欧元贷款投入波兰动力电池厂，这笔贷款将为 LG 化学公司增加每年 35 吉瓦时的电池生产能力，从而使工厂能达到每年 65 吉瓦时的电池年产量。

5.2.3 日本

由于日本国土面积小、需求量占比大，以及地貌特征等因素，相比大规模的太阳能发电站，屋顶光伏产业和分布式电站的发展在近几年上升趋势明显。与此同时，日本采用激励措施来鼓励住宅采用储能系统，以缓解大量涌入的分布式太阳能带来的电网管理挑战，这也让对电池储能系统的需求不断增加。

5.2.3.1 战略规划

2012 年 7 月，日本经济产业省公布了《蓄电池战略》，提出通过公私合作的方式加快储能技术的创新突破，旨在将钠硫、镍氢等大型蓄电池的电力成本降至与抽水蓄能发电成本相当，将电动汽车的续航里程从当前水平（120～200 公里）提升两倍，并建成普通充电器 200 万处、快速充电器 5000 处，实现全球蓄电池市场占有率 50%的目标。2013 年 8 月，日本新能源产业技术综合开发机构（NEDO）梳理了以前的路线图后制定了《充电电池技术发展路线图》，更新了到 2030 年固定式电池、车用电池及电池材料的研发目标和路线。同年颁布了《电气事业法修正案》，提出要提高配电部门的独立性，把储能技术开发作为实现日本下一步电力系统改革中的一个重要组成部分。2016 年 4 月，日本经济产业省发布了面向 2050 年技术前沿的《能源环境技术创新战略 2050》，明确将电化学储能技术纳入五大技术创新领域并提出了到 2050 年的研发目标，将着重开发固态锂电池、锂硫电池、锌-空气电池、新型金属-空气电池和其他新型电池（如氟化物电池、钠电池、多价离子电池、新概念氧化还原电池等）；重点开展的工作包括研发低成本、安全可靠的快速充/放电先进蓄电池技术，使其能量密度达到现有锂离子电池的 7 倍，同时成本降至十分之一，使得小型电动汽车续航里程达到 700 公里以上；将储能用于储存可再生能源，实现更大规模的可再生能源并网。2020 年 12 月，日本经济产业省发布了《绿色增长战略》，在汽车和蓄电池领域，明确提出大力推进电化学储能技术的研发，开发性能更优异但成本更低廉的新型电池技术。

5.2.3.2 项目研发

日本 NEDO 持续设立国家层面的研发项目，支持储能技术的开发。2019 财年，预算在能源系统领域投入 5 亿美元，包含系统配置、储能、氢能相关技术及可再生能源技术 4 个领域。对于储能领域，当前正重点进行全固态锂离子电池和超越锂离子新型电池的研发。2000～2019 年，NEDO 共开展了 10 个储能相关项目。其中，2018 年 7 月，NEDO 通过了"创新性蓄电池-固态电池"开发项目，联合 23 家企业、15 家日本国立研究机构，计划在未来 5 年内联合研发电动车全固态电池。该项目分两个阶段，第一期（2016～2020 年）研发内容是开发新概念电池基础技术以促进商业化，将开发超越锂离子电池的新型电池。2020年开展的研究项目是，新型高效电池技术开发第二期项目（项目周期2018～2022年，总经费为100亿日元，2020年资助金额为22亿日元），该项目将攻克全固态电池商业化应用的技术瓶颈，为在2030年左右实现规模化量产奠定技术基础，其中电动汽车电池技术发展演化路径如图5-5所示。

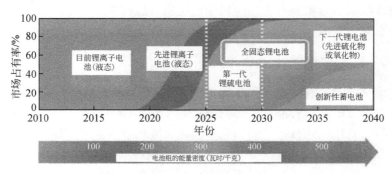

图 5-5　电动汽车电池技术发展演化路径

资料来源：NEDO（2018）

5.3　关键前沿技术与发展趋势

电化学储能技术的发展历程如图5-6所示，始于伏打电池（1800年）和丹聂耳电池（1836年）。随后，铅/酸电池（1882年）、镍/氢电池（1970年）和锂电池（1991年）不断商业化。随着氧化还原液流电池和金属空气电池的引入，电池不断发展，以实现高能量密度、大功率密度、长寿命和高经济性。新型高能电化学储能技术的研究主要致力于理解充放电和物质转移/传输的物化过程，深入认识与合理设计界面/中间相，并设计开发多功能大容量储能材料。下一代电化学储能技术的主题聚焦在全固态锂电池、金属-空气电池、钠离子电池、多价离子电池、液态金属电池技术等。

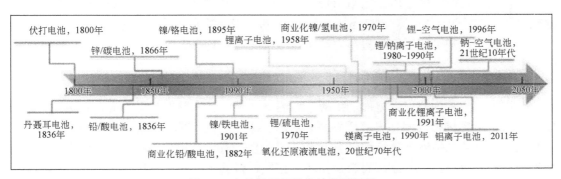

图 5-6　电化学储能技术的发展历程

资料来源：Khan I et al.（2021）

5.3.1 全固态锂电池技术

传统锂离子电池一般采用有机电解液作为电解质，但存在易燃问题，用于大容量存储时有较大的安全隐患。固态电解质具有阻燃、易封装等优点，且具有较宽的电化学稳定窗口，可与高电压的电极材料配合使用，以提高电池的能量密度。另外，固态电解质具备较高的机械强度，能够有效抑制液态锂金属电池在循环过程中锂枝晶的刺穿，使开发具有高能量密度的锂金属电池成为可能。因此，固态锂电池是锂电池的理想发展方向。

5.3.1.1 全固态锂电池中的固态电解质

按化学组成分，固态电解质可分为无机型、聚合物型和有机-无机复合型三种。无机固态电解质通常有钙钛矿型、石榴石型（Garnet）、NASICON 型等固体氧化物电解质和硫化物固体电解质等。其中，钙钛矿型固体电解质以钛酸镧锂为典型代表，室温锂离子导电性达到 10^{-3} 西门子/厘米。美国得克萨斯大学奥斯汀分校古迪纳夫（Goodenough）教授团队制备的 $Li_{0.38}Sr_{0.44}Ta_{0.7}Hf_{0.3}O_{2.95}F_{0.05}$ 钙钛矿固态电解质的离子电导率较高，表现出了优异的界面性能，其组装的全固态 $Li/LiFePO_4$ 电池的循环稳定性有明显提升（Li Y T et al.，2018）。NASICON 型材料适用于高压固态电解质电池，通过离子掺杂能够显著提高 NASICON 型固态电解质的离子电导率。在各种石榴石型固态电解质中，$Li_7La_3Zr_2O_{12}$（LLZO）固体电解质具有高离子电导率和宽电压窗口的特性，对空气有较好的稳定性，不与金属锂反应，是全固态锂电池的理想电解质材料。与氧化物电解质相比，硫化物型固态电解质具有高离子电导率、低晶界电阻和高氧化电位的特点。聚合物型固态电解质由聚合物基体和锂盐络合而成，黏弹性、力学柔性和机械加工性能好，目前研究较多的聚合物电解质材料是聚碳酸酯基聚合物，其具有离子导电率高、链段柔顺性好等优点。

复合固态电解质是将陶瓷填料集成到有机聚合物基体上，通过降低玻璃化转变温度来帮助提高导电率和力学性能，其聚合物材料中的聚氧乙烯（PEO）应用最为广泛，而填料则主要有无机惰性填料、无机活性填料和有机多孔填料。其中，无机活性填料不仅能提高自由 Li^+ 的浓度，还可增强 Li^+ 的表面传输能力；有机多孔填料与基体相容性较好，其大分子孔隙结构为 Li^+ 传输提供了天然的通道，因此成为当前的研究热点。Goodenough 教授的团队基于纳米介孔有机填料（HMOP）与 PEO 基体复合得到的固态电解质，其多孔填料能够吸附界面处的小分子，可以提高电解质与电极间的界面稳定性。

5.3.1.2 全固态锂电池面临的挑战

全固态锂电池面临三大方面的挑战，如图 5-7 所示。①材料科学方面，锂金属负极的缺陷、与金属锂接触的固体电解质界面失效以及活性正极材料和固态复合正极材料机械稳定性较差。具体包括锂金属沉积/溶解过程中的接触损耗，充电至高压或在高温下共烧结时电解质可能会分解，或与正极材料反循环时正极材料的体积变化会导致正极和电解质界面接触不良，可能的界面反应以及锂枝晶在电解质中的渗透，等等。②加工科学方面，加工障碍可能会在开发新材料和改良材料时耗费大量时间和精力。③设计工程方面，利用 3D 模板正极或最近通过冷冻浇铸或烧蚀牺牲性成分形成的 3D 多孔固体电解质形成的 3D 设计很有前景，但在经济高效扩大规模生产面临成本问题。

其中电解质的稳定性对于评估全固态锂电池的长循环寿命至关重要。不同电解质氧化和还原极限如图 5-8 所示。显然，电解质的稳定性在很大程度上取决于材料的化学性质。电解质的还原稳定性主要由还原性非碱阳离子控制。一般来说，含过渡金属阳离子的化合物的还原稳定性较差，而含碱、碱土和镧系阳离子的电解质，其氧化极限较低。目前还没有兼具高氧化极限和低还原极限的电解质材料。

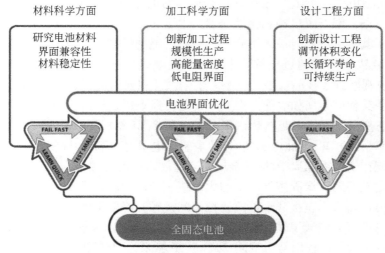

图 5-7　全固态锂电池面临的三大方面挑战

资料来源：Albertus P et al.（2021）

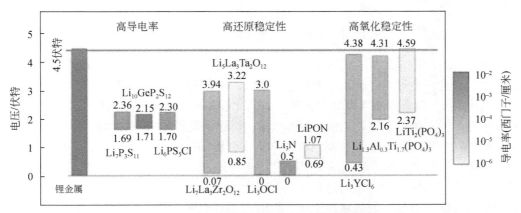

图 5-8　典型电解质的离子电导率及计算的氧化还原极限

资料来源：Tian Y S et al.（2020）

Li/Na 金属负极的使用对于全固态锂电池实现高能密度至关重要。强还原性的碱金属与电解质间的界面稳定性面临严重挑战。LiPON、$Li_7P_3S_{11}$、Li_6PS_5X（X=Cl，Br，I）和 Li_3OX

（X=Cl，Br）可能会还原或分解，但所形成的 Li_3N、Li_2S、Li_3P 和 Li_2O 等电子绝缘产物会钝化金属表面阻止反应继续发生。然而，当包含可还原阳离子的电解质发生分解时可能会导致电子导电化合物的生成，使得副反应持续发生。此时引入与 Li/Na 金属反应后能生成稳定的二元化合物的元素来构建人工钝化层。如在 Li-Mg-O、Li-Al-O 和 Li-Ti-O 等三元体系中，高剂量氮的掺杂有利于 Li 金属的稳定性。氧或卤化物的掺杂可稳定硫化物导体与 Li 金属间的界面。

对于采用锂金属负极的全固态锂电池来说，电池内锂枝晶的生长是一个重大问题（Cheng E J et al.，2017）。因此，要构建可长循环的电池需抑制锂枝晶的生成。电解质中的枝晶生长非常复杂，混合了机械和化学问题、电子和离子电导率、微观结构以及界面粗糙度和接触问题，其具体机制目前还不确定。一种可能的机制是锂枝晶首先在电解质粗糙表面成核，然后沿晶界和/或通过电解质中连接的孔隙或预先存在的微裂纹传播。然而，在 LLZO 单晶中也观察到了枝晶，在具有不同缺陷尺寸和表面密度的单晶 LLZO 中测量临界电流密度，表明其他因素（如表面形态）在枝晶传播中也起作用。在监测不同电解质中 Li 浓度分布的动态变化之后，最近提出的另一种机制将 LLZO 和 LPS 颗粒内部的 Li 生长归因于电子电导率（Han F et al.，2019）。随电解质电子电导率的升高，检测到电解质内 Li 镀层增加。沉积在空隙或晶界中的 Li 金属相互连接时电池将短路。

除界面稳定性问题，全固态锂电池的大规模生产还面临许多实际挑战，例如，要达到较高的能量密度，需增加正极载量，改善粒子间接触，降低电解质厚度。而当前全固态锂电池中使用的厚电解质降低了体积能量密度，因此，为使全固态锂电池达到比当前锂离子电池更高的能量密度，需使用薄电解质（最好<50 微米）。射频磁控溅射、脉冲激光沉积和原子层沉积等已成功应用于实验室规模的薄电解质生产，但其高成本低产量阻碍了它们在大规模生产中的应用。在大规模生产中可通过流延铸造法制造薄的氧化物和硫化物电解质层，其厚度小于 100 微米。同时，在浆料浇铸过程中加入聚合物黏结剂可改善电解质薄膜的机械性能和可加工性。

5.3.1.3　全固态锂电池未来发展趋势

全固态锂电池未来发展方向包括以下几点。①提高安全性和体积能量密度。尽管当前仍在探索具有良好电导率（$\sigma > 10^{-4}$ 西门子/厘米）、高负极（对 Li 金属）和正极（>4.5 伏）稳定性的电解质，但全固态锂电池中各种界面的化学和机械稳定性是当前关注的主要问题。②扩大电解质固有的稳定窗口电压。正极包覆层可稳定正极-电解质界面，但电解质在负极上的分解仍对全固态锂电池的长期循环性产生不利影响，如锂枝晶的形成。仅凭高机械强度并不能防止枝晶的生长，必须进一步研究其他因素（如电子电导率和电解质的微观结构）的影响。③全固态锂电池在制造过程中保持紧密的界面接触。为减小电解质厚度，可使用黏结剂来提高薄型电解质的机械稳定性。同时需调整全固态锂电池的制造工艺以应对当前的锂离子电池实际生产工艺。

5.3.2　金属-空气电池技术

金属-空气电池具有原材料丰富、安全环保、能量密度高等一系列优点，具有良好的发展和应用前景。金属-空气电池的负极为活泼金属（如镁、铝与锌等），电解液为碱性或中性介质，正极活性物质为空气中的氧气，放电时氧气被还原成 OH^-。金属-空气电极的反应涉及多相、多界面间的传质，所涉及的原子、基团、部件等跨尺度问题十分复杂，合理设计金属-空气电极的结构，促进气-液-固三相界面的传质，是降低金属-空气电极电化学极化的重要途径，如图 5-9 所示。目前最具代表性的是金属-空气电池有锂-空气电池和锌-空气电池。

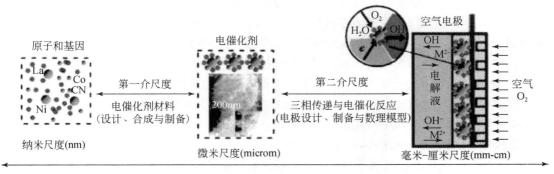

图 5-9　金属-空气电极气-液-固三相电催化反应与跨尺度特征（文后附彩图）

资料来源：徐可和王保国（2017）

5.3.2.1　锂-空气电池技术

锂-空气电池以金属锂为负极、空气电极为正极，通常使用催化剂促进正极的氧化还原反应（ORR）。由于可以利用周围空气中的氧气作为电极活性物质，锂-空气电池的容量只取决于金属锂负极的容量，因此锂-空气电池最突出的特点是具有超高理论能量密度（11 680 瓦时/千克），几乎与汽油相当。根据电解液的种类，锂-空气电池可分为水系、非水系、混合体系和全固态体系四种，其中非水系由于具有较高能量密度、较高稳定性和可充电性而备受关注。目前研究较多的非水系电解液主要有碳酸酯类、醚类、砜类、酰胺类等有机电解液。

与理论能量密度相反，锂-空气电池的实际容量和能量密度仍相对较低，影响其性能的主要因素是锂-空气电池的正极，因此研究重点集中在开发用于氧化还原反应和析氧反应（OER）的催化活性材料、正极结构等方面。碳材料具有优异的导电性，且比表面积大、孔结构可调，被广泛用作正极材料。目前主要研究的碳材料包括各类多孔碳、碳纳米管和石墨烯等新型材料，通常通过掺杂非金属（N、B、S 等）和过渡金属（Fe、Co 等）或是将碳材料与其他活性物质制备复合材料以提升正极材料性能。多孔碳材料中，MOFs 衍生多孔碳基材料结构稳定，具有超高比表面积和孔隙率，其均匀的金属位点有利于氧气的富集和扩散，因此可显著提升电池容量；有机前驱体可控合成制备的多孔碳纳米复合材料，具有可控孔径和几何形状，通过合成调控和后期表面改性可提升电池容量和循环性能；生物质衍生多孔碳材料的稳定结构利于氧气的扩散和 Li_2O_2 的储存，在碳化过程中杂元素的自掺杂也有利于提高催化剂性能。碳纳米管具备高导电性和机械强度，也是理想的锂-空气电池正极材料，将全氟碳化物添加至碳纳米管中可有效改善氧传输能力，涂覆 Ru、Pd 等贵金属可有效改善电极正极的氧还原活性，如将催化活性材料 RuO_2/MnO_2 直接负载在碳纳米管上以显著改善电池循环性能。石墨烯材料具备超高比表面积和优异导电性，掺杂铁、钴、氮等元素可显著提高催化剂氧还原活性。在电池正极结构优化方面，通过表面结构设计也可显著提升电池性能，如自支撑纳米阵列材料可以在缺少电极添加剂（黏结剂或导电碳黑）的同时保持电极整体结构的稳定性，因而具备较好的应用前景。此外，为了避免锂电极与空气中的其他成分发生副反应而影响电池性能和寿命，锂-空气电池往往需要在纯氧环境中工作，美国阿贡国家实验室与伊利诺伊大学芝加哥分校的联合研究对锂负极进行碳酸锂/碳涂层保护，制备的锂-空气电池在模拟空气中实现长达 700 次充放电循环寿命实验（Asadi M et al.，2018）。同时，中国吉林大学研究团队设计研制了一种基于分子筛薄膜的全新固态电解质材料，该电解质展现出高达 2.7×10^4 西门子/厘米的离子电导率、低至 1.5×10^{10} 西门子/厘米的电子电导率，以及对空气成分和锂负极的高度稳定性，有效解决了传统固态电解质材料的界面构建困难、内部锂枝晶和稳定性差等问题，并通过原位生长策略设计构建了一体化柔性固态锂空气电池（Chi X W et al.，2021）。得益于良好的"电解质-电极"低阻抗接触界面，该电池在实际空气环境中展现出 12 020 毫安时/克的超高容量和 149 次的超长循环寿命（电流密度为 500 毫安时/克和容量为 1000 毫安时/克）。

5.3.2.2　锌-空气电池技术

锌-空气电池采用成本低、环境友好的锌作为负极，其理论能量密度为 1086 瓦时/千克，也是较有前景的下一代低成本电化学储能设备，目前已经成功用于小功率器件。然而，锌-空气电池的标准电动势为 1.65 伏，但实际条件下充电电压高于此值，放电电压低于此值。该电池的负极为锌电极，一般由锌粉、锌板、锌箔或泡沫锌等材料组成。正极为空气电极，一般由扩散层、集流体和催化层组成。通过优化电极结构和催化剂的组分可以使电池性能得到明显提高。电解液一般采用 6 摩/升的 KOH 溶液，室温下该浓度的电解液具有较高的电导率，且电解液中能够溶解一定量的 Zn^{2+}。对于锌-空气电池来说，充放电过程中空气电极发生的析氧反应和氧化还原反应相对于负极锌更难进行，O_2 在水中溶解度低（10^{-6} 摩/升），在空气电极表面吸附困难，且氧氧键键能很大（498 千焦/摩），很难断裂，从而造成正极动力学过程相对缓慢，在相同电流密度下过电势更大的特点，电压损失主要来自正极，是制约锌-空气电池性能的核心要素之一。为了进一步提高电池性能，开发有高活性和稳定性的空气电极催化剂就显得十分必要。

在锌-空气电池的早期研究中，贵金属空气催化剂被广泛使用。金属 Pt 由于它的高活性，被用于锌-空气电池，并且目前 Pt 依然作为衡量其他电催化剂的基准。但贵金属由于其价格昂贵及资源的稀缺很难得到广泛的使用，因此寻找其他替代贵金属的非贵金属催化剂就显得十分必要。尖晶石、钙钛矿及其他结构的二元或三元组分形式的氧化物，碳材料及它们的混合物一般都具有 ORR 活性，它们中的一些可用于一次锌-空气电池，其中锰的氧化物由于其丰富的氧化态、化学组成和晶体结构是一种非常好的氧还原催化剂选择。

可充电锌-空气电池主要有机械可充式锌-空气电池和电化学可充电锌-空气电池两类。其中，机械可充式锌-空气电池通过更换锌电极，来补充反应活性物质。由于锌电极循环过程复杂，系统成本较高，未得到广泛应用。随着纳米材料技术的进步，电化学可充电锌-空气电池得到越来越多的关注，有望研发成功高比能量、低成本、绿色环保的下一代电化学储能产品。国内外均有企业开展对锌-空气电池的开发，例如，北京中航长力能源科技有限公司，制成了额定电压 12 伏、储能容量 4320 瓦时的锌-空气动力电池；美国 EOS 能源储存公司开发了输出功率 1 兆瓦、容量 4 兆瓦时的大规模公共电网储能设备。

5.3.2.3　金属-空气电池技术未来发展趋势

金属-空气电池以其超高的能量密度在下一代储能设备研究中占有重要地位。然而，可充电金属-空气电池的实际应用仍然面临着诸多挑战，如 ORR/OER 过电位、金属电极可逆性、电极和电解质的稳定性。因此，今后电极材料设计将从以下四方面进行：①研究空气电极的氧电催化剂、孔结构和气体扩散层（GDL）；②研发金属电极的电极组成、添加剂和保护层；③研究电解质的相态和添加剂的组成；④研究隔膜的选择渗透能力。通过对金属-空气电池材料的改性，可以提高电池的放电功率密度、容量、往-返效率、库仑效率和循环寿命。

除此之外，为了推动金属-空气电池的市场化应用，需要对金属-空气电池的科学技术问题有更多的了解：①目前金属-空气电池的研究主要集中在对氧电催化剂的研究上，然而，为了发展金属-空气电池技术，必须将整个电池系统结合起来考虑，并注意实现一些性能指标，以实现市场化应用。②现有的金属-空气电池充放电能力低，主要表现在往-返效率和库仑效率上。低的往-返效率使金属-空气电池耗能高、不经济，低的库仑效率导致金属-空气电池容量损失快。这些严重阻碍了可充电金属-空气电池的实际应用。研究金属-空气电池的材料设计应通过提高金属电极的可逆性，抑制副反应，来优先解决可再充电能力的问题。③金属-空气电池的有效材料设计策略依赖于对电极反应、副反应、枝晶生长等方面的基本认识。因此，先进实验技术和理论研究的进展有助于合理设计金属-空气电池的材料。④金属-空气电池在能量密度方面具有明显的优势，但在可再充电能力方面存在一定的缺陷。除了开发提高电池性能的材料的设计方法外，还需寻找适用于大容量储能的应用，这对于实现金属-空气电池大规模商业化发展也至关重要。⑤今后的研究还将涉及电池结构的技术设计，如循环电解质流动的液流电池结构。

5.3.3　钠离子电池技术

作为新型的"后锂离子电池"，钠离子电池和钾离子电池由于其丰富且分布均匀的资源而在大规模储能应用中显示出广阔的应用前景，是"下一代电池"技术的代表性示例。与锂离子电池不同，钠离子电池在正极材料中使用廉价的具有氧化还原活性的元素（如铜、铁、锰等）替代锂电池正极材料中的钴和镍，有望降低电池的总成本，使其在对重量和体积能量密度要求不高的领域作为具有成本优势的替代方案，具体优势如图 5-10 所示。目前，钠离子电池研究的关键在于开发合适的电极材料和电解质，以提升能量密度和循环寿命。

5.3.3.1　钠离子电池技术面临的挑战

在正极材料中，目前研究较多的有过渡金属氧化物、聚阴离子化合物、普鲁士蓝类似物（PBA）等。其中，过渡金属氧化物合成工艺简单、成本低、毒性小，主要分为层状氧化物和隧道结构氧化物，前者的比容量高于后者。但层状氧化物在充放电过程中由于钠离子嵌/脱会造成材料结构发生相变，影响电池循环稳定性，通过元素掺杂、结构设计、导电材料包覆等方式能有效改善性能。聚阴离子化合物由聚阴离子基团和过渡金属元素组成，具备高电压和结构稳定性好的优势，其 3D 框架结构含有丰富的晶格空位，可以缓解钠离子反复嵌入脱出所导致的体积变化和复杂相变反应，但其具有导电性差、体积能量密度低等问题，通常使用碳包覆、元素掺杂、多孔纳米结构等提升电化学性能，以铁基、锰基为主的混合聚阴离子、双金属 NASICON、多电子反应体系材料是研究重点。

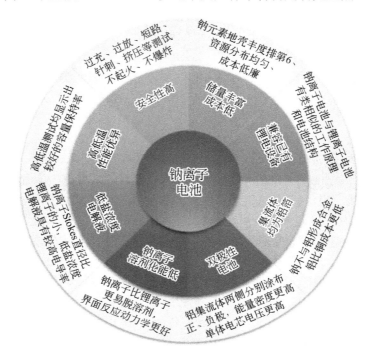

图 5-10　钠离子电池的优势

普鲁士蓝类似物是具有简单立方结构的 MOF 材料，其结构中的过渡金属离子和-CN-基团之间具有较大空间，因此可有效容纳 Na^+ 等碱金属离子。此类材料合成简单、具有较高工作电压平台和良好的循环稳定性，但其结构中固有的大量配水位和空位使得电池比容量低、结构不稳定和循环寿命差，通常通过纳米结构、导电材料包覆、元素掺杂、改进合成工艺等方法改善其性能。

在负极材料中，碳基材料成本较低，其中硬碳材料具有较大的层间距和无序化结构，有利于 Na^+ 脱碳，其可逆容量可达 400 毫安时/克。通过设计纳米结构、构造空心或多孔结构、杂原子掺杂可改善碳基材料的储钠性能。Sn、Sb、P、Ge、Bi 等合金化反应材料的理论容量高、工作电压适宜，是高比能的钠离子电池负极材料，但这类材料在合金化反应时体积膨胀严重，电极材料易粉化脱落，影响电化学性能，目前主要采用纳米化、碳复合以及开发高效黏结剂或电解液添加剂来缓解这一问题。过渡金属硫化物也具有比容量高、成本低等优点，但存在电导率低、循环性能差的问题。金属钠具有高比容量（1166 毫安时/克）、低电势和低体积密度的优点，但传统的金属钠负极由于表面不平整会引起钠离子的不均匀沉积，形成大量枝晶/死钠，从而导致电极材料的体积膨胀，通过引入导电基体，如三维碳材料或者泡沫多孔材料，能够缓解体积变化和抑制钠枝晶。

电解质体系是影响电池电化学性能和安全性能的关键，目前应用较多的是有机液态电解质，其具有较高的离子电导率和较低成本，但作为液态电解质存在漏液、腐蚀等安全隐患。聚合物固体电解质具有良好的黏弹性和成膜性，但是室温离子电导率较低；无机固态电解质的室温离子电导率相对较高、热稳定性好、电化学窗口宽，但是电解质与电极界面间存在较大的阻抗。因此，同时兼顾力学性能、电导率和稳定性的复合固态电解质材料是固态钠离子电池的研究重点。

5.3.3.2　钠离子电池技术未来发展趋势

钠离子电池在降低电网储能成本方面具有一定潜在优势。因此，未来钠离子电池具有以下几个方面的发展趋势：①开发综合性能优异的正极材料。低成本、长循环、高能量密度、高倍率、无毒无害、加工简单是正极材料主要追求的性能。目前层状氧化物、聚阴离子化合物、普鲁士蓝类似物均具有较好的综合性能，但没有一种可以满足所有性能要求，均有待进一步提高，同时也需要不断寻找新的材料体系。目前，铜铁锰基层状氧化物具有较大的发展潜力，同时低成本的锰基磷酸盐，如 $Na_3MnTi(PO_4)_3$（可实现两个左右 Na^+ 的可逆插入）、低缺陷无水普鲁士蓝等也是开发热点。②开发综合性能优异的负极材料。目前，可应用于实际生产制造的负极材料主要是无定型碳，但其容量与性能受合成工艺影响较大，另外其容量的提升也已经遇到瓶颈。同时，如何兼顾合金或转换类的高容量与循环稳定性也是未来的发展方向。③不断提高电池的能量密度。电池的能量密度与极片面负载量、电解液添加量、正负极材料的工作电压和比容量、电池设计有关。除了要提高材料本身的性能之外，还需要在锂离子电池的加工工艺的基础上探索适合于钠离子电池特点的制造工艺。④完善钠离子电池产业链，推动相关政策出台。目前，钠离子电池即将进入中试阶段，世界上已经出现了一批专注于钠离子电池产业化的公司。国家政策和国内外资金对其能否快速发展有重要作用。目前欧盟、美国和日本已将钠离子电池的研发列入发展规划中。

5.3.4　多价离子电池技术

多价离子电池是采用多价态的金属作为负极，如 Mg^{2+}、Ca^{2+}、Zn^{2+}、Al^{3+}等。相较于以碳基作为负极的锂离子电池而言，一个多价金属阳离子因携带更多的电荷，当正极材料提供相同数量的嵌入位点时，多价离子电池具有更高的能量密度，如图 5-11 所示。此外，镁、铝负极在电池循环过程中不会产生金属枝晶，因此提高了电池的安全性能。然而，由于多价离子电池发展起步较晚，目前尚存许多还未攻克的问题。以正极材料为例，由于多价离子半径小、电荷大，因此其极化效应极强，当多价离子在电池充放电过程中嵌入正极材料时，易与材料中的阴离子发生较强的吸引作用，使材料的结构发生坍塌，从而导致电池电化学性能的劣化。在电解液方面，寻找可以使多价离子在金属负极上顺利沉积溶解的配位阴离子基团始终是一个巨大的挑战。而且，多价离子电池对电解液的高稳定性、高导电性等要求也使其发展相对缓慢。

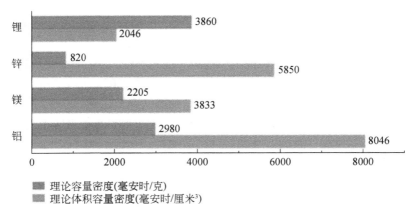

图 5-11　多价离子电池与锂离子电池理论容量密度和理论体积能量密度比较

资料来源：容晓晖等（2020）

5.3.4.1　多价离子电池技术面临的挑战

虽然多价金属离子取代锂离子在概念上似乎很简单，但对多价金属离子正极材料的开发一直是一个难题（Wan L et al.，2015）。第一个挑战是，多价金属离子在进入宿主材料之前，需要从强结合阴离子和溶剂分子中释放出来。这一过程对于 Mg^{2+} 和 Al^{3+} 来说尤其困难，因为这两种离子通常以与 Cl 的络合物形式存在，而 Mg—Cl 之间的键能约为 3 电子伏，这对于实际应用条件来说较高。理论模拟结果显示，Mo_6S_8 的表面原子可以催化配合物解离。在 $MgCl^+$ 络合物的形式下，富电子的 S 阴离子与 Mg 离子配位，而缺电子的 Mo 团簇吸引 Cl 阴离子。这两个相互作用共同削弱了 Mg—Cl 键，使解离能从 3 电子伏特降至 0.2～0.8 电子伏特。虽然到目前为止，这种催化分解只在 Mo_6S_8 中被证明，但许多其他材料也可能具有类似的能力。第二个挑战是，多价金属离子的固态扩散。在过渡金属氧化物主体中，基于 S^{2-} 的硫系阴离子骨架比基于 O^{2-} 的骨架相对较软，因此允许 Mg^{2+} 有良好的迁移性。硫系阴离子的高极化率有助于稳定配位间阳离子扩散过程中的中间态。几个成功的正极材料设计都反映了可以用软阴离子构建骨架。例如，尖晶石和层状硫属化合物具有类似于 Mo_6S_8 的可极化/软阴离子框架，因此是潜在的正极备选材料。解决金属阳离子解离和固态扩散的另一个方法是绕过这一过程。转化型正极材料，如硫、硒、碘和过渡金属硫族化合物，在沉淀反应中发生溶解，不涉及固态离子的传输。其中，以 Mg-S 电池为代表，在 1.1～1.4 伏下，Mg^{2+}/Mg 具有良好的循环稳定性，在循环 100 次的情况下，其比容量仍高达 1200 毫安时/克。

多价金属负极的行为主要取决于与电解质之间的界面作用。镁、钙和铝都是活性金属，与锂非常相似，容易与大气成分、质子溶剂、许多极性非质子溶剂和盐阴离子反应，形成界面物质，使活性金属钝化。到 20 世纪末，报道出的最佳 Mg 电解质是 0.25 摩尔/升，$Mg（AlCl_2BuEt）_2$ 的四氢呋喃（THF）溶液，其可逆 Mg 沉积/溶解库仑效率接近 100%，最大稳定电压为 2.2 伏。随后的研究工作集中在扩大电解质的电化学稳定窗口，避免在金属负极表面形成阻碍 Mg^{2+} 传导的钝化层。基于这些研究，卤素基电解质 [如全苯基配合物（APC）、有机卤代铝酸盐和氯化铝酸镁络合物（MACC）] 的性能得到了改善。此外，在多价电解质体系中，导电离子通常形成缔合更强的溶剂化结构（接触离子对和聚集体），从而影响体相电解质的传输性能以及界面传输。因此，基于对溶液结构的理解来设计电解质对于改善多价电解质的离子传输性能至关重要。普遍认为弱配位阴离子能产生很少或没有离子对的溶剂化结构，减少了去溶剂化的过程，缓解了副反应，有利于镁电沉积。如 $Mg[B(fip)_4]_2[fip$ 为 $OC(H)(CF_3)_2]$ 电解质具有高的负极稳定性（>4.5 伏）、高的离子导电性（11 毫西门子/厘米）和可逆的 Mg 电沉积。为提高电解质的还原稳定性并实现多价金属离子可逆的沉积与溶解。设计电解质时应考虑双电子转移过程（$M^{2+}→M^+→M$）中涉及的所有溶剂和盐分子、稳定阳离子（如 Mg^{2+} 和 Ca^{2+}）及部分还原阳离子（如 Mg^+ 和 Ca^+）相互作用时的热力学和动力学。除了电解液的离子传输和电化学稳定性问题外，电解质的腐蚀性也需考虑。含卤素离子（如 Cl^-）的电解质会导致铜、铝和不锈钢等集流体的腐蚀。可用硼基电解质来替代卤基电解质用于镁电池以避免这些问题。如以 $Mg[(HCB_{11}H_{11})]_2$、$Mg[(FCB_{11}H_{11})]_2$ 和硼酸三（六氟异丙基）酯（THFPB）为基础的电解质，其稳定窗口为 $0 \sim 3.8\ V\ vs\ Mg/Mg^{2+}$，库仑效率为 99.8%。长期以来，学者认为难以实现可逆的 Ca 电沉积，直到庞鲁切特等人首次报道了在高温（100℃）下，$Ca(BF_4)_2$-EC/PC 电解液中可实现部分可逆的 Ca 沉积/溶解。尽管自 2015 年以来对钙电化学的研究取得了惊人进展，但围绕形成合适的负极-电解质界面进行设计将是进一步发展钙电解质的关键（Liang Y L et al.，2020）。

5.3.4.2 多价离子电池技术未来发展趋势

自 2000 年首次报道镁金属电池以来，关于多价离子电池的研究取得了重大进展。镁金属电池电解质最大稳定电压已从 2.2 伏 [$Mg(AlCl_2BuEt)_2$-THF 电解质] 增加到 3.5 伏以上（硼基 Mg 电解质）。在分子水平上对反应机理和溶剂化结构的理解，推动了 Mg 电解质稳定性的提高。未来多价离子电池的发展趋势包括：①提高多价离子正极的电压和容量，识别出能够促进多价离子固态扩散的材料；②理解多价电解质中的溶剂化结构和不同配合物类型，这将对改善电解质中多价离子迁移率至关重要；③利用先进的表征技术与计算模型从分子和原子尺度探究控制多价电池性能的机制，这是因为多价电池性能的机制比一价电池要复杂得多，研究这些机制对合理地改善多价电池的电化学性能是十分必要的；④相对于镁离子电池，对钙离子电化学的探索要少得多，尚处在发展的早期阶段，但随着人们在原子和分子尺度上对钙离子电池电化学过程的不断深入研究，未来该技术将实现加速发展。

5.4 研发创新能力定量分析

科技论文和专利信息能够从一定程度上反映领域的主要技术主题和研发态势，本章利用科学计量的方法，选取下一代电化学储能技术的重要技术——全固态锂电池技术，通过对相关数据库收录的相关论文和专利进行分析，以期能够从计量角度揭示出技术的现状、特征和发展趋势。

5.4.1 基于文献分析全固态锂电池技术

本次分析利用 Web of Science 数据库检索获得了全球全固态锂电池技术相关文献数据集，Web of Science 数据库采集时间段为 1900～2021 年，共得到相关文献 3120 篇。

5.4.1.1 整体发展态势

以"all-solid-state lithium batteries"or"all-solid-state lithium-ion batteries"or"all-solid-state Li-ion batteries"为关键词在 Web of Science 数据库检索到相关论文发表情况如图 5-12 所示，数据显示全固态锂电池相关论文发表情况大概分为以下三个阶段。

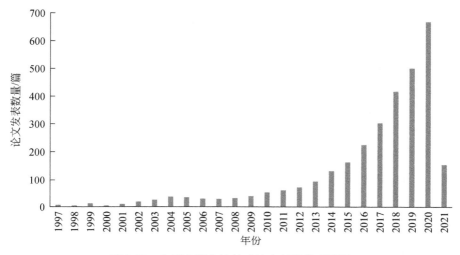

图 5-12　全固态锂电池技术论文年度发表情况

资料来源：Cui L M et al.（2020）

第一阶段（1997～2001 年）：每一年的论文发表数量均小于 10 篇，论文年度发表数量变化较缓慢，表明该阶段领域发展处于萌芽期。

第二阶段（2002～2009 年）：年度论文发表数量出现增长，表明该阶段领域开始逐渐发展。

第三阶段（2010～2020 年）：年度论文发表数量开始大幅增长，表明全固态锂电池技术研究成为研发重点，得到各国研究人员的广泛关注。

5.4.1.2 主要国家分析

基于 Web of Science 数据库文献检索结果，图 5-13 显示了当前世界主要国家历年在全固态锂电池技术领域的论文发表数量对比情况，论文发表数量排名前 10 位的国家分别为中国、日本、美国、韩国、德国、加拿大、法国、印度、新加坡和澳大利亚。排名第一位的中国在该领域的论文发表数量高达 1086 篇，约占全球在该领域总论文发表数量的三分之一，远远高于排名第二位和第三位的日本（749 篇）和美国（528 篇），说明中国在全固态锂电池技术领域的基础研究热度最为激烈，应用潜力较大。排名第四位和第五位的分别是韩国和德国,其在全固态锂电池技术领域的论文发表数量较为接近分别为 287 篇和 261 篇。其余国家的历年论文发表数量均在 200 篇以下,远远低于上述排名靠前的国家。

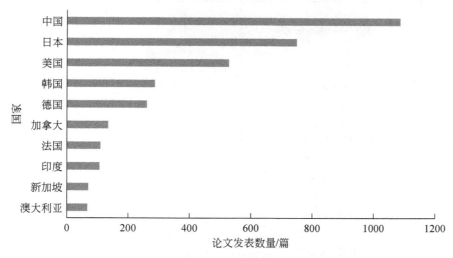

图 5-13　世界主要国家全固态锂电池技术论文发表情况

5.4.1.3　主要机构分析

基于 Web of Science 数据库的文献检索,对全球全固态锂电池技术领域论文发表数量排名前 20 位的研究机构进行了统计,如表 5-3 所示。结果显示全球论文发表数量排名前 20 位的研究机构中,隶属于中国的有 5 所,占 25%,而全球论文发表数量排名前 10 位的研究机构中,隶属于中国的有 4 所,占比高达 40%,其中中国科学院、中国科学院大学、清华大学和复旦大学分别位列该领域全球排名第 1 位、第 3 位、第 4 位和第 9 位。而日本在全球排名前 5 位的研究机构中,数量仅次于中国,有 2 所,但该领域全球排名前 20 位的研究机构中有 7 所来自日本,包括大阪府立大学、东北大学、日本产业技术综合研究所、东京工业大学、京都大学、东京都立大学和丰田汽车公司。其中丰田汽车公司作为唯一一家企业性质的单位入围全球该领域论文发表数量排名前 20 位的研究机构,说明全固态锂电池技术在日本具有较广泛的研究热度,从高校、研究院所到企业均对此开展了广泛的研究。此外,美国、韩国和德国均有 2 所科研院校入选全固态锂电池技术领域论文发表数量排名前 20 位的机构。而新加坡和加拿大均只有 1 所科研院校入选全固态锂电池技术领域论文发表数量排名前 20 位的机构。

表 5-3　全固态锂电池技术领域论文发表数量排名前 20 位的机构

排序	机构	国家	发文量/篇	论文发表数量占比/%
1	中国科学院	中国	241	7.72
2	大阪府立大学	日本	204	6.54
3	中国科学院大学	中国	116	3.72
4	清华大学	中国	85	2.72
5	东北大学	日本	72	2.31

排序	机构	国家	发文量/篇	论文发表数量占比/%
6	马里兰大学	美国	70	2.24
7	日本产业技术综合研究所	日本	69	2.21
8	东京工业大学	日本	61	1.96
9	复旦大学	中国	59	1.89
10	京都大学	日本	55	1.76
11	新加坡国立大学	新加坡	54	1.73
12	汉阳大学	韩国	52	1.67
13	尤斯图斯-李比希大学	德国	48	1.54
14	首尔国立大学	韩国	48	1.54
15	韦仕敦大学	加拿大	48	1.54
16	东京都立大学	日本	46	1.47
17	尤利希研究中心	德国	45	1.44
18	得克萨斯大学奥斯汀分校	美国	45	1.44
19	丰田汽车公司	日本	44	1.41
20	上海交通大学	中国	39	1.25

5.4.2 基于专利分析全固态锂电池技术

本次分析通过德温特创新索引数据库（DII），获得了全球全固态锂电池技术相关专利数据集，数据采集时间段为 1963~2021 年，共得到相关专利 2841 项。利用德温特数据分析软件（Derwent Data Analytics，DDA）进行专利数据挖掘和分析。

5.4.2.1 整体发展态势

从全固态锂电池技术专利申请数量的年度变化情况来看（如图 5-14），全球的全固态锂电池技术专利申请可大致分为以下几个阶段。

1987~2004 年，这段时期相关专利申请处于起步阶段，全球年均专利申请数量在 1~10 项。全固态锂电池不同于固态电池，其电池内部完全不含液态电解液，因此电池将取消隔膜设计。1987 年，科学技术部将固态锂电池列为第一个国家高技术研究发展计划重大专题，中国在固态电池领域的研究才开始进入正轨。从已有的专利申请情况来看，全球第一项全固态锂电池技术相关专利申请于 1987 年。

2005~2015 年，全固态锂电池技术进入发展期，相关专利申请数量稳步上涨。该时期的专利申请数量从 2005 年的 15 项逐步上升到 2015 年的 190 项，截至 2015 年，专利申请数量达 981 项。

2016~2019 年，全固态锂电池技术呈现井喷式发展趋势，2019 年达到历史高峰期（487 项），专利申请总量达到 2554 项，全球的市场需求迅速扩大。2018 年 6 月，日本经济产业省与日本 NEDO 宣布启动对新一代高效电池"全固态电池"核心技术的开发。该项目预计总投资 100 亿日元，计划到 2022 年全面掌握全固态电池相关技术。

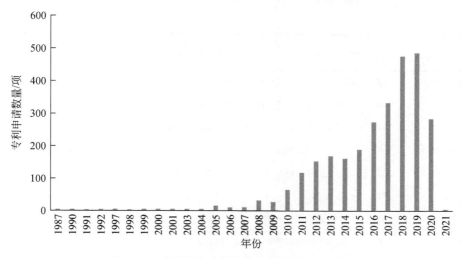

图 5-14　全固态锂电池技术专利申请年度分布

5.4.2.2　技术主体分析

国际专利分类（IPC）是国际通用的、标准化的专利技术分类体系，蕴含着丰富的专利技术信息。通过对全固态锂电池技术专利的 IPC 进行统计分析，可以准确、及时地获取该领域涉及的主要技术主题和研发重点。本次分析的 2841 项专利中共涉及 838 个 IPC 分类号。全固态锂电池技术专利申请数量大于 100 项的 IPC 分类号及其申请情况，如表 5-4 所示，可以看出，分布式能源技术专利申请主要集中在以下几个方面。

表 5-4　全固态锂电池技术主题布局及专利申请情况①

IPC	专利申请数量/项	分类号含义	近三年申请数量占总量的比例/%
H01M-0010/0562	1603	由无机材料构成的固体电解质	43.04
H01M-0010/0525	1104	摇椅式电池，即其两个电极均插入或嵌入锂离子电池	52.99
H01M-0010/052	819	锂蓄电池	42.25
H01M-0004/62	575	在活性物质中非活性材料成分的选择，如胶合剂、填料	47.48
H01M-0010/058	476	构造或制造	46.85
H01M-0004/36	435	作为活性物质、活性体、活性溶液的材料的选择	48.05
H01M-0010/0565	385	高分子材料，如凝胶型或固体型	51.17
H01M-0010/0585	357	只具有板条结构元件，即板条式正极、板条式负极和板条式隔离件的蓄电池	44.54
H01M-0004/525	307	插入活嵌入轻金属且含铁、钴或镍的混合氧化物或氢氧化物	48.86
H01M-0004/13	286	非水电解质蓄电池的电极	39.51
H01M-0004/04	268	一般制造方法	35.82
H01M-0004/505	257	插入或嵌入轻金属且含锰的混合氧化物或氢氧化物	51.36

———————————

①　由于专利公开需要一定的时间，因此本次统计结果中的近三年专利申请数量占比为 2017 年、2018 年和 2019 年统计结果。

IPC	专利申请数量/项	分类号含义	近三年申请数量占总量的比例/%
H01M-0004/58	252	除氧化物或氢氧化物以外的无机化合物	36.90
H01B-0001/06	248	由其他非金属物质组成的导电材料	36.29
H01M-0004/131	234	基于混合氧化物或氢氧化物的混合物的电极	32.05
H01M-0004/38	205	用合金合成物作为活性材料	59.02
H01M-0004/485	205	插入或嵌入轻金属的混合氧化物或氢氧化物	39.02
H01M-0004/139	179	制造方法	36.87
H01M-0004/66	165	材料的选择	41.21
H01M-0010/056	156	非水电解质材料的制造过程或方法	53.85
H01M-0004/1391	150	基于混合氧化物或氢氧化物的混合物的电极的制备方法	34.67
H01M-0004/134	143	基于金属、硅或合金的电极	60.14
H01M-0004/02	123	由活性材料组成或包括活性材料的电极	37.40
H01M-0006/18	107	固态电解质的制造流程或方法	24.30
H01B-0013/00	103	制造导体或电缆制造的专用设备或方法	30.10
H01M-0004/136	102	基于除氧化物或氢氧化物以外的无机化合物的电极	34.31

（1）直接将化学能转变成电能的方法和装置；二次电池；及其制造（H01M-0010/0562、H01M-0010/0525、H01M-0010/052、H01M-0010/058、H01M-0010/0565、H01M-0010/0585、H01M-0010/056 等）。

（2）直接将化学能转变成电能的方法和装置；电极（H01M-0004/62、H01M-0004/36、H01M-0004/525、H01M-0004/13、H01M-0004/04、H01M-0004/58、H01M-0004/131、H01M-0004/38、H01M-0004/485、H01M-0004/139、H01M-0004/66、H01M-0004/1391、H01M-0004/134、H01M-0004/02、H01M-0004/136 等）。

（3）按导电材料特性区分的导体或导电物体；用作导体的材料选择，按材料特性区分的超导或高导导体、电缆或传输线入（H01B-0001/06 等）。

（4）直接将化学能转变成电能的方法和装置；一次电池；及其制造（H01M-0006/18 等）。

（5）按导电材料特性区分的导体或导电物体；制造导体或电缆制造的专用设备或方法（H01B-0013/00 等）。

5.4.2.3 主要国家/机构分析

全球全固态锂电池技术主要优先权国家或机构（世界知识产权组织和欧洲专利局）分布情况，如图 5-15 所示。一般来说，专利申请人会首先在其所在国家或地区申请专利，然后在一年内利用优先权在其他国家或地区申请专利。因此，优先权国家或地区的专利申请数量在一定程度上可以用来衡量一个国家或地区在相关技术上的开发水平和研发实力。从图中可以看出，全球全固态锂电池技术相关专利的研发主要集中在日本、中国、美国、韩国、法国、德国、瑞典、印度等国家以及世界知识产权组织和欧洲专利局两个机构。全球优先权专利申请数量分为三个阵营，日本和中国遥遥领先其他国家，为第一阵营；美国为第二阵营；韩国、法国、德国等为第三阵营。其中，日本优先权专利申请数量共计 1142 项，占全球全固态锂电池技术优先权专利申请总量的 40.20%左右。中国、美国、韩国三个国家的优先权专利申请数量分别为 1027 项、397 项和 79 项，分别占全球优先权专利申请总量的 36.15%、13.97%和 2.78%。可见，日本、中国和美国在全固态锂电池技术领域的研发能力和自主创新能力较强，是该领域的主要研发国家。而中国在该领域的优先权专利申请数量在 1000 项以上，具有较强的研发实力。

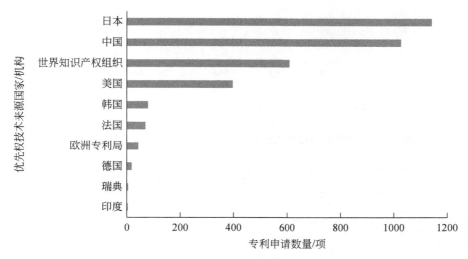

图 5-15　全球全固态锂电池技术主要优先权国家/机构分布

主要国家全固态锂电池技术专利申请年度分布情况如图 5-16 所示。总体看来，日本对全固态锂电池技术的研究起步较早，从 20 世纪 80 年代开始就开始申请相关专利，一直持续至今。日本专利申请数量在全球范围内遥遥领先，2016 年到 2018 年，日本专利申请数量急剧增长，在 2018 年达到顶峰，年专利申请数量达到 210 项，但随后专利申请数量减少，可能是由于专利申请公开年限推迟所致。而中国的专利年申请数量，从 2006 年开始进入萌芽期，直到 2016 年开始迅速发展，专利申请数量逐年增加，到 2019 年底实现全固态锂电池技术专利申请数量全球第一，达到 217 项。美国与日本专利年申请趋势一致，但 2016 年后全固态锂电池技术专利申请数量开始减少。韩国在 2012 年才首次申请全固态锂电池技术相关专利，随后一直稳步发展，该技术专利年申请数量为 10～20 项。法国、德国从 21 世纪初开始申请全固态锂电池技术相关专利，但是相比其他几个国家，后期的相关专利申请呈较慢发展趋势。

5.4.2.4　主要申请人分析

全球全固态锂电池专利申请不少于 20 项的专利权人及其专利申请的时间分布情况如表 5-5 所示。主要全固态锂电池技术专利权人的专利技术区域保护情况如表 5-6 所示。

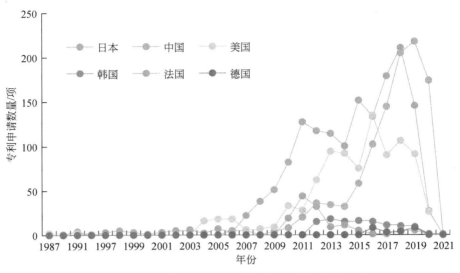

图 5-16　全球全固态锂电池技术主要优先权国家分布

表 5-5　全球主要全固态锂电池技术专利权人及其专利申请时间分布情况　（单位：项）

专利权人	国别	专利申请数量			
		总量	2016～2020 年	2005～2015 年	2004 年以前
丰田汽车公司	日本	480	317	268	0
中国科学院	中国	113	94	29	1
出光兴产株式会社	日本	76	22	84	2
宁波大学	中国	75	29	46	0
日本日矿金属株式会社	日本	58	65	8	0
NGK 公司	日本	56	48	54	0
古河机械金属株式会社	日本	52	26	26	0
比亚迪股份有限公司	中国	42	44	8	0
三星电子	韩国	38	19	38	0
精工爱普生	日本	36	1	40	0
中南大学	中国	35	23	12	0
三井矿业	日本	33	12	46	0
密歇根大学	美国	33	55	36	0
住友电气工业株式会社	日本	32	0	59	0
哈尔滨工业大学	中国	31	21	10	0
日本学习院大学	日本	27	0	40	0
日本东邦钛业	日本	26	1	38	0
昆山能源发展有限公司	中国	25	25	0	0
昭和电工株式会社	日本	24	37	0	1
东京工业大学	日本	24	28	20	0

专利权人	国别	专利申请数量			
		总量	2016~2020 年	2005~2015 年	2004 年以前
桂林电器科学研究院	中国	23	23	0	0
松下知识产权管理有限公司	日本	23	14	14	0
日立集团	日本	22	2	22	1
小原株式会社	日本	21	0	25	0
清华大学	中国	20	13	8	0

表 5-6 全球主要全固态锂电池技术专利权人的专利技术区域保护情况　（单位：项）

专利权人	国别	日本	中国	世界知识产权组织	美国	韩国
丰田汽车公司	日本	173	71	20	154	25
中国科学院	中国	1	102	2	2	2
出光兴产株式会社	日本	41	10	7	7	3
宁波大学	中国	0	75	0	0	0
日本日矿金属株式会社	日本	36	4	2	5	5
NGK 公司	日本	13	2	9	20	10
古河机械金属株式会社	日本	52	0	0	0	0
比亚迪股份有限公司	中国	1	34	3	1	0
三星电子	韩国	2	1	0	22	11
精工爱普生	日本	5	8	0	16	0
中南大学	中国	0	35	0	0	0
三井矿业	日本	9	8	6	2	3
密歇根大学	美国	2	1	2	22	2
住友电气工业株式会社	日本	4	3	1	12	4
哈尔滨工业大学	中国	0	31	0	0	0
日本学习院大学	日本	11	2	2	6	3
日本东邦钛业	日本	11	2	2	4	3
昆山能源发展有限公司	中国	0	23	0	2	0
昭和电工株式会社	日本	6	1	8	1	2
东京工业大学	日本	2	1	2	8	1
桂林电器科学研究院	中国	0	23	0	0	0
松下知识产权管理有限公司	日本	6	4	4	6	0
日立集团	日本	6	0	9	6	1
小原株式会社	日本	21	0	0	0	0
清华大学	中国	0	20	0	0	0

　　从机构类型来看，专利权人主要分为企业以及高校。可以看出，全固态锂电池技术领域的相关龙头研发机构是企业。其中，丰田汽车公司作为全球知名的日本跨国汽车制造商，其全固态锂电池技术专利申请总量达 480 项，占 25 个专利权人申请总量的 32%以上。

　　从国别来看，全固态锂电池技术主要相关专利权人中，来自日本机构数量最多，高达 15 家，其次是中国，有 8 家研究机构，再次是美国和韩国，分别有 1 家。具体来看，日本全固态锂电池技术专利申请量较多的包括丰田汽车公司、出光兴产株式会社、日本日矿金属株式会社、NGK 公司和古河机械金属株式会社，其专利申请数量接近 25 个专利权人专利申请总量的一半。其次是精工爱普生、三井矿业、住友电气工业株式会社、日本学习院大学、日本东邦钛业、昭和电工株式会社、东京工业大学、松下知识产权管理有限公司、日立集团和小原株式会社，共 10 所机构。从时间上看，丰田汽车公司从 2008 年起就开始大规模申请该技术领域的相关专利，除丰田汽车公司之外的主要专利权人都集中在 2016～2020 年申请专利。并且该国几乎所有的企业专利技术保护区除本国外，还在全球主要国家如中国、美国、韩国及世界知识产权组织进行专利保护。

　　中国是全固态锂电池技术领域第二大主要专利申请国，其中申请机构主要包括中国科学院、宁波大学、比亚迪股份有限公司、中南大学、哈尔滨工业大学、昆山能源发展有限公司、桂林电器科学研究院、清华大学等 8 家机构。与日本申请机构不同，中国主要科研院所申请相关专利数量最多，作为中国顶尖的研究机构，中国科学院在该领域申请的专利数高达 113 项，仅次于丰田汽车公司，位列世界第 2。随后的是宁波大学，以 75 项专利申请数位居该领域专利申请数量全球第 4 名。而比亚迪股份有限公司，作为 2003 年就成长为全球第二大充电电池生产商，近年来通过不断的自主研发、设计和生产，在 3C 电池、动力电池、储能电池等领域形成了完整的电池产业链，在全固态锂电池技术这一新兴技术领域以 42 项专利申请数量位居该领域专利申请数量全球第 8 名。从专利保护区来看，除了中国科学院和比亚迪股份有限公司在除中国以外的主要国家和世界知识产权组织有部分专利进行保护之外，其他几所科研机构几乎均只在中国进行相关专利的保护，全球范围内进行专利保护的意识仍需进一步提升。

　　韩国和美国分别有一家机构拥有超过 20 项全固态锂电池技术相关专利。其中韩国的三星电子在该领域全球排名第 9，隶属于三星电子的三星综合技术研究院以开发未来增长引擎的种子技术为目标，并宣布有望在两年后实现全固态锂电池的最终量产。而美国的密歇根大学同样在全固态锂电池技术领域拥有较高产的专利数量，这主要因为密歇根大学位于美国汽车装配工业第一州，是美国各大汽车制造公司如通用汽车公司、福特汽车公司、克莱斯勒汽车公司所在地。并与通用汽车公司和福特汽车公司通力合作开发现代电动车，同时密歇根大学研究团队也成立了诸如 Sakti3、Elegus Technologies 等科技公司用于研究新的固态电池技术。

5.4.3　小结

　　近年来，得益于材料合成技术、精密制造技术和储能技术的快速发展，全球全固态锂电池技术处于快速发展阶段。全固态锂电池技术专利申请主要集中在以下几个方面：①二次电池的开发与制造；②电极的开发；③导电材料的研发；④一次电池的开发与制造；⑤制造导电材料专用设备的研发。在全球全固态锂电池技术论文发表中，中国、日本和美国是文论发表数量最多的国家，其中，中国以超过 1000 篇相关论文，远高于排名第 2 位和第 3 位的日本和美国，约占全球该领域总论文发表数量的三分之一。其中，中国科学院和大阪府立大学以超过 200 篇相关论文位列全球全固态锂电池技术领域论文发表数量第 1 位和第 2 位。说明中国在全固态锂电池技术领域的基础研究热度最为激烈，应用潜力较大。在全球全固态锂电池技术专利申请中，日本进入全固态锂电池技术领域较早，专利申请数量遥遥领先于其他国家，是全球最大的全固态锂电池技术专利申请国和受理国，其中丰田汽车公司专利申请数量居世界首位。中国是在该技术领域专利申请数量第二大国家，并在 2019 年超过日本，成为全固态锂电池领域全球第一大专利申请国。其中中国科学院专利申请数量排名世界第 2 位，在该领域全球前十大专利权人中，中国占据四席，拥有较强的技术研发能力。随后是韩国三星电子和美国密歇根大学，这些机构在全固态锂电池领域均具有较强的竞争力，并注重在本国之外的国家和地区进行专利保护。

5.5　总结与建议

5.5.1　我国战略规划

我国储能产业起步较晚，但发展迅速，多项政策指导并促进了电化学储能技术的发展。2010 年，《中华人民共和国可再生能源法（修正案）》中首次提到要发展储能技术，奠定了储能技术在推进我国能源革命中的重要地位。2015 年 3 月，在《中共中央国务院关于进一步深化电力体制改革的若干意见》中，明确提出建立分布式能源发展新机制，在确保安全的前提下，积极发展融合先进的储能技术。并在 2016 年《中华人民共和国国民经济和社会发展第十三个五年规划纲要》中提出的能源发展八大重大工程中明确提及储能电站、能源储备设施，更是重点提出要加快推进大规模储能等技术研发应用。为解决储能部署中面临的技术瓶颈，2016 年发布的《能源技术革命创新行动计划（2016—2030 年）》明确提出了储能发展目标：到 2020 年，突破化学储电的各种新材料制备、储能系统集成和能量管理等核心关键技术；到 2030 年，全面掌握战略方向重点布局的先进储能技术，实现不同规模的示范验证，同时形成相对完整的储能技术标准体系，建立比较完善的储能技术产业链，实现绝大部分储能技术在其适用领域的全面推广，整体技术赶超国际先进水平。到 2050 年，积极探索新材料、新方法，实现具有优势的先进储能技术储备，并在高储能密度低保温成本热化学储热技术、新概念电化学储能技术（液体电池、镁基电池等）、基于超导磁和电化学的多功能全新混合储能技术等实现重大突破，力争完全掌握材料、装置与系统等各环节的核心技术。为进一步推进储能技术创新，2020 年 7 月，国家能源局印发了《国家能源局综合司关于组织申报科技创新（储能）试点示范项目的通知》，以促进电化学等先进储能技术装备与系统集成创新，推动出台支持电化学等储能发展的相关政策法规。随着储能技术发展，储能产业相继部署规划。2019 年，国家发展改革委、国家能源局发布了《2019—2020 年储能行动计划》，"十四五"期间，储能已完成由研发示范向商业化初期过渡，需要实现商业化初期向规模化发展转变。2020 年 8 月，国家发展改革委、国家能源局在《关于开展

"风光水火储一体化""源网荷储一体化"的指导意见（征求意见稿）》中提出储能快速灵活调节能力须在综合能源发展项目中体现。2021 年，随着我国提出碳达峰、碳中和的"3060 目标"，为构建清洁低碳、安全高效能源体，国家发展改革委、国家能源局发布《关于加快推动新型储能发展的指导意见（征求意见稿）》，提出将发展新型储能作为提升能源电力系统调节能力、综合效率和安全保障能力，支撑新型电力系统建设的重要举措，最终实现碳达峰、碳中和目标。随着国家层面对电化学储能技术研发的大力支持，全国各地方政府、企业正在推动"新能源+储能"发展模式。例如，2020 年 3 月，国网湖南省电力有限公司下发了《关于做好储能项目站址初选工作的通知》，明确提出，将储能设备，与风电项目同步投产。同年 3 月，新疆维吾尔自治区发展和改革委员会印发了《新疆电网发电侧储能管理办法》征求意见稿，明确提出，鼓励光伏、风电等发电企业和售电企业投资建设电储能设施。

5.5.2 我国重大项目部署

5.5.2.1 重大研究项目

"十三五"以来，我国政府愈加重视电化学储能技术的相关研发，部署了一系列重大研究项目。《能源技术革命创新行动计划（2016—2030 年）》明确提出了储能发展目标：到 2020 年，示范推广 100 兆瓦级全钒液流电池储能系统、10 兆瓦级钠硫电池储能系统和 100 兆瓦级锂离子电池储能系统等一批趋于成熟的储能技术；到 2030 年，实现不同规模的示范验证，建立比较完善的储能技术产业链，实现绝大部分储能技术在其适用领域的全面推广，引领国际储能技术与产业发展。近年来，一系列国家重点研发计划（2017 年、2018 年、2021 年）均提出推动液流电池、锂离子电池、铅酸电池、金属空气电池、固态电池等新兴技术项目研发部署。此外，2021 年"储能与智能电网技术"重点专项明确提出，重点围绕中长时间尺度储能技术在内的六大技术方向，其中包括启动吉瓦时级锂离子电池储能系统技术、兆瓦时级本质安全固态锂离子储能电池技术、金属硫基储能电池等重大研究项目。同年，"新能源汽车"重点专项中也提出将重点研发全固态金属锂电池技术、高安全、全气候动力电池系统技术等。

5.5.2.2 产业示范

2017 年 9 月，国家发展改革委等 5 部门联合发布了《关于促进储能技术与产业发展的指导意见》，作为中国储能产业第一个全面指导性文件，提出了未来 10 年我国储能产业的发展目标，以及推进储能技术装备研发示范、推进储能提升可再生能源利用水平应用示范、推进储能提升电力系统灵活性稳定性应用示范、推进储能提升用能智能化水平应用示范、推进储能多元化应用支撑能源互联网应用示范等五大重点任务，为我国储能行业发展树立了信心，推动了我国电化学储能技术的爆发式增长。至此，2018 年我国电化学储能技术实现了里程碑式的发展，一方面是 2018 年我国电化学储能累计装机规模首次突破吉瓦，另一方面是我国电化学储能呈现爆发式增长，新增电化学储能装机规模高达 612.8 兆瓦，比 2017 年同比增长 316%。为积极应对气候变化，努力构建清洁低碳、安全高效的能源体系，2021 年，国家发展改革委、国家能源局联合起草了《关于加快推动新型储能发展的指导意见（征求意见稿）》，以实现到 2025 年，新型储能从商业化初期向规模化发展转变，产业体系日趋完备，市场环境和商业模式基本成熟，装机规模达 3000 万千瓦以上。到 2030 年，实现新型储能全面市场化发展，技术创新和产业水平稳居全球前列，装机规模基本满足新型电力系统相应需求。

此外，根据中国能源研究会储能专委会的中关村储能产业技术联盟（CNESA）于 2021 年 4 月发布的《储能产业研究白皮书 2021》数据，如图 5-17 所示，截至 2020 年底，中国已投运储能示范项目累计装机规模 35.6 吉瓦，占全球市场总规模的 18.6%，同比增长 9.8%，其中电化学储能的累计装机规模位列第 2，为 3269.2 兆瓦，同比增长 91.2%。在各类电化学储能技术中，锂离子电池的累计装机规模最大，为 2902.4 兆瓦。此外，从全国电化学储能示范项目分布来看，截至 2020 年底，中国新增投运的电化学储能项目规模达 1559.6 兆瓦，新增投运规模首次突破吉瓦大关，是 2019 年同期的 2.4 倍，主要分布在 29 个省（自治区、直辖市），装机规模排名前 10 位的省/区分别是广东、青海、江苏、安徽、山东、西藏、甘肃、内蒙古、浙江和新疆，这 10 个省/区的新增规模合计占 2020 年中国新增总规模的 86%。从储能技术提供商来看，2020 年，中国新增投运的电化学储能项目中，装机规模排名前 10 位的储能技术提供商依次为：宁德时代新能源科技股份有限公司、天津力神电池股份有限公司、江苏海基新能源股份有限公司、湖北亿纬动力有限公司、上海电气国轩新能源科技有限公司、浙江南都电源动力股份有限公司、江西赣锋锂电科技股份有限公司、比亚迪股份有限公司、中航锂电科技有限公司和国轩高科股份有限公司，如图 5-18 所示。

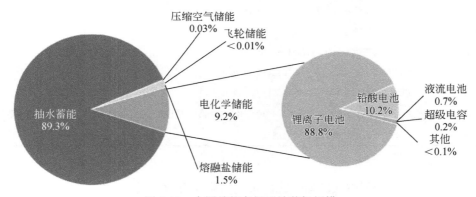

图 5-17　中国储能市场累计装机规模

资料来源：中国能源研究会储能专委会和中关村储能产业技术联盟（2021）

为推进储能项目由研发示范向商业化初期过渡，实现商业化初期向规模化发展的转变，2020 年国家能源局公布了首批科技创新（储能）试点示范项目，主要对可再生能源发电侧、用户侧、电网侧、配合常规火电参与辅助服务等 4 个应用领域共 8 个项目开展示范，项目名单如表 5-7 所示。其中，电化学储能技术类型的示范项目包括青海黄河上游水电开发有限责任公司国家光伏发电试验测试基地配套 20 兆瓦储能电站项目；苏州昆山 110.88 兆瓦/193.6 兆瓦时储能电站；福建晋江 100 兆瓦时级储能电站试点示范项目；科陆-华润电力（海丰小漠电厂）30 兆瓦储能辅助调频项目。针对可再生能源发电侧应用场景的青海黄河上游水电开发有限责任公司国家光伏发电试验测试基地配套 20 兆瓦储能电站项目是我国首个光伏发电储能项目。该项目采用磷酸铁锂、三元锂、锌溴液流和全钒液流电池，建设了 16 个

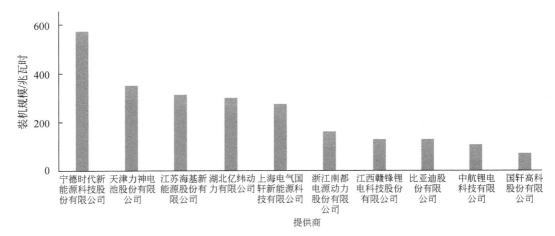

图 5-18　2020 年中国储能技术提供商排名（国内市场）

资料来源：CNESA 全球储能项目库

表 5-7　2020 年中国首批科技创新（储能）试点示范项目

项目地区	项目名称	应用场景
青海省	青海黄河上游水电开发有限责任公司国家光伏发电试验测试基地配套 20 兆瓦储能电站项目	可再生能源发电侧
河北省	国家风光储输示范工程二期储能扩建工程	可再生能源发电侧
福建省	宁德时代储能微网项目	用户侧
江苏省	张家港海螺水泥厂 32 兆瓦时储能电站项目	用户侧
江苏省	苏州昆山 110.88 兆瓦/193.6 兆瓦时储能电站	电网侧
福建省	福建晋江 100 兆瓦时级储能电站试点示范项目	电网侧
广东省	科陆-华润电力（海丰小漠电厂）30 兆瓦储能辅助调频项目	配合常规火电参与辅助服务
广东省	佛山市顺德德胜电厂储能调频项目	配合常规火电参与辅助服务

资料来源：国家能源局（2020）

分散式储能系统和 6 个集中式储能系统，实现储能规模 16.7 兆瓦时。针对电网侧应用场景的苏州昆山 110.88 兆瓦/193.6 兆瓦时储能电站项目是世界上单体容量最大的电网侧电化学储能电站。该储能电站项目建设规模为 110.88 兆瓦/193.6 兆瓦时，总占地面积 31.4 亩^①，共配置 88 组预制舱式磷酸铁锂储能电池，每套储能电池装机容量为 1.26 兆瓦/2.2 兆瓦时。而同样针对电网侧应用场景的福建晋江 100 兆瓦时级储能电站试点示范项目是国家重点研发计划"智能电网技术与装备"重点专项，由福建晋江闽投电力储能科技有限公司投资建设。该储能电站系统额定功率为 30 兆瓦，电池容量为 100 兆瓦时，电池单体循环寿命可达 12 000 次，采用半户内布置形式，锂电池采用宁德时代新能源科技股份有限公司的磷酸铁锂新型电池，项目总投资 26 820.1 万元，为晋江当地电网运行提供调峰、黑启动、需求响应等多种服务，有效实现电网削峰填谷，缓解高峰供电压力，促进新能源消纳，为电网安全稳定运行提供新的途径。而针对配合常规火电参与辅助服务应用场景的科陆-华润电力

---

① 1 亩≈666.7 平方米。

（海丰小漠电厂）30 兆瓦储能辅助调频项目是国内最大规模的储能调频项目。该项目采用先进的电化学储能技术，在发电机组高厂变侧建设基于磷酸铁锂电池技术的 30 兆瓦/14.93 兆瓦时自动发电控制调频储能辅助系统，该项目的直控模式让电厂侧储能不只局限于辅助机组调频，而有了多样化的选择和盈利模式，成功试验了独立储能一次调频、二次调频、调峰、自动电压控制、黑启动、备用等功能，标志着储能调度从电厂侧控制走向电网直接控制。

从上述示范项目的运行效果来看，可再生能源发电侧项目实现了与风电、光伏发电联合运行，能有效增发清洁能源，促进大规模可再生能源消纳。用户侧项目能够有效调节用电负荷和增加分布式可再生能源的应用，在为用户节约用电成本的同时，促进节能减排。电网侧项目既能够削峰填谷又能够参与辅助服务，实现了多功能复合应用，提升了电力系统运行安全的稳定性。配合常规火电参与辅助服务项目将明显提高火电厂跟踪调度曲线的能力，并避免机组反复调节出力带来的设备疲劳、系统效率降低和污染物排放增加等问题。

5.5.3　建议

储能作为战略性新兴产业，是增强能源系统供应安全性、灵活性，提高综合效率的重要环节，是支撑能源转型的关键技术之一，而电化学储能是除抽水蓄能以外，应用最为广泛的储能形式。近年来，我国虽然在电化学储能制造技术上努力追赶欧、美、日、韩等先进技术国家和地区，但对储能电池机理的研究，如理解充放电和物质转移/传输的物理化学过程；技术突破，如开发高安全性、长寿命、低成本的锂离子电池、钠离子电池及其他新型高能化学电源体系，集成系统、改进封装设计以及应用新材料等方面仍面临诸多挑战，在离子传导膜、电解液、双极板等关键材料制造上距离技术发达国家有一定差距，多种类型电化学储能技术的示范应用才刚刚起步。通过对电化学储能技术相关国际政策规划的解读以及关键前沿技术进展和趋势分析，结合专利的产出分析，对该领域发展提出以下建议。

（1）注重电化学储能技术与产业发展的顶层设计，明确储能定位，统筹谋划战略布局，明确发展目标和实施路线图

通过分析总结电化学储能项目的成功经验和存在的问题，促进电化学等先进储能技术装备与系统集成创新，建立健全相关技术标准与工程规范，培育具有市场竞争力的商业模式，推动出台支持电化学等储能发展的相关政策法规。此外，结合国家中长期科技发展规划和"十四五"国家重点研发计划重点专项凝练等工作，继续加强先进电化学储能技术的研发和部署，形成系统、完整的技术布局，集中攻克制约电化学储能技术应用和发展规模、效率、成本、寿命、安全等方面的瓶颈问题，为下一代电化学储能技术的产业化应用提供强有力的科技支撑。

（2）在制度政策上，出台多层次支持政策和标准，强化并完善市场价格机制，充分发挥下一代电化学储能技术的价值

政府相关部门宜从总体布局、关键技术研发、示范项目部署、技术应用补贴等多层面

出台相关政策和保障措施。另外，我国电化学储能技术经过十年的探索发展，在技术上已初具规模，但在应用推广上，还存在价格机制上的一些问题，应进一步扩大销售侧峰谷电价执行范围，扩大高峰、低谷电价价差和浮动幅度，利用峰谷电价差、辅助服务补偿等市场化机制，促进储能发展。持续推进储能参与辅助服务市场交易，探索电储能在电力系统运行中的调峰调频作用及商业化应用，以及促进可再生能源消纳的长效机制。

（3）在技术研发上，围绕可再生能源消纳、电动汽车的发展需求，推荐下一代电化学储能技术装备研发示范

加强基础、共性技术的攻关，围绕低成本、长寿命、高安全性、高能量密度的总体目标，开展储能原理和关键材料、单元、模块、系统和回收技术的研究，发展储能材料和器件测试分析和模拟仿真。针对不同的应用场景和需求，开发分别适用于长时间大容量、短时间大容量、分布式以及高功率等模式的储能技术装备，试验示范一批具有产业化潜力的储能技术和装备。大力发展储能系统集成与智能控制技术，进一步降低系统成本，实现储能产业与现代电力系统和电动汽车等分散电池资源协调优化运行。

（4）加快电化学储能新型基础设施及云平台建设，确保储能产业安全可持续发展

将电化学储能作为国家新型技术设施，探索电化学储能在综合能源服务、绿色电力交易、需求响应、能源托管等更多领域的应用，通过行业建立储能信息云平台，加强信息对接、技术共享和交易服务，最大限度地发挥储能设备的优化配置和高效利用，提高储能收益。此外，通过适配第五代移动通信技术（5G）基站建设备电、可再生能源发电消纳和新能源汽车充电将电化学储能新基建广泛应用于工业、交通运输、建筑等终端部门，以有效提高多元能源系统的灵活性和调度性，提高能源交易自由度，提高能源利用率，长远来看对降低用户电价、实现储能产业安全可持续发展具有重要意义。

（5）加强国际合作交流，参与制定电化学储能产品相关标准和认证体系框架，强化人才培养，吸引优质资源参与储能产业创新发展

积极主动利用《区域全面经济伙伴关系协定》（RCEP）、"一带一路"倡议等沟通途径，加强对外交流合作，吸取欧、美、日、韩的先进电化学储能技术，利用先进制造技术和理念提质增效，通过参与国外应用市场拉动国内装备制造水平的提升。与国际接轨，参与制定涵盖储能规划设计、设备及试验、施工及验收、并网及检测、运行和维护等各个应用环节的标准体系框架，并伴随技术发展和市场需求不断对其完善。创新人才引进和培养机制，引进一批领军人才，培育一批专业人才，形成支持新型电化学储能产业的智力保障体系。加强宣传，扩大示范带动效应，吸引更多社会资源参与下一代电化学储能技术研究和产业创新发展。

致谢 特别感谢中国科学院大连化学物理研究所吴帅忠研究员、张洪章研究员，中国科学院金属研究所李峰研究员，中国科学院物理研究所胡勇胜研究员、黄学杰研究员，中国科学院过程工程研究所陈仕谋研究员，华北电力大学能源动力与机械工程学院徐超教授，

哈尔滨工业大学王家钧教授均从领域研究进展、重大战略规划布局、行文格式和内容等不同角度对本章提供宝贵的意见和修改建议!

参 考 文 献

容晓晖, 陆雅翔, 戚兴国, 等. 2020.钠离子电池: 从基础研究到工程化探索. 储能科学与技术, 9(2): 515-522.

徐可, 王保国. 2017.锌-空气电池空气电极研究进展. 储能科学与技术, 6(5): 924-940.

Albertus P, Anandan V, Ban C, et al. 2021. Challenges for and Pathways toward Li-Metal-Based All-Solid-State Batteries. ACS Energy Lett, 6(4): 1399-1404.

Asadi M, Sayahpour B, Abbasi P, et al. 2018. A lithium-oxygen battery with a long cycle life in an air-like atmosphere. Nature, 555: 502-506.

Cheng E J, Sharafi A, Sakamoto J. 2017. intergranular Li metal propagation through polycrystalline $Li_{6.25}Al_{0.25}La_3Zr_2O_{12}$ ceramic electrolyte. Electrochim. Acta, 223: 85-91.

Chi X W, Li M L, Di J C, et al., 2021. A highly stable and flexible zeolite electrolyte solid-state Li-air battery. Nature, 592: 551-557.

Cui L M, Zhou L M, Kang Y M, et al. 2020. Recent advances in the rational design and synthesis of two-dimensional materials for multivalent ion batteries. ChemSusChem, 613(136): 1071-1092.

DOE. 2018. Department of Energy Announces $120 Million for Battery Innovation Hub. https://www. energy. gov/articles/department-energy-announces-120-million-battery-innovation-hub#:~:text=MENLO%20PARK,%20CA%20%E2%80%93%20Today,%20the%20U.S.%20Department,science%20and%20technology,%20led%20by%20Argonne%20National%20Laboratory [2021-05-26].

DOE. 2020. Energy Storage Grand Challenge Roadmap. https://www.energy.gov/energy-storage-grand-challenge/downloads/energy-storage-grand-challenge-roadmap [2021-05-26].

European Commission.2020a.Batteries Europe Publishes its Strategic Research Agenda.https://ec.europa. eu/newsroom/ener/item-detail.cfm?item_id=696024&newsletter_id=1868&utm_source=ener_newsletter&utm_medium=email&utm_campaign=Batteries%20Europe&utm_content=Batteries%20Europe%20publishes%20its%20Strategic%20Research%20Agenda&lang=en [2021-05-26].

European Commission. 2020b. Batteries Experts Identify Short-Term Research & Innovation Priorities. https://ec.europa.eu/energy/sites/ener/files/batterieseuroperesearchandinnovationpriorities-detailedsummary.pdf [2021-05-26].

Han F, Westover A S, Yue J, et al. 2019. High electronic conductivity as the origin of lithium dendrite formation within solid electrolytes. Nature Energy, 4: 187-196.

Khan I, Baig N, Ali S, et al. 2021. Progress in layered cathode and anode nanoarchitectures for charge storage devices: challenges and future perspective. Energy Storage Materials, 35: 443-469.

Li Y T, Xu H H, Chien P H, et al. 2018. A Perovskite Electrolyte That Is Stable in Moist Air for Lithium-Ion Batteries. Angewandte Chemie International Edition, 57(28): 8587-8591.

Liang Y L, Dong H, Aurbach D, et al. 2020. Current status and future directions of multivalent metal-ion batteries. Nature Energy, 5: 646-656.

NEDO. 2018. NEDO Technology Development Fields（Energy Systems）. https://www.nedo.go. jp/english/ introducing_tdf1.html［2021-05-26］.

Tian Y S，Zeng G B，Rutt A，et al. 2020. Promises and Challenges of Next-Generation "Beyond Li-ion" Batteries for Electric Vehicles and Grid Decarbonization. Chemical Reviews，121（3）：1623-1669.

Wan L，Perdue B R，Apblett C A，et al. 2015. Mg desolvation and intercalation mechanism at the Mo6S8 chevrel phase surface. Chem. Mater，27：5932-5940.

Wood Mackenzie. 2021. US Energy Storage Monitor: 2020 Year-in-Review. https://www.woodmac.com/reports/ power-markets-us-energy-storage-monitor-2020-year-in-review-474142［2021-05-26］.

本章附录　各国/地区储能研发计划重点对比

附表　各国/地区储能研发计划重点对比

美国	日本	欧洲	中国
1. 液流电池：①开发新型材料/活性物质和电池组件，包括新的电解质、新的氧化还原电对和新型隔膜；②新型电池架构、电池堆栈的设计与研发 2. 钠离子电池：①开发能够降低电池运行温度的新型电池结构和电池材料；②研发钠-硅离子电池与钠离子电池，降低电池的制造成本和运行温度 3. 锂离子电池：①针对车用动力电池，致力于提升锂离子电池能量密度、充电速率和安全性；②作为固定电源时，研究降低成本、提高使用寿命和充放电次数的先进理论；③研发新材料、改进制备过程、开发新的电池架构等 4. 先进铅酸电池：①探究影响铅酸充放电性能的深层次机理，从而延长电池寿命；②从物理、化学和电化学基本原理入手，通过开发先进的设计方法和提升制造工艺实现电池性能大幅提升 5. 压缩空气储能：①全面评估美国的地质条件并结合地质潜力，探讨发展压缩空气储能的可行性；②研究储能结构的孔隙率、渗透率和饱和度对空气储能系统性能的影响；③研发更高效、安全和部署成本低的压缩空气储能系统 6. 飞轮储能系统：①提升飞轮的选材标准和生产工艺；②通过消除对国外加工的依赖，开发高质量和高性能材料的自给供应链 7. 抽水蓄能：技术成熟，需要开展极限测试和研究系统应用的多重价值	1. 锂离子电池：①提高电解质的生产能力以及单元的量产化技术；②电极材料与电解质的优化；③控制枝晶析出反应；④全固态电解开发；⑤量产技术改善 2. 锂硫电池：①多硫化物在金属硫化物表面的催化氧化机理研究；②抑制多硫化物的穿梭效应；③提高硫正极的导电性；④开发高性能的固态电解质 3. 锌-空气电池：①开发高效低成本的氧化还原和析氧催化剂；②改善电池密封技术；③研究锌电极的改性以克服锌溶解和自放电 4. 下一代蓄电池技术：①开发分别以锂、镁、铝为负极的新型金属-空气电池；②开发新概念电池，如钠离子电池、氟离子电池等 5. 热能存储和利用技术：①开发高导热率、高储热密度的储热材料；②开发高效废热回收设备；③高性能储热材料的低成本规模化制造技术；④开发可丝网印刷生产的高性能热电转换材料；⑤研究工业锅炉的废热回收技术；⑥研究高效低成本的热电转化技术（如太阳能热发电）	1. 化学储能：①研发可扩大储能规模的技术，降低单位成本；②研发新材料与探究电化学反应过程，提升储氢性能；③提升氢气存储、输运的安全性，降低氢气泄漏的危险性和减轻氢对存储系统的腐蚀 2. 电化学储能：①提升电池充放电次数并延长其使用寿命；②优化电池材料的制备过程，降低污染；③系统性设计轻量化结构的电池材料；④开发新型电池单元和电池系统结构以提升其性能；⑤开发先进概念电池，如金属-空气电池、镁离子电池等；⑥降低储能成本增加寿命，推进电化学储能电网的应用；⑦探究影响电池使用寿命的潜在因素；⑧探寻废旧电池的回收利用途径 3. 电磁储能：①超级电容器的研究，包括寻找工作电压3伏以上的低成本电解质，证明非对称锂离子电容器概念的可行性，开展电池-电容器混合系统的基础和应用研究，深入探究赝电容的机理和研发全固态电解质等；②超导磁储能的研究，包括提升高温超导材料特性、新概念磁体设计研发、开发低温散热器等 4. 物理储能：①压缩空气储能的研究，包括设计开发新型高效的涡轮机、压缩机、储热系统，以及压缩空气储能的发电集成技术；②液态空气储能（LAES）的研究，包括设计开发示范集成LAES系统的发电站，开发新材料、新组件（蓄冷器、液态空气储罐、低温泵等），设计新的循环技术以提升系统的能量效率，实现LAES电站最佳的运营和输配电模式；③飞轮储能的研究，包	1. 高安全高比能乘用车、高安全长寿命客车动力电池系统技术：①开发先进可靠的电池管理系统和紧凑、高效的热管理系统；②开展模块、系统的电气构型与参数匹配、耐久性和可靠性的设计与验证；③基于热仿真模型、热失控和热扩散致灾分析模型，研究电池系统火灾蔓延及消防安全措施；④开展电池系统的安全设计与防护系统的开发与验证；⑤开展电池系统的轻量化、紧凑化技术及制造工艺与装配技术研究；⑥开发高安全、高比能乘用车动力电池系统；⑦开展电池系统性能测试评价技术研究 2. 高比能量锂/硫电池技术：①开展固态聚合物电解质、无机固体电解质的设计及制备技术的研究；②开发宽电化学窗口、高室温离子电导率的固态电解质体系；③研究活性颗粒与电解质、电极与电解质层的固/固界面构筑技术和稳定化技术；④开发固态电极和固态电池的制备技术；⑤开展固态电池的生产工艺及专用装备的研究；⑥开发高安全、长寿命的固态锂电池，实现装车示范 3. 动力电池测试与评价技术：①研究动力电池关键材料和单体的性能评测方法，构建"材料-电池-性能"闭环联动评价机制；②研究电池在全生命周期内电性能、安全性能的演化规律，建立仿真分析技术；③开展管理系统的功能评价和性能表征方法的研究，开发软硬件测试设备或装置；④研究电池系统的性能评测方法及面向实际工况的可靠性、热安全和功能安全等评价方法，开展

美国	日本	欧洲	中国
8. 先进储能概念技术开发:开发最先进、最前沿的革新性储能系统,如氮-氧电池、锂-空气电池等	括开发新型的高机械强度、轻量化飞轮材料(如碳纤维、玻璃纤维等),开发高性能低成本的永磁电机,提升轴承与制动器性能,引入数控技术提升运行效率,减少空转下的能量损失;④抽水蓄能的研究,包括开发可变速抽水蓄能机组技术、提高机组启动可靠性和缩短启动时间、研究开发海水抽水蓄能电站技术、研究抽水蓄能电站发电工况下的水流特性、开发 PHS-可再生能源混合发电系统 5. 热能储存:①显热储能(SES)的研究,包括大容量储热系统开发、开发轻量化的储热水箱材料(如碳纤维)、高温 SES 的运行优化、研发低成本的蓄热器、研发新型的储热材料、优化 SES 系统控制和降低熔融盐金属腐蚀;②潜热储能(LHS)的研究,包括设计开发放电功率稳定可控的 LHS 发电系统、减小充放电时的温差、开发能够同时用于 SES 和 LHS 系统的相变材料、开发多孔骨架相变储能材料;③热化学储能研究,包括探究试样反应与中规模反应过程差异和效率差异、简化反应过程、研究气态反应物、研究储热材料的热力学动力学特性以及循环稳定性、降低系统成本以及延长使用寿命	电池热失控和热扩散的致灾分析,研究动力电池安全等级分类标准;⑤开展国内外动力电池系统的对标分析,建立动力电池权威测试评价平台和数据库 4. 高安全长寿命固态电池的基础研究:①研究固态电池电极与电解质关键材料体系;②研究固态电池中热力学、动力学、界面及稳定性;③研究固态电池电芯的设计和制备;④评估固态电池在全寿命周期中的失效机制和健康状况;⑤研究固态电池的安全性评测方法和标准 5. 先进飞轮储能关键技术研究:①研究飞轮本体技术;②研制低损耗高速电机及控制系统;③研究高可靠性大承载力轴承系统技术;④研究飞轮储能阵列的控制技术;⑤研究飞轮阵列系统的集成应用技术 6. 液态金属储能电池的关键技术研究:①研究高性能电极和电解质材料;②研究电池液/液界面的稳定控制技术;③研究电池的高温长效密封关键材料与技术;④研究电池循环寿命及失效机制;⑤研究电池成组技术及能量管理系统

注: 美国研究计划资料来源于 DOE,日本研究计划资料来源于日本最大的公立研究开发管理机构 NEDO,欧洲研究计划资料来源于《欧盟储能技术路线图 2017》,中国研究计划资料来源于国家重点研发计划"智能电网技术与装备"和"新能源汽车"重点专项

6 脑机接口研究国际发展态势分析

郑　颖　吴晓燕　宋　琪　陈　方　丁陈君

（中国科学院成都文献情报中心）

摘　要　脑机接口技术是"一种不依赖于正常的由外周神经和肌肉组成的输入输出通路的通信系统"，为大脑与外界之间提供了一种直接的信息交流和控制通路。脑机接口领域具有生物学、计算机学、通信工程、心理学、临床医学和数学等多学科交叉融合的特点，应用前景广泛，可以解决现存的一些危及人类健康和生存的难题。例如，它可用于运动障碍患者的功能康复，癫痫、帕金森病和阿尔茨海默病等神经障碍性疾病的干预治疗，视力、听力、语言功能受损的辅助支持等。还可用于环境交互、游戏娱乐和智能家居等场景，甚至为人类的生产生活方式带来颠覆性变革。

为抢占未来相关产业的制高点，美、欧等发达国家和地区启动了专项研究计划来布局脑机接口领域的科技前沿阵地。2016 年，美国国防部开始通过 NESD 项目资助可植入神经接口的研发；2017 年，创新企业领袖埃隆·马斯克（Elon Musk）投入巨资成立 Neuralink 公司，开展侵入式脑机接口研究；欧盟于 2015 年通过"地平线 2020"规划了未来十年的脑机接口研究路线图。在这些大型计划的推动下，近年来国际脑机接口技术取得了诸多突破性进展。2014 年，华盛顿大学的研究员通过网络传输脑电信号，首次实现了"脑对脑"直接交流；2016 年 12 月，美国明尼苏达大学的 Bin He 与他的团队，让普通人在没有植入大脑电极的情况下，只凭借"意念"在复杂的三维空间内实现物体控制；2017 年 2 月，斯坦福大学宣布成功地让三名受试瘫痪者通过简单的想象精准地控制电脑屏幕的光标，并在 1 分钟之内能够输入 39 个字母；2021 年 4 月，Neuralink 公司展示了一只猕猴用意念玩电子乒乓球游戏的视频，该猕猴的颅骨被植入了一枚硬币大小的"Link V0.9"传感器设备，可无线传输脑电波数据。

在我国的"十四五"规划中，人工智能和脑科学被列为国家战略科技力量。一方面，脑机接口通过利用脑科学原理机制，实现对人体中枢神经系统功能的修复、增强甚至补充替代，是脑科学基础研究的重要应用出口。另一方面，中国科学院大数据挖掘与知识管理重点实验室于 2020 年初发布的《2019 年人工智能发展白皮书》也将脑机接口列为人工智能的八大重点研究方向之一。在政策利好和技术突破的双重加持下，中国脑机接口研究正在稳步向前推进，相应的技术开发、应用落地已取得一定成果。2019 年，复旦大学研制出了"芯片式无线脑活动记录系统"，为实现无线脑机接口芯片国产化打下良好基础；同年 5 月，天津大学与中国电子信息产业集团有限公司联合发布了拥有完全自主知识产权的全球首款脑机集成芯片"脑语者",该芯片具有精识别、快通信、多指令和强交互等功能,进一步推动了脑机交互技术实用化发展;2020 年 1 月,浙江大学实现了国内首例植入式脑机接口的临床转化,患者可以利用大脑运动皮层信号来精准控制机械臂运动;2020 年 12 月,中国康复研究中心国家孤独症康复研究中心与浙江强脑科技(BrainCo)有限公司的联合研发课题正式启动,合作开发"孤独症儿童可穿戴脑电波康复系统"。

近年来,脑机接口作为一个发展迅猛的新兴领域,引起了国内外研究者们的广泛关注。本章针对脑机接口领域开展科技文献计量分析,将有利于系统掌握国际研发态势,捕捉前沿热点和关键科学问题,并为我国新兴科技领域的战略布局和研究决策提供重要的咨询依据。

关键词 脑机接口研究 发展态势 重大项目 研发重点与热点

6.1 引言

大脑是产生意识和记忆的中枢,"大脑控制"一直都是人类追逐的终极梦想。为实现这一梦想,科学家试图通过脑信号来读取和控制大脑的意图,随之出现了一个前沿研究领域——脑机接口(brain-computer interface,BCI)。1999 年,脑机接口国际会议界定了脑机接口技术的含义,即"一种不依赖于正常的由外周神经和肌肉组成的输出通路的通信系统",随后该技术从单向构建大脑输出通路,逐步向为大脑与外界之间提供一种信息双向交流和控制通路的方向演进发展。脑机接口的基本实现分为四步:采集信号→信息解码处理→再编码→反馈。根据信号采集方式,脑机接口通常可分为:侵入式、半侵入式、非侵入式(脑外)。侵入式脑机接口通常将电极直接植入大脑的皮质,信源质量好,但需要在脑部进行芯片等硬件植入,存在感染风险,甚至会带来一系列伦理问题;半侵入式脑机接口一般是将接口植入颅腔内,其空间分辨率不如侵入式脑机接口,但是优于非侵入式脑机接口,如皮层脑电图(ECoG);非侵入式脑机接口直接从大脑头皮处采集信号,无创伤、安全性高、成本低,但由于颅骨对信号的衰减作用和对神经元发出的电磁波的分散和模糊效应,导致其信号分辨率低,难以定位信号源脑区或相关放电的单个神经元。

脑机接口作为一种新兴的前沿技术,在军事、航天、医疗康复等领域具有重大战略意义,因此成为大国竞赛的主战场。近年来,全球脑机接口技术迎来了加速发展期,不断实现技术突破和应用落地。据市场研究机构 Valuates Reports 预测,全球脑机接口的市场规模将在 2027 年达到 38.5 亿美元。美、欧等发达国家和地区起步早、投入大,率先启动专项研究计划来布局脑机接口领域的科技前沿阵地。我国脑机接口技术研究虽然起步较晚,但在国家政策的有力支持和推动下,发展势头良好,已具备赶超能力。在我国的"十四五"规划中,人工智能和脑科学被列为国家战略科技力量,其中脑机接口技术占据了重要地位。当前,脑机接口技术日趋完善,应用场景不断扩展,即将迈入机遇与挑战并存的产业化阶段。本章针对脑机接口开展科技文献计量分析,将有利于系统掌握国际研发态势,捕捉前沿热点和关键科学问题,并为我国新兴科技领域的战略布局和研究决策提供重要的咨询依据。

6.2　重要国家/组织与研发计划

6.2.1　美国

美国政府将脑科技视为科技创新体系的核心组件之一。早在1993年，美国政府就率先提出了"人类脑计划"，但由于受技术和经费限制而进展缓慢。2013年，奥巴马政府进一步推出为期10年的"推进创新神经技术脑研究计划"（BRAIN），计划年度投资在4亿～6亿美元，大大加快了美国脑科学领域的发展速度。该计划由美国国家科技战略协调机构——国家科学理事会（NSB）相关工作组居中协调，有国立卫生研究院（NIH）、国家科学基金会（NSF）、国防部高级研究计划局（Defense Advanced Research Projects Agency，DARPA）、食品药品管理局（FDA）、情报高级研究计划局、能源部、国务院等政府机构以及社会组织、私营机构等广泛参与，协调各方积极性，使很多措施得以很快落实。因此，该计划又被誉为媲美跨世纪的全球性"人类基因组计划"的又一伟大工程。

NIH、NSF相继开展研讨并确定了各自的研究重点。2014年2月，美国政府呼吁进一步采取行动推进BRAIN计划，并将BRAIN计划2015财年的预算提高至2亿美元；2014年6月5日，NIH的BRAIN小组发布了《BRAIN计划2025：科学愿景》报告，详细规划了NIH脑科学计划的研究内容和阶段性目标；2014年6月20日，加利福尼亚州提出了该州的脑科学计划——Cal-BRAIN计划，明确寻求产业参与，其他各州也开始着手商议建立类似计划。2018年11月2日，NIH宣布进一步加大对BRAIN计划的研究项目的投资，为超过200个新项目投资2.2亿美元，这使得2018年对该计划的支持总额超过4亿美元，比2017年的支出高50%，新项目包括用于各类脑部疾病检测和治疗的"无线光学层析成像帽""无创脑机接口""无创脑刺激装置"等，以及帮助解决疼痛和对阿片类药物依赖的创新研究等。美国BRAIN2.0工作组于2019年6月提交了《BRAIN计划2.0》新路线图，对其5年前提出的《BRAIN计划2025：科学愿景》的实施情况和未来发展进行了再梳理，低调展示了美国以脑科技竞逐大国未来的雄心。

军事历来站在创新技术实现应用转化的最前沿。DARPA于20世纪70年代开始在脑机接口上进行投资。此后，陆续推出多项计划（表6-1），并取得了多项令人瞩目的成果。2002年，DARPA推出了"脑机接口"（Brain Machine Interface，BMI）计划，随后又实施了"人类辅助神经设备"（HAND）计划；2006年，启动了"革命性假肢计划"，旨在创建拟人化机械臂和控制系统；2017年7月，DARPA启动"神经工程系统设计计划"（Neural Engineering Systems Design，NESD），目标是"制造能连接一百万个神经元的高保真大脑植入芯片"。NESD计划将耗资6500万美元，同时集结脑机接口领域最精干的研发力量。该研究将聚焦于大脑的感觉皮层（sensory cortex），在上面监测、调节特定位置的神经活动（中国信息通信研究院，2020）；2018年9月，DARPA负责人进一步宣称"借助脑机接品技术的辅助决策系统，战斗机飞行员已能同时操控3架不同类型的飞机"。

2020年8月27日，与美国军方关系密切的著名智库兰德公司发布了《脑机接口在美国军事应用和影响的初步评估》（Brain-Computer Interfaces U.S. Military Applications and Implications，An Initial Assessment）研究报告，该报告认为脑机接口军事应用的潜力体现在：一是应用脑机接口技术协助操控各类无人装备；二是借助脑机接口进行更高效和更保密的军事通信；三是应用脑机接口提高作战人员的认知能力。

表 6-1　DARPA 脑机接口研发项目列表

名称	启动年份	简介
革命性假肢	2006	创建先进的拟人化机械臂和控制系统
开发基于系统的神经技术新兴疗法	2013	创建用于治疗神经心理疾病的植入式闭环诊断和治疗系统
恢复主动记忆和 RAM 重播（RAM Replay）	2013 2015	RAM 旨在开发用于人类临床的无线、完全可植入的闭环神经接口系统；RAM Relay 利用"神经重播"提升个人记忆情景和技能学习的能力
手部本体感受和触感界面	2014	开发出有感觉反馈的灵活假肢，帮助截肢者获得真实触觉和运动感，使假肢接近天然手臂
神经功能、活动、结构和技术	2014	通过融合遗传学、光学记录技术和脑机接口技术，实现大脑活动的可视化和解码，以进一步了解大脑的工作原理
电子处方	2015	神经回路测绘与创新生物电接口研发、探索应用神经刺激保障人类健康的新方法
神经工程系统设计	2016	开发可植入神经接口，在大脑与计算机间建立超过 100 万个神经元级别的双向通信系统
定向神经可塑性训练	2016	研发激活"突触可塑性"的神经刺激方法，建立加强或削弱两个神经元之间连接的训练方案，以加速认知技能的获得，提高技能训练效果
下一代非侵入性神经技术	2018	开发新一代的高分辨率非侵入式脑机接口，可一次写入和读取多个脑位点的信息，能够让军人使用脑波发送和接收信息，提高士兵与武器的交互能力
智能神经接口	2019	建立第三代人工智能的概念原型，扩展神经技术的应用范围，开发稳定、可靠的神经接口维护和应用方案
BG+	2019	开发新型智能和自适应神经接口，以修复脊髓损伤，恢复其自然功能

6.2.2　欧盟

欧盟于 2013 年启动"人类脑计划"（Human Brain Project，HBP），重点开展类脑计算、人工智能、神经信息学、高性能计算、医学信息学、神经形态计算和神经机器人研究。该计划于 2015 年 10 月 30 日确定总体研究计划和研究路线，分"快速启动""运作阶段""稳定阶段"三个阶段开展。有 15 个欧洲国家共同参与，并签署了《人脑项目框架合作伙伴协议》，该计划预期 10 年内投入 10 亿欧元。

其中，由"地平线 2020"计划管理和资助的 SGA1 核心项目于 2016 年 4 月 1 日启动，至 2018 年 3 月 30 日结束，资助金额 1 亿欧元；SGA2 核心项目于 2018 年 4 月 1 日启动，至 2020 年 3 月 30 日结束，资助金额超过 1 亿欧元；SGA3 核心项目于 2020 年 4 月 1 日启动，将于 2023 年 3 月 30 日结束，资助金额 1.8 亿欧元。SGA3 核心项目有 7 个目标：①建立可持续性研究基础设施 EBRAINS；②提供人脑多级图集；③提高人脑网络多尺度神经活动建模能力；④建立多尺度、多状态、高复杂度的大脑综合数据集，提高相关计算模型的可用性；⑤建立基于神经形态硬件的自适应认知架构；⑥促进神经启发性计算和神经科学成果转化；⑦确保研究设施符合道德和法律要求（International Brain Intiative，2020）。

在脑计划相关基础设施方面，2018 年 1 月欧盟启动了"用于人脑交互式计算电子基础设施"（ICEI）项目，重点支持计算电子基础设施的研发。该项目由德国、法国、意大利、西班牙和瑞士的 5 个欧盟超级计算机中心共同参与，并接受"地平线 2020"计划资助，预算为 5000 万欧元。

在脑机接口技术方面，欧盟启动了"脑-神经计算机交互"（Brain-Neural Computer Interaction，BNCI）项目，由"地平线 2020"计划资助，重点研究大脑神经组织和电子设备之间的相互影响。该项目综合使用脑电图（electroencephalogram，EEG）、肌电图（EMG）等神经成像手段，研发记录大脑活动、了解大脑神经连接的方法，以寻找避免神经损伤的新途径。

为进一步加强脑科学领域的跨行业合作，欧洲委员会曾在 2010~2011 年资助了协调行动 Future BNCI，并进一步开展 BNCI Horizon 2020 项目。BNCI Horizon 2020 项目致力于促进脑机接口领域利益相关方（包括研究组、公司、最终用户、政策制定者和公众）之间的协作和交流（BNCI Horizon 2020，2013）。该项目提出了一份路线图，作为欧盟委员会新框架计划 BNCI Horizon 2020 的资助参考，以集中支撑 BNCI 研究。

6.2.3 日本

日本早在 1996 年就推出了"脑科学时代"（the Age of Brain Science）计划纲要，拟在 20 年内以每年 1000 亿日元的支持力度推进脑科学研究。该纲要将"认识脑"作为主要目标，进一步"保护脑"甚至"创造脑"。围绕"认识脑"开展"阐明脑区结构和功能，脑通信功能"的研究；围绕"保护脑"开展"控制脑发育和衰老过程以及神经性、精神性疾病的康复和预防"两个方面的研究；围绕"创造脑"开展"脑型器件和结构以及脑型信息产生和处理系统"的设计研究。

1997 年，日本文部科学省理化学研究所（RIKEN）设立了脑科学综合研究中心（Brain Science Institute，BSI），集合 400 余名科学家开展脑科学相关研究。该中心借助各大学的科学研究资助来支持"综合脑（1998~2007 年，研究脑基础）""前沿脑（2000~2004 年，研究脑发育、老化、记忆、学习）""统合脑（2004~2009 年，研究统合脑、脑高级功能、分子脑科学、脑病态四个领域）"的研究项目。

2009 年，日本总务省开始实施"脑信息通信融合研究项目"，加速脑功能相关研究，发展基于脑科学的新技术体系。该项目着重开展 EEG、脑磁图（magnetoencephalography，MEG）、经颅磁刺激（TMS）、经颅直流电刺激（tDCS）、经颅交流电刺激（tACS）（RIKEN，2021）等技术研究，涉及系统神经科学、脑机接口、脑科学信息通信、神经成像和机器人工学等多个学科。

2014 年，日本科学界发起日本大脑研究计划（Brain Mapping by Integrated Neurotechnologies for Disease Studies，Brain/MINDS），该计划在 10 年间受到日本文部科学省、文化

厅和日本医学研究与发展委员会共 400 亿日元资助，该计划重点研究狨猴大脑的结构机理，以加深对阿尔茨海默病、精神分裂症等大脑疾病的认识。

6.2.4　澳大利亚

澳大利亚于 2016 年 2 月建立了澳大利亚脑联盟（the Australian Brain Alliance，ABA），早期参与者包括澳大利亚神经科学学会和澳大利亚心理学会，研究领域涵盖神经修复、脑机接口、智能植入式设备和可穿戴设备。自成立以来，ABA 已发展成为拥有 30 多个成员组织的联盟，囊括了澳大利亚多数有影响力的大脑研究相关机构和高校。澳大利亚希望通过 ABA 协调政府部门、资助机构、产业团体、非营利组织，实现对神经科学研究的长期支持；进一步提出澳大利亚脑计划（The Australian Brain Initiative，ABI），建立澳大利亚的神经科学研究优势（The Austrilian Brain Alliance，2016）。

ABI 计划有三个主要原则：①高影响力的跨学科合作；②无差别资助医学研究和基础研究；③通过神经科学领域科技来推进澳大利亚创新。该计划希望通过揭示神经精神疾病的脑异常机制发展新的治疗手段；通过编码神经环路和脑网络的认知功能来帮助提高脑力成长；通过促进工业合作者和脑研究的结合研发新的药物、医疗设备并发展可穿戴技术。相关研究成果有望作为新型治疗手段，治疗帕金森病、脑卒中等大脑疾病，帮助患者恢复感觉和运动功能，提供高度个性化的心理健康护理。

6.2.5　韩国

韩国于 1998 年颁布了《脑研究促进法》，将脑科学研究提升到国家战略高度。在此基础上，韩国进一步制定了脑研究促进总体规划。韩国四个部门：科学技术信息通信部（Ministry of Science ICT，MSIT），教育部（Ministry of Education，MOE）（2008 年 1 月，韩国教育部与科学技术部合并成立教育科学技术部），贸易、工业和能源部（Ministry of Trade，industry and Energy，MOTIE）及保健福祉部（Ministry of Health and Welfare，MOHW）根据第一个（1998～2007 年）、第二个（2008～2017 年）和第三个（2018～2027 年）脑研究促进总体规划投资韩国脑科学研究，持续推动韩国脑科学研究的发展。

2011 年，韩国根据《脑研究促进法》成立韩国大脑研究所（Korea Brain Research Institute，KBRI），同年韩国科学技术研究院（Korea Advanced Institute of Science and Technology，KIST）成立了脑科学研究所，以促进脑科学与脑工程融合。2013 年，基础科学研究所（Institute for Basic Science，IBS）也创建了研究小组，开始进行基础神经科学的研究（中国科协创新战略研究院，2016）。

借助持续投资和良好的研究环境，韩国的神经科学取得了显著进步，针对宏观脑成像研究，全国 400 多台核磁共振成像仪（MRI）对其进行了支持。KIST 的脑科学研究所重点关注大脑疾病的神经和神经胶质机制，开发用于诊断、预防和治疗此类疾病的先进技术。KBRI 也签署了项目，借助后顶叶皮层的多尺度电路分析方法来开展感知决策的相关研究。

2016 年 5 月 30 日，韩国未来创造科学部发布《脑科学发展战略》，旨在于 2023 年发展成为脑科学研究新兴强国。由该单位牵头，联合教育部、产业通商资源部以及保健福祉部共同参与，韩国脑科学研究计划主要集中在以下四个领域。

（1）在多个尺度上构建脑图

该计划采用两种途径探索大脑的工作原理和疾病的发生方式。一方面着力开展大脑高级认知功能（如决策、注意力和记忆力）和机制研究；另一方面着眼于神经系统疾病的相关进展，并计划于2023年开发出相应的"专业化大脑图谱"。

（2）开发用于大脑图谱的新型神经技术

该计划旨在开发用于多尺度大脑映射、电路挖掘和高分辨率广域记录的神经科学研究工具，以及用于建模神经疾病的新方法。

（3）加强人工智能相关研发

该计划重点推动人脑智能、人脑运行机制研究与人工智能的结合，通过脑神经科学研究与人工神经网络模型的融合发展，为开发下一代大脑仿真计算机系统奠定基础。

（4）开发针对神经系统疾病的医疗技术

该计划重点开发精密医学技术，以预防和诊断神经系统疾病，对脑部疾病制定针对性预防和治疗策略（中国科协创新战略研究院，2017）。

6.2.6 中国

在世界各国加速推动脑科学研究的背景下，中国也在稳步推进脑科学与类脑研究的发展布局。经粗略估算，从2010年到2013年，中国对该领域的主要经费投入从每年约3.48亿元增长到了每年近5亿元人民币。随后2014年的香山科学会议以"我国脑科学研究发展战略"为主题，探讨了中国脑科学研究计划的目标、任务和可行性。经过多次论证，各领域科学家提出了"一体两翼"的布局建议，即以研究脑认知原理为"主体"，以研发脑重大疾病诊治新手段和脑机智能新技术为"两翼"。目标是在未来15年内，在脑科学、脑疾病早期诊断与干预、类脑智能器件三个前沿领域取得国际领先的成果。2015年，蒲慕明院士等科学家递交的报告中再次提出，中国脑计划主要有三大支柱：基于认知方面的神经机制的基础研究、神经性疾病早期诊断和介入的研究成果转化以及用于发展人工智能和机器人的类脑研究。2016年，"脑科学与类脑研究"（"中国脑计划"）被列入"十三五"规划纲要中的国家重大科技创新和工程项目，脑科学研究计划随之全面启动。

中国科学院院士、复旦大学脑科学研究院教授杨雄里提出，中国脑计划需注意两个问题：一是如何努力体现中国特色；二是在筹划时如何考虑中国脑科学的可持续发展（新华网，2016）。蒲慕明院士也认为中国脑计划有着独特性亮点：首先，中国脑计划把脑疾病和脑启发的人工智能（AI）放在特别优先位置，而不是作为更加理解脑之后的长期目标。其次，中国的各种脑疾病人数在世界上最多，因此中国对脑疾病诊断防治的需求也更为迫切。最后，现在国际上的神经科学研究团体大多以啮齿类（小鼠和大鼠）作为动物模型研究生理条件和病理条件下脑功能的神经机制，而中国有着丰富的猕猴资源，并且在用猕猴建立人类疾病模型的研究上快速发展。这使得中国在研究高级认知功能，如共情、意识和语言，以及脑疾病的病理机制和干预手段方面，可能做出独特的贡献（国家自然科学基金委员会，2018）。随着国家脑科学计划的启航，各类脑科学研究机构与基础设施也开始蓬勃兴起。中国科学院依据"率先行动"计划，面向国家科技创新与人口健康战略，建立了包含20家院所80个精英实验室的脑科学与智能技术卓越创新中心，由蒲慕明院士担任中心主任。各高校也纷纷成立类脑智能研究中心，如天津大学成立的"天津市脑科学与神经工程重点实验室"、南通大学成立的"江苏省神经再生重点实验室"，东南大学成立的"脑科学与智能技术研究院"、南京大学脑科学研究院、华中科技大学苏州脑空间信息研究院等，旨在通过教学研一体化促进中国脑机接口专项人才的培育。此外，北京市、上海市、天津市、重庆市、四川省、山东省、江苏省等地区也相继成立了相关领域的研究中心和学术协会，抢占脑科学领域这一重要的前沿高地（表6-2列举了部分重点研究机构）。

表6-2　中国脑科学重点研究机构

机构名称	成立时间	简介	研究方向（平台）
脑与认知科学国家重点实验室	2005年	实验室于2015年经科学技术部批准建设，多年来围绕"认知的基本单元""学习和抉择"的认知科学等重大科学问题，开展了多进化层次、多认知层次、多学科层次的研究，取得了系统的、原创性的成果。实验室还开展了认知的分子神经机制及认知障碍等卓有成效的研究	实验室建设了以超高场强磁共振成像为核心、各种脑成像方法结合为特色的在世界上屈指可数的脑成像设施
中国科学院脑功能与脑疾病重点实验室	2009年	实验室位于中国科学技术大学西校区，目的是凝聚中国科学技术大学在脑功能与脑疾病方面的研究力量，快速提升中国科学院在脑疾病研究领域中的影响力和国际竞争力；建成从事转化型研究的一流平台，促进脑功能和脑疾病的基础研究成果向临床应用的转化；培养一批在该领域中享有一定国际声誉的科学家，凝聚一批从事转化型研究的学术带头人和青年人才	实验室已建立光遗传平台、神经光子工作站、激光显微切割工作站、活细胞工作站、人体脑电和诱发电位工作站、电生理实验平台、动物行为学平台、分子生化免疫组化平台以及立式加工中心等实验平台
天津神经工程国际联合研究中心	2009年	中心由天津医科大学与天津大学联合成立。中心集中两校医工科研优势，并与邓迪大学、剑桥大学、帝国理工学院，哈佛大学医学院、香港大学等多所国际知名学府开展了实质性学术合作与交流，研究成果在神经疾病防治、康复医学等多个领域得到推广和应用	中心重点开展神经接口与康复、神经调控和功能刺激以及神经传感和神经成像等三个方面的研究工作，面向重大神经系统疾病的防治和神经功能康复工程，将研究的新技术和新产品应用于运动康复、航天医学、国防安全和临床治疗等多个领域
神经信息教育部重点实验室	2009年	实验室于2009年1月由教育部批准建设，该实验室已于2012年顺利通过教育部验收。实验室定位于在神经-信息交叉领域，成为能够代表国家研究水平，具有很强的自主创新能力，服务国家重大需求，彰显中国大国地位的科研中心、学术交流中心和人才培养基地	实验室面向"重大脑疾病的早期诊断和早期预警"这一国家重大战略需求及"脑科学与认知科学"这一前沿科学问题，着力于信息科学、神经科学和临床医学三大领域交汇点的"神经信息学的若干前沿问题研究"，围绕"脑信息获取、脑功能机制、脑模拟技术"三大研究方向，旨在发展脑信息获取的新技术方法，利用新方法探究正常脑功能和脑疾病的脑信息机制，发展基于脑信息机制的模型和技术

续表

机构名称	成立时间	简介	研究方向（平台）
IDG/麦戈文脑科学研究院	2011～2014年	第一所 IDG/麦戈文研究院——北京大学-IDG/麦戈文脑科学研究所于 2011 年 11 月 8 日在北京大学正式成立。2011 年 11 月 18 日北京师范大学-IDG/麦戈文脑科学研究院（IMIBR-BNU）、2013 年 11 月 24 日清华大学-IDG/麦戈文脑科学研究院以及 2014 年 11 月 16 日中国科学院深圳先进技术研究院与麻省理工学院麦戈文脑科学研究所相继揭牌成立。我国这 4 所共建的麦戈文脑科学研究院逐渐吸引了大批的脑科学人才回国，壮大科研队伍，不断有新的成果涌现，在我国的脑科学领域的分量逐渐加重	北京大学-IDG/麦戈文脑科学研究所专注于了解大脑功能的基本过程和揭示大脑疾病的机制。IMIBR-BNU 建有核磁共振成像中心、近红外光学成像中心、高性能计算中心、脑电/经颅磁刺激、认知行业测查、模式动物实验平台六个研究平台。清华大学-IDG/麦戈文脑科学研究院专注于将最先进的工程科学技术的新发现和新进展应用到脑科学的研究中去，从而对如何理解大脑、重造大脑、保护大脑进行最为前沿的探索。脑认知科学和脑疾病研究所致力于脑认知与脑疾病的机理研究，脑科学研究新技术、脑疾病临床新技术的研发和产业化应用
中国科学院脑科学与智能技术卓越创新中心（神经科学研究所）	2014 年	中国科学院于 1999 年 11 月 27 日成立了神经科学研究所。2014 年起，神经科学研究所在中国科学院体制与机制改革的框架下，成为中国科学院脑科学与智能技术卓越创新中心的依托单位。中心是跨学科、跨院校的组织，旨在凝聚中国科学院内外的科研实力，通过团队合作和学科交叉融合，解决在脑科学和类脑智能技术两个前沿领域的重大问题	研究平台包括公共技术中心、实验动物平台、研究平台和脑科学数据与计算中心。核心单元——公共技术中心包含了光学成像平台、分子细胞技术平台、脑影像中心、基因编辑平台、神经干细胞平台、电镜技术平台
TCCI 转化中心（原名上海陈天桥国际脑疾病研究所）	2017 年	复旦大学附属华山医院和上海周良辅医学发展基金会与全球知名的脑科学慈善研究机构陈天桥雒芊芊研究院（Tianqiao and Chrissy Chen Institute）在美国硅谷签署了战略合作协议，共同组建上海陈天桥国际脑疾病研究所，致力于打造一个聚集中国优秀脑疾病专家进行大脑相关疾病研究、临床和基础研究交流和国际合作的平台。这是陈天桥雒芊芊研究院在中国的第一个项目	重点支持两类项目，一是全球范围内的前沿研究，给予科学家充分的学术自由，如脑机接口、记忆存储、人工智能、梦境控制等；二是转化研究，比如最近致力于研究如何用数字手段提升大脑认知水平等。TCCI 转化中心正在推进运用脑机接口技术治疗瘫痪病人的合作研究
北京脑科学与类脑研究中心	2018 年	由北京市政府与中国科学院、军事科学院、北京大学、清华大学、北京师范大学、中国医学科学院、中国中医科学院等单位联合共建，实行理事会领导下的主任负责制，将重点围绕共性技术平台和资源库建设、认知障碍相关重大疾病、类脑计算与脑机智能、儿童青少年脑智发育、脑认知原理解析五个方面开展攻关，实现前沿技术突破	中心建有光学影像中心、基因组学中心、载体工程中心、仪器仪表中心、计算中心、实验动物中心、转化医学中心、遗传操作中心等多个创新平台
上海脑科学与类脑研究中心	2018 年	2018 年，经上海市机构编制委员会批准，正式建立上海脑科学与类脑研究中心（简称上海脑中心），为上海市科学技术委员会所属事业单位。上海脑中心在中国科学院上海分院内设立联合办公室和科研平台，建立创新体制机制，启动科研平台的建设，组织和实施上海市和国家重要科研项目	中心建有脑智发育、神经活动观测与调控新技术、宏介观脑数据三个研究平台
天津脑科学与类脑研究中心（天津市脑科学与神经工程重点实验室）	2018 年	中心依托天津大学的科技、人才和经验优势，整合资源、发展合作，以推进"健康中国 2030 国家战略"为契机，以"医工结合、军民融合"为理念，高起点发展脑科学与神经工程、智能医学与生机交互等前沿研究方向，最终将实验室打造成为国际一流的脑科学与神经工程跨国科学技术合作基地、高端人才汇聚基地、精准医学应用示范平台和高新技术企业孵化基地	中心将生-机-环交互中的神经系统作为研究的基本对象，通过生理、病理和行为等手段探究神经系统的基本原理与机制；利用材料、器件、算法、系统等工程技术手段，实现神经系统的认知、增强、功能替代与修复等医学工程应用以及生机补充、控制、协同与共融的转化医学应用

机构名称	成立时间	简介	研究方向（平台）
复旦大学脑科学前沿科学中心	2018 年	中心获得教育部批准，是国家"珠峰计划"首个前沿科学中心。旨在探索现代大学制度，充分发挥在人才培养、科学研究、学科建设中的枢纽作用，深化体制机制改革，面向世界汇聚一流人才，促进学科深度交叉融合、科教深度融合，建设成为我国在相关基础前沿领域最具代表性的创新中心和人才摇篮，成为具有国际"领跑者"地位的学术高地	拥有医学神经生物学国家重点实验室、脑科学研究院等重要研究基地，新建类脑智能科学与技术研究院和类脑芯片与片上智能系统研究院，呈现多学科交叉、基础与临床研究紧密结合的鲜明特色
浙江大学教育部脑与脑机融合前沿科学中心	2018 年	中心是教育部批准的第二家脑科学研究中心。浙江大学在脑科学研究领域具有长期、扎实的科研基础。此外，多学科交叉、基础/临床研究紧密结合的优势和特色也是浙江大学脑科技科学的一大亮点。浙江大学已于 2016 年成立了脑科学研究科技联盟，对接科技创新 2030 "脑科学与类脑研究"重大项目，聚焦国际科学前沿	中心下设情感和情感障碍、认知和记忆、关键共性技术和平台、感知—行为转换、脑机接口等多个研究平台

6.2.7 国际组织

6.2.7.1 国际大脑计划

2017 年 2 月 27 日，多国政府代表、神经科学研究员、私人实体和非营利机构在联合国总部召开了国际大脑计划（International Brain Initiative，IBI）会议，确定了 IBI 的初始目标。2017 年 12 月，欧盟、日本、韩国、美国和澳大利亚 5 个国家/组织的脑研究计划代表，签署了《发起国际大脑计划（IBI）的意向声明》，旨在共同应对挑战，加快"破译大脑密码"的进程（International Brain Initiative，2017a）。该声明指出，未来将成立由多个国家组成的国际大脑联盟，在数据共享、数据标准化，以及伦理和隐私保护等领域进行合作，并进一步与其他国家和地区的相关脑计划开展合作。同时，当年 12 月的首次圆顶工作室会议宣布了"国际大脑计划的意向宣言"，标志着脑科学研究国际合作新纪元的到来。随后 2018 年 5 月在韩国大邱举行了国际大脑计划的第一次正式会议，与会人员通过起草上述愿景和理想目标，讨论了全球脑项目的优先领域，提出通过重点项目来支持工具和技术的传播、数据的共享和标准化以及教育和培训等工作的开展。此后，中国和加拿大也先后签署了 IBI 合作协议，在神经伦理学、数据共享和大脑隐私保护领域开展合作（International Brain Initiative，2017b）。

IBI 致力于通过汇聚各国力量来扩大科学发现的可能，及时传播科学发现以造福人类，推动神经科学研究的快速发展。IBI 针对目前已在各国推进的脑计划，评估资源与预期产出，搭建利益相关方的合作渠道，实施有效的数据共享和标准化方案，探索伦理学和隐私保护等各界关注的问题，通过公开、透明地与公民、患者及相关群体交流及时发现相应的机遇和挑战等方面发挥了重要作用。IBI 计划已建成三个工作组：脑项目清单组、全球神经伦理学组和数据标准与共享组。另还有两个正在组建的工作组：工具和技术传播组、培训和教育组。此外，还有一个沟通与外展组来负责制定战略计划、执行网络活动和分发材料，以维持 IBI 与全球范围的神经科学界的联系。

6.2.7.2 国际脑实验室

2017 年 9 月，在多国科学家的倡议下，国际脑实验室（International Brain Laboratory，IBL）正式成立，其目标是推动全球实验和理论神经科学家合作，了解全部的复杂脑回路（International Brain Laboratory，2017）。作为大型国际合作项目，IBL 正式成员涵盖了美国、欧洲、日本、韩国等 22 个国家和地区的一流脑科学实验室。IBL 计划分四个阶段开展合作研究：第一阶段从 2017 年 9 月开始，主要任务是构建组织；第二阶段主要是构建基础架构和技术细节；第三阶段即开始收集数据；第四阶段从海量数据中找出结果，其真正的研究工作于 2019 年"认知视觉刺激"项目正式开启。目前，IBL 仍处于早期阶段，正在按计划完成基础性工作，包括建立数据架构、行为系统和视频处理设施等。IBL 未来将建立一个大型独立的数据库，存储各实验室所产生的全部数据，并利用这些数据理解大脑各部分如何协同工作，以最终做出一项简单决策。未来 IBL 开发的所有软件、数据和各部分设计等资源将在网络上完全公开。

6.3 脑机接口关键技术和重大进展突破

6.3.1 关键技术

脑机接口通过在大脑与计算机之间建立一条直接的信息通路，实现脑与机之间的直接对话。一方面，脑机接口系统能够通过检测神经活动模式识别大脑的意图，并将其转化为可被计算机利用的机器指令；另一方面，脑机接口系统通过直接刺激外周或中枢神经系统可实现机器意图对大脑的直接表达。一个典型的脑机接口系统主要包含 4 个部分：信号采集部分、信号处理部分、控制设备部分和反馈环节（李静雯和王秀梅，2021）。其中，依据信号采集的方式，脑机接口系统可以分为侵入和非侵入式两大类，其技术特点如表 6-3 所示。

表 6-3 脑机接口技术主要类型

名称	信号采集方式	优点	缺点
非侵入式脑机接口	通过贴附在头皮上的电极来对大脑信息进行记录和解读	可以在头皮上监测到群体神经元的放电活动，不用损伤机体和引起免疫反应	由于颅骨对信号的衰减作用和对神经元发出的电磁波的分散和模糊效应，其记录到的信号的分辨率不高，很难确定发出信号的脑区或者相关的单个神经元的放电
侵入式脑机接口（侵入式）	通过手术等方式直接将电极植入大脑皮层来获得神经信号	获取的神经信号的质量比较高	容易引发免疫反应和愈伤组织，进而导致信号质量的衰退甚至消失；伤口也难以愈合及易出现炎症反应
侵入式脑机接口（部分侵入式）	将电极植入颅骨之内、脑膜之外的区域进行信号采集	信号质量优于非侵入式脑机接口，同时能够降低免疫反应和愈伤组织的概率	其获得的信号强度及分辨率不如侵入式脑机接口

目前，获取脑内信息的技术方式有很多种，包括功能磁共振成像（functional magnetic

resonance imaging，fMRI）技术、功能性近红外光光谱（functional near-infared，fNIR）技术、MEG、正电子发射断层成像（positron emission computed tomography，PET）技术和单光子发射计算机断层显像（single photon emission computed tomography，SPECT or SPCT）技术、头皮处的 EEG、脑皮层电图（electrocorticographic，ECoG）和侵入式脑电极等。这些技术可以从不同方面采集大脑的活动信息来分析大脑活动、了解大脑的生理状况、监测受试者的健康状况、研究大脑的工作机制（葛松等，2020）。其中，fMRI、fNIR、MEG、PET 和 SPECT 等技术可以在较大范围内获得大脑总体信息、结构信息、组织活跃程度和组织变异信息，已经在医疗诊断方面被广泛应用。而基于 EEG 的非侵入式脑机接口系统由于良好的时间分辨率、易用性、便携性和相对低廉的价格，在医疗、教育、军事和娱乐等领域都有着广阔的应用前景。

6.3.2 现状分析

6.3.2.1 论文分析

以科睿唯安公司 Web of Science 平台的核心合集科学引文索引扩展版（Science Citation Index Expanded，SCIE）数据库为数据源，以脑机接口为关键词进行检索，限定发文时间为 2001~2020 年，检索日期为 2021 年 3 月 12 日。针对检索结果，利用德温特数据分析（Derwent Data Analyzer，DDA）工具、VOSviewer 软件及 Excel 对检索到的文献进行分析。

（1）发文量年度变化趋势

从检索结果来看，近 20 年来，全球共发表脑机接口领域的相关研究论文 8822 篇。2001~2020 年全球脑机接口领域发文量从 32 篇增长至 1126 篇（图 6-1），呈现快速稳步增长态势，说明脑机接口已步入快速发展阶段。

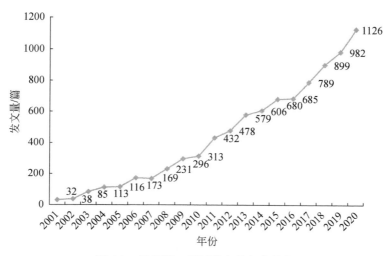

图 6-1　脑机接口领域发文量年度分布

（2）主要国家发文比较与合作网络

全球共有 100 余个国家开展了对脑机接口领域的研究，其中排名前 10 位的国家依次为美国、中国、德国、日本、英国、韩国、意大利、西班牙、加拿大和法国（表 6-4）。其中美国在脑机接口领域研究中占有明显优势，其发文量（2625 篇）约占全部发文量的 30%，中国以 1564 篇的发文量排在第 2 位。从近 5 年的发文量占比可以看出，中国的发文量增加迅速，占近 20 年发文总量的 66.50%，表明中国发展势头迅猛。

表 6-4 脑机接口领域发文量排名前 10 位国家

国家	发文量/篇	近 5 年发文量/篇	近 5 年发文量所占比例/%	总被引频次/次	篇均被引频次/次	领域中高被引论文数量/篇
美国	2 625	1 111	42.32	117 760	44.86	46
中国	1 564	1 040	66.50	31 722	20.28	27
德国	1 049	416	39.66	57 246	54.57	16
日本	542	254	46.86	11 592	21.39	9
英国	541	297	54.90	16 568	30.62	12
韩国	539	296	54.92	13 897	25.78	3
意大利	508	213	41.93	24 382	48.00	7
西班牙	376	209	55.59	9 763	25.97	4
加拿大	374	195	52.14	10 005	26.75	4
法国	326	163	50.00	12 521	38.41	6

美国发表论文的总被引频次和篇均被引频次分别为 117 760 次和 44.86 次，其总被引频次高居全球榜首，但篇均被引频次低于德国和意大利，居全球第 3 位。中国发表论文总被引频次和篇均被引频次分别为 31 722 次和 20.28 次，总被引频次低于美国和德国，居全球第 3 位，篇均被引频次排在第 10 位。从脑机接口领域高被引论文数量可以看出，中国的高被引论文发文量位于美国之后，排在全球第 2 位。

在脑机接口领域，发文量超过 100 篇的国家共 23 个，相互间的合作网络如图 6-2 所示。美国、中国、德国等展现出较强的合作能力，在整个科研合作网络中，美国与中国的合作关系较为紧密，合作次数达到 226 次，其次为德国（167 次）、英国（95 次）、意大利（91 次）；中国除与美国合作外，与日本（75 次）及英国（74 次）的合作也较为紧密；德国与意大利合作次数达到 159 次，其次与英国（98 次）的合作较多。日本虽然发文量排名较为靠前（第 4 位），但在与其他国家的合作上并未显示出更强的优势，其与中国合作最为紧密（75 次），其次是与美国（58 次）和波兰（34 次）。

（3）主要研究机构合作网络

经对机构列表进行整理合并后，发文记录数超过 50 篇的机构共有 55 个，加州大学位居榜首，德国图宾根大学紧随其后，中国共有 9 家研究机构进入前 40 位，分别是中国科学院、清华大学、浙江大学、上海交通大学、天津大学、华南理工大学、电子科技大学、西安交通大学以及华东理工大学（表 6-5、图 6-3）。

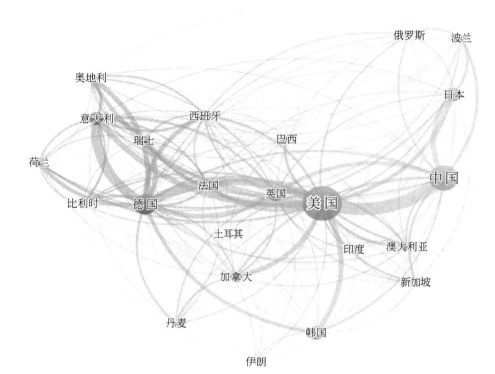

图 6-2 脑机接口领域发文量排名前 23 位国家合作网络

表 6-5 脑机接口领域发文量排名前 40 位机构

序号	机构名称	发文量/篇	序号	机构名称	发文量/篇
1	加州大学	361	17	乌尔茨堡大学	90
2	图宾根大学	274	18	哈佛大学	88
3	格拉茨技术大学	213	19	多伦多大学	81
4	柏林工业大学	149	20	浙江大学	79
5	中国科学院	129	21	上海交通大学	77
6	匹兹堡大学	129	22	天津大学	77
7	斯坦福大学	128	23	弗赖堡大学	77
8	华盛顿大学	116	24	华南理工大学	74
9	纽约州卫生署	113	25	密歇根大学	72
10	高丽大学	107	26	电子科技大学	71
11	杜克大学	103	27	西安交通大学	70
12	清华大学	103	28	卡内基梅隆大学	69
13	西北大学	98	29	华东理工大学	69
14	布朗大学	96	30	麻省理工学院	69
15	洛桑联邦理工学院	96	31	奥尔堡大学	68
16	埃塞克斯大学	94	32	佛罗里达大学	67

序号	机构名称	发文量/篇	序号	机构名称	发文量/篇
33	大阪大学	67	37	麻省总医院	59
34	拉德堡德大学	63	38	南洋理工大学	59
35	哈佛医学院	61	39	伦敦大学学院	58
36	日本理化学研究所	61	40	圣路易斯·华盛顿大学	58

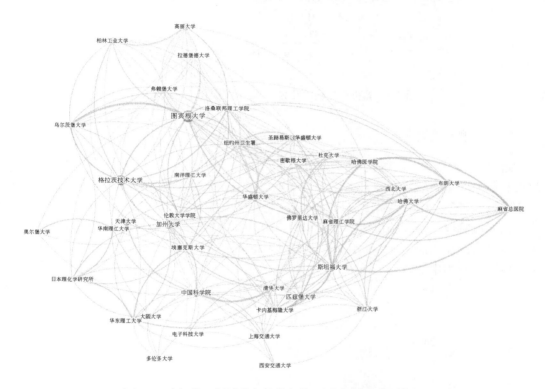

图 6-3　脑机接口领域发文量排名前 40 位机构合作网络

（4）学科方向分布

图 6-4 展示了脑机接口领域排名前 10 位的研究方向及其分布情况，分别是神经科学、工程学、计算机科学、科学与技术-其他主题、康复学、心理学、数学计算生物学、生物化学分子生物学、化学以及医学信息学。

6.3.2.2　专利分析

本节基于 incoPat 数据，通过关键词检索申请时间为 2001 年 1 月 1 日至 2020 年 12 月 31 日的脑机接口相关专利，检索日期为 2021 年 3 月 20 日。

图 6-4　脑机接口领域发文量排名前 10 位研究方向及分布

（1）专利年度趋势

近 20 年，全球共有脑机接口相关专利 2037 个专利家族（2490 件），专利数量呈现快速增长趋势（图 6-5）。2007 年之前，全球脑机接口技术处于萌芽阶段，专利申请量每年不足 30 件；2007～2012 年属于成长期阶段，整体呈现波动增长的态势；2012～2018 年，属于全面发展阶段，全球脑机接口技术专利申请总量的增长速度明显加快。值得注意的是，由于专利公开授权需要 1～3 年的审查周期，2018 年及之后的统计的专利数量可能不能完全反应真实专利申请数量。

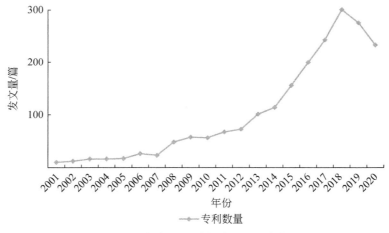

图 6-5　脑机接口领域相关专利年度趋势

（2）专利国家机构分布

从专利受理的国家机构布局来看（图 6-6），中国是脑机接口专利的主要受理国家，占比 46%，其次是美国，再次是世界知识产权组织和韩国。从专利申请人国别来看，来自中国的专利申请人最多，其次是美国和韩国（图 6-7）。

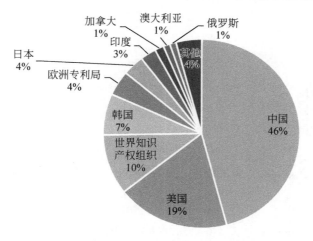

图 6-6　脑机接口相关专利受理国家/机构分布

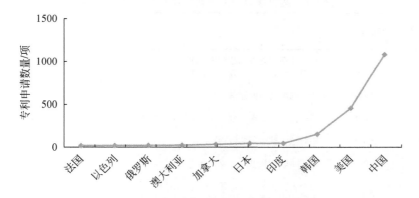

图 6-7　脑机接口相关专利排名前 10 位专利申请人国别

对比分析中国、美国和韩国的专利申请趋势（图 6-8），美国和韩国在脑机接口专利技术研发的布局较早，2010 年之前美国专利占主导，是主要来源国。中国脑机接口专利申请数量从 2003 年开始追赶，到 2010 年已经超过美国，2016 年之后专利数量迅速增长，远超美国和韩国，展现了强劲的研发势头和产出了众多研究成果。此外，中国近 20 年申请的专利占据全球专利的将近一半（图 6-7），说明整体上中国脑机接口研究占据主要技术优势。

（3）技术布局

从技术布局上来看（表 6-6），脑机接口专利主要集中在 G06F3 和 A61B5 两个专利分类大组，内容主要涉及对脑电波/神经信号的测量（A61B5）和将大脑信号转化为计算机数据（G06F3）的技术，此外，还有部分专利关注图像识别（G06K9）、脑部电极刺激（A61N1）、基于生物学模型的计算机系统（G06N3）等技术主题。

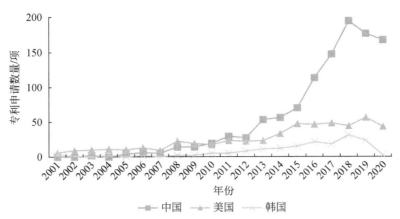

图 6-8　脑机接口相关专利重要来源国家专利申请年度分布

表 6-6　脑机接口相关专利主要 IPC 分类号分布

序号	专利数/项	IPC 分类号	解释
1	951	G06F3	用于将所要处理的数据转变成为计算机能够处理的输入装置；用于将数据从处理机传送到输出设备的输出装置，如接口装置
2	803	A61B5	用于诊断目的的测量
3	308	G06K9	用于阅读、识别印刷、书写字符或者用于识别图形，如指纹的方法或装置
4	148	A61N1	电疗法；其所用的线路
5	134	G06N3	基于生物学模型的计算机系统
6	56	A61F2	可植入血管中的过滤器；假体，即用于人体各部分的人造代用品或取代物；用于假体与人体相连的器械；对人体管状结构提供开口或防止塌陷的装置，如支架
7	53	G06F17	特别适用于特定功能的数字计算设备、数据处理设备或数据处理方法
8	42	A61M21	引起知觉状态改变的其他装置或方法；用机械、光学或声学方法产生或终止睡眠的装置，如用于催眠的装置
9	32	A61G5	专门适用于病人或残疾人的椅子或专用运输工具，如轮椅
10	32	B25J9	程序控制机械手

（4）专利申请人分布

从专利申请人的角度上来看（图 6-9），专利申请量排名前 10 位的机构中，中国机构占 8 席，占据主导地位，此外，美国机构占 1 席，韩国机构占 1 席。高校是脑机接口专利技术研发的主体，10 位重要专利申请人都是大学。其中天津大学的脑机接口相关专利申请量最多，达到 92 项，其次是华南理工大学、西安交通大学和高丽大学等。

从重要专利申请技术布局上来看（图 6-10），排名前 10 位的专利申请人在将大脑信号转化为计算机可识别的信号（G06F3）和脑电波/神经信号的测量（A61B5）技术上都有布局，中国的申请人还较多布局图像识别（G06K9），天津大学和美国加州大学还关注脑部电极刺激（A61N1），华南理工大学还布局了基于脑波控制的智能轮椅/自动驾驶车辆（A61G5）。

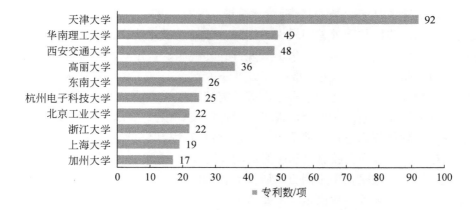

图 6-9　脑机接口相关专利排名前 10 位专利申请人

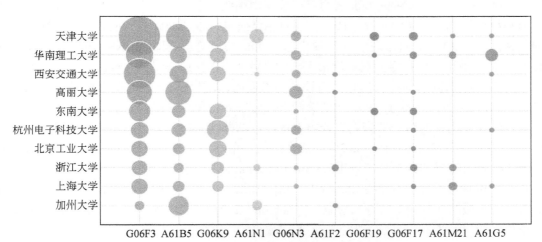

图 6-10　脑机接口重要专利申请技术布局

6.3.3　前沿进展

脑机接口的起源可以上溯到 1924 年德国的汉斯·贝格尔（Hans Berger）首次发现脑电波，发展至今，国内外研究人员已经取得了众多成果，下面从非侵入式和侵入式两大方向，技术与应用、产业两个方面阐述脑机接口的前沿进展。

对于侵入式脑机接口，研究侧重大脑生理基础和神经功能障碍疾病等治疗方面。1978年，视觉脑机先驱威廉·杜贝尔（William Dobelle）在一位盲人的视觉皮层植入了 68 个电极阵列，并成功制造了光幻觉（Reemtsma et al.，1978）。经历多年的发展，目前已发展出以美国犹他大学的针形微电极阵列（Branner et al.，2001）和美国密歇根大学的线性微电极阵列（Blanche et al.，2005 ）为代表的主流电极技术，这些电极可进行高精度多通道记录、可大批量生产、对组织损伤较小，多用于猴子以及人的脑机接口实验中。2017 年，美国斯坦福大学在三名瘫痪病人的运动皮层植入电极，通过对神经信号的提取与解码，成功控制电脑屏幕光标实现了打字功能，打字速度比之前研究提高了三倍（Pandarinath et al.，2017）。在此类技术方面，我国与国外差距较大，国外整体处于领先地位。中国科学院上海微系统与信息技术研究所和复旦大学附属华山医院神经外科团队合作开发了柔性脑机接口，在植入创伤、长期在体安全等方面取得较大进展（新华社，2020）。浙江大学医学院附属第二医院张建民教授团队与浙江大学求是高等研究院郑筱祥教授、王跃明教授团队在"植入式脑机接口临床转化应用研究"上取得了阶段性成果。该团队在国内首次对一位高位截瘫志愿者脑内植入犹他阵列电极，使得患者可以通过意念控制机械手臂的三维运动，完成进食、饮水和握手等一系列上肢重要功能的运动（新浪网，2020）。2021 年 4 月 19 日，浙江大学医学院附属第二医院采用中国自主研发的首款闭环神经刺激器，首次对癫痫患者完成了植入手术，对改善患者生活质量有重要意义（科技日报，2020）。

众多的高科技企业也将研究方向聚焦到侵入式脑机接口上，最有代表性的是埃隆·马斯克于 2018 年成立的 Neuralink 公司，该公司由神经科学、生物化学、机器人技术、应用数学和机械等不同领域的专家组成，公司目标是研发可以帮助修复严重的脑部和脊椎疾病的设备。在 2020 年 8 月，马斯克公布了 Neuralink 公司的新成果"LINK V0.9"，该设备将 1024 个采集通道集成排布到只有硬币大小的"贴片"上，通信讯方式也由有线改为无线传输，并支持无线感应充电，对脑机接口设备的微型化、便携化有一定的促进作用（Neuralink，2021）。除此之外，成立于 1997 年的美国 NeuroPace 公司也是侵入式脑机接口方案的提供商，已经研发的针对耐药性癫痫患者的设备，可以持续监控该类型患者的脑部状态，并可提供个性化治疗（NeuroPace，2021）。还有孵化于布朗大学的美国 BrainGate 公司，该公司开发了脑控机械臂和意念打字等项目（Simeral et al.，2021）。美国 Synchron 公司成立于 2016 年，该公司研发了可植入设备 Stentrode，通过该设备可以使瘫痪患者能够控制通信讯辅助装置、高级假肢和外骨骼等外部装置（Synchron，2021）。在国内方面，脑机接口公司数量也出现了明显增长，但主要集中在非侵入式脑机接口方向。

非侵入式脑机接口具有无创、安全性高、应用范围广等优势。2010 年，美国东田纳西州立大学提出了新型棋盘格脑电范式，开发了 72 指令的脑控拼写系统，初步应用于肌萎缩侧索硬化患者，该系统基本满足了患者日常交流的指令需求（Townsend et al.，2021）。2015 年，美国亚利桑那州立大学的研究人员借助脑机接口技术，使一位飞行员能够同时操控多架无人机进行编队飞行（Karavas and Artemiadis，2015）。2019 年，卡内基梅隆大学的贺斌团队利用无创脑机接口技术首次实现了对外部机械臂的连续控制，该成果可以帮助患者实现生活自理或增强正常人的机能（Edelman et al.，2019）。国内在非侵入式脑机接口方面的整体水平与国外相当，部分核心指标领先国外。2015 年，清华大学团队提出的 40 指令 SSVEP 脑机编解码方法将脑机接口信息传输率提升了 3 倍左右，进而研发的脑控打字系统首次在国际上实现一秒一个字符的高速拼写（Chen et al.，2015）。针对脑机接口系统指令数量与交互速率之间相互制约的瓶颈问题，天津大学神经工程团队于 2020 年提出了基于 P300 与 SSVEP 混合特征的高效编解码方法，进而完成了 108 指令的高速脑机接口系统，在国际上率先实现指令数量和信息传输率两项关键指标的双百突破（Xu et al.，2020）。此外，脑电特征分辨率关系到脑机接口的能力范畴与交互友好性，然而传统的脑机接口解码技术仅能识别微伏级以上的脑电特征，而蕴含更多意图信息的微弱脑电特征一直是脑机接口识别盲区。天津大学神经工程团队针对该问题开发了一套通过抑制背景脑电噪声增强极微弱脑电特征的脑机接口解码方法，从而在国际上首次实现对亚微伏级（0.5 微伏左右）脑电特征的精准识别，该方法为发展新型高效脑机接口系统提供了新途径（Xu et al.，2020）。2021 年，电子科技大学生命科学与技术学院神经工程与神经数据团队创建了大脑的"孪生兄弟"——"数字孪生脑"的模型，并基于该模型开展了稳态视觉诱发电位响应机制研究（Zhang et al.，2021）[①]。

众多高科技企业也相继在非侵入式脑机接口方向布局。2017 年，Facebook 启动名为 Facebook Reality Labs（FRL）的脑机接口项目，目标是开发一种无声、无创的可穿戴语音接口，人们只需在大脑中念想希望说出的话语，就可以实现相应的文本键入操作（Facebook Reality Labs，2021）。美国 Emotiv Epoc 公司推出了神经头盔（neuroheadset）设备，使用者利用该设备可以通过大脑直接操控外部设备。奥地利 g.tec 公司提供了科研级非侵入式脑电采集系统，包含高导联的有线设备及蓝牙传输的无线设备，该公司产品应用也较为广泛。在国内，涌现了一批高科技企业，如专注脑电采集设备的博睿康科技（常州）股份有限公司、专注于高通量柔性脑机接口研发的脑虎科技（NeuroXess）等。还有一批高校将相关技术转移给孵化企业或关联企业，用于作价入股和产业化应用。例如，天津大学、浙江大学、西安交通大学、中国科学院深圳先进技术研究院等科研高校、机构各自将专利转让给关联公司，如禹锡科技（天津）有限公司、大天医学工程（天津）有限公司、中电云脑（天津）科技有限公司、钧晟（天津）科技发展有限公司、中科绿谷（深圳）医疗科技有限公司等。从转让专利涉及的技术方向看，包括信号处理技术、刺激技术、医疗康养和生活娱乐多方面，如脑机接口检测控制、深脑刺激的超声探头及散热、脑电信号特征提取及放大、精神状态监测、混合脑机接口、脑控康复训练、脑控生活娱乐（如脑控轮椅、脑控车辆和脑控游戏）。此外，也有企业紧密依托产学合作模式进行产业布局。例如，西安慧脑智能科技有限公司分别从南京邮电大学、杭州电子科技大学、南昌大学、山东建筑大学受让了十余件脑机接口专利，从而在脑电信号处理、人机交互系统设计、设备智能脑控方面协助产品发展。校企联合也取得了较大的进展，2019 年，天津大学联合中电云脑（天津）科技有限公司发布了拥有完全自主知识产权的全球首款脑机接口编解码专用芯片"脑语者"，芯片采用单芯片 SOC 系统架构，安全高性能 RISC-V 处理器，内嵌脑电信号处理加速模块，承载精识别、快通信、多指令和强交互四项脑机编码功能，促进了国产化脑机芯片的发展（新华网，2019）。

6.3.4 应用前景

脑机接口技术的应用主要有两种：一是治疗性应用，二是增强性应用。治疗性应用主要目的是修复或替代中枢神经系统的受损输出，帮助神经功能严重障碍的患者重获运动机能；增强性应用主要目的是改善、增强或补充中枢神经系统的正常输出，提升健全人的记忆力和认知能力，扩展人类对外部设备的控制能力等（Wolpaw et al.，2012；Wolpaw et al.，2000；Xu et al.，2018；Gao et al.，2014）。近年来，脑机接口技术发展

---

① Zhang G，Cui Y，Zhang Y，et al. 2021. Computational exploration of dynamic mechanisms of steady state visual evoked potentials at the whole brain level. NeuroImage，237（2）：118166.

迅猛，已在医疗康复、教育娱乐、军事航天等领域实现重要应用，未来有望产生更加重要深远的影响。

在医疗健康方面，脑机接口的应用主要分为两大方向："强化"和"恢复"，其中"恢复"是现阶段相关应用的侧重点。"强化"，即人类增强（Human Enhancement，HE），主要指对人类大脑功能的强化，包括记忆力、注意力等认知功能水平的增强；"恢复"则是帮助患者实现与周边环境的交流和控制，提高生活质量。2014 年巴西世界杯足球赛开幕式上，一名腰部以下完全瘫痪的少年通过脑机接口技术控制下肢外骨骼完成了开球表演（环球科学，2014）。2018 年，华南理工大学开发了多种脑机接口系统，用于意识障碍患者的意识检测与临床辅助诊断，取得了显著效果（华南理工大学脑机接口与脑信息处理中心，2018）。2019 年 7 月，天津医院将天津大学神经工程团队研发的"神工二号"人工神经康复机器人系统应用于神经康复治疗的临床实验中（科技日报，2020）。2021 年，华东理工大学联合上海蓝十字脑科医院设计了信息交互、意识评估和认知意识脑机训练系统，以帮助医生评估病人意识状态和提升病人认知水平，目前已应用于 100 余位脑损伤病人（上海蓝十字脑科医院，2021）。2021 年 5 月，由 Neurolutions 公司开发的 IpsiHand 上肢康复系统（IpsiHand Upper limb Rehabilitation System）成为脑机接口领域中首个获得 FDA 批准的非侵入性设备（澎湃新闻，2021），用于构建 18 岁及以上患者的卒中术后治疗方案。未来脑机接口将面向便携化、日常化使用发展，推动实现医疗技术的变革。

在教育娱乐方面，脑机接口技术也展现出了巨大的市场潜力和应用前景。据 Valuates Reports 统计，2019 年全球脑机接口市场规模达 13.6 亿美元；哈佛大学脑科学中心预估未来 5 年脑机接口的市场影响力将达到 4305 亿美元，横跨数个科技领域，仅教育科技就有望突破 2500 亿美元。在此背景下，包括 Kernel、Neuralink 和 Facebook 在内的众多美国科技公司先后斥资数十亿美元开发各类脑机接口教育和娱乐产品。脑机接口通过与虚拟现实技术结合，允许用户直接通过思维来控制虚拟角色的操作，为用户提供更加沉浸的学习或游戏体验。未来脑机接口技术将更加密切地介入到人脑内部的学习过程，为不同认知风格的用户提供高度个性化的教育模式，有助于促进技术与教育系统各要素的深入融合。同时，构建基于脑机接口的大脑干预训练方法能够进一步挖掘学习者的大脑潜能，提高其注意力和记忆能力。此外，智能技术与脑机接口的结合有助于提高认知性能预测准确率，增强机器自我学习能力，从而建立起系统的理论体系以指导人工智能教育的发展（柯清超和王朋利，2019）。

在航天军事领域，多国已开始研制脑控机械原型装备，包括脑控无人机、无人车、脑控机械臂等，让外部机械装备按照人的大脑意念思维执行操作，以在未来代替人类从事包括复杂环境作战、宇宙空间舱外活动等危险任务。例如，美国空军研究实验室（AFRL）宣布了为期 3 年的个性化神经学习系统（iNeuraLS）项目，探索在人脑和计算机之间创建接口，以提高飞行员学习以及快速和有效决策的能力（MilitarySpot.com，2020）。2015 年，天津大学联合中国航天员训练中心首次将脑机接口技术成功应用于"天宫二号"空间实验室任务，相关技术可与高自由度灵巧机械臂结合，有望作为航天员的"第三只手"代替其执行舱外活动等任务，保证航天员的安全和增强空间作业效率，这是我国在脑机接口航天领域领先欧美的成功尝试（新华网，2016）。中华人民解放军国防科技大学团队通过解码受试者大脑信号，开发了脑控汽车系统，使得汽车可以按照受试者大脑的思维意识启动、加减速或转弯（华声新闻，2015）。2020 年，天津大学开发的脑机接口系统实现了对无人机 4 自由度的连续实时控制，包含 12 个控制指令，分别为空间六向、起飞、降落、顺逆时针旋转、悬停和状态保持，拓展了脑控系统的应用场景（Mei et al.，2020）。2020 年 8 月 27 日，美国智库兰德公司发布的《脑机接口在美国军事应用中作用的初步评估》（Brain-Computer Interfaces U.S. Military Applications and Implications，An Initial Assessment）研究报告（Binnendijk et al.，2020）指出脑机接口代表了一种新兴的、具有潜在破坏性的技术领域，该技术将成为扩大和改善人机协同、辅助人类操作以及先进的作战团队的重要手段。未来脑机接口技术在军事领域中的应用将涵盖战场态势感知、信息处理与决策、军事通信保密、战场反应与攻击，以及对作战平台和作战行动的指挥控制等关键核心军事功能。

6.4 总结与建议

6.4.1 总结

脑机交互是人机混合智能的最高形态，是生物智能与人工智能融合的必经路径，一诞生便成为世界各国竞相角逐的战略高地。尤其在脑科学和类脑科学被许多国家列为科技战略优先发展领域的大背景下，脑机接口技术愈发受到国家层面的关注与支持。从论文产出的数据分析来看，自各国相继发布脑科学计划以来，脑机接口主题的 SCI 论文发表数量一直呈现增长趋势。同时在 2018 年前后，脑机接口相关专利的申请数量达到顶点，进一步说明该技术正处于从理论探索走向成熟实践的发展阶段。

脑机接口也是我国脑计划中的重要研发方向，是保障中国脑计划顺利实施的重要技术抓手。我国于 20 世纪 90 年代开始脑机接口技术研究，尽管起步较晚，但目前我国在脑机接口领域的多个重要研究方向已经占据国际领先地位，其背后的一个重要原因是我国对该领域技术的知识产权掌握与布局极为重视：从专利产出的数据分析来看，我国是脑机接口相关专利来源国中占比最高的国家；在专利权人分布上，我国的各大院校也排名前列。同时国内外论文合作网络构建情况良好，为发挥我国在该项技术研发的国际影响力打下了坚实基础。

6.4.2 建议

2018 年 11 月，美国商务部工业安全局根据当年其国会通过的《出口管制改革法案》（Export Control Reform Act）要求，出台了一份针对最新的十四大类的关键技术和相关产品的出口管制框架，"脑机接口技术"也位列其中，具体包括神经控制界面、意识-机器界面、直接神经界面、脑机接口。面对以上限制，我国发展脑机接口技术需要走独立自主的道路。根据我国的脑科学发展布局，在未来 15 年内要使我国的脑认知基础研究、类脑研究和脑重大疾病研究达到国际先进水平，并在部分领域起到引领作用。将我国战略需求结合上述研究分析结果，形成发展我国脑机接口的政策建议如下。

6.4.2.1 为脑机接口技术发展提供长期稳定的战略支持

从上述论文与专利分析可以看出，我国的相关技术研发能力已经排名世界前列，且近年来我国脑机接口研发机构和创新企业数量也在迅速增多。从社会环境来看，我国脑神经疾病和残疾人口数量庞大，脑机接口技术正是解决这些疾病的重要途径之一。随着智能化社会的发展，会有越来越多的无线设备，世界将组成一个庞大的"物联网"，而现在我们主要认知的交互方式仍然停留在按钮触摸、语音控制和远程 APP 控制脑机接口正是改变这一现状的突破口之一。为维持和加强科技优势，实现弯道超车、全球领跑的目标，我国应坚持将脑机接口技术研究作为一项长期稳定的重大任务，通过国家规划和财政倾斜，明确各研究机构的职能和重点，为其提供前瞻性的项目支持。

中国正在大力支持脑科学研究，未来将设立更多关于脑科学与类脑研究的创新重大项目。蒲慕明院士提出我国脑科学应从实用出发，率先解决世界面临的重大问题，一方面，我国的研究人员需要做"探险家"去探索包括脑机接口在内的新领域和新技术，并引导更多的科研人员参与这些新领域的研发，成长成为新的领军科学家；另一方面，给年轻科学家们创造良好的科研环境，让他们能更好地从事科学研究，勇于探险，不管成败保证他们有发展前途。此外还需引进和培养更多愿意投身到脑机接口相关科技研发的人才，使他们能有兴趣和毅力坚持冲在科学探索的一线。

科学探索过程需要国家和政府的重视、支持，资助研究人员快速抢占前沿领域的学术制高点。根据《中共中央关于制定国民经济和社会发展第十四个五年规划和 2035 年远景目标的建议》和中国脑科学计划原则，我国将实施一批具有前瞻性、战略性的国家级重大科技项目，打通学科壁垒，建立跨学科脑机接口研究基地，重点扶持国内相关优势团队。为了实现世界科技强国的梦想，在一些科技前沿领域我国应该主动引导一些国际大科学计划，例如，在大脑神经联接图像绘制技术和克隆猴技术等领域发挥更大的领军作用，并且将这些优势转化为研发脑机接口技术等领先优势，从而促进国际科学联盟的技术和产品的研发进度和转化力度。

6.4.2.2 加快脑机接口技术的临床转化和产品开发

我国在脑科学研究的许多方向已经取得了国际领先的成绩，在此基础上发展脑机接口技术也有一定的优势。而脑机接口技术的应用前景已经受到广泛关注，因此如何将研发成果尽快化为产品是十分紧迫的任务。目前，一方面，我国的脑科学研究方向主要集中在对脑认知功能的神经基础研究上，从而加强对神经精神疾病的认知，为基于疾病动物模型的病理研究提供了关键证据；另一方面，利用综合技术研究病理机制又为新药靶发现和新疗法发现提供了重大机遇。

目前，脑机接口技术对应用环境要求高，许多方面仍需要优化，而应用于智力增强等方面还在初步探索阶段，相应的基础理论与实践经验都不成熟，多数技术走出实验室仍需要解决很多问题，克服很多障碍。据报道，中国科学院上海微系统与信息技术研究所研究团队的脑机接口实验已临近人体实验，预示着我国的这一技术可能迎头赶上或实现超越国际领先水平。目前，我国脑机接口技术总体尚处于快速发展阶段，未到成熟期，此时正是抢占脑机接口市场的最佳时机。通过专项政策的支持，将有利于科技成果的快速转化，从而有效促进产业化进程而产生实际市场效益；相应的，市场化需求和收益则可进一步激励和支撑科研团队的研发积极性，从而形成政产学研一体的良性循环创新体系。

6.4.2.3 加强市场监管与伦理学问题的研究

很多新技术的诞生都会伴随着激烈的争论，特别是在技术飞速发展的当下。未来脑机接口的广泛应用可能会带来多方面的伦理学问题，例如，植入式脑机接口是否会对用户的身体产生伤害？脑机接口技术是否会给人类的心理和生理造成不良影响？等等。

一方面，由于脑机接口技术是从人脑获取大脑信息，从而实现人类对外部设备的控制，它可以在使用过程中在使用者不知情的情况下轻易侵犯使用者的隐私，进而代替使用者做出决定；另一方面，脑机接口作为前沿技术，不仅可以治疗重大疾病，还可以提升人类潜力，但它未来可能带来的教育公正性问题也不容忽视。

目前，脑机接口技术应用可能带来的私人生存信息的透明化，暴露其健康、思维和行为信息等问题已经引起了社会广泛关注。用户的知情同意、公正性、隐私性、准确性风险等方面都是脑机接口技术在大规模应用前需要解决的关键性伦理问题。脑机接口技术的研发者对其技术产品负有的道德责任，是脑机接口设备正常运行和使用的必要保障。因此，在脑机接口技术普及前应就其相关政策乃至法律进行完善和健全，使其在发展和应用初期就受到严格的约束和规范，并且持续根据其应用环境的变化而改进，让普通民众更加安全和公平公正地获得新技术应用的益处。

致谢 电子科技大学郭大庆教授、天津大学许敏鹏教授、上海交通大学孙俊峰教授等专家对本章内容提出了宝贵的意见与建议，在此谨致谢忱！

参 考 文 献

葛松，徐晶晶，赖舜男，等. 2020. 脑机接口：现状，问题与展望. 生物化学与生物物理进展，47（12）：1227-1249.

国家自然科学基金委员会. 2018. 中国脑计划与中国神经科学的未来. http://www.nsfc.gov.cn/csc/20340/20289/23016/index.html［2021-07-22］.

华南理工大学脑机接口与脑信息处理中心. 2018. 脑机接口临床应用研究. http://www2.scut.edu.cn/bci/2018/0910/c18570a284374/page.htm［2021-09-27］.

华声新闻. 2015. 国防科大研发出脑控机器人 未来将脑控驾车. https://hunan.voc.com.cn/article/201504/201504190929192171.html［2021-09-28］.

环球科学. 2014. 瘫痪少年"钢铁侠"，如何能够为世界杯开球？. https://zhidao.baidu.com/ daily/view?id=308［2021-09-27］.

柯清超，王朋利. 2019. 脑机接口技术教育应用的研究进展. 中国电化教育，393（10）：19-27.

科技日报. 2020. 医教协同共建直属医院体促医工深度融合. http://stdaily.com/index/kejixinwen/2020-10/09/content_1025765.shtml［2021-09-27］.

科技日报. 2021. 治疗癫痫，给脑中植入"反导系统". http://www.stdaily.com/kjrb/kjrbbm/2021-04/28/content_1128182.shtml〔2021-09-21〕.

李静雯，王秀梅. 2021. 脑机接口技术在医疗领域的应用. 信息通信技术与政策，（02）：87-91.

澎湃新闻. 2021. FDA 批准首个脑机接口用于中风康复. https://www.thepaper.cn/newsDetail_ forward_ 12442015〔2021-09-27〕.

上海蓝十字脑科医院. 学科建设临床应用|华东理工大学脑机接口技术临床应用基地在我院成立. https://4g.lsznk.com/html/yydt/3528.html〔2021-09-27〕.

新华社. 2020. 脑机接口、"盗梦空间"……这是一座前沿的脑科学实验室. https://baijiahao.baidu. com/s?id=1681351409998377247&wfr=spider&for=pc〔2021-09-21〕.

新华网. 2016. 中国将启动首次太空脑－机交互实验. http://www.xinhuanet.com/politics/2016-09/18/c_129285258.htm〔2021-09-28〕.

新华网. 2016. 中国"脑计划"纳入规划全面展开 坚持"一体两翼". http://www.xinhuanet.com/politics/ 2016-08/18/c_129238381.htm〔2021-07-22〕.

新华网. 2019. "意念"打字成现实，"脑语者"芯片获突破. http://www.xinhuanet.com/2019- 12/23/c_112537 7135. htm〔2021-10-22〕.

新浪网. 2020. 国内首例！72 岁高位截瘫患者用意念喝可乐". http://mil.news.sina.com. cn/2020-01-16/doc-iihnzahk4591933.shtml〔2021-09-21〕.

中国科协创新战略研究院. 2016. 韩国实施神经系统科学发展战略. https://www.sohu.com/a/109899615_ 468720〔2021-07-22〕.

中国科协创新战略研究院. 2017. 2017 韩国脑研究促进实施计划. https://www.sohu.com/a/191178951_ 468720〔2021-07-22〕.

中国信息通讯研究院. 2020. 量子信息技术发展与应用研究报告（2020 年）. http://pg.jrj.com.cn/acc/Res/ CN_RES/INDUS/2020/12/16/c5aa4ac8-a401-4dce-9240-382cd8517c62.pdf〔2021-07-12〕.

Binnendijk A，Marler T，Bartels E M. 2020. Brain-Computer Interfaces U.S. Military Applications and Implications，An Initial Assessment. https://www.rand.org/pubs/research_reports/RR2996.html〔2020-09-03〕

Blanche T J，Spacek M A，Hetke J F，et al. 2005. Polytrodes：high-density silicon electrode arrays for large-scale multiunit recording. Journal of neurophysiology，93（5）：2987-3000.

BNCI Horizon 2020. 2013. BNCI Horizon2020：The Future of Brain/Neural Computer Interaction：Horizon 2020. http://bnci-horizon-2020.eu/images/bncih2020/Appendix_C_End_Users.pdf〔2021-07-22〕.

Branner A，Stein R B，Normann R A. 2001. Selective stimulation ofcat sciatic nerve using an array of varying-length microelectrodes. Journal of Neurophysiology，85（4）：1585-1594.

Chen X，Wang Y，Nakanishi M，et al. 2015. High-speed spelling with a noninvasive brain–computer interface. Proceedings of the national academy of sciences，112（44）：E6058-E6067.

Edelman B J，Meng J，Suma D，et al. 2019. Noninvasive neuroimaging enhances continuous neural tracking for robotic device control. Science robotics，4（31）：eaaw6844.

Facebook Reality Labs. 2021. Reality labs. https://tech.fb.com/ar-vr/〔2021-09-22〕.

Gao S，Wang Y，Gao X，et al. 2014. Visual and auditory brain–computer interfaces. IEEE Transactions on Biomedical Engineering，61（5）：1436-1447.

Human Brain Project. 2015. Framework Partnership Agreement. https://www.humanbrainproject.eu/en/about/ governance/framework-partnership-agreement/ ［2021-07-12］.

International Brain Initiative. 2017a. World's Brain Initiatives Move Forward Together. https://www. humanbrainproject. eu/en/follow-hbp/news/worlds-brain-initiatives-move-forward-together/ ［2021-07-22］.

International Brain Initiative. 2017b. About the International Brain Initiative. https://www. International braininitiative.org/ ［2021-07-22］.

International Brain Intiative. 2020. Human Brain Project Specific Grant Agreement 3. https://ibi.dimensions. ai/details/grant/grant.9244722?order=funding ［2021-07-12］.

International Brain Laboratory. 2017. International Brain Laboratory. https://www.internationalbrainlab. com/# home ［2021-07-22］.

Karavas G K，Artemiadis P. 2015. On the effect of swarm collective behavior on human perception：Towards brain-swarm interfaces. IEEE International Conference on Multi-sensor Fusion and Integration for Intelligent Systems. San Diego，USA：IEEE，172-177.

Mei J，Xu M，Wang L，et al. 2020. Using SSVEP-BCI to Continuous Control a Quadcopter with 4-DOF Motions//2020 42nd Annual International Conference of the IEEE Engineering in Medicine & Biology Society （EMBC）. IEEE，4745-4748.

MilitarySpot.com. 2020. Air Force Neurotechnology Partnership Aims to Accelerate Learning.http://www. militaryspot.com/news/air-force-neurotechnology-partnership-aims-accelerate-learning ［2021-09-28］.

Neuralink. 2021. Expanding Our World. https://neuralink.com/about/ ［2021-09-21］.

NeuroPace. 2021. About Neuro Pace. https://www.neuropace.com/about-neuropace/ ［2021-09-21］.

Pandarinath C，Nuyujukian P，Blabe C H，et al. 2017. High performance communication by people with paralysis using an intracortical brain-computer interface. Elife，6：e18554.23123.

Reemtsma K，Drusin R，Edie R，et al. 1978. Cardiac transplantation for patients requiring mechanical circulatory support. New England Journal of Medicine，298（12）:670-671.

RIKEN. 2021.Organization. https://www.riken.jp/en/research/labs/cbs/#h2Anchor1 ［2021-07-22］.

Simeral J D，Hosman T，Saab J，et al. 2021. Home Use of a Percutaneous Wireless Intracortical Brain-Computer Interface by Individuals With Tetraplegia. IEEE transactions on biomedical engineering，68（7）:2313-2315.

Synchron. 2021. About us. https://synchron.com/about-us ［2021-09-27］.

The Austrilian Brain Alliance. 2016. About the Australian Brain Alliance. https://www.ans.org.au/resources/ issues/about-the-australian-brain-alliance ［2021-07-22］.

Townsend G，LaPallo B K，Boulay C B，et al. 2010. A novel P300-based brain–computer interface stimulus presentation paradigm：moving beyond rows and columns. Clinical neurophysiology，121（7）:1109-1120.

Wolpaw J R，Birbaumer N，Heetderks W J，et al. 2000. Brain-computer interface technology：a review of the first international meeting. Rehabilitation Engineering IEEE Transactions on，8（2）:164-173.

Wolpaw J R，Wolpaw E W，Allison B Z，et al. 2012. Brain-computer interfaces：principles and practice. USA：OUP USA.

Xu M，Han J，Wang Y，et al. 2020. Implementing over 100 command codes for a high-speed hybrid brain-computer interface using concurrent P300 and SSVEP features. IEEE Transactions on Biomedical

Engineering，67（11）:3073-3082.

Xu M，Xiao X，Wang Y，et al. 2018. A brain–computer interface based on miniature-event-related potentials induced by very small lateral visual stimuli. IEEE Transactions on Biomedical Engineering，65（5）: 1166-1175.

7 基因治疗国际发展态势分析

杨若南[1,2] 苏燕[1,2] 施慧琳[1,2] 许丽[1,2] 王玥[1,2] 徐萍[1,2]

（1.中国科学院上海生命科学信息中心，2.中国科学院上海营养与健康研究所）

摘要 作为一种新兴的、突破性的靶向治疗方法，基因治疗在癌症和遗传病等疾病领域展现出巨大的应用前景。自 20 世纪七八十年代起，在基因工程技术、RNA 干扰技术、CRISPR 基因编辑技术等多项获诺贝尔奖技术的推动下，基因治疗逐渐从基础研究走向临床。经过约半个世纪的发展，基因治疗的安全性和有效性逐步提高，目前已有 20 多款基因治疗产品获批。

为推动基因治疗的发展，许多国家/组织已对这一领域进行了布局。美国启动精准医学计划和癌症登月计划，基因治疗作为重要内容涵盖其中；欧盟通过框架计划、欧洲抗癌计划、健康欧盟计划及创新药物计划等长期支持基因转移和基因治疗研究，《法国基因组医学计划 2025》及法国第四期未来投资计划（PIA）重点部署了基因治疗的研究与开发；英国启动基因组相关计划，为基因治疗发展奠定了基础；俄罗斯积极布局基因技术基础领域；澳大利亚政府支持《澳大利亚 2030：通过创新实现繁荣》报告中将"基因和精准医学"作为国家首要任务的建议；我国《中华人民共和国国民经济和社会发展第十四个五年规划和 2035 年远景目标纲要》（简称"十四五"规划）则明确提出对基因技术等未来产业进行前瞻谋划布局。

近年来，基因治疗领域的论文数量持续增长，美国在该领域的论文数量及高被引论文数量均处于国际前列，我国论文数量仅次于美国，但在高被引论文数量上与美国仍存在较大差距。从研究方向来看，基于基因技术的免疫治疗和递送技术是当前研究热点。在专利申请或授权数量中，美国专利申请和授权数量均位居全球第一，我国专利申请整体数量位居全球第二，但 PCT 专利数量排名较为落后。全球获批的基因治疗临床试验仍以美国为主，癌症及单基因遗传病是该领域主攻的疾病方向，多数临床研究仍处于早期阶段。

对基因治疗技术和产品国际发展现状与态势进行分析发现，基于基因转移技术的基因治疗发展较为成熟，已有多款针对遗传病的产品上市；基于基因编辑技术的基因治疗进展迅速，已进入临床开发阶段；基因修饰的免疫细胞治疗，尤其是 CAR-T 细胞治疗在血液类癌症领域取得了重大突破；在 RNA 治疗中，ASO 疗法和 siRNA 疗法上市进程加速，已有多款产品获批上市，由于新冠肺炎疫情的迫切需求，两款 mRNA 疫苗已获紧急使用授权；在溶瘤病毒治疗中，联合疗法的开发成为当前的主要研发方向。

从整体上看，基因治疗已进入快速发展阶段。

本章最后，在此基础上，对我国的基因治疗发展现状进行分析并提出相应的建议，包括：制定相应战略，推进基因治疗发展；加强基础研究和基因治疗技术研发，扩大基因治疗的应用范围；制定相应政策以支持基因治疗全产业链条的发展；探索新型支付及报销模式，破解商业化难题。

关键词 基因治疗 基因转移技术 基因编辑技术 免疫细胞治疗 RNA 治疗 溶瘤病毒治疗

7.1 引言

基因治疗是指通过修饰或操纵基因的表达或改变活细胞的生物学特性以达到治疗疾病的目的。基因治疗产品通常由含有工程化基因构建体的载体或递送系统组成，其活性成分可为脱氧核糖核酸（DNA）、核糖核酸（RNA）、由基因改造的病毒、细菌或细胞等。

重组 DNA、RNA 干扰（RNA interference，RNAi）及 CRISPR 基因编辑技术等多项技术，以及病毒载体、非病毒载体等递送载体的发展，极大地推动了基因治疗从基础研究走向临床。作为一种新兴的、突破性的靶向治疗方法，近年来，基因治疗取得了多项突破。2017 年，全球首款嵌合抗原受体 T 细胞（CAR-T 细胞）治疗产品上市；2018 年，全球首款小干扰 RNA（small interfering RNA，siRNA）疗法产品上市；2020 年，以反义寡核苷酸（antisense oligonucleotide，ASO）药物 Milasen 为代表的超个体化药物（hyper-personalized medicine）入选 *MIT Technology Review* 十大突破技术，CRISPR 基因编辑疗法成功治愈两种遗传性血液病也被 *Science* 评选为 2020 年十大科学突破，基因治疗已成为当前生物医药行业创新发展的重要驱动力。据 Fortune Business Insights 报告，2019 年全球基因治疗市场规模为 36.1 亿美元，预计到 2027 年将达到 356.7 亿美元。基因治疗产业在全球范围内进入了一个快速发展的大时代或时期，基因治疗的发展将极大地推动患有遗传性疾病、癌症等的患者早日实现精准治疗，提升国民健康水平。

7.2 基因治疗概念及发展历程

基因治疗于 20 世纪 60 年代萌芽。1963 年，美国分子生物学家、诺贝尔生理学或医学奖获得者乔舒亚·莱德伯格（Joshua Lederberg）首次提出了基因交换和基因优化的理念。1968 年，美国科学家迈克尔·布莱泽（Michael Blaese）在《新英格兰医学杂志》（*The New England Journal of Medicine，NEJM*）上发表了名为《改变基因缺损：医疗美好前景》的文章，首次在医学界提出了基因治疗的概念。1970 年，一名美国医生通过注射含有精氨酸酶的肖普乳头瘤病毒治疗精氨酸血症，但试验未取得成功。1972 年，*Science* 上一篇具有划时代意义的前瞻性评论——《基因治疗能否用于人类遗传病？》提出了基因治疗是否可以用于人类疾病治疗的设问。

随着基因重组工程技术的发展及病毒载体的出现，基因治疗技术体系开始初步形成。1977 年，美国一名科研人员成功地利用病毒载体在哺乳动物细胞中表达了基因，但在 1980 年，该科研人员在对两名危重患者实施类似小鼠实验的基因治疗时却失败了。由于该试验未获得任何机构的批准，事件发生后不久，美国国立卫生研究院（NIH）的 DNA 重组技术指导委员会将基因治疗纳入监管范围，美国开始从政府和管理层面关注基因治疗。1990 年，美国正式批准了基因治疗史上真正意义上的第一项人体试验，并取得了初步成功。20 世纪 90 年代中后期，伴随着人类基因组研究的迅猛发展，基因治疗研究呈现爆发性增长，全球针对不同疾病开展了基因治疗的研究。

然而由于在关键问题上未形成深入系统的了解，基因治疗所带来的安全性问题逐渐显现：1999 年，参与美国宾夕法尼亚大学基因治疗项目的 18 岁男孩杰西·格尔辛格因对腺病毒（Adenovirus，Adv）载体的过度反应，导致多器官衰竭死亡。这次事件使得基因治疗的发展从狂热重回理性。2003 年，有两名曾成功接受基因治疗的重症联合免疫缺陷病患者出现了类似白血病的症状。因此，2003 年 1 月，美国食品药品监督管理局（FDA）暂时中止了所有用逆转录病毒（Retrovirus，RVs）进行基因改造血液干细胞的临床试验，但经过 3 个多月的权衡后，FDA 认为基因治疗利远大于弊，临床试验被允许继续。

2003 年 10 月，中国率先批准了世界上首个基因治疗产品——重组人 p53 腺病毒注射液"今又生"，用于晚期鼻咽癌的治疗；2005 年，溶瘤病毒产品安柯瑞也获批上市，但均未获得市场认可。

经过三十余年的不断探索，基因治疗开始进入高速发展阶段，尤其是新一代基因编辑技术 CRISPR 的诞生为基因治疗的发展带来了新契机，极大地推动了基因治疗的快速发展。同时，基因治疗的安全性和有效性开始得到医药监管部门的认可。2012 年，欧盟批准了其首个基因治疗药物——Glybera。2015 年，美国 FDA 批准了其首个溶瘤病毒药物——T-VEC（Imlygic，I 型单纯疱疹病毒）。2017 年，FDA 相继批准了 2 款 CAR-T 细胞治疗产品、1 款直接递送基因的基因治疗产品、1 款反义 RNA 药物和首款 siRNA 药物。目前全球已上市了 20 余款基因治疗产品。

7.3 国际基因治疗发展规划

近年来，为推动基因治疗的发展，全球多个国家/组织在相关战略规划中均对其进行了布局。2015 年，美国启动了精准医学计划（Precision Medicine Initiative，PMI），基因治疗作为重点内容涵盖其中；2016 年，美国启动癌症登月（Cancer Moonshot）计划，重点支持 CAR-T 细胞治疗等癌症基因治疗研究；2016 年，《21 世纪治愈法案》（21st Century Cures Act）的通过从法律层面保证了精准医学计划和癌症登月计划的实施；2020 年，美国国家人类基因组研究所（NHGRI）的新一轮十年战略规划明确了以基因组学改善人类健康的研究目标，为基因治疗的发展提供机遇；美国 NIH 通过项目资助为基因治疗研究提供经费保障。欧盟通过研发框架计划、欧洲抗癌计划、健康欧盟计划及创新药物计划（Innovative Medicines Initiative，IMI）等长期支持基因转移和基因治疗研究；法国通过《法国基因组医学计划 2025》

及第四期未来投资计划（PIA）重点部署了基因治疗的研究与开发。英国发布基因组相关计划，为基因治疗发展奠定基础。俄罗斯积极布局基因技术基础研究。澳大利亚政府在《澳大利亚 2030：创新实现繁荣》报告中建议将"基因和精准医学"作为国家首要任务。我国将包括基因治疗在内的精准医学纳入"十三五"规划，"十四五"规划则明确提出对基因技术等未来产业进行前瞻谋划布局。

7.3.1　美国在多个规划中对基因治疗相关研究进行布局，大力推动基因治疗研究

2015 年 1 月，美国启动精准医学计划以推动个体化医疗的发展，为癌症和罕见病等的基因治疗研究提供契机。2015 年 10 月，美国白宫发布《美国创新战略》（A Strategy for American Innovation），明确将精准医学作为美国在医疗领域的未来发展战略。2016 年，美国启动癌症登月计划，提出重点关注癌症免疫治疗的研究，其中涵盖了 CAR-T 细胞治疗等基因治疗。2016 年底，美国通过《21 世纪治愈法案》，分别为精准医学计划和癌症登月计划提供 14.55 亿美元（2017~2026 年）和 18 亿美元（2017~2023 年），积极推动健康领域的基础研究、疗法开发和新型疗法的临床转化，从法律层面保障了计划的实施。目前癌症登月计划已获得超过 10 亿美元的投资，并在 CAR-T 细胞治疗等基因治疗方面取得重大进展。自 30 年前人类基因组计划启动至今，基因组学的蓬勃发展已快速推动基因医学的发展。2020 年 10 月，美国 NHGRI 在 Nature 上发表文章《改善人类健康的基因组学前沿战略构想》（Strategic vision for improving human health at The Forefront of Genomics），阐述未来 10 年的战略规划，该战略构想将改善人类健康作为未来基因组学研究的重要目标和发展机遇，提出要重点利用基因组学研究增加对生物的理解、丰富疾病知识，并改善人类健康，将多组学研究用于临床，为基因治疗研究奠定基础，并预测至 2030 年，将为数十种遗传病带来治愈方案（Green et al.，2020）。

与此同时，美国 NIH 为基因治疗相关研究提供资助，推动其发展。2018 年 1 月，美国 NIH 宣布启动为期 6 年 1.9 亿美元的人类体细胞基因组编辑（Somatic Cell Genome Editing）计划，致力于开发高质量、安全有效的体细胞基因编辑系统，并实现研究工具和数据资源的共享，促进基因编辑技术在疾病治疗中的应用。2019 年 10 月，美国 NIH 启动了一项与比尔及梅琳达•盖茨基金会的合作计划，双方计划在此后的 4 年内至少共投资 2 亿美元，用于支持开发可负担得起的镰刀型细胞贫血病（Sickle cell disease，SCD）和 HIV 基因治疗方法，并希望在未来 7 年至 10 年内，在美国和撒哈拉以南的非洲国家开展相关药物的临床试验，该合作计划还将基因治疗体内给药作为长期目标。

7.3.2　欧盟及其成员国法国发布多项计划长期支持基因治疗研究

欧盟发布多项计划长期支持基因治疗研究。欧盟第六框架计划（The Sixth Framework Programme，FP6）成立 CliniGene（European Network for the Advancement of Clinical Gene Transfer and Therapy），2006~2011 年共投入 2.6 亿欧元，以促进欧洲临床基因转移和治疗研究。癌症作为基因治疗的主要应用领域，已获得欧盟多项计划支持。欧盟"地平线 2020"（Horizon 2020）计划（2014~2020 年）投入约 15 亿欧元支持癌症领域的研究。2018 年，

欧盟委员会发布"地平线欧洲"（Horizon Europe）计划（2021～2027 年），将"欧盟癌症专项"作为其五大重点专项之一；2020 年，欧盟委员会发布《癌症专项委员会中期报告》（Conquering cancer：mission possible：interim report of the mission board for cancer），提出了"欧盟癌症专项"2021 年的 13 条行动建议草案，其中包括推进和实施基因治疗等个体化医疗方法。2021 年 2 月，"欧洲抗癌计划"（Europe's Beating Cancer Plan）提出将投资 40 亿欧元，从癌症的预防、诊断、治疗和改善癌症患者的生存状态四个方面支持欧洲抗击癌症。2021 年 3 月，开始实施的第 4 期健康欧盟计划（EU4Health programme，2021～2027 年）也将癌症等慢性疾病的治疗作为重点领域进行资助，并且支持个体化治疗等新疗法产品的开发。此外，为提高其新药开发效率，欧盟委员会和欧洲制药工业协会联合会于 2007 年启动 IMI 计划，并在 IMI1 计划（2008～2013 年）和 IMI2 计划（2014～2020 年）期间共投入 53 亿欧元，其中，推进先进疗法特别是基因疗法的临床转化被列为 2019 年工作计划的 10 个优先发展领域之一。此外，欧盟也发布了多个研究报告，建议大力推动基因治疗发展。2017 年，欧洲科学院科学咨询理事会（EASAC）发布《基因编辑：欧盟的科学机遇、公众利益和政策选择》（Genome Editing：Scientific opportunities，public interests，and policy options in the EU），建议欧盟在医疗领域开展基因编辑开创性研究。

同时，欧盟成员国也在积极部署相关领域。2016 年，法国发布《法国基因组医学计划 2025》（Plan France médecine génomique 2025），计划未来 10 年（2016～2025 年）重点开展基因组学、基因治疗等研究，致力于为癌症、罕见病及常见病患者提供基因治疗等个体化疗法。2021 年，法国正式启动第四期未来投资计划（4eme Programme d'investissements d'avenir），在健康领域，对明确包含基因治疗在内的创新疗法药物的开发和生产进行战略投资。

7.3.3　英国启动基因组相关计划奠定基因治疗发展基础，并积极促进产业转化

英国于 2012 年启动十万人基因组计划，对癌症和罕见病患者进行全基因组测序，为基因组医学奠定了基础。2020 年 9 月，英国卫生和社会保障部（DHSC）启动了一项新的国家基因组医疗战略计划——英国基因组：医疗的未来（Genome UK：the future of healthcare）。该计划明确了 3 个关键领域：疾病诊断与个体化医学、疾病预防及研究，旨在利用先进的基因组测序潜力，为患者提供最佳的预测、预防和个体化护理，在未来 10 年内构建出世界领先的基因组医疗体系。在产业转化上，创新英国（Innovate UK）于 2012 年组织建立了细胞和基因疗法弹射器/创新中心，为细胞和基因疗法提供经费、技术支持、基础设施和合作研发机会，并投资 5500 万英镑建成了 GMP 制造中心。2017 年 8 月，英国医药制造产业联盟（MMIP）发布了《英国药物制造愿景：通过制定技术创新路线图，提高英国制药业水平》，其中明确提到要继续支持先进疗法（细胞和基因疗法）制造卓越中心。

7.3.4　俄罗斯、澳大利亚等其他国家也积极制定相关政策，推动基因治疗发展

此外，俄罗斯已制定多项基因技术相关战略和举措，继 2018 年 11 月俄罗斯总统签署

"关于俄罗斯联邦基因技术发展"的法令后，2019 年 4 月，俄罗斯政府批准了《2019—2027年联邦基因技术发展规划》，旨在加速发展基因技术在医学、农业、工业微生物领域的应用。2018 年 1 月，澳大利亚创新与科学办公室（ISA）向政府提交了《澳大利亚 2030：创新实现繁荣》（Australia 2030：Prosperity through Innovation）报告，指出为促进澳大利亚人民的健康，对"基因和精准医学"的研究将是国家的首要任务，澳大利亚政府在随后的回复中明确表态支持该建议。

7.3.5 中国已将基因技术等前沿领域纳入多项规划中，从各个层面推动基因治疗发展

基因治疗作为一种新的医学技术和生物医学产业在我国尚处于起步阶段，中国正从各个层面上制定相应政策，对其进行布局规划，以促进基因治疗产业的发展。2016 年 3 月，中国将包括基因治疗在内的精准医疗技术纳入《中华人民共和国国民经济和社会发展第十三个五年规划纲要》（简称"十三五"规划），随后又相继出台了《国家创新驱动发展战略纲要》《"十三五"国家科技创新规划》《"十三五"国家战略性新兴产业发展规划》等一系列政策文件，也都对未来中国基因技术的发展和应用，做出了系统性的规划和政策支持。2021 年 3 月，"十四五"规划正式发布，提出整合优化生物医药等领域的科技资源配置，明确将"基因与生物技术"和"临床医学与健康"作为科技前沿攻关领域；发展壮大生物技术等战略性新兴产业，其中将"基因技术"作为未来产业进行前瞻谋划布局。近年来，中国各地政府对细胞基因治疗领域创新服务体系的布局加速，北京、山东济南、广东深圳，以及四川等地产业服务体系也在逐步完善。

7.4 基因治疗文献、专利及临床试验计量分析

本部分利用文献计量方法，检索 Web of Science、Innography 及 *The Journal of Gene Medicine* 的 Gene Therapy Clinical Trials Worldwide 数据库中收录的基因治疗相关文献、专利及临床试验数据，对自 1990 年以来全球基因治疗领域的研发现状进行定量分析，检索日期为 2021 年 3 月 10 日。

7.4.1 全球基因治疗文献计量分析

自 1990 年起，全球基因治疗研究论文整体先后两次呈现快速增长趋势。其中，在 1990～2000 年，全球基因治疗研究呈现爆发式的增长，1990 年仅有 45 篇论文发表，而到 2000 年论文数量已增长至 2255 篇。但随着基因治疗安全性问题的出现，基因治疗研究进入缓慢波动发展期，2001～2014 年，基因治疗研究的论文年发表数量在 2000～2500 篇间波动。自2014 年起，基因治疗各领域逐渐取得突破，基因编辑技术等的发展也为基因治疗带来新动力，全球基因治疗论文数量开始呈现快速增长趋势，到 2020 年论文数量已增长至 4273 篇（图 7-1）。

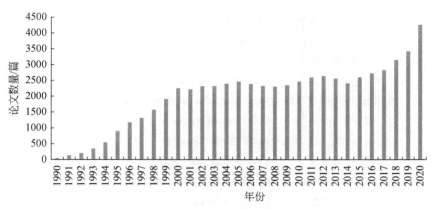

图 7-1 1990～2020 年全球基因治疗研究论文数量年度分布

从国家分布上来看，自 1990 年起，美国在基因治疗领域发表论文近 2.9 万篇，占全球基因治疗发表论文总数的 45.85%，论文数量居全球首位，远超其他国家。中国仅次于美国，发表论文近 9000 篇，占比为 14.15%。排在后面的国家分别为德国、日本、英国、法国、意大利、加拿大、韩国和荷兰。从高被引论文数量情况来看，美国以 534 篇居全球首位，中国位于全球第 2，但高被引论文数量仅 93 篇（表 7-1）。

表 7-1 1990～2020 年基因治疗研究论文数量、高被引论文数量排名前 10 位国家（单位：篇）

排名	国家	论文数量/篇	国家	高被引论文数量/篇
1	美国	28 980	美国	534
2	中国	8 940	中国	93
3	德国	5 161	德国	68
4	日本	4 811	英国	63
5	英国	4 677	意大利	48
6	法国	3 540	法国	40
7	意大利	2 680	加拿大	34
8	加拿大	2 481	荷兰	24
9	韩国	1 639	澳大利亚	23
10	荷兰	1 625	西班牙	23

1990～2020 年，在排名前 10 位的机构中，有 7 个来自美国，其中哈佛大学以 2067 篇的论文发表数量位居全球第 1，美国国立卫生研究院发表论文 1935 篇，紧随其后。法国国家健康与医学研究院和美国的宾夕法尼亚大学分别发表论文 1830 篇和 1828 篇，分别位于全球第 3 和第 4（图 7-2）。

通过对 2020 年基因治疗领域研究论文的高频关键词进行主题聚类分析，可以看出，基因治疗（gene therapy，红色区域）和基于基因技术的免疫治疗（immunotherapy，绿色区域）是当前的热门研究方向，癌症（cancer，黄色区域）仍是当前主攻的疾病领域，递送（delivery，蓝色区域）是基因治疗领域的一个热门技术主题，包括离体和体内的基因递送研究以及病毒载体、纳米粒子等递送载体的研究等（图 7-3）。

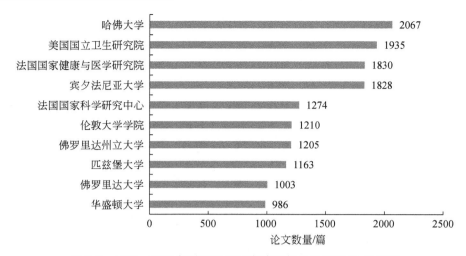

图 7-2 1990～2020 年基因治疗研究论文数量排名前 10 位机构

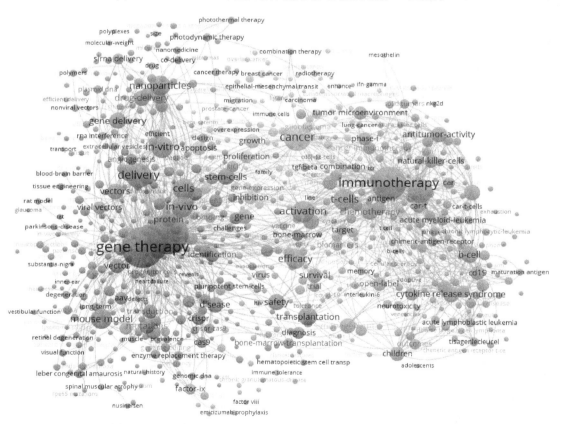

图 7-3 2020 年基因治疗领域研究论文主题分布（文后附彩图）

7.4.2 全球基因治疗专利计量分析

1990 年以来，全球基因治疗领域专利申请数量与研究论文发表数量呈现相近的变化趋

势，1990～2002 年全球基因治疗专利申请数量呈现增长态势，此后，呈现平稳态势，2013
年后，全球基因治疗专利申请数量开始快速增长，也表明基因治疗技术开始进入快速发展
阶段，到 2020 年，专利申请数量达到 7234 件（图 7-4）。

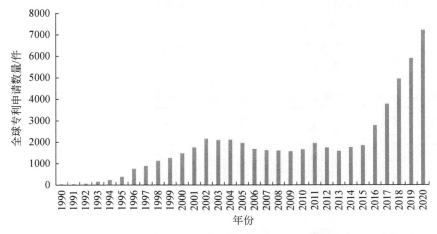

图 7-4 1990～2020 年全球基因治疗专利申请数量年度分布

从国家分布上来看，美国为基因治疗领域专利主要申请国家，在 1990～2020 年，美国
专利申请数量为 32 244 件，占全球基因治疗领域专利申请的 55.42%，中国的专利申请数量
虽位居全球第 2，但申请的基因治疗领域专利仅有 4505 件，占全球总数量的 7.74%。

《专利合作条约》（PCT）为专利的国际布局提供了一条更便捷实用的申请途径，PCT
专利申请也是高价值专利的一个体现，世界知识产权组织（WIPO）将 PCT 专利申请作为
国家创新能力评估的重要指标。在基因治疗领域，1990～2020 年，在全球通过 PCT 途径递
交国际专利申请的国家中，美国以 8581 件位居第 1，之后分别为德国、英国、法国和日本，
中国以 546 件的 PCT 专利申请数排名第 6（表 7-2）。

表 7-2 1990～2020 年全球基因治疗专利申请、PCT 专利申请数量排名前 10 位国家

排名	国家	专利申请数量/件	国家	PCT 专利申请数量/件
1	美国	32 244	美国	8581
2	中国	4 505	德国	1128
3	德国	4 033	英国	916
4	英国	3 400	法国	759
5	法国	2 715	日本	610
6	日本	2 288	中国	546
7	加拿大	1 157	加拿大	379
8	韩国	993	以色列	319
9	意大利	835	荷兰	304
10	澳大利亚	768	意大利	246

从机构上来看,在 1990~2020 年进行全球基因治疗专利申请的机构主要是全球各大医药公司、高校等,美国的机构占其中 6 个,法国和瑞士各占 2 个。其中,法国的赛诺菲公司专利申请数量最多,为 1334 件,排名为全球第 1。瑞士的诺华公司为 979 件,排名第 2。美国的宾夕法尼亚大学以 926 件位于全球第 3。全球排名前 10 位的机构还包括百时美施贵宝公司(Bristol Myers Squibb,BMS)、加州大学、得克萨斯大学、美国卫生和公众服务部、强生公司、Cellectis 公司和罗氏公司。全球进行基因治疗领域 PCT 专利申请的机构中,加州大学位居全球第 1(表 7-3)。

表 7-3　1990~2020 年全球基因治疗专利申请、PCT 专利申请数量排名前 10 位机构

排名	机构	国家	专利申请数量/件	排名	机构	国家	PCT 专利申请数量/件
1	赛诺菲公司	法国	1334	1	加州大学	美国	257
2	诺华公司	瑞士	979	2	诺华公司	瑞士	227
3	宾夕法尼亚大学	美国	926	3	赛诺菲公司	法国	219
4	百时美施贵宝公司	美国	867	4	得克萨斯大学	美国	215
5	加州大学	美国	851	5	美国卫生和公众服务部	美国	205
6	得克萨斯大学	美国	779	6	宾夕法尼亚大学	美国	198
7	美国卫生和公众服务部	美国	618	7	罗氏公司	瑞士	177
8	强生公司	美国	609	8	百时美施贵宝公司	美国	147
9	Cellectis 公司	法国	559	9	法国国家健康与医学研究院	法国	143
10	罗氏公司	瑞士	556	10	葛兰素史克公司	英国	137

7.4.3　全球基因治疗临床试验计量分析

自 1990 年首个基因治疗临床试验获批以来,全球已批准 3000 余项基因治疗临床试验。临床试验获批数量与基因治疗发展历程相似,1990 年临床试验数量只有 2 项,1999 年达到 117 项,随后进入停滞发展期,直到近年,受益于基因递送技术、基因编辑技术和 CAR-T 细胞治疗的蓬勃发展,基因治疗迎来了新一轮的研究热潮。近年来,全球基因治疗获批临床试验的数量呈快速增长态势,2017 年和 2018 年获批的临床试验数量高达 232 项和 241 项(2021 年 3 月检索,2019 年和 2020 年的数据由于数据库收录滞后等原因,仅供参考)(图 7-5)。

从国家分布来看,美国以 1820 项临床试验数量位居全球第 1。中国的基因治疗临床试验数量仅次于美国,达 322 项,排名前 10 位的国家还有英国、德国、法国、瑞士、日本、西班牙、荷兰和意大利(图 7-6)。

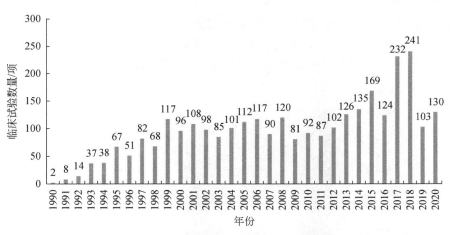

图 7-5　1990～2020 年全球基因治疗临床试验数量年度分布

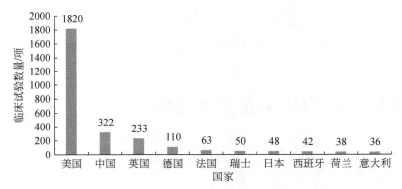

图 7-6　1990～2020 年基因治疗临床试验数量排名前 10 位国家

　　从开展的基因治疗临床试验适应证上来看，癌症、单基因遗传病、心血管疾病及感染性疾病等为主要临床研究方向，其中，癌症是临床试验数量最多的适应证，占比达 67.421%，其次为单基因遗传病，占比为 11.635%（图 7-7）。其他的适应证还包括神经系统疾病、眼部疾病等。

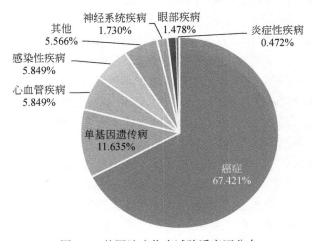

图 7-7　基因治疗临床试验适应证分布

从临床研究阶段来看，全球基因治疗临床试验大多处于临床Ⅰ、Ⅰ/Ⅱ&Ⅱ期阶段，有2500余项临床试验，相比之下，进入临床后期（临床Ⅱ/Ⅲ、Ⅲ期）的试验数量较少，仅有100余项，基因治疗距离大规模商业化应用尚有一段距离（图7-8）。

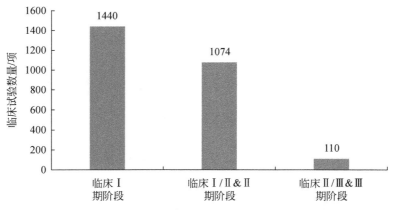

图 7-8　1990～2020 年全球基因治疗临床试验阶段分布

7.5　基因治疗技术体系及发展态势

基因治疗包含多个细分领域，本部分对基因治疗技术体系按产品类型进行了梳理分类，并对各细分领域的发展态势进行了分析。

7.5.1　基因治疗技术体系

根据基因治疗产品类型，广义上，基因治疗主要包括：①基于基因转移技术的基因治疗，指通过向患者体内递送外源性治疗基因以取代致病基因；②基于基因编辑技术的基因治疗，指通过向患者体内递送基因编辑系统以实现对目的基因的操作；③基于基因修饰的免疫细胞治疗，指通过在体外对免疫细胞进行基因工程改造以激发或增强人体抗肿瘤效果，目前主要包括 CAR-T 细胞治疗、TCR-T 细胞治疗、CAR-NK 细胞治疗等；④RNA 治疗，指通过向体内递送具有治疗疾病功能的核酸以调控致病基因的表达，主要有 ASO 疗法、siRNA 疗法、mRNA 疗法等；⑤基于基因修饰的溶瘤病毒治疗，指通过向体内递送经基因工程改造过的病毒以增强抗肿瘤作用（图7-9）（Daley，2019）。

从基因治疗方式来看，可分为体内治疗和离体治疗。体内治疗是指直接将基因治疗产品注入患者体内，可通过静脉进行全身注射或直接注入病变部位。离体治疗是指从人体中获取相应细胞，如造血干细胞和免疫细胞等，在体外经过基因改造和扩增再回输到体内，以达到治疗效果。基于基因转移技术和基因编辑技术的基因治疗可同时采用体内和离体的治疗方式，离体基因治疗相对更为安全，但生产过程烦琐，涉及细胞分离、富集和激活、病毒载体制备、细胞培养等，技术复杂，成本较高；体内基因治疗是未来的发展方向，目前已可实现眼部疾病等的治疗，但整体上体内治疗尚面临长期安全性及靶向性等问题，技术上仍存在较大挑战。

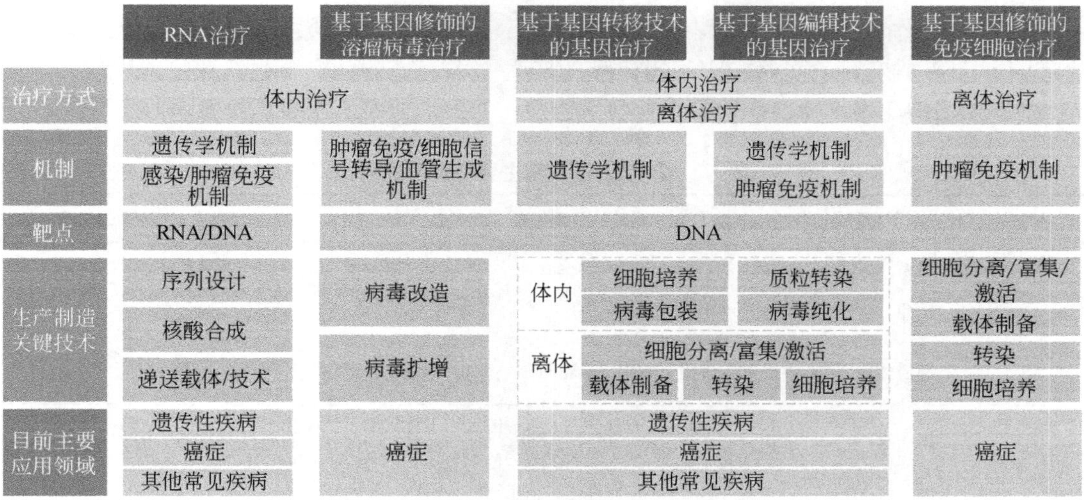

RNA治疗
基于基因修饰的溶瘤病毒治疗
基于基因转移技术的基因治疗
基于基因编辑技术的基因治疗
基于基因修饰的免疫细胞治疗
治疗方式
体内治疗
体内治疗
离体治疗
离体治疗
机制
遗传学机制
感染/肿瘤免疫机制
肿瘤免疫/细胞信号转导/血管生成机制
遗传学机制
遗传学机制
肿瘤免疫机制
肿瘤免疫机制
靶点
RNA/DNA
DNA
生产制造关键技术
序列设计
核酸合成
递送载体/技术
病毒改造
病毒扩增
体内
细胞培养
质粒转染
病毒包装
病毒纯化
离体
细胞分离/富集/激活
载体制备
转染
细胞培养
细胞分离/富集/激活
载体制备
转染
细胞培养
目前主要应用领域
遗传性疾病
癌症
其他常见疾病
癌症
遗传性疾病
癌症
其他常见疾病
癌症

图 7-9 基因治疗技术与产品体系图

基因治疗生产制造技术是产业竞争的焦点，其中如何将治疗性基因准确地转移至靶细胞是基因治疗的关键问题之一。基因转移的方法主要分两种：病毒法和非病毒法。基于病毒方法转移的基本过程是将目的基因重组至病毒基因组中，然后通过感染宿主细胞，将目的基因整合到宿主基因组内，病毒载体具有转染效率高、宿主细胞选择范围广、基因表达稳定及持续时间长等优势，但同时具有免疫原性高、生产工艺复杂、成本较高及插入突变引起安全性问题等劣势。非病毒方法有脂质体转染法、显微注射法、电穿孔法等，与病毒法相比，非病毒法生产成本较低，不易引起安全性问题，但其转染效率较低且表达持续时间短，因此在基因治疗临床试验中，以病毒为载体的递送技术仍是主流（图 7-10）（Cring and Sheffield，2020）。

其他
22%
腺病毒
17%
单纯疱疹病毒
16%
质粒DNA
14%
慢病毒
10%
腺相关病毒
8%
牛痘病毒
4%
脂质体转染法
4%
逆转录病毒
3%
痘病毒
2%

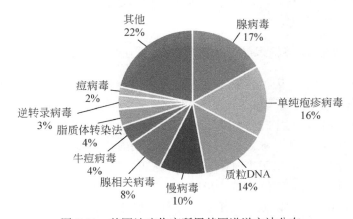

图 7-10 基因治疗临床所用基因递送方法分布

数据来源：Gene Therapy Clinical Trials Worldwide 数据库，检索日期为 2021 年 3 月 8 日

目前常用的病毒载体主要包括腺病毒、腺相关病毒（adeno-associated virus，AAV）、逆转录病毒、慢病毒（lentivirus，LVs）、疱疹病毒等（表 7-4）（Bulcha et al.，2021；Zylberberg et al.，2017）。作为基因治疗过程中的关键技术，基因治疗载体技术的进步将极大推动基因治疗应用于各类疾病，面对未来基因治疗的广大需求，高效、安全、低免疫原性的新型基因治疗载体仍需不断优化、开发。

表 7-4　基因治疗常用主要递送方式特点

种类	递送系统	特点	主要应用
非病毒法	显微注射法	转染效率高、操作技术难度大，不适合大规模研究	离体基因治疗
	电穿孔法	转染效率高、损伤细胞	离体基因治疗
	脂质体转染法	转染各种类型细胞、肝靶向	体内基因治疗（主要为 RNA 治疗）
病毒法	腺病毒	双链 DNA、能有效侵染大多数细胞、不具有基因整合性、瞬时表达、免疫原性强、载体容量大、体内可能预存免疫力	体内基因治疗
	腺相关病毒	单链 DNA、免疫原性低、宿主细胞范围广、长时间表达、不具有基因整合性、载体容量小、血清型种类多、体内可能预存免疫力	体内基因治疗
	逆转录病毒	单链 RNA、具有基因整合性、长时间表达、侵染分裂期细胞、免疫原性低	离体基因治疗
	慢病毒	单链 RNA、具有基因整合性、长时间表达、侵染分裂和非分裂期细胞、免疫原性低	离体基因治疗
	疱疹病毒	基因容量大、容易构建、侵染性高、可感染的宿主类型广泛、潜伏性感染	体内基因治疗（主要为溶瘤病毒治疗）

7.5.2　基于基因转移技术的基因治疗

基于基因转移技术的基因治疗是指采用基因增补原理，通过离体和体内治疗的方式向患者体内补充外源性治疗基因，以使患者达到功能性治愈的疗法，在遗传病尤其是单基因遗传病领域具有极大的潜力。

7.5.2.1　基于基因转移技术的基因治疗进入商业化阶段，当前已有多款产品上市

基于基因转移技术的基因治疗近年来逐渐成熟，全球多款产品已步入商业化阶段，从适应证上来看，其主要集中于代谢类、血液类、眼部及神经领域等各种罕见遗传病的治疗，然而全球首个获批的基因治疗产品并非用于治疗遗传病（表 7-5）。2003 年，中国率先批准了世界上首个基因治疗产品"今又生"，该药由深圳市赛百诺基因技术有限公司研发，用于治疗头颈部鳞状细胞癌。但由于当时中国较为宽松的审批政策，且缺乏足够的临床证据，因此该产品并未获得市场的广泛认可。2012 年，欧洲批准了其首个基因治疗药物 Glybera，该药物由荷兰 UniQure 公司研发，用于治疗家族性脂蛋白脂酶缺乏症，后来由于巨额的医疗费用及市场需求等原因，Glybera 于 2017 年退市，但该药的上市仍极大地激励了整个基因治疗行业的发展。2017 年，美国 FDA 批准了其首个基因治疗药物 Luxturna，同时这也

是首个获批用于遗传性视网膜疾病的基因治疗药物，Luxturna 由美国 Spark Therapeutics 公司（后被瑞士罗氏公司收购）研发，通过直接向视网膜注射来治疗由双等位基因 RPE65 突变导致的遗传性视网膜营养不良患者。随后，2019 年，美国 FDA 批准第二款基因治疗药物 Zolgensma 上市，用于治疗 2 岁以下患有由运动神经元存活基因 1 等位突变导致的脊髓性肌萎缩症的儿童，据美国药品价格跟踪网站 GoodRx 公布，自上市以来，该药便以 212.5 万美元的价格高居全球最贵药物榜单（The Most Expensive Drugs）榜首。

除 Glybera、Luxturna 和 Zolgensma 等基于 AAV 载体的体内基因治疗药物以外，2016 年英国葛兰素史克（GSK）公司的 Strimvelis 获欧洲药品监督管理局（EMA）批准上市，这是首个离体干细胞基因治疗药物。Strimvelis 以 RVs 为载体将腺苷脱氨酶基因导入患者干细胞后再回输患者，用于治疗腺苷脱氨酶缺乏性严重联合免疫缺陷病，但后来由于怀疑一名患者白血病的发生可能与该药有关，因此被暂时下架。2019 年和 2020 年，EMA 又分别批准了两款基于 LVs 载体离体基因治疗产品上市。

表 7-5 全球基于基因转移技术已获批的基因治疗产品

产品名称	适应证	研发机构	批准时间与机构	载体	给药方法	状态	定价
今又生	头颈部鳞状细胞癌	深圳市赛百诺基因技术有限公司	2003 原 CFDA	Adv	体内（局部）	上市	3980 元
Glybera	家族性脂蛋白脂酶缺乏症	荷兰 UniQure 公司	2012 EMA	AAV	体内（肌肉）	退市	约 140 万美元
Strimvelis	腺苷脱氨酶缺乏性严重联合免疫缺陷病	英国葛兰素史克公司	2016 EMA	RVs	离体	暂时下架	65 万美元
Luxturna	双等位基因 RPE65 突变导致的遗传性视网膜营养不良	瑞士罗氏公司	2017 FDA	AAV	体内（视网膜）	上市	85 万美元
Zolgensma	脊髓性肌萎缩症	瑞士诺华公司	2019 FDA	AAV	体内（静脉）	暂停销售	212.5 万美元
Zynteglo	非 β0/β0 基因型 β 地中海贫血	美国蓝鸟生物公司	2019 EMA	LVs	离体	上市	约 180 万美元
Libmeldy	异染性脑白质营养不良	英国 Orchard 公司	2020 EMA	LVs	离体	上市	—

7.5.2.2 遗传病临床成果突破不断

近年来，基于基因转移技术的基因治疗在遗传病多个领域取得突破，特别是针对血液、代谢、眼部、免疫缺陷等遗传病的进展较快，多款药物已进入临床Ⅲ期（表 7-6）。

表 7-6 全球基于基因转移技术基因治疗临床Ⅲ期研究管线列举

研发机构	药物	适应证	载体	研发阶段	给药方法
美国 BioMarin 公司	valrox	血友病 A	AAV	临床Ⅲ期	体内
瑞士罗氏公司	SPK-8011	血友病 A	AAV	临床Ⅲ期	体内（静脉）

续表

研发机构	药物	适应证	载体	研发阶段	给药方法
美国 Sangamo Therapeutics 公司/ 美国辉瑞公司	SB-525	血友病 A	AAV	临床Ⅲ期	
荷兰 UniQure 公司	AMT-061	血友病 B	AAV	临床Ⅲ期	体内（静脉）
瑞士罗氏公司/美国辉瑞公司	SPK-9001	血友病 B	AAV	临床Ⅲ期	体内（静脉）
美国蓝鸟生物公司	LentiGlobin	β 地中海贫血	LVs	临床Ⅲ期	离体
美国蓝鸟生物公司	LentiGlobin	镰刀型细胞贫血病	LVs	临床Ⅰ/Ⅱ、Ⅲ期	离体
法国 GenSight 公司	GS010	莱伯遗传性视神经病变	AAV	上市申请	体内（玻璃体）
美国 Sarepta Therapeutics 公司	LYS-SAF302	黏多糖贮积症	AAV	临床Ⅱ/Ⅲ期	体内（脑内）
美国蓝鸟生物公司	Lenti-D	肾上腺脑白质营养不良	LVs	临床Ⅱ/Ⅲ、Ⅲ、NDA	离体
英国 Orchard 公司	OTL-101	腺苷脱氨酶缺乏性严重联合免疫缺陷病	LVs	临床Ⅱ/Ⅲ期	离体
英国 Orchard 公司	OTL-103	湿疹—血小板减少—免疫缺陷综合征	LVs	临床Ⅲ期	离体
美国辉瑞公司	PF-06939926	进行性假肥大性肌营养不良	AAV	临床Ⅲ期	体内（静脉）

数据来源：ClinicalTrials 数据库、Cortellis 数据库

7.5.2.3 中国开启新一轮研究，整体尚处于早期临床阶段

近年来，中国基于基因转移技术针对多种类型的遗传病开展了多项临床试验，但尚处于临床早期研究阶段，且主要是集中于科研院所，如深圳市免疫基因治疗研究院等。

自 20 世纪 90 年代起，中国便开始进行基因治疗研究，尤其是在基因治疗广泛应用的血液遗传病领域，中国曾在 1991 年针对血友病 B 开展世界第二项基因治疗临床试验，但之后的临床试验也并未取得较大突破，直到最近几年，才有更多临床试验进一步开展（Wang et al.，2020）。β 地中海贫血是中国南方各省最常见、危害最大的血液遗传病，2017 年 11 月，国内首例重型 β 地中海贫血基因治疗在南方医科大学南方医院完成了基因修饰的细胞产品回输。此外，深圳市免疫基因治疗研究院针对血友病 A、β 地中海贫血和范科尼贫血，开展了多项临床试验，且主要为基于慢病毒载体的离体干细胞基因治疗，但相比于美国和欧洲在血液遗传病领域的进展，中国的基因治疗仍处于早期临床阶段（表 7-7）。值得一提的是，在眼部遗传病领域，针对 LHON，早在 2011 年，中国便启动了全球首例针对莱伯遗传性视神经病变的试验 NFS-01（rAAV2-ND4）基因治疗临床试验（IIT，研究者发起的临床试验），临床结果显示了该疗法在长期安全性和疗效持久性的潜力，2020 年 9 月，该疗法由武汉纽福斯生物科技有限公司申请，成为首个由中国自主开发获得美国 FDA 罕用药认证的体内基因治疗产品。

表 7-7 中国基于基因转移技术基因治疗临床研究管线

研发机构	药物	适应证	研发阶段	给药方法	载体
深圳市免疫基因治疗研究院	YUVA-GT-F801	血友病 A	临床 I 期	离体	LVs
中国医学科学院血液学研究所	GS001	血友病 A	N/A	体内（静脉）	AAV
中国医学科学院血液学研究所	BBM-H901	血友病 B	临床 I 期	体内（静脉）	AAV
南方医科大学南方医院	基因修饰的 CD34+ 造血干细胞	β 地中海贫血	临床 I / II 期	离体	LVs
深圳市免疫基因治疗研究院	基因修饰的自体干细胞	β 地中海贫血	临床 I / II 期	离体	LVs
深圳华大生命科学研究院	基因修饰的自体干细胞	β 地中海贫血	临床 I 期	离体	LVs
深圳市免疫基因治疗研究院	基因修饰的自体干细胞	范科尼贫血	临床 I / II 期	离体	LVs
武汉纽福斯生物科技有限公司/华中科技大学	rAAV2-ND4	莱伯遗传性视神经病变	临床 II / III 期	体内（玻璃体）	AAV
首都医科大学附属北京同仁医院	rAAV2/8-hCYP4V2	结晶样视网膜变性	临床 I 期	体内（玻璃体）	AAV
重庆医科大学附属儿童医院	基因修饰的骨髓干细胞	X 连锁严重联合免疫缺陷病	N/A	离体	LVs
深圳市免疫基因治疗研究院	基因修饰的自体干细胞，编号：NCT03217617	X 连锁严重联合免疫缺陷病	临床 I / II 期	离体	LVs
深圳市免疫基因治疗研究院	基因修饰的自体干细胞，编号：NCT03645460	腺苷脱氨酶缺乏性严重联合免疫缺陷病	N/A	离体	LVs
深圳市免疫基因治疗研究院	基因修饰的自体干细胞，编号：NCT03645486	慢性肉芽肿病	临床 I / II 期	离体	LVs
深圳市免疫基因治疗研究院	TYF-ARSA，编号：NCT03725670	异染性脑白质营养不良	临床 I / II 期	体内（脑内）	LVs
深圳市第二人民医院	基因修饰的自体干细胞	异染性脑白质营养不良/肾上腺脑白质营养不良	临床 I / II 期	离体	LVs
深圳市免疫基因治疗研究院	TYF-ABCD1，编号：NCT03727555	X-连锁肾上腺脑白质营养不良	临床 I / II 期	体内（脑内）	LVs
北京诺思兰德生物技术股份有限公司	NL003	严重肢体缺血	临床 III 期	体内	质粒
上海市公共卫生临床中心	shRNA 修饰的CD34+ 造血干细胞	人类免疫缺陷病毒	临床 I 期	离体	LVs

数据来源：ClinicalTrials 数据库、Cortellis 数据库

7.5.2.4 提升基于基因转移技术的基因治疗的疗效和安全性仍是当前的重要研究方向

近十年来，基于基因转移技术的基因治疗在遗传病领域取得了多项突破，但提升基因治疗的疗效和安全性仍是当前的重要研究方向。

在疗效上，以 AAV 为载体的基因治疗主要面临以下两个问题。①受到过 AAV 感染或需重复给药的人体内会携带有针对 AAV 衣壳的抗体，这种预存的免疫力会降低 AAV 携带的治疗性基因的表达水平，从而影响疗效，目前已有多个公司正开发相应的对策，如瑞士罗氏公司的研究人员通过使用新型 IgG 抗体降解酶 Idefirix 以快速消除针对 AAV 的中和抗体（Leborgne et al.，2020）。②疗效的持久性仍需长期随访证明，如美国 BioMarin 公司的 valrox 被 FDA 建议完成Ⅲ期临床研究，并提交为期两年涉及所有受试者的安全性和有效性随访数据，作为实质性的证据证明 valrox 可以达到持久的疗效。

在基因治疗取得进展的同时，由 LVs、AAV 等载体带来各种安全性问题的可能性也不容忽视。基于 γ-逆转录病毒的基因治疗药物 Strimvelis 于 2016 年在欧洲获批上市，2020 年 10 月，由于怀疑该疗法导致一患者患白血病，因此该药物被暂时下架。AAV 载体被认为是最安全的递送载体之一，但美国费城儿童医院等机构通过对患有血友病 A 的狗进行 AAV 病毒基因治疗及长期的观测研究，发现该疗法可将 AAV 病毒载体携带的基因片段整合至狗的染色体上，进而可能诱发癌症（Nguyen et al.，2021）。2020 年，3 名患者在注射了高剂量的 AAV 基因治疗药物 AT132 后死亡。2020 年 12 月，FDA 宣布暂停该药物用于 X-连锁肌管性肌病的临床试验。此外美国蓝鸟生物公司的 LentiGlobin 和荷兰 UniQure 公司的 AMT-061 也被报道导致患者发生癌变，临床试验也均遭美国 FDA 暂停，但其调查结果显示患者癌症的发生与基因治疗相关性并不大。这些事件充分体现了整个行业尤其是监管机构对基因治疗的慎重，努力在保证安全性的前提下推动基因治疗行业的发展。

7.5.3 基于基因编辑技术的基因治疗

基因编辑技术是一类能够利用切割特定 DNA 序列的核酸酶改变目标基因序列的技术，由于在校正基因组中序列方面所具有的特殊优势，基于基因编辑技术的基因治疗正被积极地开发用来治疗多种疾病。与基于基因转移技术的基因治疗相比，基于基因编辑技术的基因治疗可实现对特定位点的精确编辑，因而更具优势。

7.5.3.1 基因编辑治疗步入临床阶段，主要针对遗传病和癌症开展研究

基因编辑技术的迅速发展极大地推动了基因治疗在遗传病、肿瘤免疫等的临床应用。

（1）血液遗传病成为基因编辑治疗的主要突破口

在血液遗传病领域，基因编辑治疗已快速推进至临床，其中瑞士 CRISPR Therapeutics 公司、美国 Editas Medicine 公司及美国 Intellia Therapeutics 公司进展较快，中国整体上尚处于成长阶段（表 7-8）。

美国 Sangamo Therapeutics 公司基于其拥有的 ZFN 基因编辑技术，针对血友病 B、β 地中海贫血和镰刀型细胞贫血病分别开展了临床试验。其中，获 FDA 罕用药认定的 SB-FIX 通过 ZFN 技术将凝血因子Ⅸ基因整合入患者的基因组，从而使血友病 B 患者持续表达凝血因子Ⅸ，摆脱输血依赖，美国 Sangamo Therapeutics 公司于 2018 年启动了 SB-FIX 的 Ⅰ/Ⅱ 期临床试验，这是全球首个体内基因编辑治疗临床试验。对于 β 地中海贫血和镰刀型细胞贫血病，基因编辑治疗并非直接纠正突变基因，而是通过靶向抑制 BCL11A 基因以

调节胎儿血红蛋白（HbF）的表达，实现功能性治愈。美国 Sangamo Therapeutics 公司的 ST-400 和 BIVV003 均采用类似的策略，且都基于 ZFN 技术。瑞士 CRISPR Therapeutics 公司和美国 Vertex Pharmaceuticals 公司联合开发的 CTX001 则通过 CRISPR/Cas9 基因编辑技术对患者自体 CD34+细胞进行 BCL11A 增强子改造，目前正在美国和欧洲进行临床 I / II 期研究，这是美国首次将 CRISPR 基因编辑治疗用于治疗遗传性疾病。近期一项临床研究结果显示，该疗法可有效提高患者体内胎儿血红蛋白水平，成功治疗 β 地中海贫血和镰刀型细胞贫血病（Frangoul et al.，2021），该研究已被纳入 *Science* 2020 年十大科学突破。继人类实现首次基于 ZFN 的基因编辑体内治疗，2020 年 3 月，美国 Editas Medicine 公司和美国艾尔建公司开发的 EDIT-101 的临床 I / II 期试验完成首例患者给药，CRISPR/Cas9 基因编辑也实现首次体内治疗。EDIT-101 通过使用 AAV5 载体将 CRISPR/Cas9 编辑系统直接递送至 Leber 先天性黑矇 10 型（LCA10）患者的视网膜，用于治疗 LCA10（Ledford，2020）。随后，2020 年 11 月，由美国 Intellia Therapeutics 公司开发的用于治疗转甲状腺素蛋白淀粉样变性疾病的 NTLA-2001 也完成首例患者给药，这是全球首款进入临床试验的全身性体内 CRISPR 基因编辑治疗。值得一提的是，NTLA-2001 采用的是脂质纳米颗粒（LNP）递送系统，前期研究表明，LNP 递送 CRISPR 编辑系统具有良好的安全性和耐受性。基于碱基编辑的基因治疗研究尚处于早期，但在遗传病上已显现出巨大潜力。刘如谦等通过双 AAV 载体递送单碱基编辑器，成功恢复了 TMC1 基因隐性突变导致的完全耳聋小鼠的听力，这是人类首次通过基因编辑技术成功解决隐性遗传突变导致的遗传疾病（Yeh et al.，2020）。

中国在遗传病领域也取得了相应进展。2020 年 7 月，上海邦耀生物科技有限公司与中南大学湘雅医院合作开展的基因编辑自体造血干细胞移植治疗重型 β 地中海贫血的临床试验取得初步成效，随访显示患者已摆脱输血依赖，这是亚洲首次通过基因编辑技术成功治疗 β 地中海贫血。2021 年 1 月，博雅辑因（北京）生物科技有限公司针对输血依赖型 β 地中海贫血的基因编辑治疗产品 ET-01 的临床试验申请获中国国家药品监督管理局（NMPA）批准，成为中国首个获批开展临床试验的 CRISPR 基因编辑疗法。

表 7-8   全球基于基因编辑技术的基因治疗临床研发管线

研发机构	药物	适应证	基因编辑方式	研发阶段	给药方式	CRISPR 递送系统
美国 Sangamo Therapeutics 公司	SB-FIX	血友病 B	ZFN	临床 I / II 期	体内（静脉）	AAV
美国 Sangamo Therapeutics 公司	ST-400	β 地中海贫血	ZFN	临床 I / II 期	离体	AAV
瑞士 CRISPR Therapeutics 公司/美国 Vertex Pharmaceuticals 公司	CTX001	β 地中海贫血/镰刀型细胞贫血病	CRISPR/Cas9	临床 I / II 期	离体	电穿孔
博雅辑因（北京）生物科技有限公司	ET-01	β 地中海贫血	CRISPR/Cas9	NA	离体	—
美国 Sangamo Therapeutics 公司	BIVV003	镰刀型细胞贫血病	ZFN	临床 I / II 期	离体	AAV
美国 Intellia Therapeutics 公司/瑞士诺华公司	OTQ923	镰刀型细胞贫血病	CRISPR/Cas9	临床 I / II 期	离体	—

研发机构	药物	适应证	基因编辑方式	研发阶段	给药方式	CRISPR 递送系统
美国 Editas Medicine 公司	EDIT-301	镰刀型细胞贫血病	CRISPR/Cas12a	临床Ⅰ/Ⅱ期	离体	—
美国 Editas Medicine 公司和美国艾尔健公司	EDIT-101	LCA10	CRISPR/Cas9	临床Ⅰ/Ⅱ期	体内	AAV
上海本导基因技术有限公司/复旦大学	BD111	单纯疱疹病毒性角膜炎	CRISPR/Cas9	临床Ⅰ/Ⅱ期	体内（玻璃体）	VLP mRNA
美国 Intellia Therapeutics 公司/美国再生元制药公司	NTLA-2001	转甲状腺素蛋白淀粉样变性疾病	CRISPR/Cas9	临床Ⅰ期	体内	LNP

数据来源：ClinicalTrials 数据库、Cortellis 数据库

（2）基因编辑技术推动肿瘤免疫治疗发展

基因编辑技术尤其 CRISPR/Cas9 技术近年来不断地被用于肿瘤免疫治疗中，通过基因编辑技术进一步提升肿瘤免疫治疗的效果及开发通用型 CAR-T 产品成为当前的主要研发方向（Bailey and Maus，2019），目前已进行多项临床试验（表 7-9），中国在该领域也取得了较快的研究进展。

以 PD-1/PD-L1 抑制剂为代表的免疫检查点疗法近年来在多种类型的肿瘤中取得了巨大成功，引发了研究热潮，因此通过基因编辑技术敲除免疫共抑制通路或信号分子的基因以提高 T 细胞功效引发了海内外研究者的广泛关注。2016 年，四川大学等机构率先开展了全球首例 CRISPR 人体临床Ⅰ期试验，利用 CRISPR 编辑技术对患者 T 细胞的 PD-1 基因进行敲除，研究结果显示该疗法治疗非小细胞肺癌是安全可行的（Lu et al.，2020）。2018 年，美国宾夕法尼亚大学利用 CRISPR/Cas9 技术对晚期癌症（两例骨髓瘤，一例转移性肉瘤）患者 T 细胞进行基因编辑，包括敲除 PD-1 基因及 TCR 基因，临床Ⅰ期试验结果显示 T 细胞在体内持续存在并稳定发挥功能，证明了该疗法的安全性和可行性（Stadtmauer et al.，2020）。此后，越来越多的基因编辑改造 T 细胞疗法进入临床试验。

自 2017 年首款 CAR-T 细胞治疗产品获批以来，CAR-T 细胞免疫治疗已成为多种肿瘤免疫治疗中的热点研究内容。针对异体 CAR-T 细胞移植引起的移植物抗宿主病（GVHD），目前可通过基因编辑的方法破坏 T 细胞的天然 TCR 表达，而通过基因编辑敲除异体 T 细胞的相应基因破坏 HLA1 类蛋白的表达即可减轻 HLA1 类蛋白介导的免疫排斥反应。最新研究结果表明，将 CAR 基因直接转入 TRAC 基因位点产生的 CAR-T 细胞比随机转入 TRAC 基因的 CAR-T 细胞具有更好的抗癌活性。基于以上策略，目前已有多款基于基因编辑的异体 CAR-T 产品进入临床试验。瑞士 CRISPR Therapeutics 公司开发的同种异体 CAR-T 产品 CTX110，利用 CRISPR 技术将 CD19 嵌合抗原受体插入 TRAC 基因位点，并敲除 TCR 和 MHC-Ⅰ基因，该产品目前正在进行临床Ⅰ期试验。此外，基于同样的策略，该公司还开发了针对不同靶点的异体 CAR-T 产品 CTX120 和 CTX130，均已进入临床Ⅰ期。国内，目前中国人民解放军总医院也已展开基于基因编辑技术的异体 CAR-T 细胞治疗的临床研究。

表 7-9　全球基于基因编辑技术的肿瘤免疫治疗临床研发管线

研发机构	药物	适应证	细胞	修饰	研发阶段
美国宾夕法尼亚大学	NYCE T 细胞	多发性骨髓瘤、黑色素瘤、滑膜肉瘤、脂肪肉瘤	自体 T 细胞	敲除 TCRα、TCRβ、PD-1 基因	临床 I 期
美国 Caribou Biosciences 公司	CB-010	B 细胞非霍奇金淋巴瘤	CD19 靶向异体 CAR-T 细胞	—	临床 I 期
美国贝勒医学院	CD7.CAR/28zeta	T 细胞急性淋巴细胞白血病、T 细胞非霍奇金淋巴瘤、T 淋巴母细胞性淋巴瘤	CD7 靶向 CAR-T 细胞		临床 I 期
瑞士 CRISPR Therapeutics 公司	CTX110	B 细胞恶性肿瘤	CD19 靶向异体 CAR-T 细胞	敲除 TCR、MHC-I 基因	临床 I 期
瑞士 CRISPR Therapeutics 公司	CTX120	多发性骨髓瘤	BCMA 靶向异体 CAR-T 细胞	敲除 TCR、MHC-I 基因	临床 I 期
瑞士 CRISPR Therapeutics 公司	CTX130	T 细胞淋巴瘤、肾细胞癌	CD70 靶向异体 CAR-T 细胞	敲除 TCR、MHC-I 基因	临床 I 期
英国大奥蒙德街儿童医院	PBLTT52CAR19	急性 B 淋巴细胞白血病	异体 T 细胞	TT52CAR19+TCRαβ-	临床 I 期
美国 Intima Bioscience 公司	—	胃肠癌	TIL 细胞	抑制 CISH 基因	临床 I/II 期
军事医学科学院附属医院/北京大学等	—	人类免疫缺陷病毒（HIV）感染（同时患血液肿瘤）	异体 CD34+造血干/祖细胞	靶向 CCR5 基因	NA
四川大学	—	非小细胞肺癌	T 细胞	敲除 PD-1 基因	临床 I 期
南京大学医学院附属鼓楼医院	—	EB 病毒阳性晚期恶性肿瘤	自体 T 细胞	敲除 PD-1 基因	临床 I/II 期
杭州市肿瘤医院/安徽柯顿生物科技有限公司	—	食管癌	T 细胞	敲除 PD-1 基因	临床 I 期
中南大学	—	肝细胞癌	自体 T 细胞	敲除 PD-1 基因	临床 I 期
中国人民解放军总医院	—	实体瘤	CAR-T 细胞	敲除 PD-1、TCR 基因	临床 I 期
中国人民解放军总医院	—	B 淋巴细胞白血病、B 细胞淋巴瘤	异体 CAR-T 细胞	CD19 和 CD20 或 CD22	临床 I/II 期
中国人民解放军总医院	UCART019	B 淋巴细胞白血病、B 细胞淋巴瘤	CD19 靶向异体 CAR-T 细胞	—	临床 I/II 期
西安宇繁生物科技有限责任公司/西京医院	XYF19 CAR-T	白血病、淋巴瘤	CD19 靶向自体 CAR-T 细胞	敲除 HPK1 基因	临床 I 期

数据来源：ClinicalTrials 数据库、Cortellis 数据库

7.5.3.2　基因编辑系统的递送技术及脱靶效应是基因编辑治疗当前主要难题

基于基因编辑技术的基因治疗在遗传病及肿瘤的临床前及临床早期研究中已显示了其广泛的应用潜力，从整体上看，全球基因编辑治疗尚处于临床早期，中国在基于 CRISPR 的基因编辑治疗领域已取得多项率先成果。基因编辑治疗的临床转化目前主要面临递送、

脱靶效应及伦理等问题。

CRISPR/Cas9 系统通常以三种形式进行递送：①同时编码 Cas9 蛋白和 sgRNA 的 DNA 质粒；②用于翻译 Cas9 的 mRNA 和单独的 sgRNA；③Cas9 蛋白和 sgRNA 形成的核糖核蛋白复合体。目前，CRISPR/Cas9 系统的递送方式主要包括显微注射法、电转法以及基于 AAV、LVs 和 LNP 的递送系统等。其中，基于 AAV 载体的 CRISPR/Cas9 编辑治疗目前已完成全球首个患者的体内递送，基于 LNP 系统的全身性 CRISPR 体内疗法目前也已进入临床。但 AAV 载体容量较小，为突破容量限制，可选择较小的 Cas 蛋白，或采用双重 AAV 载体，以及开发新载体等方法攻克这一问题（Haasteren et al.，2020）。LNP 载体也面临着效率上的挑战。新型载体也在不断开发中，上海交通大学的研究人员发明的一种介于病毒载体和非病毒载体的类病毒体（virus-like particle，VLP）递送技术，可通过递送 CRISPR/Cas9 mRNA，实现安全和高效的体内基因编辑，这是中国首个完全自主开发的基因治疗载体（Ling et al.，2021）。此外，Cas 蛋白的免疫原性及患者体内预存 Cas 蛋白抗体等也为 CRISPR 基因编辑治疗的临床应用带来挑战，为保证基因编辑治疗的安全性和有效性，尚需长期、全面、深入的临床前和临床研究。

基因编辑技术的脱靶效应以及人类目前对疾病基因的功能以及相关生物学机制的了解有限，使基因治疗面临一定风险。因此，基因编辑系统还需不断改进提高精准度，检测脱靶效应的新技术也在不断开发中，中国科学院研究团队建立了一种高效检测基因编辑脱靶效应的方法，可检测最细微的基因编辑脱靶效应（Zuo et al.，2019）。

7.5.4　基于基因修饰的免疫细胞治疗

基于基因修饰的免疫细胞治疗是一种通过基因工程手段对免疫细胞进行体外改造，以激发或增强机体抗肿瘤免疫应答杀伤机制的疗法。目前主要包括基于 T 细胞修饰的 CAR-T 细胞治疗和 TCR-T 细胞治疗，以及围绕 CAR 技术展开的 CAR-NK 细胞治疗和 CAR-M 细胞治疗等新型细胞疗法。其中，CAR-T 细胞治疗在肿瘤免疫治疗领域已取得较成功的应用，尤其是针对血液肿瘤患者，当前已有多款产品获批上市。然而，在实体瘤领域，CAR-T 细胞治疗尚未取得突破，基于不同改造策略的 TCR-T、CAR-NK 等细胞治疗在临床试验中已显现出一定治疗前景。

7.5.4.1　CAR-T 细胞治疗在血液肿瘤领域不断取得突破，针对实体瘤研究进展缓慢

CAR-T 细胞治疗即嵌合抗原受体 T 免疫细胞疗法，在血液肿瘤领域取得较大突破，已有多款疗法在美国获批，其中 CD19、BCMA 仍为当前热门靶点，该疗法在实体瘤领域则进展缓慢，中国 CAR-T 细胞治疗已取得多项积极成果。此外，CAR-T 细胞治疗在临床应用及生产过程中面临的各种问题仍亟待解决。

（1）血液肿瘤领域多款 CAR-T 细胞治疗产品上市

自 2017 年首款 CAR-T 细胞治疗产品 Kymriah 上市以来，目前全球已上市 5 款 CAR-T 细胞治疗产品（表 7-10）。其中，瑞士诺华公司的 Kymriah 和美国吉利德科学公司（Gilead

Sciences）的 Yescarta 分别已获批两项适应证。2021 年 3 月，美国百时美施贵宝公司和美国蓝鸟生物公司联合开发的 Abecma 获 FDA 批准，用于治疗多发性骨髓瘤（MM），这是全球首个获批的 BCMA CAR-T 细胞治疗。从整体上看，已上市的产品均针对血液肿瘤，且以 CD19 靶点为主，目前已覆盖多项适应证。

表 7-10   全球已获批 CAR-T 细胞治疗产品

研发机构	药物	适应证	靶点	批准年份	批准机构
瑞士诺华公司	Kymriah	急性淋巴细胞白血病/B 细胞淋巴瘤	CD19	2017	FDA
美国吉利德科学公司	Yescarta	B 细胞淋巴瘤/滤泡性淋巴瘤	CD19	2017	FDA
美国吉利德科学公司	Tecartus	套细胞淋巴瘤	CD19	2020	FDA
美国百时美施贵宝公司	Breyanzi	B 细胞淋巴瘤	CD19	2021	FDA
美国百时美施贵宝公司和美国蓝鸟生物公司	Abecma	多发性骨髓瘤	BCMA	2021	FDA

（2）CD19 及 BCMA 仍为全球血液肿瘤研发热门靶点，中国已取得多项积极成果

在血液肿瘤领域，目前主要的研究靶点包括 CD19、B 细胞成熟抗原（BCMA）、CD20、CD22、CD33、CD123 等（Lyu et al.，2020）。首先，是在 B 细胞表面表达的特异性蛋白 CD19，由于其不在其他任何非 B 的细胞系中表达，因此成为血液肿瘤的理想靶点。自 2010 年首次取得疗效验证以来，CD19 已成为在 CAR-T 领域布局中最重要，也最为拥挤的靶点。其次，是主要在成熟 B 淋巴细胞和浆细胞中表达的 BCMA，在所有多发性骨髓瘤细胞中表达，因此是治疗多发性骨髓瘤理想的抗原靶点。国际上众多企业在 CAR-T 细胞治疗领域做了布局，主要包括瑞士诺华公司、美国吉利德科学公司、美国蓝鸟生物公司、法国 Cellectis 公司、美国百时美施贵宝公司、美国安进公司（Amgen）等，其中瑞士诺华公司、美国百时美施贵宝公司、美国吉利德科学公司等已率先取得成果，从其研发管线看（表 7-11），针对 CD19 和 BCMA 靶点的血液系统肿瘤仍为其主要研发方向，对于已上市的药物如 Kymriah 及 Yescarta 等，目前也正在进行多项适应证的开发。

中国近年来免疫细胞治疗发展迅速，南京传奇生物科技有限公司、科济生物医药（上海）有限公司、复星凯特生物科技有限公司等企业积极进行 CAR-T 细胞治疗的研发，部分成果已走在全球前列，但当前尚未有 CAR-T 细胞治疗产品获批上市。进展最快的为复星凯特生物科技有限公司引进的靶向 CD19 的 CAR-T 细胞治疗产品益基利仑赛注射液，于 2020 年 3 月被纳入中国 NMPA 优先审评程序，有望成为中国首款获批的 CAR-T 细胞治疗产品。针对 BCMA 靶点，多项 CAR-T 细胞治疗在临床试验中取得积极疗效。南京传奇生物科技有限公司自主研发的 CAR-T 细胞制剂 LCAR-B38M 于 2020 年 8 月被纳入优先评审程序并成为中国首个突破性疗法，12 月也已向美国 FDA 滚动提交了生物制品许可证申请。此外，科济生物医药（上海）有限公司的 CT053 和南京驯鹿医疗技术有限公司/信达生物制药（苏州）有限公司联合开发的 CT103A 均已被 NMPA 纳入突破性疗法。

表 7-11 瑞士诺华公司、美国百时美施贵宝公司、美国吉利德科学公司、科济生物医药（上海）有限公司及南京传奇生物科技有限公司血液肿瘤领域 CAR-T 临床研发管线

研发机构	药物	适应证	靶点	研发阶段
瑞士诺华公司	Kymriah	前体 B 细胞急性淋巴细胞白血病等	CD19	临床III/ I 期
	CTL119	多发性骨髓瘤	CD19	临床 I 期
	YTB323	血液肿瘤	CD19	临床 I 期
	JEZ567	急性髓细胞性白血病	CD123	临床 I 期
	MCM998	多发性骨髓瘤	BCMA	临床 I 期
美国百时美施贵宝公司	Breyanzi	B 细胞淋巴瘤/滤泡性淋巴瘤	CD19	临床III/ II/ I 期
	Breyanzi	急性/慢性淋巴细胞白血病等	CD19	临床 II 期
	Abecma	多发性骨髓瘤	BCMA	临床III/ II/ I 期
	orva-cel	多发性骨髓瘤	BCMA	临床 II 期
	bb21217	多发性骨髓瘤	BCMA	临床 I 期
	GPRC5D CAR T	多发性骨髓瘤	GPRC5D	临床 I 期
美国吉利德科学公司	分别为 Yescarta 和 Tecartus	弥漫大 B 细胞淋巴瘤等	CD19	临床III/ II/ I 期
		急性/慢性淋巴细胞白血病、非霍奇金淋巴瘤	CD19	临床 II/ I 期
科济生物医药（上海）有限公司	CT053	多发性骨髓瘤	BCMA	临床 II 期
	CSG-CD19	B 细胞淋巴瘤/白血病	CD19	临床 II 期
南京传奇生物科技有限公司	LCAR-B4822M	多发性骨髓瘤	BCMA	临床 I 期
	LCAR-B38M	多发性骨髓瘤	BCMA	临床III/ II 期、NDA
	LB1901	T 细胞淋巴瘤	CD4	临床 I 期

数据来源：公开资料

（3）CAR-T 细胞治疗实体瘤突破进行时

尽管 CAR-T 细胞治疗可有效治疗血液肿瘤，然而在实体瘤领域却尚待攻克。全球目前正围绕间皮素（Mesothelin）、HER2、MUC1、EGFR、磷脂酰肌醇蛋白聚糖-3（Glypican-3，GPC3）、CLDN 18.2、CEA、CD56、GD2 等靶点积极开展研究（Lyu et al.，2020）。英国大奥蒙德街儿童医院（Great Ormond Street Hospital for Children，GOSH）等机构开发的一款靶向 GD2 的 CAR-T 细胞治疗在神经母细胞瘤儿童患者身上显现出积极的抗肿瘤活性（Straathof et al.，2020）。德国 BioNTech 公司基于实体瘤 CAR 靶标紧密连接蛋白6（Claudin-6，CLDN6），设计了一种可编码 CLDN6 的 mRNA 疫苗，临床前结果表明，该疫苗 CARVac 可促进靶向 CLDN6 的 CAR-T 细胞扩增，并增强对实体瘤的疗效（Reinhard et al.，2020）。中国 CAR-T 细胞治疗在实体瘤领域取得多项全球领先进展。2020 年，上海交通大学与科济生物医药（上海）有限公司发表了全球首个靶向 GPC3 的 CAR-T 细胞治疗晚期肝细胞癌患者的临床 I 期结果，初步证实了该疗法的安全性和有效性（Shi et al.，2020）。中国科济生物医药(上海)有限公司自主研发的 CT041 是全球首个获批进入临床的 CLDN18.2 CAR-T

细胞产品，用于治疗胃腺癌和食管胃结合部腺癌，并已获 FDA 授予的罕用药资格。

（4）CAR-T 细胞治疗面临的各种临床应用及生产问题亟待解决

CAR-T 疗法在目前临床应用中面临的主要问题包括：①由于分泌细胞因子的 T 细胞的快速激活和扩增，临床上常见细胞因子风暴和神经毒性的副作用，目前主要通过抑制细胞因子如白细胞介素-6（IL-6）或 T 细胞的过度激活等手段干预；②耐药性问题，由于靶抗原的丢失或突变等原因引起的肿瘤逃逸，可通过靶向多抗原、增加靶抗原表达、提高与靶抗原的亲和力等措施解决，目前全球已有多项关于 CD19/CD20 和 CD19/CD22 双 CAR 临床试验正在进行；③肿瘤微环境（TME）很大程度上抑制了 CAR-T 细胞对实体瘤的疗效，可通过分泌促炎性细胞因子增加 CAR-T 细胞的应答，促进 CAR-T 细胞对肿瘤微环境的浸润；④实体瘤的高度异质性导致较难寻找到合适的靶点，可通过多靶点联用来提升靶点覆盖率（Larson and Maus，2021）。

CAR-T 细胞的生产过程主要包括抽取并分离 T 细胞、转染、培养等步骤，近年来，CAR-T 细胞治疗在快速崛起，但有很多生产制造环节仍需要完善，降低生产成本、实现大规模生产、缩短生产周期等对于 CAR-T 的普及有很重要的现实意义。一方面，CAR-T 的基因转染作为 CAR-T 细胞治疗技术的核心环节，其生产及质量控制也对 CAR-T 细胞有着极其重要的影响。目前主要是基于病毒载体将 CAR 基因导入 T 细胞，但病毒载体递送基因大小有限制，生产过程复杂且成本较高，因此更为经济的非病毒方法也在不断开发用来生产 CAR-T，如转座子系统睡美人（Sleeping Beauty）和 piggyBac。另一方面，目前的 CAR-T 细胞主要来源于自体细胞，制备流程工艺复杂，生产周期较长且成本高昂，此外对于一些无法获取自体 T 细胞的患者，该方法应用受限。开发通用型 CAR-T 细胞成为未来的发展方向。针对同种异体 CAR-T 细胞治疗所面临的移植物抗宿主反应和免疫排斥反应，可通过基因编辑的方法敲除 T 细胞相关基因（DiNofia and Grupp，2021）。目前 Celletis、CRISPR Therapeutics 等公司开发的同种异体 CAR-T 细胞治疗已进入临床试验。中国也在进行同种异体 CAR-T 细胞治疗的开发，包括上海邦耀生物科技有限公司、中国人民解放军总医院、科济生物医药（上海）有限公司、上海恒润达生生物科技股份有限公司、亘喜生物科技（上海）有限公司、南京驯鹿医疗技术有限公司、博雅辑因（北京）生物科技有限公司、瓴路药业（上海）有限责任公司等。其中，上海邦耀生物科技有限公司在研的用于治疗白血病、淋巴瘤和多发性骨髓瘤的 CD19 和 BCMA UCAR-T 已在进行相应的临床试验。

7.5.4.2 TCR-T 细胞治疗在实体瘤领域已初步显示治疗前景

经过多年的发展，TCR-T 细胞治疗近年来在实体瘤治疗中展现出更大的潜力。TCR-T 与 CAR-T 细胞治疗都是通过基因工程改造的方法让 T 细胞靶向特定抗原，但与 CAR-T 细胞识别的膜抗原相比，TCR-T 细胞识别的抗原是由组织相容性复合物（MHC）提呈的抗原，包括细胞内抗原和膜抗原，因此靶点范围更广，而且能够充分利用 T 细胞信号通路特征，从而避免不必要的毒副作用（Walseng et al.，2017）。

已有研究显示，TCR-T 细胞治疗在治疗难治复发性黑色素瘤、滑膜肉瘤、肺癌等临床试验研究中，展示了良好的安全性和有效性。据 ClinicalTrials 数据库数据，目前全球正在开展的以 TCR-T 细胞为手段治疗各类癌症的临床试验尚不足 50 项，且大部分处于Ⅰ/Ⅱ期的早期阶段（表 7-12）。国外主攻 TCR-T 细胞治疗的公司主要包括英国 Immunocore 公司、英国 Adaptimmune 公司、美国 TCR² Therapeutics 公司等。2020 年 11 月，英国 Immunocore 公司的 TCR 细胞治疗产品 Tebentafusp 的Ⅲ期临床试验取得成功，这是在实体瘤Ⅲ期临床中首个成功的 TCR 疗法。2018 年，德国进行首项 TCR-T 细胞治疗临床试验，为德国 Medigene 公司开发的 MDG1011 针对晚期急性髓细胞性白血病或骨髓增生异常综合征开展的Ⅰ/Ⅱ期临床试验。英国 Adaptimmune 公司的 ADP-A2M4 和美国 TCR² Therapeutics 公司的 TC-210 也均在早期临床试验中显示了积极的疗效。此外，在 CAR-T 细胞治疗领域取得成功的美国吉利德科学公司也在进行 TCR-T 细胞治疗的开发，用于人乳头状瘤病毒（HPV）阳性实体瘤的 TCR 疗法 KITE-439 临床显示可使部分患者获得缓解。

中国多家企业也都纷纷对 TCR-T 细胞治疗进行了布局，包括香雪精准医疗技术有限公司、深圳因诺免疫有限公司、复星凯特生物科技有限公司、北京可瑞生物科技有限公司、上海药明巨诺生物科技有限公司、深圳宾德生物技术有限公司等。其中，香雪精准医疗技术有限公司研发的 TAEST16001 注射液临床申请于 2019 年获批，用于治疗肿瘤抗原 NY-ESO-1 表达阳性（基因为 HLA-A*02：01）的软组织肉瘤等实体瘤，这是国内首个 TCR-T 临床试验许可，2020 年另一款 TCR-T 新药——TCRT-ESO-A2 获批在美国开展临床试验。

TCR-T 细胞治疗在实体瘤领域显现出一定的前景，但为进一步推动 TCR-T 肿瘤免疫细胞治疗的进展，未来仍需进一步研究和完善，包括如何有效筛选高亲和性的靶点、合理进行 TCR-T 临床试验设计、提高疗法安全性以及生产问题等。

表 7-12　全球 TCR-T 细胞治疗临床研发管线列举

研发机构	药物	适应证	靶点	研发阶段
英国 Adaptimmune 公司	ADP-A2M4	滑膜肉瘤和肺癌等多种实体瘤	MAGE-A4	临床Ⅱ/Ⅲ期
	ADP-A2M4CD8	非小细胞肺癌、食管癌	MAGE-A4	临床Ⅰ、Ⅱ期
	ADP-A2AFP	肝癌	alpha-fetoprotein	临床Ⅰ期
英国 Immunocore 公司	Tebentafusp	葡萄膜恶性黑色素瘤	gp100	临床Ⅲ期
	IMC-C103C	MAGE-A4 阳性实体瘤	MAGE-A4	临床Ⅰ/Ⅱ期
	IMC-F106C	PRAME 阳性实体瘤	PRAME	临床Ⅰ/Ⅱ期
美国 TCR² Therapeutics 公司	TC-210	间皮瘤、胸膜间皮瘤、胆管癌、卵巢癌、非小细胞肺癌	间皮素	临床Ⅰ/Ⅱ期
	TC-110	急性淋巴细胞白血病、非霍奇金淋巴瘤	CD19	临床Ⅰ/Ⅱ期
德国 Medigene 公司	MDG1011	骨髓瘤和淋巴瘤	PRAME	临床Ⅰ期
中国香雪精准医疗技术有限公司	TAEST16001	软组织肉瘤	NY-ESO-1	临床Ⅰ期
	TCRT-ESO-A2	实体瘤	NY-ESO-1	临床Ⅰ期

数据来源：ClinicalTrials 数据库、公开资料

7.5.4.3 CAR-NK、CAR-M 等新型免疫细胞治疗极具开发潜力

针对 CAR-T 细胞治疗所面临的各种疗效及安全性问题，其他不同的新型免疫细胞治疗也在不断开发，如 CAR-NK 和 CAR-M 细胞治疗。其中，CAR-NK 细胞治疗兼具了 NK 细胞自身抗肿瘤的特性及 CAR 介导的肿瘤靶向杀伤性，且不会引起细胞因子释放综合征和移植物抗宿主反应（GVHR），因此更为安全。CAR-NK 细胞治疗目前主要用于多种血液肿瘤的临床研究，但尚无相应的产品上市。由于良好的安全性，CAR-NK 细胞治疗极具异体细胞治疗开发潜力（Xie et al.，2020），国内外多家企业如美国 Nkarta Therapeutics 公司、国健呈诺生物科技（北京）有限公司等也在积极布局异体 CAR-NK 细胞治疗。此外，对巨噬细胞（macrophage）进行工程化的 CAR-M 细胞治疗结合了髓系细胞的肿瘤转移能力、永久的促炎 M1 表型、CAR 介导的靶向抗肿瘤活性和专业的抗原提呈，从而建立了多模式的抗肿瘤反应。CAR-M 细胞治疗在实体瘤中强大的抗肿瘤效果也在临床前研究中得到了初步验证，但其临床研究仍处于初步探索阶段，巨噬细胞增殖能力低和 CRS 反应等问题还尚待解决（Klichinsky et al.，2020）。

7.5.5 RNA 治疗

RNA 治疗指利用具有治疗疾病功能的核酸从根源上调控致病基因表达的疗法。RNA治疗按作用机制分为三类：①以核酸为靶向，抑制致病性 RNA 活性或激活基因活性的小核酸疗法，包括 ASO、siRNA 等疗法；②以蛋白质为靶向，调控蛋白质活性的 RNA 适配体（aptamer）疗法；③编码治疗性蛋白或抗原的 mRNA 疗法（Sullenger and Nair，2016）。RNA治疗具有设计制备简便、研发周期短、安全性较高、候选靶点丰富等多重技术优势，因此成为科学研究和产业界关注的新型疗法。近年来，核酸修饰技术、递送技术的快速发展，带动 RNA 治疗不断取得突破，目前已可应用于遗传病、肿瘤、感染性疾病、其他常见病等疾病的治疗。

7.5.5.1 反义寡核苷酸疗法

RNA 疗法中最早提出的为 ASO 疗法，1978 年哈佛大学的研究人员发现反义寡核苷酸可有效抑制劳斯肉瘤病毒（RSV）的增殖，首次提出了反义核酸的概念。20 年后，1998 年首款 ASO 药物福米韦生（Fomivirsen）于美国获批上市，但直到近十年，ASO 疗法产业化才逐步成熟，多款产品陆续获批。此外，2020 年以 ASO 药物 Milasen 为代表的超个体化药物技术入选 *MIT Technology Review* 十大突破技术。

从获批情况来看，目前美国 Ionis Pharmaceuticals 公司和美国 Saperta Therapeutics 公司在 ASO 疗法研究上走在全球前列。当前全球共有 9 款 ASO 药物获批（表 7-13），其中 5款来自美国 Ionis Pharmaceuticals 公司，包括首个 ASO 药物福米韦生和 RNA 疗法的重磅药物诺西那生钠（Nusinersen sodium）。福米韦生于 1998 年在美国上市，主要用于治疗艾滋病患者并发的巨细胞病毒（Cytomegalovirus，CMV）性视网膜炎，后由于巨细胞病毒病例数量急剧下降，该药在欧洲及美国分别于 2002 年和 2006 年退市。于 2016 年获批上市的诺西那生钠，是治疗脊髓性肌萎缩症儿童和成人患者的首个药物，由于良好的临床疗效和安

全性，该药获得市场的广泛认可，2019 年的销售额高达 20.97 亿美元，成为 RNA 疗法的首个重磅药物。美国 Sarepta Therapeutics 公司基于其 PMO 化学修饰技术，其目前已上市的 3 款外显子跳跃疗法 Eteplirsen、Golodirsen 和 Casimersen，均用于进行性假肥大性肌营养不良的治疗，分别针对 51 号、53 号和 45 号的外显子突变导致的肌肉疾病。ASO 疗法近年来上市进程加速，后续研发管线也紧跟，美国 Ionis Pharmaceuticals 公司还有多款临床III期在研药物，这些药物基于其开发的 2 代化学修饰技术和配体共轭反义（LICA）技术，极大增强了反义疗法的药效和靶向精确度，其中，TQJ230 的临床结果显示，GalNAc 与 ASO 的结合使药效提高了约 30 倍（Viney et al., 2016）。

表 7-13　已获批的 ASO 药物

药物	适应证	靶器官	研发机构	修饰技术	给药方式	批准年份/机构
福米韦生（Fomivirsen）	巨细胞病毒性视网膜炎	眼	美国 Ionis Pharmaceuticals 公司/瑞士诺华公司	PS	体内（玻璃体）	1998 年美国 FDA
米泊美生钠（Mipomersen sodium）	纯合子家族性高胆固醇血症	肝脏	美国 Ionis Pharmaceuticals 公司/法国赛诺菲公司	PS、2'-MOE	体内（皮下）	2013 年美国 FDA
Eteplirsen	进行性假肥大性肌营养不良	肌肉	美国 Sarepta Therapeutics 公司	PMO	体内（静脉）	2016 年美国 FDA
诺西那生钠（Nusinersen sodium）	脊髓性肌萎缩	中枢神经系统	美国 Ionis Pharmaceuticals 公司/美国渤健制药公司	PS、2'-MOE	体内（鞘内）	2016 年美国 FDA
Inotersen	遗传性转甲状腺素蛋白淀粉样变性多发性神经病	肝脏	美国 Ionis Pharmaceuticals 公司	PS、2'-MOE	体内（静脉）	2018 年美国 FDA
Volanesorsen	家族性高乳糜微粒血症	肝脏	美国 Ionis Pharmaceuticals 公司	2'-MOE	体内（皮下）	2019 年 EMA
Golodirsen	进行性假肥大性肌营养不良	肌肉	美国 Sarepta Therapeutics 公司	PMO	体内（静脉）	2019 年美国 FDA
Viltolarsen	进行性假肥大性肌营养不良	肌肉	日本新药株式会社（Nippon Shinyaku）	PMO	体内（静脉）	2020 年美国 FDA
Casimersen	进行性假肥大性肌营养不良	肌肉	美国 Sarepta Therapeutics 公司	PMO	体内（静脉）	2021 年美国 FDA

　　中国当前尚无 ASO 疗法获批，从整体上看，从事 ASO 疗法的机构较少，研究进展相对滞后，临床试验尚不足 5 项。自 20 世纪 90 年代起，中国人民解放军军事科学院的研究人员开始致力于反义核酸药物的研究，2018 年与杭州天龙药业有限公司合作研发的抗肝癌药物 CT102 成为中国首个获批进入临床的反义核酸药物。此外，2018 年 12 月，苏州瑞博生物技术股份有限公司通过与美国 Ionis Pharmaceuticals 公司合作引进治疗 2 型糖尿病的 ASO 药物 ISIS449884 注射液，在中国获批开展反义核酸药物的临床II期试验，这是中国首个获批开展临床II期试验的反义核酸药物。

7.5.5.2 siRNA 疗法

1998 年，RNA 干扰机制的发现开启了 siRNA 疗法的新纪元，美国科学家安德鲁·法尔（Andrew Fire）和克雷格·梅洛（Craig Mello）因此获得 2006 年诺贝尔生理学或医学奖。2002 年，Mark Kay 等人的一项研究证明了人工合成的 siRNA 可以有效降低小鼠目标基因的表达，显示了其在临床治疗上的潜力（McCaffrey et al.，2002），掀起了 siRNA 疗法的研究热潮。

siRNA 疗法目前已有 4 款药物获批上市，均由美国 Alnylam Pharmaceuticals 公司研发，针对各种罕见遗传病（表 7-14）。2018 年，全球首款 siRNA 药物 Patisiran 在美国和欧盟获批上市，是首个获批治疗遗传性转甲状腺素蛋白淀粉样变性多发性神经病的药物，Onpattro 采用 LNP 递送系统，是首个使用非病毒给药系统的基因治疗药物。2019 年，美国 Alnylam 公司研发的第二款 siRNA 药物 Givosiran 在美国获批上市，这是全球首个采用 GalNAc 偶联 siRNA 技术的药物，用于治疗急性肝卟啉病。此后，2020 年获 EMA 批准的两款 siRNA 药物 Lumasiran 和 Inclinsiran 也采用了相同的修饰递送技术。

表 7-14　已获批的 siRNA 药物

药物	适应证	靶器官	研发机构	修饰/递送技术	给药方式	获批年份/机构
Patisiran	遗传性转甲状腺素蛋白淀粉样变性多发性神经病	肝脏	美国 Alnylam 公司	2'-OMe、LNP	静脉	2018 年美国 FDA
Givosiran	急性肝卟啉病	肝脏	美国 Alnylam 公司	（ESC）-GalNAc	皮下	2019 年美国 FDA
Lumasiran	1 型原发性高草酸尿症	肝脏	美国 Alnylam 公司	（ESC）-GalNAc	皮下	2020 年 EMA
Inclinsiran	纯合子家族性高胆固醇血症	肝脏	美国 Alnylam 公司/瑞士诺华公司	（ESC）-GalNAc	皮下	2020 年 EMA

Cortellis 数据库收录数据显示，全球有 30 余个 siRNA 药物处于临床研究阶段，主要集中在罕见病、心血管疾病、代谢疾病、感染性疾病、神经系统疾病和眼部疾病等领域，研究机构主要包括美国 Alnylam 公司、美国夸克制药公司及美国圣诺制药公司等，其中 Vutrisiran、Fitusiran、QPI-1002 和 QPI-1007 已进入临床Ⅲ期。国内当前尚无 siRNA 药物获批，临床试验数量也较少，不足 5 项。中国目前从事 siRNA 疗法的机构主要有苏州瑞博生物技术股份有限公司和苏州圣诺生物医药技术有限公司，2015 年苏州瑞博生物技术股份有限公司与美国夸克制药公司联合开发的用于治疗非动脉炎性前部缺血性视神经病变（NAION）的 siRNA 药物 QPI-1007 的中国的国际多中心临床Ⅱ/Ⅲ期试验获批，这是中国首个获批开展临床试验的 siRNA 药物。苏州圣诺生物医药技术有限公司的 siRNA 药物 STP705（科特拉尼注射剂），可用于胆管癌、原位鳞状细胞癌和增生性瘢痕等的治疗，目前正在美国开展临床Ⅱ期，在中国也已获临床试验批准。此外，北京大学、中国科学院、中国人民解放军军事医学科学院等机构也正在从事 siRNA 疗法的研究。

7.5.5.3 mRNA 疗法

1990 年，通过在小鼠体内注射体外转录的 mRNA 使小鼠产生 mRNA 编码的相应蛋白的一项研究开启了对 mRNA 疗法的研究,此后 Jirikowski 等人进行了 mNRA 蛋白替代疗法的首次尝试,Martinon 等人的研究则证明了 mRNA 在疫苗领域的潜力(Xu et al.,2020)。这些研究奠定了 mRNA 疗法目前的两个主要应用方向,分别为免疫治疗(针对感染性疾病的预防性 mRNA 疫苗和针对肿瘤的治疗性 mRNA 疫苗)以及全身分泌性蛋白疗法(主要是罕见病)。

国际上,mRNA 疗法领域的三大公司——美国 Moderna 公司、德国 BioNTech 公司和德国 CureVac 公司,在 RNA 疗法各领域已进行了广泛布局。中国 mRNA 疗法产业刚刚起步,2016 年,中国首家从事 mRNA 疗法的公司——斯微(上海)生物科技有限公司成立,2019年,深圳深信生物科技有限公司、苏州艾博生物科技有限公司、上海蓝鹊生物医药有限公司、珠海丽凡达生物技术有限公司等新公司也相继成立,标志着中国 mRNA 产业开始起步。

在感染性疾病领域,mRNA 疫苗通过模拟病毒的天然感染过程来激活免疫系统。由于新型冠状病毒肺炎(简称新冠肺炎)疫情的迫切需求,新冠肺炎疫苗研发加速,目前全球已有两款 mRNA 疫苗紧急授权上市,分别为德国 BioNTech 公司的 BNT162 和美国 Moderna 公司的 mRNA-1273,这两款疫苗均采用 LNP 递送系统。此外,处于临床试验阶段的还有针对狂犬病毒、寨卡病毒(Zika)、呼吸道合胞病毒(respiratory syncytial virus,RSV)、CMV 和流感病毒等多款 mRNA 疫苗,但大多仍处于早期临床阶段(表 7-15)。与国际相比,中国 mRNA 疫苗进展稍慢。目前仅有 3 款自主研发的 mRNA 疫苗获批进入临床,且均针对新冠病毒。其中,中国人民解放军军事科学院军事医学研究院、苏州艾博生物科技有限公司和云南沃森生物技术股份有限公司共同研发的 COVID-19 mRNA 疫苗 ARCoV 是中国首个获批进入临床的 mRNA 疫苗,目前已进展至临床III期。2021 年,斯微(上海)生物科技有限公司和珠海丽凡达生物技术有限公司的新冠病毒疫苗项目也已进入临床阶段(表 7-16)。

表 7-15 美国 Moderna 公司、德国 BioNTech 公司和德国 CureVac 公司预防性 mRNA 疫苗临床研发管线

药物	适应证	研发阶段	研发机构	递送技术	给药方式
mRNA-1647	巨细胞病毒感染	临床II期	美国 Moderna 公司	LNP	皮内
mRNA-1273	SARS-CoV-2	临床III期(EUA)	美国 Moderna 公司	LNP	肌肉
mRNA-1283	SARS-CoV-2	临床I期	美国 Moderna 公司	LNP	肌肉
mRNA-1893	寨卡病毒感染	临床I期	美国 Moderna 公司	LNP	皮内
mRNA-1172	RSV	临床I期	美国 Moderna 公司/美国默沙东公司	—	—
mRNA-1653	人偏肺病毒/3 型副流感病毒	临床I期	美国 Moderna 公司	LNP	皮内
mRNA-1851 (VAL-339851)	H7N9 流感	临床I期	美国 Moderna 公司	LNP	肌肉
mRNA-1440 (VAL-506440)	H10N8 流感	临床I期	美国 Moderna 公司	LNP	肌肉/皮内
mRNA-1345	呼吸道合胞病毒感染	临床I期	美国 Moderna 公司	LNP	—
BNT162	SARS-CoV-2	临床III期(EUA)	德国 BioNTech 公司/美国辉瑞公司	LNP	肌肉
CV7202	狂犬病毒感染	临床I期	德国 CureVac 公司	LNP	肌肉
CVnCoV	SARS-CoV-2	临床I期	德国 CureVac 公司	LNP	肌肉

数据来源:公开资料

表 7-16 国内预防性 mRNA 疫苗临床研发管线

研发机构	药物	适应证	研发阶段
中国人民解放军军事科学院军事医学研究院/苏州艾博生物科技有限公司/云南沃森生物技术股份有限公司	ARCoV	SARS-CoV-2	临床III期
斯微（上海）生物科技有限公司	新冠病毒疫苗	SARS-CoV-2	临床 I 期
珠海丽凡达生物技术有限公司	LVRNA009	SARS-CoV-2	临床

数据来源：公开资料

应用于肿瘤的治疗性 mRNA 可分为三种类型：通用型肿瘤疫苗、个体化肿瘤疫苗及瘤内免疫。目前美国 Moderna 公司和德国 BioNTech 公司已有多款 mRNA 肿瘤疫苗进入临床试验阶段，其中进展较快的已进入临床 II 期，且均为个体化肿瘤疫苗，通用型肿瘤疫苗尚处于临床 I 期阶段（表 7-17）。国内的 mRNA 肿瘤疫苗研究较少，整体上仍处于临床前阶段。

表 7-17 美国 Moderna 公司、德国 BioNTech 公司和德国 CureVac 公司 mRNA 肿瘤疫苗临床研发管线

药物	肿瘤疫苗分类	适应证	研发阶段	研发机构	递送技术	给药方式
mRNA-4157	个体化肿瘤疫苗	癌症、黑色素瘤、皮肤癌	临床II期	美国 Moderna 公司/美国 MSD 公司	—	—
mRNA-5671	通用型肿瘤疫苗	非小细胞肺癌、结直肠癌、胰腺癌	临床 I 期	美国 Moderna 公司/美国 MSD 公司	—	肌肉
mRNA-2416	瘤内免疫	卵巢癌、实体瘤、T 细胞淋巴瘤	临床 I 期	美国 Moderna 公司	LNP	瘤内
mRNA-2752	瘤内免疫	实体瘤/淋巴瘤	临床 I 期	美国 Moderna 公司	LNP	瘤内
MEDI1191	瘤内免疫	实体瘤	临床 I 期	美国 Moderna 公司/英国阿斯利康公司	—	瘤内
BI-13618409（CV9202）	通用型肿瘤疫苗	非小细胞肺癌	临床 I 期	德国 CureVac 公司/德国勃林格殷格翰公司（Boehringer-Ingelheim）	鱼精蛋白	皮内
BNT111	通用型肿瘤疫苗	黑色素瘤	临床 I 期	德国 BioNTech 公司	LPX	静脉
BNT112	通用型肿瘤疫苗	前列腺癌	临床 I 期	德国 BioNTech 公司	LPX	静脉
BNT113	通用型肿瘤疫苗	HPV16 阳性头颈癌	临床 I 期	德国 BioNTech 公司	LPX	皮内
BNT114（IVAC_W_bre1_uID）	通用型肿瘤疫苗	三阴性乳腺癌	临床 I 期	德国 BioNTech 公司	LPX	—
BNT115	通用型肿瘤疫苗	卵巢癌	临床 I 期	德国 BioNTech 公司	LPX	静脉
BNT122	个体化肿瘤疫苗	结直肠癌/黑色素瘤/实体瘤	临床 I 期/临床 II 期	德国 BioNTech 公司/瑞士罗氏公司	LPX	静脉
SAR441000	瘤内免疫	实体瘤	临床 I 期	德国 BioNTech 公司/法国赛诺菲公司	—	瘤内

数据来源：公开资料

使用 mRNA 表达治疗性蛋白质具有治疗多种疾病的潜力：①mRNA 可治疗由于基因缺陷导致的相关蛋白质缺失或表达量较低而引起的遗传病或罕见病，但治疗蛋白质的高表达量要求及大剂量给药所带来的副作用为药物研发带来了一定难度；②mRNA 还可以通过编码相应的抗体蛋白实现疾病的治疗，但由于体内编码抗体为药代动力学的研究带来了较大难度，尚难以取代当前的抗体药物。在该领域，美国 Moderna 公司较先取得进展，已有药物进入临床试验，靶向基孔肯亚病毒的 mRNA-1944 是美国 Moderna 公司首款进入临床的全身性 mRNA 疗法，该疗法在 I 期临床试验中的表现良好，这意味着 mRNA 疗法的适用领域有望大幅度扩展（Kose et al.，2019）。

7.5.5.4 药物稳定性的提升及递送系统的开发仍为 RNA 治疗主要研究方向

目前在 RNA 疗法的研发生产过程中，核酸设计和制备工艺相对成熟，但递送同样也是 RNA 治疗的主要技术难点。其难点主要来自以下几个方面：①核酸不稳定，易被血浆和组织中的核糖核酸酶（RNase）降解，被肝脏和肾脏快速清除；②核酸自身免疫原性易被免疫系统识别；③药物靶向性差；④核酸的分子量大且带负电荷，使其不易跨过细胞膜进入细胞质；⑤被"卡"在内体中无法释放。针对上述难点，RNA 疗法目前重点聚焦于核酸分子改造、药物递送载体和偶联技术等方向的研发（Roberts et al.，2020）。

7.5.6 基因修饰的溶瘤病毒治疗

溶瘤病毒治疗（Oncolytic Virotherapy）是通过一些天然或经过基因工程改造的病毒，靶向杀伤肿瘤细胞的一种肿瘤治疗手段，其中经过基因工程改造的溶瘤病毒治疗也属于基因治疗。

病毒的抗肿瘤作用，早在 19 世纪末 20 世纪初就被多名医生观察到，随后研究人员开始了病毒与肿瘤治疗的相关研究。20 世纪中期，病毒开始被尝试用于肿瘤治疗，当时主要利用变异后的天然弱毒株进行溶瘤治疗，野生型病毒或减毒毒株短期内展现出一定的抗肿瘤效果，但杀伤作用有限，且易被机体的免疫系统清除，临床上的有效性和安全性难以保证。随着基因工程技术的崛起，以及病毒学、肿瘤免疫学和分子遗传学等学科的深入发展，20 世纪 90 年代后，溶瘤病毒开始蓬勃发展，研究人员通过剔除、插入、转移外源基因，对溶瘤病毒进行设计改造，显著提升了其靶向性与抗肿瘤效力，溶瘤病毒在溶瘤效果、安全性及特异性方面都有了显著进步，开始进入临床研究阶段。2015 年，溶瘤单纯疱疹病毒 T-VEC 的上市批准，标志着溶瘤病毒技术的成熟和对溶瘤病毒治疗的正式认可。

目前临床研究中使用的溶瘤病毒主要有两种：对肿瘤细胞有着天然靶向性的野生型溶瘤病毒，如呼肠孤病毒和柯萨奇病毒等；通过基因改造提高肿瘤靶向性的溶瘤病毒，如腺病毒、单纯疱疹病毒等。溶瘤病毒通常可选择性地在肿瘤细胞内复制进而裂解肿瘤细胞，而不影响正常细胞，主要是基于肿瘤细胞与正常细胞的不同生理特点，包括肿瘤细胞中充足的能量及原料、存在缺陷的防御机制、低氧环境、异常的信号通路及表面异常表达的蛋白等。溶瘤病毒作用于肿瘤免疫的多个环节，可通过增殖裂解、释放特异性抗原和免疫相关因子、激发抗病毒免疫机制、携带外源性基因等多种途径发挥杀伤肿瘤细胞的作用（Kaufman et al.，2016）。

7.5.6.1 溶瘤病毒治疗成功取得上市进展

目前全球已上市多款溶瘤病毒产品（表 7-18），其中，美国安进公司研发的 T-VEC 于 2015 年先后在美国、欧盟上市，用于黑色素瘤的治疗，这是美国 FDA 批准的首个也是目前唯一获得市场广泛认可的溶瘤病毒产品。T-VEC 是经基因改造的单纯疱疹病毒-1，可在肿瘤细胞内复制并表达免疫激活蛋白粒细胞-巨噬细胞集落刺激因子（GM-CSF），增强抗肿瘤效果。中国在 2005 年已有溶瘤病毒产品上市，安柯瑞是一种重组人 5 型腺病毒注射液，由上海三维生物技术有限公司研发，但由于当时国内临床试验标准不完善，审批政策较为宽松，该产品也由于缺乏足够的临床证据并未获得市场广泛认可。

表 7-18　全球已上市溶瘤病毒产品

商品名	病毒	研发机构	获批年份	批准国家/组织	获批适应证	注射方式
Rigvir	ECHO-7 肠道病毒	拉脱维亚 Latima 公司	2004	拉脱维亚	黑色素瘤	瘤内
安柯瑞	腺病毒	上海三维生物技术有限公司	2005	中国	鼻咽癌	瘤内
Imlygic	单纯疱疹病毒	美国安进公司	2015	美国、欧盟	黑色素瘤	瘤内
Delytact	单纯疱疹病毒	日本第一三共株式会社/日本东京大学	2021	日本	恶性胶质细胞瘤	瘤内

7.5.6.2 全球主要针对实体瘤进行溶瘤病毒临床研究

据 ClinicalTrials 数据库，截至 2021 年 3 月，全球已开展 100 多项溶瘤病毒临床试验，涵盖黑色素瘤、头颈癌、神经胶质瘤、胶质母细胞瘤、乳腺癌、非小细胞肺癌、结肠癌、膀胱癌、前列腺癌、卵巢癌和乳腺癌等多项适应证。

从进展上看，多项溶瘤病毒已进入临床Ⅲ期，如 ProstAtak 和 CG0070 等（表 7-19）。其中，用于胶质母细胞瘤的 DNX-2401 是一款经基因改造后的腺病毒，由美国 DNAtrix 公司开发，目前已在美国和欧盟获得各种审评优先资格。美国 Cold Genesys 公司的 CG0070 和美国 Advantagene 公司的 ProstAtak 也是通过在腺病毒中插入外源性基因来增强免疫应答。除对腺病毒进行改造开发溶瘤病毒产品外，韩国 SillaJen 公司的 Pexa-vac 是一款基于牛痘病毒的产品，此前该疗法针对肝细胞癌的临床Ⅲ期试验失败，目前正针对其他实体瘤进行临床Ⅱ期研究。

现阶段研究中，溶瘤病毒药物的主要给药方式为局部给药（瘤内、腹腔内或颅内）。局部给药虽允许最大限度地向肿瘤递送高滴度病毒，绕过全身系统中和并防止过早清除，但临床使用范围有限，在一定程度限制了溶瘤病毒药物的应用。溶瘤病毒的系统性给药（如静脉注射）相较于局部给药，更方便简单、安全，因此更具有临床应用前景和商业价值，目前已有多款溶瘤病毒药物正在进行静脉给药的研究，如尚处于临床早期的 C-REV、CVA21、GL-ONC1、NG-348 等。但溶瘤病毒的全身给药也面临着以下问题：人体内广泛存在的病毒膜受体使病毒的特异性降低；血液中存在病毒特异性中和抗体；血液对病毒产生稀释作用，且肿瘤微环境会抑制病毒对肿瘤组织的有效浸润（Fukuhara et al.，2016）。

表 7-19　全球基因修饰的溶瘤病毒临床研发管线列举

研发机构	药物	病毒	适应证	最高临床阶段	给药方式
美国 DNAtrix 公司	DNX-2401	腺病毒	胶质母细胞瘤、脑干胶质瘤	临床Ⅱ期	瘤内
美国 Adventagene 公司	ProstAtak	腺病毒	前列腺癌	临床Ⅲ期	瘤内
韩国 SillaJen 公司	Pexa-Vec	牛痘病毒	肾细胞癌、结直肠癌、实体瘤、黑色素瘤、大肠癌	临床Ⅱ期（Ⅲ期完成但失败）	瘤内、静脉
美国 ColdGenesys 公司	CG0070	腺病毒	膀胱癌	临床Ⅲ期	瘤内
挪威 Targovax 公司	Oncos-102	腺病毒	恶性胸膜间皮瘤、黑色素瘤、实体瘤	临床Ⅱ期	瘤内
德国 Medigene 公司	G207	单纯疱疹病毒	胶质母细胞瘤、胶质瘤、星形细胞瘤等	临床Ⅱ期	瘤内
日本 Oncolys 公司	OBP-301	腺病毒	胃癌、头颈部鳞状细胞癌、黑色素瘤、食管癌、肝癌	临床Ⅱ期	瘤内
美国 Genelux 公司	GL-ONC1	痘病毒	卵巢癌、头颈癌、肺癌、实体瘤	临床Ⅰ/Ⅱ期	瘤内、静脉、腹腔
英国 Virttu Biologics 公司	Seprehvir	单纯疱疹病毒	胸膜间皮瘤	临床Ⅰ/Ⅱ期	瘤内
日本武田制药公司	RIVAL-01	牛痘病毒	实体瘤、乳腺癌、结直肠癌等	临床Ⅰ/Ⅱ期	瘤内
美国 DNAtrix 公司	DNX-2440	腺病毒	胶质母细胞瘤、结直肠癌等	临床Ⅰ期	瘤内
西班牙 VCN Biosciences 公司	VCN-01	腺病毒	胰腺癌、视网膜母细胞瘤、头颈部鳞状细胞癌、卵巢癌	临床Ⅰ期	瘤内、静脉
英国 PsiOxus Therapeutics 公司	Colo-Ad1	腺病毒	非小细胞肺癌、肾癌、膀胱癌、结肠癌	临床Ⅰ期	静脉、瘤内
美国百时美施贵宝公司	NG-348	腺病毒	实体瘤	临床Ⅰ期	静脉

数据来源：ClinicalTrials 数据库、Cortellis 数据库

国内溶瘤病毒领域，也有多款药物已进入临床研究阶段，适应证多为广泛的实体瘤（表 7-20）。广州达博生物制品有限公司的重组人内皮抑素腺病毒（E10A）注射液和深圳天达康基因工程有限公司的 ADV-TK 进展最快，目前已经进入临床 III 期试验，其中，E10A 是中国第一个完成Ⅰ期Ⅱ期并进入Ⅲ期的基因治疗药物。国内目前主要针对腺病毒和单纯疱疹病毒进行开发，为加强抗肿瘤疗效，均对病毒进行了外源性治疗基因插入，其中，2020 年获批进入临床的 VG161 插入了 4 个免疫因子表达基因，这也是全球首个携带 4 个外源性治疗基因的溶瘤病毒产品。但从用药方式来看，中国大多数产品为操作难度较高的瘤内注射，仅浙江养生堂生物科技有限公司的 rHSV-1-APD1 正在进行瘤内、腹腔、静脉三种给药方式的研究。此外，广州达博生物制品有限公司、北京奥源和力生物技术有限公司、武汉滨会生物科技股份有限公司、深圳市亦诺微医药科技有限公司、中生复诺健生物科技（上海）有限公司 5 家公司的产品还获得了国外的临床批准，其中深圳市亦诺微医药科技有限公司的 T3011 是国内首个自主研发并获美国 FDA 批准临床Ⅰ期研究的溶瘤病毒，目前已在中国、美国和澳大利亚三个国家同时开展临床试验。

表 7-20　中国基因修饰的溶瘤病毒临床研发管线

研发机构	药物	病毒	研发阶段	适应证	用药方式
广州达博生物制品有限公司	E10A	腺病毒	临床 III 期	头颈部鳞状细胞癌	瘤内
深圳天达康基因工程有限公司	ADV-TK	腺病毒	临床 III 期	肝移植后的肝癌的辅助治疗	瘤内
北京奥源和力生物技术有限公司	OrienX010	单纯疱疹病毒	临床 II 期	实体瘤、神经母细胞瘤	瘤内
北京康弘生物医药有限公司	KH901	腺病毒	临床 II 期	头颈部肿瘤	瘤内
武汉滨会生物科技股份有限公司	OH2	单纯疱疹病毒	临床 I/II 期	晚期实体瘤	瘤内
深圳市亦诺微医药科技有限公司	T3011	单纯疱疹病毒	临床 I 期	晚期、复发或转移性实体瘤	瘤内
浙江养生堂生物科技有限公司	rHSV-1-APD1	单纯疱疹病毒	临床 I 期	恶性肿瘤	瘤内、静脉、腹腔
中生复诺健生物科技（上海）有限公司	VG161	单纯疱疹病毒	临床 I 期	晚期实体瘤	瘤内
天士力创世杰（天津）生物制药有限公司	T601	痘苗病毒	临床 I/II 期	晚期恶性消化道实体肿瘤	动脉灌注、静脉
武汉博威德生物技术有限公司	CVB3	柯萨奇病毒	受理中	—	—

数据来源：ClinicalTrials 数据库、公开资料

　　尽管已采用各种基因工程手段提高溶瘤病毒的靶向性和杀伤性，但溶瘤病毒在临床上单药的疗效始终有限。目前，研究发现溶瘤病毒药物由于其多途径杀伤肿瘤机制的优势，在联合免疫疗法、传统放疗、化疗等联合用药领域存在巨大发展前景。其中，联合免疫疗法显现出强大的治疗潜力，溶瘤病毒联合免疫治疗可诱导大量免疫细胞浸润肿瘤，改变肿瘤微环境，进而增强免疫疗法的抗肿瘤活性（Twumasi-Boateng et al.，2018）。溶瘤病毒与 PD-1/PD-L1 抗体的联合疗法在临床上进展最快（表 7-21），初步数据显示其前景可观。2017 年 9 月，一项研究显示溶瘤病毒 T-VEC 与 PD-1 抗肿瘤药物 Keytruda 联合用药用于黑色素瘤，肿瘤缓解率高达 62%，其中 33% 为完全缓解，掀起了溶瘤病毒免疫联合疗法研究的热潮（Ribas et al.，2018）。2020 年 12 月，美国希望之城国家医疗中心的一项最新研究成果显示，溶瘤病毒 CF33 与免疫检查点抑制剂联合使用，可以提高免疫系统根除结肠癌患者肿瘤的能力（Kim et al.，2021）。此外，溶瘤病毒与 CAR-T 细胞治疗联用研究也正进行，多项研究显示了该联合疗法的协同抗肿瘤作用。

表 7-21　溶瘤病毒联合免疫检查点抑制剂临床研发管线列举

溶瘤病毒	免疫检查点抑制剂	适应证	最高临床阶段
T-VEC	纳武利尤单抗	黑色素瘤、肉瘤、淋巴瘤、皮肤癌	临床III期
	帕博利珠单抗	皮肤鳞状细胞癌、黑色素瘤、头颈鳞状细胞癌、肝细胞癌、肉瘤	临床 II 期

续表

溶瘤病毒	免疫检查点抑制剂	适应证	最高临床阶段
T-VEC	伊匹木单抗	黑色素瘤	临床 I / II 期
	阿特珠单抗	三阴性乳腺癌、乳腺癌、转移性结直肠癌	临床 II 期
	伊匹木单抗、纳武利尤单抗	乳腺癌	临床 I 期
Pexa-Vec	西米普利单抗	肾细胞癌	临床 II 期
	伊匹木单抗	实体瘤	临床 I 期
	德瓦鲁单抗	结直肠癌	临床 I 期
	阿维鲁单抗	实体瘤	临床 I 期
ONCOS-102	德瓦鲁单抗	大肠癌、卵巢癌、阑尾类癌	临床 I / II 期
	帕博利珠单抗	黑色素瘤	临床 I 期
HF10	伊匹木单抗	黑色素瘤	临床 II 期
Enadenotucirev	纳武利尤单抗	大肠癌、头颈部鳞状细胞癌、上皮性肿瘤	临床 I 期
DNX-2401	帕博利珠单抗	恶性胶质母细胞瘤	临床 III 期

数据来源：ClinicalTrials 数据库

7.5.6.3 溶瘤病毒治疗技术已相对成熟，联合疗法成为当前研究趋势

经过几十年的发展，溶瘤病毒治疗技术已相对成熟，目前该技术上的发展方向主要包括：①提高肿瘤靶向性。②给药技术的多样化。目前主要以瘤内注射（局部给药）为主，系统性给药（如静脉注射）尚不成熟，且递送效率不及局部给药。③病毒扩散。较大的原发性肿瘤会限制病毒的有效扩散，进而降低溶瘤病毒药物疗效。④安全性。病毒具有复杂的生物学特性，基因改造后病毒是否具有致癌性尚未得到明确验证，病毒进入人体是否会发生回复突变仍待研究。⑤抗体中和作用。病毒进入人体会引发免疫应答从而产生抗体中和病毒，降低疗效。⑥病毒复制。抗病毒免疫及感染病毒细胞早期凋亡均不利于病毒的复制（Kaufman et al., 2016）。

尽管随着对溶瘤病毒药物的临床研究不断深入，溶瘤病毒治疗取得了一定的进展，但相比于当前的免疫检查点抑制剂和免疫细胞等疗法，溶瘤病毒药物目前单药使用疗效有限，适用治疗的肿瘤种类仍有限，即使联合用药效果也仍待进一步验证。

7.6 总结与建议

综合以上分析，对我国基因治疗行业的发展进行总结并提出如下建议。

（1）制定推进基因治疗发展战略

基因治疗已显现出巨大的治疗前景，国际上各国或组织均发布了多项战略规划，从基因组医学、基因编辑技术等各方面积极推动基因治疗的发展。我国"十四五"规划已对基

因技术等领域进行谋划布局，还需制定相关推进战略，组织产学研医等优势力量，进行从基础研究、临床应用到产业转化的全创新链条的整体规划和布局。

（2）加强基础研究和基因治疗技术研发，扩大基因治疗应用范围

目前成功上市的基因治疗项目多是针对疾病机理相对清楚的单基因遗传病和癌症，而针对其他病因复杂或涉及多个基因的疾病，基因治疗方案的设计面临巨大的挑战，因此应围绕疾病机制、靶点等开展更为深入的基础研究，为基因治疗的广泛应用奠定基础。

病毒和非病毒载体在安全性、靶向性及疗效上有了较大的提升，但仍然存在问题亟待改进，如病毒载体的免疫原性、慢病毒载体等的基因整合能力带来的安全性问题、腺相关病毒载体的基因容量问题、溶瘤病毒的靶向性及非病毒载体的药物递送效率等。因此需要对已有载体进行进一步优化改造，并开发更加多样化的病毒和非病毒载体，以扩大基因治疗的应用范围。

（3）制定相应政策支持基因治疗产业全链条发展

国际上基因治疗产业蓬勃发展，已有多款基因治疗产品上市，我国虽在21世纪初有两款产品上市，但并未获得市场认可。近年来，我国在CAR-T治疗、基因编辑治疗等领域已有多项成果走在世界前列，但整体上从事基因治疗的企业较少，研究主要集中于高校、研究院所等科研机构，临床转化数量有限。应从国家层面给予资金及政策支持，引导大型制药公司及小型生物技术企业参与基因治疗的相关研究，鼓励企业联合高校、研究院所、医院，共同开展相关研究及临床，贯通基础研究、临床应用和产业开发全链条，推动基因治疗的产业化。

（4）探索新型支付及报销模式，破解商业化难题

在基因治疗逐渐产业化的同时，其高额的定价引起了社会广泛关注。在美国药品价格跟踪网站 GoodRx 于 2021 年公布的全球十大最贵药物中，瑞士诺华公司的脊髓性肌萎缩症基因治疗药物 Zolgensma 仍以 212.5 万美元高居榜首，此外，瑞士罗氏公司的 Luxturna 以 85 万美元位列第五。基因治疗的潜在一次性治疗方式与当前整个医疗保健行业的支付体系不兼容，巨额的定价为患者、医疗保险机构、政府带来各种经济负担，进而影响社会长期效益。制药企业可通过技术优化降低生产成本，以减轻医疗成本，此外，药企、医疗保险机构等各方需要共同探索新型支付方式和报销体系，合理的医疗价格水平将为基因治疗发展铺平道路。

参 考 文 献

Bailey S R，Maus M V. 2019. Gene editing for immune cell therapies. Nat Biotechnol，37（12）：1425-1434.

Bulcha J T，Wang Y，Ma H，et al. 2021. Viral vector platforms within the gene therapy landscape. Signal Transduct Target Ther，6（1）：53.

Cring M R，Sheffield V C. 2020. Gene therapy and gene correction：targets，progress，and challenges for treating human diseases. Gene Ther，29：3-12.

Daley J. 2019. Gene therapy arrives. Nature，576：S12-S13.

DiNofia A M，Grupp S A. 2021. Will allogeneic CAR T cells for CD19+ malignancies take autologous CAR T cells 'off the shelf' ? Nat Rev Clin Oncol，18（4）：195-196.

Frangoul H，Altshuler D，Cappellini M D，et al. 2021. CRISPR-Cas9 Gene Editing for Sickle Cell Disease and β-Thalassemia. New England Journal of Medicine，384（3）：252-260.

Fukuhara H，Ino Y，Todo T. 2016. Oncolytic virus therapy：a new era of cancer treatment at dawn. Cancer Sci，107（10）：1373-1379.

Green E D，Gunter C，Biesecker L G，et al. 2020. Strategic vision for improving human health at The Forefront of Genomics. Nature，586（7831）：683-692.

Haasteren J V，Li J，Scheideler O J，et al. 2020. The delivery challenge：fulfilling the promise of therapeutic genome editing. Nat Biotechnol，38（7）：845-855.

Kaufman H L，Kohlhapp F J，Zloza A. 2016. Oncolytic viruses：a new class of immunotherapy drugs. Nat Rev Drug Discov，15（9）：660.

Kim S I，Park A K，Chaurasiya S，et al. 2021. Recombinant orthopoxvirus primes colon cancer for checkpoint inhibitor and cross-primes T cells for antitumor and antiviral immunity. Mol Cancer Ther，20（1）：173-182.

Klichinsky M，Ruella M，Shestova O，et al. 2020. Human chimeric antigen receptor macrophages for cancer immunotherapy. Nat Biotechnol，38：947-953.

Kose N，Fox J M，Sapparapu G，et al. 2019. A lipid-encapsulated mRNA encoding a potently neutralizing human monoclonal antibody protects against chikungunya infection. Sci Immunol，4（35）：eaaw6647.

Larson R C，Maus M V. 2021. Recent advances and discoveries in the mechanisms and functions of CAR T cells. Nat Rev Cancer，21（3）：145-161.

Leborgne C，Barbon E，Alexander J M，et al. 2020. IgG-cleaving endopeptidase enables in vivo gene therapy in the presence of anti-AAV neutralizing antibodies. Nature Medicine，26（7）：1096-1101.

Ledford H. 2020. CRISPR treatment inserted directly into the body for first time. Nature，579（7798）：185.

Ling S，Yang S，Hu X，et al. 2021. Lentiviral delivery of co-packaged Cas9 mRNA and a Vegfa-targeting guide RNA prevents wet age-related macular degeneration in mice. Nature Biomedical Engineering，5（2）：144-156.

Lu Y，Xue J X，Deng T，et al. 2020. Safety and feasibility of CRISPR-edited T cells in patients with refractory non-small-cell lung cancer. Nature Medicine，26（5）：732-740.

Lyu L，Feng Y，Chen X，et al. 2020. The global chimeric antigen receptor T （CAR-T） cell therapy patent landscape. Nat Biotechnol，38（12）：1387-1394.

McCaffrey A P，Meuse L，Pham T T，et al. 2002. RNA interference in adult mice. Nature，418：38-39.

Nguyen G N，Everett J K，Kafle S，et al. 2021. A long-term study of AAV gene therapy in dogs with hemophilia A identifies clonal expansions of transduced liver cells. Nature Biotechnology，39（1）：47-55.

Reinhard K，Rengstl B，Oehm P，et al. 2020. An RNA vaccine drives expansion and efficacy of claudin-CAR-T cells against solid tumors. Science，367（6476）：446-453.

Ribas A，Dummer R，Puzanov I，et al. 2018. Oncolytic virotherapy promotes intratumoral T cell infiltration and improves anti-PD-1 immunotherapy. Cell，174（4）：1031-1032.

Roberts T C, Langer R, Wood M J A. 2020. Advances in oligonucleotide drug delivery. Nat Rev Drug Discov, 19（10）: 673-694.

Shi D H, Shi Y P, Kaseb A O, et al. 2020. Chimeric antigen receptor-glypican-3 T-cell therapy for advanced hepatocellular carcinoma: results of phase I trials. Clinical Cancer Research, 26（15）: 3979-3989.

Stadtmauer E A, Fraietta J A, Davis M M, et al. 2020. CRISPR-engineered T cells in patients with refractory cancer. Science, 367（6481）: eaba7365.

Straathof K, Flutter B, Wallace R, et al. 2020. Antitumor activity without on-target off-tumor toxicity of GD2–chimeric antigen receptor T cells in patients with neuroblastoma. Science Translational Medicine, 12（571）: eabd6169.

Sullenger B A, Nair S. 2016. From the RNA world to the clinic. Science, 352（6292）: 1417-1420.

Twumasi-Boateng K, Pettigrew J L, Kwok Y Y E, et al. 2018. Oncolytic viruses as engineering platforms for combination immunotherapy. Nat Rev Cancer, 18（7）: 419-432.

Viney N J, van Capelleveen J C , Geary R S, et al. 2016. Antisense oligonucleotides targeting apolipoprotein（a）in people with raised lipoprotein（a）: two randomised, double-blind, placebo-controlled, dose-ranging trials. Lancet, 388（10057）: 2239-2253.

Walseng E, Köksal H, Sektioglu I M, et al. 2017. A TCR-based Chimeric Antigen Receptor. Sci Rep, 7（1）: 10713.

Wang D, Wang K, Cai Y. 2020. An overview of development in gene therapeutics in China. Gene Ther, 27（7-8）: 338-348.

Xie G, Dong H, Liang Y, et al. 2020. CAR-NK cells: a promising cellular immunotherapy for cancer. EBioMedicine, 59: 102975.

Xu S, Yang K, Li R, et al. 2020. mRNA vaccine era-mechanisms, drug platform and clinical prospection. Int J Mol Sci, 21（18）: 6582.

Yeh W H, Shubina-Oleinik O, Levy J M, et al. 2020. In vivo base editing restores sensory transduction and transiently improves auditory function in a mouse model of recessive deafness. Science Translational Medicine, 12（546）: eaay9101.

Zuo E, Sun Y, Wei W, et al. 2019. Cytosine base editor generates substantial off-target single-nucleotide variants in mouse embryos. Science, 364（6437）: 289-292.

Zylberberg C, Gaskill K, Pasley S, et al. 2017. Engineering liposomal nanoparticles for targeted gene therapy. Gene Ther, 24（8）: 441-452.

8 全球生物育种技术发展态势分析

迟培娟 李东巧 杨艳萍 郎宇翔 吴 宁

（中国科学院文献情报中心）

摘 要 生物育种技术包括转基因技术、分子标记辅助选择和以基因编辑为代表的新育种技术等，其有助于开发高产、营养、抗病抗虫且适应气候变化的农产品，对保障全球粮食安全具有重要意义。随着基因编辑等新兴技术的出现，对生物育种技术领域的投资快速增长。本章从战略规划、科技成果产出（包括研究论文和专利）、技术监管等角度揭示了生物育种技术的竞争格局。

战略规划方面：美国、日本、欧洲、俄罗斯等主要国家和地区纷纷提出重点支持生物技术和智能技术在育种领域的发展和应用，明确了优先研究领域，通过采取支持相关基础研究和加强研究设施建设等一系列措施，大力推动生物育种技术的发展。

研究论文方面：近年来生物育种领域的论文产出数量逐年增加。其中，分子标记辅助选择和转基因技术论文数量相对较多；新育种技术是近年兴起的研究方向，其论文数量相对较少。从发文国家来看，中国和美国发表的论文数量相对较多，印度、日本和德国紧随其后；中国自2009年起年度发文数量反超美国，居全球第一位。欧美发达国家的论文被论文引用频次和论文被专利引用频次较高，学术影响力和技术影响力突出，中国论文的整体影响力还有待于进一步提升。从发文机构来看，中国农业科学院、美国农业部和中国科学院等机构发文数量较多，康奈尔大学、加州大学和法国国家农业食品与环境研究院等机构论文的学术影响力优势明显。从高被引论文来看，美国和中国的高被引论文数量最多，但中国整体发文质量有待提高。从近年来的研究热点来看，分子标记辅助选择领域主要涉及基因组选择、表型组学、作物产量等相关研究；新育种技术领域主要围绕各种基因编辑工具的开发和应用研究；转基因技术领域主要围绕各种抗胁迫品种的开发、基因过表达和RNAi技术等的应用。

专利方面：近年来，生物育种领域的专利数量总体呈现快速增长趋势。生物育种技术相关专利主要集中在转基因技术方面，其次是分子标记辅助选择和新育种技术。从国家分布来看，美国和中国的专利数量最多，且两国是全球关注的主要市场。大部分国家较重视大田作物育种技术的开发，荷兰更重视蔬菜育种技术的开发。从主要申请机构来看，国外以国际大型种业公司为主，中国以研究机构为主。中、美两国在主要物种研究上存在差异，美国主要针对玉米、棉花和大豆等作物，中国主要聚焦于水稻、小麦等作物。从研究内容来看，美国主要集中在抗除草剂、非生物胁迫等方面的研究；中国主要集中在序列分析、农杆菌转移转化和载体技术开发等方面的研究。

技术监管方面：全球对新植物育种技术的特点及影响缺乏共识，尚未形成统一的监管意见。目前，美国、欧盟、巴西、阿根廷、日本、澳大利亚和加拿大等国家/组织已围绕新育种技术及其监管分类展开了深入的讨论，并采取措施逐步健全相关的监管体系。其中，美国、巴西和阿根廷等国家对基因编辑技术的监管较宽松，欧盟则较严格。

总体而言，生物育种技术领域受到了广泛关注，未来市场前景广阔。为了推动中国生物育种产业的发展，建议中国重点加强种质资源的挖掘和利用，支持基因组学和基因编辑等关键技术的研究，强化种业原始创新能力；发展特色作物种业，加快生物育种的国际布局；提升种业企业研发实力，加快科技成果转移转化；完善公众对话机制，尽快制定适合我国国情的新育种技术监管体系。

关键词 生物育种 分子标记辅助选择 转基因技术 新育种技术 基因编辑 发展态势

8.1 引言

全球人口持续增长，到 2050 年预计将达到 100 亿，这意味着需要生产更多的粮食以满足人类需求。同时，频繁的极端天气和病虫害进一步加剧了对全球粮食安全的威胁。为了应对这一挑战，全球粮食产量至少需要在现有基础上提高 60%（Springmann et al.，2018）。当前主要作物产量停滞不前，用现有方法提高作物产量已经达到极限，未来需要通过新方法来进一步提高作物产能。育种技术创新是解决上述问题的重要途径之一。对于粮食增产的方式，依赖于单产水平的提高的比重占了 80%，而单产水平提高的手段，种质改良占了 60%～80%（薛勇彪等，2013）。

8.1.1 主要生物育种技术

传统育种方法是建立在有性杂交基础之上的，由于受到种间生殖隔离、不良基因连锁、表型检测易受环境影响、育种周期长等诸多因素限制，传统育种的瓶颈效应日益显现。近年来，随着生物技术的快速进步，生物育种技术开始发挥重要作用。生物育种技术以转基因技术、分子标记辅助选择和新育种技术为典型代表，在保障粮食安全、提高食品营养和减少气候变化等方面具有巨大潜力。

（1）转基因技术

转基因技术是将人工分离和修饰过的基因导入生物体基因组中，借助导入基因的表达，引起生物体性状发生可遗传改变的育种技术。近年来，转基因技术的快速发展加速了农作物品种的更新换代及种植业结构的变革。目前，转基因作物的改良多限于以大豆、油菜、玉米等作物为主的单一性状（如抗虫及抗除草剂等）的改良，对于以水稻、小麦等主要粮食作物的产量、抗病及耐逆等复杂性状的改良还有待于进一步加强。

RNA 干扰（RNAi）是一种特殊的转基因技术，通过双链 RNA 特异性降解同源基因 mRNA，导致内源靶基因的表达发生沉默。该技术作为一种高效的基因抑制技术在抗病、抗虫、耐非生物胁迫、品质改良等育种方面已取得显著的进展，RNAi 玉米、马铃薯等产品已进入商业化应用阶段。

（2）分子标记辅助选择

分子标记辅助选择是指根据动植物表型与基因型的相关信息，直接利用基因型对表型进行选择的育种技术。该技术可以有效提高对目标性状改良的效率和准确性，一定程度上缩短了育种周期，在农业育种中逐步得到了广泛应用。

分子标记辅助选择的发展经历了两个阶段：第一个阶段主要采用与目标基因紧密连锁的分子标记筛选具有特定基因型的个体，并结合常规育种方法选育优良品种；第二个阶段主要通过分析群体中的所有分子标记来进行个体育种值的预测，即全基因组选择。与传统的分子标记辅助选择相比，全基因组选择有两大突破：一是基因组定位的双亲群体可以直接应用于育种，二是更适合改良多基因控制的数量性状。

分子标记辅助选择不需要引入新基因，不存在监管问题和民众接受问题，具有广泛的应用价值。目前，水稻、小麦、大麦、玉米等主粮作物以及大豆、花生、棉花、甘蔗和油菜等主要经济作物都已建立了多个分子标记数据库，这为作物性状改良奠定了良好的基础。分子标记辅助选择在大型种业公司已成为常规育种技术。未来，通过人工智能、数据科学、基因组学和表型组学等的结合，有望实现优异基因的快速挖掘与表型的精准预测，实现智能育种设计。

（3）新育种技术

新育种技术是指近年出现的一些能够避免引入外源基因或最终商业产品中不含有外源基因的定点突变和精准育种技术。由于这类技术并未引入外源基因，从而避免了传统转基因技术的诸多限制。新育种技术主要包括三类，其中基因编辑技术最受关注。

第一类新育种技术为位点特异性诱变技术，可实现位点特异的基因敲除、基因功能修饰或外源 DNA 的定向插入。该类技术主要包括寡核苷酸定向诱变和核酸酶介导的位点特异性突变。前者可通过细胞自身的修复机制进行位点特异性的核酸替换、插入或删除；后者则主要通过非同源末端连接或同源重组的方式产生碱基突变、核苷酸缺失/插入，具体包括归巢核酸内切酶（MN）、锌指核酸酶（ZFN）、转录激活因子样效应物核酸酶（TALEN）和成簇规律间隔短回文重复序列（CRISPR）四类基因编辑技术。其中 CRISPR 技术具有操作简单、成本低廉和应用广泛等优点，成为新育种技术的典型代表。

第二类新育种技术为同源转基因技术，包括 Cisgenesis 和 Intragenesis。与常规转基因方法中的供体 DNA 来源于任何生物不同，同源转基因技术所转移的 DNA 来自目标生物的杂交亲和物种。在 Cisgenesis 中，供体 DNA 序列包含了插入基因自身的启动子、内含子和终止子等元件；而在 Intragenesis 中，来源于自身物种或杂交亲和物种的不同基因的遗传元件可在体外进行重组，从而产生各种组合的新基因。

第三类新育种技术包括 RNA 依赖的 DNA 甲基化和逆向育种。这些技术仅在育种中间过程涉及转基因技术，转入的外源基因在进一步的选育中被剔除。其中，RNA 依赖的 DNA

甲基化技术主要是通过转入与目标基因启动子区域同源的 RNA 编码基因,诱导靶基因启动子区域的甲基化,通过抑制靶基因的转录来引发基因沉默。逆向育种技术是利用 RNAi 技术抑制植物减数分裂重组以快速获取纯合亲本,可用于保持植物杂种优势的稳定遗传。

8.1.2 生物育种技术的现状和前景

生物育种技术得到广泛应用。转基因技术是商业化最成功的生物育种技术。转基因作物已成为全球种子市场的主要组成部分,在 71 个国家/地区得到了应用,在 29 个国家/地区被种植。2019 年,全球转基因作物的种植面积为 1.904 亿公顷[①]。排名前 5 位的转基因种植国家(美国、巴西、阿根廷、加拿大和印度)种植了 1.727 亿公顷的转基因作物,占全球种植面积的 91%。转基因技术的受益人口超过 19.5 亿,占目前世界总人口的 26%(国际农业生物技术应用服务组织,2021)。

基因编辑产品开始进入市场。基因编辑技术一经出现就引发了关注并得到快速应用。2019 年,美国初创生物公司 Calyxt 的基因编辑大豆油上市,成为全球首个商业化的基因编辑植物产品。该品种通过基因编辑方法进行基因微突变,含有高达 80% 的油酸和低于 20% 的饱和脂肪酸,且能在油炸条件下形成更少的反式脂肪酸。2020 年,该品种的种植面积达到 10 万英亩[②]。2020 年,日本推出全球首款可直接食用的基因编辑番茄,日本 Sanatech Seed 公司在西西里胭脂品种的基础上使用 CRISPR/Cas9 技术开发了富含降血压成分 γ-氨基丁酸(GABA)的新品种,并且该款番茄中 GABA 含量是普通番茄的 4～5 倍。可以预期,未来将有更多的新育种技术产品上市。

生物育种技术未来前景广阔。生物育种技术具有巨大市场潜力。据英国全国农场主联合会预测,20 年后 CRISPR 等新育种技术在食品生产中的应用将无处不在(NFU,2019)。英国普华永道会计师事务所、荷兰合作银行集团与普华永道等机构联合预测(Price Waterhouse Coopers et al.,2019),遗传选择和修饰、基因编辑技术等生物育种技术具有巨大的投资潜力。生物育种技术的市场规模将快速增长,并带来巨大经济效益。美国 Coherent Market Insights 公司的数据表明,2018 年,全球转基因作物市场规模为 181.5 亿美元,预计到 2027 年市场规模将达到 374.6 亿美元,复合年增长率为 8.7%(Coherent Market Insights,2020)。麦肯锡咨询公司预测(Mckinsey,2020)分子标记辅助选择可以在未来 10 年到 20 年内普及,通过改善农艺性状实现每年降低约 3000 亿美元的直接经济成本;基因工程动植物生产系统在未来 10 年到 20 年可以通过降低死亡率、提高生产力、改善口感和提高营养含量,每年产生 1300 亿美元到 3500 亿美元的直接经济效益。

8.2 主要国家/地区战略规划

8.2.1 美国

美国高度重视精准育种技术。随着基因编辑等技术的出现,美国高度重视精准育种技

---

① 1 公顷=10 000 平方米。
② 1 英亩≈4046.86 平方米。

术的发展并出台了一系列战略规划。美国国家科学、工程和医学研究院（National Academies of Sciences，Engineering，and Medicine，2019）指出，基因组学和精准育种是美国农业未来十年的突破方向，未来主要目标如下：①作物育种方面，采用传统的遗传学方法和靶标基因的精确编辑在作物中引入优良性状（增加光合利用效率、抗干旱和洪涝灾害、抗极端温度胁迫、抗病虫害、改善味道和香气以及营养），去除不需要的性状，并针对不同作物基因组修饰的需求，建立易操作的遗传转化和高效再生技术体系；②动物育种方面，结合基因学、先进的繁殖技术和精确育种技术，加速畜禽和水产养殖种群可持续性状的遗传改良（如繁殖力、饲料转化效率、福利和抗病性），到 2030 年使其遗传改良效率提高 10 倍。

美国农业部（USDA，2020）提出要利用遗传多样性和基因组技术加快育种进程，减少对气候变化、病虫害和杂草的敏感性，提高增产潜力，将更多优良品种（抗病、抗虫和抗旱等）推向市场。美国信息技术与创新基金会（ITIF，2020）建议美国消除阻碍基因编辑产品开发的不科学的监管负担，增加对 CRISPR 工具的开发、光合作用的增强、土壤碳测量方法的改进等研发领域的投资。2021 年，美国农业部（USDA，2021）再次强调，基因组设计是对未来农业创新具有重大影响的新兴领域之一，要重点利用基因组学和精准育种技术，解析、调控和改良重要农业生物性状，助力培育高产、抗逆、抗病虫以及高养分利用效率的动植物新品种。

8.2.2 日本

日本重点发展数据驱动型的智能育种技术。日本科学技术振兴机构（JST，2019）提出建立高效的育种和生产过程管理指导原则，为生物制造的变革性创新提供基础。日本农林水产省农林水产技术会议事务局提出构建基于育种大数据和人工智能联动的数据驱动型智能育种模式，具体内容包括：开展动植物遗传功能解析研究，创建有利于健康和环保的植物新品种；利用本国遗传资源、育种技术和生产技术，实现国内生物制品原料供给国产化（日本農林水産省農林水産技術会議事務局，2020）。

日本学术会议农学委员会农学分科会建议未来育种的重点研发任务如下：①基于全基因组信息快速识别有用基因，进行 DNA 标记，采用基因编辑等新型育种技术，提高育种效率；②使用人工智能和物联网等先进技术进行作物性状评估，改善品种抵抗气候变化的能力，并开发出适合可持续发展目标的高产与资源节约型品种（日本学術会議農学委員会農学分科会，2020）。日本文部科学省科学技术学术政策研究所指出，应重点关注数据驱动的育种技术开发，具体包括：持续开发高性能仪器或新的测序技术，快速批量解析基因学和代谢物组学等各类数据；建立上述大数据与表型之间的关联，结合信息技术与生物技术对植物预期性状进行模拟，并有针对性地进行设计育种开发；解析与生物进化相关的遗传信息，最大限度地发掘和利用生物潜在价值（日本文部科学省科学技術・学術政策研究所，2020）。

8.2.3 欧洲地区

欧盟十分重视基因组学和遗传资源在动植物生产中的应用。为了保障欧洲粮食和营养安全，欧洲科学院科学咨询委员会（EASAC，2017）提出未来育种方面的重点方向包括：将基因组学研究（包括基因编辑技术）应用于食品生产和动物健康；进行与植物产品质量有关的遗传学和代谢组学研究，使用基因编辑技术对农作物进行定向修饰；重视野生资源基因库和遗传资源解析。欧洲植物科学组织（EPSO，2020）提出提高植物性食品营养的最佳策略，具体包括重新挖掘未充分利用的水果、蔬菜和粮食作物，以及地方品种；使用代谢工程和新育种技术重新设计高质量农作物。

英国关注基因组学的研究与利用。英国生物技术与生物科学研究理事会（BBSRC，2017）将基因组学的研究与利用作为农业与粮食安全研发创新的优先领域之一，未来的重点研究方向包括利用遗传多样性改良作物和畜牧产品；研究与基因操控有关的生物机制；研究基因型和表型间的关系来识别和开发多种有益性状；在实际环境中实现对表型的快速和精准测量。

法国重视利用新型生物技术提高农业产出。法国农业和食品部提出农业育种创新的重点方向包括：研究作物与畜禽的全基因组选择；保障对新型生物技术的掌握；开发植物次生代谢产物的工业应用；促进欧盟基因研究相关协议的完善。

8.2.4　俄罗斯

俄罗斯重点加强生物技术的发展和利用，尤其是利用基因编辑技术开发新品种。俄罗斯通过了《2019—2027 年联邦基因技术发展规划》法令（Ministry of Science and Higher Education of the Russian Federation，2019），该规划的主要目标是加速发展包括基因编辑在内的基因技术，具体实施途径包括：利用基因编辑技术开发新的动植物和水产养殖产品；根据世界标准进行样本的收集和储存，并建立生物信息和基因数据库；建立至少 3 个世界级水平的基因组研究中心。2019 年，俄罗斯启动了一项耗资 17 亿美元的项目，计划到 2020 年开发 10 种基因编辑动植物新品种，到 2027 年再增加 20 种。其中俄罗斯的主要农作物大麦、甜菜、小麦和土豆是研究重点（Dobrovidova，2019）。

8.2.5　中国

中国高度重视生物育种技术的发展。"十三五"期间，中国启动了重点研发计划"七大农作物育种"重点专项，以水稻、玉米、小麦、大豆、棉花、油菜、蔬菜等七大农作物为对象，重点部署五大任务，即优异种质资源鉴定与利用、主要农作物基因组学研究、育种技术与材料创新、重大品种选育、良种繁育与种子加工。在"十四五"规划中，中国将生物育种列入八大前沿领域，重点加强原创性、引领性科技攻关，加强种质资源保护利用和种子库建设，以确保种源安全，加强农业良种技术攻关，有序推进生物育种产业化应用，培育具有国际竞争力的种业龙头企业。

8.2.6　其他国家

韩国重视先进育种技术的开发。韩国科学技术信息通信部和农林畜产食品部（MSIT，2019）联合提出未来将以智能农业和农业生物技术为中心，促进韩国农业可持续发展和高附加值产品的生产，利用先进育种技术（如转基因技术、CRISPR/Cas9 技术）培育新品种，突破传统育种界限，提高作物抗病性及养分利用效率。

以色列重点推动基因编辑技术的发展和应用。2019 年，以色列农业部宣布将首次投资

6000 万新谢克尔建立国家基因编辑中心，新中心将研究如何在动植物领域开发创新农产品（IMOA，2019）。2020 年，以色列创新署宣布投入 3600 万新谢克尔成立以色列基因编辑技术联盟 CRISPR-IL，该联盟将专注于人工智能和 CRISPR 技术的集成，开发用于基因编辑的高级计算工具（IIA，2020）。

澳大利亚关注基因组学和代谢工程/合成生物学的研究。澳大利亚农林渔业部（NCAFF，2016）认为基因组学及代谢工程/合成生物学研究是未来 10 年最有可能大幅提高农业生产力、生产效率以及可持续性的研究领域之一。其中，基因组学的具体研究方向包括：基因型与表型互作、表观遗传学研究、新型育种技术以及相关工具开发等，研究成果主要应用于育种（基因组预测）、植物土壤互作、病害控制等领域；代谢工程/合成生物学方面主要针对植物保护与生长、工业应用开展研究，具体包括开发植物新产品、开发可再生工业原料以及废弃物与副产品的再利用等。

印度注重利用生物和纳米技术等进行品种改良。印度农业研究理事会（ICAR，2015）规划了未来重点研究领域，包括改善农产品的遗传潜力，利用生物、纳米等科学的前沿技术开展主要粮食作物、畜牧和水产品资源的遗传改良。

8.3　生物育种领域科技论文产出分析

生物育种技术主要包括转基因技术、分子标记辅助选择和新育种技术（寡核苷酸定向诱变、MN、ZFN、TALEN、CRISPR、Cisgenesis、Intragenesis、RNA 依赖的 DNA 甲基化和逆向育种）。采用检索式在 Web of Science 数据库对 3 个子方向的发文进行检索，同时将涉及的物种限定在 14 种常见大田作物、15 种重要蔬菜和 4 种模式植物①，合并去重后构成整体数据集。检索时间为 2021 年 3 月，论文发表时间为 2001～2020 年。后续计量分析主要采用 Derwent Data Analyzer、VOSviewer 和 Lens 等软件工具。

8.3.1　研究领域分布

采用上述方法，共检索到生物育种领域相关论文 47 622 篇。从各个子领域的发文量来看，分子标记辅助选择领域论文数量最多，为 26 615 篇，占比约为 56%；其次是转基因技术领域，论文数量为 19 068 篇，占比约为 40%；新育种技术领域发文量最少，为 1939 篇，占比约为 4%（各个子领域发文有少量重叠，图 8-1）。

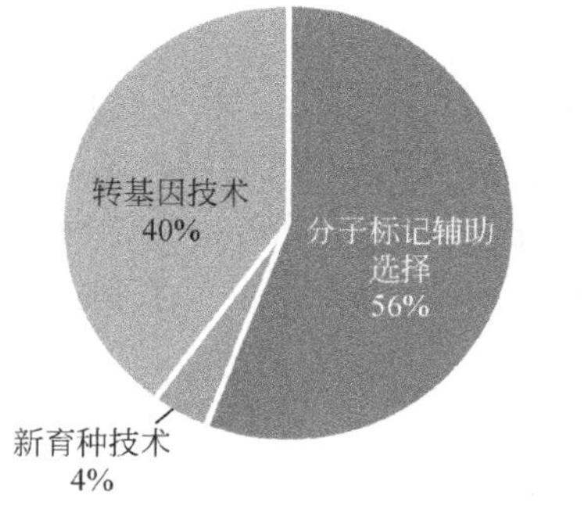

8.3.2　年度发文趋势分析

生物育种领域年度发文量快速增长，分子标记辅助

图 8-1　全球生物育种子领域发文分布

---

① 14 种常见大田作物包括小麦、玉米、水稻、大豆、马铃薯、油菜、高粱、花生、棉花、木薯、向日葵、甜菜、大麦和谷子；15 种常见蔬菜包括甘蓝、黄瓜、茄子、辣椒、番茄、西兰花、花椰菜、大白菜、萝卜、西葫芦、菜豆豆、菠菜、南瓜、洋葱和甜椒；4 种模式植物包括拟南芥、冰草、苜蓿和烟草。

选择主导了该领域论文的增长。生物育种领域年度发文量稳定增长，2020 年发文量达 3709 篇，是 2001 年的 3.5 倍。其中，分子标记辅助选择的发文量增加显著，是生物育种领域发文量增长的主要因素，2020 年发文数量达到 2298 篇，是 2001 年的 6.3 倍；2013 年之后，随着基因编辑技术的快速发展，新育种技术的发文量也呈现快速增长趋势；转基因技术的发文量呈现波动式增长，总体增长速度较缓。此外，从各个子领域年度发文量占比情况来看，分子标记辅助选择和新育种技术占比呈现增长趋势，成为生物育种领域的研究热点，而转基因技术领域占比呈下降趋势（图 8-2）。

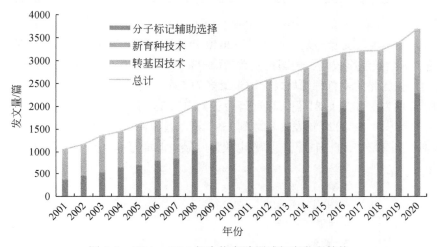

图 8-2　2001～2020 年生物育种领域年度发文趋势

8.3.3　主要国家分析

8.3.3.1　主要国家发文分析

中、美两国生物育种发文量遥遥领先。从主要研究国家来看，中国和美国生物育种发文量分别为 12 374 篇和 9368 篇，排名第 1 和第 2，属于第一梯队，二者的发文量占全球生物育种论文总量的 45.7%；印度、日本和德国的发文量均在 2000～3300 篇，属于第二梯队；韩国、澳大利亚、英国、法国、加拿大和巴西等国家的发文量均在 1000 篇至 2000 篇之间，属于第三梯队；此外，意大利、西班牙和荷兰等国的发文量不足 1000 篇（表 8-1）。

表 8-1　主要国家发文数量分析（2001～2020 年）

排名	国家	发文量/篇	发文量占比/%	排名	国家	发文量/篇	发文量占比/%
1	中国	12 374	26.0	6	韩国	1 642	3.4
2	美国	9 368	19.7	7	澳大利亚	1 425	3.0
3	印度	3 224	6.8	8	英国	1 349	2.8
4	日本	2 804	5.9	9	法国	1 344	2.8
5	德国	2 055	4.3	10	加拿大	1 192	2.5

续表

排名	国家	发文量/篇	发文量占比/%	排名	国家	发文量/篇	发文量占比/%
11	巴西	1 081	2.3	16	巴基斯坦	464	1.0
12	意大利	893	1.9	17	波兰	442	0.9
13	西班牙	890	1.9	18	伊朗	427	0.9
14	荷兰	606	1.3	19	菲律宾	379	0.8
15	墨西哥	468	1.0	20	俄罗斯	366	0.8

美国年度发文量较为稳定，中国自 2009 年起发文量反超美国，位居全球第 1。从发文量排名前 5 位国家年度发文趋势来看，2001～2020 年，中国和印度生物育种发文量呈现增长趋势，尤其是中国增长速度较快。美国论文数量稳中有升，日本和德国的发文量总体较为稳定。2008 年之前，美国是生物育种领域发文数量最多的国家，2008 年之后，美国排名全球第 2。中国在 2001 年时发文量只有 81 篇，远远落后于美国的 332 篇；2009 年中国发文量超越美国，此后一直位于全球第 1；2020 年发文量达到 1390 篇，远超美国的 574 篇。印度发文量从 2001 年的 30 篇增长到 2020 年的 319 篇，增势也较为明显，但增速远不及中国（图 8-3）。

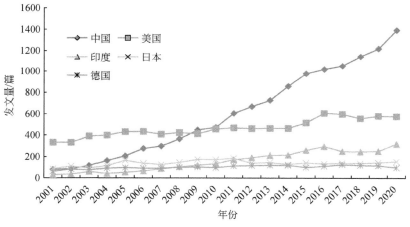

图 8-3　2001～2020 年主要国家年度发文趋势

8.3.3.2　主要国家研究子领域分析

主要国家论文集中在分子标记辅助选择和转基因技术领域。从论文数量排名前 10 位的国家在各个子领域的发文数量来看，主要国家都集中在分子标记辅助选择和转基因技术方面，新育种技术论文数量相对较少。其中，中国和美国在分子标记辅助选择、新育种技术和转基因技术领域的研究论文数量分别位居全球第 1 和第 2。印度在分子标记辅助选择和转基因技术领域的论文数量也较多，分列第 3 和第 4，但新育种技术论文数量相对较少，仅排名第 8。日本和德国在三个子领域的论文数量相对较多，均排名前 5 位。

新育种技术是各国近五年的重点研究方向。各个领域近 5 年论文数量占比可以反映其近年的研究热度。论文数量排名前 10 位的国家中，新育种技术领域近 5 年论文占比为 58%～

82%，明显高于其他两个领域，说明新育种技术是更为新兴的领域，近年来备受各国关注。分子标记辅助选择的热度居中，近 5 年论文数量占比为 25%～49%。转基因技术的热度相对较低，近 5 年论文数量占比为 12%～40%，除了中国和印度，其他各国近 5 年论文数量占比低于 25%，说明该领域已经较为成熟。从各国近 5 年发文数量占比来看，中国在三个子领域的近 5 年发文数量占比居第一位，说明中国近年来十分重视各类育种技术的研究；美国在三个子领域的近 5 年研究论文数量占比均较低，这可能与美国在这些领域起步早有关；印度与中国的情况较为类似，各子领域近 5 年论文数量占比较高（表 8-2）。

表 8-2　主要国家各个子领域的发文情况

序号	国家	分子标记辅助选择		新育种技术		转基因技术	
		论文数量/篇	近 5 年论文数量占比/%	论文数量/篇	近 5 年论文数量占比/%	论文数量/篇	近 5 年论文数量占比/%
1	中国	6945	49	593	82	4836	40
2	美国	5500	34	509	61	3359	21
3	印度	1996	47	45	78	1183	34
4	日本	1460	30	159	66	1185	14
5	德国	1157	34	123	58	775	14
6	韩国	655	44	50	78	937	24
7	澳大利亚	1039	36	37	65	349	24
8	英国	681	33	77	62	591	16
9	法国	846	25	82	67	416	16
10	加拿大	637	37	39	72	516	12

8.3.3.3　主要国家研究论文影响力分析

英国、法国和美国论文的学术影响力较高。论文被论文引用频次可以表征学术影响力。从论文的篇均被引频次来看，英国篇均被引次数为 45 次，在排名前 10 位国家中排名第 1，学术影响力表现突出；法国、美国和德国的篇均被引次数均在 40 次及以上，分别居第 2、第 3 和第 4；日本、澳大利亚和加拿大论文篇均被引次数为 30～40 次；中国、韩国和印度论文篇均被引次数分别为 22 次、20 次和 18 次，排名靠后（表 8-3）。

表 8-3　主要国家论文被引频次分析

发文量排名	国家	篇均被引次数/次	发文量排名	国家	篇均被引次数/次
1	中国	22	6	韩国	20
2	美国	41	7	澳大利亚	36
3	印度	18	8	英国	45
4	日本	33	9	法国	42
5	德国	40	10	加拿大	30

发达国家论文具有较高的技术影响力，中国和印度论文的技术影响力有待于进一步提升。论文被专利引用情况可以揭示论文的技术影响力，技术影响力越高，基础研究成果的转化潜力就越高。对排名前 10 位国家论文被专利引用情况进行分析，发现美国论文的技术影响力较为突出，有 1731 篇论文被专利引用，数量排名全球第 1，占被专利引用论文总数的 28%，占本国发文比例的 18%，说明美国有大量论文具有较高的技术影响力。中国有 1216 篇论文被专利引用过，数量位居全球第 2，占被专利引用论文总数的 19%，表现也较为突出，但这些论文仅占本国论文总量的 10%，在排名前 10 位国家中处于第 9，仅高于印度，说明中国有部分论文具有较高的技术影响力，但这一比例较低，说明整体论文的技术影响力还需要进一步提升；日本有 576 篇论文被专利引用过，排名第 3，占被专利引用论文总数的 9%，占本国发文总量的比例排名第 1，达到 21%，说明日本的论文普遍具有较高的技术影响力；加拿大、法国、英国、澳大利亚、韩国和德国有 178~339 篇论文被专利引用过，占本国论文的 14%~19%，表现也较为出色；印度在排名前 10 位国家中表现最差，仅有 6% 的论文被专利引用。从论文篇均被专利引用次数来看，德国和美国的篇均被引次数最高，分别为 6.8 和 6.1 次，属于第一梯队；英国、澳大利亚论文篇均被专利引用次数分别为 4.4 次和 4.3 次，属于第二梯队；其余国家论文篇均被专利引用次数均在 3.2 次及以下，中国和印度的论文篇均被专利引用次数最少，仅有 2.0 次和 2.1 次（表 8-4）。

表 8-4　主要国家论文被专利引用情况分析

序号	国家	被专利引用论文数量/篇	被专利引用论文占本国发文比例/%	占被专利引用论文总数的比例/%	论文篇均被专利引用次数/次
1	中国	1216	10	19	2.0
2	美国	1731	18	28	6.1
3	印度	204	6	3	2.1
4	日本	576	21	9	3.0
5	德国	339	16	5	6.8
6	韩国	231	14	4	2.3
7	澳大利亚	202	14	3	4.3
8	英国	251	19	4	4.4
9	法国	229	17	4	3.2
10	加拿大	178	15	3	2.3

8.3.4　主要发文机构分析

8.3.4.1　主要机构发文量分析

中国农业科学院、美国农业部和中国科学院发文数量位居全球前列。全球排名前 15 位主要发文机构中，中国机构表现突出，有 7 个机构入选，中国农业科学院发表论文 1645 篇，居全球第 1 位，此外，中国科学院、南京农业大学、华中农业大学、中国农业大学、浙江大学、山东农业大学等 6 所中国科研机构或大学也入选全球排名前 15 位机构。美国有 4 个机构入选，分别是美国农业部、加州大学、康奈尔大学和艾奥瓦州立大学。此外还包括法国国家农业食品与环境研究院、荷兰瓦格宁根大学与研究中心、加拿大农业与农业食品部和印度农业科学研究院。从近 5 年的发文占比来看，中国农业科学院发文占比高达 56%，这说明该机构近 5 年在生物育种领域十分活跃，除了法国国家农业食品与环境研究院，其他机构近 5 年发文占比均在 30%~50%，说明这些机构也相对活跃（表 8-5）。

表 8-5　主要研究机构发文数量分析

发文机构	国家	发文量/篇	近 5 年发文占比/%
中国农业科学院	中国	1645	56
美国农业部	美国	1235	36
中国科学院	中国	1079	44
南京农业大学	中国	922	43
华中农业大学	中国	850	43
中国农业大学	中国	752	45
加州大学	美国	582	31
康奈尔大学	美国	492	30
法国国家农业食品与环境研究院	法国	459	14
瓦格宁根大学与研究中心	荷兰	427	36
浙江大学	中国	421	32
山东农业大学	中国	347	39
加拿大农业与农业食品部	加拿大	337	30
印度农业科学研究院	印度	333	45
艾奥瓦州立大学	美国	331	31

8.3.4.2　主要机构论文的学术影响力分析

康奈尔大学、加州大学和法国国家农业食品与环境研究院等机构论文学术影响力高于世界平均水平。对全球主要研究机构篇均被引次数进行分析，并将该领域所有发文的篇均被引次数作为基数，得到各个机构篇均被引与世界篇均被引的比值（表 8-6、图 8-4）。康奈尔大学、加州大学、法国国家农业食品与环境研究院、中国科学院、艾奥瓦州立大学、瓦格宁根大学与研究中心、华中农业大学、加拿大农业与农业食品部篇均被引水平均高于世界平均水平，其中康奈尔大学篇均被引水平最高，约为世界平均水平的 2.8 倍；加州大学和法国国家农业食品与环境研究院也较为突出，是世界平均水平的 2.1 倍和 1.9 倍；印度农业科学研究院的篇均被引水平最低，只有世界水平的 0.6 倍。在中国的机构中，中国科学院和华中农业大学的表现较为突出，篇均被引次数分别为世界平均水平的 1.6 和 1.2 倍；浙江大学、中国农业大学、南京农业大学、山东农业大学和中国农业科学院的篇均被引次数为世界平均水平的 0.7~0.9 倍，有待于进一步提升。

表 8-6　主要机构论文被引频次分析

发文机构	总被引频次/次	篇均被引频次/次	篇均被引/世界篇均被引
中国农业科学院	34 970	21	0.8
美国农业部	34 978	28	1.0
中国科学院	46 281	43	1.6
南京农业大学	21 913	24	0.9
华中农业大学	28 574	34	1.2
中国农业大学	18 359	24	0.9
加州大学	33 931	58	2.1
康奈尔大学	37 666	77	2.8
法国国家农业食品与环境研究院	24 179	53	1.9
瓦格宁根大学与研究中心	15 917	37	1.4
浙江大学	10 497	25	0.9
山东农业大学	7 922	23	0.8
加拿大农业与农业食品部	10 781	32	1.2
印度农业科学研究院	5 502	17	0.6
艾奥瓦州立大学	12 462	38	1.4

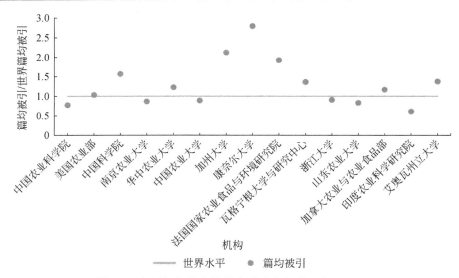

图 8-4　主要机构发文的学术影响力与世界水平对比

8.3.5　高被引论文分析

8.3.5.1　分子标记辅助选择领域高被引论文分析

美国和中国发表的高被引论文数量最多,中国和印度论文整体质量有待于进一步提升。高被引论文是指在各个子领域中论文被引频次排名前 10%的论文。分子标记辅助选择领域高被引论文数量为 2691 篇,该领域高被引论文数量最多的 10 个国家中,美国有 831 篇高被引论文,排名第 1,占全球高被引论文总量的 31%;中国有 457 篇高被引论文,排名第 2,

占全球高被引论文总量的17%；法国、日本、德国、澳大利亚、英国和印度高被引论文数量为100~200篇。高被引论文占本国发文比例可以表征该国论文整体质量水平，这一比例越高，该国论文整体质量越高。法国这一比例为20%，在排名前10位国家中排名第1位，说明法国论文整体质量较突出；英国、菲律宾、荷兰和美国为15%~18%，论文整体质量较高；中国和印度分别为7%和5%，与其他各国差距较大，说明两国论文整体质量有待提高（表8-7）。

表8-7 分子标记辅助领域主要国家高被引论文情况

排名	国家	高被引论文数量/篇	高被引论文占本国发文比例/%	高被引论文占全球高被引论文比例/%
1	美国	831	15	31
2	中国	457	7	17
3	法国	172	20	6
4	日本	167	11	6
5	德国	165	14	6
6	澳大利亚	143	14	5
7	英国	125	18	5
8	印度	105	5	4
9	荷兰	66	17	2
10	菲律宾	60	18	2

分子标记辅助选择领域的高被引论文主要来自康奈尔大学、法国国家农业食品与环境研究院和加州大学等机构。分子标记辅助选择领域，发表高被引论文数量最多的10个机构主要来自中国、美国、法国、菲律宾和荷兰，其中中国机构有4个，美国机构有3个。美国康奈尔大学的高被引论文数量最多，为118篇；法国国家农业食品与环境研究院和加州大学紧随其后，高被引论文数量分别为99篇和88篇。中国的华中农业大学、中国农业科学院、中国科学院和南京农业大学进入全球前10行列（表8-8）。

表8-8 分子标记辅助选择领域主要机构发表高被引论文情况

排名	机构	国家	高被引论文数量/篇
1	康奈尔大学	美国	118
2	法国国家农业食品与环境研究院	法国	99
3	加州大学	美国	88
4	美国农业部	美国	86
5	华中农业大学	中国	83
6	中国农业科学院	中国	81
7	中国科学院	中国	74
8	国际水稻研究所	菲律宾	57
9	瓦格宁根大学与研究中心	荷兰	53
10	南京农业大学	中国	50

8.3.5.2 新育种技术领域高被引论文

美国和中国发表的高被引论文数量最多，中国、日本和法国论文整体质量水平较低。新育种技术领域的高被引论文数量为194篇，该领域高被引论文数量高于5篇的国家有7

个。美国、中国发表高被引论文数量为 79 篇和 40 篇，分列第 1 和第 2，占全球高被引论文的 41%和 21%；其余国家高被引论文数量不及 20 篇。高被引论文占本国发文比例方面，奥地利排名第 1，比例高达 31%，说明该国论文整体质量水平较为突出；美国、德国和英国为 15%～16%，整体论文质量水平较高，中国、日本和法国这一比例为 7%～8%，说明整体论文质量水平较低，有待于进一步加强（表 8-9）。

表 8-9　新育种技术领域主要国家高被引论文分析（高被引论文数量＞5 篇）

排名	国家	高被引论文数量/篇	高被引论文占本国发文比例/%	高被引论文占全球高被引论文比例/%
1	美国	79	16	41
2	中国	40	7	21
3	德国	18	15	9
4	日本	12	8	6
5	英国	12	16	6
6	奥地利	8	31	4
7	法国	6	7	3

新育种技术领域的高被引论文主要来自加州大学、中国科学院和明尼苏达大学等机构。新育种技术领域高被引论文数量最多的 10 个机构中，有 4 个机构来自美国，2 个机构来自中国，英国也有 2 个机构入选，奥地利、英国均只有一个机构入选。加州大学有 21 篇高被引论文，排名第 1，中国科学院有 19 篇，排名第 2，明尼苏达大学有 10 篇，排名第 3，其他机构的高被引论文数量不足 10 篇（表 8-10）。

表 8-10　新育种技术领域主要机构高被引论文情况

排名	机构	国家	高被引论文数量/篇
1	加州大学	美国	21
2	中国科学院	中国	19
3	明尼苏达大学	美国	10
4	奥地利科学院	奥地利	8
5	约翰·英尼斯中心	英国	6
6	中国农业科学院	中国	5
7	冷泉港实验室	美国	4
8	艾奥瓦州立大学	美国	4
9	卡尔斯鲁厄理工学院	德国	4
10	剑桥大学	英国	4

8.3.5.3　转基因技术领域高被引论文

美国和中国发表的高被引论文数量最多，韩国、中国和印度论文整体质量有待提升。转基因技术领域高被引论文总量为 1912 篇。其中美国高被引论文数量为 564 篇，排名第 1 位，占全球高被引论文的 29%；中国有 288 篇高被引论文，排名第 2，占全球高被引论文的 15%；日本、英国和德国高被引论文数量在 120～150 篇，分列第 3、第 4、第 5。在高被引论文占本国发文比例方面，英国为 22%，在 10 个国家中表现最为突出，美国、德国和西班牙这一比例也较高，为 15%～17%，韩国、中国和印度分别为 8%、6% 和 5%，比例较低，整体论文质量有待于进一步提高（表 8-11）。

表 8-11　转基因技术领域高被引论文情况

排名	国家	高被引论文数量/篇	高被引论文占本国发文比例/%	高被引论文占全球高被引论文比例/%
1	美国	564	17	29
2	中国	288	6	15
3	日本	150	13	8
4	英国	128	22	7
5	德国	120	15	6
6	韩国	74	8	4
7	印度	65	5	3
8	加拿大	61	12	3
9	西班牙	61	15	3
10	法国	60	14	3

中国科学院、加州大学和美国农业部发表的高被引论文数量最多。高被引论文数量最多的 10 个机构中，有 5 个机构来自美国，3 个来自中国，德国、西班牙各有 1 个机构入选。中国科学院大学、加州大学和美国农业部分别有 60 篇、40 篇和 35 篇高被引论文，分列前 3 位。其余机构高被引论文不足 30 篇。与其他领域主要发文机构是大学和科研机构的情况不同，企业也是转基因技术领域重要的发文机构。孟山都公司（2018 年被拜耳公司收购）发表了 27 篇高被引论文，排名第 4，说明该企业在转基因技术领域具有较强的研发实力。此外，中国的中国农业科学院和中国农业大学也进入了全球前 10 位（表 8-12）。

表 8-12　转基因技术领域主要机构高被引论文情况

排名	机构	国家	高被引论文数量/篇
1	中国科学院	中国	60
2	加州大学	美国	40
3	美国农业部	美国	35
4	孟山都公司	德国	27
5	中国农业科学院	中国	26
6	中国农业大学	中国	23
7	艾奥瓦州立大学	美国	23
8	康奈尔大学	美国	20
9	塞缪尔·诺贝基金会	美国	20
10	西班牙高等科学研究理事会	西班牙	19

8.3.6　研究主题分析

8.3.6.1　分子标记辅助选择领域主题分析

分子标记辅助选择领域的研究方向主要围绕基因鉴定、QTL 定位、分子标记辅助选择

（SSR、SNP 和 RFLP 等）、连锁图谱构建、遗传多样性分析、表型鉴定等方面，涉及的物种主要包括小麦、玉米、水稻、大豆、番茄和拟南芥等，涉及的性状主要有：产量、株高、花期、抗生物/非生物胁迫等；近年的研究热点主要涉及基因组选择、主效 QTL 定位、群体遗传结构解析、表型组学研究、生物合成技术、作物产量提高等方面（图 8-5）。

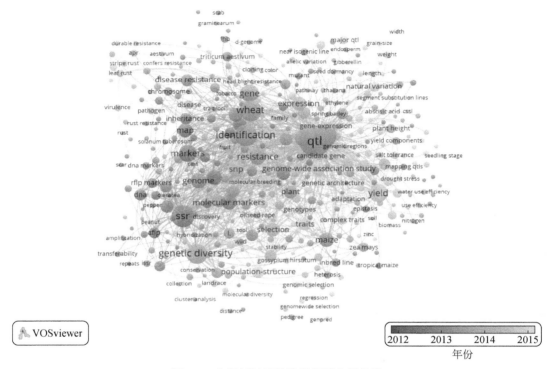

图 8-5　分子标记辅助选择领域主题分析

8.3.6.2　新育种技术领域主题分析

新育种技术领域的研究方向主要包括：CRISPR/Cas9、CRISPR/Cpf1、ZFN 和 TALEN 等基因编辑工具的利用，同源重组修复，同源转基因，DNA 甲基化技术和非编码 RNA 相关研究等；涉及物种以拟南芥为主，还包括水稻、小麦、大麦、西红柿和大豆等；近几年的研究热点主要是各种基因编辑工具的开发和应用（图 8-6）。

8.3.6.3　转基因技术领域主题分析

转基因技术领域的研究热点主要包括：农杆菌介导转化、基因表达、植物再生、植物遗传修饰、RNAi 技术和 Bt 转基因（抗除草剂）等；涉及的物种包括：玉米、棉花、大豆、大麦、烟草、油菜和小麦等；涉及的性状包括抗非生物胁迫（盐分、低温、干旱、氧化）和产量。近几年，该领域的研究热点主要集中在各种抗胁迫物种的开发、基因鉴定、基因过表达、RNAi 技术等，相比于其他两个领域，转基因技术的热点出现更早（图 8-7）。

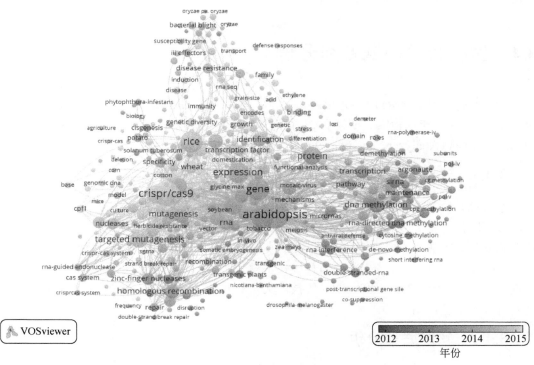

图 8-6　新育种技术领域主题分析

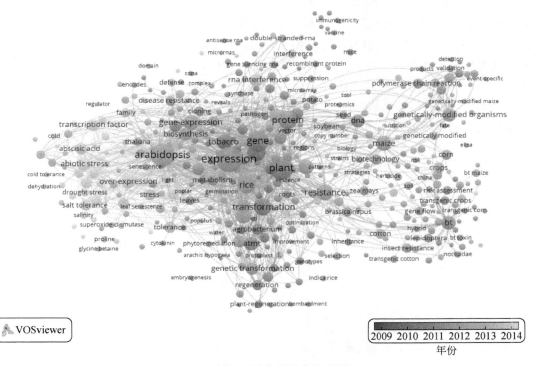

图 8-7　转基因技术领域主题分析

8.4 生物育种领域专利分析

专利数据来自 Derwent Innovation 数据库，涉及的物种和技术同论文。专利最早优先权年为 2001～2020 年，检索日期为 2021 年 3 月。检索后合并去重构成整体数据集，随后利用 Derwent Data Analyzer、IncoPat 等软件和数据库对专利进行计量分析。

8.4.1 专利技术领域分布

本研究共检索到生物育种相关专利 30 632 项。其中，转基因技术相关专利数量最多，为 26 262 项，占比为 86%；其次是分子标记辅助选择，相关专利数量为 3121 项，位列第 2，占比为 10%；新育种技术相关专利数量最少，为 1249 项，占比为 4%（各技术类别的专利之间有少量重叠，图 8-8）。

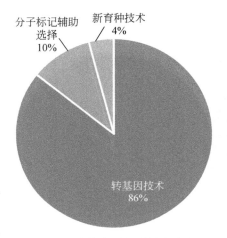

图 8-8 生物育种专利技术分布

8.4.2 年度趋势分析

近二十年生物育种技术的专利数量总体呈上升趋势，大致分为两个阶段（图 8-9）。2001～2013 年为第一个增长阶段。在该阶段，生物育种技术专利数量从 2001 年的 429 项增长至 2013 年的 2097 项。其中，转基因技术专利数量增长最快，分子标记辅助选择专利数量稳定增长，新育种技术专利开始萌芽。2014～2020 年为第二个阶段，专利数量呈现波动式上升趋势。2014 年，由于转基因技术专利数量明显减少（从 2013 年的 1912 项下降至 2014 年的 1485 项），使得生物育种相关专利数量也明显下降。2015 年之后转基因技术专利数量再次回升，但每年的申请数量始终低于 2013 年高峰时的 1912 项，且转基因专利数量在生物育种领域的占比也明显下降。

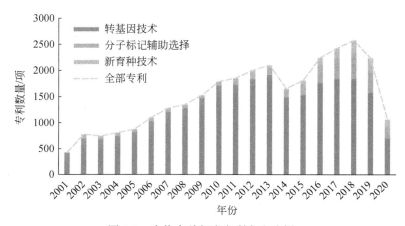

图 8-9 生物育种年度专利产出分析

2013 年之后，分子标记辅助选择和新育种技术的专利数量均呈快速增长趋势。其中，分子标记辅助选择的专利数量于 2018 年达到最高值，为 490 项，新育种技术的专利申请数量于 2019 年达到最高值，为 270 项，二者在生物育种领域的占比也明显上升（由于专利从申请到公开存在 18 个月的滞后期，因此 2019 年和 2020 年的专利数据仅供参考）。

8.4.3　主要国家专利产出分析

8.4.3.1　专利申请国分析

美国和中国在三个子领域均申请了大量专利，位居世界前列。美国和中国的专利申请量分别为 14 444 项和 11 209 项，分别居全球第 1 位和第 2 位，远超其他国家。德国、瑞士、日本的专利申请量分别居第 3 位、第 4 位和第 5 位，其专利申请量为 588～1391 项，其他各国不超过 500 项。从技术分布来看，美国和中国在新育种技术、分子标记辅助选择和转基因技术领域中均有大量专利布局，美国是转基因技术专利数量最多的国家，中国是分子标记辅助选择和新育种技术专利最多的国家。其余 8 个国家在转基因技术领域的专利较多，新育种技术和分子标记辅助选择专利数量均不足 100 项，其中，俄罗斯在新育种技术领域尚无专利申请（表 8-13）。

表 8-13　生物育种及子领域主要专利申请国的专利数量　（单位：项）

国家	生物育种总计	分子标记辅助选择	新育种技术	转基因技术
美国	14 444	1167	356	12 921
中国	11 209	1720	699	8 790
德国	1 391	15	34	1 342
瑞士	937	39	39	859
日本	588	35	16	537
法国	458	34	26	398
荷兰	405	79	53	273
俄罗斯	331	5	0	326
比利时	257	4	13	240
澳大利亚	246	16	10	220

中国生物育种年度申请专利数量快速增长，其他国家相对平稳甚至下降。在专利数量排名前 5 位国家中，中国年度专利申请量呈快速增长趋势，美国和瑞士呈现波动式增长趋势，日本和德国呈现下降趋势。2014 年，这 5 个国家的专利申请数量均呈不同程度的下降，与全球的专利申请趋势保持一致，2015 年，中国专利申请数量快速反弹并超过美国，之后一直居全球第 1 位（图 8-10）。

8.4.3.2　子领域专利申请国分析

在分子标记辅助选择领域，大田作物专利数量最多，其次是蔬菜。排名前 10 位国家申请的大田作物专利数量最多，占专利总量的 84%，其次是蔬菜，约占总数的 17%，模式植

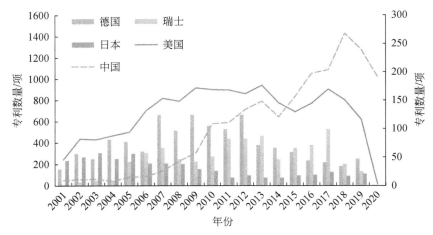

图 8-10　主要国家专利申请数量年度发展趋势

注：左侧坐标轴显示美国和中国的专利数量；右侧坐标轴显示德国、瑞士和日本的专利数量

物专利最少，约占 6%。其中，中国、美国、瑞士、日本、澳大利亚、德国、加拿大和英国的专利均以大田作物育种为主，荷兰和法国的专利以蔬菜为主，在本国专利申请中的占比均超过 70%（表 8-14）。

表 8-14　分子标记辅助选择主要专利技术申请国在各个子领域的专利数量

国家	专利总量/项	蔬菜专利		大田作物专利		模式植物专利	
		数量/项	占比/%	数量/项	占比/%	数量/项	占比/%
中国	1720	317	18	1393	81	61	4
美国	1167	78	7	1115	96	85	7
荷兰	79	70	89	21	27	9	11
瑞士	39	13	33	30	77	1	3
日本	35	6	17	28	80	4	11
法国	34	26	76	10	29	0	0
澳大利亚	16	2	13	11	69	5	31
德国	15	3	20	15	100	4	27
加拿大	13	6	46	12	92	5	38
英国	12	7	58	9	75	7	58
合计	3130	528	17	2644	84	181	6

注：占比为在本国专利数量中的占比，各物种之间的专利有重叠

在新育种技术领域，大田作物专利数量最多，其次是模式植物。排名前 10 位国家申请的大田作物专利数量最多，占专利总量的 78%，其次是模式植物，蔬菜的专利数量虽然最少，但与模式植物的专利数量较为接近。从各国涉及的物种方向来看，中国、美国、瑞士、德国、法国、英国和以色列的专利以大田作物为主；荷兰以蔬菜为主；日本和韩国以模式植物和大田作物为主（表 8-15）。

表 8-15　新育种技术主要专利技术申请国在各个子领域的专利数量

国家	专利总量/项	蔬菜专利		大田作物专利		模式植物专利	
		数量/项	占比/%	数量/项	占比/%	数量/项	占比/%
中国	699	121	17	541	77	180	26
美国	356	139	39	302	85	187	53
荷兰	53	49	92	13	25	5	9
瑞士	39	21	54	29	74	26	67
德国	34	12	35	32	94	15	44
法国	26	7	27	22	85	10	38
英国	19	7	37	18	95	5	26
以色列	18	11	61	14	78	8	44
日本	16	7	44	8	50	9	56
韩国	11	4	36	7	64	7	64
合计	1271	378	30	986	78	452	36

注：占比为在本国专利数量中的占比，各物种之间的专利有重叠

在转基因技术领域，大田作物专利数量最多，其次是模式植物。排名前 10 位国家申请的大田作物专利数量最多，占专利总量的 87%，其次是模式植物，蔬菜的专利数量最少。10 个国家的专利申请均以大田作物育种为主，且有 7 个国家的大田作物专利占比超过 80%，荷兰在大田作物和蔬菜领域的专利申请占比较为均衡，分别为 59% 和 58%（表 8-16）。

表 8-16　转基因技术主要专利技术申请国在各个子领域的专利数量

国家	专利总量/项	蔬菜专利		大田作物专利		模式植物专利	
		数量/项	占比/%	数量/项	占比/%	数量/项	占比/%
美国	12 921	1 579	12	12 113	94	1 930	15
中国	8 790	1 245	14	6 785	77	2 519	29
德国	1 342	477	36	1 186	88	443	33
瑞士	859	83	10	827	96	116	14
日本	537	188	35	373	69	223	42
法国	398	127	32	329	83	153	38
俄罗斯	326	46	14	283	87	22	7
荷兰	273	158	58	162	59	70	26
比利时	240	65	27	225	94	129	54
英国	213	78	37	181	85	110	52
合计	25 899	4 046	16	22 464	87	5 715	22

注：占比为在本国专利数量中的占比

8.4.4　主要专利受理国家分析

专利受理国分布情况可以反映各国市场受重视的程度。美国和中国是受理生物育种专利最多的两个国家，远多于其他国家，说明中美两国市场较受重视。加拿大、俄罗斯、日

本和德国受理的专利数量处于第二梯队，为 129～602 项，其他国家受理专利不超过 70 项。美国是受理转基因技术专利最多的国家，中国是受理新育种技术、分子标记辅助选择专利最多的国家，中美两国专利受理生物育种专利数量的差距主要来自转基因技术（表 8-17）。

表 8-17　生物育种及子领域主要专利受理国的专利数量　　　　（单位：项）

国家	生物育种专利数量	新育种技术专利数量	分子标记辅助选择专利数量	转基因技术专利数量
美国	12 477	137	809	11 531
中国	10 754	612	1 689	8 453
加拿大	602	2	163	437
俄罗斯	325	0	5	320
日本	317	2	28	287
德国	129	4	1	124
法国	68	1	1	66
澳大利亚	62	1	7	54
印度	60	0	2	58
英国	27	1	0	26

8.4.5　中美两国专利布局分析

从专利布局来看，中美两国主要在本国进行专利申请。此外，美国在世界产权组织申请的国际专利占比更高，表明美国更加重视专利的全球布局。从涉及育种技术来看，两国都十分重视转基因技术的开发，美国在转基因技术领域申请的专利比例要高于中国，中国在分子标记辅助选择领域申请的专利比例要高于美国。从涉及物种来看，两国都高度重视大田作物的育种技术开发，且美国在大田作物领域的专利比例要高于中国。除了大田作物以外，美国更重视蔬菜的育种技术开发，而中国在模式植物的育种技术开发相对较多，表明美国的技术研发更加注重以市场应用为导向，中国的技术研发距离商业应用阶段仍有一段距离（图 8-11）。

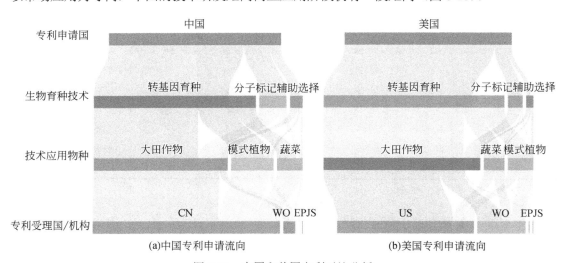

(a)中国专利申请流向　　　　　　　　(b)美国专利申请流向

图 8-11　中国和美国专利对比分析

8.4.6 专利申请机构分析

8.4.6.1 主要专利申请机构分布

从专利主要申请机构来看，国外以国际大型育种公司为主，中国以研究机构为主。孟山都公司和杜邦先锋公司（2015 年与陶氏益农公司合并）两大育种企业专利数量居全球第 1 位和第 2 位，且在专利总量上与其他机构拉开了很大距离，这在一定程度上体现出美国企业的技术研发优势。从近 5 年专利数量及占比来看，中国农业科学院表现出明显的追赶势头，近 5 年专利申请量超过了前 15 年的总和，且与孟山都公司和杜邦先锋公司的专利数量差距明显减小。从机构类型来看，国外机构均为育种企业，中国除了先正达公司（2017 年被中国化工集团有限公司收购）以外，均为科研机构或大学。除了中国农业科学院、先正达公司和中国科学院，中国主要申请机构还包括中国农业大学、南京农业大学和华中农业大学等（表 8-18）。

表 8-18 生物育种专利主要申请机构专利分析

机构	国家	专利总量/项	近 5 年专利数量/项	近 5 年专利占比/%
孟山都公司	美国	4235	1301	30.7
杜邦先锋公司	美国	3549	920	25.9
中国农业科学院	中国	1264	648	51.3
先正达公司	中国	903	215	23.8
中国科学院	中国	893	337	37.7
拜耳公司	德国	747	96	12.9
巴斯夫公司	德国	537	48	8.9
斯泰种业公司	美国	502	70	13.9
陶氏益农公司	美国	403	47	11.7
Agrigenetics 公司	美国	364	142	39.0
……	……	……	……	……
中国农业大学	中国	362	161	44.5
南京农业大学	中国	336	179	53.3
华中农业大学	中国	298	167	56.0

拜耳公司、巴斯夫公司和陶氏益农公司等育种企业的专利价值较高，中国研究机构的专利价值尚有一定差距。将平均家族成员数量和平均被引次数作为专利质量的评价指标，相关指标数值越大，代表专利质量越高。分析发现，拜耳公司、巴斯夫公司和陶氏益农公司三家机构专利的平均专利家族成员数量和平均被引次数排名前列，说明这三家机构的专利质量较高，属于第一梯队。杜邦先锋公司、孟山都公司和先正达公司三家机构专利的平均家族成员数量和平均被引次数较高，属于第二梯队，说明其不仅技术开发数量突出，专利技术质量也较高。中国农业科学院等七个机构不如上述机构突出，属于第三梯队（图 8-12）。

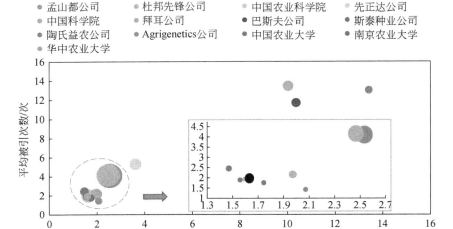

图 8-12　主要研发机构专利价值分析（文后附彩图）

注：气泡大小表示专利总量

8.4.6.2　近五年各子领域主要研发机构分析

近年来，转基因技术领域研发力量以育种企业为主，其他两个领域以研究机构为主。近 5 年，转基因技术领域排名前 10 位机构包括 5 个企业和 5 个研究机构，其中企业以大型育种企业为主，孟山都公司和杜邦先锋公司在该领域的专利数量居第 1 位和第 2 位，远超其他机构，表明这两家机构在该领域的技术优势明显。5 个研究机构均来自中国，说明中国研究机构近年十分活跃，中国企业仅有近期收购的先正达公司，本土企业研发实力还存在一定差距。分子标记辅助选择领域排名前 10 位机构包括 9 个研究机构和 1 个企业，9 个研究机构均来自中国，孟山都公司作为唯一入选的企业，其专利申请量最多，排名第 1。新育种技术领域排名前 10 位机构包括 6 个研究机构和 4 个企业，6 个研究机构均来自中国，其中中国科学院的专利申请量最多，排名第 1，4 个企业包括杜邦先锋公司、中国烟草总公司和青岛清原农冠公司、荷兰瑞克斯旺种苗集团公司，其中杜邦先锋公司是大型育种企业，荷兰瑞克斯旺公司是知名蔬菜育种企业。从以上分析可以看出，转基因技术商业化较为成熟，大型跨国育种公司是技术开发主体，新育种技术则以研究机构为主，距离大规模商业应用还有一段距离，分子标记辅助选择居于二者之间，育种企业尚未占据绝对优势地位（表 8-19）。

表 8-19　近五年生物育种子领域主要研发机构专利数量分析　　　　　　（单位：项）

分子标记辅助选择		新育种技术		转基因技术	
主要机构	数量	主要机构	数量	主要机构	数量
孟山都公司	509	中国科学院	66	孟山都公司	1271
中国农业科学院	241	中国农业科学院	63	杜邦先锋公司	855
北京市农林科学院	66	杜邦先锋公司	58	中国农业科学院	387
江苏省农业科学院	41	中国烟草总公司	45	中国科学院	240

续表

分子标记辅助选择		新育种技术		转基因技术	
主要机构	数量	主要机构	数量	主要机构	数量
中国科学院	36	华中农业大学	38	先正达公司	196
四川农业大学	36	青岛清原农冠公司	23	Agrigenetics 公司	142
上海市农业科学院	32	中国农业大学	22	南京农业大学	133
南京农业大学	31	华南农业大学	20	中国农业大学	124
山东省农业科学院	29	南京农业大学	19	Seminis 公司	122
华中农业大学	25	荷兰瑞克斯旺种苗集团公司	18	华中农业大学	106

8.4.7 技术主题分析

通过 Derwent Innovation 平台中的 THEMES 主题分析功能，分析 2001～2010 年、2011～2020 年两个时间段美国和中国在生物育种领域的研究热点。

2001～2010 年，从涉及物种来看，美国专利主要集中在水稻、小麦、玉米、大豆和棉花等作物，中国专利主要集中在水稻、小麦等粮食作物；从研究内容来看，美国专利主要涉及耐除草剂和抗非生物胁迫等性状改良的研究；中国专利主要涉及序列分析、农杆菌转移转化和载体构建等基础技术操作的研究（图 8-13）。

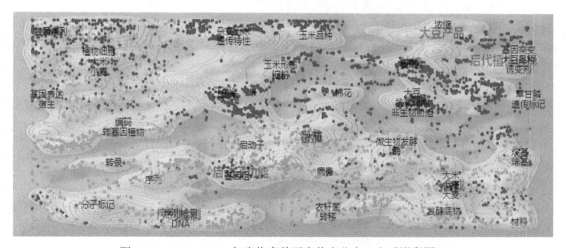

图 8-13　2001～2010 年生物育种研究热点分布（文后附彩图）

注：对生物育种领域的研发主题进行可视化聚类分析，形成类似等高线地形图。其中，地图中的点为单篇专利，山峰表示相似专利形成的不同技术主题，红色点表示美国申请的专利，绿色点表示中国申请的专利，下同

2011～2020 年，从涉及物种来看，美国专利主要集中在玉米和大豆等作物，中国的研究热点依然集中在水稻、小麦等粮食作物；从研究内容来看，美国加强了高蛋白大豆品种开发的研究，减少了序列分析等基础技术操作的研究，中国生物育种研究热度有所提高，但研究内容依然以分子标记、序列分析和载体构建等为主（图 8-14）。

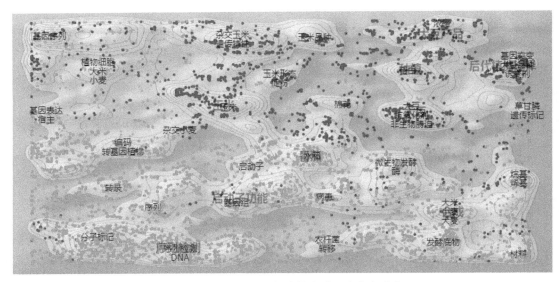

图 8-14 2011～2020 年生物育种研究热点分布

8.4.8 三方专利分析

三方专利是指在美国、日本和欧洲三个国家/地区均提出专利申请的同一项专利,由于专利申请和维护需要花费大量资金和时间,专利申请人通常会预判专利的市场价值来决定是否同时在多个国家/地区申请。由于美国、日本和欧洲是全球最主要的三个市场,因此三方专利可以作为重要专利的代表。生物育种领域共遴选出三方专利 1879 项。

8.4.8.1 三方专利主要来源国分析

美国和德国是三方专利的主要持有国。美国是全球最大的三方专利来源国,持有 571 项三方专利,占全球三方专利的 30%,其中转基因技术三方专利最多,为 503 项,美国所有子技术领域的三方专利数量均排在全球首位。德国三方专利数量排名第 2,为 286 项,其中转基因技术三方专利最多,占本国专利的 98%。此外,加拿大、中国、英国、澳大利亚、瑞士、日本、荷兰和法国持有 18～65 项三方专利,与美国和德国差距较大,其中澳大利亚的三方专利全部集中在转基因技术领域,中国的三方专利主要集中在新育种技术领域和转基因技术领域(图 8-15)。

8.4.8.2 子技术领域三方专利来源国分析

在分子标记辅助选择领域,美国和荷兰是三方专利的主要来源国家。美国和荷兰分别持有 31 项和 28 项三方专利,排名第 1 和第 2。其中,美国在大田作物领域申请的三方专利最多,为 15 项,其次是在蔬菜领域,为 10 项。荷兰在蔬菜领域申请的三方专利最多,为 19 项,其次是大田作物领域,为 5 项。瑞士、法国和英国申请的三方专利为 5～6 项,中国在该领域没有三方专利(表 8-20)。

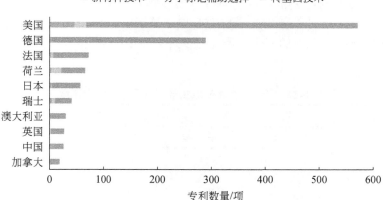

图 8-15　三方专利主要来源国分析

表 8-20　分子标记辅助选择领域主要国家三方专利申请量

国家	三方专利数量/项	蔬菜		大田作物		模式植物	
		数量/项	占比/%	数量/项	占比/%	数量/项	占比/%
美国	31	10	32	15	48	6	19
荷兰	28	19	68	5	18	4	14
瑞士	6	3	50	3	50	0	0
法国	5	5	100	0	0	0	0
英国	5	3	60	1	20	1	20

注：占比为各物种三方专利占本国三方专利总数的比例

　　在新育种技术领域，美国和中国是三方专利的主要来源国家。美国持有 80 项三方专利，远超其他国家，中国持有 19 项三方专利，排名第 2，比利时、瑞士和荷兰持有的三方专利为 4~6 项。其中美国在大田作物领域申请的三方专利最多，为 38 项，在模式植物和蔬菜领域申请的三方专利分别为 23 项和 19 项。中国在大田作物、模式植物和蔬菜领域申请的三方专利分别为 8 项、9 项和 2 项（表 8-21）。

表 8-21　新育种技术领域主要国家三方专利申请量

国家	三方专利数量/项	蔬菜		大田作物		模式植物	
		数量/项	占比/%	数量/项	占比/%	数量/项	占比/%
美国	80	19	24	38	48	23	29
中国	19	2	11	8	42	9	47
荷兰	6	3	50	2	33	1	17
瑞士	5	0	0	1	20	4	80
比利时	4	2	50	1	25	1	25

注：占比为各物种三方专利占本国三方专利总数的比例

　　在转基因技术领域，美国和德国是三方专利的主要来源国家。美国持有 824 项三方专利，遥遥领先，德国持有 450 项专利，排名第 2，其他国家持有的三方专利不超过 100 项，中国持有27项三方专利,排名第9。美国在大田作物领域申请的三方专利最多,为455项,模式植物和蔬菜领域分别持有211项和158项。德国在大田作物领域申请的三方专利最多;其次是蔬菜领域。中国的三方专利主要集中在大田作物领域,其次是模式植物领域(表8-22)。

表8-22 转基因技术领域主要国家三方专利申请量

国家	三方专利数量/项	蔬菜		大田作物		模式植物	
		数量/项	占比/%	数量/项	占比/%	数量/项	占比/%
美国	824	158	19	455	55	211	26
德国	450	146	32	241	54	63	14
法国	96	31	32	49	51	16	17
日本	86	28	33	36	42	22	26
荷兰	67	24	36	30	45	13	19
澳大利亚	43	6	14	27	63	10	23
瑞士	39	3	8	19	49	17	44
英国	38	10	26	16	42	12	32
中国	27	5	19	14	52	8	30
比利时	26	6	23	15	58	5	19

注:占比为各物种三方专利占本国三方专利总数的比例

8.4.8.3 三方专利申请机构分析

拜耳公司和陶氏益农公司是全球持有三方专利最多的两个机构。拜耳公司持有235项三方专利,排名第1,这些专利几乎全部为转基因技术专利;陶氏益农公司持有191项三方专利,排名第2,专利也主要集中在转基因技术领域,占比85%,新育种技术和分子标记辅助选择领域三方专利占比分别为10%和4%。其余八家机构的三方专利数量均少于100项,大部分机构的三方专利集中在转基因技术领域,中国科学院和Sangamo公司的三方专利集中在新育种技术领域。在新育种技术领域,陶氏益农公司、Sangamo公司和中国科学院持有的三方专利较多;在分子标记辅助选择领域,陶氏益农公司、先正达公司等申请的三方专利较多;在转基因技术领域,拜耳公司、陶氏益农公司和孟山都公司申请的三方专利相对较多(表8-23)。

表8-23 三方专利主要来源机构专利申请量

机构	三方专利数量/项	新育种技术		分子标记辅助选择		转基因技术	
		数量/项	占比/%	数量/项	占比/%	数量/项	占比/%
拜耳公司	235	1	0	0	0	234	100
陶氏益农公司	191	20	10	8	4	163	85
孟山都公司	70	0	0	5	7	65	93
巴斯夫公司	49	1	2	0	0	48	98

续表

机构	三方专利数量/项	新育种技术		分子标记辅助选择		转基因技术	
		数量/项	占比/%	数量/项	占比/%	数量/项	占比/%
杜邦先锋公司	26	2	8	0	0	24	92
先正达公司	24	1	4	6	25	17	71
KeyGene 公司	17	2	12	5	29	10	59
菲利普莫里斯国际公司	16	3	19	0	0	13	81
中国科学院	14	9	64	0	0	5	36
Sangamo 公司	13	10	77	3	23	0	0

注：占比为子领域三方专利占该机构三方专利总数的比例

8.5 新育种技术及其产品监管

新育种技术出现后迅速被关注并走向应用，但由于其在开发过程中会运用到转基因技术，新育种技术植物是否被视为转基因生物来进行监管引发了社会各界广泛讨论。总体来看，全球对新育种技术的特点及影响缺乏共识，对于其监管尚未形成统一意见。目前，美国、欧盟、巴西、阿根廷、日本、澳大利亚和加拿大等国家/组织已围绕新育种技术及其监管分类展开了深入的讨论，并采取措施逐步健全相关监管体系。

8.5.1 美国

美国是基于产品而非技术本身进行新育种技术监管的典型代表。美国对转基因生物的监管主要基于 1957 年制定的法律。美国转基因生物监管部门较为复杂，涉及农业部动植物卫生检验局（USDA-APHIS）、美国食品药物监督管理局（FDA）和国家环境保护局（EPA）3 个主管部门，并且每个机构都有与转基因生物相关的单独法规。2019 年，总统特朗普签署了一项行政命令，要求联邦机构简化转基因植物的监管程序，将低风险产品从现有规则中排除出去。

对于近年来出现的许多新育种技术及其产品，美国仍然沿用现有法律进行监管，从而致使许多新产品不受转基因生物安全制度的监管。自 2010 年以来，美国农业部豁免基因编辑技术，并基于个案分析原则解除了对百余种新育种技术或相关品种的监管。然而，FDA（负责监督食品安全）和 EPA（负责管理杀虫剂）尚未宣布是否将现有的相关政策法规用于管理基因编辑等新育种技术衍生的植物和食品。

8.5.2 欧洲

欧盟对转基因生物的管理一直采取谨慎的态度，着眼于研发生产过程是否采用了转基因技术，因而对新育种技术的讨论最为激烈。欧盟委员会于 2007 年成立工作组对各种新育种技术是否等同于转基因技术进行评价，同时还分别委托欧盟委员会联合研究中心和欧洲食品安全局对新技术的应用及潜在风险进行分析。两个机构的研究均认为，未来有必要对低风险的新技术（如同源转基因技术）解除监管的可行性进行评估。欧洲法院于 2018 年裁定基因编辑应受到转基因生物法规的监管。该裁决使得正在英国和比利时开展的基因编辑作物田间试验需要受到转基因生物法规的监管，从而导致部分相关研究项目被搁置，因而一些大公司的研发项目逃离欧盟。

欧洲法院的裁决在欧盟各界引发了广泛争议。欧盟委员会首席科学顾问小组批评了欧盟法院的裁决，欧盟理事会要求欧盟委员会对裁决进行研究并酌情提出修改裁决的建议。部分国家要求新一届欧盟委员会改革现行法规，由荷兰等成员国发布的政策分析报告建议欧盟应采取"基于产品新特性的监管体系以顺应未来新技术的发展"。此外，科学界也多次就裁决发声。2019 年，德国国家科学院等 3 家科学团体呼吁欧盟对基因编辑植物进行"科学合理的监管"，并建议修改欧盟转基因生物监管法规。

英、法两国农业部门政府官员也先后对基因编辑生物监管进行了公开表态。英国环境、食品及农村事务部部长于 2021 年 1 月公开表示，英国可能会在脱欧后制定新的基因编辑监管法规，其最终决定有可能与欧盟背道而驰。当月，法国农业与食品部部长公开反对欧洲法院将基因编辑作物作为转基因作物进行监管的决定。

8.5.3 加拿大

转基因生物与食品、进口产品以及在加拿大开发的产品均由加拿大食品检验局（CFIA）和加拿大卫生部监管。加拿大的法律规定不管育种过程中使用何种技术，只要作物拥有新性状就必须通过安全评估和授权过程。CFIA 将对产品进行逐案评估，以确定其是否含有新特性。根据其法律规定，大多数基因编辑植物被视为突变产物（不具有新特性），因而无须进行上市前评估。这种以植物性状而不是育种技术为基础的监管体系目前被认为是更加符合新技术发展的要求，因为随着技术的发展，转基因与非转基因技术之间的界限将变得越来越模糊。

8.5.4 巴西

巴西主要依据个案原则对新育种技术及其产品进行监管。2018 年，国家生物安全技术委员会宣布了一项决议，规定需要逐案评估新育种技术产品是否含有外源基因，不含外源基因的生物体将不被视为转基因进行监管。政府对每种新型植物或食品的风险水平评估主要基于是否引进了新遗传物质，以及该产品是否已获准在其他国家商业化等方面进行考虑。

8.5.5 阿根廷

阿根廷转基因生物主要由生物安全委员会（CONABIA）根据具体情况进行评估。2015 年，阿根廷制定了全球第一部基因编辑植物监管的专项法规。根据法规规定，CONABIA 必须在 60 天内对生物体是否符合转基因法规作出答复。CONABIA 考虑的方面包括：①过程中使用的技术；②最终产品中的基因变化；③最终产品中没有转基因。

8.5.6 日本

日本基因编辑生物实行注册制度。虽然不含外源 DNA 的基因编辑植物不需要安全或环境评估，但其每次与常规品种或基因编辑品种杂交的后代必须书面告知政府。此外，地方政府也可能对基因编辑作物设定额外的监管要求。目前，日本还没有商业化种植基因编辑作物，但已经推出全球首款可直接食用的基因编辑番茄。

8.5.7 澳大利亚

澳大利亚基因编辑生物体是由基因技术管理办公室根据 2001 年的基因技术法规进行管理的。基因技术管理办公室在 2019 年的修正案中指出，类似传统诱变技术且没有引入外源 DNA 序列的 SDN-1 技术不受监管。澳大利亚对于基因编辑作物的监管介于美国、巴西和阿根廷更为宽松的基因编辑规则和欧盟严厉措施的"中间地带"。转基因食品主要由澳大利亚新西兰食品标准局（FSANZ）进行监管。2019 年 12 月，FSANZ 发布的报告详细说明了如何对新育种技术及其产品进行监管，具体包括：①修订和更新法典中的定义，以适应现有和新兴的生物技术；②考虑基于过程和非过程的定义，以及需要确保新育种技术食品的监管方式与其构成的风险相适应；③确保透明度并提高对转基因和新育种技术食品的认识。

8.6 总结与建议

（1）重点加强种质资源挖掘和利用，支持基因组学和基因编辑等关键技术研究，强化种业原始创新能力

我国生物育种领域科技成果的影响力距离发达国家还有一定差距。为了强化我国生物育种原始创新能力，可以加强以下四个方面：一是重视种质资源保护和利用，充分发挥我国物种资源丰富的优势，收集近缘野生种、稀有农家品种、地方特色作物品种等珍贵种质，构建种质资源基因库和种质资源表型库；二是继续加强对生物育种基础研究的支持，继续实施科技重大专项，加强对植物产量、光合作用、抗胁迫等重要机理的解析，利用基因组学和精准育种技术改良主要动植物遗传性状；三是重视我国在生物育种领域的短板，进一步加强对外依存度较高的大豆、玉米和部分蔬菜育种技术的研发；四是加强基因编辑等核心技术的基础研究，争取未来在生物育种技术产业化过程中拥有自主知识产权。

（2）发展特色作物种业，加快生物育种的国际布局

我国水稻和小麦等主要粮食作物产量已经达到国际先进水平，而大豆、玉米和蔬菜育种水平还需要进一步提高，这一现状与我国以大田作物育种研究为主的布局有关。为了避免同质化竞争，我国应进一步扩大物种开发范围，结合本土优势资源，开发本土特色品种，实现育种产业的多样化和独特性。调整种植业结构，扩大特色作物种植规模，确保特色作物种子需求。完善特色作物种子种苗管理办法和品种登记制度，完善种子种苗质量标准，

规范种子种苗市场管理。加强特色作物品种推介，鼓励特色作物育种企业抢占海外市场，提高我国特色种业国际竞争力。

（3）提升种业企业研发实力，加快科技成果转移转化

与欧美发达国家相比，我国本土育种企业的创新能力还存在很大差距。美国企业在生物育种创新中发挥了核心作用，研究机构主要从事基础原创性研究和公益性质研究，企业和研究机构分工明确，形成了良好的合作关系。我国研究机构不论在基础研究还是技术研发方面均发挥主要作用，与企业分工不明确，导致研发成果与市场脱节，科研成果转化率低。为此，我国应创新科研攻关模式，持续开展农作物良种联合攻关行动，促进尖端技术向种业聚集；坚持市场驱动原则，引导创新主体由科研院所转向企业；探索企业和研究机构合作新模式，鼓励企业与大学、科研院所、第三方平台展开深度合作，支持人才双向流动，推动育种产业升级；鼓励育种企业积极进行全球布局，在境外申请知识产权保护，开拓国外种子市场。

（4）加强公众对话机制，尽快制定适合我国国情的新育种技术监管体系

美国生物育种技术之所以能成功走向市场，离不开开放的创新环境。美国不断简化生物技术监管措施，降低了产品开发成本，加快了产品商业化进程，激发了中小企业的活力。此外，美国民众对生物技术的理解和接受从很大程度上影响了技术监管的决策。目前，随着基因编辑等新技术的出现，未来生物育种领域的格局可能发生重大变化，我国应抓住这一机遇促进本国育种产业升级。但是我国目前的生物技术监管体系存在很多不明确的地方，不能适应现阶段和未来生物育种技术的发展需求。建议我国尽快制定适合本国国情的监管法规，尤其是针对植物基因编辑领域，建立一个基于科学证据、明晰、适中的生物技术监管框架，为生物技术的产业化铺平道路。同时，我国应加强科普工作，提高公民科学素养，构建相关利益方参与的沟通对话机制。

致谢 中国科学院遗传与发育生物学研究所程祝宽研究员、田志喜研究员和中国农业科学院中国水稻研究所王克剑研究员对本章稿件提出了宝贵意见，在此谨致谢忱！

参 考 文 献

国际农业生物技术应用服务组织. 2021. 2019 年全球生物技术/转基因作物商业化发展态势. 中国生物工程杂志，41（1）：114-119.

薛勇彪，段子渊，种康，等. 2013. 面向未来的新一代生物育种技术——分子模块设计育种. 中国科学院院刊，28（3）：308-314.

日本農林水産省農林水産技術会議事務局. 2020. 農林水産研究イノベーション戦略 2020. https://www.affrc.maff.go.jp/docs/press/attach/pdf/200527-2.pdf［2021-04-09］.

日本文部科学省科学技術・学術政策研究所. 2020. 抜粋_農林水産・食品・バイオテクノロジー分野. https://nistep.repo.nii.ac.jp/?action=pages_view_main&active_action=repository_view_main_item_detail&

item_id=6692&item_no=1&page_id=13&block_id=21 [2021-04-09].

日本学術会議農学委員会農学分科会. 2020. 日本における農業資源の潜在力を顕在化するために生産農学が果たすべき役割. http://www.scj.go.jp/ja/info/kohyo/pdf/kohyo-24-h200901.pdf [2021-04-09].

AgFunder. 2021. 2020's agrifoodtech investment story speaks of resilience，maturity & big bets on what comes next. https://agfundernews.com/2020s-agrifoodtech-investment-story-speaks-of-resilience-maturity-and-big-bets-on-what-comes-next.html [2021-03-09].

BBSRC. 2017. Research in Agriculture and Food Security. https://bbsrc.ukri.org/documents/agriculture-food-security-strategic-framework-pdf/ [2021-04-13].

Coherent Market Insights. 2020. Genetically Modified Crops Market To Surpass US$ 37.46 Billion By 2027. https://www.coherentmarketinsights.com/press-release/genetically-modified-crops-market-2825 [2021-04-11].

Dobrovidova O. 2019. Russia joins in global gene-editing bonanza. https://www.nature.com/articles/d41586-019-01519-6 [2021-04-27].

EASAC. 2017. Opportunities and Challenges for Research on Food and Nutrition Security and Agriculture in Europe. https://easac.eu/publications/details/opportunities-and-challenges-for-research-on-food-and-nutrition-security-and-agriculture-in-europe/ [2021-04-09].

EPSO. 2020. Contributions from plant science towards Nutritional Security and human health. https://epsoweb.org/uncategorized/contributions-from-plant-science-towards-nutritional-security-and-human-health/2020/05/11/ [2021-04-13].

ICAR. 2015. Vision for 2050.https://icar.org.in/node/117 [2021-04-21].

IIA. 2020. Israel Innovation Authority Approves Establishment of Genome Editing Consortium. https://www.weizmann-usa.org/news-media/in-the-news/israel-innovation-authority-approves-establishment- of-genome-editing-consortium/ [2021-04-21].

IMOA. 2019. Ministry of Agriculture to encourage development of innovative food products. https://mfa.gov.il/mfa/innovativeisrael/agriculture/pages/ministry-of-agriculture-to-encourage-development-of-innovative-food-products-7-august-2019.aspx [2021-04-21].

ITIF. 2020. Gene Editing for the Climate：Biological Solutions for Curbing Greenhouse Emissions. https://itif.org/events/2020/09/15/gene-editing-climate-biological-solutions-curbing-greenhouse-emissions [2021-04-12].

JST. 2019. Building strong foundations for the transformative research in next generation breeding & bioproduction （Part 1）. https://www.jst.go.jp/crds/pdf/2018/SP/CRDS-FY2018-SP-07.pdf [2021-04-12].

Mckinsey. 2020. The Bio Revolution：Innovations transforming economies，societies，and our lives. https://www.mckinsey.com/industries/pharmaceuticals-and-medical-products/our-insights/the-bio-revolution-innovations-transforming-economies-societies-and-our-lives [2021-05-02].

Ministry of Scieuce and Higher Education of the Russian Federation. 2019. Approval of the Federal Research Programme for Genetic Technologies Development for 2019-2027. http://government.ru/en/docs/36457/[2021-04-13].

MSIT. 2019. 미래농업을 위한 과학기술 전략. https://msit.go.kr/cms/www/m_con/news/report/__icsFiles/afieldfile/2019/04/29/（%EC%95%88%EA%B1%B4）%20%EB%AF%B8%EB%9E%98%EB%86%8D%EC%97%85%EC%9D%84%20%EC%9C%84%ED%95%9C%20%EA%B3%BC%ED%95%99%EA%B8%B0%E

C%88%A0%20%EC%A0%84%EB%9E%B5.pdf［2021-04-21］.

National Academies of Sciences，Engineering，and Medicine. 2019. Science Breakthroughs to Advance Food and Agricultural Research by 2030. Washington：The National Academies Press.

NCAFF. 2016. Decadal plan for Australian Agricultural Sciences（2017-2026）. https://www.science.org.au/support/analysis/decadal-plans-science/decadal-plan-agricultural-sciences-2017-2026［2021-04-21］.

NFU. 2019. The future of food 2040. https://www.nfuonline.com/nfu-online/news/the-future-of-food-2040/［2021-04-21］.

Skinner R，Chew P，Maheshwari A. 2019. The Asia Food Challenge Harvesting the Future. https://www.pwc.co.nz/industry-expertise/global-food-supply-and-integrity/afc-report-112019.pdf［2021-03-13］.

Springmann M，Clark M，Mason-D'Croz D，et al. 2018. Options for keeping the food system within environmental limits. Nature，562：519-525.

USDA. 2020. USDA Casts Vision for Scientific Initiatives Through 2025. https://www.usda.gov/media/press-releases/2020/02/06/usda-casts-vision-scientific-initiatives-through-2025［2021-04-12］.

USDA. 2021. USDA Releases Agriculture Innovation Research Strategy Summary and Dashboard. https://www.usda.gov/media/press-releases/2021/01/12/usda-releases-agriculture-innovation-research-strategy-summary-and［2021-04-12］.

9　北极研究国际发展态势分析

王金平　薛明媚　牛艺博　吴秀平

（中国科学院西北生态环境资源研究院文献情报中心）

摘　要　在全球变暖日益加剧的背景下，北极地区正在经历剧烈的变化过程，其作为气候变化关键指标和气候变暖"放大器"的作用进一步凸显。全球冰冻圈的健康和稳定是气候系统稳定的基石，因此，对北极变化开展持续监测与深入研究具有重要意义。

鉴于北极重要的研究与战略意义，近年来全球主要国家和相关机构不断加强相关研究和政策部署。美国、俄罗斯、加拿大等国及相关国际组织相继制定北极研究计划，布局未来北极研究的重点方向。本章对国际组织以及重要国家相关研究计划和行动进行了梳理。在此基础上，为了解北极科学研究的整体状况和研究热点，本章以 Web of Science 数据库为检索源，分析了国际北极研究的主要研究布局和研究热点。

综合国际相关战略规划内容以及近年来重要的北极相关研究成果，本章从北极海冰研究、北极变暖研究、北极生态系统研究和北极变化的影响研究四个方面梳理了北极研究的重点方向及进展。结合我国北极研究的现状和需求，提出了五个方面的建议：加强对环北极国家相关战略及研究布局的关注；加强与北欧各国的科研合作；加强与俄罗斯的全方位合作；重视航道的开发与建设；加强跨学科综合研究。

关键词　北极　气候变化　文献计量　研究前沿

9.1　引言

北极地区是指北极点以南和北极圈（北纬66°34′）以北的广大区域，总面积为2100万平方千米，约占地球总面积的1/25，所涵盖的陆地面积（包括岛屿）仅占800万平方千米，其余部分均为水域，即占主体地位的北冰洋。北极是地球系统的重要组成部分，全球变暖引起的变化在北极体现得尤为明显。北极地区近年来的气温升幅显著高于全球其他地区，夏季的变暖速度大约是全球平均水平的两倍。海冰面积逐年减少，导致该地区海洋环境发生了前所未有的变化。这种加速升温导致的海冰快速融化的现象被科学界称为"北极放大效应"。预计到21世纪末，北极陆架海夏季将出现大面积无冰区。

北极海冰融化对全球海洋环流产生重大影响，对全球气候系统的影响也越来越显著（UKRI，2019）。海冰加速融化，积雪厚度变薄，导致生态环境产生巨大的变化，带来诸多新的科学问题，比如环境的变化引起北极地区生物多样性减少，外来物种入侵的风险加大。近年来，北极地区的极端天气频发，如北极冬季寒潮或夏季热浪等都与北极平均气候态的变化有关。与此同时，北极是全球气候模型模拟不确定性最大的区域。对于北极气候未来的发展及其对全球气候的影响，目前科学界还未能进行有效的预测。

从战略层面看，北极地区被亚洲、欧洲、北美洲三大洲所环抱，近乎处于半封闭的地理区位，其陆地部分分属于俄罗斯、美国、加拿大、丹麦、挪威、冰岛、瑞典和芬兰8个环北极国家，并蕴藏着丰富的石油、天然气、矿物和渔业资源，这种特殊的地理位置使其成为科学研究和地缘政治利益争夺的焦点。伴随气候变暖，北极地区冰面以每10年9%左右的速度消失，北极航线开通的现实性和重要性极大提升，北极资源开发趋于可行，且开发价值和前景日益凸显。为适应北极环境的快速变化和相关研究需求，主要海洋强国及北极周边国家持续加强其在北极地区的研究部署，以期在资源开发和航道开辟中占据先机。

北极重要的战略地位、逐步凸显的资源价值和诸多前沿科学问题促使北极成为未来全球最重要的研究热点区域（王金平等，2021）。本章采用情报分析方法，对全球北极研究开展定性和定量分析，旨在理清国际主要北极研究战略规划，有助于更加清晰地认识北极前沿科学问题和未来发展方向，对于综合研判北极地区事务发展具有重要价值，为我国对北极地区的研究部署提供借鉴。

9.2 北极战略计划与行动

与北极地区接壤的国家数量众多，包括俄罗斯、加拿大、美国、冰岛、丹麦、芬兰、挪威以及瑞典。随着全球变暖的持续，北极温度不断升高，北极冰盖越来越小，开发难度逐渐降低，在地缘位置、航道、能源等方面的战略价值迅速凸显，各国对北极战略地位和资源价值的关注明显加强。本章节梳理分析了近年来部分国际组织以及美国、俄罗斯、加拿大等国家对北极地区的战略部署和关注重点。

9.2.1 国际组织

9.2.1.1 北极动植物保护工作组发布《北极海洋生物多样性报告》

北极动植物保护工作组（Conservation of Arctic Flora and Fauna，CAFF）2018年发布《北极海洋生物多样性报告》（State of the Arctic Marine Biodiversity Report）（Conservation of Arctic Flora and Fauna，2018），综合评估了北极生物多样性现状，并从协调、方法、海洋哺乳动物、海鸟等10个方面为北极海洋生物多样性的监测提出了建议。评估结果显示：在北极海洋环境中，受食物资源匮乏限制，许多北极物种不得不花费更多体能和时间寻找食物；一些北极物种正在向北迁移和扩散，以寻求更有利的生存条件，这将通过捕食、竞争等物种间相互关系对北极生态系统造成更多的不确定性影响；越来越多的南部物种正在进入北极海域，并可能形成优势种，加剧对北极有限的食物资源的竞争；随着海冰的融化，开放水域持续时间延长，依靠海冰进行繁殖、休息或觅食的物种的栖息地范围将进一步减少；北极海洋物种和生态系统承受来自物理、化学和生物环境的多重压力，正在发生渐进或突然的转变，影响北极的整体生态系统；北极海洋物种罹患传染性疾病的频率正在增加；对于北极地区的自然资源管理人员来说，确定压力源及其可能带来的潜在影响，有助于为未来北极管理做好准备。报告基于以上评估结果，从 10 个方面为北极海洋生物多样性监测提出建议。

（1）加强北极研究各个层面的协作

①从战略角度布局北极研究站和监测船；②确保研究站全年运行，以更好地促进研究；③鼓励国家协作，从而实现整个北极地区数据的标准化和整合；④统一收集和管理数据；⑤鼓励各国精诚合作，推动监测计划的顺利实施；⑥分享当地、国家、地区和全球层面的成功经验；⑦加强自然保护区之间的协作。

（2）确保北极研究方法的标准化

①确保北极监测计划以生态系统为基础，以提高对生态系统功能及其组成部分相关性的理解；②采用标准化的分类鉴定方法，以便生产可比性数据；③对抽样和分析人员进行统一培训；④在科学家和公众之间建立双向交流通道，构建社区监测网络；⑤构建海洋专家网络，向决策者提供专业信息和建议。

（3）重视传统知识和当地知识（traditional and local knowledge，TLK）

①基于 TLK 设计和实施监测计划；②建立与当地居民之间的伙伴关系，有助于数据的收集和知识体系的完善；③基于 TLK 以及北极状况的科学信息，评估北极物种的健康水平并管理狩猎活动。

（4）弥合认识缺口

①加强对海冰生物群、浮游生物等敏感生物的监测；②针对重要的生物类群和关键的生态系统功能制定监测计划；③基于 TLK、监测数据、科学知识构建开放的知识共享平台。

（5）加强对海冰生物群的监测

①统筹建设监测网；②出台标准化的监测方案，包括样品采集、保存、显微分析、遗传分析和数据共享等；③巡航期间，在漂流的海冰上建立临时监测站；④使用冰下拖网、遥控车辆等收集海冰中的大型浮游动物群样本。

（6）提升对浮游生物监测的标准化水平

①按照标准化方案监测浮游生物，包括样品采集和保存、微观分析、遗传分析以及统一分类等；②构建可公开访问的国家数据中心，确保科学家之间的数据共享；③培训能够使用分子技术等高新技术进行浮游生物采样和物种分析的专业人员；④通过长期资助制定

年度浮游生物监测计划，将冰岛和挪威，以及格陵兰岛正在运行的监测站纳入考虑，统筹新设北极监测台站，确保监测网在泛北极地区的全覆盖；⑤构建监测指标体系。

（7）定期开展对底栖生物的监测

①定期对北极地区底栖生物进行标准化监测；②强化对微型、中型和大型底栖动物群体的监测；③从地区研究计划中收集信息，但不进行常规的底层鱼类、贝类拖网调查；④调查北极盆地、北极群岛及北极生物"热点区"等人迹罕至地区的生物信息；⑤常规渔业调查、底拖网鱼类资源调查是最适合用于长期监测北极大型底栖生物的方法；⑥建议通过分类识别、跨区域协作开展北极地区底栖生物调查；⑦将 TLK 作为了解北极底栖生物群落变化的宝贵资源。

（8）加强对海洋鱼类的评估

①除渔业相关计划外，制定专门的监测计划；②评估鱼类丰度和分布的变化；③通过土著居民监测海洋鱼类；④通过实验研究分析生物和非生物胁迫（如温度、盐度、酸度和疾病）可能对鱼类造成的影响；⑤确保渔业数据的准确性，并构建海洋鱼类捕捞数据库。

（9）系统化监测海鸟

①在海鸟活动的热点地区新增监测点；②对海鸟群落的饮食、生存措施等进行更加系统的监测；③综合使用针对性调查和个体追踪法开展海鸟研究。

（10）拓展海洋哺乳动物监测网络

①在现有国际监测计划的基础上，拓展海洋哺乳动物的监测内容，将海洋哺乳动物的健康、被动声学、栖息地变化等纳入监测计划；②获取有关海洋哺乳动物种群数量、密度和分布的更多知识，以了解气候变化、海冰损失对海洋哺乳动物的影响，从而方便管理者采用适当的方式管理北极海洋哺乳动物种群；③鼓励土著居民参与监测计划的设计和实施，方便科学家与 TLK 持有者建立密切的合作关系；④鼓励跨学科研究人员合作研究，以更好地理解北极地区复杂的时空变化和生态系统变化。

9.2.1.2 全球资源信息数据库-阿伦达尔中心发布《不断变化的北极沿海和近海多年冻土》报告

随着气候变暖，北冰洋沿岸多年冻土（即在一定深度以下长年处于冻结状态的土壤）环境正在发生巨大变化。虽然陆地多年冻土对气候变暖的退化响应一直是广泛调查的主题，但沿海和近海环境的相关变化及其对沿海社区和生态系统的影响，科学界仍然知之甚少。全球资源信息数据库-阿伦达尔中心（GRID-Arendal）在 2020 年发布了题为《不断变化的北极沿海和近海多年冻土》（Coastal and Offshore Permafrost in a Changing Arctic）（GRID-Arendal, 2020）的报告，该报告提出快速响应评估（RRA），旨在提高人们对沿海和近海多年冻土重要性的认识，并确定对地球科学相关研究的迫切需求。RRA 主要关注北美西部地区，那里的近海地区广泛分布多年冻土，海岸也正经历着坍塌和退缩，有的已经延伸到了北极其他地区。除了科学考察之外，报告中包括的与加拿大西部北极地区社区居民的讨论对这项评估的重点产生了影响。几十年来，北极居民一直关注着正在发生的气候变暖和冻土退化，这些变化不断威胁着许多沿海城镇和村庄的生产和生活。当地居民与政府合作，正在寻求应对海岸线侵蚀和地面沉降的科学和工程解决方案。对多年冻土及与其退化相关的地质作用的科学认识不足，阻碍了有效解决这些问题的政策和措施的制定。因此，迫切需要加强当地社区和政府与科学研究的合作，共同设计更多的监测、测试和建模研究。同时，将当地居民经验知识结合起来，并招募土著青年参与到所开展工作的方方面面，以成功制定减缓变暖战略、保护北极地区原住民及其生存环境。报告评估显示，科学工程界以及北极政策制定者应采取措施填补沿海和近海多年冻土当前存在的重大知识空白。生活在沿海地区的北极居民以及国际社会迫切需要加强对这些知识缺口的行动，以应对气候变暖的持续影响。北极居民必须更加积极地参与到沿海多年冻土研究中来，参与科学工程活动的设计和施工。该评估报告强调，陆地、海岸和近海多年冻土环境之间既有各自的独特过程又存在相互联系。研究重点主要集中在受海平面上升影响的北美西部沿海地区，其陆地和近海多年冻土主要由高冰含量沉积物而非基岩组成。由于这一地区的地质与西伯利亚北部及其他地区相似，这使得研究结果可以扩展到北极其他地区。该评估包括以下几个方面。

（1）概念界定

沿海和近海多年冻土的含义；多年冻土条件和北极沿海环境变化图件的绘制。

（2）原位关键参数

包括记录地面温度变化、活动层厚度、地面运动（如沉降、隆起或蠕变）、碳循环成分的量化、气候和/或海洋动力学与地质过程相结合的评价。

（3）主要参数

包括含冰量、土壤含水量、粒度分布、渗透率、强度特性、地球化学、生物地球化学和矿物学。

（4）地球物理研究技术

多年冻土分布、沉积物/地下冰分布、海底绘图和变化探测的几种技术。

（5）卫星观测设备

能够调查和监测土地覆盖、水文、海冰过程和冻土特征变化（如退缩性融陷发展、湖泊扩张、苔原绿化、海岸侵蚀、滨岸和近海冻胀丘生长、海平面变化和地面运动）的多种仪器传感器。

（6）无人机监测设备

飞机可以像卫星一样携带传感器系统，同步提高空间分辨率，还可以直接测量大气过程。虽然无人机的有效载荷较轻，但随着新型小型化传感器的快速发展，无人机遥感也可以提供非常详细的调查信息。

9.2.1.3　RRA 审查北极居民的紧急研究需求

RRA 审查了北极居民和受北极海岸线变化影响最严重的人们已经确定的紧急研究需求。在北极变暖的背景下，还考虑了在全球范围内多年冻土融化过程可能产生的反馈。其目标是对研究需求进行指导，并为这些需求的解决提供远景目标。RRA 的评估主要考虑加拿大西北部和阿拉斯加沿海与近海研究需要，但该结果与具有相似地质条件和冻土条件的西伯利亚沿海地区有一定的相关性。RRA 的关键是吸纳了北极居民对沿海多年冻土问题的意见以及他们对未来的担忧，他们每天都在努力解决这些问题。作为评估的一部分，与加拿大西部北极地区伊努维克（Inuvik）和图克托亚克图克（Tuktoyaktuk）居民的讨论对这项工作的重点产生了影响。通过评估，该报告针对以下三个方面提出了北极海冰和冻土变化需要解决的科学问题。

（1）气候变化背景下升级北极社区基础设施

①海岸侵蚀，保护社区和有价值的文化遗址；②量化沿海灾害战略，翻新和改善建筑物、道路和机场的基础设施；③改进适合北方环境的工程解决方案。

（2）应对环境问题威胁

①景观和水文机制迅速变化问题，这影响了陆地和海洋的可达性、居民的安全和生物物理环境；②了解污染物迁移与气候变暖导致的多年冻土相关的风险。

（3）加强北极研究中的当地参与

①将传统知识纳入科学议程；②提高土著青年对科学的参与度，引导北极居民直接参与科学研究和后勤保障；③增强北极居民制定北极本土发展科学议程的能力。

基于上述科学问题，报告针对未来需要开展的科学研究提出了以下建议。

（1）加强社区基础设施建设，以应对极端天气

针对海岸侵蚀和风暴潮频发，应做到：①改进海岸侵蚀模型以及在不同冻土和地质背景下多学科融合的海岸过程监测和研究；②开展新的试验和建模，以量化侵蚀过程的热力学变化，并评价减缓沿海侵蚀措施的效果；③与当地社区合作，制定可持续的海岸侵蚀减缓战略，以适应北极面临的独特挑战；④制定沿海危险评估的最佳方案，同时考虑北极沿岸常见的独特因素；⑤加强对北极海域海平面变化和风暴影响的监测，重点关注临危的社区和脆弱的生态系统。

（2）开发基础设施并开展多年冻土工程

①进行室内测试，以量化多年冻土的工程性质以及它们在气候变暖和融化时的变化程度；②对目标社区中不断变化的陆地多年冻土（热状态、冰含量、渗透性和沉积物强度）

进行地质和岩土工程调查；③开发新的多年冻土基础设计方法，以适应高冰含量多年冻土的融化；④通过策略性的海洋地球物理/地质调查，增进对海底多年冻土分布及其性质的了解；⑤进行科学的取芯钻探，以记录陆地和海底深层冻土的性质和稳定性；⑥结合钻井数据、野外地球物理调查和遥感信息，绘制与当前和未来工程项目相关的地质灾害地图。

（3）加强对生态系统的监测和认识能力

针对陆地和海洋生态系统响应包括：①在北极沿海社区进行最先进的气候和气象监测，以捕捉影响陆地和海洋生态系统的各种气候变化；②研究水域开放季的延长和水文机制的变化对多年冻土性质和区域气候的影响；③在具有代表性的沿海多年冻土区进行多学科实地研究，以评估景观变化和生态系统影响（包括污染物的释放、植被变化、水文、生存资源获取、微生物学等）；④利用遥感数据集反演近地表多年冻土现状；⑤进行湖泊取芯和古生态研究，以改进对未来环境变化速率的建模和评估；⑥开展新的野外研究和开发新的野外研究技术，以提高对陆地和近岸冻土动力学的了解；⑦改进多年冻土中有机碳储量和相关微生物学的特征和定量研究，包括多年冻土融化时释放的有机碳。

（4）追踪污染物活动轨迹

①开展实验室研究，记录各种冻土沉积物的渗透性，以及影响冻土层升温和融化过程中污染物迁移的地球化学过程；②建立多学科的实地研究和监测项目，以研究污染物从多年冻土向北极海岸特有环境的迁移过程；③评估现有废物设施的回收策略，并开发现代设施和技术，以适应不断变化的多年冻土环境；④对变暖的多年冻土内的废物处置地点进行监测研究，以确定其工程表现及评估对环境的影响。

（5）提升当地社区参与度

①各国和国际研究机构应努力开展共同研究项目，解决北极居民确定的关键问题和挑战，包括共同投资北极地区青年教育和培训的战略；②尽可能将沿海环境的传统生态知识纳入研究项目中；③增加沿海科研项目，加大北极居民参与北方后勤保障和科研工作的力度。

9.2.1.4　机构间北极研究政策委员会发布《2022～2026年北极研究计划草案》

2021年3月4日，机构间北极研究政策委员会（Interagency Arctic Research Policy Committee，IARPC）发布了《2022～2026年北极研究计划草案》（Draft Arctic Research Plan 2022～2026），并在当年6月11日之前征求公众意见。《2022～2026年北极研究计划草案》确定了美国机构间的协作和伙伴关系的优先事项，旨在提升各国联合开展北极和北极居民研究资助的价值。通过应对迫切的北极研究需求，该草案能够加深对北极的认识，为政策和计划决策过程提供指导，同时推动北极乃至国际社会的福祉。该计划确定了4个优先领域，每个优先领域均设定了一个广泛的跨领域目标，体现了通过研究资助实现的预期综合成果。①社区韧性和健康。目标：通过加强有助于增进对北极相互依存的社会、自然和人为系统认识的研究，从而提升社区的韧性和福祉。②北极系统相互作用。目标：提升对北极系统动态及其与整个地球系统相关联的观测、认识和预测能力。③可持续经济和生计。目标：监测、维持并积极适应北极的自然、社会和人为系统，以推动可持续经济和生计。④风险管理与灾害减缓。目标：通过认识灾害暴露风险、对灾害的敏感性和适应能力，保障并提高生活质量。除了确定 4 个优先领域外，该计划还提出了 5 项基础活动，包括：①协同生成知识并开展北极当地牵头的研究；②数据管理；③教育；④监测、观测、建模和预测；⑤技术应用和创新。

9.2.2 美国

21 世纪以来，美国对北极地区的重视程度不断提升。2009 年，美国总统布什签署以"美国北极地区新政策"为主题的第 66 号国家安全总统令，以此指导美国的北极相关行动。以此为起点，美国的北极研究进入新阶段。在此之后美国陆续出台了若干北极研究计划，全面部署对北极的研究和开发。为了进一步加强美国北极地区事务的协调，2020 年 9 月，由美国能源部牵头在阿拉斯加州成立了北极能源办公室，以领导北极地区跨部门行动，并代表国防部参与北极事务（Department of Energy，2020）。从近年来美国联邦层面和职能机构的相关布局看，美国对北极地区的政策规划逐步呈现完整的体系。

9.2.2.1 国家层面布局

为适应北极环境的快速变化和相关研究需求，应对北极地区所面临的经济、环境和文化挑战，确保美国在北极研究领域的引领地位，2016 年 12 月，美国政府发布了《北极研究计划（2017—2021）》（The National Science and Technology Council，2016），报告明确了美国此后 5 年在北极研究方面的主要目标：加强对决定健康因素的了解，改善北极居民福祉；加强对北极大气成分和动力机制变化及其导致的地表能量循环过程的理解；加强对北极海冰覆盖变化的理解并预测的能力；加深对北极海洋生态系统结构和功能及其在气候系统中作用的理解并提高预测能力；了解和预测冰川、冰帽和格陵兰冰盖的物质平衡及其对海平面上升的影响；推进对多年冻土动态变化过程及其反馈影响的认识和理解；推动对北极陆地与淡水生态系统及其未来潜在变化的认识；提升沿海社区的适应力，改进海岸带资源管理；加强环境信息采集和分析，加强应用于决策支持的框架构建。基于美国极地地区国家战略利益的需要，美国国会于 2017 年要求美国国家研究理事会（NRC）对联邦政府建设极地破冰船的使命和能力等进行评估，之后发布的题为《满足国家需求的极地破冰船的获取和运行》的报告主要从美国破冰船的使命、目前的破冰能力、当前和未来的需求以及研究发现等方面进行了分析。报告指出，美国必须保护其公民、自然资源和经济利益，确保极地地区的安全和主权，为科学研究活动提供保障（National Academies of Sciences，Engineering，and Medicine，2017）。此后，在美国国家科学技术委员会（NSTC）2018 年 11 月发布的题为《美国国家海洋科技发展：未来十年愿景》（The National Science and Technology Council，2018）的报告中，确定了 2018～2028 年海洋科技发展的迫切研究需求与发展机遇，以及未来十年推进美国国家海洋科技发展的目标与优先事项，其中了解北极变化是确保海上安全的 3 个目标之一：许多国家都有兴趣了解北极的恶劣环境及其资源。

对北极的研究受科学好奇心与商业利益的推动。虽然关于北极航运的未来以及西北航道、北海航线和潜在的跨极航线的相关活动的意见各不相同，但北极的变化，特别是海冰的减少，导致船舶交通量和自然资源开采的增加是显而易见的。这些事态的发展会影响到国土和国家安全行动。

9.2.2.2　重要机构布局

美国国家科学基金会（NSF）是美国乃至全球最重要的基础科学研究资助机构，近年来推出多项专门针对北极研究的资助行动。2014 年，NSF 宣布每年出资 2500 万美元资助共计有 75 项课题的"北极研究机遇计划"，针对北极自然科学、北极系统科学、北极社会科学、北极观测网络和极地基础设施 5 个领域开展研究（NSF，2014）。2015 年，NSF 宣布与美国国家地理空间情报局（NGA）合作开发高分辨率北极地形图，将首次提供包括阿拉斯加地区在内的整个北极地区的地形图（NSF，2015）。2016 年，NSF 宣布投资 590 万美元，创建一个新的北极数据中心，全面提供数据的存储、管理和发现功能以支撑北极研究，此外，还将致力于激发研究人员提升支持开放、可再生的北极科学研究的能力（NSF，2016）。NSF 于 2018 年推出了在未来重点支持的十大创新构想研究计划，在公布的十大构想中，新北极航行计划与资源环境领域关系最为密切。NSF 发布的《新北极航行计划项目声明》（Navigating the New Arctic Program Announcement）（NSF，2018）明确了该计划的 3 个主要目标：提高对北极变化及其对全球影响的理解；实现多学科交叉，注重探索生态环境与社会经济系统的联系；服务美国国家安全和北极地区可持续性提升。同时报告还明确了重点关注的 5 个研究方向：①注重观测网络建设、仪器、技术方面的创新，以提升数据共享水平，实现数据智能管理与分析，注重自然生态系统和社会经济系统的综合模拟；②开展综合模拟与预测，分析北极地区生物地球化学、地球物理、生物、生态、制度与社会等要素间的相互依存关系与变化趋势；③开展面向北极当前及未来挑战的基础科学与工程研究，重点瞄准可持续性、适应性、恢复力等影响区域系统稳定性的方向；④推进综合研究，探索北极居民自然和文化景观之间的复杂关系；⑤理解和预测由北极变化引起的全球变化及其后果与机遇。注重多学科交叉是此次构想研究的一个重要特点，这一点在新北极航行计划中体现得最为突出。该计划在注重基础观测的同时，希望通过纳入社会经济研究方法重点突破区域人地关系及反馈机制，实现北极地区的稳定与可持续发展。

作为美国最重要的海洋管理和研究机构之一，美国国家大气与海洋管理局（NOAA）在海洋和极地方面的相关布局具有重要的代表意义。2011 年 2 月，NOAA 发布了《北极远景与战略》报告，指出其北极研究的主要目标包括：①利用定量化的海冰逐日预报到 10 年预报，支持安全工作和生态系统管理。②加强基础科学研究，理解和探测北极气候和生态系统变化；提高气象和水文预测和预警；加强国际和国内合作；提高北极地区海洋及近海资源的管理水平；促进具有恢复力的、健康的北极生物群落和经济（NOAA，2011）。2014 年初，《美国北极地区国家战略行动计划》明确了美国旨在推进北极地区的安全和利益的立场（White House，2014）。为了落实和响应此战略，2014 年 4 月，NOAA 推出了《北极行动计划》，以支撑美国在北极区域的国家战略，指出 NOAA 未来面临的关键事项包括：提升对北极天气和海冰预报的能力；加强北极生态系统的科学研究；支撑基于科学的自然资源管理保护；提升北极测绘与制图；提升北极环境事件的预防和响应能力（NOAA，2014）。为了追求北极领导权，美国政府通过科学研究和传统知识，提升对北极的认识，保护北极环境和北极自然资源，利用综合方法平衡经济开发、环境保护和文化价值，对北极地区进行测绘。在北极航道方面，NOAA 不断加强对该地区海图的升级工作，并于 2015 年发布《北极航道绘图计划》（NOAA，2015），致力于改善北极附近日益增加的船舶航行条件。

NOAA 于 2020 年发布了《海洋、沿海及大湖区酸化研究计划 2020—2029》（Ocean, Coastal, and Great Lakes Acidification Research Plan：2020-2029）（NOAA，2020），主要包括 3 个主题：①通过监测、分析和建模来记录和预测环境变化；②表征和预测物种和生态系统的生物敏感性；③了解海洋、沿海和大湖地区酸化对人类的影响。新计划从美国国家层面和区域层面对美国海洋酸化的未来研究方向进行了规划。在该计划中对北极地区酸化主要实现 7 个目标——研究目标 1：开展有针对性的观测和过程研究，以提高对海洋酸化动力机制和影响的理解；研究目标 2：建立能够模拟精细海洋酸化过程的高分辨率区域模型；研究目标 3：开展海洋酸化对重要经济和生态物种影响的实验室研究；研究目标 4：进行生态系统研究以评估海洋酸化的影响；研究目标 5：开发生物预测和预报能力；研究目标 6：支持 NOAA 对美国北极渔业管理的贡献；研究目标 7：评估对海洋酸化与环境变化耦合的区域适应策略。

9.2.3 俄罗斯

俄罗斯北极地区资源丰富，天然气开采量占全国的 80%以上，北极资源开发对于俄罗斯国家发展具有十分重要的意义。俄罗斯以资源和领土为目标的北极行动策略十分明显。为了进一步摸清北极地质构造和资源状况，2010 年，俄罗斯投入 14.8 亿卢布专门开展了北冰洋大陆架地质调查工作，并建成新的北极科考站。2012 年，又拨款 8.3 亿卢布用于收集北冰洋大陆架的原始数据。俄罗斯近年来的北极科考行动，一个重要的目的是证明北极地区是其大陆架的自然延伸，为进一步开发北极提供依据。为了从战略层面进一步提升对北极的重视，俄罗斯政府于 2015 年 7 月发布新版《海洋学说》，首次将南北极海域列入了利益范围，并详细规定了俄罗斯在北极地区的任务。为了进一步为北极资源和北极航道的开发提供指导，强化俄罗斯未来在北极各方面事务中的优势，俄罗斯于 2019 年底和 2020 年初相继发布《2035 年前北方航道基础设施发展计划》和《2035 年前俄罗斯联邦北极国家基本政策》，指出将促进对北极自然资源的大规模开采，研发和应用相关国防安全技术，加强对自然灾害的研究和气候变化对基础设施的影响的研究，完善北极科考船队，为北极研究和相关活动提供保障。2020 年 10 月，普京批准《2035 年前俄罗斯联邦北极地区发展和国家安全保障战略》，落实《2035 年前俄罗斯联邦北极国家基本政策》，保障北极地区国家利益，实现北极政策目标。一系列新文件的出台为俄罗斯北极资源的开发提供了政策保障。

虽然俄罗斯在北极的开发受到经济基础薄弱、资金缺乏、北极地区人口减少和人才短缺等因素制约，但近北极的地理特点使俄罗斯北极研究开发具有独特优势。另外，俄罗斯在建造高级破冰船、核动力破冰船等特殊船舶方面具有雄厚的技术积累，是其北极研究和开发的重要支持。

俄罗斯对北极领土和资源权益的急切心态和相关行动，引起了美国等其他环北极国家的关注。美国战略与国际问题研究中心（CSIS）分析了俄罗斯的北极战略及其对日益脆弱的北极生态系统的影响（郭培清和邹琪，2019），表达了对俄罗斯北极战略破坏北极生态环境的担忧，并呼吁俄罗斯北极战略应以保护北极生态环境为重点。

9.2.4 加拿大

加拿大是北极地区重要的国家之一。加拿大政府充分认识到北极对于国家生存发展的重要意义，将北极视为其历史遗产与国家身份的重要组成部分。作为北极领土主张和北极研究开发的前期准备，早在 2008 年，加拿大就投资 1 亿美元开展了一项为期 5 年的大型北极测绘项目。加拿大北极战略主要集中在行使加拿大对北极的主权、促进社会和经济发展、保护北极的环境遗产和提高北极治理等 4 个方面。

为保障北方地区的可持续性发展，加拿大政府大力支持北极地区科学研究活动，这些研究为北极地区的资源勘探提供了重要信息，为北极居民创造了就业和商业机会。2008～2013 年，加拿大政府为面向资源勘探的地理测绘计划提供了 1 亿美元资助，以帮助私营勘探公司的投资决策、建立公园和保护区等。此外，加拿大还致力于在高北极地区建立新的研究站，以支持在该区域的科学研究活动。

加拿大政府于 2019 年颁布的《加拿大北极与北方政策框架》（Canada's Arctic and Northern Policy Framework）（Government of Canada，2019），提出了加拿大北极政策的 8 个目标，重点聚焦于居民健康、基础设施建设与经济发展，该政策框架将用于指导加拿大政府至 2030 年的北极投资和活动。该政策指出，执行新的北极政策离不开各相关利益方的通力合作。为此，在新北极政策制定过程中，加拿大联邦政府首次邀请了众多相关利益方的参与，包括因纽特人、第一民族（即印第安人）、梅蒂人等原住民团体，并在政策文件中首次单独为相关原住民、地方政府设置章节，以充分展现他们的利益诉求和愿望。例如，第一民族和育空地区政府合作，共同撰写了单独章节，反映了他们共同但有区别的利益诉求；第一民族、梅蒂人与西北地区政府合作，起草了新北极政策中的西北地区章节。

加拿大政府的北极与北方政策的目标具体包括以下几个方面。

（1）消除土著地区的社区发展差距

在北极和北部的土著人民与大多数其他加拿大人之间的健康和社区发展成果存在着不可接受的差距。该地区健康状况不佳与治疗选择权不足和严重的社会问题直接相关。子目标包括：消除贫困；消除饥饿；消除无家可归和人满为患；降低自杀率；加强该地区人民的身心健康；通过关注教育、文化、健康和福祉，创造一个让孩子茁壮成长的环境；缩小教育成果的差距；提供持续的学习和技能发展机会，包括基于土著的知识和技能；加强跨越国际边界的土著文化和家庭联系；解决针对土著妇女和女童的一切形式暴力行为的系统性原因；结束土著民在加拿大刑事司法系统中的过渡期；对司法问题采取与文化相适应的方法，如恢复性司法措施和其他替代监禁的措施。

（2）加强基础设施建设

加拿大正在投资改造基础设施走廊，以实现更有效的通信、清洁能源和交通。还需要解决气象和气候监测方面的不足，特别是在对气候敏感的领域。子目标包括：重大基础设施项目投资；为所有人提供快速、可靠和价格合理的宽带连接；扩大多式联运基础设施及运营，将社区与加拿大和国际机遇联系起来，并改善获得基本服务的机会；建设宽带、能源、交通、水电等综合走廊；在所有社区实现能源安全和可持续性，并改善获得可靠、负担得起和清洁能源解决方案的途径；将应对气候变化的能力融入新的和现有的基础设施；加强包括社会基础设施在内的基层基础设施建设；加强收集和使用气象和气候数据的监测基础设施建设。

（3）发展强劲、可持续、多元且包容的地方和区域经济

强劲的经济有助于北极和北部社区的恢复力和可持续发展，造福所有加拿大人。子目标包括：增加土著居民对经济的参与；发展北方和北极经济，使北方人和所有加拿大人受益；增加对加拿大北极和北方地区财富的保留；减少收入差距；推动创新，支持对寒冷气候资源开采的投资；优化资源开发，包括采矿和能源部门，同时确保以负责任、可持续和包容的方式进行开发；提供必要的支持，帮助企业成长；在坚实的经济基础上，通过创新和伙伴关系促进经济多样化；增加贸易和投资机会；最大限度地利用基础设施投资带来的经济机会。

（4）加强加拿大的北极知识生成

加拿大的北极和北方地区是国内外科学家和其他研究人员非常感兴趣的地区。该区域正在进行的研究和观察将努力解决知识差距。子目标包括：确保北极和北方人民在发展研究和其他知识创造议程方面发挥主导作用；确保北极和北方人民拥有参与知识创造过程各个方面的工具和研究基础设施；加强对卫生、社会科学和人文研究的支持；在创造和储存知识，平衡伦理、可及性和文化的过程中赋予土著人民自主决策权；加强国际极地科学和研究合作，充分吸收土著知识；与合作伙伴一起实施他们的研究策略；根据广泛共享的社区和经济发展需要，开发创新的技术解决方案；支持发展专门针对北极和北方人口的数据收集、生产和测量；减少土著知识拥有者个人和组织获得研究资金的障碍。

（5）实现健康的北极生态系统

加拿大北极地区的气温上升速度是全球平均水平的 2～3 倍，给北极和北方地区的社区、生态系统和基础设施带来了巨大的压力。子目标包括：加快并加强国内外温室气体和短期气候污染物的减排；确保生态系统和物种的保护、恢复和可持续利用；支持土著人民可持续利用物种；以整体和综合的方式进行北极和北方环境的规划、管理和开发；与各领土、各省和土著人民合作，确认、管理和保护具有文化和环境意义的地区；通过监测和研究，促进对气候变化影响和适应选择的更深入了解；加强对气候适应和恢复力工作的支持；加强对生态系统和生物多样性、脆弱性以及环境变化影响的理解；确保安全环保的运输；解除或修复所有受污染的场址；加大区域、国家和国际污染防治力度。

（6）通过基于规则的国际秩序应对新的挑战和机遇

环北极地区以其稳定和高水平的国际合作而闻名，这是北极在规则基础上建立的强大

国际秩序的产物，加拿大在塑造中发挥了重要作用。子目标包括：加强加拿大在讨论和决定极地问题的多边论坛中的领导作用；加强北极和加拿大北方地区在有关国际论坛和谈判中的代表权和参与度；加强与北极及主要非北极国家和参与者的双边合作；更加清晰地界定加拿大在北极的海洋区域和边界。

（7）保障北极及当地居民的安全

同加拿大其他地区一样，在北极和北方地区，安全、保障和防卫是实现健康社区、强大经济和环境可持续性的基本先决条件。子目标包括：加强加拿大与国内外伙伴在安全、保障和防务问题上的合作与协作；加强加拿大的军事力量，预防和应对北极和北方地区的安全事件；加强加拿大在北极和北方地区的领域意识、监视和控制能力；强化加拿大的立法和管理框架，管理北极和北方地区的运输、边界完整和环境保护；提高北极和北方社区的全社会应急管理能力；通过有效及符合文化的预防罪案措施及警务服务，支援社区安全。

（8）加深原住民和非原住民间的关系

治理改善和权力下放，使加拿大北极和北方地区的所有人都能更好地规划自己的生活，这将为推动原住民与非原住民之间的和解奠定基础，建立长期能力，并有助于建设更健康、更有韧性的社区。子目标包括：尊重、维护和执行北极和北方土著人民的权利；改变联邦运作方式和流程，以支持提高北极和北方土著人民的自主决策权和代表性，并认识到北极和北方各土著和政府的独特运作环境；确保北极和北方土著人民有机会、有选择和有能力同皇家-土著关系和北方事务部缔结条约、协定和其他建设性安排，为持续的关系奠定基础；恢复、振兴、维护和加强北极和北方土著人民的文化，包括其语言和知识体系；完成还未完成的权力下放承诺，包括努纳武特的土地、内陆水域和资源管理的权力下放；与土著政府和组织、各省、各地区及其他伙伴合作，缩小北极和北方土著人民与其他加拿大人之间的社会经济差距；继续纠正过去在土著人民问题上的错误。

为了更好地指导加拿大未来的北极投资和活动，2020年11月5日，加拿大北方事务部宣布，将通过"海岸环境基线计划"为努纳武特伊魁特的2个海洋环境数据采集项目提供资助，加强北极海洋生态系统的研究。

9.2.5　北欧地区

在环北极国家中，挪威、瑞典、芬兰、丹麦和冰岛5个北欧国家虽然国力相对较弱，但在北极开发和研究中的作用和地位却十分重要。非环北极国家在北极地区的考察和研究活动往往会寻求与北欧五国的合作。北欧五国在各自北极研究和开发政策方面各具特点，但整体上是根据自身发展的现实经济需求和长远国家战略利益需求，积极主张巩固和拓展各自既有北极话语权和资源利益。2018年11月13日，北欧五国在奥斯陆召开国防部长会议并签署《北欧防务合作愿景2025》，表现出加强自身安全防卫能力的意愿（CSIS，2018）。为了维护各自在北极的利益，合力应对美国和俄罗斯等大国的强势竞争，北欧五国合作开展北极研究和开发的意愿将进一步加强，未来北欧五国在北极事务中的作用将愈加重要。

（1）挪威

挪威是率先批准《联合国海洋法公约》的国家之一，2006 年又向联合国申请在北极的第三区域——北冰洋、巴伦支海和挪威海地区扩大专属经济区的范围（张文木，2016）。2009年 3 月出台的北极战略报告《北方的新进展：挪威政府北极战略的下一步》指出，挪威在北极问题上的行动方向包括气候和环境研究、北极监测、海洋能源资源开发、商业活动和基础设施建设等。挪威的北极战略对国际社会意义重大。一方面，挪威作为唯一与俄罗斯接壤的北约国家，成为了北约共同应对俄罗斯北极行动的前线；另一方面，挪威巴伦支海的石油和天然气是欧盟能源的重要来源地。在地缘政治和资源利益的影响下，对北极区域的研究和开发将成为挪威政府未来关注的重点。斯瓦尔巴群岛的特殊地位将进一步得到强化，为挪威开展北极研究和参与北极事务提供条件。

（2）瑞典

虽然瑞典不与北冰洋接壤，但也积极寻求在北极地区拥有更多的话语权，寻找空间来扩大北极事务的参与度。瑞典于 2011 年发布《瑞典北极地区战略》，从历史联系、安全政策、经济纽带、环境与气候、调查研究和文化等 6 个方面阐述了瑞典与北极的联系，表明瑞典参与北极事务的立场。其关注领域包括气候与环境、经济发展、北极权益和人文发展等方面。2016 年 11 月，瑞典发布《北极恢复力报告 2016》（Stockholm Environment Institute，2016），报告就如何正确认识北极变化、如何应对北极变化和如何提升北极适应力等问题提出了具体的解决思路，对于全球共同应对北极变化乃至全球变化具有积极的借鉴价值。长期的北极商业活动为瑞典积累了丰富的北极开发经验，使其在极地采矿业和北极环境研究方面处于全球领先地位。提升北极事务的参与度，加强环境研究和北极产业发展，利用国际合作平台扩大在北极事务中的影响力将成为瑞典的战略重点。

（3）芬兰

芬兰对北极资源可持续利用、环境保护和居民福祉的关注尤为显著。芬兰于 2013 年发布了新的北极战略，其北极战略呈现 5 个特点：强化其环北极国家的身份；重视在国际法框架下的北极合作；积极推动北极科技合作；支持欧盟参与北极事务；推动北极理事会在北极治理中的作用（孙凯和吴昊，2017）。指出将充分发挥技术和人才优势，积极推动北极资源可持续利用，在北极研究和相关活动中寻求更加密切的国际合作。芬兰在北极地区有多方面的利益，北极国土安全和北极环境变化的影响是其重点关注的方面。在未来北极研究中，芬兰领先的环境技术、技术建设及北极航运方面的优势将成为其竞争力的重要基础。

（4）冰岛

冰岛于 2011 年发布《关于冰岛北极政策的议会决议》，标志着冰岛全面系统的北极系统性的政策正式形成（钱婧和朱新光，2015）。其政策特点包括：重视发挥北极理事会的主导作用；注重北极地区的生态环境保护，确保北极资源的可持续利用；寻求引领全球北极相关科学研究；重视北极环境变化带来的新的发展机遇。气候变化带来的北极生态环境变

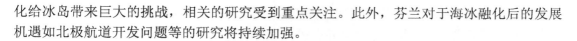

化给冰岛带来巨大的挑战，相关的研究受到重点关注。此外，芬兰对于海冰融化后的发展机遇如北极航道开发问题等的研究将持续加强。

（5）丹麦

丹麦在北极相关事务中表现活跃。早在 2008 年 5 月，丹麦联合加拿大、美国、俄罗斯和挪威代表在格陵兰岛发布了《伊卢利萨特宣言》（曹升生，2011）。此宣言将芬兰、瑞典和冰岛排除在外，并企图将参与北极事务的非环北极国家拒之门外。然而，北极融化使格陵兰获得重要的经济发展机会，可能将逐渐走上追求独立的道路。这是丹麦环北极国家身份的一个隐忧。丹麦近年来十分重视北极国防基础设施的建设、气候变化对北极的影响、北极的科考合作和北极环境保护。北极航道开发以及围绕格陵兰岛的北极环境和资源研究是丹麦未来研究的重点。

9.2.6 其他国家和组织

北极是气候变化最敏感的地区之一，其生态系统对海冰具有高度的依赖性。北极近年来的气温升幅高于全球其他地区，导致该地区海洋环境发生了前所未有的变化。从海水中的藻类到海冰上的北极熊等动物、植物和微生物都受到了海冰融化的威胁。海冰覆盖区域和栖息地的减少将影响整个食物链，包括世界上一些最具生产力的商业渔场。然而，目前并不清楚这些影响将如何发展，需要更多更好的计算机模型来进行预测。鉴于此，英国自然环境研究理事会（NERC）于 2018 年与德国联邦教育与研究部（BMBF）共同投资近 800 万英镑用于 12 个新项目（GEOMAR，2018），以了解和预测北极海洋环境和生态系统的变化。具体包括：①北极生态系统功能研究（Eco-light）。变化中的北极地区生态系统由海冰和光控制，该项目将消失的海冰视为生态系统变化的主要驱动因素之一。②冰压力（Ice Stressors）因素和污染物对北极海洋冰冻圈的影响研究（EISPAC）。该项目主要研究在海冰快速融化过程中化学污染物和微塑料的释放及其对海洋生物的影响。③极地微量气体的途径和排放研究（PETRA）。变化中的北冰洋地区的微量气体对极地大气具有重要的影响，该项目旨在揭示气候敏感气体对大气的影响。④北极营养物质和主要生态物质的流动途径研究（APEAR）。该项目将研究海冰的退缩如何改变海洋循环模式。⑤北极营养物质通量驱动初级生产力研究（PEANUTS）。北极的营养物质通量在持续变大，有可能增强从大西洋和太平洋以及北极深层水域运送基本营养物质的能力，该项目将研究海冰的退缩如何改变海洋循环模式。⑥浮游微生物生态系统与北极变化中的有机物循环之间的联系研究（Micro-ARC）。该项目将研究构成北极食物链基础的微生物在阳光照射下的海水表面上的生长情况。⑦硅藻自动生态响应与冰盖变化研究（Diatom-ARCTIC）。该项目将研究这些微生物在较薄和并不丰富的海冰下面的生长情况。⑧北极海洋变化中鱼类和生态系统的潜在利益和风险研究（Coldfish）。该项目旨在研究气候变化对北冰洋高产渔场的潜在影响。⑨微生物对北极海洋巨型动物群影响模拟（MiMeMo）。该项目旨在研究气候变化对北冰洋食物链、鱼类和渔场的影响。⑩淡水出口和陆地多年冻土融化对北冰洋的影响研究（CACOON）。该项目寻求揭示多年冻土融化所释放的土壤养分和毒素进入北冰洋对生物生产力、温室气体排放和海洋酸化的影响。⑪变化的北极海洋生态系统的时间生物学研究

（CHASE）。气温升高导致很多物种向北极迁移，该项目将研究北极的白昼长度对动物生物钟的影响。⑫海鸟及其猎物在海洋特异性和空间变化之间的相互作用（LOMVIA）。该项目试图研究由气温升高导致的北极物种向北的可能性迁徙。

2018 年 7 月，英国新建最大极地科考船正式下水（BAS，2018）。这艘极地科考船 RRS Sir David Attenborough 的下海是全球极地研究船建造的一个里程碑。该船长达 129.6 米，吃水深度 7.5 米，排水量为 14 098 吨，可续航 60 天，破冰厚度达 1.5 米。该船是英国政府近 30 年来建造的最大、最先进的极地科考船，投资金额达 2 亿英镑，完成之后将交付由英国南极调查局负责运营。这艘新研究船是政府极地基础设施投资计划的一部分，该计划旨在使英国处于世界南极和北极研究的领先地位。

2019 年，NERC 向英国极地观测与建模中心（CPOM）和英国地震、火山和地质构造观测和建模中心（COMET）资助 200 万英镑，主要用于监测地震和火山活动及其对地球南北极变化的研究（NERC，2019）。项目执行期两年，其成果将有助于了解全球变化和自然灾害。面向极地研究，NERC 的国家能力基金支持英国国家战略需求和应对紧急情况，包括支持基础设施建设和大规模的长期研究计划，以及为公共和国家利益提供专家建议和服务。CPOM 和 COMET 的观测和建模项目旨在解释和预测地球系统的演化方向，有助于及时做出规划和准备，从而构建对地球未来变化的抵御能力。其中，所资助的两项长期科学研究，为最高水平的环境恢复力规划和决策提供有力支撑。NERC 为 CPOM 提供 105 万英镑资助，用于开展地球陆地和海冰覆盖变化的量化和预测研究，填补该领域的关键知识空白。这些问题具有重要的社会意义，它们反映并影响了全球气候系统变化。CPOM 的工作重点是开发南极和格陵兰冰盖以及北极和南大洋海冰的卫星观测系统，并将这些观测数据与理论研究相结合，改进和创新数值模型，系统解释地球的冰、海洋和大气之间的相互作用并预测它们的变化方向。CPOM 领导国际研究团队长期监测极地冰盖融化造成的海平面上升值，并预测其对未来海平面的贡献。CPOM 还与空间机构合作，为极地卫星任务提供科学支撑，研发出新式并能够普遍采用的地球系统海冰和冰盖厚度变化指标，支持英国地球系统模型中的陆地冰和海冰元素。此外，CPOM 与英国南极调查局（BAS）合作，开展了相关重要研究，其国家能力科学项目符合 BAS 的研究重点。

2020 年 10 月 12 日，有史以来规模最大的北极科学考察行动——"北极气候研究多学科漂流计划"（MOSAiC）科学考察行动正式结束（Alfred Wegener Institute，2020）。在此次考察的 5 个阶段中，共有 442 名研究人员，以及"极星号"船员、青年科学家、教师和媒体界人士参与，他们分别来自 80 多个研究机构；一共使用了来自 20 多个国家的 7 艘科考船和几架飞机。此次科考行动总费用约为 1.5 亿欧元，其中德国提供了约 2/3 的费用。研究人员共来自 37 个国家，其共同目标为研究气候系统中大气、海冰和海洋以及北极中部生物之间的相互作用，从而将以上活动在气候模型中更好地体现出来。尽管受新冠肺炎疫情影响，世界各地其他考察活动几乎都被取消了，但得益于国际科学界的广泛支持以及整个研究小组的不懈努力，MOSAiC 科考行动得以继续。初夏时，"极星号"不得不短暂离开浮冰和几个自主站点进行人员调动。随后，一支新的研究小组开启了冰上实地考察行动，一直持续到最后一天，浮冰按照预期到达格陵兰岛东部的海冰边缘，并在海浪的影响下开始破裂，从而结束其生命周期。为了破解夏季结束时新形成的海冰这一海冰年度循环中的最后一个难题，科考队继续向北出发，越过北极，并停泊在附近的第 2 块浮冰上。MOSAiC 科学考察行动具有重大的开创性意义：此前破冰船很少在冬季进入北极附近，国际研究人员也从未在受气候变化影响最严重的北极地区全面收集如此亟须的气候数据。至此，尽管遇到了重重障碍，MOSAiC 科考行动仍实现了其目标：在 1 年多的时间里，以前所未有的精度监测了气候变化的核心地带，迈出了认识地球气候系统及其变化方式的关键一步。

9.3 北极研究文献计量分析

9.3.1 检索策略

本章基于 Web of Science 的 SCI-E 数据库，利用主题检索的方法检索了 2001～2020 年北极研究领域的核心论文①。限定文献类型为 Article，共检索到 62 323 篇相关研究论文。

从整体论文年度变化来看，全球北极研究核心论文从 2001 年的 1921 篇，增加到 2020 年的 4687 篇，年度增幅 5.0%。具体来看，2001～2005 年，北极研究论文发文量平稳增长，从 2006 年起增速加快，2017～2018 年涨幅最大，2020 年达到顶峰，达到 4687 篇（图 9-1）。由于论文收录存在滞后性，近几年论文数量还会有一定程度的增加。

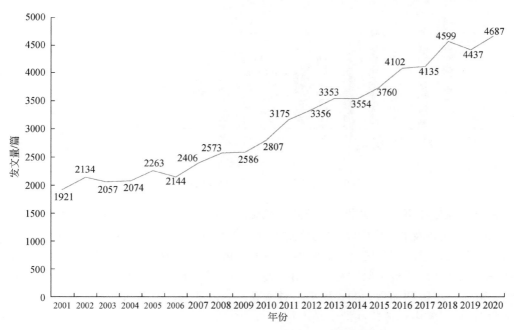

图 9-1 2001～2020 年全球北极研究发文量变化情况

---

① 检索式为 TS=（arctic or "North pol*" or North-pol* or Greenland or Svalbard or "Amundsen Gulf" or "Barents Sea" or "Beaufort Sea" or "Bering Strait" or "Chukchee Sea" or "East Siberian Sea" or "Fram Strait" or "Greenland Sea" or "Gulf of Boothia" or "Kara Sea" or "Laptev Sea" or "Lincoln Sea" or "Prince Gustav Adolf Sea" or "Pechora Sea" or "White Sea"）。检索日期：2021 年 3 月 15 日。

9.3.2 主要研究力量

9.3.2.1 主要国家

2001～2020 年,北极研究领域发文量最多的 20 个国家如图 9-2 所示。美国占绝对优势,发文量达 20 849 篇,占国际北极研究总发文量的 41.5%,数量远远超过其他国家,其次是加拿大、挪威、英国、德国等国。中国的发文量为 4667 篇,居总发文量的第 8 位,占国际总发文量的 9.3%,可见中国在北极研究领域还有很大的提升空间。

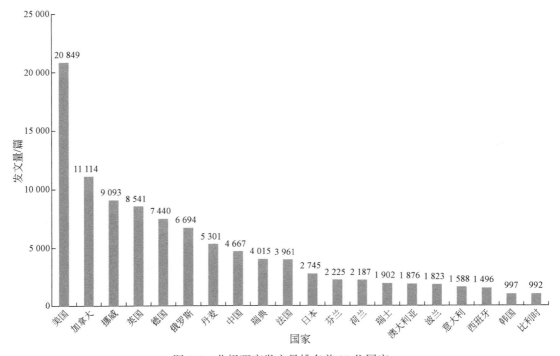

图 9-2 北极研究发文量排名前 20 位国家

表 9-1 从发文量、发文量占世界发文总量的比例、总被引频次、篇均被引频次、被引超过 50 次占比以及 H 指数等几个方面对发文量排名前 20 的国家进行了详细的分析,可见,美国、加拿大以及欧洲多国在北极研究领域的整体实力都较强。在论文被引频次方面,从整体来看,发文量与被引频次存在正相关关系,但不同国家之间也存在差异,比如英国、法国、瑞典、美国和加拿大的篇均被引频次高,而俄罗斯、中国和韩国的篇均被引频次在排名前 20 位国家中偏低,在被引频次超过 50 次的论文占比中,俄罗斯、中国、波兰和韩国明显较其他排名前 20 位国家低,说明这几个国家的高水平论文数量相对较少,研究基础还有待加强。H 指数是评价研究人员学术产出数量与学术产出水平的重要指标。通过对排名前 20 位国家 H 指数的分析可见,美国北极研究人员的学术产出水平最高,其次是加拿大、挪威、英国和德国等国,中国北极研究人员学术水平在排名前 20 位国家中属于中等水平。

表 9-1　北极研究领域发文量排名前 20 位国家

国家	发文量/篇	发文量占世界发文总量的比例/%	总被引频次/次	篇均被引频次/次/	被引超过 50 次占比/%	H 指数
美国	20 849	33.45	371 079	17.80	8.89	62
加拿大	11 114	17.83	191 043	17.19	7.69	48
挪威	9 093	14.59	153 540	16.89	6.95	46
英国	8 541	13.70	155 249	18.18	8.79	43
德国	7 440	11.94	132 491	17.81	8.04	42
俄罗斯	6 694	10.74	67 658	10.11	3.38	28
丹麦	5 301	8.51	90 208	17.02	7.73	34
中国	4 667	7.49	55 371	11.86	4.52	28
瑞典	4 015	6.44	72 348	18.02	8.69	32
法国	3 961	6.36	71 702	18.10	8.84	31
日本	2 745	4.40	6 315	15.78	6.45	27
芬兰	2 225	3.57	3 677	16.29	7.01	25
荷兰	2 187	3.51	3 358	18.91	10.01	25
瑞士	1 902	3.05	2 880	18.18	9.52	23
澳大利亚	1 876	3.01	3 084	17.11	8.64	20
波兰	1 823	2.93	2 933	12.51	3.13	21
意大利	1 588	2.55	2 854	15.95	6.55	21
西班牙	1 496	2.36	2 482	15.81	6.28	20
韩国	997	1.60	2 067	11.84	3.81	15
比利时	992	1.59	1 347	18.50	9.88	12

　　H 指数可以从研究人员的角度客观评价国家的科研实力，而论文篇均被引频次能够从论文水平的角度评价国家的科研能力。图 9-3 从综合 H 指数和论文篇均被引频次两个方面，

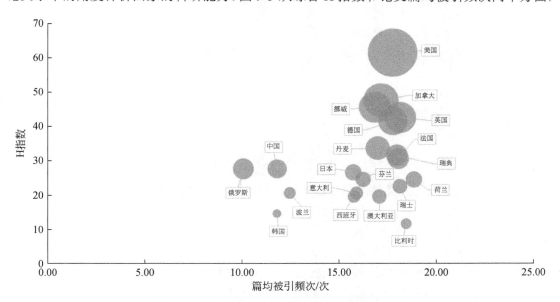

图 9-3　发文量排名前 20 位国家综合影响力呈现

客观地将北极研究领域排名前 20 位国家的研究实力可视化。通过分析可见，美国在北极的科研实力最强，其次是加拿大、挪威、英国和德国，然后是俄罗斯、中国、丹麦、法国和瑞典，其余国家的科研实力在排名前 20 位国家中排在后面。

近年来，北极在全球的战略地位得到了极大提升，由于其地理位置的特殊性，国际合作就显得格外重要。从国家合作来看，2001～2020 年北极研究领域合作中，美国、加拿大、挪威、德国、丹麦、英国和中国之间的合作最多，形成了北极研究的核心合作网络。此外，日本、西班牙、瑞典等国的国际合作也较多。

9.3.2.2 主要机构

从主要的机构来看，2001～2020 年北极研究发文最为活跃的机构有俄罗斯科学院、阿拉斯加大学、阿尔弗雷德·魏格纳研究所亥姆霍兹极地和海洋研究中心、特罗姆瑟大学、加州大学和科罗拉多大学等，发文量均在 2000 篇以上。如图 9-4 所示，美国机构在排名前 20 位机构中最多，其次为加拿大。中国科学院发文量为 1875 篇，居第 8 位。中国只有中国科学院进入排名前 20。

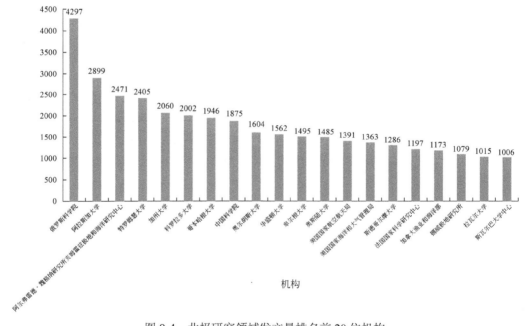

图 9-4　北极研究领域发文量排名前 20 位机构

同样，从发文量、发文量占世界发文总量的比例、总被引频次、篇均被引频次、被引超过 50 次占比以及 H 指数等几个方面对发文量排名前 20 位的机构进行了详细的统计，分析可见，虽然俄罗斯科学院发文量居首位，但其篇均被引频次不是很高。而美国的阿拉斯加大学、加州大学、科罗拉多大学、美国国家航空航天局、华盛顿大学、美国国家海洋和大气管理局等机构篇均被引频次较高，可见其科研实力较强，相对应的 H 指数也较高（表 9-2）。从图 9-5 可以看出，排名前 20 位机构的 H 指数相差不大，而篇均被引频次相差较大，可见，这些机构的研究水平都较高，而研究的领域和方向不尽相同。

表 9-2　北极研究领域发文量排名前 20 位机构

机构	发文量/篇	发文量占世界发文总量的比例/%	总被引频次/次	篇均被引频次/次	被引超过 50 次占比/%	H指数
俄罗斯科学院	4 279	6.87	47 002	10.98	4.72	24
阿拉斯加大学	2 899	4.65	67 543	23.30	14.70	28
阿尔弗雷德·魏格纳研究所亥姆霍兹极地和海洋研究中心	2 471	3.96	57 024	23.08	12.87	27
特罗姆瑟大学	2 405	3.86	48 128	20.01	10.23	25
加州大学	2 060	3.31	52 098	25.29	15.97	21
科罗拉多大学	2 002	3.21	54 223	27.08	19.08	24
哥本哈根大学	1 946	3.12	41 633	21.39	12.54	21
中国科学院	1 875	3.01	31 834	16.98	9.07	21
奥尔胡斯大学	1 604	2.57	31 755	19.80	9.73	20
华盛顿大学	1 562	2.51	40 355	25.84	17.41	17
卑尔根大学	1 495	2.40	34 337	22.97	13.78	23
奥斯陆大学	1 485	2.38	33 113	22.30	12.53	22
美国国家航空航天局	1 391	2.23	36 754	26.42	16.10	19
美国国家海洋和大气管理局	1 363	2.19	34 934	25.63	17.17	21
斯德哥尔摩大学	1 286	2.06	30 217	23.50	4.85	17
法国国家科学研究中心	1 197	1.92	29 390	24.55	14.45	18
加拿大渔业和海洋部	1 173	1.88	26 591	22.67	12.02	17
挪威极地研究所	1 079	1.73	26 294	24.37	13.35	16
拉瓦尔大学	1 015	1.63	23 175	22.83	13.20	16
斯瓦尔巴大学中心	1 006	1.61	20 171	20.05	10.44	16

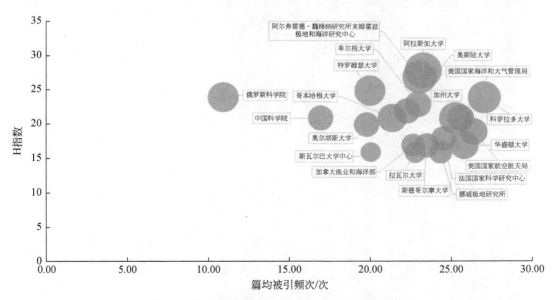

图 9-5　发文量排名前 20 位机构综合影响力呈现

9.3.3 研究关键词

对 2001～2020 年国际极地研究的核心论文中提取的关键词进行统计分析,能够看出近 20 年国际极地研究的主要方向。如图 9-6 和图 9-7 所示,排名前 20 个关键词中包括研究区

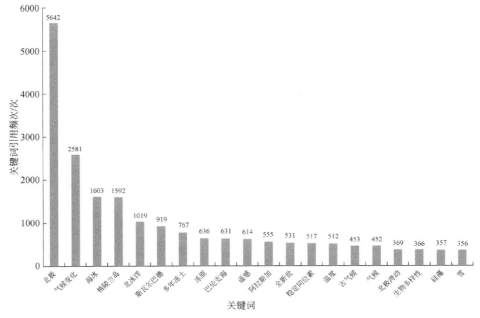

图 9-6 北极研究论文关键词统计

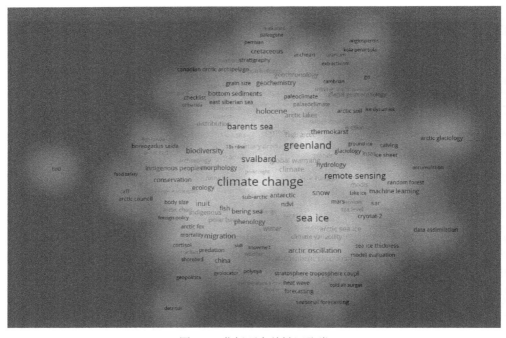

图 9-7 北极研究关键词聚类

域、研究方法、驱动因素、研究对象等。Arctic（北极）、climate change（气候变化）、sea ice（海冰）、Greeland（格陵兰岛）等关键词出现的频次最高，在 1500 次以上。可见各国对北极变化极为关注。此外还对 Arctic Sea（北冰洋）、svalbard（斯瓦尔巴德）、permafrost（多年冻土）、ice sheet（冰盖）、Barents sea（巴伦支海）、remote sensing（遥感）、Alaska（阿拉斯加）、holocene（全新世）、stable isotope（稳定同位素）、temperature（温度）等研究方向比较关注。

9.4　北极研究重点方向及进展

9.4.1　北极海冰研究

北极海冰是地球气候系统的重要组成部分，全球变暖引起的变化在北极尤其明显（Vernal et al.，2020）。在过去的几十年里，夏季北极海冰覆盖的面积急剧减少，而格陵兰岛的冰盖融化正在导致海平面上升加速。2018 年，美国气象学会（American Meteorological Society）在《气候杂志》（*Journal of Climate*）刊文指出（Onarheim et al.，2018），北极海冰的覆盖面积连续 4 年达最低值，北极海冰流失越来越多地出现在冬季。根据目前观测到的趋势，预计在 21 世纪 20 年代，北极大陆架海洋将处于季节性无冰状态，而季节性冰雪覆盖海域将进一步向南延伸，到 21 世纪 50 年代，将变为全年无冰状态。2019 年，格陵兰岛冰盖损失量创下新高（Sasgen et al.，2020）。格陵兰岛冰盖总损失量达 5320 亿吨，比上一个创纪录年份，即 2012 年 4640 亿吨的损失量高出 680 亿吨，相当于全球海平面平均上升 1.5 毫米。2020 年 9 月中旬，北极海冰面积达到了自 20 世纪 70 年代后期有卫星观测记录以来的第二低值，约为 374 万平方公里，比 1980~2010 年的平均值（627 万平方公里）减少约 40%。2020 年夏季，受反常的夏季风和冰层变薄影响，北极"最后冰区"海冰大量消失（Schweiger et al.，2021）。北冰洋格陵兰北部的旺德尔海通常覆盖着坚密厚实的经年冰雪，据预计，在气候变化下，它比北冰洋其他任何区域的韧性更强。这个地区因此常被称为北冰洋"最后冰区"，但在 2020 年夏天，与气候预测相反，该地区出现了广阔的开放水面。这表明，面对气候变化，最后的冰区或许比此前认为的更脆弱。

大气和海洋洋流在北极海冰的减少中也发挥着重要作用（Jones et al.，2020）。此外，受春季较强太阳辐射的影响，北极海冰表面形成了许多"融池"（melt ponds）。这些"融池"对了解海冰吸收了多少太阳辐射，以及多少长波辐射被反射回地球同样关键。北冰洋次表层暖水团的收支和垂向移动也将加速海冰融化。多个机构的科学家通过研究认为不断增强的洋流和海浪也正在加速导致冰层破碎，通常在海平面以下 150 米或更深的地方发现的湍流热水团已经上升到距离海平面 80 米以内。海冰下方暖流的垂向通风已经成为区域性海冰融化的关键因素（Voosen，2020）。北极的偶极子（dipole）在近年来北极海冰的流失过程中也起到了一定作用。

北极冰川消融是全球海平面上升的重要推动因素。①以格陵兰冰盖为代表的北极冰川是使全球海平面上升的最大陆地冰来源。北极对 1850~2000 年全球海平面上升的贡献量高达 48%（10 厘米），占 1992～2017 年海平面上升总量的 30%。过去几十年，北极冰川流失随气候变化而加速，格陵兰冰盖的损失预计将在未来几十年内进一步加速。到 2100 年，格陵兰冰盖对海平面上升的贡献将增加 7.4 厘米（MacFerrin et al.，2019）。②1991～2010 年，人为引起的气候变化约造成了 70% 的全球冰川质量损失。③即使《巴黎气候变化协定》将升温幅度成功限制在 2℃ 以内，格陵兰和南极冰盖也将在 21 世纪继续减少。由于关键知识的缺失，格陵兰岛和南极洲未来的冰损失预测仍然很不确定。④气候变化将影响冰川径流的时间和幅度。预计径流量在初夏先增加随后减少，对下游流域产生影响。

就未来的海冰流失速度预测而言，根据模型的预测结果，到 2035 年北极海冰可能完全消失（BAS，2020）。尽管未来格陵兰冰盖的具体变化量尚不确定，但预计变暖与冰盖和气候系统反馈的共同作用将导致持续的冰盖质量流失（Briner et al.，2020）。根据未来的气候情景预测，格陵兰冰盖可能会在 1000 年内完全消失。除非严格遵守低碳排放情景，否则按照过去 1.2 万年格陵兰冰盖的自然变化，21 世纪格陵兰冰盖的融化速度将呈现前所未有的状态。

9.4.2 北极变暖研究

北极地区 2017 年以来的年平均升温幅度是全球平均升温幅度的 2 倍多，北极地区的平均升温速度超过了海洋升温速度，也超过了海冰的升温速度（United Nations，2017）。热带北大西洋的海面温度异常以及太平洋十年际振荡（PDO）加剧了 20 世纪初的北极变暖（Tokinaga et al.，2017）。赤道太平洋的变暖促进了温暖的空气通过太平洋阿留申低压（Aleutian Low）向北极的输送，热带北大西洋和北太平洋海面温度的升高使欧亚大陆北部表面西风增强，进而加剧了北极变暖。太平洋温度对北极的年代际温度趋势变化则有着直接影响（Svendsen et al.，2018）。太平洋海温存在暖季和冷季的自然振荡，每个时期持续约 20 年，即 PDO。当太平洋比正常偏暖时（处于正位相阶段），可能导致北极冬季气温升高。在 20 世纪初，PDO 转变为正位相，伴随着不断加深的阿留申低压，低层空气从温带向极地的平流使北极变暖。此外，太平洋的变化削弱了极地涡旋，导致北极表面的空气下沉及绝热加热。因此，最近观测到的变化为正相位的 PDO 可能在未来数十年加剧北极变暖。此外，深海温度升高将热传递到海面，造成了北极比地球上其他地区更快地变暖。"极地放大"效应在北极变暖加剧方面起到了约 20% 的作用（Beer et al.，2020）。进入北冰洋的河水热通量在沿岸海冰开始消退的初夏时节（7 月）达到最高值。在西伯利亚东部的勒拿河，8 月的水温从 20 世纪 60 年代的 12～13℃ 上升到将近 20℃。近年来大量的河流热量进入了北冰洋（Park et al.，2020），对北极变暖也起到了推动作用。河流热通量对北冰洋海冰变薄的贡献率最高可达 10%。海冰底部变薄不仅受注入北冰洋的河流影响，而且受海冰反射率降低造成的反馈影响。随着海冰收缩，温暖的海洋表面释放到大气中的大气感热能和大气潜热能进一步增加，导致过去 36 年夏季气温升高 0.1℃。反馈活动与气候变暖、河流热量这两个因素共同作用，从而造成北极海冰面积减少，并且进一步增加了海洋与大气间热通量，导致大气温度升高，从而在一定程度上放大了北极的变暖效应。

北极和北大西洋之间的盐度存在明确关联（Florindo-López et al.，2020）。在北极淡水输出量较高的时期，北极盐度持续升高，而北大西洋的盐度相应降低。此外，北极气候所呈现的独特性,与低纬度海洋的驱动作用也息息相关(Polyakov et al.,2020)。虽然北冰洋面积不到地球表面积的 3%,但其对低纬度海洋的异常环境非常敏感。北极气候变化的部分原因是大西洋和太平洋海水的异常流入,此过程称为"北方化"(borealization)。

月球引力是自然界中最强大的力量之一,对塑造海岸线的潮汐起到了控制作用。而潮汐又进一步对北冰洋海底甲烷的排放强度产生重大影响(Sultan et al.,2020)。地球的各个系统之间互相关联,北极地区系统间存在以下关联:月球引起潮汐力,使潮汐产生压力变化,洋流接着塑造了海底环境并影响海底甲烷的释放。

9.4.3 北极生态系统研究

从海水中的藻类到海冰上的北极熊等动物,北极生物均受到了海冰融化的威胁(UKRI,2018)。继而,海冰栖息地的减少影响整个食物链。北极海洋鱼类对气候变暖的迅速响应引发了海洋生物群落的重组,或将导致海洋生态系统的功能发生深刻变化(Frainera et al.,2017):①体型较大、寿命较长并且食性广泛的北方物种正在迅速取代小型底栖动物,这些物种为了应对变暖同时快速地向极地转移;②海冰的消失引发了海洋藻类暴发,对包括磷虾、鱼类、鸟类和海洋哺乳动物在内的整个食物网产生潜在影响;③2017~2018 年海冰面积创历史新低,导致 2018 年白令海地区的初级生产力比正常水平高 500%;④海洋酸化也可能会影响海洋生态系统。由于海水增暖而向北流动,一些海洋鱼类的栖息地范围正在发生变化。过去 15 年内,在楚科奇和波弗特海发现了 20 个新物种和 59 处物种栖息地分布范围的变化。

随着大陆架中的物质正在源源不断地向北冰洋中部输入,这将改变北冰洋海水成分,进而威胁生物活动和物种延续(Kipp et al.,2018)。2007 年以来,在北冰洋中部的地表水中海水镭-228(^{228}Ra)的浓度几乎增加了 1 倍。^{228}Ra 的质量平衡模型表明,增加的 ^{228}Ra来自俄罗斯东西伯利亚北极大陆架的沉积物。此处大陆架相对较浅,含有大量的 ^{228}Ra 和其他化合物。靠近北冰洋海岸的海冰逐渐减少,使得海岸附近的海水变得更加开阔,有利于海浪的形成。增加的波浪向下活动,搅动浅层大陆架上的沉积物,释放 ^{228}Ra 和其他化学物质,这些物质被携带到海洋表面,并通过洋流进入开阔海域。同样的机制也可能会使更多的营养物质、碳和其他化学物质进入北冰洋,促进食物链底部浮游生物的生长。这反过来又会对鱼类和海洋哺乳动物产生重大影响,并改变北极的生态系统。

地下水在向海洋输送碳和其他营养物质方面发挥着重要作用,但在北极,很多水仍以地下冰的形式固化在冻土中,此前很长一段时间都普遍认为地下水的作用不明显。NSF 在波弗特泻湖生态系统长期生态研究基地进行的实验表明,随着多年冻土层的融化,地下水预计将成为北冰洋淡水和营养物质的一个日益增长的来源。

在过去 20 多年的时间里,北极浮游植物的数量增加了 57%(Lewis et al.,2020)。浮游植物的急剧增长以及食物网底部微小藻类的生长极大地改变了北极将大气中的碳转化为生命物质的能力。在过去的 10 年中,这种增长已经取代海冰流失,成为导致浮游植物的二氧化碳吸收能力发生变化的最主要原因。在此背景下,在北冰洋首次观测到浮游植物迅速增加。1998~2018 年,北极地区的植被净初级生产力(NPP)增长了 57%。虽然 NPP 的增长最初与海冰收缩有关,但即使在 2009 年海冰融化速度放缓之后,植被生产力仍继续攀升。

过去十年中 NPP 的增长几乎完全由浮游植物生物量的增加所导致。现在，在水量一定的情况下，浮游植物的增长量逐年增加。

北极生物的生存也受到了海冰流失的威胁。由于北极地区海冰大量流失，北极熊和独角鲸生存所需的能量比之前增加了 3 倍，其他掠食动物由于适应能力的下降也面临类似的问题（Guardian，2021）。北极熊和独角鲸的生存能力退化很可能会引起其他依赖海冰的哺乳动物及其猎物的连锁反应，从而导致整个北极海洋生态系统出现急剧变化。白鲸、北极狐和麝香牛等哺乳动物也很容易受到类似变化的影响。现有模型预测，到 21 世纪末，全球北极熊的数量将减少三分之一至三分之二。

9.4.4 北极变化的影响研究

海冰流失和极端野火构成了 2020 年北极变化的显著特点。研究指出 2020 年夏天的巨型沙尘暴"哥斯拉"很可能与北极变暖有关。这场有史以来非洲最大的沙尘暴或由地球偏北部的喷射流触发（Francis et al.，2020）。2020 年 6 月，北极海冰面积低至有卫星观测以来的最小值，这与大规模异常天气模式有关。因此，如果在全球变暖的背景下这些模式更加普遍，那么未来极端沙尘暴暴发的频率极有可能增加。

北极多年冻土的破坏也将进一步加剧极端天气的暴发。北极地区近地层气温的升温速度比全球平均升温速度快 2.5 倍。这一变化破坏了多年冻土和其周边环境的稳定性。多年冻土广泛分布于整个环北极地区，储藏于其中的土壤有机碳量大约是整个大气中碳量的 2 倍。温度的升高导致多年冻土融化，进一步将这部分储藏的碳释放到大气中。此外，变暖加速会增加野火的烈度和频繁程度，这也将引起大量储藏在北极多年冻土、地表土壤和植被中的碳的释放。

在北极变暖速度加快的作用下，加拿大、俄罗斯和阿拉斯加北极海岸冻结了数千年的多年冻土层更易受海浪和河流的影响，尤其受暖季持续变长的影响（Fuchs et al.，2020）。阿尔弗雷德·魏格纳研究所亥姆霍兹极地和海洋研究中心的研究人员在勒拿河上采集的数据显示，土壤侵蚀的程度非常严重：每年大约有 15 米的河岸坍塌。此外，多年冻土层中储存的碳可能会加剧温室效应。碳和氮对微生物而言是非常重要的营养物。由于多年冻土层的侵蚀和融化，微生物现在可以同时获取这两种营养物，这可能会带来许多影响，包括改变河流的天然食物网。

如果北极持续变暖，北冰洋西部或将成为未来的一氧化二氮（N_2O）热点地区（Heo et al.，2021）。这项由韩国仁川大学牵头的研究首次揭示了北冰洋西部 N_2O 浓度和通量的空间分布，并确定了对其分布起到控制作用的物理和/或生化因素。研究发现，楚科奇海北部地区是 N_2O 汇，而南部地区则是 N_2O 源。该研究表明，在北极变暖的影响下，从太平洋注入北冰洋西部的水流增加，海冰减少，进而造成 N_2O 汇的面积减少，N_2O 源的面积扩大。如果北极变化速度持续加快进而导致北冰洋生产力提高，北冰洋西部则可能会成为 N_2O 源的"热点"地区。

研究发现，北极气候可能已经进入了一个新常态，表现为：北极气候变化持续加快；由于北极变暖已经影响到了整个气候系统，北极地区的变化至少会持续到 21 世纪中叶；大幅削减全球温室气体排放可以在 21 世纪中叶后产生显著影响；适应性政策可减少北极地区的脆弱性；有效的减缓和适应政策需要对北极气候变化有着深刻的理解（Arctic Monitoring and Assessment Programme，2017）。

9.5 总结与建议

随着各国对北极研究部署的不断加强，人类对北极的认识将不断深入。我国是一个海洋大国，北极地区相关资源和战略利益对我国的重要性日渐凸显。在美国、俄罗斯和加拿大等国不断加强北极研究的背景下，我国应积极寻求拓展参与北极研究和开发的路径。从我国的现实需求和长远战略出发，我国应从以下几个方面加强相关部署。

（1）加强对环北极国家相关战略及研究布局的关注

随着北极变暖和海冰融化，北极周边国家纷纷加强了对该区域的战略研究，相关研究和考察活动也逐步加强。中国北极理事会正式观察员国的身份，为参与北极事务创造了条件。2018 年，《中国的北极政策》白皮书发布，其系统阐述了中国维护北极安全和可持续利用北极资源等方面的立场。在参与北极事务方面，中国应及时跟踪相关国家北极政策的调整和变化，关注各国制定的北极地区科学研究计划和考察计划，为中国参与相关科研活动和北极事务提供决策依据。

（2）加强与北欧各国的科研合作

作为一个非环北极国家，我国在资源开发和科学研究方面直接参与北极事务需要与环北极国家开展合作。中国日益增强的经济和科技实力将为北极合作提供坚实的基础。应加强与北欧国家在气候变化和北极环境等研究方面的合作，积极拓展合作空间。加强研究院所级别的研究合作，针对北欧各国不同的关注方向，寻求研究合作的选题。此外，应充分发挥双边和多边国际组织的平台作用，充分发挥北极"黄河站"的作用，积极拓展合作渠道，持续提升与北欧五国的极地研究合作水平。

（3）加强与俄罗斯的全方位合作

中国拥有雄厚的资金、市场和制造业优势，与俄罗斯北极开发具有很强的互补性。在能源开发合作方面，现阶段俄罗斯的经济发展仍主要依靠能源出口，其经济发展受国际能源市场的影响较大，而中国经济的发展对能源进口的依赖较大，北极油气资源开发是中国与俄罗斯开展北极合作的一个重要方向。北极地区环境变化对全球气候和海洋环境变化产生较大影响，中俄在共同开展北极气候和海冰变化等问题方面具有很大的合作潜力。此外，俄罗斯在破冰船等极地装备方面技术先进，中国应积极寻求相关合作，提升中国极地装备水平和技术开发能力。

（4）重视航道的开发与建设

全球变暖将使得北极通航区域扩大。北极潜在的航道可以使中国和欧洲的海上航运路程大大缩短。随着北极海冰的进一步融化，北极商业航运价值会愈加提升，北极航线将成为一个可以替代现有海上贸易航线的选择。依托相关研究课题，加强北极航道未来可通航性研究，结合"冰上丝绸之路"倡议以及中国未来航运发展需求，开展前瞻性分析和规划设计。为更好地参与北极航运做好准备，中国沿海地区特别是北方沿海应积极围绕"北极航运中心"建设开展相关研究和前瞻布局。

（5）加强跨学科综合研究

北极气候环境变化对中国的气候具有较大的影响，北极能源资源禀赋以及可以预见的北极新航线的开辟对中国而言具有重要的战略意义。因此，应从资源环境、技术开发、国家战略和地缘政治等全方位布局我国的北极研究。北极地理位置和科学前沿性决定了开展北极研究必须采取综合的跨学科的研究策略，综合考虑自然因素与社会因素，全方位推进北极相关研究的进步。

致谢　中国科学院西北生态环境资源研究院吴通华研究员和罗栋梁研究员、中国地质大学（武汉）宫勋教授等专家对本章内容提出了宝贵的意见与建议，在此谨致谢忱！

参 考 文 献

曹升生. 2011. 丹麦的北极战略. 江南社会学院学报，13（2）：32-35.

郭培清，邹琪. 2019. 特朗普政府北极政策的调整. 国际论坛，21（4）：19-44，155-156.

钱婧，朱新光. 2015. 冰岛北极政策研究. 国际论坛，17（3）：58-64，81.

孙凯，吴昊. 2017. 芬兰北极政策的战略规划与未来走向. 国际论坛，19（4）：19-23，79.

王金平，刘嘉玥，李宇航，等. 2021. 环北极国家北极研究布局及对中国的启示. 科技导报，39（9）：9-16.

张文木. 2016. 21 世纪气候变化与中国国家安全. 太平洋学报，24（12）：51-63.

Alfred Wegener Institute. 2020. The grand finale to the expedition of a century. https://www.awi.de/en/about-us/service/press/press-release/the-grand-finale-to-the-expedition-of-a-century.html［2020-10-12］.

Arctic Monitoring and Assessment Programme. 2017. Snow，Water，Ice and Permafrost in the Arctic. http://www.amap.no/documents/doc/Snow-Water-Ice-and-Permafrost-Summary-for-Policy-makers/1532［2020-10-10］.

BAS. 2018. Launch of the RRS Sir David Attenborough hull into River Mersey. https://www.bas.ac.uk/media-post/launch-of-rrs-sir-david-attenborough-in-pictures/［2021-03-22］.

BAS. 2020. Past evidence supports complete loss of Arctic sea-ice by 2035. https://www.bas.ac.uk/media-post/past-evidence-supports-complete-loss-of-arctic-sea-ice-by-2035/［2021-03-12］.

Beer E，Eisenman I，Wagner T J W. 2020. Polar amplification due to enhanced heat flux across the halocline. https://doi.org/10.1029/2019GL086706［2020-03-10］.

Briner J P，Cuzzone J K，Badgeley J A，et al. 2020. Rate of mass loss from the Greenland Ice Sheet will exceed Holocene values this century. Nature，586：70-74.

Conservation of Arctic Flora and Fauna. 2018. State of the Arctic Marine Biodiversity Report. https://www.caff.is/assessment-series/all-assessment-documents/431-state-of-the-arctic-marine-biodiversity-report-full-report

〔2021-03-20〕.

CSIS. 2018. The New Ice Curtain：Russia's strategic reach to the Arctic. http://csis.org/publication/new-ice-curtain〔2020-10-04〕.

Department of Energy. 2020. U. S. Department of energy announces establishment of office of Arctic energy. https://www.energy.gov/articles/us-department-energy-announces-establishment-office-arctic-energy〔2021-03-15〕.

Florindo-López C，Bacon S，Aksenov Y，et al. 2020. Arctic Ocean and Hudson Bay freshwater exports：new estimates from seven decades of hydrographic surveys on the Labrador shelf. Journal of Climate，33（20）：8849-8868.

Frainera A，Primicerioa R，Kortscha S，et al. 2017. Climate-driven changes in functional biogeography of Arctic marine fish communities. Proceedings of the National Academy of Sciences，114（46）：12202-12207.

Francis D，Fonseca R，Nelli N，et al. 2020. The atmospheric drivers of the major Saharan dust storm in June 2020. Geophysical Research Letters，47：e2020GL090102.

Fuchs M，Nitze I，Strauss J，et al. 2020. Rapid fluvio-thermal erosion of a Yedoma permafrost cliff in the Lena River Delta. Frontiers in Earth Science，8：336.

GEOMAR. 2018. UK and Germany join forces to fund crucial Arctic science. https://www.geomar.de/en/news/article/uk-and-germany-join-forces-to-fund-crucial-arctic-science〔2021-02-20〕.

Government of Canada. 2019. The government of Canada launches co-developed arctic and northern policy framework. https://www.rcaanc-cirnac.gc.ca/eng/1560523306861/1560523330587〔2020-11-07〕.

GRID-Arendal. 2020. Coastal and Offshore Permafrost in a Changing Arctic. https://storymaps.arcgis.com/stories/9155a51e8aec41838702c8c5ef3382e3〔2021-03-23〕.

Guardian. 2021. Arctic ice loss forces polar bears to use four times as much energy to survive - study. https://www.theguardian.com/world/2021/feb/24/arctic-ice-loss-forces-polar-bears-to-use-four-times-as-much-energy-to-survive-study?CMP=twt_a-environment_b-gdneco〔2021-02-24〕.

Heo J M，Kim S S，Kang S H，et al. 2021. N2O dynamics in the western Arctic Ocean during the summer of 2017. https://doi.org/10.1038/s41598-021-92009-1

Jones M C，Berkelhammer M，Keller K J，et al. 2020. High sensitivity of Bering Sea winter sea ice to winter insolation and carbon dioxide over the last 5500 years. Science Advances，6（36）：9588.

Kipp L E，Charette M A，Moore W S，et al. 2018. Increased fluxes of shelf-derived materials to the central Arctic Ocean. Science Advances，4（1）：1302.

Lewis K M，Dijken G L V，Arrigo K R. 2020. Changes in phytoplankton concentration now drive increased Arctic Ocean primary production. Science，369（6500）：198-202.

MacFerrin M，Machguth H，As D V，et al. 2019. Rapid expansion of Greenland's low-permeability ice slabs. Nature，573：403-407.

National Academies of Sciences，Engineering，and Medicine. 2017. Acquisition and operation of polar icebreakers：fulfilling the nation's needs. https://docs.house.gov/meetings/PW/PW07/20170725/106311/HHRG-115-PW07-20170725-SD004. pdf〔2020-10-04〕.

NERC. 2019. NERC National Capability Science awards：CPOM and COMET. https://webarchive.nationalarchives. gov. uk/ukgwa/20200929090844/https://nerc.ukri.org/press/releases/2019/20-ncawards/〔2021-03-10〕.

NOAA. 2011. NOAA's Arctic Vision and Strategy. https://www.pmel.noaa.gov/arctic-zone/docs/NOAAArctic_V_S_2011.pdf［2020-10-04］.

NOAA. 2014. NOAA Arctic action plan. https://arctic.noaa.gov/Arctic-News/ArtMID/5556/ArticleID/308/NOAAs-Arctic-Action-Plan［2020-10-04］.

NOAA. 2015. US arctic nautical charting plan. http://www.nauticalcharts.noaa.gov/mcddocs/Arctic_Nautical_Charting_Plan.pdf［2020-10-04］.

NOAA. 2020. Ocean，Coastal，and Great Lakes Acidification Research Plan：2020-2029. https://oceanacidification.noaa.gov/ResearchPlan2020/Download.aspx［2021-03-20］.

NSF. 2014. Arctic research opportunities. https://www.nsf.gov/pubs/2014/nsf14584/nsf14584.htm［2020-10-04］.

NSF. 2015. NSF，National Geospatial-Intelligence Agency support development of new Arctic maps. http://www.nsf.gov/news/news_summ.jsp?cntn_id=1 36108&org= SF&from=news［2020-10-04］.

NSF. 2016. NSF funds new $5. 9 million Arctic data center at the University of California，SantaBarbara. https://www.nsf.gov/news/news_summ.jsp?cntn_id=138066［2020-10-04］.

NSF. 2018. NSF's 10 BIG IDEAS. https://nsf.gov/pubs/2019/nsf19511/nsf19511.pdf［2021-03-11］.

Onarheim I H，Eldevik T，Smedsrud L H，et al. 2018. Seasonal and regional manifestation of Arctic sea ice loss. Journal of Climate，31（12）：4917-4932.

Park H，Watanabe E，Kim Y，et al. 2020. Increasing riverine heat influx triggers Arctic sea ice decline and oceanic and atmospheric warming. Science Advances，6（45）：1-8.

Polyakov I V，Alkire M B，Bluhm B A，et al. 2020. Borealization of the Arctic Ocean in response to anomalous advection from sub-Arctic seas. Frontiers in Marine Science，7：491.

Sasgen I，Wouters B，Gardner A S，et al. 2020. Return to rapid ice loss in Greenland and record loss in 2019 detected by the GRACE-FO satellites. https://doi.org/10.1038/s43247-020-0010-1［2020-10-04］.

Schweiger A J，Steele M，Zhang J，et al. 2021. Accelerated sea ice loss in the Wandel Sea points to a change in the Arctic's Last Ice Area. https://doi.org/10.1038/s43247-021-00197-5［2020-10-04］.

Stockholm Environment Institute. 2016. Arctic Resilience Report 2016. https://www.sei.org/publications/arctic-resilience-report/［2020-10-04］.

Sultan N，Plaza-Faverola A，Vadakkepuliyambatta S，et al. 2020. Impact of tides and sea-level on deep-sea Arctic methane emissions. Nature Communications，11：5087.

Svendsen L，Keenlyside N，Bethke I，et al. 2018. Pacific contribution to the early twentieth-century warming in the Arctic. Nature Climate Change，8：793-797.

The National Science and Technology Council. 2016. Arctic research plan FY2017-2021. https://obamawhitehouse.archives.gov/sites/default/files/microsites/ostp/NSTC/iarpc_arctic_research_plan.pdf［2020-10-04］.

The National Science and Technology Council. 2018. Science and technology for America's oceans：a decadal vision. https://www.whitehouse.gov/wp-content/uploads/2018/11/Science-and-Technology-for-Americas-Oceans-A-Decadal-Vision.pdf［2018-11-04］.

Tokinaga H，Xie S P，Mukougawa H. 2017. Early 20th-century Arctic warming intensified by Pacific and Atlantic multidecadal variability. Proceedings of the National Academy of Sciences，114（24）：6227-6232.

UKRI. 2018. UK and Germany combine forces to fund crucial Arctic science. https://nerc.ukri.org/press/releases/

2018/27-arctic/［2020-11-10］.

UKRI. 2019. UK researchers join biggest ever Arctic research expedition. https://nerc.ukri.org/press/releases/ 2019/uk-researchers-join-biggest-ever-arctic-research-expedition/［2021-03-01］.

United Nations. 2017. Arctic forever changed by rapidly warming climate-UN weather agency. http://www. un.org/sustainabledevelopment/blog/2017/12/arctic-forever-changed-rapidly-warming-climate-un-weather-agency/［2020-10-10］.

Vernal A，Hillaire-Marcel C，Duc C L，et al. 2020. Natural variability of the Arctic Ocean sea ice during the present interglacial. Proceedings of the National Academy of Sciences，117（42）：26069-26075.

Voosen P. 2020. Growing underwater heat blob speeds demise of Arctic sea ice. Science.

White House. 2014. Implementation plan for the national strategy for the Arctic region. https://obamawhitehouse. archives.gov/sites/default/files/docs/implementation_plan_for_the_national_strategy_for_the_arctic_region_-_ fi....pdf［2020-10-04］.

10　可持续发展研究国际发展态势

王立伟　郑军卫　宋晓谕　李恒吉

（中国科学院西北生态环境资源研究院文献情报中心）

摘　要　面对应对气候变化与顺应全球技术、消费和人口模式快速剧变的迫切任务，一个越来越广泛的共识是，可持续发展是避免环境和社会灾难的唯一出路。联合国成员国于2015年一致通过的可持续发展目标为世界提出了从现在到2030年必须实现的17项目标，以消除贫困、保护地球，并确保人人均能安享和平与繁荣。这是国际社会采取紧急、包容各方行动确定议程和建立共识过程中的关键一步。《2030年可持续发展议程》和《巴黎气候变化协定》的实施为人们指明了通向新世界的道路。习近平总书记指出，可持续发展是"社会生产力发展和科技进步的必然产物"，是"破解当前全球性问题的'金钥匙'"；"大家一起发展才是真发展，可持续发展才是好发展"。[①]在第七十六届联合国大会上，习近平主席提出全球发展倡议，希望各国共同努力，加快落实《2030年可持续发展议程》，构建全球发展命运共同体。

可持续发展概念源于对系统性文明危机和世界问题的科学和社会意识形态研究。全世界的进步学术社群和政治精英在20世纪末就认识到了这些问题的存在。他们将即将到来的21世纪视为充满不确定性、全球灾难进程逐步升级的时代。这一术语首次出现于联合国的全球变化计划中，用以辨识人类的发展轨迹，在得到挪威前首相格罗·哈莱姆·布伦特兰夫人任主席的联合国世界环境与发展委员会的采用后，被正式纳入1987年《我们共同的未来》报告[②]。可持续发展概念最初的适用范畴为人、社会和自然之间的关系。可持续发展意味着：抑制人类对自然经济干预的规范性法律机制和其他机制；在科学评定和预测基础上的全球化的其他副作用；全球国际性机构（如联合国）批准通过的其他部分原则。

21世纪之初，可持续发展成了经济、社会和政治议题的组成部分，也成了一种全球性趋势，是许多发达国家和发展中国家成熟的国内政策方向（百余个国家制定了国内可持续发展战略）以及全球性机构奉行的国际政策。每个国家根据各自的总体政治、历史、文化和生态情况，制定和实施其国家可持续发展战略。

---

① 人民网. 2021.开辟崭新的可持续发展之路的科学指引（深入学习贯彻习近平新时代中国特色社会主义思想）. https://baijiahao.baidu.com/s?id=1716533228636751808&wfr=spider&for=pc[2022-03-09].

② Planetary Project.2016.Concept of sustainable development.http://planetaryproject.com/planet_project/forward/[2022-03-11].

国际上围绕可持续发展研究已经发表了大量的研究论文，通过计量分析这些论文可以反映出国际上可持续发展研究的进展和发展态势。以 SCI-E 和 SSCI 数据库中检索到的 2011~2020 年与可持续发展相关的研究论文、综述论文和学术会议论文等相关文献为基础，分析了国际可持续发展研究的主要研究主体（国家和机构）分布和不同时期的研究主题和热点，结合对国际可持续发展目标的推进，归纳出国际可持续发展的研究热点集中在可持续发展目标、循环经济、全球健康等研究。

最后结合我国研究现状，对我国可持续发展研究提出了七方面的建议：①可持续发展监测基础能力建设；②可持续发展基础理论的科学认知；③可持续发展要素集成评估；④关键领域的可持续发展；⑤可持续发展的软环境构建；⑥可持续发展辅助决策系统研发；⑦可持续性交叉科学前沿培育。我国应当积极开展与国际先进国家的合作和交流，提高国际大型计划的参与度。

关键词 可持续发展　发展态势　战略规划　文献计量

10.1　引言

当今世界面临着人口增长、发展不平衡、环境污染等许多亟待解决的重大问题，影响社会经济发展进程。面对这些问题，人们不得不对现有的经济增长方式进行重新审视，寻找一种不同于传统发展方式的新的模式，可持续发展概念和理论应运而生。工业革命以来，科学技术飞速发展，全球经济总量不断提升，人类的生活水平快速提高，人口数量爆发式增长。但在繁荣的背后也隐藏着种种危机，过度开发利用自然资源，导致了诸如气候变化、水资源短缺、荒漠化等一系列的环境问题，严重威胁人类的生存与发展。人类逐渐认识到这一严峻的问题，自 20 世纪 70 年代开始，环境保护就成为备受关注的热门话题。80 年代以后，世界各国和地区围绕发展问题达成了一系列的共识，提出了可持续发展的设想，并采取措施探索国家、地区，乃至全球的可持续发展模式。时至今日，可持续发展已经成为人类社会前行的必由之路。可持续发展是人类永恒的主题。联合国推进的全球三大战略框架包括《巴黎气候变化协定》、2015~2030 年仙台减灾框架和《2030 年可持续发展议程》。其中，《2030 年可持续发展议程》最为系统和宏大，其核心是实现全球可持续发展目标（SDGs），让全球走上可持续且具恢复力的道路，形成一个人与自然和谐共处的世界。当前，这一目标的实现面临巨大挑战，唯有全球各界团结协作，以更加科学、合理的方式来组织推动，才有希望如期实现《2030 年可持续发展议程》的各项指标。在可持续发展领域，党的十九大报告提出从 2017 年到 2020 年，坚决打好污染防治的攻坚战；从 2020 年到 2035 年，生态环境根本好转，美丽中国目标基本实现；从 2035 年到 21 世纪中叶，生态文明将全面提升，实现国家治理体系和治理能力现代化。

10.2 国内可持续发展研究现状

10.2.1 可持续发展概念的科学内涵及发展历程

10.2.1.1 概念

可持续发展概念有其特定内涵,并非一般意义上的某一发展进程在时间上的连续性。可持续发展是建立在环境与自然资源基础上的关于人类长期发展的战略,强调环境与自然资源的长期承载能力对经济和社会发展的重要影响,以及经济与社会发展对改善生活质量与生态环境的重要反作用。可持续发展协调的重点是环境与经济社会的关系以及人与自然的关系(李强,2011)。

可持续发展又称持续发展,是一种要求自然、经济、社会、环境协调发展的社会发展理论和战略。这一概念首先由生态学家提出,是在 20 世纪 70 年代以后关于经济增长的辩论中逐渐萌发和形成的。世界自然保护联盟(IUCN)在《世界保护策略》[①]报告中明确指出:自然保护与持续发展互相依存,二者应当综合起来加以考虑。

1987 年,世界环境与发展委员会在《我们共同的未来》[②]报告中首次明确地提出了"可持续发展"的概念,并将其定义为:"既满足当代人的需要,又不对后代人满足其需要的能力构成危害的发展。"1992 年,联合国环境与发展大会确定了可持续发展战略,制定了实施可持续发展战略的目标和行动计划,对推动全球环境合作及各国制定和实施可持续发展战略产生了很大作用。1993 年,联合国成立了可持续发展委员会,通过每年召开一次会议,检查《21 世纪议程》的执行情况。从此,可持续发展的观念较广泛地纳入各种国际组织和机构的工作日程。

1992 年 6 月,中国政府签署了以可持续发展为核心的《21 世纪议程》等文件,标志着中国政府对可持续发展理论的确认和对全球可持续发展的参与。1994 年 3 月,经国务院批准,其成为全球第一部国家级"21 世纪议程"。它把可持续发展原则体现到议程的各个方案领域,作为国家制定国民经济与社会发展计划的重要依据。在编制《中国 21 世纪议程——中国 21 世纪人口、环境与发展白皮书》(以下简称《中国 21 世纪议程》)的过程中,根据外交部的建议,正式采用了"可持续发展"一词。从此,"可持续发展"概念在中国开始被广泛接受和使用。

在国际用语中,可持续发展现在已经是"达成一致的语言",这种语言的形成有个过程,历经了一系列的国际进程和事件,包括 1987 年的布伦特兰委员会,1992 年在里约热内卢召开的联合国环境与发展大会,以及 2002 年在约翰内斯堡召开的可持续发展世界首脑会

---

① IUCN(International Union for the Conservation of Nature and Natural Resources). 1980. World Conservation Strategy: Living Resource Conservation for Sustainable Development. Gland: Switzerland.

② World Commission on Environment and Development. 1987. Report of the World Commission on Environment and Development: Our Common Future. https://sustainabledevelopment.un.org/content/documents/5987our-common-future.pdf[2022-01-12].

议。布伦特兰委员会将可持续发展定义为"既满足当代人的需要，又不对后代人满足其需要的能力构成危害的发展"。

10.2.1.2　发展历程

1988 年，联合国教育、科学及文化组织从重新整合环境教育的目标、性质、任务和内容出发，提出"可持续发展教育"一词。这是国际社会关于教育与可持续发展之间相互关系的早期设想。

1992 年，英国环境教育专家斯蒂芬·斯特林向联合国环境与发展大会提交《善待地球：教育、培训和公共意识为可持续未来服务》[①]报告，对"可持续性的教育"进行了定义（茶娜等，2013；钱丽霞，2006）。

1996 年，第四届联合国可持续发展委员会（UNCSD）会议的召开，使人们逐渐开始把可持续发展教育作为一个体系看待，这对可持续发展教育而言具有里程碑式的意义（王民等，2005）。

2002 年 6 月，联合国在印度尼西亚巴厘岛举行可持续发展世界首脑会议预备委员会第四次会议，会上提出的实施"可持续发展教育十年"的建议得到与会者的支持。

2002 年 8 月，联合国在南非约翰内斯堡召开以"拯救地球、重在行动"为宗旨的可持续发展世界首脑会议。这次会议充分肯定了可持续发展教育的重要性；同时强调对人类进行可持续发展教育不仅意味着将"环境保护"列为课程，而且意味着促进经济目标、社会需要和生态责任之间的平衡发展。同年 12 月，联合国大会通过第 57 / 254 号决议，决定将2005 年至 2014 年确定为"联合国可持续发展教育十年"，要求世界各国政府在这十年中将可持续发展教育融入国家各个相关层次的教育战略和行动计划中（亚历山大·莱希特，2013）。

2003 年 7 月，联合国教育、科学及文化组织发布了"可持续发展教育十年国际实施计划框架（草案）"（以下简称"十年计划"），对可持续发展教育进行了全面论述（田道勇，2013）。"十年计划"指出，可持续发展教育应突出 7 个方面的特征，即跨学科和整体性、价值导向性、批判性思考和问题解决、方法的多样性、参与决策、适用性、地方性（史根东，2005）。在此大背景下，近年来，美国哈佛大学、南加州大学及日本东京大学等多所国外高等院校都设置了可持续发展学科，对可持续发展教育进行普及和实践。

在联合国环境与发展大会上，《21 世纪议程》用 40 章的篇幅充实了可持续发展的概念。如今，《21 世纪议程》的各个章节成为可持续发展工作定义的基本参数。然而，该工作定义现在又包括了更多的参数，比如能源，但能源在《21 世纪议程》中并没有被单独列为一章。在联合国经济和社会事务部使用的工作定义中，约有 42 个问题列在可持续发展的范围之内[②]。

与联合国环境与发展大会相比较，可持续发展世界首脑会议在综合可持续发展的经济、社会及环境等诸多方面的表述上要更加清晰。当时在联合国环境与发展大会上可持续发展的概念仅仅是正在得到国际社会宽泛的支持，很多讨论仍然提及的是环境与发展，并且当

---

① Palmer J A. Environmental Education in the 21st Century. London & New York：Routledge，1998.

② UN Department of Economic and Social Affairs. 2007. SUSTAINABLE DEVELOPMENT TOPICS：A-Z. www.un.org/esa/sustdev/sdissues/sdissues.htm[2021-11-12].

时根本重点更多地放在地球及其自然环境方面。可持续发展世界首脑会议成果文件的全集，不论是官方的还是非官方的内容，都反映了比联合国环境与发展大会时更加广泛的参与，即非环境事务的政府参与以及非政府方面积极分子的参与。在可持续发展委员会工作的基础之上，可持续发展世界首脑会议明确承认了消除贫困是可持续发展概念中的有机组成部分，并承认全球化是形成可持续发展的重要力量。在可持续发展世界首脑会议上，考虑到政治现实的变化，关于可持续发展的讨论同时也集中在了一些更容易管理的政治议程上，如饮用水卫生、能源、健康、农业和生物多样性等议题。

10.2.2　可持续发展的主要评价指标

可持续发展要素集成评估主要包括三方面内容，即资源环境承载力评价技术，人地相互作用及其影响模拟，预警的长效机制、追因和政策，其目标是加强要素集成评估的技术研发，形成可持续发展问题的系统解决方案。近期重点是攻关资源环境承载力评价技术，资源环境承载力评价是区域经济社会发展和资源环境协调发展的科学基础。资源环境承载力作为一个地区发展的重要因素，应注重其评价的约束性，进行动态监测评估，并根据资源环境承载能力对地区发展进行预警。中期重点围绕人地相互作用及其影响模拟，从人地关系的角度强调可持续发展的综合性，加强对人地相互作用的"双向"研究，揭示人地关系地域系统的结构特征和演变规律。中远期重点将围绕预警的长效机制、追因和政策研究展开，对监测评估和预警机制及其背后的影响因素和机制开展深入分析，并提出政策建议。

10.2.2.1　国外学者对可持续发展指标的相关研究

当今，生态学、经济学、社会政治学和系统学是国外研究可持续发展评价指标体系的四大学科主流方向。基于生态学，Wackernagel 和 Rees（1996）提出生态足迹概念及其模型，他们通过比较一个国家或地区的生态承载力与生态足迹，定量地测度一个国家或者地区的各种经济活动是不是在可持续发展的覆盖范围中。基于社会政治学，1990 年被联合国开发计划署（UNDP）提出以人类发展指标（HDI）为代表，平衡购买力后的人均 GDP，通过表达健康状态的预期平均寿命以及反映人口生活质量和受教育水平的指标这三个基本变量的平均值确定 HDI。基于系统学，1996 年联合国可持续发展委员会提出驱动力—状态—响应（DFSR）指标体系，它包括用来测试影响可持续发展的人类活动、进程和模式的驱动力指标，用于监测可持续发展过程中各系统状态的状态指标和用来监测政策选择的响应指标。

10.2.2.2　国内学者对可持续发展指标的相关研究

自 20 世纪 90 年代以来，国内学者致力于研究中国的可持续发展评价理论与方法，涉及了生态学、经济学、社会政治学、系统学及其他学科方面的内容，比较有代表性的为通过目标层次分类展开法，提出了"区域协调可持续发展评价体系"，它包含发展状态、协调程度和发展潜力（朱启贵，1999）；包括人口、资源、环境、经济四个子系统的菜单式多指标类型的中国可持续发展指标体系，从发展度、协调度和持续度三个方面描述了可持续发展状态测度（李志强和周丽琴，2006）；河北省经济可持续发展评价指标，通过全局主成分分析方法和经济统计相关理论实证分析河北省经济可持续发展（那书晨，2008）；构建有实践意义的可持续发展评价指标体系（陈文成和苏建云，2008）。

10.2.2.3　可持续发展评价的代表性指标

因人类社会面临的经济增长与生态环境，自然资源、人口、社会的问题而提出的可持续发展，包括两方面的内容：经济可持续发展、环境可持续发展。

（1）在经济可持续发展上，绿色 GDP 是具有代表性的指标

绿色 GDP 方法是从经济学角度以货币化的方式衡量可持续发展的重要指标，杨晓庆等（2014）认为一个国家或地区的全部常住单位，在一定时间内生产的劳动价值总和，去掉环境破坏损失价值和原始资源消耗成本后的剩余价值量就是绿色 GDP。由于许多原因，完善的绿色 GDP 核算体系现在尚未建成。不过，在大量研究上学者们取得了初步成果。中国绿色 GDP 核算的先行者杨友孝等（2000）核算了中国 1990～1991 年农村资源和环境账户价值；贾湖等（2013）在绿色 GDP 理论和方法技术层面上也进行了诸多探讨。

（2）在环境可持续发展方面，生态足迹模型是一个重要的指标

生态足迹模型由加拿大生态经济学家 Rees 等于 1992 年正式提出，并由 Wackernagel 等于 1996 年对其加以完善，包括生态足迹、生态承载力和生态赤字（或盈余）等概念和指标。近几年，中国关于生态足迹能值理论的研究有了显著的进展。以深圳为例，赵志强等（2008）通过模型的改进将人类劳务归入评价体系，这是对传统生态足迹模型偏生态的弱可持续性评价局限的突破。绿色 GDP、人类发展指数和生态足迹三种方法侧重点不同，但都是评价可持续发展能力的重要指标，分别从经济、社会、环境等不同角度共同评价区域可持续发展能力水平。

10.2.3　主要国家/组织可持续发展战略与规划

所谓可持续发展战略，是指实现可持续发展的行动计划和纲领，是国家在多个领域实现可持续发展的总称，它要使各方面的发展目标，尤其是社会、经济与生态、环境的目标相协调。可持续发展战略是人类在 20 世纪提出的一种新的发展战略，是人类在长期社会实践过程中不断转变思维方式和寻求自身发展道路所做出的选择。

10.2.3.1　国际组织

（1）联合国

1）《2014～2020 年 ECE 地区可持续性住房和土地管理战略草案》

2013 年 10 月 8 日，联合国欧洲经济委员会（UNECE）住房、城市发展和土地管理部长级会议通过了《2014～2020 年 ECE 地区可持续性住房和土地管理战略草案》（Draft Strategy for Sustainable Housing and Land Management in the ECE region for the period 2014-2020）（UNECE，2013）。该战略提出了 15 个发展方向和 36 个具体目标，强调了住

房对于地区公民福利的关键作用和在减缓气候变化中的作用。

该战略 15 个发展方向包括以下几个方面。①与 2012 年相比，在住房能源使用方面：制定合适的政策和法律框架来支持和刺激对存量住宅进行改造，充分利用传统知识和当地的建筑材料，以减少其生态足迹和使其更具能源效率，对于新的和现有建筑发行能源效能证书；②为了减少对环境的影响，住房部门应考虑建筑的生命周期；③提高建筑物应对自然和人为灾害的能力：审查和调整建筑法规，以更好地应对地震及气候变化和气候变异的影响；④使所有人都能拥有足够的、可支付的、质量好的、健康且安全的住房和公共设施服务，尤其关注年轻人和弱势群体；⑤向残疾人提供无障碍住房；⑥支持和鼓励私人对住房进行投资；⑦确保存量住房的有效管理；⑧建设运作良好、高效、公平和透明的住房和土地市场，以满足不同类型的住房需求；⑨土地的竞争性需求和限制性供应，以使农村土地损失最小化，并提高城市土地利用效率；⑩要有一个高效、方便和透明的土地管理制度，它将为大家提供安全的房屋使用权和所有权，有利于房地产投资和交易，确保高效透明的地产估值、土地利用规划和土地可持续开发；⑪机构、地籍机构、法院等这样的机构，或者提高它们的工作效率，以保障土地管理系统良好运作；⑫在创新和研究方面的投资，特别关注能源节约、社会创新、绿色环保、结构紧凑、包容性和智能性的城市；⑬住房、城市规划和管理以及土地管理中的良好管理措施、高效的公共参与和法治；⑭有的住房、土地规划和土地管理立法中充分反应关于非歧视的具体规定：制定法律确保公平对待和非歧视，特别是对于妇女和少数民族群体；⑮国与国之间在住房、城市规划和土地管理领域的经验交流与合作。

2）联合国《2030 年享有尊严之路：消除贫穷、改变所有人的生活、保护地球》

2014 年 12 月，联合国发布了关于 2015 年后可持续发展议程的综合报告《2030 年享有尊严之路：消除贫穷、改变所有人的生活、保护地球》（The Road to Dignity by 2030：Ending Poverty，Transforming All Lives and Protecting the Planet）（UN，2014）。该报告为今后 15 年实现尊严绘制了一个路线图，提出了可持续发展的普遍性和变革性议程，并努力到 2030 年在尊严、人、繁荣、地球、公正、伙伴关系等 6 个层面实现以下 17 项可持续发展目标。

目标 1：在世界各地消除一切形式的贫穷。

目标 2：消除饥饿，实现粮食安全，改善营养和促进可持续农业。

目标 3：确保健康的生活方式，促进各年龄段所有人的福祉。

目标 4：确保包容和公平的优质教育，促进全民享有终身学习的机会。

目标 5：实现性别平等，增强所有妇女和女童的权利。

目标 6：确保为所有人提供可持续管理的卫生的水和环境。

目标 7：确保人人获得负担得起、可靠和可持续的现代能源。

目标 8：促进持久、包容和可持续的经济增长，促进实现充分和生产性就业及人人有体面的工作。

目标 9：建设有复原力的基础设施，促进具有包容性的可持续的产业化，并推动创新。

目标 10：减少国家内部和国家之间的不平等。

目标 11：建设具有包容性、安全、有复原力和可持续的城市和人类居住区。

目标 12：确保可持续的消费和生产方式。

目标 13：采取紧急行动应对气候变化及其影响。

目标 14：保护和可持续利用海洋和海洋资源促进可持续发展。

目标 15：保护、恢复和促进可持续利用陆地生态系统，可持续管理森林，防治荒漠化，制止和扭转土地退化现象，遏制生物多样性的丧失。

目标 16：促进有利于可持续发展的和平和包容性社会，为所有人提供诉诸司法的机会，建立各级有效、负责和包容性的机构。

目标 17：多措并举，重振可持续发展的全球伙伴关系。

（2）国际食物政策研究所《2013～2018 年战略计划》

2013 年 4 月 11 日，国际食物政策研究所（IFPRI）发布了《2013～2018 年战略计划》（IFPRI Strategy 2013～2018），提出了未来发展愿景及使命，明确了研究领域和研究区域优先发展战略（IFPRI，2013）。

1）未来发展愿景及使命

愿景：在全世界范围内消除饥饿和营养不良。

使命：致力于提供基于实证研究的可持续政策方案，实现消除饥饿、减少贫困，以满足发展中国家的粮食需求，尤其是低收入国家和这些国家中的贫困群体。

2）研究领域

①确保可持续的粮食生产。今后的重点研究方向包括提高对自然资源管理，解析气候变化与能源发展的相关政策以及生物安全、性别差异的影响等。②促进健康的粮食生产系统。IFPRI 将重点改善贫困人口的饮食质量、营养状况及健康水平，特别是亟须必要营养元素的妇女和儿童。③完善全球贸易市场。IFPRI 将重点专注于市场失灵问题，消除市场准入壁垒，同时方便小型农户进入市场，从而提高粮食安全。④促进农业发展。IFPRI 立足于农村战略和农业政策研究，促进农村经济增长，特别是亟须经济快速发展的撒哈拉沙漠以南的非洲地区和南亚地区。⑤加强政府机构管理。IFPRI 将通过前瞻性分析自然资源管理过程，明确当地群众、私营部门、国家各自发挥的作用，在土地管理中协调好土地资源、水资源等自然资源的关系。⑥增强抗风险能力。IFPRI 将提供灾害风险管理分析框架，提高长期抵御风险的能力，探究如何在社会各个层面更好地协调风险管理。⑦跨领域研究主题：性别差异。IFPRI 将收集证据，分析男女差异，提高未来政策干预的效果，让各方都各尽其责。

3）研究区域优先发展战略

IFPRI 的研究重点主要是发展中国家，覆盖的地区包括拉丁美洲和加勒比地区、西非和中非地区、中东和北非、中亚、东亚及东南亚、南亚、非洲的东部和南部。IFPRI 依据区域发展特点分别制定了研究区农业发展的战略重点，分别围绕上述六大研究领域积极开展各项工作，并有效地提供可能的政策选择，以更好地支持各国在粮食、农业和农村方面的决策。在中国，IFPRI 计划重点关注中国村镇乡分级管理、产业价值链的转型以及资源友好型技术的推广等。

（3）全球环境基金《GEF 2020 年战略计划》

2015 年 3 月 25 日，全球环境基金（GEF）发布了《GEF 2020 年战略计划》（GEF 2020：

Strategy for the GEF）报告，为 GEF 的 2020 年及以后的发展进行定位，支持 GEF 成为未来全球环境领军机构的改革创新，实现更大的社会影响（GEF，2015）。

1）GEF 的 2020 发展定位

GEF 的 2020 年愿景是成为未来全球环境的领军机构，支持转型变革，实现更大规模的全球环境效益。为实现这一愿景，GEF 要解决环境退化的驱动因素；支持开展创新的业务方式；采取具有成本效益的重大环境挑战解决方法，继续高度专注于最大程度提升通过融资创造的全球环境效益。

2）主要战略优先事项

为了实现 2020 年愿景，GEF 将推动 5 项战略重点任务：①环境退化的驱动因素。GEF 通过一系列手段和途径，如消费品认证标准，将需求引向以更可持续方式生产的产品和服务，最大限度地减缓环境退化。②利用 GEF 已有综合方案的运作经验，寻找综合性解决方案。③加强恢复和适应方面的工作。继续支持各国气候变化适应计划，并为寻求协同、整合其他改善全球环境的工作提供途径。④确保互补性和协同性，特别是在气候融资方面。GEF 需要确保与其他机构和投入机制最大程度的互补，尤其是在气候投资领域。⑤专注于选择适当的影响模式。GEF 通过多种模式实现环境影响：转变政策和监管环境、增强制度能力和决策程序、建立多方利益相关者的联合、示范创新方法、有效使用创新金融工具等。

（4）未来地球计划发布的《未来地球计划 2025 愿景》

2014 年 11 月 6 日，未来地球计划（Future Earth）科学委员会和过渡参与委员会（interim Engagement Committee）发布了《未来地球计划 2025 愿景》（Future Earth 2025 Vision），该规划制定了未来地球计划未来 10 年研究活动的框架体系，并提出将推进以解决方案为导向的研究，与社会各方合作伙伴协同设计、协同实施、协同推广（co-design，co-produce andco-deliver），不断增进新的科学认识并将科学知识联系起来，以扩大科学研究的影响、探索新的发展路径、寻找新的方法，实现人类社会向可持续发展加速转型（Future Earth and interim Engagement Committee，2014）。《未来地球计划 2025 愿景》涵盖以下 4 个方面的内容。

1）激发面向全球可持续性挑战的开拓性研究

《未来地球计划 2025 愿景》概述了未来地球将如何激发、创造开拓性的跨学科科学，应对为实现可持续的公平世界研究所需要解决的八大焦点挑战。

2）发布社会合作伙伴应对这些挑战所需的产品和服务

未来地球计划将与合作伙伴合作共同发展支持所有层面决策和社会变化所需的知识，以便缩小研究、政策和实践之间的差距。科学界和社会合作伙伴之间的密切合作将催生以解决方案为导向的研究，从而传递社会向可持续性转型所需的知识。

3）倡导一种新型的科学，将学科、知识体系与社会合作伙伴联系起来

应对这些焦点挑战需要一种新型的科学，将学科、知识体系和公共部门、私营部门与志愿部门的利益相关者联系起来。未来地球计划将为全球可持续发展开辟协同设计、协同实施以解决方案为导向的科学、知识和创新。

4）启用和调动共同实施知识的能力

到 2025 年，未来地球计划将启用和调动跨越文化、社会、地域和世代的共同实施知识的能力。能力调动将嵌入未来地球计划所有的活动和项目之中，以构建强大的国际网络，推进未来地球的愿景和使命，协同实施跨越文化差异、社会差异、地域和世代的知识。

10.2.3.2 美国

（1）《理解变化的行星：地理科学的战略方向》

2010 年，美国国家学术出版社（National Academies Press）正式出版了由美国国家研究理事会（National Research Council）未来十年地理科学战略研究方向委员会（Committee on Strategic Directions for the Geographical Sciences in the Next Decade）完成的研究报告——《理解变化的行星：地理科学的战略方向》（*Understanding the Changing Planet: Strategic Directions for the Geographical Sciences*），该书提出了未来十年地理科学研究的 11 个战略方向（National Research Council，2010）。这些战略方向反映了未来十年地理科学面临的挑战和需要解决的科学问题。

1）地理科学的战略方向

地理科学在促进对地球表面所呈现的变化的程度和原因的认识、洞悉这些变化的影响、推动应对这些变化的有效战略的发展，以及促进对地球变化特征的记录和再现等方面具有潜在的优势。战略方向的排列顺序则反映了从环境变化和可持续发展的重大问题到针对社会经济、地缘政治和科学技术等领域呈现的特殊转型问题的转变。

2）地理科学的发展趋势

报告中提出的 11 个战略方向表明地理科学在应对 21 世纪初期科学和社会面对的根本性挑战方面所具有的巨大潜力。考虑到当前所呈现的地理转变的程度和规模，弄清特定地区发生变化的原因将变得尤为重要。尽管近年来地理学研究发展迅速，但向前发展仍需要努力扩展地理学研究的范围和领域。实现这一目标，就需要在研究的基础设施、教育培训、研究领域拓展等方面不断努力。譬如，虽然迄今地理科学的绝大多数进展都是源于独立的研究工作，但要致力于解决 21 世纪全球面对的众多挑战则需要具有多种知识技能的不同领域研究者的大规模合作。培养下一代地理学家需要有全新的课程设置，以拓宽他们的地理学视野、空间思维以及提高地理学研究技能，并教导学生怎样充分利用新的技术。有必要加强地理学研究成果的推广普及，向政策制定者、管理者、媒体和其他应用者提供地理学信息，同时促进地理学界与社会大众的联系。专门委员会期望报告中概述的优先研究方向可以引导地理学研究日益严谨、有序组织和更加有力，而这也是拓展地理学研究领域、指导政策制定，以及使公众理解和评判已成为他们日常生活中的一部分的地理技术的前提和基础。

（2）《美洲国家可持续发展计划 2016～2021》

2016 年 6 月 14 日，由美洲国家组织总秘书处可持续发展部举行的第二次全体会议上通过出版报告《美洲国家可持续发展计划 2016～2021》（Inter-American Program for

Sustainable Development 2016-2021）确立了战略行动，以确保总秘书处关于可持续发展的工作与西半球执行的《2030 年可持续发展议程》和《巴黎气候变化协定》相一致，其目标和结果以成员国批准的可持续发展目标为指导，并有助于实现这些目标和结果。总秘书处将应成员国的要求实施这些战略行动（General Secretariat of the Organization of American States，2016）。

PIDS 响应联合国向区域组织发出的呼吁，要求合作执行《2030 年可持续发展议程》并采取后续行动。PIDS 的目标是支持有此要求的美洲国家组织成员国努力实现经济、社会和环境三个层面的可持续发展，包括其消除贫穷，特别是赤贫的政策。PIDS 主要战略领域如下：①灾害风险管理。在灾害风险管理方面的工作应直接有助于支持成员国实现可持续发展目标 11，使城市和人类住区具有包容性、安全性、抗灾能力和可持续性。②生态系统的可持续管理。保护、恢复和促进陆地生态系统的可持续利用、森林的可持续管理、防治荒漠化、制止和扭转土地退化、制止生物多样性丧失及其具体目标，以及《2030 年可持续发展议程》上其他可持续发展目标及其交义要素的相互关联的目标。③水资源综合管理。确保所有人的水和卫生设施的可用性和可持续管理，特别是可持续发展目标 6.4、6.5、6.6、6.a 和 6.b，以及《2030 年可持续发展议程》上其他可持续发展目标及其交义要素的相互关联的目标。④可持续城市和社区。关于可持续城市和社区的工作应直接有助于支持成员国实现可持续发展目标 11，使城市和人类居住区具有包容性、安全性、韧性和可持续性，特别是可持续发展目标 11.1、11.2、11.3、11.6、11.7、11.a 和 11.c 等目标。⑤可持续能源管理，优先推广清洁、可再生、环境可持续的能源和能源效率。在可持续能源管理方面的工作应直接有助于支持成员国实现可持续发展目标 7。⑥加强和能力建设，建立促进可持续发展的高效、有效、负责任和包容的机构。支持可持续发展机构方面的工作，应直接帮助支持成员国实现可持续发展目标 16。为实现这一目标，总秘书处将优先考虑加强和建设高效、有效、问责和包容机构能力的举措。

（3）《城市可持续发展路径：美国的机遇和挑战》

城市化的发展给人类带来创新、创意和教育等集中资源的同时，也带来了社会不平等、城市病等负面影响。美国国家科学院专门成立"城市可持续发展路径委员会"对美国城市发展问题进行研究。2017 年 10 月 19 日，《城市可持续发展路径：美国的机遇和挑战》[①]报告发布，报告总结了九大城市（洛杉矶、纽约、温哥华、费城、匹兹堡、查塔努加、锡达拉皮兹、大急流城和弗林特）的发展经验和数据分析，提出了美国城市发展路径和政策建议，帮助美国城市更加可持续发展。

该报告提出的城市可持续发展路径包括三个阶段：①可持续发展奠定基础阶段。遵循城市可持续发展的基本原则，识别发展机会和限制因素，确定优先发展领域，优化城市发展净收益。②设计和执行阶段。与主要利益相关者和公众建立合作伙伴关系，确定发展目标、对象和指标，制定可持续的计划，识别可获得的和缺失的数据，建立指标体系，执行

---

① National Academies of Sciences，Engineering，and Medicine. Pathways to Urban Sustainability：Challenges and Opportunities for the United States. National Academies Press，2016.

计划。③总结和评估阶段。评估从地区到全球范围的影响，总结实施进展与公众的反馈情况及实施经验等。

该报告提出的政策建议：①在跨城市的范围内实施可持续发展战略，不应以牺牲另一个地区的可持续性为代价；②跨越空间和行政边界，从地块到邻近城市、地区、州，甚至国家层面集成可持续政策和战略，确保政策的有效性；③实施连续性政策和战略，以建立环境、经济和社会政策之间的协同作用，确保城市可持续发展行动的有效性；④总结具有类似经济、环境、社会和政治背景城市的发展经验，进一步调整区域可持续发展战略；⑤最大限度地收集科学投入指标数据，包括可持续发展的社会、健康、环境、经济维度的政策、计划和执行过程数据，以强化基于科学的解决方案在城市可持续发展过程中的核心作用；⑥确保更广泛的利益相关者参与可持续发展战略，包括非传统的合作伙伴；⑦制定城市可持续发展计划，突出城市的独特气质和与全球的联系，同时定期更新计划，该计划应是可测量的，以便对其进行跟踪和评估；⑧可持续计划应包含减少社会不公平的政策；⑨采用综合的可持续发展指标体系，指标应该与执行、影响和成本分析相关，评估城市可持续发展的效率、影响和利益相关者的参与程度；⑩城市管理者和规划者应认识到阻碍可持续发展的因素，并事先设定应对措施，以适度的紧迫感推动城市可持续发展。

10.2.3.3 欧盟

在其更新的欧盟可持续发展战略和随后的政策文件中，欧洲理事会接受了布伦特兰委员会于1987年使用的可持续发展定义。虽然布伦特兰报告主要侧重于经济发展和环境保护的平行方法，但欧盟的雄心更大。在欧盟，为了实现可持续发展，经济发展还应该与保护公共健康和基本权利、促进社会凝聚力、建立强大的金融体系、保护文化多样性以及努力发展合作和消除全球贫困并行不悖。欧盟可持续发展战略的另一个有趣之处是，可持续发展不仅被视为一项内部责任，也是一项外部责任。欧盟希望不仅在28个欧盟成员国（当时英国尚未脱离欧盟），而且在国际一级追求环境保护和促进基本权利等主题（Commission of the European Communities，2009）。

（1）《欧洲绿色协议》

2019年12月11日，欧盟委员会发布《欧洲绿色协议》（Commission of the European Communities，2019），提出了欧盟迈向气候中立的行动路线图，旨在通过向清洁能源和循环经济转型，阻止气候变化，保护生物多样性及减少污染，进而提高资源的利用效率，以期使欧洲在2050年之前实现全球首个"气候中立"。《欧洲绿色协议》还明确了所需的投资和可利用的融资工具。2020年1月14日，欧盟委员会发布《可持续欧洲投资计划》（European Commission，2020），提出将在未来10年内调动至少1万亿欧元的资金，以支持《欧洲绿色协议》的融资计划，旨在2050年实现"气候中立"目标。

1）欧盟迈向"气候中立"的政策行动

《欧洲绿色协议》提出了欧洲经济向绿色转型的七大行动路线，包括：①提高欧盟2030年和2050年的气候目标，包括出台欧洲第一部《欧盟气候法》等行动；②提供清洁、可负担和安全的能源，包括评估各成员修订的能源和气候计划，提出海上风电战略等行动；

③促进工业清洁和循环经济发展，2020 年 3 月，欧盟委员会将通过一项欧盟产业战略，以应对绿色转型和数字化转型的双重挑战；④加速向可持续和智能交通转型，包括通过针对可持续和智能交通的战略；⑤设计公平、健康、环保的粮食体系，实施"从农场到餐桌"战略将加强他们应对气候变化、保护环境和保护生物多样性的努力；⑥保护和恢复生态系统及生物多样性，《生物多样性公约》缔约方会议通过了一个强有力的全球框架来制止生物多样性的丧失；⑦提高无毒环境的零污染目标，包括提出可持续发展的化学品战略，通过有关水、空气和土壤零污染的行动计划等行动。

2）实现气候和能源目标面临的投资挑战

欧盟委员会估计，要实现当前的 2030 年气候和能源目标，需要每年增加 2600 亿欧元的投资，主要用于与能源、建筑和部分运输行业相关的方面。其他行业，尤其是农业也需要大量投资，以应对更广泛的环境挑战（包括生物多样性丧失和环境污染），保护自然资本，支持循环经济和蓝色经济，以及与转型相关的人力资本和社会投资。

数字化是实现《欧洲绿色协议》的关键推动力。对欧洲数字战略能力以及对顶级数字技术的开发和广泛部署的大量投资，将为解决气候相关问题提供智能、创新和量身定制的解决方案。到 2040 年，向低碳经济转型可能需要的额外投资约占 GDP 的 2%。

3）可持续投资计划支持绿色转型

作为《欧洲绿色协议》的投资支柱，"欧洲可持续投资计划"将在未来十年调动至少 1 万亿欧元的私人和公共资金。这笔资金是通过欧盟长期预算下的支出实现的，其中四分之一将用于与气候相关的支出（包括大约 390 亿欧元的环境支出）。

根据欧盟 2021~2027 年多年度财政框架（MFF），欧盟委员会提议将与气候相关的支出提高到 25%。具体措施包括：①在未来七年（2021~2027 年），欧盟凝聚与区域发展基金预计将在气候与环境相关的项目上投资至少 1080 亿欧元，占总投资的 30%以上。②未来的共同农业政策将把 40%的资金用于支持与气候相关的目标。③"地平线欧洲"计划将至少 35%的预算（预计达到 350 亿欧元）用于支持气候目标。此外，在"地平线 2020"计划的最后一年，在现有 2020 年拨款 13.5 亿欧元的基础上，欧盟委员会准备再追加约 10 亿欧元用于《欧洲绿色协议》优先事项。④与 2014~2020 年相比，欧盟环境与气候行动（LIFE）计划将增加 72%（达到 54 亿欧元）的资金支出。超过 60%的资金将用于实现气候目标，其中，9.5 亿欧元用于气候行动，10 亿欧元用于清洁能源转型，21.5 亿欧元用于自然和生物多样性保护。⑤连接欧洲设施计划将至少 60%的预算用于支持气候目标。⑥欧洲社会基金将资助大约 500 万人在绿色经济方面不断提高相关技能。

（2）《可持续和智能交通战略》

2020 年 12 月，欧盟委员会于近日发布了新的《可持续和智能交通战略》，为欧盟航运业及其他运输部门走出新型冠状病毒肺炎疫情的危机规划了路线。

《可持续和智能交通战略》为欧盟运输系统实现绿色和数字化转型奠定了基础，并能更加灵活地应对未来危机。《欧洲绿色协议》中指出，到 2050 年，欧洲将通过打造一套"智能、有竞争力、安全、易获得和可负担的交通系统"实现 90%的减排率。

通过实施这一战略，将创建一个更高效、更具弹性的运输系统。欧洲的交通系统正在坚定地推进减排，这与《欧洲绿色协议》的目标是一致的。在欧洲交通系统的智能与可持续发展愿景中，设定了一系列的具体里程碑，其中之一是到 2030 年，零排放远洋船舶将进入市场。

为了实现这一目标，欧盟需要立即行动，提高航运业中可再生能源和低碳燃料的应用。与此同时，欧盟还需要支持竞争性、可持续性和循环性产品和服务的研究和创新，确保航运业获得合适的燃料，建立必要的基础设施，并满足最终用户的需求。未来几十年中，航运业将在去碳化进程中面临更大的挑战，原因是当前缺乏面向市场的零排放技术，船舶的研发和生命周期长，燃料补给设备和基础设施需要大量投资以及国际竞争。

欧盟委员会将出台新的措施，使用可再生能源代替化石能源为驻港船舶供电，鼓励开发和使用更清洁、更安静的新型船舶，提升港口服务和运营的环保性，优化港口停靠服务，推广智能交通管理的应用，从而鼓励使用可再生能源和低碳燃料。

此外，欧盟还表示，必须增加对当地可再生能源生产、可持续多式联运和航运船队更新换代的公共和私人投资。这些投资将是巩固欧盟单一市场的关键。在部署替代海洋燃料的协同作用下，应努力实现零污染目标，大幅度减少航运业对更大范围环境的影响。新战略指出，在欧盟的所有水域建立大范围排放控制区，其最终目标是实现航运对空气和水的零污染，造福于海盆、沿海地区和港口，这应该作为一项重点工作来开展。欧盟委员会首次将这一战略覆盖地中海地区，并计划在黑海推进类似举措。此外，欧盟委员会还将审查欧盟关于船舶回收循环的立法，以明确相关措施加强该立法，进一步促进安全和可持续的船舶回收。

这一系列举措的总体目标是实现安全、有保障和高效率的海上运输，并降低商业和管理的成本。欧盟海域的海上安全和智能可持续航运将继续依赖于欧洲海事安全局的贡献，而这一机构应持续推进现代化，并尽可能扩大到其他领域。

（3）"可持续发展融资行动计划"

2018 年 3 月 8 日，欧盟委员会发布了"可持续发展融资行动计划"（Action Plan: Financing Sustainable Development，以下简称"行动计划"）。这是欧盟为推动可持续金融发展而迈出的实质性的一步。这个行动计划的发布背景是《巴黎气候变化协定》及联合国《2030 年可持续发展议程》。可持续发展议程中提出的 17 条可持续发展目标包括减贫、教育、性别平等、包容性增长、可持续消费、应对气候变化、海洋保护、生物多样性保护、社会公平等。从这个背景看来，"行动计划"的内涵会比一般意义上的"绿色金融"范围更广。从"行动计划"的文本可以看到，应对气候变化的行动以及低碳发展是重中之重。

"行动计划"的主要目的是将可持续投资的定义界定清楚，其主要内容涵盖 3 个目标下的 10 项行动策略，以及 22 条具体行动计划，且每条具体行动都设定了明确的时间表。"行动计划"最紧迫的工作莫过于确定可持续性的含义以明确经济活动的分类。欧盟将尽快组建技术专家团队，并在 2019 年第一季度发布气候变化减缓行动的分类体系。之后这个体系将拓展到气候变化适应领域及其他环境领域，相关分类报告在 2019 年第二季度发布。随后，这个分类体系还将逐渐与欧盟的立法体系相结合从而使其具有更稳定的法律地位。

"行动计划"也意识到了风险管理的重要性，提出要将可持续性纳入常规的风险管理中。

这些行动中包括明确的时间表。具体来说，欧盟委员会在 2018 年第二季度邀请利益相关方讨论修改"信用评级机构监管条例"，要求所有评级机构将可持续性因素纳入评估，并在 2019 年第二季度开展可持续评级的研究。此外，通过立法来明确机构投资者和资产经理的职责也在计划中，这项工作将在 2018 年第二季度开展。"行动计划"中提出的 3 个主要目标对于其他绿色金融实践地区来说也是急需解决的问题，欧盟相关制度的建立及研究成果将为其他地区的实践提供有价值的借鉴。

（4）《可持续的欧洲使世界变得更美好：欧盟可持续发展战略》

经过酝酿，欧盟委员会在 2001 年 5 月发布题为《可持续的欧洲使世界变得更美好：欧盟可持续发展战略》的政策文件，首次系统地阐明了欧盟的可持续发展战略的构想。在随后召开的欧盟哥德堡峰会上，基于欧盟委员会的建议，正式通过了这份文件。此后，欧盟可持续发展战略经历了若干发展阶段，其内涵不断调整完善。

欧盟哥德堡峰会是可持续发展战略在欧洲推行的一个关键节点。欧盟首个可持续发展战略文件与致力于寻求欧盟经济和社会重建的里斯本战略是互补的，它为里斯本战略增加了第三个维度——环境维度。同时，这份可持续发展战略文件的出台有力推进了欧盟成员国的战略行动。此后绝大多数欧盟国家在 2002 年南非约翰内斯堡可持续发展世界首脑会议上提交了本国的可持续发展战略规划。

2001 年确立的欧盟可持续发展战略的总体目标是，建立一个资源管理高效、能够激发经济发展创新潜力、确保经济繁荣、环境得到充分保护、社会和谐的可持续社会，不断提高人们的生活质量。具体突出了 4 个方面：①应对气候变化；②确保可持续交通；③消除公共健康威胁；④负责任地管理自然资源。该战略强调应将经济增长和资源的使用相分离，推行环境友好技术，促进经济增长，增加就业机会，激励技术创新和投资。

欧盟意识到，可持续发展需要依靠全欧洲的共同努力。处于不同发展水平的欧盟成员国应加强政府间协调合作，并与商业部门、非政府组织和公民进行沟通交流。为此，欧盟发起"国家可持续发展战略同伴评价"[1]自愿行动，以促进欧盟成员国之间的交流和共同进步（Berger，2006）。此外，欧盟还将教育、研究和公共资金投入作为促进可持续生产和消费的重要手段加以推进，助力欧洲向可持续发展方向转变。

（5）《可持续发展战略回顾：行动平台》

尽管 2001 年欧盟可持续发展战略的推行取得了重要成就，但气候变化、人口老龄化、贫富差距加大等不可持续因素依然存在。欧盟扩大、全球化、恐怖威胁等因素的变化也需要欧盟可持续发展战略更加聚焦、责任明确，需要获得欧盟内部及外部更广泛的支持。经反复协商，欧盟委员会在 2005 年初发布《欧盟可持续发展战略》评估报告（Commission of the European Communities，2005a）及《可持续发展指导原则》的草案声明（Commission of the European Communities，2005b），并最终在 2005 年底提出一项重新审视欧盟可持续发

展战略的新议案——《可持续发展战略回顾：行动平台》（Commission of the European Communities，2005c）。该议案在 2001 年欧盟首个可持续发展战略的基础上，从注重进展、解决实际问题和应对新挑战等方面进行了完善，并于 2006 年 6 月被通过，成为欧盟成员国新的可持续发展战略行动方案（Commission of the European Communities，2006）。

（6）《欧盟 2006 年可持续发展战略》

经修订的《欧盟 2006 年可持续发展战略》（Commission of the European Communities，2005a），在 2001 年战略所确定的四项优先领域基础上增加了三项，共构成七项关键领域：①气候和清洁能源；②可持续交通；③可持续生产与消费；④自然资源保护和管理；⑤公共健康；⑥社会包容、人口和移民；⑦全球贫困和可持续发展挑战。这些领域多数与环境问题有关。为全面达成可持续发展目标，欧盟强调采取一体化的决策方式，即通过政策影响评估和确立可持续发展指导原则的方式，来提高各项政策的协同效应。同时，在欧盟对外政策中融入可持续发展理念，将欧盟可持续发展对外推行战略与欧盟内部可持续发展政策相结合。此外还加入了教育培训与研发这两项能够推动可持续发展战略实施的关键内容。

此次战略修订为欧盟确立了更加务实的目标。欧盟认为可持续的生产和消费模式需要循序渐进，更需要有效的一体化决策方法，才能打破经济增长与环境退化的关联。该战略重申要加强全球可持续发展合作的重要性，特别是与经济发展迅速、对全球可持续发展有重要影响的发展中国家合作。

（7）"欧洲 2020 战略"

2010 年欧盟委员会发布"欧洲 2020 战略"[①]，这是继里斯本战略之后欧盟执行的第二个十年经济发展规划。该战略的核心是实现三类相互促进的增长：基于知识和创新的"智能性／灵巧增长"，基于提高资源效率、更加绿色和更强竞争力的"可持续性增长"，基于扩大就业、促进社会融合的"包容性增长"。为实现这三类增长，欧盟在创造就业、增加研发投入、减少温室气体排放、提高教育普及率和消除贫困等方面制定了五个明确的量化目标，在此基础上列出了七个方面的行动计划。

（8）欧盟可持续发展战略的演变特点

"可持续发展"是欧盟的一个标志性品牌，这一理念已深深植入欧盟条约的核心思想。欧盟可持续发展起点高、发展轨迹清晰，至今仍在不断改进其政策选择，确保欧洲未来的发展更具可持续性。从 2001 年第一个可持续发展战略文件出台，到 2006 年战略修订，2010 年全面纳入"欧洲 2020 战略"，2015 年与联合国《2030 年可持续发展议程》紧密对接，再到 2016 年可持续发展一揽子计划发布，欧盟可持续发展战略已经历二十年发展历程，不同时期呈现明显的阶段性发展特点。欧盟可持续发展战略的主要演变进程如图 10-1 所示（张越，2017）。

---

① European Commission. 2010. Europe 2020：A Strategy for Smart，Sustainable and Inclusive Growth. http://ec.europa.eu/eu2020/index_en.htm[2021-08-03].

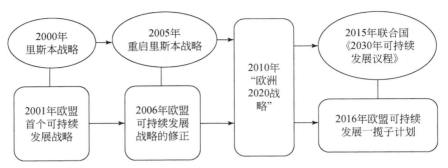

图 10-1　欧盟可持续发展战略演变示意图

10.2.3.4　英国

英国可持续发展战略主要是在减排温室气体、发展再生能源、建设"零能源发展系统"绿色社区、推行垃圾分类回收、整治泰晤士河、加大绿化力度等六大方面效果显著。作为最早的资本主义国家，英国完整经历了由粗放型大生产模式转型为精细化循环经济模式，并通过一系列法律和政策将生态环境恢复到了人与自然相对和谐的状态。

英国设有独立的可持续发展委员会，负责监督政府对可持续发展政策的执行，以确保可持续发展目标的实现。

（1）《可持续发展英国的战略选择》

1994 年，英国环境部按照 1992 年在联合国环境与发展大会上的承诺制定了可持续发展战略——《可持续发展英国的战略选择》。在这本多达 260 页的报告中，明确阐述了政府对可持续发展的认识与理解。英国政府认为，促进经济发展以保证提高自己和后代的生活水平，同时也要追求保护和改善他们现在及子孙后代的环境，将这两个目标加以协调，就是可持续发展理念的核心内涵。英国政府还认为，可持续发展需要在三个方面改进：一是政府部门应对可持续发展提出具有权威性和独立性的建议，二是应加强有代表性的部门对可持续发展圆桌会议的参与，三是应进一步将可持续发展的知识普及到社区和每个人。

1996 年 3 月，英国环境、交通和区域部（DETR）公布了英国可持续发展指标体系，将可持续发展按照压力—状态—响应（PSR）的模式分成了 120 个指标。该指标以英国的可持续发展目标为基础，采取目标分解的方式设计，是第一个将对可持续发展的衡量从定性到定量，从研究到实践的尝试。

（2）《英国绿色金融战略》

英国发展绿色金融的路线图，旨在推进实现英国 2050 年温室气体零排放的目标，以及更好地应对气候变化的挑战。其三大核心要素包括：金融绿色化、投资绿色化、紧握机遇。

2019 年 7 月 2 日，英国政府于第二届英国绿色金融年会上首次发布了《英国绿色金融战略》，号召全社会（包括政府、企业、学术机构等）共同努力实现一个更加可持续和绿色化的未来。该战略包含两大长远目标以及三大核心要素。其两大目标分别是，在政府部门的支持下，使私人部门/企业的现金流流向更加清洁、可持续增长的方向；加强英国金融业的竞争力。三大核心要素包括：金融绿色化、投资绿色化、紧握机遇。该战略描绘了自2001年以来，英国发展绿色金融的路线图。该路线图包括：2001年，英国排放交易计划（UK ETS）成立；2008年，英国气候变化法案颁布；2009年，世界银行在伦敦证券交易所发布首只绿色债券；2011年，英国设立38.7亿英镑的国际气候基金；2012年，英国绿色投资银行设立；2015年，气候相关财务信息披露小组（TCFD）成立；2016年，二十国集团（G20）中英绿色金融研究小组成立；2017年，英国成立绿色金融工作小组并发布清洁增长战略；2018年，英国举办首届"绿色英国周"活动并以绿色金融作为主要主题；2019年，英国政府设定2050年温室气体零排放的目标，并发布绿色金融战略等重要节点。除此之外，该路线图还规划了至2022年的计划，届时将正式回顾绿色金融战略的实施进展，并进行优化。

同时，由英国政府和伦敦金融城共同出资设立了英国绿色金融学会（Green Finance Institute），旨在促进英国公共部门和私营部门之间的合作，并计划通过该绿色金融学会加强英国与国际的交流合作。

10.2.3.5 加拿大

《2004～2006年可持续发展战略》

可持续发展战略是加拿大政府部门制订和运行可持续发展政策、计划的行动大纲，对推进联邦政府可持续发展议程以及评价所取得的发展极为重要。这个"绿色政府行动指南"强调了可持续发展是加拿大政府公共政策的基本目标，经济的健康依赖于环境的健康，规定了政府各部门制定可持续发展战略的程序，要用全成本核算、环境评估和生态管理的手段促进经济、社会和环境的可持续发展。

2005年5月，加拿大政府28个部委及直属机构向议会提交了新的可持续发展战略。加拿大《2004～2006年可持续发展战略》提出了今后几年在环境可持续发展领域的工作目标。该战略的主要内容包括：制定决策的信息、创新的手段、可持续发展的伙伴以及可持续发展的管理。重点是可持续发展政策与规划能力的构建及加拿大人更好地了解可持续发展的信息与工具。通过可持续环境战略的实施，加拿大人的环保意识大大增强。

10.2.3.6 德国

德国社会中的长期可持续发展意识，为德国在这方面提供了据以发展的根基。早在300多年前，汉斯·卡尔·冯·卡尔罗威兹（Hans Carl von Carlowitz）就在他所做的林业研究中描述了可持续发展的原则。2002年，这一原则首次系统、全面地体现在国策中。此后，德国政府不断对既有的可持续发展国家战略加以发展，由此构建了一个可持续发展的政策体系，为实现《2030年可持续发展议程》的国内目标提供了坚实的基础。

通过最近一次对德国可持续发展战略所做的全面修订，德国政府明确指出了承担可持续发展的义务所意味的挑战、德国政府设定的具体目标以及为实现这些目标采取的措施。新修订的战略可能在某些部分显得比较抽象和具有技术专家治国主义的色彩，但其处理的对象是攸关生存的问题。它关系到的是有尊严的生活，是公正与和平，是社会保障，是在发挥经济潜力的同时保护自然生存基础等至关重要的问题。

（1）新修订的德国可持续发展战略

2017 年 1 月 11 日，德国政府通过了可持续发展战略的修订版。自 2002 年可持续发展战略首次推出后，这是对该战略所做的最为全面的发展。

现在，公众对可持续发展理念的感知与认同超过以往任何时候。对其关注程度的增加同时也提高了对发展战略的期望和要求。德国的可持续发展战略阐明了可持续发展在德国政策中所具有的意义，为相关政策的各个方面确定了具体的目标和措施，以此为必不可少的长期方针提供了衡量依据。可持续发展战略要求所有联邦机构通过在各自领域的积极行动为达到这些目标做出努力。

（2）可持续发展战略的目标/《2030 年可持续发展议程》的实施

可持续发展战略基于一个整体的和一体化的理念，即只有高度重视可持续发展三个层面间的相互作用，才能确立长期可行的解决方案。战略所追求的目标是形成具有高度经济实力、社会平衡和生态可承受的发展方式，其中尊重地球极限和让每个人过上有尊严的生活构成了政治决策的最高原则。

战略将不同政治领域在可持续发展方面所做的努力汇聚在一起，并利用众多的相互作用加强这些努力间的协调一致。这样的做法不仅有助于解决目标冲突的问题，同时还可促生对全球负责的、代际公平的和社会一体的政策。

德国的可持续发展战略从经济、环境、社会保障 3 个层面提出了德国实施 17 个可持续发展目标的具体措施（图 10-2）。除了影响本国的措施外，战略还提出了通过德国影响全球的措施。另外还包括依靠双边合作（即与德国共同实施的措施）为其他国家提供的支持。德国以此表明其全面实施《2030 年可持续发展议程》设定的可持续发展目标的坚定意愿，也表明将完成这些广泛的任务视为对自身的挑战。

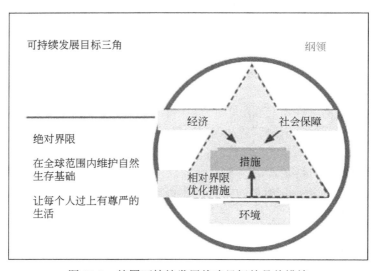

图 10-2　德国可持续发展战略目标的具体措施

10.2.3.7 中国

从《中国 21 世纪议程》到《2030 年可持续发展议程》，中国为探索具有中国特色的可持续发展道路付出了巨大努力，并取得了举世瞩目的成就，对全球可持续发展做出了重要贡献。

1992 年，联合国召开的环境与发展大会通过了《里约环境与发展宣言》和《21 世纪议程》等文件，成为世界历史上有深远影响的重大事件，体现了人类发展观的重大转变，从此"可持续发展"理念从研究讨论的层面正式走向了人类实践的前台，成为全球行动指南。《21 世纪议程》开篇提出"人类站在历史的关键时刻"，号召要综合协调处理环境与发展问题，共同推动建立促进可持续发展的全球伙伴关系。《21 世纪议程》的出台是人类社会发展的一个里程碑，它向世界昭示当时全球 183 个国家决心共同致力于可持续发展，为保护地球这个人类共同的家园携手同心、共担使命。

（1）《中国 21 世纪议程》

中国作为发展中国家致力于积极推动可持续发展，在联合国环境与发展大会召开后不久，中国政府即着手制定国家级 21 世纪议程，这不仅是中国政府对联合国环境与发展大会的积极响应，也反映了中国经济社会发展内在的必然需求。国家科学技术委员会和国家计划委员会组织了由 52 个部门以及 300 余名专家参加的研究编制队伍，在联合国开发计划署（UNDP）的积极支持下，经过近两年的努力，国务院于 1994 年 3 月审议通过《中国 21 世纪议程》，确立了中国可持续发展的总体战略框架和各领域主要目标。1995 年 9 月，党的十四届五中全会通过《中共中央关于制定国民经济和社会发展"九五"计划和 2010 年远景目标的建议》，文件中第一次使用"可持续发展"的概念。1996 年 3 月，第八届全国人民代表大会第四次会议审议通过《中华人民共和国国民经济和社会发展"九五"计划和 2010 年远景目标纲要》，其中明确提出了中国在经济和社会发展中实施可持续发展战略的重大决策。

《中国 21 世纪议程》的出台和实施之所以产生重要的影响和积极的成效，主要是因为它紧密结合了中国的具体国情。一是充分表达中国作为发展中国家主要任务还是"发展"的核心要义，体现"发展是硬道理"的思想；二是突出经济、社会、资源、环境密不可分的复合关系，用系统工程的思路进行推进；三是作为世界上人口最多的国家，把解决好人口问题作为一个重要战略要点；四是将中国的资源环境问题摆在全球环境问题的大背景下进行分析审视，关注全球环境问题与中国生态环境问题之间的内在关系和相互影响；五是把能力建设作为实施可持续发展的基本保障；六是出台配套的"中国 21 世纪议程优先项目计划"，使议程的落实有了可操作的载体。作为联合国环境与发展大会后第一个出台的国家级 21 世纪议程，《中国 21 世纪议程》在世界上产生了很大的影响，UNDP 将与中国的这项合作作为"旗舰"项目加以推动并在发展中国家推广。

（2）《2030 年可持续发展议程》

2015 年 9 月，193 个国家在联合国发展峰会上通过了《2030 年可持续发展议程》，提出了 17 个可持续发展目标和 169 个子目标，并倡议"所有国家和利益攸关方携手合作，让人类摆脱贫困和匮乏、让地球治愈创伤并得到保护"。中国以高度负责的精神积极推动《2030

年可持续发展议程》的落实。2016 年 9 月，中国以 G20 杭州峰会为契机，推动率先制定《二十国集团落实 2030 年可持续发展议程行动计划》。随后，中国在纽约联合国总部发布《中国落实 2030 年可持续发展议程国别方案》，提出了包括建设国家可持续发展议程创新示范区在内的一揽子具体举措。2016 年 12 月，国务院印发《中国落实 2030 年可持续发展议程创新示范区建设方案》，提出在"十三五"期间建设 10 个左右国家可持续发展议程创新示范区，打造一批可复制的可持续发展现实样板。

2018 年 2 月和 2019 年 5 月，国务院分别批准广东深圳、山西太原、广西桂林、河北承德、湖南郴州、云南临沧 6 个城市为国家可持续发展议程创新示范区，分别围绕创新引领超大型城市可持续发展、资源型城市转型升级、景观资源可持续利用以及城市群水源涵养功能区可持续发展、水资源利用与重金属污染防治、边疆多民族欠发达地区创新驱动发展等开展示范区建设，取得了良好进展并产生了积极的国际影响。西班牙《公众日报》在一篇文章中将示范区建设列为"中国现代化飞跃"的十大指标之一。2019 年 8 月，在《中共中央 国务院关于支持深圳建设中国特色社会主义先行示范区的意见》中，将打造"可持续发展先锋"作为深圳建设先行示范区的五大战略定位之一。

10.2.3.8　小结

可持续发展领域主要以联合国和全球环境基金组织制定的战略规划为主，主要的战略目标包括改善人居环境，建立高效透明的可持续土地管理，提高土地利用效率促进城市可持续发展；促进农业可持续发展，确保粮食生产满足人类需求；通过研究环境退化驱动因素，寻找综合解决方案，积极应对气候变化带来的影响，建设具有包容性、安全、有复原力并可持续的城市和人类居住区。

10.3　可持续发展研究态势分析

可持续发展已成为当今社会的一种理想、一种新的范式，其概念已遍及整个社会（Stoffel and Colognese，2015）。这一概念是在对经济、社会和环境之间关系进行批判性重新评估的过程中产生的（Rodrigues and Rippel，2015）。文献计量学研究被广泛用于量化与特定主题相关的书面交流过程（Saes，2000）。定量技术寻求文献计量定律和原理的理论基础，详细描述和概述绘制科学成果必须交叉的路径（Vieira et al.，2008）。Filho 等（2007）指出，文献计量学的原则是通过对出版物的定量研究来分析科学活动。文献计量学被定义为用数学和统计学的方法，定量地分析一切知识载体的交叉科学（Pritchard，1969）。随着计算机和网络技术的快速发展，文献计量学逐渐向可视化、网络化和指标定量化等方向发展（Börner et al.，2003；Wang et al.，2014）。因此本章拟选用该方法对可持续发展的国际发展态势进行分析。

10.3.1　数据源

本部分分析采用 SCIE 关键词结合领域分类的方法检索了 SCI-E 和 SSCI 数据库中可持

续发展研究方面的论文，并剔除了与可持续发展无关的领域。在 SCI-E 和 SSCI 数据库中，以 "sustainable development" 为检索主题词，检索 2011~2020 年与可持续发展相关的论文，文献类型包括研究论文（article）、综述论文（review）和学术会议论文（proceeding paper），得到相关的论文共 31 553 篇（数据库采集时间：2021 年 6 月 24 日）。随后利用美国 Thomson 公司开发的 Thomson Data Analyzer（TDA）分析工具进行了文献数据挖掘和分析，并进行了可视化展示。

10.3.2 可持续发展研究整体态势

10.3.2.1 研究时间分布

学术论文数量的变化是衡量一个领域一段时期内发展态势的重要指标，对评价该领域所处的阶段以及预测未来趋势和发展动态具有重要的意义。图 10-3 为 2011~2020 年全球及中国在可持续发展研究领域研究论文产出规模年度变化情况。可持续发展研究论文产出规模呈现两个阶段的上升趋势变化，尤其是 2011~2015 年缓慢上升，2016~2020 年可持续发展研究相关的论文呈现明显的上升趋势变化。这可能与 2015 年 9 月可持续发展目标被联合国采纳为《2030 年可持续发展议程》有关。如图 10-3 所示，中国在该领域的研究是从 2011 年开始的，直到 2016 年发文量呈现快速增长趋势，这可能是由于中国在"十三五"期间加大了对可持续发展研究的关注度。

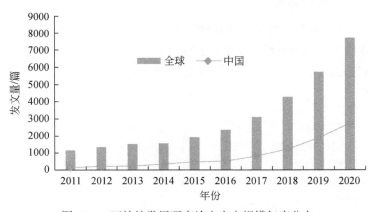

图 10-3 可持续发展研究论文产出规模年度分布

10.3.2.2 研究学科分布

根据 ISI 数据库的学科分类，表 10-1 按论文量多少依次列出了可持续发展研究中所涉及的前 10 个学科领域。这些学科领域分类显著，可分为 2 个学科组：一个侧重可持续发展的科学技术方法类研究，涉及的主要学科领域为科学与技术-其他主题，公共管理学，公共、环境和职业健康学，以及发展研究学等；另一个侧重可持续发展在各交叉学科中的应用研究，涉及的主要学科领域包括环境科学与生态学、工程学、能源与燃料学、水资源学及地质学等。从各学科领域的发文量来看，最受关注的主要是环境科学与生态学；从各学科领域论文的被引来看，最受关注的是能源与燃料学，其次是工程学。这也说明，近年来集结了全球多个领域的研究者就有关可持续发展研究的科学问题、研究方法进行了深度探讨。该领域已引起了科学界的高度关注，在对待可持续发展相关探讨时，人们往往可能首先考虑的是其在交叉学科领域的应用问题，而非具体的理论和技术问题。

表 10-1 可持续发展研究涉及的重点学科领域

学科类别	发文量/篇	学科发文量占全部论文的比例/%	篇均被引频次/次
环境科学与生态学	12 674	40	15
科学与技术-其他主题	9 130	29	16
工程学	8 089	26	22
商业与经济学	2 785	9	20
能源与燃料学	2 362	7	27
水资源学	1 466	5	12
公共管理学	1 431	5	17
公共、环境和职业健康学	1 372	4	10
地质学	1 332	4	13
发展研究学	1 192	4	15

注：因为同一篇文献可以属于不同学科，所以每个学科发文量占比单独计算

10.3.2.3 研究期刊分布

可持续发展研究的论文主要发布在 3075 个杂志上，图 10-4 给出载文量排名前 10 位杂志的近 10 年载文量情况。从图中看，论文主要发表在《可持续性》（*Sustainability*）、《清洁再生产》（*Journal of Cleaner Production*）、《可再生与可持续能源评论》（*Renewable and Sustainable*

图 10-4 2011～2020 年可持续发展研究领域载文量排名前 10 位杂志（文后附彩图）

Energy Reviews)、《可持续发展》(*Sustainable Development*)、《全环境科学》(*Science of the Total Environment*)、《国际环境研究与公共健康》(*International Journal of Environmental Research and Public Health*)、《商业策略与环境》(*Business Strategy and the Environment*)、《生态环境指标》(*Ecological Indicators*)、《环境科学与污染研究》(*Environmental Science and Pollution Research*)、《能源》(*Energies*)等杂志上，这些杂志的载文量均在 260 篇以上。从 2011~2020 年可持续发展研究领域发文量来看，《可持续性》杂志与《清洁再生产》杂志逐年呈增长趋势，特别是《可持续性》杂志增长显著，其他杂志涨幅不明显。

10.3.3 可持续发展研究的国际竞争力分析

10.3.3.1 国际主要研究国家分布

图 10-5 为可持续发展研究领域论文数量产出规模中论文总量前 10 位的国家，分别是中国、美国、英国、西班牙、澳大利亚、德国、意大利、印度、波兰和加拿大。从图 10-5 可以看出中国和美国在可持续发展研究领域开展的研究遥遥领先于其他国家，发文量都在 2000 篇以上，其次为英国和西班牙，发文量都在 1100 篇以上。

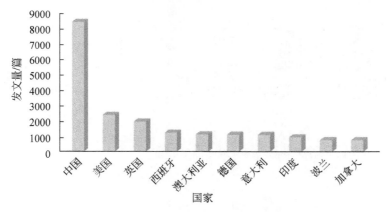

图 10-5 可持续发展研究的主要国家分布

图 10-6 是可持续发展研究领域国家合作关系网络，图中圆圈的大小代表论文数量的多少，连线的粗细代表国家之间的相关度，不同颜色代表不同的聚类关系。从图中可以看出多个明显的合作网络关系，分别是以中国、美国，以及欧洲国家等为核心的合作网络，其中合作关系最大的一类为美国，美国的合作关系比较复杂，与众多国家和地区都有不同程度的合作，其中与英国、澳大利亚、意大利和加拿大合作最为密切。其次为中国，中国虽然在论文数量上有了长足的发展，已经超越了美国而居于首位，但是在国际合作方面，与美国的差距仍然较大，其合作关系主要是与印度、荷兰、德国、加拿大等国家。

在文献计量分析中，论文数量和被引频次是衡量研究团队科研实力的两个重要维度。论文数量侧重于从量的角度反映一个国家或机构对某一领域的关注程度，论文被引频次则侧重于从质的方面反映研究成果的水平高低和由此产生的影响力大小。就科研影响力而言，

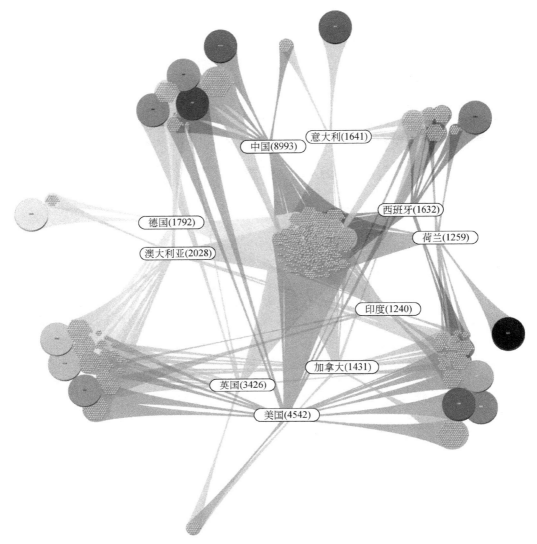

图 10-6　可持续发展研究领域国家合作关系网络（文后附彩图）

中国不论是在论文数量还是在总被引频次方面都占据优势，然而美国和英国发表的论文数量之和约只有中国的二分之一，但是论文质量很高，篇均被引频次都很高，位列全球第一。中国虽然在论文数量和总被引频次方面具有比较明显的优势，但整体上中国的综合研究影响力与国际先进国家相比，还具有较大的差距，最主要的表现是篇均被引频次不高，提高成果的国际影响力仍需要进一步努力，如表 10-2 所示。

表 10-2　可持续发展研究发文量前 10 位的国家及其论文影响力指标

国家	论文数量/篇	被引比例/%	总被引频次/次	篇均被引频次/次	被引频次≥20 次的论文/篇
中国	8 372	100	111 960	13	1 534
美国	2 311	90.9	50 279	22	569
英国	1 888	91.8	41 674	22	513

续表

国家	论文数量/篇	被引比例/%	总被引频次/次	篇均被引频次/次	被引频次≥20 次的论文/篇
西班牙	1 188	89.7	17 244	15	242
澳大利亚	1 084	92.1	21 753	20	282
德国	1 072	92.7	21 458	22	278
意大利	1 064	91.4	16 362	15	234
印度	911	88.3	16 355	18	189
波兰	731	86.2	5 820	8	78
加拿大	727	90.5	13 135	18	180

为了比较上述主要国家研究力量的强弱，本章引用了相对位置的投点象限图，以研究主体（国家）的发文量为横轴，以其所发论文的篇均被引频次为纵轴，以发文量和篇均被引频次的平均值作为坐标原点，建立研究主体的研究实力评估坐标系，其中圆圈大小代表高被引论文中引用次数≥20 次的论文数量（图 10-7）。结果显示：仅有美国位于第一象限，表明美国在论文的发表数量和论文影响力方面均表现突出，是可持续发展研究的强国。此外，高被引论文的发表量也相对较多，对于该领域研究具有明显的引领作用。英国、德国、印度和澳大利亚则均被投在了第二象限，表明其在论文数量上虽然不多，但是具有较高的影响力。相比而言，意大利、波兰和西班牙分布在第三象限，表明这些国家仅开展了一些相关的研究工作，在论文的量和质方面都相对较弱。在第四象限的中国拥有相对较大的论文发表总量，但是，在影响力方面未达到 10 个国家的整体均值，表明中国是可持续发展研究的大国，但并不是高影响力的强国。

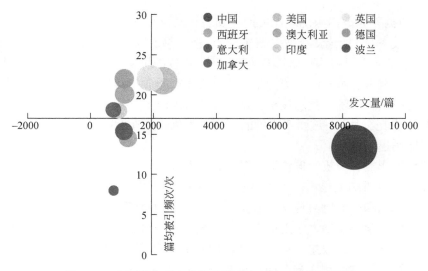

图 10-7　主要国家研究力量及影响力对比（文后附彩图）

10.3.3.2　国际主要研究机构分布

图 10-8 为可持续发展研究的论文数量排名前 10 位的主要机构分布及论文量情况。从

图中看中国科学院、北京师范大学、华北电力大学、清华大学、中国地质大学、四川大学、昆士兰大学、武汉大学和浙江大学等机构论文数量产出显著。特别是中国科学院的发文数量远超其他机构，在可持续发展领域研究论文发文量为 811 篇。

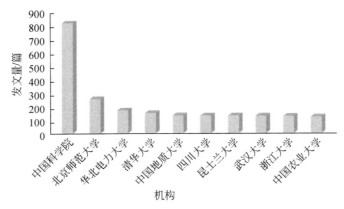

图 10-8　可持续发展研究的论文数量排名前 10 位机构分布

图 10-9 是可持续发展领域机构合作关系网络，可见中国机构以国内合作为主，只有少数机构和国外有少量合作，如中国科学院与昆士兰大学、牛津大学、伦敦大学学院有合作，北京师范大学的合作主要以国内为主，如与北京大学、中国科学院、清华大学有合作；而国外的研究机构，如牛津大学、伦敦大学学院等都与本国的机构有着较多的合作关系。可持续发展领域具有多样性和长期性的特点，我国机构应该加强国与国之间的跨机构科学合作。

以 WoS 数据库为数据源，统计可持续发展领域论文发文数量排名前 10 位机构的科研影响力及产出效率，包括论文总被引频次、篇均被引频次以及被引频次≥10 次的论文数量，如表 10-3 所示。从主要机构科研影响力看，前 10 位的机构中有 9 个机构属于中国，可见中国在该领域研究占有绝对的优势力量。从论文总被引频次和被引频次≥10 的论文数量来看，最高均为中国科学院，且总被引频次在 1 万次以上。论文篇均被引频次最高的为浙江大学，其次为昆士兰大学，这两个机构的篇均被引频次均在 20 次以上，同时，昆士兰大学的论文被引比例也最高。

对于机构的影响力分析，同样利用象限图分析这些机构在可持续发展领域的影响力水平（图 10-10）。分析结果显示：中国科学院位于第一象限，其发表论文量居第一位，且篇均论文总被引频次和高影响力论文的数量最多，属于可持续发展研究相对较强的机构。浙江大学、昆士兰大学和清华大学则位于第二象限，表示这 3 个机构具有明显的高影响力。尤其浙江大学，虽然论文数量不多，但是篇均被引频次具有明显的优势。位于第三象限的机构在发文量和篇均被引频次方面相对较弱，华北电力大学、中国农业大学、武汉大学、中国地质大学和四川大学 5 个机构位列第三象限。北京师范大学位于第四象限，表明该机构具有较高的发文总量，其高影响力论文的数量也比其他国家相对更多。特别是，其位置十分接近第一象限，表明该机构在论文总量和论文影响力方面均比第三象限机构具有明显优势。

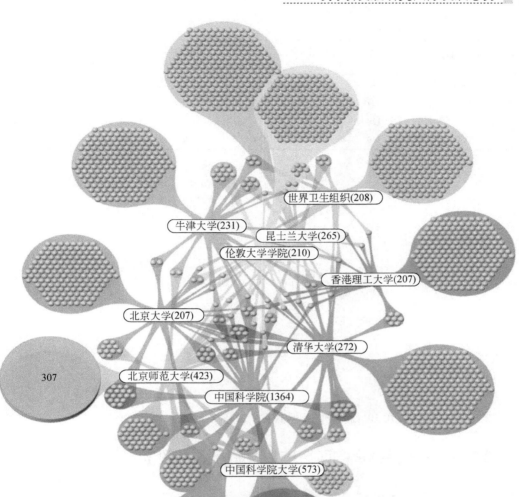

图 10-9　可持续发展领域的主要机构的合作关系网络

表 10-3　可持续发展领域论文发文数量前 10 位机构影响力

排序	机构	发文量/篇	被引比例/%	总被引频次/次	篇均被引频次/次	被引频次≥10 次的论文/篇	所属国家
1	中国科学院	811	92.5	13 699	17	379	中国
2	北京师范大学	255	92.5	3 959	16	131	中国
3	华北电力大学	170	89.4	2 677	16	91	中国
4	清华大学	149	90.6	3 011	20	78	中国
5	中国地质大学	131	90.8	1 380	13	48	中国
6	四川大学	129	85.3	1 361	11	42	中国

排序	机构	发文量/篇	被引比例/%	总被引频次/次	篇均被引频次/次	被引频次≥10次的论文/篇	所属国家
7	昆士兰大学	129	93.8	2 752	21	59	澳大利亚
8	武汉大学	127	88.0	1 425	11	48	中国
9	浙江大学	124	90.3	2 798	23	48	中国
10	中国农业大学	119	88.2	1 698	14	40	中国

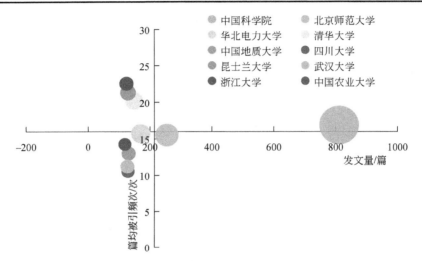

图 10-10　主要机构研究力量及影响力对比（文后附彩图）

10.3.4　基于关键词的可持续发展研究的主题/热点

10.3.4.1　关键词词频统计

表 10-4 基于作者给出的关键词梳理了排名前 20 位的关键词，分析得出可持续发展领域研究主要集中在三类：第一类为与可持续发展定义相关的关键词，如可持续发展、发展、可持续性评估、经济增长、遥感、指标等；第二类为影响可持续发展的因素，如气候变化、二氧化碳排放、治理、环境、政策、环境政策等；第三类为与可持续发展目标相关的关键词，如可持续发展目标、可持续发展教育、可再生能源、生态系统服务、企业社会责任、城市化、能源、循环经济等研究。

表 10-4　可持续发展研究领域排名前 20 位的关键词

排序	关键词	频次/次
1	可持续发展	8928
2	可持续发展目标	1959
3	气候变化	871
4	可持续发展教育	807
5	可再生能源	607
6	指标	461

排序	关键词	频次/次
7	生态系统服务	402
8	环境	386
9	发展	372
10	治理	346
11	企业社会责任	342
12	可持续性评估	339
13	城市化	329
14	循环经济	325
15	二氧化碳排放	311
16	经济增长	254
17	政策	239
18	能源	235
19	遥感	230
20	环境政策	225

10.3.4.2 关键词共现分析

图 10-11 中每个节点代表一个关键词，节点大小反映关键词出现频次的高低。可以发现，可持续发展领域论文涉及的关键词从整体上看分布较广，这说明可持续发展研究的范围较广、视角较多，有一定广度和深度。基于作者给出的关键词梳理了排名前 20 位的关键词，分析得出可持续发展研究主要集中在 sustainable development（可持续发展）、SDGs（可持续发展目标）、climate change（气候变化）、education for sustainable development（可持续发展教育）、renewable energy（可再生能源）、indicators（指标）、ecosystem services（生态系统服务）、environment（环境）、development（发展）、governance（治理）、corporate social responsibility（企业社会责任）、sustainability assessment（可持续性评估）、urbanization（城市化）、circular economy（循环经济）、CO_2 emissions（二氧化碳排放）、economic growth（经济增长）、policy（政策）、energy（能源）、remote sensing（遥感）、environmental policy（环境政策）等研究。图 10-11 为采用 VOSviewer 软件做出的基于关键词的可持续发展研究热点聚类分布，从图中看，可持续发展研究主要集中在可持续发展研究、可持续性评估、可持续发展目标研究、可持续发展教育研究等。其中中国为可持续发展研究的主要国家。

10.3.5 近五年（2016～2020 年）可持续发展研究热点分布

10.3.5.1 近五年关键词词频统计

2016～2020 年近五年可持续发展领域论文数量总和为 23 237 篇，图 10-12 给出了 2016～2020 年可持续发展研究关键词词频在 220 次以上的分布情况，大致能够反映 2016～2020 年中国可持续发展领域重点关注的研究区。从图中看近五年，有关可持续发展的研究主要集中在对可持续发展、可持续发展目标、气候变化、可持续发展教育、可再生能源、指标、生态系统服务、环境等，同时可持续发展研究目前是世界各国进行的一个重要课题。

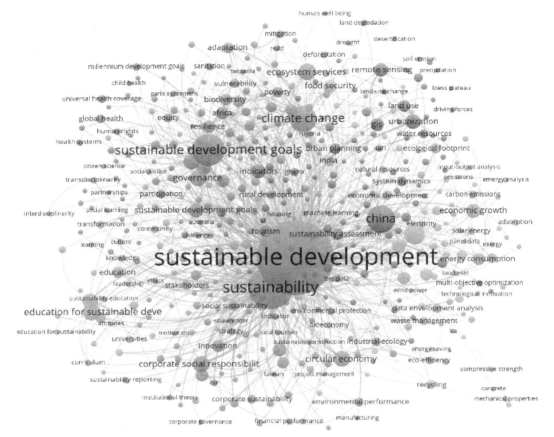

图 10-11　基于关键词的可持续发展研究热点聚类分布

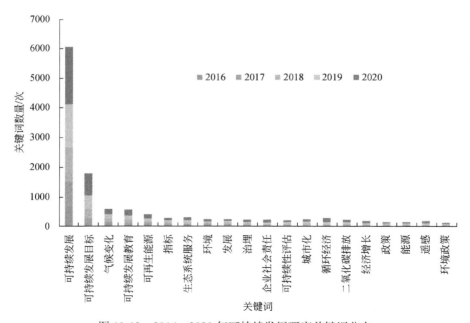

图 10-12　2016～2020 年可持续发展研究关键词分布

10.3.5.2 近五年关键词时间分布

图 10-13 为 2016～2020 年基于关键词的可持续发展研究热点分布，从图中看研究的热点主要集中在 sustainable development（可持续发展）、SDGs（可持续发展目标）、sustainability（可持续性研究）、climate change（气候变化），其次为 education for sustainable development（可持续发展教育）、ecosystem services（生态系统服务）、renewable energy（能源）、urbanization（城市化）、corporate social responsibility（企业社会责任）等。此外，图中黄色聚类为近期前沿热点研究，如 SDGs（可持续发展目标）、circular economy（循环经济）、global health（全球健康）近年来也逐渐成为研究的热点。

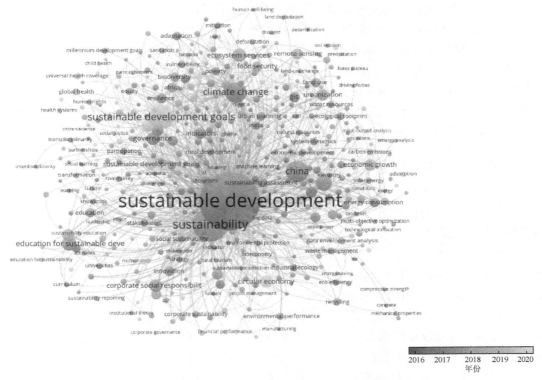

图 10-13　2016～2020 年基于关键词的可持续发展研究热点分布（文后附彩图）

10.4　可持续发展领域世界科技发展趋势和特点

人类活动对地球系统的影响日益深入，地球进入人类世（Anthropocene Era）的新纪元。在这样一个时期，人类活动和自然多样性共同深刻影响着全球进程，导致出现了一些全球环境问题。为了保证未来全球持续繁荣，决策者应做出进一步朝着全球可持续发展方向的转变。1987 年，联合国世界环境与发展委员会首次提出"可持续发展"的概念之后，社会、经济、地理、生态、法律、系统科学等不同领域的世界各国学者均对其进行了大量的科学研究和经验总结，近年来更将其提高到"可持续性科学"（sustainability science）的高度进行深化研究。

10.4.1　可持续发展正迎来历史性的新机遇

首先，从发展动力引擎的升级来看，第三次工业革命大潮方兴未艾，创新驱动引领发展动力升级，为人类可持续发展提供了可靠的动力支撑；其次，从全球治理体系的调整来看，以中国为代表的新兴经济体国家群体性崛起，其与传统发达国家在全球可持续发展治理体系构建的良性互动和共建共享之中，为全球可持续发展创造了新机遇、新活力和领导力；最后，从发展理念变革来看，全球绿色新政方兴未艾，从追求"资本红利"向追求"生态红利"转变，推动了工业文明向生态文明转型，生态文明建设孕育着世界可持续发展的历史性机遇。2035 至 2050 年将是可持续发展领域酝酿革命性突破、迎来跨越式发展的重大机遇期。

随着人类可持续发展意识的不断增强和提高自身生活质量呼声的日益高涨，以节约资源、保护环境为特征的环境及绿色技术将大放异彩。能源技术的未来将迎来多样化的道路，节能、储能及新能源技术将备受关注，以解决不断突出的供需矛盾。地球和海洋科学将不断拓展人类新的生存和活动空间，帮助人类更彻底地了解并掌握我们所居住的地球。资源、环境、空间科学和技术将得到更大发展。

10.4.2　可持续发展由外生要求向内生机制转变

在人类生存与环境保护矛盾日益突出的背景下，科学界提出可持续发展的概念，随着对可持续发展研究的日益深入，其定义也在不断变化。可持续的思想最早可追溯到 1969 年世界自然保护联盟对生态系统平衡的认知所提出的可持续性概念；1987 年，世界环境与发展委员会发布布伦特兰报告——《我们共同的未来》，正式提出可持续发展概念；目前，可持续发展被定义为在保护地球生命支撑系统健康的同时满足当代和子孙后代生存需要的发展。但是，在可持续的思想提出的早期，工业化红利期还未过去，世界经济发展的主流方式仍是资源要素投入的机械式发展。这种经济发展对资源环境造成极大伤害，那时候的先见人士提出可持续发展的理念只是一种理想号召，并不影响经济发展方式。随着世界经济社会的发展，工业化面临发展瓶颈，要素投入的边际收益趋零；信息化浪潮席卷世界，知识、创新等高等要素成为经济发展的主导力量；越来越多的国家民众对生态系统产品的需求逐渐超过工业物质生产的需求。在这种新形势下，可持续发展理念由生态系统对社会发展的要求转变为新的经济发展方式内在要求。

10.4.3　可持续发展由静态分析向动态平台监测转变

可持续性既是一种抽象的价值理念和理论范式，也是一种极具实践意义和政策价值的行动纲领，在具体的应用领域是实践的与可操作的。这种实践与可操作特征，主要体现在学者们通过对可持续性指标的设计，来测量可持续性的强弱，以指导和纠正人类社会的行为。可持续性评价指标体系是可持续性研究深化的前提，相关研究十分丰富，既有国际和国家层面，也有地区或城市层面，还有专题层面的指标体系。在信息化革命背景下，大数据、物联网、云计算、人工智能等新一代信息技术崭露头角并迅速席卷全球，以动态信息监测平台为代表的信息技术重构了可持续性评价体系，并成为加速区域可持续发展转变的重要动力。因此，可持续性评价的指标体系与研究手段逐渐从静态数据权重量化走向实时数据平台集成，尤其采用大数据等信息技术替代传统统计技术，可实现生态环境品质和经济社会服务功能的长期连续监测，在更大程度上动态观测区域发展的可持续性。

10.4.4 可持续发展由单一生产领域向社会发展关键领域全面扩散

可持续性是人类基于对"经济—社会—自然复杂系统"之间关系认识的深化而提出的发展观，提倡在不破坏环境的前提下推动城镇化和工业化，实现经济社会发展。可持续性是指一种可以长久维持的过程或状态，最初源于生态可持续性，并逐步拓展到经济可持续性、文化可持续性和政治可持续性。目前学术界已经基本形成共识：认为可持续性包括代际平等性、代内间平等性（包括社会平等、区域平等、统治平等）、环境保护、不可再生资源的最小化利用、经济活力与多样性、社区自治、个人福祉、基本人类需求的满足度，并采用"3E"原则，即环境可持续性（environment）、社会公正（equity）和经济发展（economy），作为衡量可持续性的公认标准和三重底线。未来可持续发展必要求实现：资源节约和环境友好的生产生活方式、生态宜居和公共服务便利的城市环境、民主开发兼容并包的文化氛围。

10.4.5 可持续发展研究正面临革命性转变

可持续领域研究内容向系统整体转变，研究手段向信息技术创新转变，方方面面均呈现顺应时代发展的新趋势和新特点。发达国家关于可持续领域的科技发展已进入以复杂巨系统为对象的综合集成研究阶段，多聚焦于城镇化与生态环境耦合关系、资源环境承载力等议题，绿色建筑、低碳城市技术集成与示范建设也成为科技应用的典范。在信息化革命背景下，大数据、物联网、云计算、人工智能等新一代信息技术崭露头角并迅速席卷全球。因此，可持续领域的研究方法与研究手段逐渐从单项技术走向多种技术的集成，尤其采用大数据等信息技术替代传统统计技术，来实现城市人居环境品质和基础设施服务功能的长期连续监测，以期在更大程度上揭示城市与人员活动的相互影响机制。

（1）更着眼追求可持续发展核心内涵"动力、质量、公平"

以创新驱动克服增长停滞和边际效益递减、不以牺牲生态环境为代价、促进代际与区际的共建共享和社会理性有序，只有上述三大元素及其组合在可持续发展进程的不同阶段获得最佳映射时，可持续发展科学的内涵才具有统一可比的基础，才能制定可观控和可测度的共同标准。

（2）更注重探究可持续发展格局、过程及其驱动力

研究社会、经济等子系统与资源和生态环境等自然系统之间相互作用的机理，从某一种和几种影响区域可持续发展的关键人文、自然要素入手，研究其变化对区域可持续发展的影响或二者之间的相互关系，识别各种资源、环境与灾害问题中人与自然作用的占比以及人与自然共同作用的占比，为可持续性的资源开发、环境改善、减灾过程提供可靠依据。

（3）更深入关注可持续研究中的尺度问题

经过多年对不同国家以及地区的可持续发展进行研究之后，在诸多研究的个案成果基础上，建立合理的理论模型和框架，推广应用于另外尺度的区域，是可持续发展研究走向广度和深度研究的必然要求。因此，必须解决由可持续发展研究对象的时空尺度不同而引起的研究结论或成果的差异问题，以及基于不同时空尺度研究是否存在转换的可能及其转换的方法、模型和尺度阈值等问题。

（4）更聚焦于集成可持续发展的理论与方法

集成研究包括区域可持续发展的综合集成理论与方法，区域可持续发展涉及区域的地理分布特征、自然系统的资源与环境、社会经济系统及其对人类活动的影响诸多方面。在单项机制的基础上如何综合集成将成为研究的关键。区域并不是均质体，其内部存在着一个个的"奇点"。从点位（site）角度分析区域可持续发展状况，借用 GIS、RS、GPS 等技术，可展示区域内部空间点位的具体差异程度。

（5）以未来地球计划为可持续发展研究的典型代表

2012 年，在里约热内卢可持续发展大会上，国际科学联盟理事会（ICSU）发起了"未来地球计划"，以"可持续性路线图"为宗旨，重点关注全球环境变化，全球环境变化下的自然驱动、人为驱动、人类福祉三个方面及相互之间的作用关系，其重点任务是理解和探索人类如何在地球系统边界条件以内寻求可持续发展的道路。未来地球计划的科学目标为：推进科学研究，更加深入地认知自然和社会系统的变化；观测、分析、模拟自然和社会系统变化，特别是"人类—环境"相互作用的动力学特征；为全面面临环境变化风险的社会群体提供科学知识和预警信息，抓住可持续性转型的机遇；确定和评估应对环境变化的战略，提出关键问题的解决方案。未来地球计划设置了 3 项研究主题，以及建议增强的 8 个关键交叉领域的能力建设（图 10-14）。《未来地球计划初步设计》初步规划了未来地球计划的研究主题、框架和管理结构，是计划沟通、参与、能力建设、教育战略的初步思考和实施指南。之后，发布了《未来地球计划战略研究议程 2014》《未来地球计划实施计划：2016～2018》《未来地球计划 2025 愿景》等计划（图 10-15），以具体推进"未来地球"项目。

10.4.6　可持续发展的崭新研究策略

观察跨国界的"自然—社会"互动情况，帮助特定区域实现过渡，使其采用可持续的方式与周围环境交换物质和能量。①针对气候变化、扶贫、城市发展和生物多样性保护等世界性问题，需要制定足够灵活和具备实际效用的举措，以适应当地条件，实现最终目标；②超越正在进行的谈判的目标，世界各国应该在寻求保护自然资本方面达成共识，即在实践中采用"强可持续发展"机制；③全面识别"人类—环境"互动机制，帮助地方适应或恢复由跨空间活动带来的积极或消极影响；④识别跨境信息流动（横向和纵向）的行政结构网络，以检查可持续性转型的波动效应；⑤在引入工程技术、方法之前，全面考虑现有资源在给定区域内的"亲和力"和"持续力"；⑥要扩大传统技术的可持续发展，而不是一味地用新技术取代它们，并向世界其他地方推广这种理念。

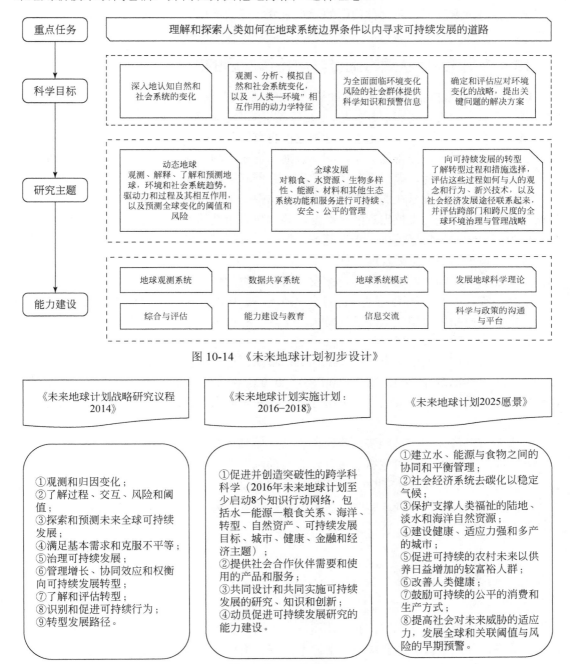

图 10-14 《未来地球计划初步设计》

《未来地球计划战略研究议程 2014》

《未来地球计划实施计划：2016-2018》

《未来地球计划2025愿景》

①观测和归因变化；
②了解过程、交互、风险和阈值；
③探索和预测未来全球可持续发展；
④满足基本需求和克服不平等；
⑤治理可持续发展；
⑥管理增长、协同效应和权衡向可持续发展转型；
⑦了解和评估转型；
⑧识别和促进可持续行为；
⑨转型发展路径。

①促进并创造突破性的跨学科科学（2016年未来地球计划至少启动8个知识行动网络，包括水—能源—粮食关系、海洋、转型、自然资产、可持续发展目标、城市、健康、金融和经济主题）；
②提供社会合作伙伴需要和使用的产品和服务；
③共同设计和共同实施可持续发展的研究、知识和创新；
④动员促进可持续发展研究的能力建设。

①建立水、能源与食物之间的协同和平衡管理；
②社会经济系统去碳化以稳定气候；
③保护支撑人类福祉的陆地、淡水和海洋自然资源；
④建设健康、适应力强和多产的城市；
⑤促进可持续的农村未来以供养日益增加的较富裕人群；
⑥改善人类健康；
⑦鼓励可持续的公平的消费和生产方式；
⑧提高社会对未来威胁的适应力，发展全球和关联阈值与风险的早期预警。

图 10-15 未来地球计划具体方案

　　未来，在国土开发整治重大工程的预研与评估、拓展国家生存与发展空间、危机地区和问题地区以及经济—环境—社会领域等发展机理、路径等将是可持续发展的新趋势和新特点。实施青藏铁路工程、南水北调西线工程、高速铁路建设工程、中巴经济走廊建设等国土开发整治重大工程，以破解资源环境瓶颈制约、拓展经济增长空间、保障我国战略资源安全生存与发展空间，对具体问题的微观研究将逐渐深化，文化传承与创新模式将会受到关注。

10.4.7　新型冠状病毒肺炎与可持续发展的未来

《可持续发展报告 2020》（Sachs et al.，2020）通过借鉴世界各地截至 2020 年 6 月出现的新型冠状病毒肺炎数据和调查结果，概述了其对可持续发展目标的可能影响。并强调了这些调查结果的初步性和不确定性，希望它们将有助于对关于新型冠状病毒肺炎和可持续发展目标的全球讨论。报告区分了短期和长期的优先事项。从短期来看，当务之急是控制病毒在每个国家的传播，包括最贫穷的国家。各国和国际社会也需要减轻其对实现可持续发展目标的影响，特别是在弱势国家和人口群体中。需要国际协作和伙伴关系来加快抗击与这一流行病的斗争，支持宏观经济稳定，并避免灾难性的人道主义危机。从长远来看，我们认为可持续发展目标提供了指导复苏的框架。各国需要投资于更强大、更有弹性的卫生系统，并追求其他可持续发展目标。

新型冠状病毒肺炎的流行对可持续发展目标产生的许多后果是直接而明显的。一些贫穷国家将面临毁灭性的贫困，因为它们从商品出口、旅游和汇款流中损失了很大一部分收入。许多大宗商品出口国的贸易条件将大幅下降。贫穷国家的国内封锁将剥夺穷人微薄的日常收入，贫穷和饥饿会加剧。

许多粮食进口发展中国家可能会出现货币暴跌，进口粮食的国内价格急剧上升，从而加剧隐性和显性饥饿（FAO，2020；IFPRI，2020）。尤其是非洲的大部分地区主要依赖粮食进口，这些国家很可能会损失一大部分外汇收入。后果可能是可怕的，并可能转化为社会和政治不稳定以及饥饿。

许多新兴经济体和前沿经济体也可能很快面临债务再融资方面的灾难性挑战（Adrian and Natalucci，2020）。随着危机的展开，政府面临着严重的预算紧缩，财政收入下降，社会支出增加。除了对贫困（SDG1）、粮食安全（SDG2）、卫生（SDG3）、经济（SDG8）和多边主义（SDG17）的最直接影响外，新型冠状病毒肺炎还对其他许多不太被广泛讨论的可持续发展目标有影响。

10.5　总结与建议

可持续发展指明了全球增长的新蓝图。我国表示将毫不动摇实施可持续发展战略，坚持绿色低碳循环发展，着力解决不平衡、不协调、不可持续等突出问题。可持续发展是一种高质量、平衡式的发展，人与自然的和谐，短期目标与长期目标的统一，各民族国家间的平等互利、共同发展都是它的内在要求。只要世界各国在加大生态治理、推进结构改革、夯实公平机制、促进包容性发展方面形成合力，就能够开辟可持续发展的崭新航程。我国所强调的"天人合一、尊重自然"、正确处理发展和保护的关系、着力在"增绿""护蓝"上下功夫、为子孙后代留下可持续发展的"绿色银行"，为我国可持续发展指明了方向以及

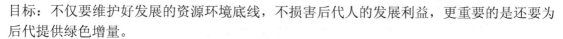

目标：不仅要维护好发展的资源环境底线，不损害后代人的发展利益，更重要的是还要为后代提供绿色增量。

我国未来可持续发展应从以下几个方面出发。

（1）可持续发展监测基础能力建设

可持续发展监测能力建设包括监测观测仪器及技术手段、监测指标体系构建、监测标准化阈值和结果分析、监测常态化、业务化运行等的全方位、立体式监测能力建设。如中国科学院可持续发展团队虽然已经研发了资源环境承载能力评价与监测预警的理论与方法体系，并且成为各省、自治区、直辖市开展以县级行政区为单元的资源环境承载能力试评价工作的技术指南。

（2）可持续发展基础理论的科学认知

可持续发展基础理论内涵主要包括可持续发展理论认识的演进、可持续发展的多维属性内涵以及可持续性多学科思想内涵等。加快可持续发展理论认识的演进，近期重点是可持续发展理论认识的演进，中期重点是可持续发展的多维属性内涵分析，中远期重点是可持续性多学科思想内涵的总结提炼。

（3）可持续发展要素集成评估

可持续发展要素集成评估主要包括三个方面内容，即资源环境承载力评价技术，人地相互作用及其影响模拟，预警的长效机制、追因和政策，其目标是加强要素集成评估的技术研发，形成可持续发展问题的系统解决方案。近期重点是攻关资源环境承载力评价技术，资源环境承载力评价是区域经济社会发展和资源环境协调发展的科学基础。资源环境承载力作为一个地区发展的重要因素，应注重其评价的约束性，进行动态监测评估，并根据资源环境承载能力对地区发展进行预警。中期重点围绕人地相互作用及其影响模拟，从人地关系的角度强调可持续发展的综合性，加强对人地相互作用的"双向"研究，揭示人地关系地域系统的结构特征和演变规律。中远期重点将围绕预警的长效机制、追因和政策研究展开，对监测评估和预警机制及其背后的影响因素和机制开展深入分析，并提出政策建议。

（4）关键领域的可持续发展

可持续发展涉及经济社会和资源环境等全过程，从关键领域来看可以细分为四个方面：绿色生产生活方式、可持续城镇化、可持续工业化、可持续社会与公平正义。四个方面的研究需要同步展开，各个部分在近期、中期和中远期研究的侧重点不一样。

（5）可持续发展的软环境构建

立足国内外可持续发展的总体趋势，面向现实中存在的突出问题，未来较长一段时期内完善我国可持续发展政策法律应聚焦两项重点任务：一是定期对自然资源和生态环境管理部门的运行状况开展评估，识别和化解体制机制积弊，持续深化生态文明管理体制改革；

二是与生态文明管理体制改革相适应，规范保障单项或综合性制度试点有效开展，着力构建系统、完整、协调的生态文明制度体系。软环境构建也是当前比较紧迫的任务之一，近期亟待开展相关研究。

（6）可持续发展辅助决策系统研发

建立多空间尺度、多界面人文与经济地理过程的有效观测和多元数据的采集网络，进而建立开放型、据点式、网络化的数据库，建立人文与经济地理学不同领域刻画状态与过程的机理模型库与分析模拟模型库，通过空间分析评价、机制规律研究、模型构建与应用、情景效果可视化表达等，建立支撑我国区域可持续发展的模拟和决策支持系统，用于对我国区域可持续发展状态诊断、发展过程预测预报以及进行辅助决策效果与情景模拟，为政府、企业、民众等认识我国不同区域可持续发展目标、掌握发展现状、展望未来前景、参与决策过程，提供综合诊断、即时预警、可视化演示的研究与应用平台。建议近期开展可视化表达研发，中期开展模拟模型和实现技术方法研究，中远期实现智能化辅助决策系统的研发和稳定运行。

（7）可持续性交叉科学前沿培育

以区域可持续发展为研究对象，构筑中国的可持续性科学体系，既符合国际可持续性科学发展的基本规律，又同我国可持续发展国情相吻合，是一种创新，并且也将对全球可持续性研究做出独特贡献。实施重大科技攻关，开展多学科、多部门的综合研究，力图在可持续性交叉科学的前沿领域、在对国民经济建设和社会可持续发展有全局性和带动性作用的关键技术、在大科学问题和典型区域研究上取得关键突破，并在国际科学界做出有影响力的中国贡献。近期应围绕交叉课题培育，中期重点是交叉方法论创新，中远期实现关键方向的国际领跑成果和技术水平。

参 考 文 献

茶娜，邬建国，于润冰. 2013. 可持续发展研究的学科动向. 生态报，33（9）：2637-2644.

陈文成，苏建云. 2008. 福建省区域可持续发展评价指标体系研究. 泉州师范学院学报，（4）：81-85.

胡德维. 2005. 联合国启动可持续发展教育十年（2005—2014）计划. 基础教育参考，（5）：18.

贾湖，于秀丽. 2013. 基于 MCDM 的非货币化绿色 GDP 核算体系和六省市算例. 干旱区资源与环境，27（8）：6-13.

李强. 2011. 可持续发展概念的演变及其内涵. 生态经济，（7）：83-86.

李志强，周丽琴. 2006. 基于区域可持续发展的指标体系构建研究. 当代财经，（5）：126-128.

那书晨. 2008. 河北省经济可持续发展评估与战略研究. 石家庄：河北工业大学.

钱丽霞. 2006. 可持续发展教育：促进基础教育改革的新理念. 全球教育展望，35（8）：31-37.

史根东. 2005. 促进可持续发展：新世纪教育的重要使命. 教育研究，（8）：21-25.

田道勇. 2013. 可持续发展教育价值探析. 教育研究，（8）：25-29.

王民，蔚东英，霍志玲. 2005. 从环境教育到可持续发展教育. E 教育，（11）：23-27.

亚历山大·莱希特. 2013. 联合国可持续发展教育十年（2005—2014）国际实施计划：迈向 2014 年及以后. 王咸娟译. 教育科学研究，（6）：25-29.

杨晓庆，李升峰，朱继业. 2014. 基于绿色 GDP 的江苏省资源环境损失价值核算. 生态与农村环境学报，30（4）：533-540.

杨友孝，蔡运龙. 2000. 中国农村资源、环境与发展的可持续性评估：SEEA 方法及其应用. 地理学报，55（5）：596-605.

张越，房乐宪. 2017. 欧盟可持续发展战略演变：内涵、特征与启示. 同济大学学报（社会科学版），28（6）：36-46.

赵志强，李双成，高阳. 2008. 基于能值改进的开放系统生态足迹模型及其应用：以深圳市为例. 生态学报，28（5）：2220-2231.

朱启贵. 1999. 可持续发展评估. 上海：上海财经大学出版社：40-46.

Adrian T，Natalucci F. 2020. COVID-19 worsens pre-existing financial vulnerabilities. https://blogs.imf.org/2020/05/22/covid-19-worsens-pre-existing-financial-vulnerabilities/［2021-04-19］.

Berger G，Steurer R. 2006. Evaluation and Review of National Sustainable Development Strategies. https://www.researchgate. net/publication/265233137［2021-04-19］.

Börner K，Chen C，Boyack K W. 2003. Visualizing knowledge domains. Annual Review of Information Science and Technology，37（1）：179-255.

Commission of the European Communities. 2005a. The 2005 Review of the EU Sustainable Development Strategy：Initial Stocktaking and Future Orientations. http://www.learneurope.eu/files/8913/7525/5761/Sustainable_Development_Strategy.pdf［2021-06-23］.

Commission of the European Communities. 2005b. Draft Declarationon Guiding Principles for Sustainable Development. https://eur-lex.europa.eu/LexUriServ/LexUriServ.do?uri=COM：2005：0218：FIN：EN：PDF［2021-04-13］.

Commission of the European Communities. 2005c. On the Review of the Sustainable Development Strategy，A Platform for Action. https://eur-lex.europa.eu/legal-content/EN/ALL/?uri=CELEX%3A52005DC0658［2021-08-13］.

Commission of the European Communities. 2006. Renewed EU Sustainable Development Strategy. https://data.consilium. europa. eu/doc/document/ST-10917-2006-INIT/en/pdf［2021-09-21］.

Commission of the European Communities. 2009. Review of the European Union Strategy for Sustainable Development. https://eur-lex.europa.eu/LexUriServ/LexUriServ.do?uri=COM:2009:0400:FIN:EN:PDF［2021-11-23］.

Commission of the European Communities. 2019. Communication on the European Green Deal. https://eur-lex.europa. eu/legal-content/EN/TXT/?qid=1588580774040&uri=CELEX%3A52019DC0640［2021-09-26］.

Dnv G L. 2016. Future of Spaceship Earth：The Sustainable Development Goals—Business Frontiers. https://globalcompact.at/wp-content/uploads/2020/08/Future-of-Spaceship-Earth-by-DNV-GL.pdf［2021-05-21］.

European Commission. 2020. Sustainable Europe Investment Plan. https://ec.europa. eu/commission/presscorner/detail/en/FS_20_48［2021-10-03］.

FAO. 2020. Cereal Yield（kg per hectare）. Food and Agriculture Organization，Rome. http://data.worldbank.org/indicator/AG.YLD.CREL.KG［2021-10-06］.

Filho G A L，Júnior J P，Siqueira R L. 2007. Revista contabilidade & finanças USP: uma análise bibliométrica de

1990 a 2006. In：4° Congresso de Iniciação Científica da USP. Anais. São Paulo：USP.

FPRI. 2020. Preventing global food security crisis under COVID-19 emergency. https://www.ifpri.org/blog/preventing-global-food-security-crisis-under-covid-19-emergency［2021-07-19］.

Future Earth and interim Engagement Committee. 2014. Future Earth 2025 Vision. https://futureearth.org/wp-content/uploads/2019/03/future-earth_10-year-vision_web.pdf［2021-06-23］.

GEF. 2015. GEF 2020：Strategy for the GEF. https://www.thegef.org/sites/default/files/publications/GEF-2020Strategies-March2015_CRA_WEB.pdf［2021-03-19］.

General Secretariat of the Organization of American States. 2016. Inter-American Program for Sustainable Development 2016-2021. http://www.oas.org/en/sedi/pub/pids_2017.pdf［2021-08-21］.

IFPRI. 2013. IFPRI Strategy 2013-2018. http://www.ifpri.org/sites/default/files/publications/strategy2013hl.pdf［2021-08-08］.

Kenny C，Snyder M. 2017. Meeting the Sustainable Development Goal Zero Targets：What Could We Do? Washington：Center for Global Development. multidimensional. Revista FAE，18（2）：18-37.

National Research Council. 2010. Understanding the Changing Planet：Strategic Directions for the Geographical Sciences. Washington：The National Academies Press. https://doi.org/10.17226/12860［2021-04-27］.

Nicolai S，Hoy C，Berliner T，et al. 2015. Projecting Progress：Reaching the SDGs by 2030. London：Overseas Development Institute.

Pritchard A. 1969. Statistical Bibliography or Bibliometrics. Journal of Documentation，25（4）：348-349.

Rodrigues K F，Rippel R. 2015. Desenvolvimento sustentável e técnicas de mensuração. Journal of Environmental Management and Sustainability，4（3）：73-88.

Sachs J，Schmidt-Traub G，Kroll C，et al. 2020. The Sustainable Development Goals and COVID-19. Sustainable Development Report 2020. Cambridge：Cambridge University Press.

Saes S G. 2000. Estudo bibliométrico das publicações em Economia da Saúde no Brasil，1989 -1998 Dissertação de Mestrado，FSP/USP，São Paulo.

Stoffel J A，Colognese S A O. 2015. Desenvolvimento sustentável sob a ótica da sustentabilidade

UN. 2014. The Road to Dignity by 2030：Ending Poverty，Transforming All Lives and Protecting the Planet. https://reliefweb.int/sites/reliefweb.int/files/resources/5527SR_advance%20unedited_final.pdf［2021-07-19］.

UNECE. 2013. Draft Strategy for Sustainable Housing and Land Management in the ECE region for the period 2014-2020. https://unece.org/housing-and-land-management/publications/strategy-sustainable-housing-and-land-management-ece［2021-10-08］.

United Nations Environment Programme（UNEP）. 2019. Measuring Progress Toward Achieving the Environmental Dimension of the SDGs. https://www.unep.org/resources/report/measuring-progress-towards-achieving-environmental-dimension-sdgs［2021-06-05］.

Vieira P S，Hori M，Guerreiro R. 2008. A construção do conhecimento nas áreas de Controladoria，logística egerenciamento da cadeia de suprimentos：um estudo Bibliométrico. In：XV Congresso Brasileiro de Custos. Anais Curitiba/PR.

Wackernagel M，Rees W E. 1996. Our Ecological Footprint：Reducing Human Impact on the Earth. Philadelphia：New Society Publishers.

Wang X M，Ma M G，Li X，et al. 2014. Applications and researches of geographic information system technologies in bibliometrics. Earth Science Informatics，7（3）：147-152.

Williams C C，Millington A C. 2004. The diverse and contested meanings of sustainable development. The Geographical Journal，170（2）：99-104.

11　光学天文望远镜国际发展态势分析

魏　韧[1]　董　璐[1]　郭世杰[1,2]　李宜展[1]　李华东[1]　李泽霞[1,2]

（1.中国科学院文献情报中心；2.中国科学院大学图书情报与档案管理系）

摘　要　天文学是以观测为基础的学科，光学天文望远镜是天文观测的重要科技基础设施。光学天文望远镜的口径直接影响到对天体细节的空间分辨率与对暗弱天体的探测灵敏度。从 20 世纪 90 年代开始，国际上一批 8~10 米级口径地基光学天文望远镜的建成，奠定了现今世界顶级望远镜的基本阵容。光学天文的相关研究内容涉及了几乎所有最重要的天文学、天体物理，以及天体物理和基础物理交叉的前沿领域。为把握光学天文望远镜领域的国际发展态势，本章定性调研了主要国家/地区天文领域发展战略和重要光学天文望远镜情况，定量分析了本领域的研究热点和前沿。

关键词　光学天文望远镜　研究计划　发展态势　重大项目　文献计量

11.1　引言

天文学是以观测为基础的学科，光学天文望远镜是天文观测的重要科技基础设施。自 400 余年前被发明以来，光学天文望远镜的观测波段随着观测技术的不断进步而逐步扩展。从可见光、射电波段到紫外和高能射线波段，从地面平台、高山平台、观测阵列再到空间平台，望远镜技术的每次革新都带来了天文学研究水平的一次飞跃（严俊，2011）。

1609 年，意大利科学家伽利略发明了 40 倍双镜光学天文望远镜，并使用望远镜观测天体，发挥了望远镜的增大光通量密度和放大视角的作用，开创了现代光学天文学。光学天文望远镜是观测天体的重要手段，不仅能够使人们看到用裸眼无法看到的暗弱天体，而且能够放大天体的视角，看清天体的细节。

分辨率是光学天文望远镜性能的重要指标之一。光学天文望远镜的口径是用于收集光线的透镜或镜头的直径，分辨率受衍射极限的限制，代表望远镜观测目标精细程度的"分辨率"和望远镜的口径大小成正比。光学天文望远镜增加口径，既可以收集更多的光，又可以提高望远镜的分辨率。光学天文望远镜的口径直接影响到其对天体细节的空间分辨率与对暗弱天体的探测灵敏度，口径越大的望远镜，分辨率越高，观测目标精细部分的能力就越强。故而天文望远镜诞生以来的 400 多年，就是望远镜越做越大的 400 多年，光学天文望远镜技术向建造大口径望远镜方向发展。

地球表面有一层浓厚的大气，由于地球大气中各种粒子与天体辐射的相互作用，大部分波段范围内的天体辐射无法到达地面。人们把能到达地面的波段形象地称为大气窗口，其中光学窗口是最重要的窗口，波长在 300~1000 纳米，包括了可见光波段（400~700 纳米），光学天文望远镜一直是地面天文观测的重要基础研究设施。

尽管光学天文望远镜无法覆盖整个电磁波波段，但是其研究内容涉及了几乎所有最重要的天文学、天体物理，以及天体物理和基础物理交叉的前沿领域，并取得重要成就。

2020 年诺贝尔物理学奖被授予了银河系中心超大质量黑洞的发现者，而光学红外天文望远镜在此次的科学发现中发挥了重要作用。德国天体物理学家莱因哈德·根泽尔利用欧洲南方天文台（ESO）的甚大望远镜（VLT）对银河系中心区域进行了长期连续的观测，而美国天文学家安德里亚·盖兹也利用美国凯克望远镜（KECK）红外波段对银河系中心区域进行了观测。两个研究团队自 20 世纪 90 年代开始独立观测，最后各自通过目前全球性能一流的光学红外天文望远镜——VLT 和 KECK 发现了银河系中心存在超大质量黑洞。

2019 年诺贝尔物理学奖被授予了系外行星的发现者，光学天文望远镜同样发挥了重要作用。瑞士天文学家米歇尔·马约尔和迪迪埃·奎洛兹利用法国上普罗旺斯天文台的光学天文望远镜通过捕捉恒星速度在视线方向上的视向速度来判断恒星周围是否有行星，并于 1995 年 10 月发现首个系外行星。如今，天文学家已发现了 4717 颗系外行星（截至 2021 年 4 月 20 日），其中近 20%（916 颗）是通过视向速度法发现的（Exoplanet，2021），光学天文望远镜观测技术在其中发挥了关键作用。

400 年来，光学天文望远镜从小型手控的发展到由计算机控制的庞大复杂的天文设施。20 世纪 90 年代至今，国际上一批 8~10 米级口径地基光学天文望远镜的建成，奠定了现今世界顶级光学天文望远镜的基本阵容。天文研究借此建立了标准宇宙学框架、恒星结构与演化模型，发现了数百个地外行星系统等。与此同时，主动光学、自适应光学、拼接镜面和光干涉等一批高精尖的观测技术也日臻完善。随着望远镜在各个方面性能的不断改进和提高，天文学也正经历着巨大的飞跃，迅速推进着人类对宇宙的认识。

11.2　国际重要光学天文望远镜

近年来国际天文观测发展迅速，一系列大型的先进观测设施相继投入使用，使各波段观测能力得到了量级上的提高，开创了天文学全波段观测研究的崭新纪元，光学红外天文进入广域巡天和局域精细观测时代（薛艳杰等，2014）。光学天文望远镜按所在位置可以分为地基光学天文望远镜和空间光学天文望远镜，表 11-1 列出了目前国际重要光学天文望远镜的情况。

表 11-1　国际重要光学天文望远镜情况

名称	国家/地区	建成年份	类型	口径/米	主镜类型
凯克望远镜	美国	1996	地基	10	拼接镜片
昴星团望远镜	日本	1999	地基	8.2	单体镜片
甚大望远镜	欧洲	2000	地基	8.2	单体镜片
大型双筒望远镜	美国、意大利、德国	2008	地基	8.4	单体镜片
双子座天文台望远镜	美国、加拿大、巴西	2000	地基	8.1	单体镜片
霍比-埃伯利望远镜	美国、德国	1996	地基	9.2	拼接镜片
加那利大型望远镜	西班牙、美国、墨西哥	2007	地基	10.4	拼接镜片
南非大望远镜	南非、德国、波兰	2005	地基	9.2	拼接镜片
大天区面积多目标光纤光谱天文望远镜	中国	2008	地基	4	拼接镜片
欧洲极大望远镜	欧洲	2024	地基	39.3	拼接镜片
哈勃空间望远镜	美国、欧洲	1990	空间	2.4	单体镜片
斯皮策空间望远镜	美国	2003	空间	0.85	单体镜片
开普勒空间望远镜	美国	2009	空间	0.95	单体镜片
赫歇尔空间天文台	欧洲	2013	空间	3.5	拼接镜片
詹姆斯·韦布空间望远镜	美国、欧洲、加拿大	2021	空间	6.5	拼接镜片
中国空间站工程巡天望远镜	中国	2024	空间	2	—

（1）地基光学天文望远镜

地表大气层使得大部分波段范围内的天体辐射无法到达地面，能到达地面的光学波段是最重要的观测窗口，地基光学天文望远镜一直是地面天文观测的重要基础研究设施。20世纪 90 年代至今，国际上一批 8～10 米级口径地基光学天文望远镜的建成，奠定了现今世界顶级光学天文望远镜的基本阵容。当前在建的最大地基光学天文望远——镜欧洲极大望远镜（E-ELT）的主镜直径达 39.3 米。

（2）空间光学天文望远镜

空间光学天文望远镜彻底消除了大气抖动和地面光污染的影响，在同等条件下，空间光学天文望远镜能看到比地面暗 50 倍的天体，空间分辨率提升 10 倍以上。哈勃空间望远镜（HST）主镜 2.4 米，于 1990 年发射升空。詹姆斯·韦布空间望远镜（JWST）是哈勃空间望远镜的接替者，其主镜 6.5 米，聚光能力是哈勃空间望远镜的 6 倍以上，已于 2021 年12 月 5 日发射。中国自主研发的 2 米级中国空间站工程巡天望远镜（CSST）预计于 2024年发射升空。

国际上光学天文望远镜的发展态势包括追求更高的空间、时间和光谱分辨率，以及追求更大集光本领和更大视场以探测更深和更广的天体目标（ASTRONET，2008）。

11.2.1　凯克望远镜

凯克望远镜（KECK）由美国加州大学和加州理工学院发起并建造，1996 年美国国家航空航天局（NASA）也加入了 KECK 项目（Keck Observatory，2021）。KECK 位于太平洋夏威夷岛莫纳克亚山（Mauna Kea）山顶，海拔 4270 米，由美国的企业家凯克（W. M. Keck）捐助约 1.4 亿美元建造。

KECK 由两架完全相同的口径（10 米）的拼合反射镜——KECK-1 和 KECK-2 组成，两台 KECK 可组成光学干涉仪进行观测，但后因费用过高而放弃。1985 年 KECK-1 开始奠基，1991 年建成，1993 年开始第一次科学观测。KECK-2 于 1991 年开始建造，1996 年竣工。它们各由 36 块直径 1.8 米的六角镜面拼接组成。

KECK 工作波段包括可见光波段和红外波段（0.3～27 微米），搭载的仪器包括高分辨率光栅光谱仪（HIRES）、低分辨率成像光谱仪（LRIS）、红外探测多目标光谱仪（MOSFIRE）、光学光谱仪与红外成像系统（OSIRIS）等。KECK 现由加州天文研究协会进行管理，观测时间由加州理工学院、夏威夷大学系统、加州大学和 NASA 分配。其中加州大学接收来自美国的观测申请，NASA 接收来自全球的观测申请。

11.2.2 昴星团望远镜

昴星团望远镜（Subaru Telescope）是日本国家天文台在美国夏威夷建造的 8.2 米口径光学天文望远镜，以著名的疏散星团——昴星团命名，于 1991 年 4 月开始建造，1999 年 1 月正式开始进行科学观测，总耗资达 3.7 亿美元（NAOJ，2021）。

昴星团望远镜位于夏威夷莫纳克亚山的山顶，紧邻 KECK，海拔高度为 4139 米。昴星团望远镜的主镜直径为 8.2 米，焦距 15 米，建成时是世界最大的单镜面望远镜。由于采用了薄镜面技术，其厚度只有 20 厘米。采用零膨胀玻璃 ULE 制作，重约 22.8 吨，镜面误差不超过 14 纳米，并且安装了主动光学和自适应光学系统。昴星团望远镜的自适应光学系统配备了自然导星和激光导星的校准光源，可以在红外波段（0.9～5.3 微米）进行观测。

昴星团望远镜有 4 个观测焦点，其主焦点焦比为 F2.0，卡塞格林焦点焦比为 F12.2，2 个耐氏焦点焦比为 F12.6。整个望远镜装置采用地平式支架，高约 22.2 米，重约 555 吨。和以往的望远镜不同，昴星团望远镜的圆顶采用了圆柱形，高约 43 米，直径 40 米，并在顶部安装有风扇，以改善空气流动情况。昴星团望远镜的科学目标包括观测第一代星系的形成，调查其他行星系统以确定生命起源等。

11.2.3 甚大望远镜

甚大望远镜（VLT）是 ESO 建造的位于智利帕瑞纳天文台的大型光学天文望远镜，由 4 台相同的口径为 8.2 米的望远镜组成，其工作波段包括可见光波段和红外波段（0.3～25 微米）。VLT 项目开始于 1986 年，2012 年全部建成并开始工作，耗资超过 5 亿美元。VLT 的每个主镜重约 22 吨，每个望远镜重约 500 吨。VLT 的主要科学任务为搜索太阳系外邻近恒星的行星、研究星云内恒星的诞生、观察活动星系核内可能隐藏的黑洞以及探索宇宙的边缘等。

帕瑞纳天文台海拔高度为 2632 米，气候干燥，为沙漠类型裸岩地貌，一年中晴夜数多达 340 个，视宁度达到 0.5″，十分有利于天文观测。VLT 圆顶用了制冷设备，白天圆顶内一直制冷到晚上预计的观测时夜间的外界温度，观测时可很快达到望远镜周围与外界温度一致，保持良好的圆顶视宁度。主镜周围有 8 台小风扇，必要时贴向镜面吹风以改善镜面视宁度。所有电控柜内均有制冷剂将发出的热量带走。

VLT 的 4 台望远镜既可以单独使用，也可以组成光学干涉仪进行高分辨率观测。作为光学干涉仪工作时，VLT 将具有相当于口径 16 米的望远镜的聚光能力和口径 130 米的望远镜的角分辨本领。

11.2.4　大型双筒望远镜

美国大型双筒望远镜（LBT）是两台架设在同一机架上的口径 8.4 米的双筒望远镜，等效口径 11.8 米，整个项目共耗资 1.2 亿美元，2008 年建成，位于美国亚利桑那州的格拉汉姆山国际天文台。

大型双筒望远镜的主镜由硼硅玻璃制成，焦比为 F1.142，两个主镜的焦点合成一个焦点，并且安装了主动光学和自适应光学系统，工作波段包括可见光波段和红外波段（0.32～5 微米）。如果作为光学干涉仪，大型双筒望远镜的最大角分辨率相当于一台口径为 22.8 米的望远镜，目前由美国亚利桑那大学负责开发运行，主要用于研究地外行星系统。大型双筒望远镜的观测室为方形，架设在直径 23 米的圆形轨道上，观测室四面都有可开合的通风口。

大型双筒望远镜的第一块主镜于 2004 年 10 月建成，并在 2005 年 10 月 12 日开始观测，当时只有一个镜片投入使用，用以观测仙女座旋涡星系。第二块主镜在 2006 年 1 月安装完成，2006 年 9 月 18 日开始观测，于 2007 年捕获了首批图像。2008 年，2 个镜片同时投入使用。

大型双筒望远镜原名哥伦布计划，是一个多国合作项目，参与者有意大利天文学界、美国亚利桑那大学、亚利桑那州立大学、北亚利桑那大学、密歇根大学、俄亥俄州立大学、明尼苏达大学、弗吉尼亚大学、圣母大学、德国天文学界等。在投资和管理方面，大型双筒望远镜的国际合作同样复杂。意大利和德国共享该望远镜 3/4 的份额，1/8 的份额属于位于哥伦布的俄亥俄州立大学，另外 1/8 由俄亥俄州立大学和其他 3 所大学共享。

11.2.5　双子座天文台望远镜

双子座天文台望远镜（Gemini Observatory）是由美国、英国、加拿大、智利、巴西、阿根廷和澳大利亚等国共同建造的两台位于不同地点、完全相同的望远镜，其口径为 8.1 米。其中一台位于北半球的夏威夷，称为北双子望远镜；另一台位于智利海拔 2950 米的帕穷山，称为南双子望远镜。

北双子望远镜也称为 Frederick C. Gillett 望远镜，位于美国夏威夷的莫纳克亚山山顶，海拔 4200 米，于 1999 年 6 月建造完成，2000 年投入使用，控制中心位于夏威夷大学在希罗（Hilo）的校园内。

南双子望远镜位于智利的帕穷山，海拔 2950 米，于 2000 年开始使用，控制中心位于智利拉希雷纳（La Serena）的托洛洛山美洲际天文台内。

两架望远镜分别位于南北两个半球，可以完全覆盖整个天区，工作波段包括可见光波段和红外波段。双子座天文望远镜主镜的厚度为 20 厘米，表面镀了在红外波段具有良好反射能力的银，观测室的内表面涂了铝反射层，目的是获得稳定的热环境。望远镜还安装了主动光学、自适应光学、激光导星系统，整个计划耗资 1.84 亿美元，其中美国投资 50%，英国投资 25%，加拿大投资 15%，智利投资 5%，阿根廷和巴西投资各占 2.5%，并根据所占份额向各国分配望远镜的观测时间。具体管理工作由大学天文研究协会（AURA）负责实施。

11.2.6　霍比–埃伯利望远镜

霍比–埃伯利望远镜（HET）位于美国得克萨斯州的麦克唐纳天文台，口径为 9.2 米，可在可见光波段和红外波段工作，是为光谱研究而设计的固定机架球面望远镜，由美国得克萨斯大学奥斯汀分校、宾夕法尼亚州立大学、斯坦福大学、德国的慕尼黑大学、哥廷根大学联合研制，由麦克唐纳天文台管理和操作，主体部分造价是 1350 万美元。

霍比–埃伯利望远镜于 1996 年建成并投入使用，位于得克萨斯州的福尔基斯山，海拔为 2026 米。由于该望远镜具有极高的性价比，南非仿造了一台口径为 9.1 米的望远镜，称为南非大望远镜，安装在南非苏热尔兰德的南非天文台。

霍比–埃伯利望远镜主镜为 11 米×12 米的八边形球面，等效口径 9.2 米，焦距 13.08 米，集光面积 77.6 平方米，由 91 块八边形的子镜面拼接而成，每个子镜面直径 1 米，厚 5 厘米，用零膨胀微晶玻璃制成。

望远镜机械结构与地面的夹角是 55 度，观测过程中主镜固定不动，通过移动安装焦平面上的终端设备对天体进行跟踪。望远镜的主焦点进行成像和低分辨率光谱观测，用光纤将星光引导至望远镜下面的中高分辨率光谱仪上。跟踪视场 12 度，可观测的天空范围是赤纬-10°20′到+70°40′，最长跟踪时间从 45 分钟到 2.5 小时不等。为校正主镜重力造成的形变，望远镜安装有主动支撑系统，镜面下方有 273 个促动器，每个子镜面下装有 3 个。望远镜圆顶直径 25.8 米，高 30.34 米，圆顶南方有一个高度为 27.3 米的塔形建筑物，用于调整主镜的曲率中心。

11.2.7　加那利大型望远镜

加那利大型望远镜（GTC）建设耗时 7 年，耗资约 1.8 亿美元，由 36 个独立镜片组成，整个望远镜直径达 10.4 米，比 KECK 长 0.4 米。GTC 由西班牙政府投资 90%，美国佛罗里达大学和墨西哥国立自治大学共同出资 10%建设。

GTC 于 2007 年 7 月 13 日开始运行，2008 年夏天投入常规科学观测，可在可见光波段和红外波段工作，其主要科学目标是在宇宙中搜寻类似地球的行星，并为解释生命起源提供线索。

GTC 位于大西洋拉帕尔马岛的一座海拔 2400 米的山峰。拉帕尔马岛处于大西洋信风带，又远离人类居住区，天空常年晴朗，可以清晰地观测夜空。

11.2.8　南非大望远镜

南非大望远镜（SALT）是南非天文台的设施之一，其六角形主镜由 91 片相同直径1 米的六角形组成，名义上是 9.2 米口径，建设总经费 3600 万美元，南非投资约 1/3，其余的部分由德国、波兰、美国、英国和新西兰等合作伙伴资助。完整的望远镜在 2005 年 9 月 1 日公开宣布开镜。

南非大望远镜是南半球最大的光学天文望远镜，可以对北半球的望远镜观测不到的天体进行辐射的成像、分光、偏振分析，可在可见光波段和红外波段工作。

11.2.9 欧洲极大望远镜

欧洲极大望远镜（E-ELT）是 ESO 正在建造的地面光学天文望远镜，其主镜直径为 39.3 米，由 798 个六角形小镜片拼接而成，集光面积达到 978 平方米，建造完成后将成为世界上最大的光学天文望远镜。2010 年 4 月 26 日，ESO 选择智利阿马索内斯山区作为 E-ELT 的建造地点，2017 年 5 月开始建造，预计 2024 年建成。

E-ELT 的光学系统由独创的 5 个镜面组成，这种先进的自适应光学系统可以减少大气湍流的影响，提高图像的光学质量。

11.2.10 三十米望远镜

三十米望远镜（TMT）是由美国、加拿大、日本、中国、巴西、印度等国参与建造的地面大型光学天文望远镜。TMT 和 E-ELT 类似，其主镜是一块由 492 块直径 1.45 米的六边形镜面拼接所组成的分割式主镜，30 米/98 英尺①的主镜直径仅次于 E-ELT 的 39.3 米，配备有自适应光学系统。TMT 的成本估计在 9.7 亿~12 亿美元。

TMT 于 2003 年开始设计，设计阶段在 2009 年 3 月结束，而后进入前期建设阶段，于 2014 年 4 月在夏威夷莫纳克亚山山顶进入正式建设阶段，计划于 2027 年完成建设。

2015 年 12 月 2 日，夏威夷最高法院撤销了 TMT 的建筑许可证，认为美国土地和自然资源委员会（BLNR）错误地将许可证颁发给一个有争议的施工项目。2018 年 10 月 30 日，夏威夷最高法院最终裁定，支持在莫纳克亚山山顶建造 TMT。这一决定解除了在夏威夷台址上修建 TMT 的 14 亿美元项目的最后一道法律障碍，为重新启动 TMT 项目开辟了道路。

11.2.11 巨麦哲伦望远镜

巨麦哲伦望远镜（GMT）由美国华盛顿卡内基研究所天文台、哈佛大学、史密松森天体物理台、亚利桑那大学、密歇根州立大学、麻省理工学院、芝加哥大学、得克萨斯大学奥斯汀分校和得克萨斯农工大学以及澳大利亚国立大学等机构组成了一个联盟联合建造包含 7 个直径 8.4 米的主镜，其解析力相当于 24.5 米的主镜，而集光力等同于 21.4 米的单镜，计划于 2029 年完成建设（GMTO，2021）。GMT 由 11 个国际合作伙伴投资建造，已经承诺投资 5 亿美元，于 2015 年 11 月 11 日在智利开工建设，位于智利赛雷纳东北约 115 公里的阿塔卡马沙漠中的拉斯坎帕纳斯天文台，圆顶建筑相当于 22 层楼高。

GMT 将主要用于观测并帮助解决宇宙学、天体物理学等问题，探寻宇宙中恒星和行星系的生成，暗物质、暗能量和黑洞的奥秘，银河系的起源，等等，帮助天文学家对系外行星展开研究。

---

① 1 英尺=30.48 厘米。

11.2.12 大型综合巡天望远镜

大型综合巡天望远镜（LSST）是正在建设中的宽视野巡天反射望远镜，带有 8.4 米主镜，将每三天拍摄全天一次。LSST 位于智利北部科金博大区的帕穹山的伊尔佩恩峰，海拔 2682 米，正处于双子座天文台和南方天体物理研究望远镜的旁边。

LSST 曾是 2010 年天体物理十年期调查中优视度排名最高的大型地面项目。该项目于 2014 年 8 月 1 日正式开始建设，当时国家科学基金会（NSF）批准了其 2014 财政年度（2750 万美元）的建筑预算。现场施工于 2015 年 4 月 14 日开始，预计 2024 年开始全面科学运行。2020 年 1 月 6 日，LSST 被正式命名为薇拉·鲁宾天文台。

LSST 的科学目标包括：观测深空中弱引力透镜以侦测暗能量和暗物质；寻找太阳系中的小天体，尤其是近地小行星和柯伊伯带天体；侦测光学瞬变现象，尤其是新星和超新星；观测银河系。

11.2.13 大天区面积多目标光纤光谱天文望远镜

大天区面积多目标光纤光谱天文望远镜（LAMOST，冠名为"郭守敬望远镜"）是由国家天文台、中国科学院南京天文光学技术研究所与中国科学技术大学共同承担的国家重大科学工程项目，位于河北省承德市兴隆县境内，项目投资 2.35 亿元。LAMOST 目前是世界上口径最大的大视场光学天文望远镜，也是世界上光谱获取率最高的光谱巡天望远镜。截至 2022 年 4 月，LAMOST 发布的光谱数量达 1944 万条。

该项目由中国科学院院士王绶琯、苏定强为首的研究集体建议，得到了天文界广泛的支持，由中国科学院提出，经过反复论证，于 1996 年列为国家重大科学工程项目，于 1997 年 4 月得到国家计划委员会关于项目建议书的批复，1997 年 8 月 29 日得到国家计划委员会关于项目可行性研究报告的批复。2008 年 10 月 16 日建成，2009 年 6 月 4 日通过国家竣工验收。

LAMOST 有效通光口径为 4 米，主镜大小为 6.67 米×6.05 米，由 37 块对角线长 1.1 米、厚度为 75 毫米的六角形球面子镜组成；反射施密特改正板处在主镜球心，大小为 5.72 米×4.40 米，由 24 块对角线长 1.1 米、厚度为 25 毫米的六角形平面子镜组成。

11.2.14 中国空间站工程巡天望远镜

中国空间站工程巡天望远镜（CSST）是中国下一代旗舰级空间天文望远镜（中国科学院国家天文台，2021），计划于 2024 年发射入近地轨道开展巡天观测，将为中国天文学家提供观天利器，为中国开展重大原创性科学研究提供有力支撑。

CSST 口径为 2 米，采用离轴三反式设计，镜面面积大约为 3.14 平方米，视场角要比哈勃空间望远镜大 300 多倍，能够在 10 年的时间内观测到 40%的天空。CSST 配备 25 亿像素的相机，使之在视角比哈勃空间望远镜大 300 倍的同时，还保持了类似的分辨率。CSST 将与中国空间站共轨飞行，未来可以很容易补充燃料或进行在轨升级。

CSST 计划完成高空间分辨率、大天区面积的深度多色成像与无缝光谱巡天观测，并可选用多种后端仪器对遴选天体进行精细研究，有望在暗物质、暗能量、星系形成与演化、系外行星探测等天文领域和基础物理领域的重大问题上取得突破。

11.3 国际光学天文望远镜相关战略规划

本部分对欧美国家/组织在天文领域重要战略规划中与光学天文相关的部分进行了梳理。从规划层次上看，各国/组织均在国家层面提出了宏观政策，再由具体实施空间与天文项目的机构制定相关规划，最后由负责实施科研项目的机构参照相关政策与战略规划，制定具体的科研项目计划。

值得特别指出的是在美国编制科技规划时，广泛参考了政府机构、学术界、工业界代表的意见，而且由学术咨询机构长期、周期性开展的研究的成果也发挥了重要作用。如美国国家科学院（NAS）成立的美国国家研究理事会（NRC）自 1964 年开始发布的天文领域"十年规划"系列报告，对天文规划的制定起到了纲领性作用。

11.3.1 美国国家光学天文台《US-ELT 极大望远镜计划》

美国国家光学天文台（NOAO）是美国光学天文的研究中心，由 AURA 与 NSF 合作运营。2019 年 7 月 24 日，NOAO 发布了《US-ELT 极大望远镜计划》（NOAO，2019）。

US-ELT 整合了美国的两个直径 25～40 米的地基光学天文望远镜项目，将原计划在北半球夏威夷部署的 TMT 和在南半球智利部署的 GMT 合并为一个项目，形成覆盖南北半球的光学天文观测能力。

TMT 在夏威夷的莫纳克亚山建造，望远镜主镜直径 30 米，采用 Ritchey-Chretien 光学系统，可以快速重新定向到任何仪器或自适应光学系统，支持使用多种仪器观测目标天体。TMT 的自适应光学系统使用了一组激光导星，实现了良好的天空覆盖。TMT 的结构预计在 2027 年建设完成，并在 2033 年形成稳定的观测能力，具备 50 年的运行寿命。

GMT 正在智利北部的拉斯坎帕纳斯建造，采用格里高利光学系统。GMT 使用 7 个直径为 8.4 米的主镜和 7 个 1.1 米副镜，与直径 24.5 米单一主镜的观测能力相当。GMT 能够同时在多达 11 个端口的仪器之间快速切换。GMT 的自适应光学系统也使用一组激光导星来实现出色的天空覆盖，并且可以支持波前校正模式。GMT 计划于 2029 年完成建设，设计寿命 50 年。

整合 TMT 和 GMT 后的 US-ELT 极大望远镜将联合观测整个天空，从而使它们互补的仪器套件可用于联合甚至同时研究目标天体。除了纬度上的分隔外，经度上七个小时的分隔还为时域天文研究提供了观测可能。US-ELT 的角分辨率和聚光能力将使天文学家能够搜索类地行星上的生命证据，观测暗弱天体的微结构，在强引力场中进行严格的广义相对论测试，研究宇宙星系演化。

11.3.2 欧盟《欧洲研究基础设施战略论坛路线图 2018》

2018 年 5 月 29 日，欧洲研究基础设施战略论坛（ESFRI）发布了最新版本的《欧洲研究基础设施战略论坛路线图 2018》（ESRFI，2018）。这是对前版 ESFRI 路线图（2016 年）的更新，对 2008 年入选的 ESFRI 项目在十年周期到期后的结果进行了说明，是对未来 10

年泛欧洲研究基础设施的建设和发展进行战略层面的规划和部署的又一重大举措。

路线图中包括 29 个未来十年重点支持运行的基础设施，即 ESFRI 地标（ESFRI Landmarks），E-ELT 建设项目是该路线图中在欧洲层面唯一的大型光学天文望远镜（表 11-2）。

表 11-2　ESFRI 路线图天文系领域未来十年重点支持运行的基础设施

名称	中文名	计划开始运行/年	造价/百万欧元	每年的运行预算/（百万欧元/年）
E-ELT	欧洲极大望远镜	2024	1000	40

E-ELT 由 ESO 负责在智利建设，预计耗资 10 亿欧元，2024 年建成投入使用。E-ELT 主镜直径为 39 米，由 798 个六角形小镜片拼接而成，聚光面积 978 平方米，可移动质量高达 3000 吨，圆顶总质量 5000 吨，建造完成后将成为世界上最大的光学天文望远镜。

E-ELT 配备了先进的自适应光学系统，能够让望远镜自动调整和修正由地球大气层引发的扭曲现象，因此在自适应光学系统的帮助下，可提高陆基远镜的观测能力。欧洲极大望远镜获得了比哈勃空间望远镜更强的观测能力，成像分辨率是后者的 16 倍，能够帮助天文学家观测宇宙中的恒星和星系，解答宇宙论的基本问题。

E-ELT 的研发汇集了欧洲先进的科研机构，打造出世界上最先进的陆基望远镜主镜面，未来欧洲极大望远镜将关注系外行星的物理和化学特性、原行星盘和行星形成机制、太阳系历史、超大质量黑洞演化和高红移星系的研究等。

11.3.3　欧洲南方天文台《VLTI 未来十年路线图》

VLT 是欧洲南方天文台（ESO）建造的大型光学天文望远镜，由 4 台相同的口径为 8.2 米的望远镜组成，始建于 20 世纪 80 年代，并于 2000 年后开始运行。2005 年和 2006 年，ESO 在 VLT 近旁相继建造了 4 台口径 1.8 米的辅助望远镜，与 4 台 8.2 米望远镜共同组成其大望远镜干涉仪（VLTI），相当于口径 16 米的光学天文望远镜的聚光能力和口径 130 米的望远镜的角分辨能力。

VLTI 作为光学天文望远镜干涉阵列已运行了十多年，考虑到 VLTI 的当前运行状态以及未来拓展观测可能性，2017 年 10 月，ESO 发布了《VLTI 未来十年路线图》（ESO，2017），为未来十年（2018～2028 年）提出战略愿景，对 VLTI 在 2018～2028 年的战略发展分为以下三个阶段。

阶段一（2018～2020 年）：通过提供优化调度的 VLTI 阵列，使 GRAVITY 和 MATISSE 干涉仪取得成功；展示强大的条纹干涉跟踪能力，并提高灵敏度；扩展 VLTI 用户基础，建立专用的 VLTI 中心。

阶段二（2020～2025 年）：充分利用现有基础架构，升级现有仪器；增加天空覆盖范围和角分辨率；将干涉技术推向新的方向。

阶段三（2025 年以后）：通过天文研究项目驱动，添加更多的望远镜来扩展 VLTI 成像能力；使 VLTI 成为下一代光学干涉仪的开发平台。

路线图提出，VLTI 自建成以来一直追求两个科学目标：提供毫秒级分辨率的成像能力；提供 10 微秒精度的天体测量技术。VLTI 的科学产出很大程度上由相对简单但重要的形态学测量（即天体的近红外和中红外辐射）和具有毫秒级角分辨率的光谱学所主导。这些重建的图像已经挑战了恒星物理学和银河系与活动星系核领域的许多理论。有了这些图像，VLTI 现在可以真正揭示这些天体的本质和复杂性。

路线图提出，2025 年以后 VLTI 可以扩展到 4 个以上的望远镜干涉阵列。亚毫米波干涉阵列的经验表明，使用 7 到 8 个望远镜阵列，对复杂源进行成像可以成为常规操作。可见光干涉技术的科学案例大多尚未得到开发，潜力巨大。VLTI 具备望远镜扩展的灵活性，当前台站网络还可以联合管理几台望远镜，而无须进行重大基础架构修改。

11.3.4　美国《LSST 大型综合巡天望远镜星系科学路线图》

LSST 是美国近 10 年在光学天文望远镜领域部署的旗舰项目，目前还在建设中，预计 2024 年全面运行。LSST 将能提供数十亿个河外源星表和单个物体的高质量多波段成像。2017 年，LSST 星系工作组发布了《LSST 大型综合巡天望远镜星系科学路线图》（LSST，2017），对 LSST 运行后的星系科学研究做出战略规划，列出了 9 项优先任务。

（1）活动星系核

活动星系核（AGN）现象使天文学家能够理解超大质量黑洞的生长、星系演化、高红移宇宙以及其他物理活动，包括吸积物理、喷流和磁场。LSST 的观测数据除了能够探测黑洞周围的吸积物理之外，还将通过它们揭示星系演化阶段和活动星系核科学的相关问题。

（2）星系团与星系大尺度结构

星系形成的宇宙学过程将环境和大尺度结构与星系群的具体性质紧密地联系在一起。这种联系的范围从超级星团规模到小的星系团。未来预期的科学任务重点关注包括星系形成、星系团和星系大尺度结构之间的关键联系。

（3）深挖场（Deep Drilling Fields，DDF）

LSST 的深挖场测量将比宽快深场（WFD）测量具有更高的频率和更深入的观测。虽然观测策略的许多细节尚未最终确定，但已选择了 4 个 DDF。关于观测的频率、每个波段的最终深度和抖动策略的细节目前仍在研究中。此项任务将有助于优化 LSST-DDF 观测策略，收集支持数据，并确保数据处理和测量结果满足银河系演化科学的需求。

（4）星系演化

LSST 项目优化了天文台和数据管理设计，以成功和高效地执行 LSST 的核心科学任务。对于暗能量的观测，这种优化通常意味着将星系视为示踪粒子，使用椭圆度和位置的统计测量来提供大尺度结构和宇宙几何结构的统计约束。尽管暗能量探测的许多任务直接与研究星系演化有关，但星系演化的研究需要更多地关注多波段数据的优化，获得不同种类的光谱，进行不同种类的模拟和其他理论支持，更注重对低表面亮度特征或异常形态的检测和表征。

（5）高红移星系

对遥远星系的观测为星系形成过程的效率、再电离时代的结束、星系间介质的早期富集,以及后来现代星系形成的初始条件提供了重要信息。LSST 将探测红移在 7 以上的星系,并进一步配合未来的大视场红外探测。

（6）低表面亮度科学

LSST 精细的数据质量将在前所未有的大面积天空中开辟低表面亮度（LSB）科学的一个全新领域。LSST 独特的深空视场能力将使我们能够发现宇宙合并速率的新证据和测量方法（通过星系相互作用产生的潮汐特征），揭示星系的外恒星晕中层次结构形成的特征,并探测当地星系周围的 LSB 外围。

（7）测光红移

对于像 LSST 这样的光度测量,天文学家能够精确测量到大量星系样本的距离,将恒星质量、年龄和物体的金属丰度作为时间的函数,测量星系群的空间聚集,在不同的宇宙时期识别不寻常的天体都将严重依赖于红移的测量。LSST 暗能量科学合作组织的一项主要工作是开发 LSST 的测光红移算法,包括将红移和天体物理参数之间的联合概率分布用于研究星系演化。这些努力应该能够利用在探测暗能量的工作中,并以此为基础来确保为星系科学而优化的测光红移是可用的。

（8）理论和模拟星表

在星系形成的宇宙学模型的背景下解释海量的 LSST 数据集,一个关键的挑战涉及理论的发展,既包括现实模拟的实际应用,也包括为解释星系可观测特性的重要过程而提出的新的物理模型。与 LSST 相关的理论研究的任务包括理解 LSST 将揭示的星系的详细特性、预测 LSST 在前所未有的尺度上探测的星系群的大尺度特性等。

（9）辅助数据库

虽然 LSST 将产生具有时间间隔的高质量光学成像,但通过将这些数据与外部数据集相结合,将使大量的天文学研究成为可能。但将这些外部数据集组合成一个可用的、一致的、质量可控的格式是非常重要的,需要付出大量的努力。特别是,随着一些新的地面和天基设施的出现,光谱数据集和全波段数据集的数量、规模和复杂性可能会急剧增加。因此,在 LSST 操作的准备和过程中,通过建立辅助 LSST 数据库,确保外部数据集的可访问性、可用性和质量控制。

11.3.5　美国《天文与天体物理 2012～2021 十年规划中期回顾》

美国国家科学院于 2016 年 8 月发布《天文与天体物理 2012～2021 十年规划中期回顾》报告（NAP,2016）,对《天文与天体物理 2012～2021 十年规划》设置的高优先级任务经费及实施情况做了审查,其中涉及的光学天文望远镜包括以下内容。

（1）LSST

LSST 的规划和建造都在按照计划进行,成本也维持在预算之内,成功地综合利用了来自 NSF、DOE 和私人的资金。正像《天文学和天体物理学的新世界和新视野》中构想的那样，LSST 的性能和数据产品都将产生有前途的、变革性的科学影响。为了实现这一伟大的新设施的全部科学潜能，对个人研究者和科学家团体进行资助、使他们能够利用 LSST 获得科学成果是至关重要的。

（2）GMT、TMT 及 GSMT

GMT 及 TMT 项目自 2010 年来都取得了较大进展，且都为实现《天文学和天体物理学的新世界和新视野》设立的巨型拼合镜面望远镜（GSMT）科学目标提供了可行的技术路线。然而目前仍存在程序性的障碍，而且这两个项目都没有确保资金的安全，以按照计划的完全规模进行建造。NSF 有限的预算也导致 NSF 无法按照十年调查报告的推荐选择合作方参与到 GSMT 的建造中。

（3）宽视场红外巡天望远镜

宽视场红外巡天望远镜（WFIRST）的科学能力将比《天文与天体物理 2012～2021 十年规划》所预想的显著提高。由于成本上升，WFIRST 可能打乱 NASA 计划的平衡；其相对《天文学和天体物理学的新世界和新视野》所预期的实施时间的延迟，也将影响下一个十年调查报告。

11.3.6 澳大利亚《天文学 2016～2025 十年规划》

2015 年 7 月，澳大利亚科学院发布了澳大利亚《天文学 2016～2025 十年规划》（AAS，2015），描绘了澳大利亚天文学家未来十年的战略愿景，其中涉及的光学天文望远镜包括以下内容。

由于缺乏与 8 米级光学天文望远镜的长期合作关系，在 2016～2025 年的十年规划初期，澳大利亚天文学界可能会陷入缺乏研究手段的境地。为了保持澳大利亚在光学天文学领域的领先地位，并在未来十年内取得突破性的发现，澳大利亚天文学家需要拥有 8 米级光学天文望远镜或同等望远镜 30%的份额（相当于澳大利亚每位专业光学天文学家每三年观测两晚）。过去十年澳大利亚天文学界的主流天文仪器从 4 米望远镜持续过渡到国际 8 米级光学天文望远镜。该十年规划强调了在 8 米级光学天文望远镜中建立伙伴关系的重要性，长期的合作关系对于维持 8 米级光学天文望远镜的科学领导地位，以及在 ELT 甚大望远镜时代澳大利亚天文学的持续发展至关重要。

作为 ESO 的成员，这为满足澳大利亚的光学/红外观测能力提供一个极好的选择，能够达到 8 米级光学天文望远镜 30%份额的目标。ESO 提供 8 米级光学天文望远镜和世界级的配套仪器设备，能够满足澳大利亚天文学家的科学目标。ESO 的成员资格还将使澳大利亚仪器制造商保持其在仪器开发方面的世界领先能力，并为行业参与大型建设项目提供机会。ESO 的成员资格将是澳大利亚获得 8 米级光学天文望远镜的最佳选择。

由于 8 米级光学天文望远镜将代表下一个十年的主力观测设施，澳大利亚在其中建立长期伙伴关系至关重要。虽然 ESO 的成员资格为实现这一能力提供了一个极好的途径，但这个十年规划还确定了一个替代策略，即寻求成为拥有 30%份额的最先进的 8 米级望远镜的成员。设施中的伙伴关系对于实现科学计划的长期战略规划、影响设施的战略方向、促进关键科学仪器的技术开发并从中受益至关重要。

澳大利亚天文学家从哈勃空间望远镜和开普勒卫星等国际空间光学天文望远镜设施中受益匪浅。在过去十年中，天基观测占澳大利亚光学天文科学影响的 30%。即将面世的空间光学天文望远镜，例如，NASA 的詹姆斯·韦布空间望远镜，将在未来发挥不可思议的影响力，它们可以观测最遥远的星系以及其他恒星周围行星的状况。澳大利亚应考虑成立一个支持与天基光学天文望远镜设施相关的国家机构。

11.3.7 意大利《天文学 2014～2023 战略愿景》

意大利国家天体物理研究所（INAF）是意大利天文领域重要的国立机构，代表意大利在欧盟等国际组织的天文合作框架内，促进、实施和协调意大利天文领域的研究活动，并与意大利各大学等科研机构开展合作。INAF 在 2014 年发布了意大利《天文学 2014～2023 战略愿景》（INAF，2014），为意大利天文领域发展制定了未来十年战略规划，其中涉及光学天文望远镜的 E-ELT 是用于光学/近红外范围的地面超大光学天文望远镜，由 ESO 在智利建造，设计包括一个直径 39.3 米的主镜和一个直径 4.2 米的副镜，并将由自适应光学和多种后端仪器支持。E-ELT 将使欧洲在未来几十年内保持地基光学天文望远镜领域的世界领先地位，其开发计划是 ESO 的优先考虑事项。意大利是 ESO 的成员国，通过意大利国家天体物理研究所为 E-ELT 光学天文望远镜建设项目提供充足的财政支持。

11.3.8 美国《不息追寻大胆愿景：NASA 未来三十年的天体物理》

2013 年 12 月 20 日，NASA 发布《不息追寻大胆愿景：NASA 未来三十年的天体物理》（NASA，2013），描绘了未来三十年天体物理的路线图，规划了未来的近期、中期和远期的天文项目。

近期项目是指已经或即将在这个 10 年内执行的项目；中期项目是指有望在下一个 10 年内确认或执行的项目；远期项目是指可能在 2030 年后执行的项目。该路线图中涉及光学天文主要包括以下内容。

（1）地外行星研究领域

近期的重点任务是利用引力透镜研究地外行星的宽视场红外光学巡天望远镜。中期任务包括大型紫外-可见光-红外巡天，将实现对地外行星大气中的氧、水蒸气和其他生命标记分子的直接测量。远期任务包括地外行星搜寻，将利用大型光学天文望远镜集群实现对太阳系周围超级地球的高精度成像。

（2）恒星生命周期和星系演化领域

近期开展的重点任务是詹姆斯·韦布空间望远镜，预期将为原恒星、新生星团研究提供前所未有的高质量观测数据。中期开展的远红外光学巡天任务将对原行星盘的演化开展深入研究，大型紫外-可见光-红外巡天将通过对星系结构的光学观测来解析其演化历史。

11.3.9 美国《天文与天体物理十年规划》

美国天文学家团体每十年制定一次美国天文和天体物理学十年研究计划,确定优先研究的科学目标以及为达到这些目标需要的天文观测设施。2010 年 8 月 13 日,美国国家科学院国家研究理事会天文学与天体物理学十年调查委员会发布了《天文与天体物理十年规划》(NAP,2010)。

2012~2021 年,美国天文学科优先发展的科学目标包括:探寻第一代恒星、星系和黑洞;寻找太阳系外宜居类地行星;了解宇宙的基本物理规律。为实现上述科学目标,规划平衡了地面和空间的大型、中型和小型项目,给出了发展的优先级。报告推荐建造的光学天文望远镜项目包括 LSST 和 GSMT。

LSST 主镜直径 8 米级,可以在 3.5 度直径视野中提供清晰的图像。LSST 的科学目标包括:观测深空中弱重力透镜以侦测暗能量和暗物质;寻找太阳系中的小天体,尤其是近地小行星和柯伊伯带天体;侦测光学瞬变现象,尤其是新星和超新星;观测银河系。目前,LSST 正在建设当中,预计于 2024 年全面运行。

GSMT 的主镜镜面直径约为 30 米,由若干个单独镜面拼接而成,集光面积将是目前世界上最大的 KECK 的 10 倍。GSMT 将采用先进的自适应光学系统,能够持续监测大气波动,然后调整镜面以补偿空气中的波动。GSMT 能够观测星系形成后的所有时期的演化,能够追溯到 100 亿年前或更早的星系历史,还能够观测银河系和银河系中距离我们最近的恒星系。GSMT 项目所主推的 GMT 和 TMT 两个巨型望远镜目前已合并为 US-ELT 极大望远镜项目。

11.4 从论文看光学天文研究的现状和趋势

11.4.1 论文数据来源

为检索出与"光学天文"相关的研究与综述论文,利用领域相关检索词构建检索策略①,在 Web of Science(SCIE)数据库中共检索到 92 544 篇论文(检索时间为 2021 年 3 月 20 日),并对检索出的数据采用 DDA、Excel 和 Vosiewer 等工具进行分析。

---

① 检索策略:(TS=((optical or infrared)near(telescope* or astronomy)))or(TI=(optical or optics or infrared or Spectroscop* or Photometr*)and WC=(ASTRONOMY ASTROPHYSICS))or(AK=(optical or optics or infrared or Spectroscop* or Photometr*)and WC=(ASTRONOMY ASTROPHYSICS))or(TS = (("Keck Observatory" or "Keck Telescope")or("Subaru Observatory" or "Subaru Telescope")or "very large telescope" or "Large Binocular Telescope" or "Gemini Observatory" or("McDonald Observatory" or "Hobby-Eberly Telescope")or "Gran Telescopio Canarias" or "Southern African Large Telescope" or "Extremely Large Telescope" or ("Rubin Observatory" or "Large Synoptic Survey Telescope")or(LAMOST or "Large Sky Area Multi-Object Fibre Spectroscopic Telescope" or "Guo Shoujing Telescope")or("Hubble Space Telescope" or "Spitzer Space Telescope" or "Herschel Space Observatory" or "Kepler space telescope" or "James Webb Space Telescope")))or(FT = (("Keck Observatory" or "Keck Telescope")or("Subaru Observatory" or "Subaru Telescope")or "very large telescope" or "Large Binocular Telescope" or "Gemini Observatory" or("McDonald Observatory" or "Hobby-Eberly Telescope")or "Gran Telescopio Canarias" or "Southern African Large Telescope" or "Extremely Large Telescope" or("Rubin Observatory" or "Large Synoptic Survey Telescope")or(LAMOST or "Large Sky Area Multi-Object Fibre Spectroscopic Telescope" or "Guo Shoujing Telescope")or("Hubble Space Telescope" or "Spitzer Space Telescope" or "Herschel Space Observatory" or "Kepler space telescope" or "James Webb Space Telescope")))).

11.4.2　年份变化趋势

从光学天文研究领域自 1900 年以来的研究论文产出年份分布情况（图 11-1）可以看出，光学天文研究领域的发展历程大致可以分为以下三个阶段。

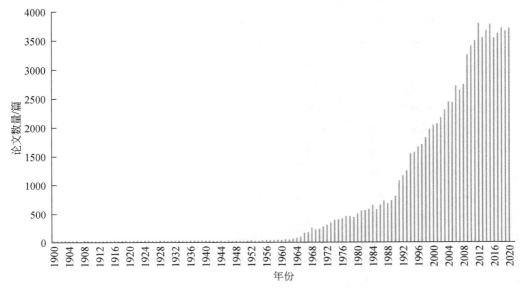

图 11-1　光学天文研究论文产出的年份分布情况

缓慢探索阶段（1900～1965 年）：在这个阶段，光学天文相关研究处于缓慢探索阶段，每年该领域发表的论文量在 100 篇以内。

平稳发展阶段（1966～1990 年）：该领域经历了平稳发展阶段，公开发表的研究论文从 1966 年的 164 篇增长到 1990 年的 813 篇，增长近 4 倍。

快速增长阶段（1991 年至今）：保持快速发展态势，论文量从 1991 年的 1081 篇迅速增长到 2020 年的 3730 篇，增长近 2.5 倍，并于此后保持快速发展态势。

11.4.3　国家/地区分布

全球共有 140 余个国家/地区开展了光学天文领域相关研究，其中 92.67%（85 758 篇）的论文产出集中在前 20 个国家（表 11-3）。美国在光学天文领域有明显优势，论文产出全球占比 53.77%（49 762 篇），主导着该领域的发展；其次是英国、德国、法国和意大利等欧洲国家，论文产出均超过 1 万篇；中国论文产出排第 12 位（5495 篇）。

表 11-3　光学天文研究领域主要国家的自主研究与国际合作论文数据

排序	国家	论文总数	自主研究			国际合作		
			论文数量/篇	份额/%	篇均被引频次/次	论文数量/篇	份额/%	篇均被引频次/次
1	美国	49 762	17 014	34.19	46.06	32 748	65.81	47.96
2	英国	18 135	2 535	13.98	32.04	15 600	86.02	48.21

排序	国家	论文总数	自主研究			国际合作		
			论文数量/篇	份额/%	篇均被引频次/次	论文数量/篇	份额/%	篇均被引频次/次
3	德国	17 553	1 978	11.27	33.12	15 575	88.73	46.29
4	法国	12 935	1 717	13.27	36.34	11 218	86.73	47.12
5	意大利	10 790	1 655	15.34	27.26	9 135	84.66	43.22
6	西班牙	9 297	941	10.12	21.26	8 356	89.88	41.27
7	智利	6 962	325	4.67	55.42	6 637	95.33	40.76
8	加拿大	6 958	1 062	15.26	30.16	5 896	84.74	58.20
9	荷兰	6 876	597	8.68	40.24	6 279	91.32	52.47
10	日本	6 412	1 568	24.45	22.03	4 844	75.55	46.45
11	澳大利亚	6 182	701	11.34	31.22	5 481	88.66	44.76
12	中国	5 495	2 231	40.60	10.82	3 264	59.40	29.65
13	俄罗斯	3 978	1 149	28.88	8.43	2 829	71.12	29.41
14	瑞士	3 430	289	8.43	32.30	3 141	91.57	53.22
15	比利时	2 680	243	9.07	34.61	2 437	90.93	38.47
16	印度	2 529	862	34.08	10.36	1 667	65.92	37.59
17	巴西	2 451	468	19.09	23.53	1 983	80.91	33.83
18	瑞典	2 369	216	9.12	24.11	2 153	90.88	43.10
19	丹麦	2 329	113	4.85	34.80	2 216	95.15	50.85
20	墨西哥	2 270	337	14.85	12.66	1 933	85.15	30.53

从光学天文领域主要国家的自主研究与国际合作论文数据中可以看出，国际合作研究为主要形式，尤其是智利、丹麦、瑞典、德国、英国、法国、西班牙、意大利、荷兰、瑞士和比利时等欧洲国家国际合作论文所占份额相对较高。从篇均被引频次指标可以看出，各国（除智利外）自主研究成果的学术影响力均低于同期国际合作成果，说明国际合作可有效提升学术研究成果的质量和显示度。另外，美国自主研究所发文章的篇均被引频次与国际合作发文的篇均被引频次接近，而中国无论是自主研究还是国际合作研究，篇均被引频次都与表中其他国家有较大差距。

从光学天文领域基础研究发文量排名前 20 位国家的合作关系图中可以看出，该领域发文量排名前 20 位国家之间在该领域开展了相关合作，其中美国与英国、荷兰、法国和德国的合作强度相对较高（图 11-2）。

11.4.4　论文数量的机构分布

全球共有千余家机构在光学天文领域发表了相关文章，发文量超过 1000 篇的机构只有 66 个，说明在此领域产生成果需要长期的经费支持与研究投入，平台依赖效应较为明显。

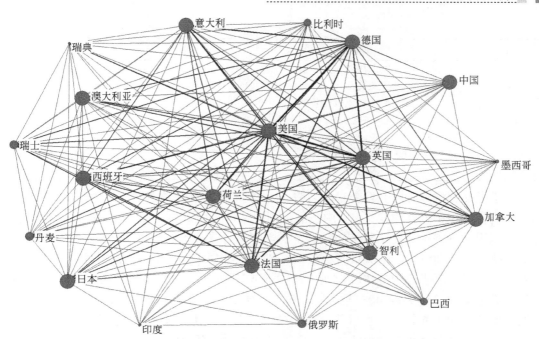

图 11-2 光学天文研究领域基础研究发文量排名前 20 位国家合作关系图

　　光学天文领域基础研究发文量排名前 20 位机构中美国有 9 家机构,法国和西班牙各有 2 家,中国、荷兰、英国和日本各有 1 家,且美国的机构占据了前 6 位,说明美国在该领域具有绝对优势且研究竞争较为激烈。发文量排名前 5 位机构分别为加州理工学院、美国国家航空航天局、空间望远镜科学研究所、哈佛-史密松森天体物理中心和亚利桑那大学。其中,加州理工学院达 8528 篇,在该领域优势较为明显。从篇均被引频次来看,加州大学伯克利分校、约翰斯·霍普金斯大学和加州大学圣克鲁兹分校相对较高。

表 11-4 光学天文研究领域发文机构分布情况

排序	机构	国家/地区	论文量/篇	篇均被引次数/次
1	加州理工学院	美国	8528	64.48
2	美国国家航空航天局	美国	5904	54.06
3	空间望远镜科学研究所	美国	5421	61.24
4	哈佛-史密松森天体物理中心	美国	5088	60.86
5	亚利桑那大学	美国	4660	64.70
6	加州大学伯克利分校	美国	3795	85.01
7	欧洲南方天文台	欧洲	3698	62.73
8	中国科学院	中国	3195	21.61
9	马克斯·普朗克天文研究所	德国	3175	52.82
10	约翰斯·霍普金斯大学	美国	3025	72.88
11	泰德天文台	西班牙	2900	41.41
12	法国国家科学研究中心	法国	2835	54.32
13	剑桥大学	英国	2770	70.60

续表

排序	机构	国家/地区	论文量/篇	篇均被引次数/次
14	东京大学	日本	2668	53.11
15	夏威夷大学	美国	2539	62.70
16	马克斯·普朗克地外物理研究所	德国	2515	65.41
17	加州大学圣克鲁兹分校	美国	2358	76.69
18	巴黎天文台	法国	2159	49.70
19	西班牙高等科学研究理事会	西班牙	2096	44.84
20	莱顿大学	荷兰	1984	51.92

　　光学天文领域基础研究发文量排名前 20 位机构存在非常紧密的合作关系,各个机构均与多个机构在该领域合作发文,其中美国加州理工学院、美国国家航空航天局、美国哈佛-史密松森天体物理中心、美国空间望远镜科学研究所等美国机构间具有紧密频繁的合作。发文量排名在前 20 位的亚洲机构仅有日本东京大学和中国科学院上榜,但明显可以看出,二者与其他机构所进行的合作较少。中国科学院与上述 19 个机构合作发文篇数仅有 824 篇,占其发文总量的 25.79%。其中与美国加州理工学院、哈佛-史密松森天体物理中心分别合作发文 165 篇和 146 篇,去重后共有 266 篇。另外,与日本东京大学、德国马克斯·普朗克天文研究所分别合作发文 107 篇和 102 篇,去重后共有 193 篇。

　　光学天文研究领域发文量排名前 100 位机构中来自中国的机构有 2 家,分别是中国科学院(第 8 位)和北京大学(第 84 位)。另外,中国在该领域发文量较多的机构还有南京大学、北京师范大学和清华大学等。表 11-5 列出的是中国发文量在前 15 名的机构,其中前 6 名机构中国科学院国家天文台、中国科学院大学、北京大学、中国科学院南京天文光学技术研究所、中国科学院云南天文台和中国科学院紫金山天文台的发文量都在 500 篇以上。

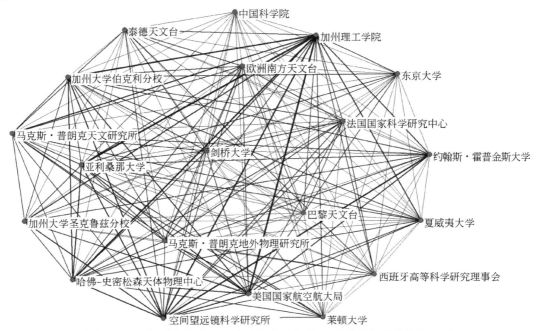

图 11-3　光学天文研究领域基础研究排名前 20 位发文机构合作关系图

表 11-5　光学天文研究领域基础研究发文机构分布情况（中国）

排序	机构	论文量/篇
1	中国科学院国家天文台	1917
2	中国科学院大学	981
3	北京大学	857
4	中国科学院南京天文光学技术研究所	687
5	中国科学院云南天文台	575
6	中国科学院紫金山天文台	525
7	中国科学院上海天文台	452
8	中国科学技术大学	414
9	南京大学	377
10	北京师范大学	330
11	清华大学	278
12	香港大学	170
13	山东大学	158
14	中国科学院高能物理研究所	145
15	云南大学	123

11.4.5　高频关键词分析

根据检索出的光学天文研究论文数据，采用 Derwent data analyzer（DDA）软件，提取出所有论文的关键词字段，对高频关键词共现关系利用 VOSviewer 软件进行聚类分析，得到本领域高频关键词分布如图 11-4 所示。其中圆圈的大小代表关键词出现的频率高低。

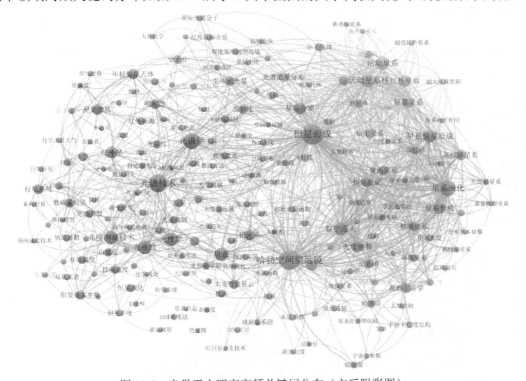

图 11-4　光学天文研究高频关键词分布（文后附彩图）

光学天文领域的相关论文大体可以分为 4 个领域：①观测技术与方法方面的研究，其中涉及光谱学、光度学、观测方法、天体测量等（图中红色区域）；②星系演化方面，涉及星系形成、红外星系、星体形成、星系相互作用等（图中绿色区域）；③活动星系方面，涉及类星体、星系核、星系喷射等（图中黄色区域）；④恒星形成方面，包括星系介质、星系尘埃、主序前天体等（图中蓝色区域）。综合以上所有研究领域，光谱技术、恒星形成、星系演化、数字巡天、活动星系核、红外星系是出现较多、与其他关键词联系最为密切的几个热点词汇。

11.4.6　高被引论文分析

ESI 高被引论文是 ESI 数据库的 22 个学科里近 10 年来被引次数最高的文献，排序列表基于按照年代被引用次数排在前 1% 的论文而给出。光学天文领域基础研究检索结果中有 505 篇 ESI 高被引论文，其中被引频次排名前 10 位的 ESI 高被引论文研究主要集中在数字巡天、空间观测、星系演化、哈勃常数、引力波相关光学探测、恒星光谱等，涉及仪器有宽视场红外勘探器（WISE）、赫歇尔（Herschel）空间天文台、Swope 望远镜、哈勃空间望远镜、南极 BICEP2 望远镜、小型和中等口径研究望远镜系统（SMARTS）望远镜等。

考虑数据库中检索所得的所有文章，被引次数最高的论文是 1998 年利用 COBE 卫星探测宇宙红外线背景辐射的研究论文。从光学天文研究领域排名前 10 位高被引论文（表 11-6）可以发现，高影响力论文除包括直接观测数据如 2MASS 巡天观测、WISE 巡天观测、哈勃空间望远镜等的研究论文外，如 SExtractor、DAOPHOT 数据分析方法的论文也获得较高的影响力。

表 11-6　光学天文研究领域排名前 10 位高被引论文

发表年份	研究机构	通讯作者	论文题目	被引频次 /次
1998	英国达勒姆大学	Schlegel D J	Maps of dust infrared emission for use in estimation of reddening and cosmic microwave background radiation foregrounds	11 206
1989	美国威斯康星大学	Cardel L I	The relationship between infrared，optical，and ultraviolet extinction	8 002
2006	美国弗吉尼亚大学	Skrutskie M F	The two Micron All Sky Survey（2MASS）	7 369
1996	法国索邦大学	Bertin E	SExtractor：Software for source extraction	7 246
2003	法国里昂高等师范学院	Chabrier G	Galactic stellar and substellar initial mass function	4 910
1987	加拿大国家研究理事会	Stetso N	Daophot-a computer-program for crowded-field stellar photometry	4 273
1992	美国路易斯安那州立大学	Landol T	Ubvri photometric standard stars in the magnitude range 11.5-less-than-v-less-than-16.0 around the celestial equator	4 030
2010	美国加州大学洛杉矶分校	Wright E L	The wide-field infrared survey explorer（wise）：mission description and initial on-orbit performance	4 007
1984	美国普林斯顿大学	Draine B T	Optical properties of interstellar graphite and silicate grains	3 198
2004	美国空间望远镜科学研究所	Riess A G	Type Ia supernova discoveries at z＞1 from the Hubble Space Telescope：evidence for past deceleration and constraints on dark energy evolution	3 160

11.4.7　期刊分析

该主题发表论文涉及期刊 700 余种，发文量排名前 15 种期刊（表 11-7）中《天体物理学报》（*Astrophysical Journal*）、《天文与天体物理学报》（*Astronomy & Astrophysics*）和《皇家天文学会月报》（*Monthly Notices of the Royal Astronomical Society*）发文数量均超过了 14 000 篇。上述 15 种期刊中，期刊影响因子大于 5 的期刊有 7 种，分别是 *Astrophysical Journal Letters*、*Astrophysical Journal Supplement Series*、*Astronomical Journal*、*Astrophysical Journal*、*Astronomy & Astrophysics*、*Monthly Notices of the Royal Astronomical Society* 和 *Publications of the Astronomical Society of Japan*。

表 11-7　光学天文研究领域基础研究排名前 15 位期刊分布（2019 年）

序号	期刊	ISSN	影响因子	发文量/篇
1	*Astrophysical Journal*	0004-637X	5.745	22 544
2	*Astronomy & Astrophysics*	0004-6361	5.636	15 474
3	*Monthly Notices of the Royal Astronomical Society*	0035-8711	5.356	14 424
4	*Astronomical Journal*	0004-6256	5.838	7 594
5	*Icarus*	0019-1035	3.513	2 914
6	*Publications of the Astronomical Society of the Pacific*	0004-6280	3.982	2 536
7	*Astrophysical Journal Letters*	2041-8205	8.198	2 165
8	*Astrophysical Journal Supplement Series*	0067-0049	7.95	2 002
9	*Astrophys Space Sci/Astrophysics and Space Science*	0004-640X	1.43	1 475
10	*Astronomy & Astrophysics Supplement Series*	0365-0138	1.745	1 250
11	*Physical Review D*	2470-0010	4.833	1 148
12	*Publications of the Astronomical Society of Japan*	0004-6264	5.024	1 007
13	*Physics Letters B*	0370-2693	4.384	738
14	*Astron Nachr/Astronomische Nachrichten*	0004-6337	1.064	707
15	*Planetary and Space Science*	0032-0633	1.782	645

11.5　从专利看光学天文技术的现状和趋势

11.5.1　专利数据来源

在 ISI Web of Science（DII）数据库中根据检索策略"主题：（（telescope* or astronomy））AND 德温特手工代码：（V07-F02A or P81-A50A or S02-B09 or V07- K05 or A12- L02A or V07-F01A1 or P81-A03 or W07-B01 or V07-F02B or Q79-T01H or P81-A01）"和"主题：

（（（optical or infrared）near（telescope*or astronomy）））"进行检索（检索时间：2020年 10 月 20 日）。

11.5.2 专利申请时间趋势

截至检索日期，共检索到光学天文望远镜技术相关的专利家族 7751 个，专利家族最早优先权年时间跨度为 1966～2020 年，考虑到专利一般从申请到公开需要最长达 30 个月（12个月优先权期限+18 个月公开期限）的时间，再考虑到数据库录入的时间延迟，2019 和 2020年的专利申请量会出现失真。

光学天文望远镜技术的专利数量随时间的变化趋势，可以作为预测该技术发展趋势的重要参考指标。图 11-5 揭示了光学天文望远镜技术专利数量的年度统计情况。图中显示，自 1990 年以来，光学天文望远镜技术的专利家族数量整体呈现上升趋势，从 2018 年开始入降。

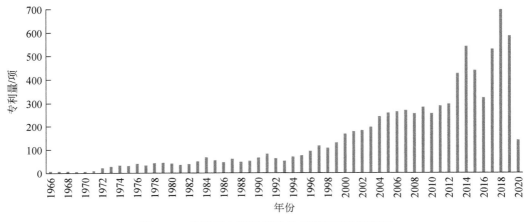

图 11-5　光学天文望远镜技术专利申请时间趋势

11.5.3 专利申请国家/地区分布

（1）主要技术来源国/地区情况

专利最早优先权国家/地区在一定程度上反映技术的来源地，中国是光学天文望远镜技术专利产出最多的国家（2872 项）；其次是美国（1541 项）、日本（1360 项）、德国（498项）和俄罗斯（491 项）（图 11-6）。

（2）主要技术来源国/地区年度产出情况

对最早优先权排名前 10 位的国家/地区年度产出专利数量进行分析后发现，在 2010～2019 年，中国的年度专利产出数量呈现高速增长趋势，美国总体保持平稳趋势，日本呈现递减趋势（表 11-8、图 11-7）。

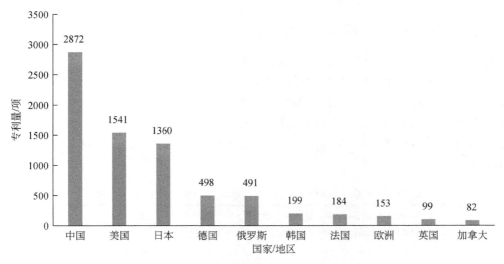

图 11-6 光学天文望远镜技术来源国/地区情况

表 11-8 主要技术来源国/地区年度产出情况 （单位：项）

国家	2010 年	2011 年	2012 年	2013 年	2014 年	2015 年	2016 年	2017 年	2018 年	2019 年	2020 年
中国	67	90	103	168	325	309	192	349	501	501	124
美国	82	86	80	107	92	71	74	106	84	57	19
日本	68	54	55	63	61	28	41	36	54	16	6
德国	14	18	26	32	26	14	9	19	13	8	2
俄罗斯	8	19	13	14	17	13	9	17	12	12	0
韩国	26	21	16	26	19	13	16	20	20	9	8
法国	9	10	8	15	9	4	6	9	5	0	4
欧洲	8	5	2	12	10	8	13	14	15	10	4
英国	2	0	3	3	4	1	1	1	4	2	0
加拿大	15	10	7	17	11	12	8	18	2	7	8

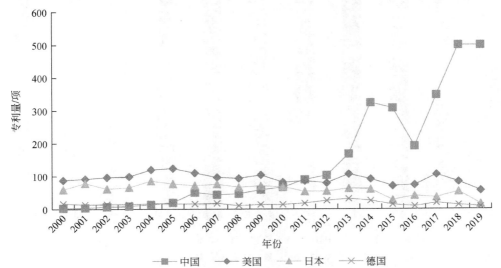

图 11-7 中国、美国、日本、德国四国年度专利趋势

（3）主要技术来源国/地区重点技术情况

重要国家/地区的专利技术构成如下表 11-9，可以分析出中国在光学天文望远镜技术领域研究主要集中在望远镜光学成像系统（P81-A50A）、光导纤维技术（V07-F01A1）和望远镜瞄准系统（Q79-T01H），美国主要集中在光学透镜反射器与折射器技术（V07-F02A）、导航与测量技术（S02-B09）、光栅滤光片与偏振器技术（V07-F02B），日本集中在光学透镜反射器与折射器技术（V07-F02A）、光学摄影仪器（A12-L02A）、静态成像电子相机（W04-M01B1）。

表 11-9　光学天文望远镜技术专利最早优先权国家/地区重点技术

序号	国家/地区	记录数量/项	时间区间/年	近三年占比	重点技术主题
1	中国	2872	1990～2020	39%	P81-A50A [619]；V07-F01A1 [520]；Q79-T01H [486]
2	美国	1541	1966～2020	8%	V07-F02A [192]；S02-B09 [132]；V07-F02B [98]
3	日本	1360	1977～2020	5%	V07-F02A [203]；A12-L02A [139]；W04-M01B1 [124]
4	德国	498	1967～2020	4%	S02-B09 [50]；W07-B01 [43]；V07-F02A [40]
5	俄罗斯	491	1968～2019	5%	S02-B09 [26]；V07-F02A [22]；V07-K05 [20]
6	韩国	199	1991～2020	15%	V07-F02A [28]；A12-L02A [24]；W07-B01 [22]
7	法国	184	1966～2020	5%	V07-F02A [23]；P81-A50A [21]；P81-A03 [21]
8	欧洲	153	1978～2020	18%	V07-F02A [26]；V07-K05 [14]；S02-B09 [12]；A12-L02A [12]
9	英国	99	1966～2019	6%	V07-F02B [8]；W07-B01 [5]；Q79-T01H [5]
10	加拿大	82	1973～2020	18%	V07-F02A [12]；P81-A50A [11]；P81-A03 [10]

图 11-8 为专利优先权国家重点技术分布，可以看出中国在望远镜光学成像系统（P81-A50A）领域的专利技术占比较高，而美国、日本、德国、俄罗斯在光导纤维技术（V07-F01A1）、导航与测量技术（S02-B09）、光栅滤光片与偏振器技术（V07-F02B）领域占比较高。

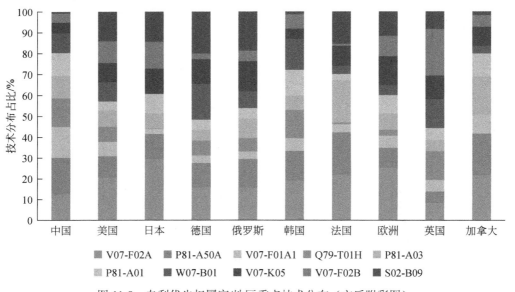

图 11-8　专利优先权国家/地区重点技术分布（文后附彩图）

11.5.4　专利申请技术构成

（1）主题聚类分析

为了方便直观形象地了解光学天文望远镜技术的研究点，对该技术专利相关关键词绘制专利技术主题聚类图，从而更深入地探索专利技术的发明内容与创新性。在专利地图中，内容相近的专利在图中的距离更为相近，图中不同山峰区域表示某一特定技术主题中聚集的相应的专利群，可以从一定程度上反映技术热点。在光学天文望远镜技术领域的主题主要聚集在成像平面焦点、波前传感器、镜面支撑结构、电池动力系统、望远镜瞄准系统、红外传感模块等（图11-9）。

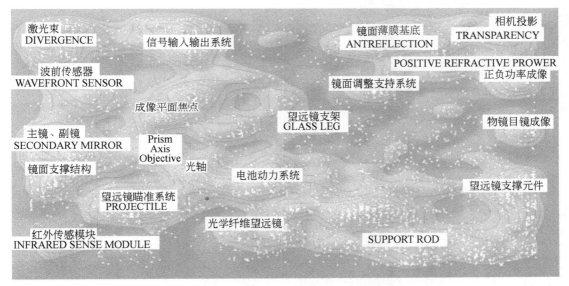

图11-9　光学天文望远镜技术专利地图

（2）技术时间走势

光学天文望远镜的专利技术主要集中在光学透镜反射器与折射器技术（V07-F02A）、望远镜光学成像系统（P81-A50A）、光导纤维技术（V07-F01A1）、望远镜瞄准系统（Q79-T01H）和光学镜面（P81-A03）（图11-10）。图11-11为光学天文望远镜排名前20位技术专利在近20年（1999年至2020年）的走势情况，其中P81-A50A技术的专利量在近3年快速增长。

11.5.5　专利申请人分析

（1）主要专利申请人情况

主要申请人分析主要是分析光学天文望远镜技术领域专利申请人的专利产出数量，从而遴选出主要申请人，作为后续多维组合分析、评价的基础，通过对清洗后的专利家族的专利申请人分析，可以了解在光学天文望远镜技术领域的主要研发机构。按照专利家族数量进行统计分析，得出该领域排名前 20 位的机构如图 11-12 所示，日本企业在光学天文望远镜领域的专利数量较多，我国中国科学院长春光学精密机械与物理研究所、中国科学院光电研究院、中国科学院上海技术物理研究所等科研机构拥有较多的专利。

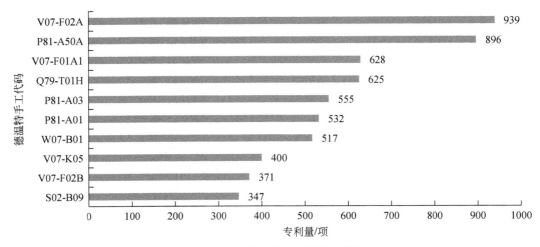

图 11-10 光学天文望远镜技术分布

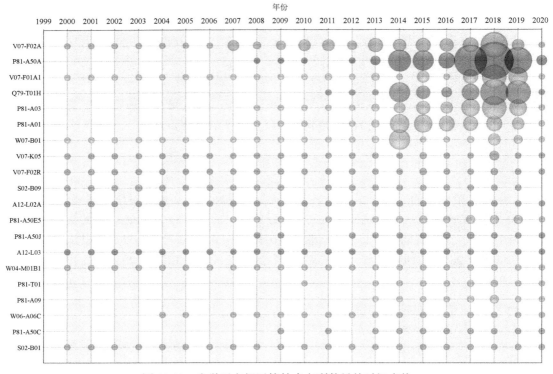

图 11-11 光学天文望远镜技术专利数量的时间走势

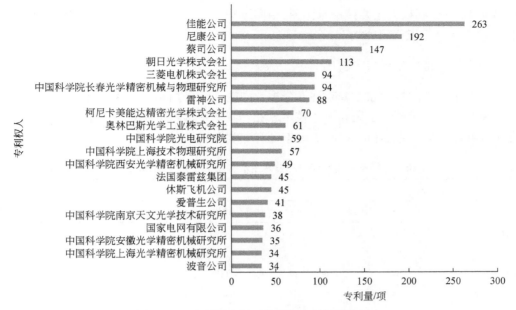

图 11-12　光学天文望远镜技术主要专利申请人

（2）主要专利权人技术对比

主要申请人技术对比分析是对主要申请人投资技术领域进行对比分析，透析各申请人的技术布局，从而分析各申请人的技术发展策略。图 11-13 显示了光学天文望远镜技术领

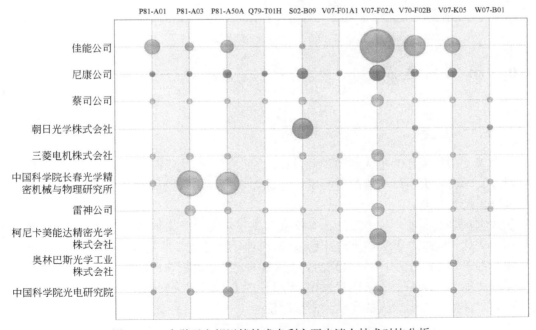

图 11-13　光学天文望远镜技术专利主要申请人技术对比分析

域排名前 10 位专利权人主要技术对比图。由图可知,专利权人的专利主要集中在 V07-F02A 与 P81-A03 两个手工代码分类下。

（3）主要申请人市场布局情况

对主要申请人的专利家族分布进行分析,如表 11-10 所示,结果发现,日本的佳能公司和尼康公司均在美国、中国布局了较多专利。我国中国科学院长春光学精密机械与物理研究所专利布局集中在国内,在欧美国家没有专利布局。

表 11-10　光学天文望远镜专利技术主要申请人市场布局情况　　（单位：项）

专利权人	专利量	专利市场布局									
		中国	美国	日本	欧洲	德国	韩国	法国	澳大利亚	加拿大	英国
佳能公司	263	25	93	240	18	10	7	1	0	0	0
尼康公司	192	19	46	177	17	6	2	0	1	0	1
蔡司公司	147	4	66	8	49	110	1	4	2	3	9
朝日光学株式会社	113	15	71	104	0	48	11	7	0	0	16
三菱电机株式会社	94	11	21	83	14	5	10	1	0	0	0
中国科学院长春光学精密机械与物理研究所	94	84	0	0	0	0	0	0	0	0	0
雷神公司	88	3	80	19	51	15	4	0	6	12	0
柯尼卡美能达精密光学株式会社	70	7	11	61	4	0	3	0	0	0	0
奥林巴斯光学工业株式会社	61	9	24	57	3	4	0	0	0	0	0

11.6　总结与建议

11.6.1　总结

光学天文望远镜作为重大科研基础设施,为天文学的发展提供了重要的观测手段,推动着对天文学科重大科学问题的新发现。经过 400 多年的发展,光学天文望远镜依然保持蓬勃发展,历久弥新。

从国家规划层面看,西方发达国家都高度重视对光学天文望远镜的规划部署。美国正在规划下一代 US-ELT 极大望远镜计划,将整合原计划在北半球夏威夷部署的 TMT 和在南半球智利部署的 GMT 两个 25～40 米级地基光学天文望远镜项目,形成覆盖南北半球的光学天文观测能力。欧盟目前正在建设 39 米口径的 E-ELT 项目,2024 年建成投入使用,建造完成后将成为世界上最大的光学天文望远镜。

从论文产出层面看,美国、英国、德国、法国和意大利保持较高的论文产出,其中美国发文量占全部论文的二分之一以上。发文量排名前 5 位的加州理工学院、NASA、空间望远镜科学研究所、哈佛-史密松森天体物理中心和亚利桑那大学均是美国科研机构。光学天文研究论文高频关键词分布在光学天文望远镜的观测技术、方法方面的研究，其中涉及光谱学、光度法、观测方法、天体测量等。高被引论文主要集中在光学天文望远镜观测方面，如数字巡天、空间观测、星系演化、哈勃常数、引力波相关光学探测、恒星光谱等。从论文影响力的提升来看，国际合作是提升光学红外天文研究质量和影响力的重要手段。各国国际合作发表论文的篇均被引要远高于非国际合作论文。

从专利产出层面看，光学天文望远镜技术的专利家族数量自1990年以来整体呈现上升趋势，并在近5年快速增长。中国在光学天文技术领域的专利主要集中在望远镜光学成像系统、光导纤维技术和望远镜瞄准系统，美国主要集中在光学透镜反射器与折射器技术、导航与测量技术、光栅滤光片与偏振器技术，日本集中在光学透镜反射器与折射器技术、光学摄影仪器、静态成像电子相机。日本企业在光学天文望远镜领域的专利申请数量最多，其中佳能公司和尼康公司均在美国、中国布局了较多专利，我国中国科学院长春光学精密机械与物理研究所专利产出较多，布局主要集中在国内。

11.6.2 建议

（1）25～40米级光学天文望远镜是当前该领域的重要发展趋势，将主导未来几十年光学天文发展，我国缺乏世界顶尖的光学天文望远镜设施，应积极参与国际合作，如TMT国际合作项目等，利用国外的光学天文观测设施开展科学研究。

（2）LAMOST作为我国当前最先进的光学天文望远镜，在银河系光谱巡天领域取得了一系列重要科研成果，具备产出重大原创科学发现的条件，应继续加大经费支持力度，并给予稳定支持。

（3）12米光学红外望远镜是我国"十三五"规划优先布局的10个重大科技基础设施建设项目之一，虽因设计方案分歧等原因搁浅，但应继续推动该项目的落地，弥补我国在该领域的空白。

（4）数据驱动成为科学发现的新范式，光学天文望远镜产生海量的科学数据，中国应注意科学大数据处理的软件算法工具和与高性能计算相关的硬件设备开发。

致谢 中国科学院国家天文台赵永恒研究员和苟利军研究员对本章内容提出了宝贵的意见与建议，谨致谢忱！

参 考 文 献

郝钟雄. 2007. 天文望远镜现状及发展趋势. 现代科学仪器, 5: 30-34.
薛艳杰, 薛随建, 朱明, 等. 2014. 天文望远镜技术发展现状及对我国未来发展的思考. 中国科学院院刊, 3: 368-375.
严俊. 2011. 天文与天体物理研究现状及未来发展的战略思考. 中国科学院院刊, 26（5）: 487-495.
中国科学院国家天文台. 2021. 载人空间站工程巡天空间望远镜科学工作联合中心暨中国科学院国家天文台科学中心博士后招聘启事. http://www.nao.cas.cn/xwzx/rczp/202101/t20210128_5878677.html［2021-04-23］.

AAS. 2015. The decadal plan for Australian astronomy 2016-2025. http://www.astronomyaustralia.org.au/uploads /4/8/2/5/48250739/astronomy-decadal-plan-2016-25.pdf［2021-04-23］.

ASTRONET. 2008. The ASTRONET Infrastructure Roadmap：A Strategic Plan for European Astronomy. https://www.astronet-eu.org/sites/default/files/astronet-book_light_0.pdf［2022-10-24］.

ESO. 2017. The VLTI roadmap for the next decade. https://www.eso.org/sci/libraries/SPIE2018/10701-23.pdf ［2021-04-23］.

ESRFI. 2018. Roadmap 2018：Strategy report on research infrastructures. http://roadmap2018.esfri.eu/media/ 1060/esfri-roadmap-2018.pdf［2021-04-23］.

Exoplanet. 2021. Catalog. http://exoplanet.eu/catalog/［2021-04-20］.

GMTO. 2021. What is GMT. http://www.gmto.org/overview/［2021-04-23］.

INAF. 2014. The Strategic Vision for Astronomy in Italy 2014-2023. http://adlibitum.oats.inaf.it/ma1/2011_2015/ Vision.pdf［2021-04-23］.

Keck Observatory. 2021. Mission，Vision，& Values. https://keckobservatory.org/about/mission-vision-values/ ［2021-04-23］.

LSST. 2017. Large Synoptic Survey Telescope Galaxies Science Roadmap. https://arxiv.org/abs/1708.01617 ［2021-04-23］.

NAOJ. 2021. About the Subaru Telescope. http://subarutelescope. org/Introduction/overview. html［2021-04-23］.

NAP. 2010. New Worlds，New Horizons in Astronomy and Astrophysics. https://www.nap.edu/catalog/12951/ new-worlds-new-horizons-in-astronomy-and-astrophysics［2021-04-23］.

NAP. 2016. New Worlds，New Horizons：A Midterm Assessment. http://www.nap.edu/catalog/23560/new-worlds- new-horizons-a-midterm-assessment［2021-04-23］.

NASA. 2013. Enduring Quests Daring Vision：NASA Astrophysics in the Next three Decades. https://www.nap. edu/catalog/12951/new-worlds-new-horizons-in-astronomy-and-astrophysics［2021-04-23］.

NOAO. 2019. Astro2020 Decadal Survey Project（APC）White Papers. https://noirlab.edu/science/programs/ us-eltp［2021-04-23］.

12 百亿亿次计算技术国际发展态势分析

张 娟 王立娜 唐 川

（中国科学院成都文献情报中心）

摘 要 超级计算是现代科学研究、社会服务、经济活动、国家安全不可或缺的战略工具，许多国家/组织都极为重视超级计算能力的建设与发展。尤其随着新一轮产业革命的到来，数据量的指数级增长，以及摩尔定律的难以维系，下一代百亿亿次与后百亿亿次超级计算系统作为全球超级计算发展历程中的关键量级节点，成为全球众所瞩目的焦点。以美国、欧盟、中国、日本为代表的众多国家/组织纷纷出台顶层规划，确立了百亿亿次计算技术发展的路线，期望能抢占百亿亿次超级计算机首发权的同时，实现关键核心技术自主。尚未定型的发展格局也为新兴国家突破外国技术封锁、抢占未来产业制高点创造了难得的机遇。

为把握百亿亿次计算技术研究的国际发展态势，本章定性调研了美国、欧盟、中国、日本这四个国家/组织的百亿亿次计算技术战略规划与项目布局，百亿亿次计算技术的研发现状、趋势与面临的挑战，超级计算目前在科学工程领域的应用态势，以及前沿科学研究对百亿亿次计算的需求，并通过文献计量定量分析了百亿亿次计算技术的主要参与者、重点研发领域和研究热点。最后，结合对百亿亿次计算技术国际发展态势的分析与我国的发展情况，建议我国找准突破口，通过长期可持续的项目支持和资金资助，加速百亿亿次计算核心技术攻关；同时，打造全局性百亿亿次计算生态系统，通过需求侧应用驱动技术创新与突破；此外，还应加强高性能计算人才培养，制定灵活的人才分类评估和管理机制。

关键词 百亿亿次计算 战略规划 发展趋势 研发重点 领域应用

12.1 引言

超级计算是现代科学研究、社会服务、经济活动不可或缺的战略工具，在天气预报、灾害监测、交通管理、国防安全、材料科学、天文学等诸多领域都大有用武之地，尤其在预测与抗击新冠肺炎疫情中，各国超算都倾尽全力。因此，许多国家/组织都极为重视超级计算能力的建设与发展。尤其随着以大数据、人工智能（AI）、物联网、移动互联网、云计算为代表的新一轮产业革命的到来，数据量呈爆炸式增长，摩尔定律也越来越难以维系，下一代百亿亿次与后百亿亿次超级计算系统的研发成为全球瞩目的焦点。百亿亿次计算是全球超算发展历程中的关键量级节点，不仅代表计算技术和信息技术的最新前沿，更是半导体技术、芯片制造工艺、大数据技术、应用软件等众多关键信息通信技术领域最高水平的集中体现，也因此成为主要科技强国/组织竞相争夺的未来产业制高点。

科技强国早已针对百亿亿次计算进行了战略规划和项目部署，并不断增加人力和物力的投入。目前，全球百亿亿次超级计算机的研发已呈现美国、欧盟、日本和中国四方角力的局面。美国早于 2015 年 7 月就启动了覆盖整个美国政府的国家战略性计算计划（National Strategic Computing Initiative，NSCI），并于 2016 年 7 月发布《国家战略性计算计划战略规划》，确定了包括百亿亿次计算在内的高性能计算（High Performance Computing，HPC）研发的指导原则与具体目标。美国能源部（Department of Energy，DOE）随后有针对性地推出了百亿亿次计算项目（Exascale Computing Project，ECP），旨在解决对未来百亿亿次系统的有效开发和部署至关重要的硬件、软件、平台和人才发展的需求。2019 年 11 月和 2020 年 11 月，美国分别发布《国家战略性计算计划（更新版）：引领未来计算》和《引领未来先进计算生态系统：战略计划》报告，致力于打造未来先进计算生态系统，确保美国领先地位。DOE 也于 2019 年公布了全部三台百亿亿次超级计算机研发计划。欧盟于 2017 年成立欧洲高性能计算联合执行体，拟筹集 10 亿欧元，打造一个集成的百亿亿次超级计算基础设施。2018 年，欧盟宣布将投入 10 亿欧元研制两套百亿亿次超级计算机系统，并配套启动了欧洲处理器计划，致力于为欧盟的百亿亿次超算系统开发低功耗处理器。2020 年 12 月，欧盟宣布拟在 2021～2027 年通过“数字欧洲”计划为超级计算研究拨付 22 亿欧元的资助，重点是在 2022～2023 年创建世界级百亿亿次超级计算机，以及在 2026～2027 年置办后百亿亿次计算设施。日本于 2013 年底斥资超过 10 亿美元推出了百亿亿次超算研发计划。2019 年 5 月，主导该计划的日本理化学研究所将新一代百亿亿次超级计算机命名为“富岳”。2020 年 6 月，采用 ARM 芯片架构、尚非完整版的“富岳”登顶排名前 500 位排行榜，并同时荣获运算速度、模拟计算方法、人工智能学习性能、大数据处理性能四项第一。“富岳”还被用于帮助科研人员应对新冠肺炎疫情。中国也于 2016 年启动国家重点研发计划“高性能计算”重点专项，加大力度研制适应应用需求的百亿亿次计算系统，目前，三台百亿亿次原型机均完成交付。

目前，中国的超级计算已经有了长足进步并具备了一定优势，但是，核心处理器、高端芯片、系统软件和应用软件都严重受制于人，再叠加全球新冠肺炎疫情对供应链的冲击和中美高科技之争的影响，中国的百亿亿次超算研发依然任重而道远。然而，危机也意味着良机，何况全球百亿亿次计算研发尚处于发展初期，虽然各国竞争激烈，但目前尚无真正的百亿亿次超级计算机问世，技术标准尚未定型，这有利于我国抓住机遇、瞄准关键节点和突破口布局，逐步实现关键技术自主并抢占未来产业制高点。

12.2　各国/组织百亿亿次计算研发战略与规划

12.2.1　美国

12.2.1.1　美国国家战略性计算计划及战略规划

（1）美国国家战略性计算计划

2015 年 7 月 29 日，时任美国总统的奥巴马签发行政令，正式启动美国国家战略性计算计划（NSCI），旨在使 HPC 的研发与部署最大限度地造福于经济竞争与科学发现（Whitehouse，2015）。

行政令指出，过去六十年来，持续进行的新型计算系统研发和部署使美国的计算能力一直领先于世界。为了在未来数十年维持与扩大这种优势，使 HPC 利益最大化，满足日益增长的计算能力需求、应对新兴计算挑战与机遇、赢得与他国的竞争，需要国家层面做出卓有成效的响应，针对 HPC 的研发与部署创建一个协调性联邦战略。因此，该行政令启动了覆盖整个美国政府的 NSCI，将制定统一的、多部门参与的战略愿景和联邦投资战略，并与产业界和学术界通力合作，实现 HPC 利益最大化。

NSCI 确定了 HPC 研发的指导原则与战略目标，界定了各部门与机构的角色与职责，并设立了协调机构。

1）指导原则

NSCI 旨在维持并提升美国在 HPC 的研发与部署方面的科技与经济领导力，需遵循以下 4 项指导原则。①必须广泛部署和应用新兴 HPC 技术，以在经济竞争和科学发现方面保持领先。②必须推动公私合作，借助政府、产业界和学术界各自的优势，使 HPC 利益最大化。③必须采取整体政府方案，发挥所有行政部门的力量并促进它们之间的合作。④必须制定一项综合性技术与科学方案，将针对硬件、系统软件、开发工具、应用程序的 HPC 研究有效融入系统开发中，并最终实现系统运行。

2）战略目标

参与 NSCI 的各行政部门与机构需致力达成以下 5 项战略目标。①加快可实际使用的百亿亿次计算系统的交付。②加强建模与仿真技术与数据分析计算技术的融合。③未来 15 年，为未来的 HPC 系统甚至后摩尔时代的计算系统研发开辟一条可行的途径。④实施整体方案，综合考虑联网技术、工作流、向下扩展、基础算法与软件、可访问性、劳动力发展等诸多因素的影响，提升可持续国家 HPC 生态系统的能力。⑤创建可持续公私合作关系，确保 HPC 研发的利益最大化，并实现美国政府、产业界、学术界间的利益共享。

3）各部门与机构的角色和职责

为了实现上述 5 项战略目标，行政令确立了相关的领导机构、基础研发机构和部署机构（表 12-1）。DOE、国家科学基金会（National Science Foundation，NSF）、国防部（Department of Defense，DOD）作为领导机构，负责开发和交付下一代集成式 HPC 能力，并参与针对软硬件开发的支持，以及针对 NSCI 各项目标的人力资源开发。情报高级研究计划局（Intelligence Advanced Research Projects Activity，IARPA）、国家标准与技术研究院（National Institute of Standards and Technology，NIST）作为基础研发机构，负责基础科学发现工作与相关的工程研发，并与部署机构开展协作，实现研发成果的有效转化，为 NSCI 各项目标的实现提供必要支持。部署机构包括国家航空航天局（National Aeronautics and Space Administration，NASA）、联邦调查局（Federal Bureau of Investigation，FBI）、国立卫生研究院（National Institutes of Health，NIH）、国土安全部（Department of Homeland Security，DHS）与国家海洋和大气管理局（National Oceanic and Atmospheric Administration，NOAA）5 家机构，负责制定基于任务的 HPC 需求，为新型 HPC 系统的设计提供参考，同时负责就目标需求向私营部门和学术界征求建议。根据任务需要，这些机构可以将其他政府组织纳入到任务中。

表 12-1 各部门与机构在 NSCI 中的角色和职责

机构角色		机构具体职责
领导机构	DOE	开展一项利用百亿亿次计算实现先进仿真的项目，重点实现相关应用的可持续性，以及支撑任务实现的分析性计算
	NSF	在推动科学发现进展、打造 HPC 生态系统、人力资源开发等方面发挥核心作用
	DOD	重点研发数据分析型计算
基础研发机构	IARPA	重点研发面向未来的计算范式，实现标准半导体计算技术的替代方案
	NIST	重点推动测量科学发展，为未来计算技术提供支持
部署机构	NASA FBI NIH DHS NOAA	参与新型高性能计算系统、软件和应用的早期设计及协同设计过程，将与自身任务相关的具体需求反映到设计中，并参与相关测试、人力资源开发等工作，确保相关成果在其任务中得到有效部署

4）执行理事会

NSCI 还设立了一个执行理事会，由科学技术政策办公室（Office of Science and Technology Policy，OSTP）主任和管理与预算办公室（Office of Management and Budget，OMB）主任担任联合主席，以协调 NSCI 开展的研发和部署活动并确保问责制的实施。OSTP 主任负责在行政部门内指定执行理事会成员。执行理事会与国家科学技术理事会（National Science and Technology Council）及其下属实体进行协调与合作以确保整个联邦政府的 HPC 行动与 NSCI 计划相一致，还要与其他机构的代表进行必要的商议，并可在需要的时候建立另外的工作小组来确保问责制的实施和相关工作的协调。

执行理事会定期举行会议，评估行政令实施的进度。若执行理事会在例会中无法达成共识，则联合主席将负责记录相关问题并通过 OSTP 和 OMB 牵头的流程提供可能的解决方案。

执行理事会鼓励政府机构与私营部门适当开展合作。其可通过总统科技事务助理向总统科学技术顾问委员会寻求建议，还可根据联邦顾问委员会法案的规定与其他私营部门开展互动。

（2）美国国家战略性计算计划战略规划

2016 年 7 月，NSCI 执行理事会发布《国家战略性计算计划战略规划》（Whitehouse，2016），在维持 NSCI 既定战略发展目标和从政府机构角度出发的基础上，进一步明确了各机构在每一项发展目标中的具体责任（表 12-2）。

表 12-2　各政府机构在达成 5 项战略发展目标中的具体责任

目标 1：加快可实际使用的百亿亿次计算系统的交付

机构	具体责任
DOE	• 与其他参与机构合作，确定一系列面向政府目标的应用并制定相应的定量绩效评估方法 • 与产业界合作，开发方案以应对技术挑战，支持各机构实现百亿亿次计算 • 部署下一代 HPC 系统并探索其面临的技术挑战，分析并解决 DOE 与 NASA 的急迫问题 • 领导下一代 HPC 计算方法、算法、系统软件研发，针对 DOE 目标开发可持续应用 • 与 DOD 协调，确保针对 HPC 的未来技术能被适当地纳入百亿亿次系统
DOD	• 合作设计先进架构并开发硬件，引领对计算方法、算法、系统软件和可持续应用的探索
NSF	• 确定与 NSCI 相关的科学与工程前沿，总结 NSCI 计划激发的科学发现进展 • 推进计算与数据应用，促进科学与工程及相关的软件技术 • 推进应用与系统软件技术基础研究，提升编程能力和再利用性，确保高扩展性和准确性
IARPA	• 通过 IARPA 在超导、机器学习、后摩尔定律方面的研究工作，支持百亿亿次计算，努力实现计算系统性能增强 100 倍的目标
NIST	• 打造关键使能平台，推动新颖设备架构和计算平台的开发与测试 • 针对未来计算技术的物理与材料特征，推进测量科学发展 • 充分利用物理学、材料设计和测量工具等，解决 HPC 平台潜在的逻辑、存储与系统问题 • 针对下一代计算系统和网络的鲁棒性与安全性制定方法、标准和指南 • 创建并评估量化技术，评估下一代计算系统结果的可靠性与不确定性
NASA	• 协同设计百亿亿次计算系统

目标 2：加强建模与仿真技术与数据分析计算技术的融合

机构	具体责任
DOD	• 促进先进高性能数据分析能力的设计与开发，支持软件和数据科学的生态系统，加强建模与仿真技术与数据分析计算技术的融合
NSF	• 打造具备高度互操作性、协作性和数据密集的 HPC 生态系统，促进学术团体参与 • 推进科学与工程前沿中的计算与数据应用、软件技术等
NASA	• 促进模拟与数据分析计算的协同，支持 NASA 在其研究和任务中应用大数据与大计算
NIH	• 引领计算方法、算法和可持续软件应用的开发，充分利用 NSCI 技术并推进生物医学研究
NOAA	• 进一步利用大数据完成研究、建模及预测任务，为 NOAA 用户提供创新产品

目标 3：未来 15 年，为未来的 HPC 系统甚至后摩尔时代的计算系统研发开辟一条可行的途径

机构	具体责任
NSF	• 探索多样化的科学难题与机遇，把握未来 HPC 机遇 • 促进新颖设备和前沿技术的利用，满足前沿科学需求 • 与其他机构合作，通过一系列基础研究项目实现 NSCI 目标

目标3：未来15年，为未来的HPC系统甚至后摩尔时代的计算系统研发开辟一条可行的途径	
机构	具体责任
IARPA	·持续引领除标准半导体计算技术外的其他基础研究 ·充分利用量子、神经形态、机器学习等研究，有效部署数字化计算范式难以完成的应用 ·投资后摩尔技术，支持NSCI战略目标
NIST	·打造关键使能平台，推动新颖设备架构和计算平台的开发与测试 ·针对未来计算技术的物理与材料特征，推进测量科学发展 ·充分利用物理学、材料设计和测量工具等，解决HPC平台潜在的逻辑、存储与系统问题 ·针对下一代计算系统和网络的鲁棒性与安全性制定方法、标准和指南 ·创建并评估量化技术，评估下一代计算系统结果的可靠性与不确定性
NASA	·参与后摩尔技术研究，研究量子计算、纳米技术和其他相关技术
目标4：实施整体方案，综合考虑多种因素的影响，提升可持续国家HPC生态系统的能力	
机构	具体责任
DOE	·最大限度地利用百亿亿次计算系统
DOD	·利用NSCI计算环境帮助DOD采购人员解决科学与技术问题，满足任务需求
NSF	·支持广大用户团体的基础HPC培训，以及计算与数据科学家的职业生涯发展 ·提升产业界与学术界的参与度 ·支持广泛部署NSCI技术，提升HPC生态系统的容量与能力 ·引领国内外合作，推动计算科学与工程的变革发展
NASA	·参与跨机构项目，协调优化国家HPC基础设施，在协作计算、大规模数据分析与可视化环境、大规模观测数据设施和健壮的全国网络中引入NASA的经验
NIH	·参与跨机构项目，引领计算方法、算法和可持续软件应用的研发
NOAA	·与DOE、NSF合作以升级HPC系统，持续投资软件工程，提升数值模型的性能和可移植性，更好地完成天气预报、气候研究和海岸研究等
目标5：创建可持续公私合作关系，确保HPC研发的利益最大化，实现美国政产学界利益共享	
机构	具体责任
NSF	·产业创新与合作伙伴部将通过小企业创新研究项目、小企业技术转移项目、企业/高校合作研究中心、创新合作伙伴等推进产业创新和产学合作

（3）国家战略性计算计划的更新

2019年11月14日，OSTP和美国国家科学技术委员会（National Science and Technology Council，NSTC）共同发布了新版NSCI——《国家战略性计算计划（更新版）：引领未来计算》（NITRD，2019），汇总了NSCI迄今的成果，并确立了新的目标：开拓数字世界与非数字世界间的新领域，推进计算基础设施和生态系统的发展，建立并扩大合作伙伴关系。与2015年的计划相比，新版NSCI更加侧重于计算机硬件、软件和整体基础设施，以及开发创新的、实际的应用程序，旨在满足颠覆技术以及新的数据密集型应用的需求，应对计算体系架构和系统更加异构和复杂等一系列挑战，最终支撑美国计算的未来发展。新版NSCI重点从以下3个方面提出了目标和建议。

1）推动未来计算的发展

目标：开拓数字和非数字计算的新领域，以应对21世纪的科技挑战和机遇。

随着摩尔定律难以延续，新技术和新范式的颠覆性创新从系统的各个层次（从硬件设备到系统架构和软件栈）都可能产生，算法和编程模型的复杂性则加剧了上述挑战。就硬件而言，未来的计算系统将是高度多核和异构的单个节点，并将越来越多地探索架构处理器、异构存储器和建模、新的互连技术、专用和节能架构，以及一些非冯·诺依曼计算范式研究。就软件而言，支持未来计算生态系统的软件必须平衡开发、调试、验证效率、可用性、可重复性、可管理性、可扩展性、可持续性及性能等诸多因素。软件必须能够多模式运行且具备高度并行性，能有效管理内存和输入/输出，同时支持工作流的可组合性和执行。新的计算技术需要新的算法、计算模型、数据、编程环境和软件栈。

对美国政府的建议包括以下几个方面。

有效利用包括边缘计算、百亿亿次计算等在内的国家计算生态系统。①通过多样化的软硬件方法实现未来计算，利用创新生态系统引领计算前沿、加强对可用性和生产力的关注、降低研究和应用程序使用的障碍、支持边缘资源和数据与传统计算平台的集成；②提供对新型硬件、软件和系统平台的早期访问，进而识别和支持有潜力的研究方法并减少系统部署时间；③识别并优先开展未来计算所需的软件研究；④鼓励对软件工具、框架和系统的开发、部署和维护；⑤通过联盟或其他形式的合作伙伴关系，鼓励产学界和国家实验室参与协同软件开发。

开发端到端应用程序工作流和集成系统，以应对紧迫的科学、工程和国家安全挑战。①通过与全国各地的利益相关者合作，建立多方充分参与的未来计算社区，以确保新的软硬件开发技术能够及时为应用程序提供支持；②鼓励开发新的解决方案，以利用网络内部和边缘处理能力处理靠近源头的数据，并将之作为端到端应用程序工作流的一部分；③鼓励应用专家、终端用户、研发人员组成多学科团队，开发具备充分安全考虑的新的综合解决方案，应对紧迫的计算挑战并扩大用户基础；④保障技术/体系架构/系统开发人员对系统的及时访问，开展研究并创建未来计算软件生态系统。

探索计算的关键基础科技限制，最大限度地发挥新型计算硬件、软件、体系结构和应用程序新计算范式的作用，并将此类研究转化为可部署的技术。①持续、长期地支持计算基础科技研发，确保美国未来数十年在计算领域的领导地位；②支持将基础研发快速转化为技术实践，应对需要有效集成先进软硬件才能解决的科学挑战；③通过开发和完善科学网关、门户及相关工作流工具，支持应用程序软件的集成和互操作，从而找出解决具有挑战性的科技问题的更有效方法。

利用多样化的研究机会和计算研发系统，实现繁荣发展，确保国家安全，并为国家提供更坚实的科技基础。

2）奠定计算的战略基础

目标：开发、扩展和推进计算基础架构和生态系统。

未来计算的发展需要一个敏捷、稳定、安全、可用、有能力和可持续的计算生态系统，且将新兴的和未来的硬件平台和必要的软件、数据和网络专业知识集成在一起。这涉及下一代硬件和软件基础设施、数据、网络安全、网络基础设施服务、劳动力发展等诸多方面的工作。

对美国政府的建议包括以下几个方面。

提供强大的软硬件基础。①确保对基础设施（如工厂、试验床、实验系统和原型）及相关领域（如材料科学、微波工程和供应链）的投资，使未来计算成为可能；②支持关键的网络基础设施服务，包括发现、分配、供应、用户支持以及对计算生态系统的监测和管理；③优先开发强大的软件生态系统（包括共享且可持续的软件栈、库、框架和服务等）；④减少障碍并扩展高端计算应用领域，改善可用性并提高生产力；⑤鼓励利益相关者开发通用接口，调整解决方案，并为未来计算建立可共享的最佳实践和标准。

优先改善网络安全。①认识并强调网络安全对计算生态系统的重要性，以及使用先进计算增强网络安全的重要性；②鼓励社区成员共同努力以提高网络安全意识，提供评估网络安全的工具，建立有效的最佳实践，并制定网络安全控制基准；③开发近实时方法，以了解和最大限度地减少威胁，并进行网络环境建模；④优先实现网络安全态势感知，以及尽早发现安全挑战，提供技术基础以针对计算打造更灵活的网络防御，增强计算使用的网络安全，使系统更安全、更易用。

支持与计算相关的数据使用和管理。①制定策略，用于管理、访问研究和应用所需的数据集；②支持端到端数据管理，提高科学工作流效率，并保障包括数据在内的研究成果的传播；③开发通用接口、知识网络、工具和服务，用于数据发现、访问、传输和处理以及数据流的及时或实时处理。

未来计算的整体战略方法有赖于能力强且灵活的人才队伍，美国政府应与利益相关者共同努力，打造一支多样化的人才队伍。

3）确保合作和协调的方法

目标：为未来计算建立和扩大合作伙伴关系，以确保美国在科学、技术和创新方面的领导地位。

计算生态系统极其广泛和多样化，跨部门合作有利于提升效率并产生协同效应，使所有利益相关方获益。联邦机构有必要与产学界长期合作，以探索、开发和生产技术。同时，未来计算存在于一个竞争激烈的全球环境中，未来的研发协调工作应确保资源可用并有效用于单个机构，以及促成跨机构合作。

对美国政府的建议包括以下几个方面。

创建并维持合作伙伴关系。①促进联邦机构、学术界和产业界开展广泛而深入的合作，充分发挥投资效益，实现协同增效，并推动下一代技术开发。同时也应考虑与国际伙伴进行交流合作。②开发能探索、开发和部署潜在新技术的多年机制。③鼓励私营部门研发和协调，努力将新方法和新技术整合到机构工作中。

确保有效的协调。①部署未来计算计划的机构间治理结构，包括：组建由成员机构高级管理层组成的执行理事会，根据各个机构的任务确定任务优先级并支持未来的计算目标；成立一个新的国家科技委员会小组委员会，以确保跨机构协调；现有的和特设的工作组或其他实体将设在 NITRD 和 NSTC 内。②跟踪全球在未来计算领域的发展。③将美国未来计算计划与其他主要国家的计划结合起来。

（4）引领未来先进计算生态系统：战略计划

2020 年 11 月 18 日，美国政府发布《引领未来先进计算生态系统：战略计划》报告（NITRD，2020），设想了一个未来的先进计算生态系统，其可以为美国继续维持在科学工程、经济竞争和国家安全方面的领先优势奠定基础。该计划以 2019 年发布的《国家战略性计算计划（更新版）：引领未来计算》的目标和建议为基础，提出了一种以政府、学术界、非营利组织、产业部门共同参与为主的举国方案，明确了四项战略目标和相关机构职责，并确立了关键的运作和协调架构来支持和实施这些目标。

1）战略目标

作为国家战略资产的先进计算生态系统。未来的先进计算生态系统将代表跨越政府、学术界、非营利组织和产业界的国家战略资产，将为美国在科学工程包括未来产业前沿建立领导地位奠定基础。该生态系统将成为神经形态、生物启发、量子、模拟、混合和概率计算等新兴技术的试验场，帮助各机构通过协作评估新的技术理念，并促进这些理念的发展和最终转化为实践。具体而言，需要联合数据、软件、网络和安全等可作为国家战略资产共同使用的各种能力；满足新兴应用工作流的需求；促进国际软硬件供应链中关键先进计算组件的可用性、完整性和安全性；加速获取创新性计算范式、技术和能力；充分利用政府、学术界、非营利组织和产业界之间以及国际同行之间的交叉协同作用。

稳健、可持续的软件和数据生态系统。支持未来先进计算生态系统的软件必须在确保稳健性和正确性的同时，平衡以下属性：开发、调试和验证的效率；可用性、可重复性、可管理性、可延展性和可持续性；安全、隐私和信任；性能和可扩展性。软件必须能够以多种模式和高度并行的方式运行，对内存和输入/输出进行有效管理，同时还能支持工作流的可组合性和执行。新兴计算技术需要新的算法、计算模型、数据、编程环境和软件栈。具体而言，需要确立一个稳健、可持续的软件生态系统；满足新兴软件开发的需求；建立一个稳健的数据生态系统，包括能用于数据实时处理、管理、分析和共享，跨硬件平台和跨地域的数据管理平台；开发、部署、运营和促进可信服务与能力；探索创新的公私合作模式。

基础性、应用性和转化研究。先进计算生态系统的未来发展取决于大胆、紧急和有远见的行动。有三个关键趋势亟须应对：一是摩尔定律的放缓，二是数据和人工智能海啸，三是从集中式先进计算资源（即"超级计算机"）向分布式边缘到云的联合计算和数据资源转变。这需要对从硬件设备到系统架构和软件栈的生态系统各层面，以及使它们相连的抽象和工作流程进行全面和创新性探索。具体而言，需要确保后摩尔时代的硬件领导力；促进软件与软件-硬件研究；解决日益增长的数据带来的挑战与机遇，将数据成功转化为洞见；增强 AI 能力；扩展对试验台、原型和科研基础设施的获取与访问；研发能确保硬件供应链安全的技术。

培养一支多样化、有能力和灵活的劳动力队伍。有效利用先进计算生态系统需要，培养能够开发工具、操作系统和支持广大用户的熟练劳动力。新一代计算专业人员必须能够快速应对随时变化的需求与挑战，帮助利益相关方和终端用户迁移到新的、敏捷的、更有效的环境中。随着技术、平台和应用的发展，开发和维持一支多样化、有能力和灵活的劳动力队伍，这既需要在教育机构内也需要在工作中进行培训。具体而言，需要创建能实现未来先进计算生态系统目标的多样化劳动力队伍；制定培训、技能提升和技能再培训策略；提供必要的激励机制、职业发展道路和回报机制以留住计算专业人才；建立政府、学术界、非营利组织和产业界之间的协同；以奖学金、学术项目、实习等形式，促进相关的以任务为重的在职培训。

2）执行与协调

领导机构。DOE、DOD、NSF 作为领导机构，将在各自的任务范围内，在与未来先进计算生态系统目标相关的领域开展相互支持的研发工作。它们将与部署机构和基础研发机构合作，加快系统部署和集成。它们将发展劳动力，以支持开拓未来先进计算生态系统，以及开发和交付下一代集成先进计算能力等战略计划的目标。

基础研发机构。国防高级研究计划局、国家情报主任办公室（Office of the Director of National Intelligence）/IARPA、NIST 作为基础研发机构，将推动基础科学发现和相关的工程进展，以支持未来先进计算生态系统战略计划的目标。基础研发机构将与产学界协作进行研发，并与产业界和部署机构协作实现研究成果的有效商业化，以支持联邦政府的各种需求。

部署机构。DHS、FBI、NASA、NIH、NOAA 作为部署机构，将开发以任务为导向的先进计算需求，以影响新的先进计算系统、软件和应用设计的早期阶段；并与领导机构和基础研发机构合作，加速部署和集成。它们将整合各自任务的特殊需求，并与产学界合作，通过双边参与和信息请求来开发相应的针对性需求。

12.2.1.2　能源部百亿亿次超级计算机研发

（1）百亿亿次计算项目

针对 NSCI，DOE 随后推出了百亿亿次计算项目（ECP），将此前处于初期的百亿亿次计算行动计划（Exascale Computing Initiative）逐步转变为正式的 DOE 项目（ECP，2020）。ECP 由隶属 DOE 的两家机构——科学办公室（Office of Science，SC）和国家核安全管理局（National Nuclear Security Administration，NNSA）联合推行，遵循 DOE 的正规项目管理流程。DOE 下属的 6 家实验室负责具体领导并管理 ECP，包括：阿贡国家实验室（Argonne National Laboratory，ANL）、劳伦斯伯克利国家实验室（Lawrence Berkeley National Laboratory，LBNL）、劳伦斯利弗莫尔国家实验室（Lawrence Livermore National Laboratory，LLNL）、洛斯阿拉莫斯国家实验室（Los Alamos National Laboratory，LANL）、橡树岭国家实验室（Oak Ridge National Laboratory，ORNL）和桑迪亚国家实验室（Sandia National Laboratories，SNL）。

ECP 旨在解决对未来百亿亿次系统的有效开发和部署至关重要的硬件、软件、平台和人才发展需求，使 ECP 为美国经济竞争力、国家安全和科学发现带来最大程度的利益。ECP 将开发运算性能是当前的千万亿次系统 50 倍至 100 倍甚至更高的超算系统，提供突破性建模与仿真方案以在更短的时间内分析更多数据。

作为十年期项目，ECP 将重点关注以下 4 个领域。①应用开发——使 ECP 的应用套件具备可扩展的性能，能在 ECP 百亿亿次系统上有效执行。②软件技术——改善 DOE 下属 SC 和 NNSA 依赖的软件栈，满足百亿亿次应用需求，使其能有效使用百亿亿次系统。同时开展工具与方法研发，改进生产性能并提升可移植性。③硬件技术——资助超算供应商开展创建百亿亿次系统所需的硬件架构设计研发。④百亿亿次系统——资助测试床和先进系统工程开发，关注采购功能性百亿亿次系统所需的增量式现场准备和系统扩展成本等。

1）"前进道路"项目。2016 年，ECP 推出"前进道路"（PathForward）项目（ECP，2016a），旨在提升百亿亿次计算系统的能源效率、可信度和整体性能，以及开发人员的生产率。该项目致力于解决并行性、内存和存储、可靠性和能耗四个关键挑战，这对 ECP 的协同设计过程至关重要。具体工作将包括：研发新的内存体系结构、更高速互联和可靠性更高的系统、可提高计算能力但又不过高增加能耗的新方法。超威半导体（AMD）、克雷（Cray）、惠普（HPE）、国际商业机器（IBM）、英特尔（Intel）、英伟达（Nvidia）6 家公司将共同承担 PathForward 项目，ECP 为他们共计提供了 2.58 亿美元的资助，同时企业提供的匹配经费至少占据项目总经费的 40%，最终项目总经费至少达到 4.3 亿美元。

2）应用开发资助。2016 年 9 月，ECP 公布总额为 3980 万美元的首轮资助（ECP，2016b），包括 15 项全额资助的应用开发项目和 7 项种子基金项目，涵盖 45 家研究和学术机构，如表 12-3 所示。此轮资助旨在开发侧重于可移植性、可用性和可扩展性的先进建模和模拟解决方案，以应对 DOE 在科学发现、清洁能源、国家安全和精准医疗计划等方面所面临的具体挑战。

表 12-3　ECP 发布首轮资助项目概况

全额资助项目	
项目名称	研究机构
超大规模星空计算	ANL、LANL、LBNL
实现癌症精准医学的百亿亿次深度学习和模拟	ANL、LANL、LLNL、ORNL、NIH/国家癌症研究所（NCI）
面向核物理和高能物理的百亿亿次格点规范理论机遇与需求	费米国立加速器实验室、布鲁克海文国家实验室（BNL）、托马斯·杰斐逊国家加速器实验室、波士顿大学、哥伦比亚大学、犹他大学、印第安纳大学、伊利诺伊大学厄巴纳香槟分校、纽约州立大学石溪分校威廉与玛丽学院
百亿亿次级分子动力学：横跨材料科学中关键问题的准确性、长度和时间尺度	LANL、SNL、田纳西大学
先进离子加速器的百亿亿次级建模	LBNL、LLNL、国家加速器实验室（SLAC）
流动、传输、反应、力学耦合过程的百亿亿次级地下模拟器	LBNL、LLNL、国家能源技术实验室（NETL）
可预测风场流动的百亿亿次级物理建模	国家可再生能源实验室（NREL）、SNL、ORNL、得克萨斯大学奥斯汀分校
QMCPACK：可预测和系统改进的量子力学材料模拟器框架	ORNL、ANL、LLNL、SNL、Stone Ridge 公司、Intel、Nvidia
小型模块化反应堆的蒙特卡洛中子和流体流动耦合模拟	ORNL、ANL、爱达荷国家实验室、麻省理工学院
通过百亿亿次模拟变革添加制造技术	ORNL、LLNL、LANL、NIST
应对百亿亿次时代的化学、材料和生物分子挑战	西北太平洋国家实验室（PNNL）、阿姆斯国家实验室、ANL、BNL、LBNL、ORNL、弗吉尼亚理工大学
磁约束等离子体的高保真度建模	普林斯顿等离子体物理实验室、ANL、ORNL、LLNL、新泽西州立罗格斯大学、加州大学洛杉矶分校、科罗拉多大学
自由电子激光器的百亿亿次级数据分析	SLAC、LANL、LBNL、斯坦福大学
利用百亿亿次模拟变革燃烧科学与技术	SNL、LBNL、NREL、ORNL、康涅狄格大学
地球水循环的云分辨气候建模	SNL、ANL、LANL、LLNL、ORNL、PNNL、加州大学欧文分校、加州州立大学

全额资助项目	
项目名称	研究机构
在化学和材料领域中实现 GAMESS 软件的百亿亿次计算	ANL、ORNL、艾奥瓦州立大学、佐治亚理工学院、欧道明大学、澳大利亚国立大学、EP Analytics 公司、Nvidia 公司
多尺度耦合城市系统	ANL、LBNL、NREL、ORNL、PNNL
恒星爆炸的百亿亿次建模：典型的多物理模拟	LBNL、ANL、ORNL、纽约州立大学石溪分校、芝加哥大学
微生物分析的解决方案	LBNL、LANL、联合基因组研究所
区域内地震灾害和风险评估的高性能、多学科模拟	LBNL、LLNL、加州大学戴维斯分校、加州大学伯克利分校
利用离散元、粒子网格、双流体模型实现多项能量转换设备的性能预测	NETL、LBNL、科罗拉多大学
优化百亿亿次级的随机网格动力学	PNNL、ANL、NREL

（2）三台百亿亿次超级计算机研发计划

2019 年，DOE 公布了全部三台百亿亿次超级计算机研发计划。

1）"极光"。2019 年 3 月，DOE 公布了美国首台百亿亿次超级计算机"极光"（Aurora）的研发计划（DOE，2019a）。该计算机由 Intel 公司和 Cray 公司联合研发，合同价值 5 亿美元，其峰值运算速度可望超过每秒 200 亿亿次。Aurora 除了能进行 ECP 外，还能处理人工智能任务。它将配备 Intel 处理器，Intel 专为人工智能和 ECP 在超高速计算下的融合设计了一系列全新的技术，包括新一代"至强"（Xeon）可扩展处理器、基于最新 Xe 计算架构的图形处理器（Graphics Processing Unit，GPU）、"傲腾"（Optane）数据中心级持久存储技术，以及 Intel One API 软件。其中，Xe 计算架构是 Aurora 最重要的计算核心，采用 10 纳米制造工艺，覆盖包括集成、数据中心和消费产品在内的整个市场。

Cray 公司将提供新一代超算平台"沙斯塔"（Shasta），其由超过 200 个机柜组成，采用了水冷散热系统，支持包括 AMD "霄龙"（EPYC）处理器、AMD Radeon Instinct GPU、Intel Xeon 处理器、Nvidia "特斯拉"（Tesla）加速器等在内的灵活的处理器和加速器方案。Shasta 平台还支持 Cray 的 Slingshot 高性能可扩展互连架构，并在软件栈方面针对 Intel 架构进行了专门的优化。

Aurora 的主要任务之一是增强国防实力，例如，其可用于模拟核爆，在无须核爆试验的情况下研究核武器。此外，由于内置了人工智能技术，它还是进行深度学习和数据分析任务的最强平台，可用于研发新材料、模拟气候变化、分析自然灾害、从事物理研究和开发新能源等重要科研项目。

2）"前沿"。2019 年 5 月，DOE 公布了第二台百亿亿次超级计算机"前沿"（Frontier）的研发计划，合同价值 6 亿美元，由 Cray 公司和 AMD 公司共同承担研发任务（DOE，2019b）。2022 年 6 月，"前沿"以 110 亿亿次的浮点运算速度登顶第 55 期排名前 500 位全球超级计算机排行榜，成为全球首台真正意义上的百亿亿次超级计算机。

Frontier 将基于 Cray 公司新一代超算平台 Shasta 和 Slingshot 互连技术建设，由 100 多个机柜组成，并采用 AMD 公司融合了人工智能技术的 EPYC 处理器和专为百亿亿次计算需求设计的 Radeon Instinct GPU 等技术。每个节点将为每个 GPU 配备一个 Slingshot 互连网络端口，以及 GPU 和网络间的精简通信，以实现百亿亿次计算速度下 HPC 和 AI 工作负载的最佳性能。同时，为向开发人员无缝提供这种性能，Cray 公司和 AMD 公司正在协同设计与开发可针对性能、生产力和可移植性进行优化的增强型 GPU 编程工具，并将其集成入 Shasta 的软件栈中。

Frontier 融合了 Cray 公司和 AMD 公司针对百亿亿次计算时代开发的基础性新技术，提供世界一流的科学建模、人工智能和数据分析能力，并通过三种能力的紧密结合，自动识别数据中隐藏的模式，加速科学发现。目前，由 DOE 推出的 ECP 的研究人员正在"顶点"超算系统上开发百亿亿次科学应用，以将这些科学应用无缝过渡至 Frontier 超级计算机。

3）"酋长岩"。2019 年 8 月，DOE 及其下属的 NNSA 公布了第三台百亿亿次超级计算机"酋长岩"（El Capitan）研发计划，合同价值 6 亿美元，由 Cray 公司和 AMD 公司共同承担研发任务（DOE，2019c）。这也是计划建设的最快的一台百亿亿次超级计算机，其浮点运算速度可达每秒 200 亿亿次，预计将于 2023 年交付并在 LLNL 投入使用。与前两台及其主要用于地震分析、气候建模等公共研究不同，El Capitan 主要用于国家安全方面的研究，如核武器研究。

El Capitan 将采用 AMD 公司的新一代 EPYC 处理器"热那亚"（Genoa）和基于全新计算优化架构、专为优化深度学习性能设计的 Radeon Instinct GPU，以及 AMD Infinity 互连技术和开源 ROCm 异构计算软件，是美国第二台采用全 AMD 处理器和加速器的百亿亿次计算系统。该系统将对 AMD 节点进行优化，以加速人工智能和机器学习工作负载，并将其扩展用于科研、计算技术和分析中（AMD，2020）。此外，El Capitan 同样将基于 Cray 公司的新一代超算平台 Shasta、ClusterStor 存储和 Slingshot 互连技术建设。

12.2.2 欧盟

12.2.2.1 欧洲高性能计算联合执行体规划

（1）欧洲高性能计算联合执行体的职责

2017 年 3 月，德国、葡萄牙、法国、西班牙、意大利、卢森堡、荷兰 7 个国家在罗马共同签署了一份高性能计算合作框架声明（European Commission，2017），旨在采购和部署一个集成的百亿亿次超算基础设施，供欧盟科学团体及公私合作伙伴使用，并联合欧洲数据与网络基础设施来提升欧洲的科学水平和产业竞争力。新建成的百亿亿次超算系统将能够实时处理海量数据，帮助欧盟提高能源和供水效率，改善对飓风、地震和气候变化的预测，助力新药研发和快速诊断。

该合作框架计划被命名为 EuroHPC，负责针对下述方面制定具体措施：一是明确获取上述基础设施的技术与运营需求及所需的金融资源；二是针对上述基础设施建设界定合适的法律与金融工具；三是尽可能在 2019~2020 年实现两台近百亿亿次超算机投入运行，在 2022~2023 年实现两台真正的百亿亿次超算机投入运行；四是开发具备竞争力的高质量技术，通过协同设计予以优化，并至少将该技术集成入两台百亿亿次超算机中的一台；五是开发用于 HPC 和大数据应用的测试床，为科学界、公共部门和产业界提供服务。

2018 年 9 月，欧盟竞争力委员会通过了建立 EuroHPC 联合执行体（EuroHPC JU）的新法规，EuroHPC JU 成为新的合法资助机构，总部设于卢森堡，2018 年 11 月起正式运行，直至 2026 年底。仅 2019 年至 2020 年，EuroHPC JU 的经费预算就达到 11 亿欧元，其中一半由欧盟承担，主要由"地平线 2020"计划和"连接欧洲设施"（Connecting Europe Facility，CEF）计划提供；另一半由参与各国承担。其他参与的私营部门还将额外提供 4.2 亿欧元的资助（European Commission，2018a）。

截至 2021 年 3 月，参与 EuroHPC JU 的国家和组织已达 35 个，其中包括由欧盟委员会代表的欧盟、欧洲高性能计算技术平台（ETP4HPC）、大数据价值协会（Big Data Value Association，BDVA），但英国未参与。

（2）EuroHPC JU 新章程及其核心领域

2020 年 9 月 18 日，为加强欧洲的数字主权，EuroHPC JU 发布新章程（European Commission，2020a），拟投资 80 亿欧元支持以百亿亿次计算和量子计算为主的新一代超级计算技术和系统的研究和创新，并培养必备的基础设施使用技能，为欧洲打造世界级的超算生态系统奠定基础。

根据新章程，EuroHPC 未来的工作将聚焦五大核心领域，分别是基础设施、超算服务的联合、技术、应用、不断拓展的用途与技能。

1）基础设施

该领域的重心将从世界级超算基础设施扩展至量子计算基础设施，未来将关注两者的采购、部署和运行。该领域的主要活动包括以下几个方面。①2021～2024 年：部署 2 台世界顶尖的百亿亿次超级计算机，由 EuroHPC JU 所有；②2022～2024 年：部署中型超级计算机，作为顶级系统的补充，由 EuroHPC JU 和成员国共有；③2021～2025 年：通过在 HPC 基础设施中集成入最先进的量子模拟器/未来量子计算平台，开发部署混合超算基础设施；④2026～2027 年：采购顶尖后百亿亿次超级计算机，由 EuroHPC JU 所有；⑤支持采购和部署工业用安全超算和数据基础设施；⑥通过欧洲所有超算中心的安全互联，确保上述 EuroHPC 基础设施的超连接性，并对欧洲公私部门的用户开放。

表 12-4 展示了 EuroHPC JU 发展百亿亿次计算的计划。

表 12-4　EuroHPC JU 发展和部署百亿亿次超算基础设施路线图

项目	2021～2024 年	2025～2027 年
百亿亿次超算系统	几台准百亿亿次超算系统和 2 台百亿亿次超算系统	1 台及以上百亿亿次及后百亿亿次超算系统

2）超算服务的联合

这是新增的领域，将向公私部门用户提供对全欧联合的安全超算、量子计算、数据资源与服务的云端访问，包括对高性能计算、量子计算和数据资源互联的支持。这些资源将与通用欧洲数据空间以及联合云（federated cloud）基础设施互联，并通过统一平台的开发、采购和运行，提供无缝联合、安全的云端超算、量子计算及数据基础设施服务。该领域的主要活动包括：①将各国及欧洲的 HPC 和数据资源联合成一个通用平台，向广大公私部门用户安全地提供欧洲级 HPC 资源、工具和访问服务，如云端高性能计算、高性能数据分析工具、实时模拟等；②针对产学界、公共部门包括欧洲开放科学云用户的各类应用和计算需求，开发和调试高度灵活配置的超算和数据基础设施；③根据欧洲通用数据空间公益领域的需求，开发专门的 HPC 服务，以解决交通和气候变化等重要的社会问题；④将联合的超算和数据基础设施与云生态系统安全互联，为欧洲广大用户提供互操作性和服务。

3）技术

该领域将继续支持为开发世界一流的创新超算生态系统制定雄心勃勃的研究与创新议程，也将支持软硬件技术研发及其与计算系统的集成，覆盖整个学术和产业价值链。该领域还将支持经典超算系统与神经形态计算、量子计算等其他互补计算技术的互联和操作所需的技术及系统的研发。该领域的主要活动包括：①高能效百亿亿次和后百亿亿次计算架构、技术和系统及其与先进系统的集成；②开发针对先进超算系统的新算法、软件代码和工具；③混合型计算试点。

4）应用

该领域将维持欧洲在科学、产业以及公共领域的关键计算与数据应用的领先水平，包括对高性能计算应用卓越中心的支持。该领域的主要活动包括：①支持在关键领域各阶段开发 HPC 代码、应用和工具，以实现极限计算与数据性能；②为 HPC 应用和服务开发大规模产业试点测试床和平台。

5）不断拓展的用途与技能

该领域将聚焦超算、量子计算及数据使用和技能的培优。其目标是拓展超算资源与数据应用的学术及产业用途，推动业界对超算和数据基础设施的访问与使用，以实现适应行业需求的创新，并为欧洲提供一流的科研团队和技能熟练的劳动力队伍。该领域支持的主要活动包括：①进一步支持国家级 HPC 能力中心的发展与合作；②推动对欧洲当前及未来可用的最创新科学及产业应用中最优 HPC 和数据密集型代码和工具的访问；③部署产业用 HPC 基础设施及相关工具、软件环境、服务平台，推动产业创新；④开展面向中小企业的特别行动，以公正透明的方式帮助他们从计算和模拟服务的使用中获益；⑤支持数字化技能的发展、培训与教育，吸引 HPC 人才，提高欧洲的劳动力技能与工程知识；⑥其他提高认识的活动和宣传活动。

12.2.2.2 欧洲处理器计划

2018 年 12 月,欧盟委员会宣布启动"欧洲处理器计划"（European Processor Initiative，EPI），致力于通过协同设计，为正在开发中的百亿亿次超算系统开发低功耗处理器，并实现其市场化，确保欧洲维持其高端芯片设计的核心能力，同时维护数据安全和主权（European Commission，2018b）。EPI 将主要针对高性能计算通用处理器、加速器和自动驾驶汽车三大市场，设计和开发欧洲首台面向高性能计算和汽车市场的高性能计算系统。EPI 初始阶段为期三年，将持续至 2021 年 11 月。

EPI 的具体目标有两个：一是开发低功耗处理器技术，将其纳入欧洲准百亿亿次计算系统及欧洲百亿亿次计算系统；二是确保该技术的绝大部分属于欧洲，确保该技术的应用领域不仅限于高性能计算，而是涵盖汽车或数据中心等其他领域，从而确保该举措的总体经济的可行性。例如，汽车部门的一个具体目标是开发能够满足自动驾驶汽车性能所需的定制处理器。

EPI 目前仍处于早期阶段，但已经选定了两款处理器的体系架构，即分别基于 ARM 架构和 RISC-V 架构（EPI，2019）。EPI 计划到 2022 年发布代号为"瑞亚"（Rhea）的第一代处理器家族，将采用基于 ARM ZEUS 架构的通用内核和高能效加速器原型，包括基于 RISC-V 的可编程模拟器件、大规模并行处理器阵列（MPPA）、嵌入式现场可编程门阵列（eFPGA）和加密硬件引擎。首个 Rhea 芯片将采用 N6 技术制造，基于台积电 7 纳米工艺生产，支持 4~6 个通道的 DDR5 内存，以实现最高的处理能力和能效。Rhea 芯片将被集成入工作站和超级计算机测试平台，以对硬件单元进行验证并开发必要的软件接口和运行相关应用。第二代处理器家族被命名为"克诺罗斯"（Cronos），计划于 2022~2023 年完成，并用于欧盟的第一套百亿亿次计算系统。目前，EPI 已经完成了首个版本的 RISC-V 加速器架构，命名为 EPAC。在软件层面，也开发出一个支持 RISC-V 向量内在函数和 C/C++ 代码自动并行化的编译器。此外，EPI 正在调试操作系统，以使其能适应 ARM+RISC-V 的异构架构（EPI，2020）。

EPI 是 EuroHPC JU 广泛战略的一部分，将为研制欧洲全自主的百亿亿次超级计算机奠定重要基础，并对欧洲的高性能计算产生深远影响。EPI 汇集了欧洲 10 个国家的 28 家合作伙伴，以及来自高性能计算社区，各大超算中心及计算机系统、汽车和半导体产业等相关领域的众多专家，以及潜在的科学界和产业界用户。EPI 为欧洲 HPC 芯片和加速器的研发制定了路线图，以促进百亿亿次及更高速计算系统及汽车概念验证原型的开发。欧盟将通过"地平线 2020"计划为 EPI 提供约 1.2 亿欧元的支持。

12.2.2.3 欧盟 HPC 公私合作伙伴关系

2013 年 12 月，欧盟针对 HPC 领域与欧洲产业界建立合同性公私合作伙伴关系（contractual Public-Private Partnerships，cPPP），并获得"地平线 2020"计划 7 亿欧元的资助（European Commission，2013）。HPC cPPP 将携手技术供应商和用户来开发下一代百亿亿次超级计算机的技术、应用和系统。它的预期成果是，制定对产业竞争力、可持续发展、社会和经济效益具有显著影响的研究与创新战略，促进涵盖整个产业链的 HPC 生态系统，通过提供 HPC 资源和技术使用的便利条件来扩大用户群。

2016 年 5 月，欧盟发布"地平线 2020"计划 HPC 领域招标公告（European Commission，2016a），旨在创建下一代极限性能计算，并利用从千万亿次向百亿亿次计算过渡中新出现的机遇。此次招标涉及以下 3 个主题。

（1）HPC 系统及应用的协同设计

该主题经费预算为 4100 万欧元。研究内容包括：开发大型应用程序广泛适用的极限规模、高能效和高弹性 HPC 系统架构；研究极端数据处理要求，阐释和验证针对特定应用程序的能效改善情况；解决极端规模 HPC 系统的可靠性、运行时错误和操作稳定性问题；研究所有可能影响系统设计的应用程序相关问题（应用程序接口、应用程序和底层中间件接口、操作系统等）。

（2）迈向百亿亿次计算

该主题经费预算为 4000 万欧元。研究内容包括以下几个方面。

1）面向百亿亿次计算的高产出编程环境：简化大型和极端规模系统下的应用软件开发，重点研究数据传输管理、数据本地化、内存管理、对异构可重构系统的支持度、应用程序间动态负载平衡和延展性、对处理器数量变化的适应性等问题，开发能在不同系统下支持 HPC、内嵌及极端数据量的统一性能工具，实现应用程序接口、运行时系统和底层函式库的自动调谐以保证性能和能效最佳，达到对调试和异常检测的自动支持，开发用于通用稳定编程模型和运行时的领域专用语言框架，实现编程模型、应用程序接口和运行时的互操作性和标准化以及编程模型的可组构性。

2）面向百亿亿次计算的系统软件和管理：针对复杂节点结构改进的系统软件和管理，优化全部资源（内核、带宽、逻辑及物理内存和存储）和控件的运行管理，针对应用程序形成新的多标准资源分配能力和互动性，以提高弹性、互动性和电源效率。针对庞大数据量探索动态分析方法，以提高反应度、计算效率和可用性，形成具有新实时特征的图形仿真交互，保证软件执行环境的可组合性。

3）面向百亿亿次计算的 I/O 及多层数据存储：建立具有多层数据存储技术的百亿亿次级 I/O 系统，实现共享数据进程及应用程序的细粒度数据访问优先排列以及应用到文件/对象创建/删除的优先排列，在运行时层融合数据复制和 HPC 相关的数据分布转换以提高性能和弹性，实现编程系统的互操作和标准化的应用程序接口。

4）针对极端数据的超级计算和新型 HPC 使用模式：开发实时及现场数据分析的 HPC 架构，用于处理大规模高速率的实时数据及大容量存储数据。研究大规模数据的交互三维可视化，以使用户探索大型三维信息空间，以及按需执行实时数据分析。研发可交互的超级计算，以完成紧急决策中的复杂工作流。

5）用于极端规模 HPC 系统和极端数据应用程序的数学和算法：实现对不确定性、噪声、多尺度、多物理和极端数据的量化，开发用于极端并行的数学方法、数值分析、算法和软件工程，探索新型算法策略，使极端计算中的数据移动、通信数量和同步实例最小化。改进方法论，突破多核心结构进行大型计算的可用性限制，开发用于 E 级计算的欧洲统一的校核、验证与不确定性量化（VVUQ）技术包。

（3）百亿亿次 HPC 生态系统开发

该主题属于协调支撑计划，项目经费为 400 万欧元，研究内容包括以下 2 个方面。

1）百亿亿次 HPC 协同战略和国际合作：制定相关行动方案以促进学术共同体的建立和同步发展，修订 HPC 战略研究议程，制定应用数学百亿亿次级计算路线图，夯实百亿亿次级计算领域的国际科技合作基础。

2）卓越的百亿亿次计算水平：制定相关行动方案以促进欧洲 HPC 学术研究在未来百亿亿次计算领域的硬件、架构、编程和应用程序等各个层面的卓越发展，更好地组织欧洲 HPC 学术研究，创造 HPC 供应商与用户的密切联系，吸引风险资本，鼓励创业和产业应用。

12.2.2.4 ETP4HPC 与欧盟高性能计算战略研究议程

ETP4HPC 是欧盟为促进 HPC 技术发展设立的以产业界为主导的开放平台，旨在明确欧洲 HPC 技术生态系统的研发优先项，制定并持续更新战略研究议程，代表欧洲产业界同欧盟委员会和其他国家政府展开对话。欧洲 HPC 生态系统（图 12-1）已步入快速发展阶段，其中 ETP4HPC 负责提供技术支持，欧洲先进计算合作计划（PRACE）提供研究基础设施，HPC 应用卓越中心（Centres of Excellence，CoE）提供应用专家意见。ETP4HPC 在欧洲 HPC 生态系统中发挥着"研发新技术、提升社会经济效益、协调机构与项目间合作"等多重关键作用。

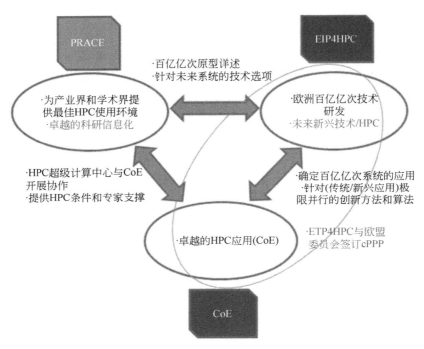

图 12-1 欧洲 HPC 生态系统

2015 年 11 月，ETP4HPC 发布 HPC 战略研究议程（European Commission，2015），旨在提出欧洲百亿亿次计算的路线图。该议程提出 HPC 技术研发四维度和六大研发重点领域，以及新的技术领域和新概念。

（1）HPC 技术研发四维度

图 12-2 展示了 HPC 技术研发四维度，具体包括：①新技术研发，为更广泛的 HPC 市场提供更多具备竞争性和创新性的 HPC 系统；②通过为新技术提供增强的、合适的特性，解决极限规模需求；③开发新的 HPC 应用，包括复杂系统（如电网）控制、云模型、大数据等；④通过 HPC 技能培训和服务支撑，提升 HPC 解决方案的可用性。

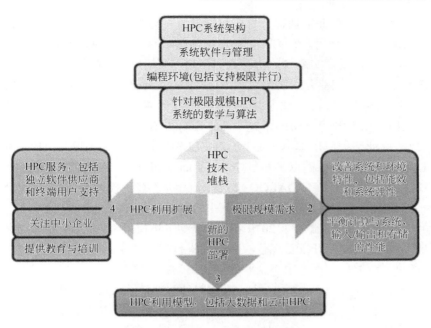

图 12-2　HPC 技术研发四维度

（2）HPC 研发重点领域

该议程保留了原有的六大重点领域：HPC 系统架构和组件；节能和弹性；编程环境；系统软件和管理；大数据和 HPC 利用模型；输入/输出与存储性能。

此外，议程提出了新的技术领域和新的概念。新的技术领域是指针对极限 HPC 系统的数学与算法，其对于确保未来架构和技术的有效利用以及算法到系统层面的可扩展性而言十分重要。新的概念是指极限规模演示器，旨在把分散的研发成果整合为 HPC 系统原型，验证新开发技术的可用性和可扩展性，提升"地平线 2020"计划中 HPC 项目的效用。

12.2.2.5　欧盟的百亿亿次计算研发及相关能力建设

（1）百亿亿次计算研发资助

2019 年 6 月，欧盟宣布将投资 8.4 亿欧元，在保加利亚、捷克、芬兰、意大利、卢森堡、葡萄牙、斯洛文尼亚和西班牙建设 8 家超算中心，以支持个性化医疗、药物与材料设计、生物工程、天气预测、气候变化等领域的重大应用的开发（European Commission，2019a）。欧盟预计采购或建造 8 台超算机，其中 3 台为准百亿亿次系统（每秒可进行 10^{16} 次运算），其运算速度超过每秒 1.5×10^{17} 次运算，是欧盟 PRACE 现有顶级超算系统计算能力的 4～5 倍。另有 5 台为千万亿次级系统（每秒可进行 10^{15} 次运算），运算速度至少达到每秒 4×10^{15} 次运算。

欧盟同时还宣布将新建 10 家 HPC CoE，以促进即将出现的百亿亿次计算和极限性能计算的使用，并扩展现有的并行代码使其适应百亿亿次性能（European Commission，2019b）。

这些 HPC CoE 还将通过专业培训提升目标科学领域在计算科学方面的技能，以促进产业界和学术界对先进 HPC 的使用。它们将针对应用既有机制、用户驱动开发、面向 HPC 的性能工具和编程模型，以及真实系统的协同设计活动，汇集世界级的知识与技能。这 10 家新的 HPC CoE 分别是：欧洲双分子研究卓越中心（BioExcel-2）、固态地球研究中的百亿亿次计算卓越中心（ChEESE）、专注于生物医学应用计算方法的使用和开发的卓越中心（CompBioMed2）、以能源为导向的卓越中心（EoCoE-II）、欧洲天气和气候模拟卓越中心（ESiWACE2）、欧洲工程应用卓越中心（EXCELLERAT）、专门为欧盟 HPC 生态系统与 EuroHPC JU 的成功提供支持的欧洲卓越中心（FocusCoE）、旨在验证与理解关于全球挑战及其基本参数的卓越中心（HiDALGO）、针对百亿亿次规模材料设计的欧洲卓越中心（MaX）、针对性能优化与生产力的卓越中心（POP2）。

2019 年 7 月，EuroHPC 公布了 2019 年工作计划，将投资 1.9 亿欧元资助欧洲的超级计算研究和创新，重点是支持开发百亿亿次系统关键技术、产业导向的 HPC 应用平台和工业软件代码，资助制造类和工程类中小企业的创新活动，在每个参与国创建 HPC 竞争力中心并协调它们间的活动（European Commission，2019c）。1.9 亿欧元的经费由欧盟和参与国各承担一半，重点支持以下领域的研究和创新：①极限计算与数据驱动型技术——支持欧洲技术供应产业开发新一代节能和高弹性 HPC 与数据技术；②HPC 与以数据为中心的环境和应用平台——通过激发商业和产业用户的创新潜能，开发适用于制造、农业、能源、气候、空间、金融、医疗卫生、自然灾害、网络安全等不同产业部门的应用，充分发挥 EuroHPC 可用的计算能力，从而维持欧洲在 HPC 应用方面的世界领先地位；③面向极限计算环境和应用的工业软件代码——帮助欧洲软件商改善其针对产业用户的工业软件与代码供应，以充分发挥新的高性能超级计算机的功效；④HPC 竞争力中心——与 EuroHPC 各参与国合作在各国开发国家级超算竞争力中心，服务于广大用户，提供知识与新兴数字技能培训，推动面向中小企业的行动，为中小企业在欧洲层面的活动牵线搭桥；⑤激发中小企业的创新潜能——利用先进 HPC 服务支持欧洲制造类和工程类中小企业提高其创新潜能和竞争力。

2020 年 12 月，欧盟公布将在 2021～2027 年为"数字欧洲"计划拨付 75 亿欧元（European Commission，2020c），为欧洲数字化转型提供支持，提高欧洲的数字经济竞争力并确保技术主权。其中，超级计算领域将获得 22 亿欧元的资助。重点是构建并加强欧盟的超算和数据处理能力，主要是在 2022 年或 2023 年前购买或开发出世界级的百亿亿次超级计算机，以及在 2026 年或 2027 年前置办后百亿亿次计算设施。另一个重点是促进超算在健康、环境、安全、产业、中小企业等公共利益部门的使用。

（2）百亿亿次计算研发进展

2016 年 9 月，欧盟发布报告展示了其资助的 8 项百亿亿次计算项目的研究进展（European Commission，2016b）。

1）CRESTA：百亿亿次软件、工具和应用的合作研究。CRESTA 创建了适用于未来百亿亿次平台的定制软件集，以实现平台的高效利用；开发出可利用当前最大的超算系统和未来百亿亿次平台的一系列应用，这些应用已展示出显著的社会经济效益；开发出适用于百亿亿次系统的新型算法和技术，已用于相应的软件。

2）DEEP/DEEP-ER：动态的百亿亿次入口平台及其拓展。德国于利希超算中心中安装的 DEEP 原型已经验证了集群助推器架构的可行性；实际应用表明这种架构有益于非常广泛的 HPC 应用；所开发的软件栈是标准化的，易于使用且可移植到任何异构系统中。

3）Mont-Blanc Ⅰ+Ⅱ：面向节能 HPC 的欧洲路径。验证了利用欧洲嵌入式技术运行HPC 工作负载的可行性；有助于利用协同设计方法设计下一代百亿亿次级计算机；基于非传统 HPC 架构测试和拓展真正的科学应用。该项目第二阶段已于 2016 年 9 月结束，目前已经进入第三阶段，旨在设计出一个新的高端 HPC 平台，能以更低的能耗、更高的性能运行真实应用。项目还将开发软件生态系统，确保 ARM 架构能为市场接受。

4）EPiGRAM：百亿亿次编程模型。在消息传递接口（MPI）并行编程设计中引入和实现新概念以实现 MPI 在执行时间和内存消耗方面的可扩展性，如 MPI 流、持久聚合、终端和新派生的数据类型，这些概念的有效性已得到验证；通过新发展来改进 MPI 和全局地址空间编程接口（GPI-2）之间的互操作性；设计并实现了基于分布全局地址空间（PGAS）编程模型的 MPI 研究，即 EMPI4Re。

5）EXA2CT：百亿亿次算法与先进计算技术。所开发的可扩展流水线求解器已置于科学计算工具箱 PETSc 中；研究表明 EXA2CT 开发的 GASPI 编程模型性能优于 MPI；许多研究成果已经转移到工业应用中。

6）Numexas：面向工程和应用科学中关键百亿亿次计算挑战的数值方法和工具。显著提高了数值仿真开源软件平台 Kratos 中所使用的线性求解器的可扩展性；高度可扩展的嵌入式求解器；非常复杂的商业级问题的 MPI 移植。

12.2.3　中国

12.2.3.1　国家重点研发计划"高性能计算"重点专项

2016 年，中国科学技术部正式启动国家重点研发计划"高性能计算"重点专项，其总体目标是在百亿亿次（E 级）计算机的体系结构、新型处理器结构、高速互连网络、整机基础架构、软件环境、面向应用的协同设计、大规模系统管控与容错等核心技术方面取得突破，依托自主可控技术，研制适应应用需求的 E 级高性能计算机系统，使中国高性能计算机的性能在"十三五"末期保持世界领先水平。研发一批重大关键领域/行业的高性能计算应用软件，建立适应不同行业的 2~3 个高性能计算应用软件中心，构建可持续发展的高性能计算应用生态环境。配合 E 级计算机和应用软件研发，探索新型高性能计算服务的可持续发展机制，创新组织管理与运营模式，创议具有世界一流资源能力和服务水平的国家高性能计算环境，在中国科学研究和经济与社会发展中发挥重要作用，并通过国家高性能计算环境所取得的经验，促进中国计算服务业的产生和成长（科学技术部，2016a）。

此重点专项按照 E 级高性能计算机系统研制、高性能计算应用软件研发、高性能计算环境研发等 3 个创新链（技术方向），共部署 20 个重点研究任务，专项实施周期为 5 年（2016~2020 年）（科学技术部，2018）。2016 年，专项在 3 个技术方向对启动的 10 个重点研究任务进行了部署，共启动 19 个项目（科学技术部，2016b）。

（1）E 级高性能计算机系统研制

1）总体技术及评测技术与系统。该项目是整个专项的总体项目，其将开展专项发展战略和总体技术方案的研究，研究对 E 级高性能计算机进行评价的评测方法，研发评测系统和基准测试程序。项目还要研究并制定高性能计算相关标准。

2）E 级高性能计算机关键技术原型系统。属于 E 级系统全面研发开始之前的预研工作，共立项 3 个项目，将在 E 级高性能计算机体系结构、关键技术、系统软件和典型应用验证等方面开展探索性的研究，探索实现 E 级系统的可能的技术路线和手段。3 个项目将采用不同的技术方案，为下一步 E 级系统的研发摸索经验。项目的成果也将成为遴选 E 级高性能计算机研发团队的依据。

3）面向 E 级高性能计算机的新型高性能互连网络技术研究。该项目为前沿基础研究，主要是探索适应 E 级高性能计算机要求的高性能互连技术，在速度、功耗、可扩展性等方面满足 E 级系统互连的要求。

4）适用于 E 级计算的可计算物理建模与新型计算方法。该项目同样属于前沿基础研究，主要研究适应 E 级高性能计算的可计算建模方法和计算方法，结合超高精度医学影像重建、核聚变中的磁流体稳定性、血栓形成机理和超高建筑抗震分析等 4 个应用问题开展建模和共性算法的研究，并对共性算法进行优化。

（2）高性能计算应用软件研发

在高性能计算应用方面，启动了 2 个数值装置、4 个行业与领域应用软件和一个应用软件编程框架的研发。

"数值飞行器原型系统研发"项目将研发面向飞机优化设计的气动力、结构强度以及流固耦合优化等软件，形成面向飞机设计优化的数值模拟系统，并在真实飞机设计的应用中得到验证。"地球系统模式的改进、应用开发和高性能计算"项目将研发地球系统数值模拟系统，以支持地球系统模式的研究和应用。

4 个并行应用软件覆盖复杂工程力学、流体机械设计、海洋环境数值模拟和材料科学等领域，分别针对领域问题研发并行应用软件，解决应用问题，并在数十万核的并行计算规模达到良好的并行效率。

"E 级高性能应用软件编程框架研制及应用示范"项目将研发结构网格、非结构网格、无结构组合几何计算、有限元计算和非数值图计算等 5 个编程框架，在 E 级高性能计算机和两台 100PF 高性能计算机上进行部署，支持 40 个并行应用软件的研发。

（3）高性能计算环境研发

该技术方向启动了 1 项国家高性能计算环境关键技术与支撑技术体系项目和 5 项基于国家高性能计算环境的服务系统研发项目。

"国家高性能计算环境服务化机制与支撑体系研究"项目将研究国家高性能环境新的服务与运行机制及技术支撑手段，开发支持环境服务化运行的软件平台，并提升和优化环境的资源及其管理。服务系统项目包括 2 个行业集成业务平台项目、2 个领域应用社区项目和 1 个高性能计算教育实践平台项目。

"面向航天行业的工程力学优化设计平台研发与应用示范"和"基于自主创新的石油地震勘探行业应用平台"两个项目将针对相关行业的应用问题，建立行业业务的集成平台，供行业用户使用。

"基于国家高性能计算环境的生物医药应用服务社区"和"工业产品创新优化设计服务社区开发与应用"两个应用社区项目将研发和集成药物研发、工业产品设计方面的软件，形成领域软件资源库，开发应用社区系统软件，建立应用社区，提供服务。

"基于国家高性能计算环境的教育实践平台"项目将研发面向大学生、研究生的高性能计算教学软件，建立提供丰富高性能计算教学资源和计算资源的平台，并向大学生和研究生提供免费的计算核时。

12.2.3.2　百亿亿次计算机原型系统研制

在"高性能计算"重点专项中，曙光信息产业股份有限公司、中国人民解放军国防科技大学及国家并行计算机工程技术研究中心同时获批牵头 E 级高性能计算机关键技术原型系统研制项目。

三台 E 级原型机均已于 2018 年完成交付，全部使用了 512 节点的设计，并且配有液冷系统。不过，三台 E 级原型机采用的技术路线不尽相同。曙光信息产业股份有限公司研制的"曙光"E 级原型机部署在国家超级计算中心，采用了自主 X86 架构处理器和加速器的异构众核体系架构。该原型机装备了两颗 AMD 授权的海光 x86 处理器，其优势在于保留了目前正在研发的超算软件的兼容性。该原型机使用了深度计算器（Deep Computing Unit，DCU）作为加速器，每个节点配有两个海光 DCU。测试时，其理论峰值运算性能可达每秒 6 万亿次浮点运算，但要想达到 E 级超算目标，这个数字至少要翻一倍。该原型机目前的运算速度为每秒 2.27 千万亿次浮点运算，如果想要提高 x86 处理器的性能，海光可能要提升其第一代"禅"（Zen）处理器的性能，或者从 AMD 获得"Zen 2"甚至"Zen 3"的授权。

国家并行计算机工程技术研究中心研制的"神威"E 级原型机部署在国家超级计算济南中心，其仍然使用了申威 26010 处理器，每个节点有两个处理器，每秒可进行 6 万亿次峰值浮点运算，整台机器的运算速度达到每秒 2.55 千万亿次浮点运算。在当前状态下，它可能需要提升接近三倍的性能才能达到 E 级超算能效。该原型机硬件、软件和应用三大系统中，处理器、网络芯片组、存储和管理系统等核心器件全部国产化，其使用了一款提供每秒 200GB 点对点带宽的本土网络芯片，而非 Mellanox 无限带宽技术，同时还使用了一个神威存储箱作为存储系统。这契合了中国计划将所有 E 级超算技术本土化的战略。

中国人民解放军国防科技大学研制的"天河三号"E 级原型机部署在国家超级计算天津中心，采用自主设计的飞腾处理器、天河高速互联通信和麒麟操作系统，实现了芯片的全国产化，告别了前代的 Intel 芯片。该原型机实现了四大自主创新，即三款芯片——"迈创"众核处理器（Matrix-2000+）、互连接口芯片、路由器芯片；四类计算、存储和服务结点，十余种 PCB 电路板；新型的计算处理、高速互连、并行存储、服务处理、监控诊断、基础架构等硬件分系统；系统操作、并行开发、应用支撑和综合管理等软件分系统。该原型机的运算速度达到每秒 2.46 千万亿次浮点运算。

三台 E 级原型机的研制成功可以验证一些关键的技术设想，对一些关键技术难点进行测试和改进，为最后建造全部的系统扫清障碍，避免出现大的技术错误和难题。在 2020 年 11 月发布的"2020 年中国高性能计算机性能 TOP100 排行榜"上，"神威""天河三号""曙光"三台 E 级原型机分别排在了第 30 位、第 34 位和第 50 位（中国工业与应用数学学会，2020）。它们更像是技术测试平台，很难在同一代中不借助前 E 级超算（pre-exascale）平台完成量的飞跃。由此可见，中国的 E 级超算研制虽已迈出重要一步，但要真正实现 E 级超算机依然困难重重。

12.2.4　日本

2013 年 12 月，日本文部科学省首次推出百亿亿次超级计算机研发项目，旨在保持日本在计算科学和技术领域的领先优势（O'Neal，2013）。新的百亿亿次超级计算机研发被文部科学省列为"旗舰 2020 计划"（Flagship 2020 Project），计划投入约 1100 亿日元（约合人民币 70 亿元），于 2014 年正式启动，由日本理化学研究所和富士通公司共同研制。2019 年 5 月，日本理化学研究所宣布将新一代百亿亿次超级计算机命名为"富岳"（Fugaku）（RIKEN，2019）。

（1）"富岳"的研发规划

"富岳"的研发秉持四项基本的设计方针：能解决实际的社会和科学问题；在能效方面具备国际竞争力；最大限度地利用前任超级计算机"京"确立的技术、人才和应用；2020 年以后也能针对半导体技术的发展实现有效的性能扩展。基于这四项方针，"富岳"的开发将通过系统与应用的协同设计进行，一是开发下一代百亿亿次超算系统，二是面向"富岳"的使用开发相应的应用，以解决革命性新药开发、计算生命科学、灾害预测、气象预测、绿色能源系统实用、宇宙演化分析等 9 项重要的社会和科学问题。

"富岳"的开发分为四个方面，即架构开发、协同设计推进、系统软件开发、应用开发，理化学研究所为此设立了 4 个专职研发团队。"富岳"需要解决的下一代技术挑战包括①通过协同设计（各应用程序的算法改进与最佳架构设计同时进行），提高多数应用程序的运行性能并降低其功耗；②通过优化芯片内部电路，打造具备高能效的超算系统；③利用已有的开源软件开发先进的系统软件，同时通过国际合作，实现稳定安全的软件开发，在开源软件群基础上构建 HPC 系统；④开发能用于超大规模（1000 万以上的内核）并行计算的高效系统软件；⑤构建适用于超大规模并行计算的高效编程环境。

（2）"富岳"的性能与表现

2020 年 6 月，第 55 期排名前 500 位全球超级计算机排行榜出炉。日本超级计算机"富岳"以每秒 41.5 亿亿次的运算速度超过此前排第 1 的美国"顶点"夺得桂冠。同时，除了运算速度外，"富岳"在模拟计算方法（HPCG）、人工智能学习性能（HPL-AI）、大数据处理性能（Graph500）等三个项目的测评中也荣获第 1 名，成为全球超级计算机首个"四冠王"（TOP500，2020a）。2020 年 11 月公布的最新一期排名前 500 位排行榜上，"富岳"再次蝉联"四冠王"，且其运算速度提升至每秒 44.2 亿亿次，是排名第 2 的"顶点"的近 3

倍，不过其功耗也达到了 29 兆瓦，同样是"顶点"的近 3 倍（TOP500，2020b）。

　　"富岳"最大的特色是采用了 ARM 架构的芯片——富士通公司开发的 48 核 A64FX SoC，一共使用了 158 976 个 A64FX SoC，并使用富士通专有的环面融合互连技术连接在一起。这也是排名前 500 位史上首台登顶的 ARM 架构超级计算机。毕竟从传统观念来看，ARM 主要面向移动端，性能相对较低。目前绝大多数超级计算机采用的也都是 Intel 和 AMD 的芯片组。"富岳"的成功有望打破 Intel 和 AMD 芯片垄断超级计算机的格局，也为新一代的百亿亿次超算研发开辟了一条切实可行的新途径。

　　"富岳"已从 2020 年 4 月开始投入新冠病毒药物研发中，在 2000 多种既有药物中甄选治疗药物。"富岳"目前尚不是完整版，其最终的目标是将运算性能提升至百亿亿次级别。并预计在 2021 年正式投入使用。

12.3　百亿亿次计算研究现状与趋势

12.3.1　从超算排行榜看百亿亿次计算研发进展

（1）运算性能的提升趋缓

　　高性能计算排名前 500 位的组织（www.top500.org）始于 1993 年，每年 6 月和 11 月根据"高性能 Linpack"（High Performance Linpack，HPL）测试基准对全球高性能计算机进行两次排名，是当前最权威的评测组织。评测由美国田纳西大学、美国国家能源研究科学计算中心和德国曼海姆大学主持。

　　近几年的排名前 500 位超算排行榜显示，半导体微型化带来的高速、低能耗、低成本等优势不再明显，500 套系统的整体性能之和虽持续提升，但增幅不断减缓。即使如此，各个国家与地区都在致力提升超算速度，围绕百亿亿次超级计算机的研发日趋激烈。

（2）硬件架构趋向多样化

　　硬件架构更趋多样化，分别以提升运算性能、能效和数据密集型处理能力为目标的各种架构陆续出现。处理器由多核向众核发展，许多系统都使用了协处理器/加速器技术。Intel 处理器占据了绝对优势，采用 AMD 处理器和 IBM Power 处理器的系统数量也有所上升。2020 年 11 月发布的最新排名前 500 位榜单中，还出现了 5 台基于 ARM 处理器的系统，包括排名第 1 的"富岳"。除了日本外，中国和欧盟也不约而同地在百亿亿次超算中采用了 ARM 架构的芯片，以期在获得高性能的同时实现关键核心技术自主。

　　就互连技术而言，超一半的系统采用了千兆以太网技术，约 1/3 的系统采用了 InfiniBand 技术，约 1/10 的系统采用了 OmniPath 技术，有 1 套系统采用 Myrinet 技术。剩余约 1/10 的系统采用了定制的互连技术和专有网络。其中，"富岳"就采用了专有的 Tofu D 互连技术，这使得 6 套采用专有网络的系统的总性能达到 47.2 亿亿次，几乎可与 254 套采用千兆以太网技术的系统总性能（47.7 亿亿次）相媲美（TOP500，2020b）。

（3）能效的改善

随着超级计算机运行速度的提升，如何降低能耗成为一大挑战。Green500 排行榜反映了超级计算机的能效排名。2020 年 11 月发布的最新榜单显示，Nvidia 公司的 DGX SuperPOD 和日本的 MN-3 分别以 26.2GFlops/W 和 26.0GFlops/W 的能效排名前 2，但这两套系统在排名前 500 的系统中分别排名第 172 和第 332。能效排名第 3 的系统是安装在德国于利希研究中心、由源讯（Atos）公司研制的 JUWELS 助推器模块，能效为 25.0GFlops/W，在排名前 500 的系统中排名第 7。"富岳"以 15.4GFlops/W 的能效排名第 10。总体而言，超级计算机的能效一直在提升，持续异构系统的能效要优于同构系统，但两者之间的差距随着独立众核处理器的出现而逐渐缩小。Green500 排名前 40 的系统中，37 套系统采用了加速器，2 套系统采用了 A64FX 矢量处理器，中国的"神威·太湖之光"则采用了申威众核处理器。若是将能效排名第 1 的 DGX SuperPOD 的性能线性外推至百亿亿次级别（exaflop），其功耗将达到 38MW。

（4）大数据处理能力的提升

随着大数据时代的到来，高性能计算和超级计算在数据密集型计算方面的应用越来越频繁。Graph500 排行榜比较的是超级计算机处理大数据问题的能力。目前，为改善处理器与内存之间、处理器与处理器之间的数据传输，对互联性能的要求正在提升，针对数据密集型任务的应用程序也在增加。在 2020 年 11 月发布的最新 Graph500 排名中，"富岳"名列第 1，"神威·太湖之光"排名第 2（Graph500，2020）。

此外，当前的超级计算机除了用于模拟外，还越来越多地被用于 AI 应用。"AI 超级计算机"受到的关注度越来越高。新的超级计算机测试基准 HPL-AI 的推出就是为了更好地展现新一代超级计算机的 AI 应用水平。HPL-AI 基准强调高性能计算与基于机器学习和深度学习的 AI 工作负载的融合，可对大规模超级计算系统处理混合精度工作负载（如大规模 AI）的能力进行测试，展示混合精度算法对超级计算机计算效率的提升作用。2020 年 11 月，"富岳"获得了 HPL-AI 基准测试的第 1，实现了 2.0 exaflops 的混合精度计算，已达到百亿亿次水平，远超 442 petaflops 的 HPL 运算性能。

12.3.2　前沿科学研究对百亿亿次计算的需求

（1）基础能源科学

基础能源科学研究通过基础研究了解、预测并最终控制从原子到分子再到材料所有尺度的物质和能量。未来的能源技术将依赖于特定元素、材料和相的组合。开发新的预测性理论和高效自适应软件，并充分利用未来计算架构的能力，对于开发新型量子材料和化学品而言至关重要。了解和控制化学转化与能源转换，预测并设计具有目标特性的新型材料和化学品，研究软物质的复杂性等前沿研究，均需要在理论、预测建模能力、硬件资源和实验技术方面取得进展，例如，提高预测建模的速度和准确性，开发能对多源数据进行快速、多模式分析的算法和软件环境等，以便迁移到一个自适应、多尺度的建模范式。

（2）聚变能源科学

聚变能源科学致力于研究等离子体及其与周围环境的相互作用。等离子体湍流和传输决定了聚变反应堆的可行性。对聚变反应堆进行高分辨率全环形陀螺动力学模拟，需要利用百亿亿次超级计算机获得对径向温度和密度分布的可靠预测。百亿亿次计算系统还可用于处理射频加热和电流驱动的多尺度和多物理性质，对聚变反应堆进行全装置建模，以及对高维、非线性等离子体湍流动力学进行数值模拟。此外，与激光-等离子体相互作用和高能量密度的实验室等离子体相关的物理学是多尺度、高度非线性的，需要通过动力学建模进行描述。百亿亿次计算有助于扩大问题规模和提高网格分辨率，运行集合，减少周转时间。

（3）气候和环境科学

越来越多的环境系统模拟涉及物理、化学和生物过程，跨越的时空尺度越来越大，且彼此间的相互作用产生了复杂的反馈，已成为模拟、数据收集、数据管理和科学分析的核心挑战。地球系统模型整合了地球系统的物理和生物地球化学成分，可以捕捉许多非线性的相互作用和反馈。随着计算技术的进步，通过提高分辨率，加上适当的参数化，地球系统模型能够更真实地捕捉到各种天气灾害事件和其他低概率、高影响事件，但未来还需在适当的空间尺度上开发数据同化技术。计算能力的提高还可以大幅提升海洋-冰冻圈系统模拟的保真度，及其与地球系统其他组成部分的耦合。使用模型开发测试平台可以帮助科学家识别模拟中的系统误差，然而，对测试平台输出的大量模拟结果进行有效后处理却带来了挑战。开发能利用百亿亿次计算生态系统的创新性数据存储和分析算法为加速地球系统模型的进展创造了关键机遇。在处理多种架构和考虑如何利用并行性时，还必须关注编译器、性能和科学可移植性等挑战。

（4）生物系统科学

生物系统科学需要发现和确定生物体内、生物体间以及非生物界面的生物分子网络的因果联系。就从分子到细胞的多尺度生物物理模拟而言，需要重新审视当前的建模方法，以更好地利用未来的计算架构；同时需要开发新的算法，以纳入基因组学、分子成像、结构生物学和光谱学创新所产生的数据。目前将原始数据转化为基因和基因组、蛋白质结构和化学活动的算法需要耗费大量计算和存储资源，因此亟须开发可利用未来百亿亿次计算生态系统的新算法，以更好地了解生物体基因组的功能编码。此外，不同规模、质量和结构的生物学大数据为有效预测生物的特性、功能和行为带来了挑战，改进用于聚类、降维、概率相关性图谱计算、数据模型开发的算法变得十分重要，创建能将本体论系统纳入数据分类的知识体系也很重要。

（5）高能物理

高能物理领域有许多研究前沿，例如，探索希格斯玻色子的性质并将其作为新的发现工具，研究中微子物理学，研究暗物质及相关物理学，理解宇宙加速（暗能量与膨胀），探索包括新粒子、相互作用和物理原理在内的未知现象等。对上述所有研究工作而言，高性能计算和数据分析都至关重要。尤其是，高性能计算的应用会产生远大于实验数据规模的庞大数据集，而对这些数据集的分析被视为一个与运行原始模拟一样困难的问题，同样需要大量的计算资源。此外，加速器的设计和优化也是高能物理领域的研究重点，其对计算能力也有着极为严苛的要求。

（6）核物理

核物理学致力于探索和量化宇宙中物质的结构和动力学，特别是量子色动力学理论所描述的由夸克和胶子组成的强相互作用的物质。计算核物理学研究建立了宇宙中极小规模和极大规模事件间的重要联系。核物理学研究面临的计算挑战包括：首先，计算核天体物理学的前沿研究从本质上来说是多物理场，而大规模数值模拟是其核心；其次，核物理实验进入了一个多维、多通道的问题空间，不断增长的数据和分析需求需要超大规模计算的助力；再次，量子多体问题的理论进展、计算进展和同步实验发展，可以极大促进核结构与反应研究的进展；最后，夸克和胶子动力学取决于量子色动力学中的非线性和基本量子规律，大规模的晶格量子色动力学计算、实时哈密尔顿模拟对实现量子色动力学领域的科学目标至关重要。

12.3.3 超算在科学工程领域的应用

（1）天体物理与高能物理

2019 年 11 月，德国"榛鸡"（Hazel Hen）超级计算机的 16 000 个处理器连续运行一年多后创建了迄今最详细的大尺度宇宙模型 TNG50。这一虚拟宇宙"芳龄"约 138 亿岁，宽约 2.3 亿光年，包含数万个正处于演化中的星系，星系的细节程度与单星系模型中的相当，是历史上计算量最大的天体模拟之一。该模型跟踪了 200 多亿个代表暗物质、气体、恒星和超大质量黑洞的粒子，研究人员可在模型中直接观测宇宙诞生不久后，从湍流的气体云中出现的星系。模型拥有超高的分辨率和超大规模，能帮助研究人员了解有关宇宙过去的重要信息，揭示宇宙间各种星系的演化历程，以及恒星爆炸和黑洞如何触发了星系的这些演化（刘霞，2019）。

美国国家超级计算应用中心（NCSA）利用超级计算机"蓝水"进行了黑洞模拟研究发现，当星系进行迅速重组时可能导致形成非常大的黑洞，密集的无星区域中形成的大规模黑洞正在快速增长，推翻了此前普遍认为的大规模黑洞只能形成于被附近星系辐射的区域。相关研究成果已发表于 *Nature*。大规模黑洞的形成在宇宙中是罕见的，需要模拟庞大的宇宙学体积，同时解决黑洞周围的最小尺度。"蓝水"的超强计算能力能在探测成千上万个星系的同时运行大动态范围的模拟。该研究采用了"复兴"（Renaissance）模拟套件，对由氢和氦组成的原始气体的引力组装的最早阶段以及导致第一颗恒星和星系形成的冷暗物质进行了全面模拟，采用自适应网格细化技术来放大形成恒星或黑洞的致密气团。"蓝水"具有的大容量内存和快速互连对于大规模多物理模拟和海量数据分析都至关重要（NCSA，2019）。

英国研究人员使用 DiRAC 超算设施进行了 300 多次模拟，旨在研究不同的巨大碰撞对大气层稀薄的岩质行星的影响，以及月球的起源之谜。DiRAC 的大型内存密集型系统与先进的 SWIFT 流体力学和引力代码相结合，使研究人员能够对撞击角度、速度或行星大小等参数进行调整，以实现对数百种不同行星碰撞情况的高分辨率模拟。虽然这些超级计算机模拟并不能直接告诉人们月球是如何形成的，但可以将月球可能形成的不同方式缩小至一定范围，使人们距离解开月球的起源之谜更进一步（UKRI，2020）。

宇宙中最大质量的暗晕是包含数百个亮星系的星系团，其质量大约是太阳的百万亿倍。但因为恒星和星系只能在比太阳重百万倍的暗晕里形成，所以对于那些小暗晕来说，它们一直保持着"黑暗"，人类对其知之甚少。根据目前流行暗物质属性模型推测，宇宙中最小的暗晕质量可能和地球相当。要想研究小暗晕，只能在大型超级计算机中模拟宇宙的演化。为了在整个宇宙的背景框架下研究只有太阳系大小的暗晕的内部结构，由中国研究人员领衔的国际研究团队，利用中国"天河二号"、英国 COSMA、德国"弗雷亚"（Freya）等超级计算机，通过一种全新的技术，运行一系列超级放大宇宙模拟，历时 5 年，终于在 2020 年，在当前标准宇宙学模型下，首度获得了宇宙暗晕中全尺度暗晕内部结构的清晰图像，让暗物质"显形"。这成为暗物质研究领域极为重要的突破（EurekAlert，2020）。

（2）分子动力学

分子动力学是一种计算机模拟方法，可以用来分析原子和分子在一段固定的时间内如何移动与交互，帮助科学家理解某个系统随时间流逝发生的演变。在模拟中，从头算分子动力学（Ab initio Molecular Dynamics，AIMD）用不同于标准分子动力学的方法计算原子间的力，其所能达到的精度水平使其成为科学家 35 年来首选的模拟方法。但 AIMD 需要的计算量非常高，因此这方面的研究通常局限于小型系统（最多包含几千个原子的系统）。2020 年 11 月，在美国亚特兰大举行的国际超算大会 SC 2020 上，由中国和美国研究人员组成的一个研究小组获得 2020 年戈登贝尔奖（Gordon Bell Prize）。他们借助"顶点"（Summit）超级计算机，通过机器学习将分子动力学极限从基线提升到了 1 亿原子的惊人数量，同时仍保证了"从头算"（ab initio）的高精度，效率是之前人类基线水平的 1000 倍。相比于获奖，更为重要的是，研究团队的工作开启了新的范式。在这个范式里，人工智能、高性能计算、物理模型三者缺一不可，基于物理模型的计算、机器学习和高性能 GPU 并行集群的共同助力，超大系统的分子动力学模拟进入了一个全新时代。此外，新的范式下还将诞生新的算法、新的软件、新的高性能优化任务，甚至新的软/硬件设计需求，有望在将来为力学、化学、材料、生物乃至工程领域解决实际问题发挥更大作用（ACM，2020）。

中国的超级计算机"神威·太湖之光"具备强大的理论浮点计算性能，但其上的并行算法设计和性能优化面临许多挑战，迫切需要在重大应用问题的驱动下，发展其上的并行算法设计和性能优化实现方法。2020 年，中国科学技术大学研究人员在国家超级计算无锡中心和中国科学院软件研究所研究人员的紧密配合下，针对大尺度数万原子分子固体体系的第一性原理计算模拟，以低标度平面波高精度计算软件 DGDFT 为基础，在"神威·太湖之光"上实现了千万核超大规模并行计算。该项研究将理论与计算化学的低标度理论算法与国产高性能并行计算软硬件优势相结合，充分发挥了"神威·太湖之光"的强大计算能力。同时，开发了低标度、低通信、低内存、低访存的并行计算方法，实现了具有平面波精度的千万核超大规模高性能并行计算，使模拟体系的大小（数万原子）比国际同等平面波精度的计算模拟软件提高了数百倍。该方法还能够用于研究含有数万碳原子的二维金属石墨烯体系的电子结构性质（中国科学技术大学，2020）。

（3）生命科学与医药健康

欧盟人脑计划创建了由神经信息学平台、高性能分析与计算平台、大脑模拟平台、医学信息学平台、神经形态计算平台、神经机器人平台六大平台组成的独特信息通信技术（ICT）架构，提供包括最先进的超级计算机在内的多种先进信息通信技术工具与服务。其中，高性能分析与计算平台将为人脑计划联盟以及更广泛的欧洲神经科学团体提供百亿亿次超级计算机、面向 PB 级数据分析的大数据 HPC 系统以及分布式云计算能力，以实现基于云的高端 HPC 应用。两套专为神经科学领域的数据密集型分析和模拟应用而设计的超算系统已在于利希研究中心投入运行。研究人员针对系统软件、中间件、交互式计算指导、可视化等领域开展研究，开发的软件与工具将被用于多尺度大脑模型的创建和模拟，特别是用于解决全脑建模的硬扩展挑战（Amunts et al.，2016）。

分子模拟能帮助理解生物分子系统的结构和功能，基于超级计算和高性能计算的模拟有助于更好地理解确定疾病的遗传病因，实现预防性、个性化的精准医疗。例如，涉及神经递质代谢的分子模拟可帮助理解单胺氧化酶的活性变化及其如何与抑郁症和自闭症等神经疾病相关联。斯洛维尼亚的医生使用超算基础设施大规模加速基因诊断，将诊断时间从一个多月缩短至几天甚至一天，从而实现了对遗传物质的更全面分析，彻底改变了罕见疾病患者的基因检测，这对于诊断严重癫痫患者、危重新生儿，以及精准治疗罕见病至关重要（European Commission，2018c）。

有效性临床试验失败是新药研发失败的主要原因，因为当前临床试验阶段的方案设计、人群选择仍带有盲目性。实际上，在已发表的论文中蕴藏着这些问题的答案，但是论文浩如烟海，单靠人力是无法分析的，必须要借助超级计算机的强大算力。中国科学院计算技术研究所依托中国科学院计算技术研究所高性能计算机研究中心的超级计算设施，历时 20年研发出新药数字研发平台，根据全部的生命科学论文数据和人工智能算法生成模型，通过分析患者外显子基因数据等，把个性化的基因在药物数字平台内与细胞内事件建立联系，预判患者体内的信号通路是否像理论一样被激活，进而预测某种临床试验药物到达某个患者体内的作用效果，方便找到药物有效的特定人群（张佳星，2021）。此外，北卡罗来纳大学的研究人员使用"弗龙特拉"（Frontera）超级计算机在不到 24 小时内就完成了 300 多万次的原子力场计算，有效训练了人工智能系统，使其可以预测新药物化合物可能具有的特性，并识别出具有靶向特定细胞能力的化合物。由超算支撑的人工智能能够提供数百个功能模型，解决新药研发过程中的靶点预判、有效成分筛选预判、临床试验效果预判等多方面问题，大幅降低药物研发的时间和成本，提高成功率和临床有效率。

（4）地球科学与气候变化研究

DOE 太平洋西北国家实验室的科学家开发出"能源百亿亿次地球系统模型"（Energy

Exascale Earth System Model，E3SM），作为"第一个端到端多尺度地球系统模型"，它能够模拟地球的地壳、大气、冰山及海洋运动，从而预测地壳、大气及水循环系统相互作用的方式（DOE，2018a）。E3SM 模型是利用准百亿亿次超级计算机、采用创新性流程和更高的计算性能而创建的精确模型，可用于模拟局部地区的空气和水温、水资源可用性以及海平面上升等极端事件，助力气候变化研究。该模型关注能极大影响地表降水、风、温度和能源生产的三个方面：一是水循环；二是不同的地球系统组分交换生物地球化学通量的方式；三是冰盖的移动与融化。预测降水需要真正理解地球系统的几乎每一部分，要将这些系统组合入一个模型并获得必要的细节需要超级计算机的支持。E3SM 的开发人员编写软件以充分利用超级计算机的硬件和操作系统，同时在设计模型时考虑到了未来的升级需求，以便它们可在未来的百亿亿次计算机上运行。

美国国家地理空间情报局（National Geospatial-Intelligence Agency，NGA）与伊利诺伊大学、明尼苏达大学和俄亥俄州立大学合作，借助"蓝水"超级计算机，创建了地球表面的数字高程模型（Digital Elevation Model，DEM）—— 一种可公开使用的 3D 全球地图。该项目名为 EarthDEM，研究团队通过将从不同角度拍摄的某地区的卫星图像输入超级计算机，创建该地区的 3D 模型。这有助于实现地理空间情报生产方法的现代化，并解决海量数据的计算处理问题（C4ISRNET，2019）。通过扩大与学术界的合作关系，NGA 建立了一些特定的高分辨率数字高程模型，并在范围和质量上将数字高程模型扩大到地球其他区域。以北极数字高程模型（ArcticDEM）为例，研究人员通过向"蓝水"超级计算机输入来自不同角度的重叠图像，创建了精确的三维地形条带，这些条带可以拼接在一起，绘制出北极地图。大约有 18.7 万张图像被输入"蓝水"，用于开发 Arctic DEM。Arctic DEM 项目可帮助科学家跟踪北极景观的变化，使科学家能够探测到森林砍伐、冰盖崩塌等现象。随着模型规模的不断扩大，还需要更多的计算能力。

（5）先进制造

DOE 推出的"面向制造业的高性能计算"（HPC4Mfg）项目旨在利用先进的高性能计算建模、模拟和数据分析能力，解决制造技术难题，推进能源技术创新，实现制造业的能源、材料和成本节约，显著提升产品质量，加速甚至取消产品的测试，进一步释放产能（DOE，2018b）。该项目已经资助了多项研究，例如，雷神技术研究中心与 ORNL 合作，利用基于高性能计算的相场模拟及实验验证来设计用于增材制造的新型钛合金成分，以取代目前使用的锻压钛合金。材料科学公司与 LLNL 合作，结合基于拓扑优化的设计、高性能计算和增材制造技术的最新进展，开发高压、高温热交换器。ESI 公司与太平洋西北国家实验室合作，利用高性能计算资源开发一种数据驱动型方法，将材料和制造工艺的特征与热塑性复合材料部件的机械性能联系起来。CHZ 技术公司的"热裂解器"（Thermolyzer™）技术可将废弃的碳氢化合物材料转化为可燃气体和可销售副产品，其与 NREL 合作，利用高性能计算加深对 Thermolyzer™技术中材料传输、传热、相变和化学的理解。

此外，研究人员还借助高性能计算和超级计算开展了多项研究，包括：通过刚性粒子填充聚合物建模优化建筑物窗户上的发光薄膜设计；使用计算流体动力学和机器学习来将纤维纺丝制造过程的能耗降到最低；利用分子模型帮助构建对木材成分的碱反应性的基本了解；利用计算了解闪蒸热处理工艺中发生的相变，更好地控制参数以获得所需的相分布和化学；在 100 多个钢制再热炉中建立一个共享的热交换数据库，避免因其不一致性导致显著的能量损失；建立全面的数值模型，理解和优化等离子体电脉冲产生的关键参数，以用于稀释燃烧（DOE，2020a）。

（6）抗疫

随着新冠肺炎疫情的暴发和蔓延，全球许多国家和组织都投入了最先进的科学技术和最新的科研成果来支持抗疫工作，包括最先进、最强大的超算资源，例如，在排名前 500 位的系统中当前排名第一的"富岳"从 2020 年 4 月就开始投入新冠病毒药物研发中。美国政府、产业界和学术界于 2020 年 3 月联合成立了"新冠肺炎高性能计算联盟"，旨在汇集高性能计算资源和超算资源，帮助研究人员应对新冠肺炎疫情，包括开发预测模型以分析新冠肺炎疫情的发展趋势，并为新的潜在疗法或可能的疫苗建模等（DOE，2020b）。该联盟汇集了全美 16 台超级计算机，所提供的算力总和超过 400PFlops，帮助研究人员在流行病学、生物信息学和分子建模领域开展大规模计算。例如，研究人员利用超算资源模拟了8000 种不同的化合物与新型冠状病毒之间的互动，发现 77 种化合物可能使得新冠病毒丧失对新细胞的感染能力，这有助于有效缩短特效药和疫苗的问世时间。

"欧洲联合革新计划"推出"百亿分子抗击新冠肺炎"挑战赛，联合全球知名的超算中心和科研机构，旨在招募 50 支至 100 支团队，破解数百亿分子，寻找新冠肺炎的治疗药物（Peckham，2020）。挑战赛第一阶段，每支团队根据分子与新冠肺炎病毒的亲和力利用三种不同的筛选方法对十亿种分子进行筛选，以鉴别出具有强结合势的分子。挑战赛第二阶段，参赛团队的任务是降低病毒载量，目标是降低 99%，并利用预测算法提出充满创意的病毒学计算方法，从病毒释放的角度去确定要检测的化合物，然后，合成这些化合物，用于下一步的真实检测。第三阶段和最终阶段将聚焦于检测现有的真实世界疗法，并纳入药物"鸡尾酒疗法"。

中国的"天河"超级计算机也参与了新冠肺炎的筛查。科学家依托"天河人工智能创新一体化平台"，搭建了包含影像学分析子系统和 AI 分析子系统的"新冠肺炎 CT 影像综合分析 AI 辅助系统"。影像学分析子系统通过分析肺实变、磨玻璃影、铺路石等典型特征给出肺炎影像分析结论，AI 分析子系统用于区分普通病毒性肺炎与新冠肺炎，增强对不同类型肺炎的筛查甄别能力。该系统判断新冠肺炎的结果能达到 83% 的准确率，10 秒即可完成新冠肺炎 CT 影像分析，可以帮助一线医生快速准确地获取结果，提高新冠肺炎的筛查诊断能力（陈曦，2020a）。深圳华大基因股份有限公司通过分析病毒基因组数据，加速对感染者的快速识别和基因组特性的研究。这是一个高密度的计算过程，英特尔和联想为此提供了所需的巨大计算资源，用于处理从测序系统读取的高通量数据，支持科学家研究病毒的毒性、传播模式、病原体与宿主间的相互作用，进而助力流行病学及疫苗设计研究（刘艳，2020b）。这些工作对未来创建更好的诊断方法和设计有效的疫苗或其他保护性措施（如免疫疗法）至关重要。

12.3.4　百亿亿次计算研发趋势与挑战

（1）体系架构

随着时间推移，计算机的体系架构将变得更加层次分明，复杂性和异构性日益增加。加速器/协处理器被引入超级计算系统就是一个重要的趋势。入选排名前 500 位排行榜的许多超算系统都使用了 Nvidia 公司的 GPU，且采用率一直在提升。集成 CPU 和 GPU 的异构计算结合了 CPU 的快速串行处理能力以及 GPU 的高通量和高能效，成为百亿亿次计算研发的一个关键研究方向。除 GPU 外，现场可编程门阵列（FPGA）、Intel 公司的协处理器 Xeon Phi 也是备受关注的方案。此外，协同设计对硬件架构和应用软件的协调一致过程进行优化，使硬件能力更接近应用要求。随着时间的推移，计算机架构将继续变得更加复杂、异构和分层，增加了理解和编程这些系统的复杂性。

（2）存储

随着超算系统计算性能的快速提升，存储系统相对有限的输入/输出（Input/Output, I/O）带宽造成的瓶颈会越来越明显，计算性能和存储性能间的差距会日益增大。当前正在研究的解决方案大致有三种。首先是从硬件层面着手，存储系统的一个重要研究趋势是使用非易失性存储器，将其作为主存储器和持久性存储之间的"缓存"方案。有项目正在研究融合了非易失性存储器、固态硬盘和其他两种硬盘驱动器的四层存储结构。未来百亿亿次超算系统的存储系统很有可能由多个层次构成。其次可以从中间件层面着手，开发新的 I/O 中间件。部分针对高性能计算应用的抽象框架，能够在不同的 I/O 传输方式间进行切换，只需对应用程序代码进行少量修改，就能集成新的 I/O 解决方案。最后是从应用层面着手，原位分析就是一种比较有前景的趋势。原位分析直接在应用程序运行的系统上进行分析，无须先将数据写入存储后再读取进行后处理，提高了 I/O 吞吐量，进而提高了应用性能。

（3）互连

百亿亿次超算系统需要高度可扩展、低延迟、高带宽的网络互连。相关研究主要集中在网络拓扑结构、路由和光互连三个领域。网络拓扑结构决定了节点的连接方式及通信方式，其设计需要权衡延迟、带宽、布线的复杂性、成本、功耗和弹性等诸多方面，而超大规模计算系统需要可扩展到数百万节点的新型网络拓扑结构。除了（静态）网络拓扑结构外，也可以通过（动态）路由算法来提高性能，以适用于特定应用。光互连的前景可观，既适用于节点间的连接，也适用于节点内的连接，有望实现更低的延迟、更低的功耗和更高的吞吐量。光互连有望对超算产生颠覆性影响，但目前还不具备成本效益，不能量产。

（4）能耗

能耗是百亿亿次计算面临的一个重要挑战。目前超算系统的能效在不断提升中，这主要归功于硬件技术、软件技术以及模型和工具方面的进展。就硬件而言，一套超算系统由处理器、内存、互连组件、冷却系统等多种组件构成，每一组件的能效提升都有助于系统整体能效的提升。例如，采用光纤代替铜缆，可以降低光互连的能耗并提高带宽；非易失性存储器比传统的动态随机存取存储器（DRAM）具有更高的能效。就软件而言，在节点层面，可以根据工作负载动态调整不同组件的频率、电压或并发水平，从而提升能效；在系统层面，主要关注如何在不超过功率上限的情况下将可用功率有效地分配给节点。此外，开发能对现有超算系统的能效进行测量和建模的工具也非常重要，如可以利用机器学习技术预测超算系统工作负载的功耗。欧盟"面向未来百亿亿次级计算的能量敏感型可持续发展计算技术"项目（Exa2Green）就致力于探索在算法设计和软件工程层面上降低能耗的可能性，目前已开发出一套高能效的高性能计算构件、工具、算法，能在低能耗的情况下实现百亿亿次级的超级运算。

（5）容错能力

容错能力（也称为弹性）是指即使底层硬件或软件出现故障，系统也能继续运行的能力。百亿亿次超算系统容错能力相关研究主要集中于故障停止故障（fail-stop faults）、故障持续故障（fail-continue faults）、编程抽象、故障分析等方面。故障停止故障是指节点突然停止的故障，对此类故障的处理大多是尽力减少检查点/重启的系统开销。弹性研究的另一个趋势是对故障持续故障的研究，如数据损坏。这些故障一般由瞬时硬件错误引发，如内存或算术单元中的比特翻转，会对高性能计算应用的执行结果造成影响。在编程抽象研究方面，有研究人员提出了一种编程结构，使程序员能够明确定义代码部分的容错要求。对超算系统历史故障数据的分析也有助于在后续研究中提升百亿亿次超算系统的容错能力。此外，增加系统的弹性往往以降低能效为代价，因此需要对弹性和能效进行权衡（Heldens S，et al.，2021）。

（6）并行编程

并行性对百亿亿次超算系统至关重要。对于并行编程，基本上有两条研究路线：改进传统的编程模型（即 MPI+OpenMP）和开发替代模型。消息传递接口（message passing interface，MPI）有可能扩展到成千上万的节点，在高性能计算中通常与 OpenMP 结合使用，用于线程级并行。分区全局地址空间（partitioned global address space，PGAS）是一种可能适用于超大规模计算的并行编程解决方案，旨在通过提供一个跨节点的全局内存地址空间来简化分布式系统的编程。不过这些方案没有考虑到容错、能源管理、异构性和加速器等问题。另一条研究途径是开发可替代编程模型，目前已有几种可替代编程模型，如 HPX、StarSs、Kokkos、OCR、PaRSEC 等，但目前还无法确定哪个模型会成为未来系统的事实标准。

（7）系统软件

系统软件对于调度工作和管理资源非常重要，与百亿亿次计算相关的三个重要方向包括：操作系统、系统管理和虚拟化。在操作系统方面，一个研究方向是针对超大规模计算系统的轻量级内核，可以通过提供最少的功能和服务来降低系统开销。在系统管理方面，ANL 正在针对超大规模计算系统开发一个工作负载管理系统，可以作为一个整理控制和监测资源集合，实现不同层次的资源管理。在虚拟化方面，可以通过在同一台物理机上运行多个虚拟机来实现性能隔离，这对于一个节点上的并发作业（如原位分析）来说是必要的。容器化与虚拟化类似，也为运行应用软件提供了一个隔离的环境，不同的是，容器直接运行在主机的操作系统上，最大限度地减少了系统开销，从而使其成为一种有吸引力的高性能计算技术。

此外，百亿亿次计算将对许多学科领域的科学应用和相关算法产生重大影响，需要对现有应用进行调整或更新以更好地利用这种强大的计算能力。数据移动（包括节点内和节点间的移动）可能成为最大的制约因素，而网络和内存技术的发展将带来益处。

12.4　百亿亿次计算技术研发态势分析

本部分主要通过文献计量分析展示百亿亿次计算技术研发的整体趋势、国际竞争格局、主要研发机构、重点领域及热点方向等。主要是利用科睿唯安公司 Web of Science 平台的 Web of Science™ 核心合集数据库，对 2001～2021 年发表的相关论文进行检索分析。本次数据检索日期为 2021 年 4 月 15 日，经过甄别和筛选后，共采集到论文 1930 篇，随后利用 VOSviewer 软件对论文数据进行了清洗、挖掘和可视化分析。

12.4.1　论文发表数量年度变化趋势

图 12-3 宏观揭示了 2001～2021 年与百亿亿次计算技术研究相关的论文发表的年度分布趋势。2001 年出现了第一篇与百亿亿次计算技术相关的论文，其主要内容是对未来研发出具备百亿亿次计算能力的超级计算机的展望。文章认为，未来的百亿亿次计算机虽然与现有的微处理器与大规模并行计算机大相径庭，但仍能从驱动传统计算系统发展的技术趋势来推断未来百亿亿次计算机的架构与操作。然而，直到 2007 年，才有第二篇相关论文发表。2009 年开始，相关论文发表数量突破个位数，2012 年开始，相关论文发表数量突破 100 篇，2016 年，相关论文发表数量达到 266 篇，是迄今为止的最高峰。但是，就论文发表的情况而言，百亿亿次计算仍处于发展的初级阶段，真正开始研究的时间很短（不到 20 年），相关研究的论文仍相对较少，尚处于平稳波动的阶段，并未出现拐点或显现出有快速

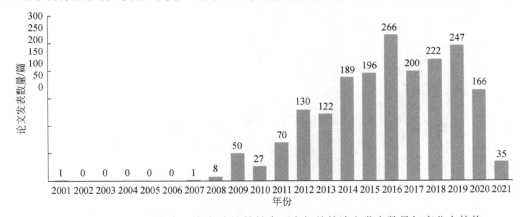

图 12-3　2001～2021 年与百亿亿次计算技术研究相关的论文发表数量年度分布趋势

增长的趋势（由于数据库收录滞后且 2021 年尚未结束，2021 年的最终论文发表数量无法确定）。就现实而言，虽然主要国家都出台了重要规划并致力于基础理论研究和技术研发，但到目前为止，尚未出现运算速度达到百亿亿次级别的首台超级计算机。

12.4.2　主要国家/地区

论文发表数量在一定程度上显示了国家的科研实力，2001～2021 年总共有 66 个国家发表了与百亿亿次计算技术相关的论文，论文发表数量排名前 20 位的国家如图 12-4 所示。美国遥遥领先，其论文发表数量总计 1116 篇，占据全球发文总量的 57.8%，相当于排名第 2 至第 12 的 11 个国家的论文发表数量的总和，显示了美国深厚的科技基础和一直引领世界科技前沿尤其是信息技术前沿的强大实力。德国、英国、法国和西班牙处于第二梯队，其论文发表数量的总和为 657 篇，约是美国的 59%；中国以 97 篇论文发表数量排第 6 位，与意大利、日本、瑞士共同处于第三梯队，论文发表数量的总和为 341 篇，约是第二梯队四国发表论文数的 52%。此外，除了传统的欧美科研强国外，沙特阿拉伯、印度、希腊、波兰等国家也跻身前 20，证明了各个国家和地区对技术前瞻性布局的重视，也从某种程度表明，虽然美国目前一枝独秀，但百亿亿次计算技术的竞争格局仍未定型，这为新兴国家后来居上、实现弯道超车创造了难得的机遇。图 12-5 展示了百亿亿次计算技术研究排名前 10 位国家论文发表数量的逐年变化趋势，可以看出，美国和欧洲在百亿亿次计算技术研发领域一直保持领先水平，中国的论文发表数量趋势近 5 年开始出现增强的趋势。仅从论文发表数量排名前列的国家来看，目前，全球的百亿亿次计算技术研发已呈现美国、欧洲、中国、日本相互角力的局面，随着全球局势的变化，未来围绕百亿亿次计算的高科技竞争会更形激烈与复杂。

但从论文发表数量排名前 10 位国家的论文篇均被引频次来看（表 12-5），英国、日本、美国、法国、德国的论文篇均被引频次排名前列，瑞士和意大利紧随其后，中国的论文篇均被引频次排名最末。说明老牌科技强国仍掌握着百亿亿次计算基础研究和技术研发的核心，并引领着研发方向与前沿。而中国这样的后起之秀在论文原创性和质量方面均有待提升。

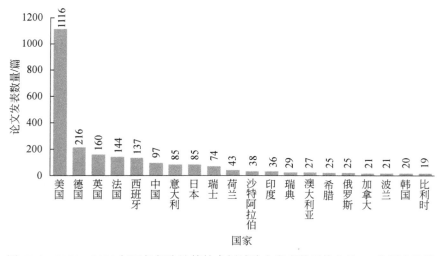

图 12-4　2001～2021 年百亿亿次计算技术领域论文发表数量排名前 20 位国家比较

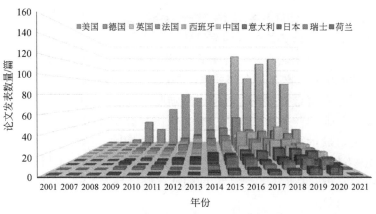

图 12-5　2001~2021 年百亿亿次计算技术研究排名前 10 位国家论文发表数量年度变化趋势（文后附彩图）

表 12-5　发文量排名前 10 位国家的论文篇均被引频次

国家	论文发表数量/篇	篇均被引频次/次
美国	1116	7.76
德国	216	7.34
英国	160	8.58
法国	144	7.74
西班牙	137	4.90
中国	97	4.10
意大利	85	6.41
日本	85	7.81
瑞士	74	6.55
荷兰	43	4.90

图 12-6 展示了百亿亿次计算技术领域论文发表数量超过 10 篇的 28 个国家之间的合作

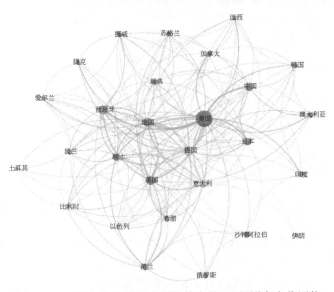

图 12-6　百亿亿次计算技术研究排名前 28 位国家合作网络

状况。这 28 个国家彼此之间几乎都建立了合作关系，这从某种程度说明，百亿亿次计算技术研究国际竞争和合作的趋势都十分明显。

美国和德国与 26 个国家存在合作关系，法国、英国、意大利、瑞士和西班牙分别与 25、23、22、21 和 20 个国家存在合作关系。中国与 18 个国家存在合作关系。伊朗仅与德国和意大利两个国家有着合作关系。就总连接强度而言，美国达到 362，德国达到 245，英国达到 219，法国达到 197，西班牙达到 152，中国只有 73。此外，连接强度显示了国家之间的合作紧密程度，就此而言，美国与法国、英国、德国、西班牙、中国、日本、瑞士之间的连接强度分别达到 53、46、38、36、30、23 和 21，德国与英国、法国间的连接强度分别达到 33 和 24，英国与瑞士、意大利间的连接强度均为 21。除此之外，其他双边合作的连接强度皆在 20 以下。

12.4.3 主要研究机构

图 12-7 展示了百亿亿次计算技术领域论文发表数量排名前 20 位的研究机构。美国有 15 家机构位列其中，且包揽了前 11 位，其中 8 家机构是隶属 DOE 的国家实验室，另有 5 家大学和 2 家企业，展现了其强大且均衡的基础研究实力和技术研发能力。欧洲有 4 家研究机构，分别来自西班牙、法国、德国和英国。中国只有中国人民解放军国防科技大学一家机构进入排名前 20 位，且排名第 19 位。

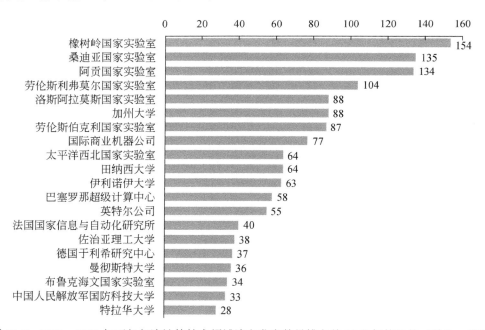

图 12-7　2001～2021 年百亿亿次计算技术领域论文发表数量排名前 20 位机构比较（单位：篇）

从论文发表数量排名前 20 位机构的论文篇均被引频次来看（表 12-6），8 家机构的篇均被引频次超过了 11，篇均被引频次最高的是田纳西大学，达到 15.50。中国人民解放军国防科技大学的论文篇均被引频次只有 3.87，排名最末。

表 12-6　发文量排名前 20 位机构的论文篇均被引频次

机构	论文发表数量/篇	篇均被引频次/次
橡树岭国家实验室	154	12.29
桑迪亚国家实验室	135	11.23
阿贡国家实验室	134	8.87
劳伦斯利弗莫尔国家实验室	104	9.23
洛斯阿拉莫斯国家实验室	88	8.46
加州大学	88	9.34
劳伦斯伯克利国家实验室	87	9.64
国际商业机器公司	77	8.48
太平洋西北国家实验室	64	9.37
田纳西大学	64	15.50
伊利诺伊大学	63	13.96
巴塞罗那超级计算中心	58	5.31
英特尔公司	55	9.40
法国国家信息与自动化研究所	40	13.95
佐治亚理工大学	38	11.18
德国于利希研究中心	37	5.89
曼彻斯特大学	36	12.97
布鲁克海文国家实验室	34	12.02
中国人民解放军国防科技大学	33	3.87
特拉华大学	28	5.78

图 12-8 展示了百亿亿次计算技术领域论文发表数量超过 15 篇的 51 家机构之间的合作状况。就总连接强度而言，展现出较强合作能力的几家机构依次为：橡树岭国家实验室（245）、阿贡国家实验室（232）、桑迪亚国家实验室（224）、劳伦斯利弗莫尔国家实验室（193）、劳伦斯伯克利国家实验室（147）、田纳西大学（133）、太平洋西北国家实验室（124）、加州大学（124）、洛斯阿拉莫斯国家实验室（123）。机构之间的合作情况从另一个角度显示，美国的百亿亿次计算研发走在世界前列，且基本上由 DOE 下属的国家实验室牵头开展。从连接强度来看，存在着几组较强的合作关系，分别是：橡树岭国家实验室—田纳西大学（32）、橡树岭国家实验室—桑迪亚国家实验室（25）、劳伦斯利弗莫尔国家实验室—太平洋西北国家实验室（25）、橡树岭国家实验室—阿贡国家实验室（21）、桑迪亚国家实验室—劳伦斯利弗莫尔国家实验室（20）、桑迪亚国家实验室—新墨西哥大学（20）。从合作关系来看，欧洲本土的机构间形成了一个合作相对密切的子网络，英特尔公司和国际商业机器公司虽然总连接强度不高，但合作范围很广，分别与 33 家机构和 22 家机构有合作。就中国的情况来看，中国科学院与 8 家机构存在合作关系，包括中国人民解放军国防科技大学、日本的理化学研究所和美国的 6 家机构。中国人民解放军国防科技大学与 4 家机构存在合作关系，其中包括国际商业机器公司。相对而言，中国的机构在百亿亿次计算技术研发方面，对外合作相对不够活跃。

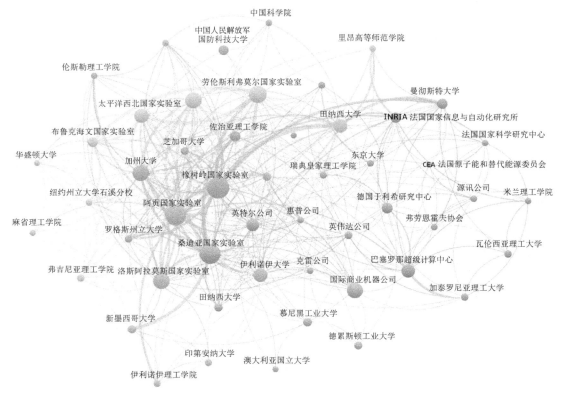

图 12-8　百亿亿次计算技术研究排名前 51 位机构合作网络

12.4.4　高频关键词分析

基于对论文关键词的词频统计，表 12-7 展现了百亿亿次计算技术研究排名前 20 位的高频关键词分布情况。图 12-9 则在关键词共现网络的基础上，分析并展示了百亿亿次计算论文里词频不低于 15 的 61 个关键词的聚类情况。

表 12-7　百亿亿次计算技术研究排名前 20 位的高频关键词

排名	关键词	词频/次
1	百亿亿次	278
2	高性能计算	274
3	性能	110
4	容错	105
5	建模与仿真	90
6	算法	84
7	消息传递接口	72
8	模型	71
9	弹性	68
10	能效	65

排名	关键词	词频/次
11	图形处理器（GPU）	63
12	超级计算	55
13	并行计算	52
14	并行	41
15	性能分析	34
16	设计	33
17	极限计算	30
18	大数据分析与计算	29
19	可扩展	29
20	光互连	27

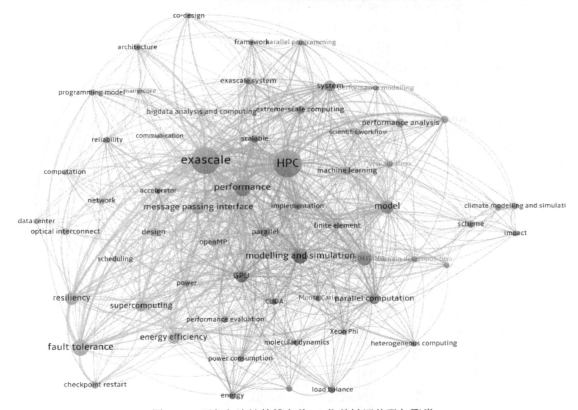

图 12-9　百亿亿次计算排名前 61 位关键词共现与聚类

　　就论文发表的情况来看，百亿亿次计算技术研究目前集中在以下几大方向。①architecture（架构），包括 accelerator（加速器）、Xeon Phi（协处理器）、heterogeneous computing（异构计算）、scalable（可扩展性）等；②软件，包括 load balance（负载平衡）、modeling and simulation（仿真与模拟）、bigdata analysis and computing（大数据分析与计算）等；③并行性，包括 parallel computation（并行计算）、GPU、CUDA、message passing interface

（消息传递接口）、openMPI 等；④resiliency，fault tolerance（弹性与容错能力）；⑤energy efficiency，power consumption（能效与功耗）；⑥互连网络和通信，包括 optical interconnect（光互连）、communication（通信）、network（网络）等；⑦系统与性能，包括 exascale（百亿亿次）、HPC（高性能计算）、performance evaluation（性能评估）等；⑧科学应用，包括 machine learning（机器学习）、scientific workflow（科学工作流）、molecular dynamics（分子动力学）、climate modeling and simulation（气候建模与模拟）等。

12.5 总结与建议

超级计算对现代科学研究、社会服务、经济活动、国家安全而言均是不可或缺的战略工具，尤其在当前的新冠肺炎疫情抗击战中，各国超算都倾尽全力。百亿亿次计算是全球超算发展历程中的关键量级节点，不仅代表计算和信息管理技术的最新前沿，更是半导体技术、芯片制造工艺、应用软件等众多关键 ICT 领域最高水平的集中体现，也因此成为主要科技强国和地区竞相争夺的未来产业制高点。本章系统梳理和剖析了美国、欧盟、中国、日本在百亿亿次计算技术领域的战略规划和项目部署，以及全球百亿亿次计算技术的研究现状、应用态势、发展趋势和未来挑战，并对百亿亿次计算技术研究论文的发表情况进行了定量分析，发现百亿亿次计算技术研发呈现以下特点。

1）随着以大数据、人工智能、物联网、移动互联网、云计算为代表的新一轮产业革命的到来，数据量呈指数级增长，迫切需要强大的算力来处理、分析和可视化海量数据，以从中获取新的知识和见解。同时，摩尔定律越来越难以维系，学术界和产业界纷纷围绕计算机体系架构，针对不同技术路线紧锣密鼓地开展相关研究。下一代百亿亿次及后百亿亿次超级计算系统研发成为全球众所瞩目的焦点，以美国、欧盟、中国和日本为代表，多个国家和组织都针对百亿亿次及后百亿亿次计算进行了战略规划和项目部署，政府、产业界和学术界密切合作，投入大量人力物力，围绕硬件、软件、平台、测评、人才培养等诸多领域，有重点、有层次地推进百亿亿次计算技术研发与应用。

2）根据全球权威的超级计算机测评结果来看，超级计算机的运算速度一直持续提升，但增幅在不断减缓。学术界和产业界开始围绕硬件架构部署不同技术研发路线，分别以提升运算性能、能效和数据密集型处理能力为目标的各种架构陆续出现，硬件架构日趋多样化。超级计算机的能效一直在提升，但如何降低能耗仍是未来百亿亿次超级计算机面临的最大挑战，可能需要制造工艺的突破性创新。高能物理、聚变能源、生物系统、气候科学等前沿科学研究对包括百亿亿次计算在内的超大规模计算资源有着强烈需求，超算系统的大数据处理能力也在不断提升，采用了人工智能技术的"AI 超级计算机"受到的关注度日益增高。超算和高性能计算不但越来越多地应用于物理、化学、生物科学、地球科学、材料科学、制造等科学工程领域，也为预防和抗击新冠肺炎疫情这样的公关危机事件做出了巨大贡献。然而，要研发出真正的百亿亿次或后百亿亿次超级计算机，仍面临着体系架构、软件、存储、网络互连、能耗、容错能力、并行性等多方面的挑战。

3）对百亿亿次计算技术的文献计量分析结果显示，百亿亿次计算目前仍处于发展的初级阶段，尚未出现运算速度真正达到百亿亿次级别的超级计算机。美国的百亿亿次计算研发遥遥领先，展示了强大的实力和深厚的科技基础。德国、英国、法国和西班牙处于第二梯队，中国与意大利、日本、瑞士共同处于第三梯队，总体上而言，全球的百亿亿次计算研发呈现美国、欧盟、中国、日本四方角力的局面。从论文篇均被引频次来看，美国、英国、法国、德国、日本等老牌科技强国掌握着百亿亿次计算基础研究和技术研发的核心，并引领着研发方向与前沿，中国在论文原创性和质量方面还有很大的提升空间。此外，百亿亿次计算技术研究国际竞争和合作的趋势都十分明显。

4）从发文量排名前 20 位的研究机构看，美国有 15 所机构位列其中，且包揽了前 11 位，展现了强大且均衡的基础研究实力和技术研发能力。同时，美国的机构和企业也展现了较强的合作能力，以 DOE 下属的国家实验室最为典型。欧洲有 4 家研究机构入列，而且欧洲本土的机构间形成了一个合作相对密切的小规模网络。我国只有中国人民解放军国防科技大学排名第 19，且篇均被引频次也是垫底。由此可见，虽然我国的超级计算研发已经有了长足进步，但在科研原创性、核心技术等方面仍与欧美存在着不小的差距。

5）根据高频关键词的共现聚类分析，百亿亿次计算技术研究主要涉及体系架构、性能提升、容错能力与弹性、性能评估、建模与模拟、能效提升、并行性、软件、机器学习算法、科学应用等方向。

综上所述，由于百亿亿次计算技术研发仍处于发展初期，虽然美国优势明显，欧美诸强又掌握着许多核心技术和原创性科研成果，并企图通过技术封锁对我国造成阻碍，但总体而言，百亿亿次计算的竞争格局仍未定型，许多国家和地区都力图在其中抢占一席之地。我国目前的超算研发具有一定优势，排名前 500 位排行榜上榜的超算系统总数以压倒性优势遥遥领先，三台百亿亿次原型机也陆续问世。但是，我国的超算系统核心部件严重受制于人，软件短板更为明显，这也体现在论文原创性不足、自主技术发展缓慢上。国际形势瞬息万变，随着美国对我国的技术封锁加剧，我国必须找准突破口，逐步实现关键技术自主，并在未来抢占行业制高点。本章提出以下建议，以期为我国在相关领域开展工作提供参考。

（1）找准突破口，加速核心技术攻关

在国家政策大力扶持下，近年来我国的超算产业飞速发展，三台百亿亿次原型机按计划完成。但我国的超算系统的核心技术突破不够全面，核心处理器、高端通用芯片、基础软件和应用软件都严重依赖于国外。尤其是芯片产业链的高价值环节基本被国外垄断，技术生态体系和知识产权壁垒难以逾越。针对众多需要攻克的难关，我国应找准突破口，点面结合，通过设立重大专项，来提供长期可持续的政策扶持和经费，鼓励探索性、前瞻性研究，促进产学政研合作，推进技术转移转化。一方面，力争在核心芯片技术和计算架构自主可控方面实现历史性突破；另一方面，支持专业化的软件工程团队与学科领域科学家和工程领域专家密切配合，研发国际一流的软件算法，拓展软件的适用范围，促进软件良性发展。此外，建立并完善自有开源社区和开源项目托管平台，发展自身的开源力量，突破国外技术封锁。

（2）打造全局性百亿亿次计算生态系统，通过应用驱动技术创新与突破

超级计算已深度渗透到科研、教育、医疗、金融、工业、交通、零售、娱乐等诸多领

域，随着第四次产业革命的到来和智能化的逐步深入，未来的百亿亿次计算还将进一步与更多产业和领域融合，对新药研发、材料设计、密码破译、军事辅助、气候研究、防灾减灾等方面产生颠覆性影响。我国应通过顶层设计，全面布局百亿亿次计算生态系统，协调公共部门和私营部门的资源和优势；充分利用新基建、"内外双循环"等政策带来的巨大市场需求，推动超级计算关键技术攻关和技术转移转化；并围绕应用需求进一步下沉，从单点应用场景向各行业多元布局扩展，引导优势资源投入，建立安全可靠的百亿亿次计算产业链，完善商业化运营，最终通过与实体经济深度融合，完成从供给侧的技术驱动主导向需求侧的场景化应用主导的转型。此外，有限的超算资源及其不充分利用，阻碍了新产品和服务的开发。我国需要更精准地为学术界、产业界分配超算资源，并为用户提供相关的专家支持，以更好地发挥强大算力的作用，提高科研和创新效率。

（3）加强人才培养，制定人才分类评估和管理机制

人才培养也是亟待解决的问题。我国对高性能计算和超算专业人员的需求日益增长，但达到技术准入门槛的合格技术人员数量明显不足，尤其是能为科学研究提供计算技术支撑的专业人才或具备先进计算能力的科研人员一直处于供不应求的状态。一方面，应依托大学和科研院所的学科优势、师资力量和信息化环境，通过新课程开发，加强科研人员的先进计算技能和数字素养培养；另一方面，依托产业和领域实际应用场景，加强高性能计算专业人才在具体行业的实践操作和支撑服务培训，并为在校生提供在领先科研机构和企业实习的机会等。此外，应改革现有"一刀切"的人才评估体系，对从事基础研究、应用研究与技术开发推广、科技咨询与科技管理服务等不同类型的人员开展灵活的分类评估和管理，以积极吸引和留住具备先进计算技能的科研人员和技术支撑人员。

致谢 中国科学院计算机网络信息中心高性能计算技术与应用发展部金钟研究员对本章内容提出了宝贵的意见与建议，谨致谢忱！

参 考 文 献

陈曦. 2020a. 天河超算参与新冠肺炎筛查 AI+CT 十秒完成准确率八成. http://digitalpaper.stdaily.com/ http_www.kjrb.com/kjrb/html/2020-03/03/content_440644.htm［2021-05-24］.
科学技术部. 2016a. 高性能计算. https://service. most. gov. cn/zy2/20160531/1050. html［2021-03-11］.
科学技术部. 2016b. "高性能计算"重点专项 2016 年度重点研究任务已经完成部署. http://www.most.gov. cn/kjbgz/201609/t20160923_127849.htm［2021-03-11］.
科学技术部. 2018. "高性能计算"重点专项 2018 年度项目申报指南. https://service.most.gov.cn/u/cms/ static/201710/16151950vevx.pdf［2021-03-11］.
刘霞. 2019. 迄今最详细宇宙模型建成. http://www.cas.cn/kj/201911/t20191122_4724746.shtml［2021-05-18］.
刘艳. 2020b. 重器重用超级算力加速新冠病毒基因组特性研究. http://digitalpaper.stdaily.com/http_www.kjrb. com/kjrb/html/2020-03/04/content_440724.htm［2021-05-24］.
张佳星. 2021. 医药研发"一哄而上"？中国超算引领新药创新研发. http://digitalpaper.stdaily.com/http_www.

kjrb.com/kjrb/html/2021-04/15/content_465976.htm?div=-1〔2021-05-24〕.

中国工业与应用数学学会. 2020. 2020 年中国高性能计算机性能 TOP100 排行榜正式发布. https://www. csiam.org.cn/home/article/detail/id/1384.html〔2021-03-11〕.

中国科学技术大学. 2020. 中科大首次实现千万核并行第一性原理计算模拟. http://news.ustc.edu.cn/info/ 1056/72287.htm〔2021-05-18〕.

ACM. 2020. 2020 ACM Gordon Bell Prize Awarded to Team for Machine Learning Method that Achieves Record Molecular Dynamics Simulation: New Tool Simulates Interactions of 100 Million Atoms. https://www. acm. org/media-center/2020/november/gordon-bell-prize-2020〔2021-05-18〕.

AMD. 2020. Next-Generation AMD EPYC™ CPUs and Radeon™ Instinct GPUs Enable El Capitan Supercomputer at Lawrence Livermore National Laboratory to Break 2 Exaflops Barrier. https://www. amd. com/en/press-releases/2020-03-04-next-generation-amd-epyc-cpus-and-radeon-instinct-gpus-enable-el-capitan 〔2021-03-08〕.

Amunts K, Ebell C, Muller J, et al. 2016. The Human Brain Project: Creating a European Research Infrastructure to Decode the Human Brain. Neuron, 92: 574-581.

C4ISRNET. 2019. Supercomputers will Start Building a 3D Map of the World. https://www.c4isrnet.com/intel-geoint/2019/08/05/supercomputers-will-start-building-a-3-d-map-of-the-world/〔2021-05-24〕.

DOE. 2018a. How to Fit a Planet Inside a Computer: Developing the Energy Exascale Earth System Model. https://www.energy.gov/science/articles/how-fit-planet-inside-computer-developing-energy-exascale-earth〔2021-05-24〕.

DOE. 2018b. Energy Department Selects 13 Projects for High Performance Computing to Advance Applied Science and Technology in Manufacturing. https://www.energy.gov/eere/articles/energy-department-selects-13-projects-high-performance-computing-advance-applied〔2021-05-24〕.

DOE. 2019a. The Argonne National Laboratory Supercomputer will Enable High Performance Computing and Artificial Intelligence at Exascale by 2021. https://www.energy.gov/articles/us-department-energy-and-intel-build-first-exascale-supercomputer〔2021-03-08〕.

DOE. 2019b. U. S. Department of Energy and Cray to Deliver Record-Setting Frontier Supercomputer at ORNL. https://www.energy. gov/articles/us-department-energy-and-cray-deliver-record-setting-frontier-supercomputer-ornl 〔2021-03-08〕.

DOE. 2019c. DOE's NNSA signs $600 million contract to build its first exascale supercomputer. https://www. energy.gov/articles/doe-s-nnsa-signs-600-million-contract-build-its-first-exascale-supercomputer〔2021-03-08〕.

DOE. 2020a. Energy Department Selects 14 High Performance Computing Projects to Bolster U. S. Manufacturing. https://www.energy.gov/eere/articles/energy-department-selects-14-high-performance-computing-projects-bolster-us〔2021-05-24〕.

DOE. 2020b. President Trump Announces New Effort to Unleash U. S. Supercomputing Resources to Fight COVID-19. https://www.energy.gov/articles/president-trump-announces-new-effort-unleash-us-supercomputing-resources-fight-covid-19〔2021-05-24〕.

ECP. 2016a. Department Of Energy Awards Six Research Contracts Totaling $258 Million To Accelerate U. S. Supercomputing Technology. https://www.exascaleproject.org/path-nations-first-exascale-supercomputers-pathforward/ 〔2021-03-05〕.

ECP. 2016b. ECP Awards $39. 8m For Application Development. https://www.exascaleproject.org/ecp-awards-34m-for-application-development/［2021-03-05］.

ECP. 2020. Exascale Computing Project（ECP）. https://www.exascaleproject.org/wp-content/uploads/2020/06/ECP_Public_Backgrounder_2020_06_29.pdf［2021-03-05］.

EPI. 2019. European Processor Initiative：First year of activities. https://www.european-processor-initiative.eu/european-processor-initiative-first-year-of-activities/［2021-03-09］.

EPI. 2020. European Processor Initiative：Second year of activities. https://www.european-processor-initiative.eu/european-processor-initiative-second-year-of-activities/［2021-03-09］.

EurekAlert. 2020. Zooming in on dark matter. https://www.eurekalert.org/pub_releases/2020-09/caos-zio090120.php［2021-05-18］.

EuroHPC JU. 2021. Discover EuroHPC. https://eurohpc-ju.europa.eu/discover-eurohpc#ecl-inpage-208［2021-03-09］.

European Commission. 2013. EU industrial leadership gets boost through eight new research partnerships. https://ec.europa.eu/commission/presscorner/detail/en/IP_13_1261［2021-03-09］.

European Commission. 2015. Strategic Research Agenda 2015 Update. https://ec.europa.eu/digital-single-market/en/news/ten-new-centres-excellence-hpc-applications［2021-03-09］.

European Commission. 2016a. Funding opportunities for HPC in Horizon 2020 Work Programme 2016-2017. https://ec.europa.eu/digital-single-market/en/news/funding-opportunities-hpc-horizon-2020-work-programme-2016-2017［2021-03-09］.

European Commission. 2016b. Europe Towards Exascale.http://exascale-projects.eu/EuroExaFinalBrochure_v1.0.pdf［2021-03-09］.

European Commission. 2017. Declaration - Cooperation Framework on High Performance Computing. https://ec.europa.eu/newsroom/dae/document.cfm?doc_id=43815［2021-03-09］.

European Commission. 2018a. A big day for European supercomputing：the EuroHPC Joint Undertaking gets underway. https://ec.europa.eu/digital-single-market/en/news/big-day-european-supercomputing-eurohpc-joint-undertaking-gets-underway［2021-03-09］.

European Commission. 2018b. European Processor Initiative：Consortium To Develop Europe's Microprocessors For Future Supercomputers. https://ec.europa.eu/digital-single-market/en/news/european-processor-initiative-consortium-develop-europes-microprocessors-future-supercomputers［2021-03-09］.

European Commission. 2018c. High Performance Computing - best use examples. https://ec.europa.eu/digital-single-market/en/news/high-performance-computing-best-use-examples［2021-05-24］.

European Commission. 2019a. Europe Announces Eight Sites to Host World-Class Supercomputers. https://ec.europa.eu/digital-single-market/en/news/europe-announces-eight-sites-host-world-class-supercomputers［2021-03-09］.

European Commission. 2019b. Ten New Centres of Excellence for HPC Applications. https://ec.europa.eu/digital-single-market/en/news/ten-new-centres-excellence-hpc-applications［2021-03-09］.

European Commission. 2019c. EuroHPC Joint Undertaking Launches First Research and Innovation Calls. https://ec.europa.eu/digital-single-market/en/news/eurohpc-joint-undertaking-launches-first-research-and-innovation-calls［2021-03-09］.

European Commission. 2020a. State of the Union：Commission sets out new ambitious mission to lead on supercomputing. https://ec.europa.eu/commission/presscorner/detail/en/ip_20_1592〔2021-03-09〕.

European Commission. 2020b. Proposal for a Council Regulation on establishing the European High Performance Computing Joint Undertaking. https://ec.europa.eu/digital-single-market/en/news/proposal-council-regulation-establishing-european-high-performance-computing-joint-0〔2021-03-09〕.

European Commission. 2020c. Digital Europe Programme：A proposed €7. 5 billion of funding for 2021-2027. https://ec.europa.eu/digital-single-market/en/news/digital-europe-programme-proposed-eu75-billion-funding-2021-2027〔2021-03-09〕.

Graph500. 2020. Top Ten from November 2020 BFS. https://graph500. org/〔2021-04-22〕.

NCSA. 2019. Black Hole Research Featuring Simulations from the Blue Waters Supercomputer Published in Nature. http://www.ncsa.illinois.edu/news/story/black_hole_research_featuring_simulations_from_the_blue_waters_supercompute〔2021-05-18〕.

NITRD. 2019. National Strategic Computing Initiative Update：Pioneering the Future of Computing. https://www. nitrd.gov/pubs/National-Strategic-Computing-Initiative-Update-2019.pdf〔2021-03-05〕.

NITRD. 2020. Pioneering the Future Advanced Computing Ecosystem：A Strategic Plan. https://www.nitrd. gov/pubs/Future-Advanced-Computing-Ecosystem-Strategic-Plan-Nov-2020.pdf〔2021-03-05〕.

NSF. 2019. NSF-funded leadership-class computing center boosts U. S. science with largest academic supercomputer in the world. https://www.nsf.gov/news/news_summ.jsp?cntn_id=299134&WT.mc_id=USNSF_51&WT.mc_ev=click〔2021-05-18〕.

O'Neal. 2013. RIKEN Wins Grant for Exascale Supercomputer Project. http://www.supercomputingonline. com/latest/57657-riken-wins-grant-for-exascale-supercomputer-project〔2021-03-11〕.

Peckham O. 2020. "Billion Molecules Against COVID-19" Challenge to Launch with Massive Supercomputing Support. https://www.hpcwire.com/2020/04/22/billion-molecules-against-covid-19-challenge-to-launch-with-massive-supercomputing-support/〔2021-05-24〕.

RIKEN. 2019. フラッグシップ2020プロジェクト(スーパーコンピュータ「富岳」). https://www.r-ccs. riken. jp/jp/overview/post-kcomputer/〔2021-03-11〕.

S. Heldens，P. Hijma，B. Van Werkhoven，et al. 2021. The Landscape of Exascale Research：A Data-Driven Literature Analysis. ACM Computing Surveys，53（2）：1-43.

TOP500. 2020a. Japan Captures TOP500 Crown with Arm-Powered Supercomputer. https://www.top500. org/news/japan-captures-top500-crown-arm-powered-supercomputer/〔2021-03-11〕.

TOP500. 2020b. TOP500 Expands Exaflops Capacity Amidst Low Turnover. https://www.top500.org/news/top500-expands-exaflops-capacity-amidst-low-turnover/〔2021-03-11〕.

UKRI. 2020. Clues to the Moon's origins provided by UK supercomputer simulation. https://www.ukri.org/news/clues-to-the-moons-origins-provided-by-uk-supercomputer-simulation/〔2021-05-18〕.

Whitehouse. 2015. Executive Order-Creating a National Strategic Computing Initiative. https://www.whitehouse. gov/the-press-office/2015/07/29/executive-order-creating-national-strategic-computing-initiative?from=group message&isappinstalled=0〔2021-03-05〕.

Whitehouse. 2016. National Strategic Computing Initiative Strategic Plan. https://obamawhitehouse. archives. gov/sites/whitehouse. gov/files/images/NSCI%20Strategic%20Plan. pdf〔2021-03-05〕.

彩　　图

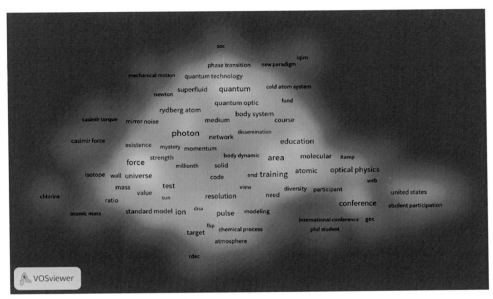

图 1-1　AMO 领域中美国 NSF2011～2020 年资助项目的主题分析

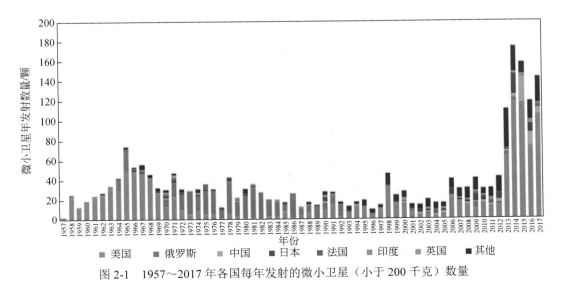

图 2-1　1957～2017 年各国每年发射的微小卫星（小于 200 千克）数量

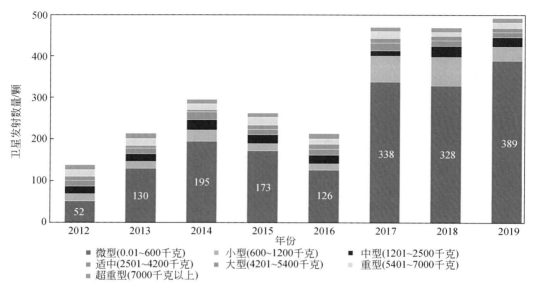

图 2-3　2012～2019 年不同质量级别的卫星的发射数量

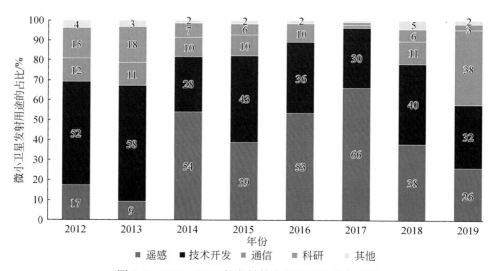

图 2-5　2012～2019 年发射的小卫星用途分布情况

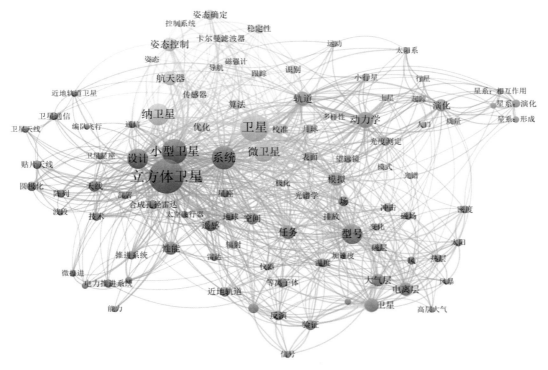

图 2-12　微小卫星研究领域高频关键词分布

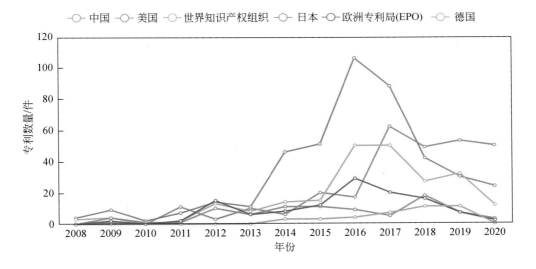

图 3-10　金刚石（钻石）传感与测量技术全球主要国家/组织专利申请趋势

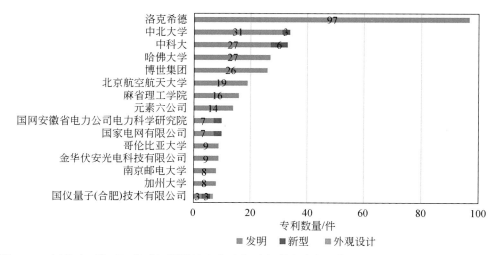

图 3-14 金刚石（钻石）传感与测量技术全球主要专利申请人、其专利申请数量及专利申请类型

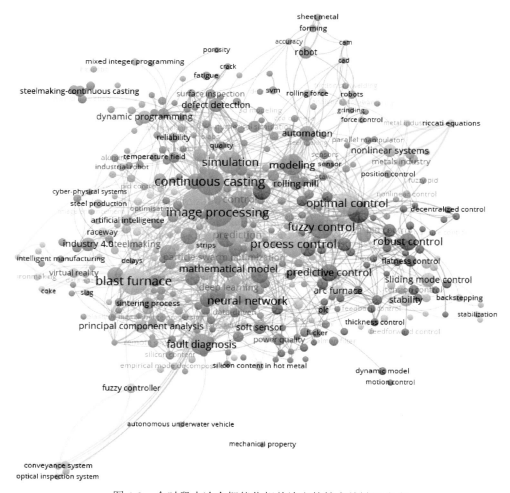

图 4-2 全时段内冶金智能化相关论文的技术关键词聚类

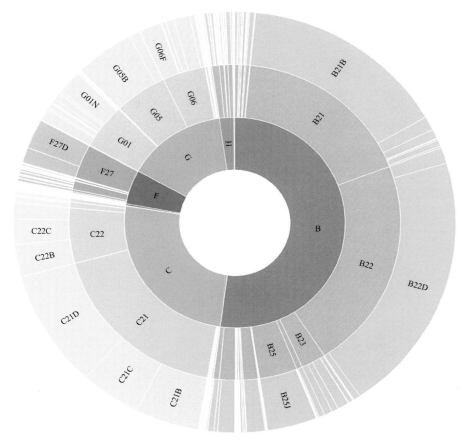

图 4-12　冶金智能化相关技术专利技术领域分布

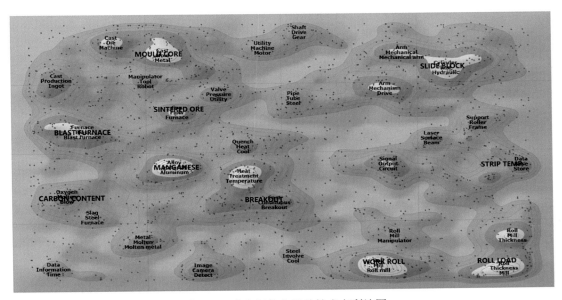

图 4-13　冶金智能化相关技术专利地图

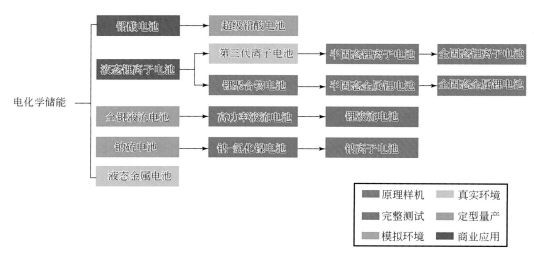

图 5-1 电化学储能技术及其发展现状

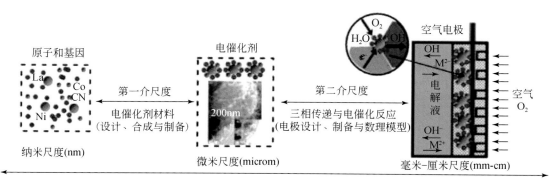

图 5-9 金属-空气电极气-液-固三相电催化反应与跨尺度特征

资料来源：徐可和王保国（2017）

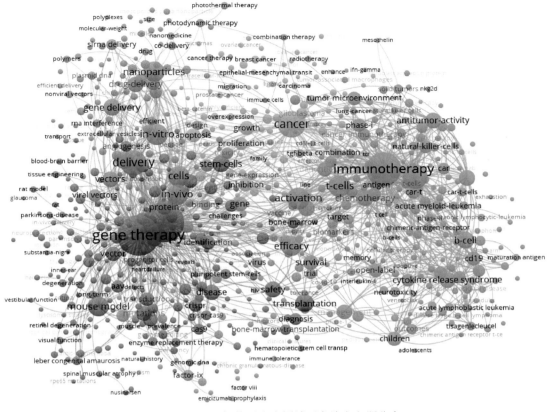

图 7-3　2020 年基因治疗领域研究论文主题分布

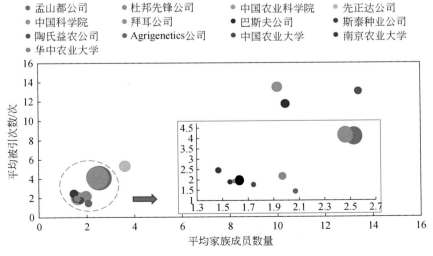

图 8-12　主要研发机构专利价值分析

注：气泡大小表示专利总量

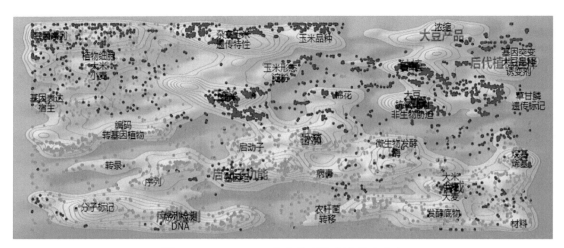

图 8-13　2001～2010 年生物育种研究热点分布

注：对生物育种领域的研发主题进行可视化聚类分析，形成类似等高线地形图。其中，地图中的点为单篇专利，山峰表示相似专利形成的不同技术主题，红色点表示美国申请的专利，绿色点表示中国申请的专利，下同

图 10-4　2011～2020 年可持续发展研究领域载文量排名前 10 位杂志

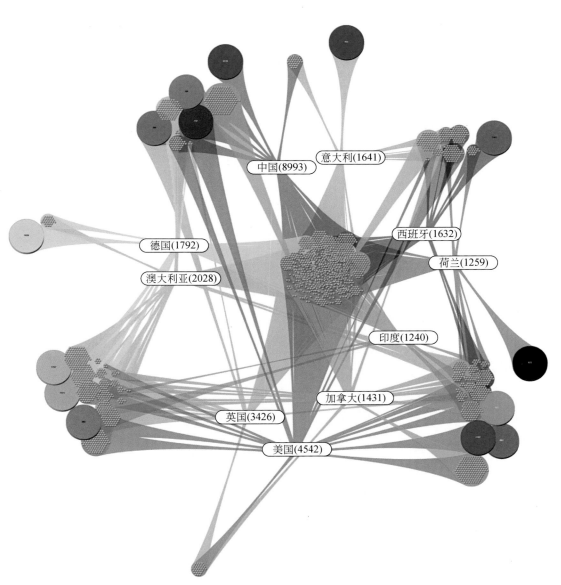

中国(8993)　　　意大利(1641)

德国(1792)　　　西班牙(1632)

澳大利亚(2028)　　　荷兰(1259)

印度(1240)

加拿大(1431)

英国(3426)

美国(4542)

图 10-6　可持续发展研究领域国家合作关系网络

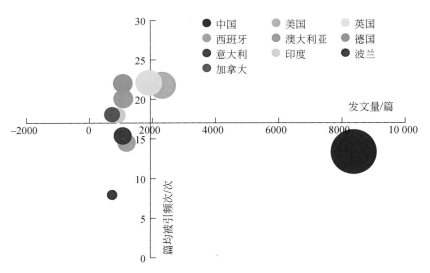

图 10-7　主要国家研究力量及影响力对比

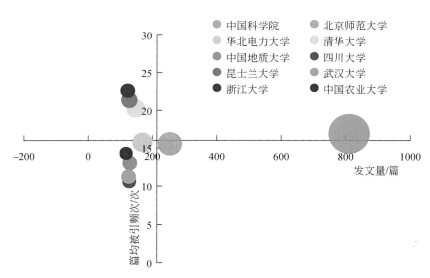

图 10-10　主要机构研究力量及影响力对比

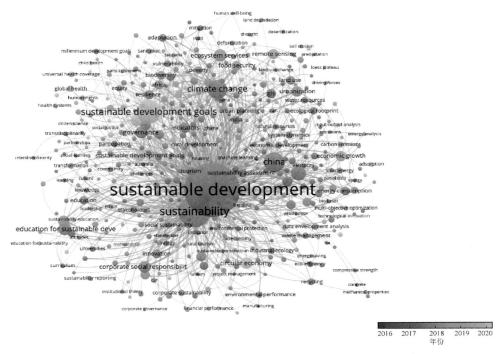

图 10-13　2016～2020 年基于关键词的可持续发展研究热点分布

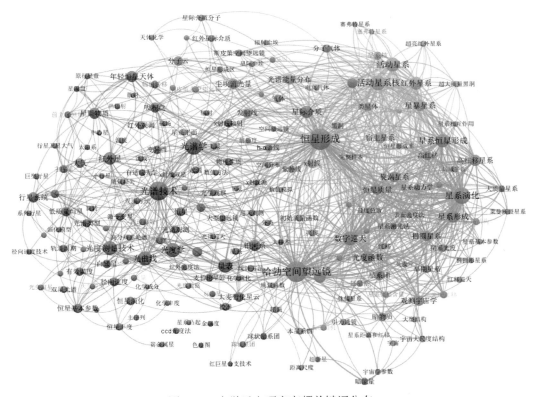

图 11-4　光学天文研究高频关键词分布

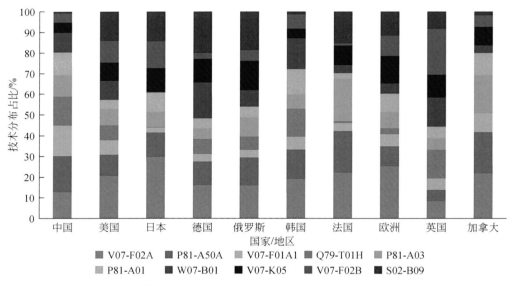

图 11-8　专利优先权国家/地区重点技术分布

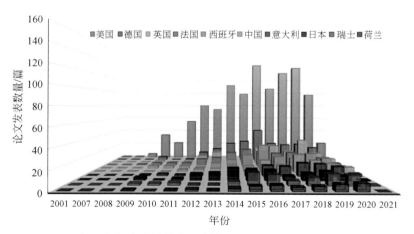

图 12-5　2001~2021 年百亿亿次计算技术研究排名前 10 位国家论文发表数量年度变化趋势